普通高等教育“十一五”国家级规划教材

# 环境生物工程

陈欢林　主编

化学工业出版社

·北京·

图书在版编目（CIP）数据

环境生物工程/陈欢林主编．—北京：化学工业出版社，2011.6（2023.8 重印）

普通高等教育“十一五”国家级规划教材

ISBN 978-7-122-11472-3

Ⅰ．环…　Ⅱ．陈…　Ⅲ．环境生物学-高等学校-教材　Ⅳ．X17

中国版本图书馆 CIP 数据核字（2011）第 106626 号

责任编辑：赵玉清　　文字编辑：周　倜

责任校对：边　涛　　装帧设计：杨　北

出版发行：化学工业出版社（北京市东城区青年湖南街 13 号　邮政编码 100011）

印　　装：北京虎彩文化传播有限公司

787mm×1092mm　1/16　印张 21　字数 561 千字　2023 年 8 月北京第 1 版第 7 次印刷

购书咨询：010-64518888　　售后服务：010-64518899

网　　址：http：//www.cip.com.cn

凡购买本书，如有缺损质量问题，本社销售中心负责调换。

定　　价：59.00 元

# 前　言

科学技术与社会经济的飞速发展，伴随而来的生态环境日益恶化已从城市延伸到广大农村，从陆地生物圈扩展到大洋，乃至整个地球及其大气层，出现了一大批难以用传统技术处理的污染问题。人类无节制从地球获取资源与能源的时代成为过去，开发与推广更为有效地将污染物转化低毒、无毒，实现废弃物资源化处理的环境生物技术，对于生态系统的平衡、环境质量的改善、资源的可持续利用具有重要意义。

环境生物工程基于生物、生态与环境、化学工程学的发展，又具相互渗透与综合交叉性，是近20年来正在形成过程中的一门新兴学科。当今的环境生物工程尚处于其技术层面，主要包含三个层次：以当前大量应用或经过工艺改良与技术创新的生物处理与修复技术；以各类自然与人工的生态净化方法为主的生态系统平衡技术；以分子生物学与基因工程为基础的环境监测与污染控制技术。这三个层次的技术将在污染环境治理与修复、自然资源可持续利用、能源物质制备等方面发挥日益重要作用。鉴于环境生物技术正在发展之中，本教材内容重点以前两个层次为主。

本书初版《环境生物技术与工程》自2003年出版以来，作为相关专业本科与研究生的教材，深受师生的欢迎，收到不少建议与评价。随着环境生物技术迅速发展，为适应教学需求，我们在本版的章节编排上作了较大的调整。本版删去了有关生物监测与诊断、生物农药两章；在第2章中增加了湖泊、水库与河流水质评价模型的内容；从初版各章中抽出有关生物计量学内容，与主要元素循环合并成新的第3章；在生物脱硫章节中增加了有关抑硫与减蚀的内容；将初版原第十三章第六节地表水体污染的生态工程修复扩展成第13章生态塘与人工湿地。

本书各章编写分工是：陈欢林编写第1章，孙海翔、张林编写第2章，程丽华、张林编写第3章，沈江南、张林编写第4章，杨岳平、陈欢林编写第5、6章，程丽华编写第7、8、9章，附录，张林、孙海翔编写第10章，张芳编写第11章，张林、顾瑾编写第12章，陈欢林、罗安程编写第13章，张林编写第14章。全书由陈欢林统稿并作部分修改。本书基于《环境生物技术与工程》改写，仍然包含该书中所有作者的贡献。

本书中尚有一些图表与例题直接引自国内外论文或书籍，虽然每章后附有参考文献，但未能对应注明，望请原图、表、例题的作者谅解。

环境生物技术，尤其是环境生物工程，是一门正在发展中的、涉及面广的新兴学科，其内容十分丰富，由于编者知识水平有限，实践经验积累不多，本书的疏漏与不足之处，敬请广大读者批评指正。

**陈欢林**

**2011年5月16日于浙江大学求是园**

# 目　录

# 第1章 绪 论

## 1.1 环境污染及其现状

### 1.1.1 环境污染

人类对环境污染问题的认识和重视是通过一系列的灾难性事故发生后开始的，20 世纪 30～40 年代英国的烟雾事件，是导致 1948 年英国公共卫生法颁布的直接原因，这是历史上对环境污染的第一个立法文件。随后是 1957 年的罗马条约（Treaty of Rome），提出了维护、保护和改善环境，致力于保护公民健康，谨慎并理性地利用资源，以及完善处理环境问题。到了 50～60 年代，由于工业发展速度加快，除了频繁发生的烟雾事件外，在日本又发生了更为严重的水俣病、哮喘病、骨痛病和米糠油污染等公害事件，震惊了世界。

工业化国家强烈意识到，在世界范围内严格控制废物排放、预防环境污染、减少公害事件发生以及保护生态环境平衡的重要性和必要性。1969 年，美国首先颁布了国家环境政策条例（US National Environmental Policy Act），并于 1970 年建立美国环境保护署（EPA）；1972 年提出斯德哥尔摩宣言（Stockholm Declaration）。在 1977 年至 1982 年间，美国通过了关于清洁空气、清洁水及有害废弃物方面的法令；1987 年蒙特利尔草案（Montreal Protocol）会议以后，又颁布了有关污染控制（Control of Pollution Act）、水资源利用（Water Resources Act）、水产业（Water Industries Act）、水污染（Federal Water Pollution Act）、生物多样性（Convention on Biodiversity）等方面一系列法规或条例；1991 年的荷兰马斯特里赫特义务条约（Treaty of Maastricht Obligation）进一步补充了 Rome 条约的内容；1994 年则签署了海上污染条约（Maritime Pollution Treaty）。

所谓环境指的是“存在的空气、水和土壤，以及包括建筑物内的空气和另外地面或地下的自然或人工结构中的空气及其组成要素”；而污染则是“任何对环境中生存的人或其他生命有机体产生危害的物质释放到环境中的行为”。由此可以进一步定义环境污染是“由于自然或人为的活动引起某些物理、化学和生物等有毒或有害因素进入环境，在数量或强度上超出了环境的自净能力，并在环境中扩散、迁移、转化，使环境和它的组成要素，如大气、水体、土壤等发生改变，扰乱或破坏了环境生态平衡，进而使环境系统状态与功能变差，最终影响人类及其他生物正常生存和发展的环境不协调现象”。

在通常情况下，环境污染主要指人类活动所导致的环境质量下降并影响人类正常生存和发展的现象。因此在实际的环境管理工作中，通常以环境质量标准为尺度，来衡量环境是否发生污染以及所受污染的程度。由于世界范围内不同国家或地区在社会、经济、技术等方面的差异，所制定和使用的环境质量标准有所不同，因而对环境污染的评定也有所差异。

### 1.1.2 环境污染的分类

环境污染的类型和形式见表 1-1。

表 1-1 环境污染的类型和形式

| 污染类型 | 污染形式 |
| --- | --- |
| 污染物性质 | 生理性污染、物理性污染、化学性污染和生物性污染 |
| 污染物形态 | 废气污染、废水污染、固体废物污染、噪声污染和辐射污染 |
| 被污染的客体 | 大气污染、水体污染、土壤污染、食品污染等或多个客体同时被污染 |
| 污染原因 | 生产污染、生活污染、农业污染和交通污染 |
| 污染程度 | 轻度污染、中度污染、重度污染和严重污染 |
| 污染影响范围 | 室内污染、点源污染、面源污染、区域污染和全球污染 |

污染物是多种多样的，按照以上方法分类，污染物可进一步细分。如生物性污染可包括病原微生物、寄生虫和各种有害植物、有害昆虫、鼠类等动物尸体；化学性污染可分为有害气体（二氧化硫、氮氧化物、一氧化碳、硫化氢、氟化氢等)、重金属（汞、镉、铅等)、有机和无机化合物、农药及高分子等几大类；物理性污染则包括噪声、电磁辐射、电离辐射及热污染等；混合性污染指的是多种污染物同时进入环境，造成污染物组分复杂、处理难度极大的污染现象。

在 30 年以前，生物性污染是主要的。近 20 年来，随着工业生产和科技的发展，化学性、物理性和放射性污染已成为重要的污染源。

1.1.2.1 大气污染

大气污染是指有害、有毒气体和悬浮尘粒进入大气中，其浓度超过了大气环境的容量，致使大气质量恶化，对人类及动、植物产生直接或间接危害的现象。大气污染物主要来源于工业、厂矿、交通运输、火山爆发和核爆炸等排出的有害、有毒废气，以及过度使用农药，致使农药飘入大气所造成的。现已知大气污染物约有 1500 种以上，其中排放量大的有烟尘、粉尘、二氧化硫、一氧化碳、氮氧化合物、挥发性有机物、碳氢化合物、铅蒸气等近 200 种，对人类和环境影响较大。根据能源结构不同和污染源的性质，可将大气污染物分成四种类型。

(1) 煤炭型 由煤炭燃烧产生的物质污染大气，主要有烟气、灰尘、硫化物、氧化物等，是我国主要的大气污染源。

(2) 石油型 由使用、生产石油和石油化工产品中，油燃烧后排放出大量废气造成的污染。污染物主要有氮氧化物、碳氢化物及其进一步反应所生成的化合物等。目前汽车尾气排放已成为主要污染源。

(3) 混合型 由煤炭和石油加工过程中产生的废气以及各种工业、工艺生产和加工过程中产生的有害、有毒的混合污染物。

(4) 特殊型 由事故性泄漏或人为排出毒害气体，造成局部区域的大气污染，主要污染物有易挥发性有机物（VOC)、氯气、酸雾、硫化氢、汞及其他金属蒸气等。

1.1.2.2 水体污染

人类在生产、生活过程中产生的有害、有毒物质进入水体，其容量超过了水体的自净能力，引起水质恶化，降低水的使用价值，造成对环境、人体和其他生物的危害现象，称之水体污染。按照污染物的性质，可把污染水体分成生理性、物理性、化学性和生物性四类。

(1) 生理性污染 指污染物排入天然水体后引起感官性状的恶化，也称感官性污染，常以嗅觉、味觉、外观、透明度等感官性质为衡量指标。

(2) 物理性污染 指污染物使水体某些物理特性发生变化，如水泡沫和油膜的形成，浑浊或悬浮现象产生，颜色、水温变化等。衡量指标为浑浊度、色度、悬浮物质量、电导率、温度等物性参数。

(3) 化学性污染　指污染物使水体化学性质发生改变，如有机物分解、酸碱度变化、水体硬度增高、有毒物质浓度超标等。衡量指标有生化需氧量、化学需氧量、溶解氧、pH值、硬度以及某些毒物含量。

(4) 生物性污染　指水体被有害微生物、寄生虫等病原体或能引起人类过敏反应的变应原等污染，造成水体恶化，并会使人及动物感染或传染，导致直接或间接危害人类健康的一种污染。主要以大肠杆菌及细菌数等为衡量指标。

水体污染种类及典型污染物见表1-2。

表1-2　水体污染种类及典型污染物

| 污染种类 | 典型污染物 | 原因与危害 |
|---|---|---|
| 悬浮固体物质 | 烟尘、粉尘等 | 易被吸入呼吸系统 |
| 无机物 | 汞、铬、镉、铅等，氰化物，氮、磷，酸、碱、盐类等 | 重金属易被水生生物富集，由食物链途径放大进入人体 |
| 有机物 | 苯类、酚类、多氯联苯、农药及杀虫剂、生活污水等 | 不易降解，会长期存在水体中，进入食物链 |
| 水体富营养化 | 工业废水、农田排水，以及生活污水中所含的氮、磷、钾等 | 促使水草、藻类等植物过度繁殖，降低水体中溶解氧含量，恶化水质 |
| 热污染 | 核、电工业用冷却水 | 将大量热能带入水体，使水温升高、水生动植物繁殖加快、耗氧量增大 |
| 油污染 | 原油 | 采油与运输过程中的事故性泄漏和扩散、炼化厂废油水排入形成油膜 |
| 放射性污染 | 核爆炸裂变或衰变产物 | 核试验等散落的放射性物质进入水体 |
| 生物性污染 | 病毒、细菌、真菌、寄生虫等 | 病原体污染 |

1.1.2.3　土壤污染

土壤污染是指污染物在土壤中的累积浓度超过土壤环境容量，引起土壤质量恶化的现象。土壤污染源主要来自化肥与农药的使用、污水灌溉、废渣侵蚀，以及大气、水质污染的间接影响等污染。为了防治病、虫、草害，大量使用化学农药，效果显著，但长期使用某些易残留量的农药会造成严重的土壤污染。

污染土壤会使植物生理功能失调，农作物生长发育不良，还会通过食物链的不断积累和浓缩，危害人体健康。如长期施用氮肥，会造成土壤板结，破坏土壤结构，同时会使作物积累大量硝酸盐，放出有毒的二氧化氮和四氧化氮气体；如施用过量磷肥，会引起土壤中缺铁、锌等元素，磷却被固定成非有效状态。由于农药的大量施入，还直接破坏土壤微生态的平衡，农药在抑制病虫害同时也导致土壤生物的死亡，污染严重时，土壤中蚯蚓的死亡率可高达90%，同时也降低土壤微生物群落数和土壤酶活性，从而降低土壤肥力。土壤污染物还可从森林、农田、草原等流入水域，污染水体。

### 1.1.3　环境污染的特征

环境质量，一般指在一个具体的环境内，环境的总体或环境的某些要素，对人群的生存和繁衍以及经济发展的适宜程度，是反映人群的具体要求而形成的对环境评定的一种概念。

造成环境污染的有毒、有害污染物主要来自于工农业生产过程中形成的废水、废气、废渣，人类生活垃圾、人畜粪尿，以及空气中各种致病菌、病毒和能引起人们皮肤过敏的花粉、真菌孢子等。污染物一般通过三条途径传播与扩散，危害人类。其一是污染大气，如工业废气、汽车尾气、生活油烟气排入空气中，致病菌、病毒、寄生虫等微生物，以及花粉、真菌孢子、种子絮状物、螨类等生物污染物，飘浮于空气中，借助于人的呼吸，黏附、渗透进入人体；其二是污染水体，如工业过程中的化学物质、生活污水与有毒废弃物等过量排入水体，超过水体的自净能力，以致直接危害水生生物，并通过饮用或食物链途径进入人体；其三是污染土壤，如工业过程中的三致毒物、过量农药、带病原体人畜粪尿等残留在土壤，超量部分被农作物吸收富集，通过食用等方式进入人体。

一般情况下，环境污染有以下几个特征。

（1）污染的广泛性　污染物可通过气体扩散和水体流动，快速传播与蔓延，某些污染物可造成大气、水体、土壤、食物等全面污染，危及人类及其他生物。可在较短时间内造成一个城市、一个地区甚至全球性的危害。不仅影响范围具有扩展性，而且危及对象具有广泛性。

（2）危害的长期性　人类健康与其生活环境质量的优劣密切相关，在劣质环境中生存，人们终生不断地受着污染物的作用。不少污染物在环境中的半衰期很长，需较长时间的环境自净，某些甚至不能自净，对人类的危害具有长期性。如甲基汞、六价铬等，一旦进入水体，就很难消除；而被 DDT 污染的土壤，转化其 50%需要花 4～30 年的时间。

（3）作用的复杂性　某些化学物质其浓度虽然不是很高，但由于种类繁多，成分复杂，在环境中常会参与物理、化学、光合、生化等反应，甚至会产生多种协同作用，增加其对环境的危害性。如 $SO_2$ 和硫酸形成气溶胶，其毒性远比两种物质单独存在时大得多；又如某些重金属离子在水体中迁移、转化过程中，会通过食物链的生物富集与放大作用，最后蓄积到人体内，对人类健康造成严重危害。

（4）影响的多样性　污染物一般通过污染大气、水体、土壤、动植物和食物进入人体，也有直接作用于人体产生危害。某些污染物会对人体产生瞬时的局部刺激和腐蚀作用，也能使全身中毒；有些污染物则在人体中会有一段潜伏期，在若干年后才出现性状突变或癌变等；也有一些既有近期危害，又可能通过遗传途径，直到子代表达，产生畸胎，危及下一代。

（5）治理的困难性　环境污染一旦形成，处理代价不小，而且治理难度增大。如重金属离子、多氯联苯、有机氯农药、合成洗涤剂、合成塑料添加剂、放射性物质等在环境中半衰期长，难以转化与自然降解，治理难度很大。如湖泊一旦被汞污染，要恢复原状，不但需要花费巨大的人力与资源，更需要耗费长达 40～100 年的时间。

### 1.1.4　环境污染的危害

严重的环境污染叫做环境破坏或称之为公害，由公害诱发和引起的疾病称为公害病。由于环境污染，造成在短期内大量人群发病和死亡的事件，叫公害事件。历史上著名的世界“八大公害事件”如表 1-3 所示。

近 30 年来，重大的公害事件时有发生。如美国和加拿大的五大湖区水资源的核电站的热污染给生态平衡带来新的问题。在 20 世纪 70 年代中期建有 16 座核电站，这些电站每天向湖区排放大量冷却水，水温比湖水高 15℃，水量超过密西西比河的流量，湖中鱼类不能适应突然的温度变化，繁殖受到影响，并由此带来长期历史形成的特定食物链结构瓦解，湖泊生态系统失去平衡，生物量大减的后果。1976 年意大利米兰附近的 Seveso 农药厂爆炸，产生大量化学物质而形成含二噁英（dioxin）的云，二噁英水平达到 $5.6\times10^{-9}$，造成约 70000 头动物死伤，至少 183 例氯痤疮。1984 年 12 月 3 日印度博帕尔（Bhopal）一家美国联合碳化物跨国公司的农药厂发生毒气泄漏事件，装有 45t 液态剧毒的甲基异氰酸甲酯（methylisocyanate）的储气罐阀门损坏，毒气大量外泄，1h 后浓厚的毒雾密布了整个城市上空，仅在几天内，造成 2500 人死亡，3000 多人重度中毒，整个事件中约有 12.5 万人受害，有 10 万人左右患双目失明和反应迟钝等终身残疾。越南战争期间，美国军方在越南南方 1/10 土地上喷洒了 2000 万加仑[1]的落叶剂（橙剂）（一种由 2,4-D 和 4,5-T 两种有机氯

[1] 1 美加仑（USgal）＝3.78541L。

农药的混合物，其中含有 $10\times10^{-6}$ 的二噁英杂质），约3000个村庄受害，至少有200万～400万越南人的健康受影响，后来的调查结果表明，1000名喷洒橙剂的飞行员，其精液质量差于普通人，其妻多生男孩，流产与新生缺陷儿发生率高。1986年前苏联切尔诺贝里(Chernobyl)核电站爆炸，当场死亡30余人，所造成的危害至今尚存在。1989年3月埃克森公司的瓦尔迪兹（Exxon Valdez）号油轮在阿拉斯加的威廉王子海峡（Prince William Sound）触礁，导致26.2万桶原油泄漏，漏油污染大片海岸，造成不少海洋动物、植物死亡。2002年11月，巴哈马威望号油轮在西班牙海岸沉没，漏出燃料油7.7万吨，污染海岸280km，致使3万个相关行业生计受到影响。据报道，沉船每天向大西洋排出125t燃油，要排清所有燃油，需长达39个月。2010年上半年英国壳牌石油公司在墨西哥海湾的油井漏油事件，其漏油时间之长，危害之大堪称世界之最。

**表1-3 历史上著名的世界“八大公害事件”**

| 事件 | 时间 | 地点 | 危害 | 原 因 |
| --- | --- | --- | --- | --- |
| 马斯河谷烟雾 | 1930年12月1～5日 | 比利时马斯河谷 | 一周内死亡60多人，数千人患呼吸道疾病 | 工业区密集，大量排放有害气体，并在近地面层积累，导致该地区气候反常，雾层浓厚 |
| 多诺拉烟雾 | 1948年10月26～31日 | 美国多诺拉 | 全镇43%(5911人)的人发病，患者出现胸闷、干咳、头痛、腹痛、呕吐及眼病，死亡17人 | 工厂密集，排放大量有害气体并积累在近地面层，加上该地区连续几天出现大雾天气 |
| 洛杉矶光化学烟雾 | 1952年12月 | 美国洛杉矶 | 造成400余人65岁以上老人死亡 | 大量排放碳氧化合物、氮氧化物及四乙基铅等有害气体，在光照作用下，生成光化学烟雾 |
| 伦敦烟雾 | 1952年12月5～8日 | 英国伦敦 | 4d内死亡近4000人，事后2个月中陆续死亡8000多人 | 居民燃烧烟煤取暖，以及工业废气及二氧化硫等的大量排放 |
| 九州水俣病 | 1950～1972年 | 日本九州水俣镇 | 被确认为水俣病患者2842人，死亡964人，受害居民1万余 | 长期食用被甲基汞和汞废水污染的水产品等 |
| 四日哮喘病 | 1961～1972年 | 日本四日市 | 到1972年，患者增至800余人，整个日本高达6000人 | 冶炼和工业燃油产生大量废气，致使居民出现支气管炎、哮喘、肺气肿及肺癌等呼吸道疾病 |
| 神通川河骨痛病 | 1955～1961年 | 日本神通川河流域 | 1963～1968年骨痛病患者258人，死亡128人 | 炼锌、炼铅厂排出大量含镉废水，污染河水、土壤及农作物，长期食用含镉河水和稻米等所致 |
| 大牟田米糠油污染 | 1968年3月 | 日本北九州、爱知县一带 | 几十万只火鸡突然死亡；患者达5000人，实际受害达13000多人；后来发生中国台湾油症事件，近2000人中毒，53人死亡 | 粮食加工厂在生产米糠油时，混入多氯联苯，人及家禽食用污染的米糠油而中毒发病 |

### 1.1.5 我国环境污染现状

#### 1.1.5.1 水资源污染

我国的废水、污水排放总量极大，约占世界的10%以上，而国民生产总值约占世界的3%，即单位产值废水、污水排放量为世界平均数的3倍。整理近30年来环保总局发布的《中国环境状况公报》历年的废水、污水排放总量，得如表1-4所示数据；而新华网快讯的

《第一次全国污染源普查公报》发布，2007年度全国废水排放总量已高达2092.81亿吨，为《中国环境状况公报》公布数据（556.8亿吨）的3倍还多；2009年全国化学需氧量（COD）排放总量达1277.5万吨，仍高居世界第一。

**表1-4　近30年我国废水、污水及其COD的年排放量**　亿吨

| 年度 | 排放总量 | 工业废水排放量 | 生活污水排放量 | COD排放量 |
|---|---|---|---|---|
| 1980 | 315.0 | — | — | |
| 1996 | 450.0 | 300.0 | 150.0 | |
| 1997 | 416.0 | 227.0 | 189.0 | |
| 1998 | 395.0 | 191.1 | 193.9 | |
| 2000 | 428.5 | | 227.7 | |
| 2001 | 380.0 | 152.0 | 228.0 | |
| 2002 | 631.0 | — | — | |
| 2003 | 680.0 | 453.3 | 226.7 | |
| 2005 | 524.5 | — | — | 0.1414 |
| 2006 | 536.8 | 240.2 | 296.6 | 0.1428 |
| 2007 | **556.8** | | **310.2** | |
| 2008 | **571.7** | | **330.0** | |
| **2009** | **589.2** | | | 0.1278 |

据环保总局发布的《中国环境状况公报》称，全国近14万公里河流的水质，近40%的河水受到严重污染；全国七大河水系中41%水质为劣Ⅴ类；全国131条流经城市的河流中，严重污染有36条，重度污染21条，中度污染38条。作为我国北方重要水源的黄河，其近40%干流河段为Ⅴ类水质，基本没有水体功能；长江的污染面积也在不断扩大，其六成干流河水目前已遭污染，超过Ⅲ类水的断面已达38%，比8年前上升20.5%；淮河至今仍然是一条受污染最严重的河流，在2000km的河段中，79.7%的河段不符合渔业用水标准，32%的河段不符合灌溉用水标准。

当江河被污染的同时，与其紧密相连的湖泊也深受其害，我国滇池、太湖均为劣Ⅴ类水质，巢湖为Ⅴ类水体，富营养化的水体导致三个湖泊不同程度地发生蓝藻的大规模爆发，尤其以滇池为最。武汉38个湖泊污染负荷远远超过其水环境容量，其中劣Ⅴ类水质的湖泊占32个。作为最少污染的云南两大湖泊之一的抚仙湖，目前的水质也开始急剧降低。

建设部有关领导称，到2030年，中国人口将达到16亿左右，人均水资源占有量将由目前的2220$m^3$降到1760$m^3$，进入联合国有关组织确定的中度缺水型国家的行列。

1.1.5.2　大气污染

随着现代工业化的发展，厂矿、交通运输等排入大气的有害有毒物质的种类越来越多，其中排放量大，对人类和环境影响较大的约有100多种，主要有颗粒物、含硫化合物、碳氧化合物、易挥发性有机物以及温室气体如$CO_2$、氮氧化合物等几大类。全国近年废气中主要污染物排放量见表1-5。

**表1-5　全国近年废气中主要污染物排放量**

| 年　度 | 二氧化硫排放量/万吨 | | | 烟尘排放量/万吨 | | | 工业粉尘排放量/万吨 |
|---|---|---|---|---|---|---|---|
| | 工业 | 生活 | 合计 | 工业 | 生活 | 合计 | |
| 2006年 | 2234.8 | 354 | 2588.8 | 864.5 | 224.3 | 1088.8 | 808.4 |
| 2007年 | 2140 | 328.1 | 2468.1 | 771.1 | 215.5 | 986.6 | 698.7 |
| 2008年 | 1991.3 | 329.9 | 2321.2 | 670.7 | 230.9 | 901.6 | 584.9 |

（1）颗粒物　我国城市降尘污染十分严重，2009年，我国烟尘排放量为847.2万吨，

工业粉尘排放量为523.6万吨。虽然相比前几年已有所改善，但大部分城市的总悬浮颗粒物（STP）仍然超过世界卫生组织的标准（90μg/m³），我国STP的一级标准为150μg/m³以下，能达到该标准的仅有厦门、北海、海口、珠海等极少数沿海城市。

(2) 二氧化硫 自1993年以来，我国$SO_2$年排放量以100万吨的速度递增，1995年达2370万吨；近10年来仍然超过2000万吨，如2003年为2100万吨，2005年为2549万吨；2009年，高达2214万吨，位居世界第一，超过环境容量的33%。目前我国半数以上城市二氧化硫年均浓度超过国家二级标准（60μg/m³）。大气层中二氧化硫极易转化成硫酸，是形成酸雨的主要成分。

(3) 碳氧化合物 碳氧化合物有CO、$CO_2$两种，其中$CO_2$被公认为温室气体，因此这里的碳氧化合物主要指一氧化碳。CO是大气中存在最多且分布最广的污染物，由碳不完全燃烧产生，人为产生的CO约有70%来自机动车的尾气排放。CO虽能在一定条件下转化为$CO_2$，但转化率很低，因此可在空气里滞留2～3年。目前CO占世界总毒气排放量的1/3，有的国家已占1/2，成为城市大气中数量最多、累积性极强的毒气。我国近几年来开始对空气中CO的浓度进行测试报道，在一般情况下，空气中一氧化碳低于$5\times10^{-6}$，但在城市运输繁忙的地方CO浓度可达$50\times10^{-6}$，也发现瞬间浓度高达$150\times10^{-6}$的情况。当空气中CO浓度达到1%时，人会在2min内死亡。需要指出的是，虽然CO的排放量也很大，但全球的浓度并未增加，可能与自然界中的碳循环有关。

(4) 易挥发性有机物 易挥发性有机物（VOC）是指沸点在50～260℃、室温下饱和蒸气压超过133.32Pa的有机化合物。按照美国环境保护局（EPA）的分类方法，VOC是指25℃时蒸气压在0.1～380mmHg[1]的有机化合物。大气中的VOC有的直接由污染源排放而来，有的则是由一次污染物经过大气化学反应产生的中间产物或二次污染物。

从20世纪90年代以来，VOC已成为最严重的大气污染物之一。美国1997年VOC的释放总量及污染源释放比率情况如表1-6所列。我国虽未统计VOC的释放总量，但其数量级与美国相近。我国VOC的储存与运输过程的释放量约占10%，高于美国；用作溶剂的苯、甲苯、乙苯、二甲苯等苯类物和苯酚、间甲酚等酚类物的VOC释放比例也高于美国；近几年来随着机动车辆快速增加，VOC的排放比例有明显提高。

**表1-6 美国1997年VOC释放总量及污染源释放比率**

| 污染源 | 排放总量/(万吨/年) | 排放百分率/% | 污染源 | 排放总量/(万吨/年) | 排放百分率/% |
|---|---|---|---|---|---|
| 居民柴木燃烧 | 52.7 | 2.74 | 废物处置和循环利用 | 44.9 | 2.34 |
| 化学及其联合过程 | 46.1 | 2.40 | 机动车 | 766.0 | 39.86 |
| 石油及其相关工业 | 53.8 | 2.80 | 森林火灾和废木料燃烧 | 76.7 | 3.99 |
| 其他工业过程 | 45.8 | 2.38 | 所有其他资源 | 49.6 | 2.58 |
| 溶剂利用 | 648.3 | 33.74 | | | |
| VOC的储存与运输 | 137.7 | 7.17 | 总量 | 1921.6 | 100.00 |

(5) 温室气体 自然界中温室气体主要指的是$CO_2$、氟里昂、甲烷、氧化氮。这些气体引起温室效应的比率分别为57%、25%、12%和6%。这类气体在大气中的浓度、寿命等如表1-7所示。

由于化石燃料的使用，世界在过去的200年来，在大气中的$CO_2$浓度由$280\times10^{-6}$上升到现在的$389\times10^{-6}$，每年上升率高于0.5%。如果不加控制，到2075年，全球气温将上升1.5～4.5℃。因此，降低大气中的$CO_2$，已成为世界刻不容缓的大事。2009年度世界

[1] 1mmHg=133.322Pa。

$CO_2$ 排放总量前十位的国家及年排放量见表 1-8。

**表 1-7 温室气体在大气中的浓度与寿命**

| 气体种类 | 非城市对流层 $/\times10^{-6}$ | 大气中年增加浓度/% | 在大气中的寿命/年 | 主要去除过程 |
|---|---|---|---|---|
| $CO_2$ | 351.0 | 0.4 | 25 | 海洋容纳 |
| $CH_4$ | 1.7 | 1 | 10 | 化学转化为 $CO_2$ 和 $H_2O$ |
| $N_2O$ | 0.31 | 0.3 | 150 | |
| $CFCl_3$ | $2.6\times10^{-4}$ | 5 | 70 | 光解反应成氯和氯化氢，再沉淀去除 |
| $CF_2Cl_2$ | $4.4\times10^{-5}$ | 5 | 120 | 光解反应成氯和氯化氢，再沉淀去除 |
| $C_2Cl_3F_3$ | $3.2\times10^{-5}$ | 10 | 90 | 光解反应成氯和氯化氢，再沉淀去除 |

**表 1-8 2009 年度世界 $CO_2$ 排放总量前十位的国家及年排放量**

| 国　家 | 中国 | 美国 | 俄罗斯 | 印度 | 日本 | 德国 | 加拿大 | 英国 | 韩国 | 伊朗 |
|---|---|---|---|---|---|---|---|---|---|---|
| $CO_2$ 排放量/亿吨 | 60 | 59 | 17 | 12.9 | 12.47 | 8.6 | 6.1 | 5.86 | 5.14 | 4.71 |

2008 年 7 月八国集团领导人就温室气体长期减排目标达成一致，与《联合国气候变化框架公约》其他缔约国共同实现，到 2050 年将全球温室气体排放量减少一半的长期目标。

众所周知，大气中的氟里昂（CFC）、氮氧化物会减弱臭氧层，以致有更多的紫外线照射到地面，还会阻止太阳辐射从地面的反射作用，使地球逐渐变暖。大气中氮氧化合物主要来源于机动车辆的行驶过程中。

大气中的氟里昂（CFC）主要来自大量空调的使用。1987 年签署的 Montreal 协议要求发达国家到 1997 年停止使用 CFC，而发展中国家到 2007 年停止使用 CFC。然而由于 CFC 的半衰期很长（50～400 年），因而这种禁止的短期效应并不明显，我国虽也在这方面作出努力，但效果不佳。

由于我国近几年机动车数量的急增，尾气排放标准过低，氮氧化物污染急剧上升，全国氮氧化物平均浓度 $46\mu g/m^3$，60%以上北方城市和 50%以上的南方城市，氮氧化物指数已超过二氧化硫，开始从煤烟型污染转向尾气型污染。

1.1.5.3　土壤污染

土壤与大气和水并列为人类环境的三大要素，而几乎所有的污染都会进入土壤，其中使用化肥、农药、灌溉污水是直接造成土壤污染的主要原因之一，此外抗生素、病原菌等也成为土地污染的来源。

由于呈现出污染从城市向农村转移的态势，农村环境生活污染加剧，面源污染加重，导致我国土壤污染面积急剧扩大。

我国农药按年生产量约为 35 万吨，主要为杀虫剂（约 72%），其农药附着在植物体上的只有 18%～20%，落到地面的高达 40%～60%，飘浮在大气中的占 5%～30%，由此可知，农药约有 70% 进入水体与土壤环境。近几年来大量使用有机磷农药，其毒性虽比有机氯要小，但容易引起急性神经中毒，对人畜的后遗症也尚不清楚。

化肥大量的施入又加剧了水体富营养化，更为突出的是导致土壤中氮（N）素含量过高，而使 N、P、K 含量比例失调，N 与微量元素之间的平衡被破坏。目前我国中、低等肥力的土壤面积已高达 78%。

重金属与类金属及其化合物等的分子稳定，不易分解，其残留期至少 2.5～5 年，长的可达 10～15 年之久，却易被各种生物富集，对高等动物有剧毒，易引起畸胎和癌症。

1.1.5.4　固体废弃物污染

据报道，全国工业固体废弃物逐年增加（如表 1-9 所示），到 2009 年已达 20 亿吨，综合利用率达到 60%以上，但尚有很大提高空间。

表 1-9 近10年来固体废弃物排放与综合利用情况

| 年份 | 工业固体废弃物产生量/亿吨 | 工业固体废弃物排放量/万吨 | 综合利用量/亿吨 |
|---|---|---|---|
| 1999年 | 7.8 | 3881 | |
| 2002年 | 9.5 | | 6.8 |
| 2004年 | 12.0 | | |
| 2005年 | 13.4 | | |
| 2006年 | 15.2 | 1303 | 9.26 |
| 2007年 | 17.8 | 1197 | 11.04 |
| 2008年 | 19.0 | 782.0 | 12.35 |
| 2009年 | 20.4 | 710.7 | 13.83 |

以上四个方面的污染情况，足以说明我国现阶段环境污染的现状，引起有关部门及环保专家的注意。我国政府非常重视环境保护，从20世纪80年代发起向环境污染宣战。

# 1.2 环境污染源及其优先污染物

## 1.2.1 环境污染源

污染物进入环境的途径也是多种多样的，有些被人们直接抛弃到环境中，有的通过冶炼、加工制造、化学品的储存与运输以及日常生活、农事操作等过程而进入环境。进入环境并引起环境污染或环境破坏的物质叫做环境污染物。按污染物种类可分为废气、废水、废渣三大类。按污染物的形态可分为废气、废水、固体废弃物、噪声、放射性和热污染等。按污染源则归纳成生产性污染、生活性污染、交通性污染以及其他污染四大类。

(1) 生产性污染 生产性污染可分为工业性污染和农业性污染。工业性污染物包含工业生产和矿山开采过程中产生的废气、废水、废渣，某些废弃物还具有放射性；农业性污染物是指在农业生产中长期、广泛使用农药、化肥等，在土壤、农作物、畜产品以及野生生物中的残留物。工业性污染的主要污染物及其来源见表1-10。

表 1-10 工业性污染物中主要有害物质及其来源

| 污染物种类 | 有害、有毒物质 | 污染物来源 |
|---|---|---|
| 废气 | 煤烟及粉尘 | 火力发电站、工业锅炉、交通工具、水泥厂、粮食加工厂 |
| | 有毒粉尘：铅、砷、锰、氟、镉、磷及其化合物等 | 金属冶炼及加工工业、磷肥制作等 |
| | 有害气体：二氧化硫、氮氧化物、二氧化碳、硫化氢等 | 煤燃烧、化工、印染、合成纤维工业 |
| 废水 | 化学毒物：酚、氰、铅、汞、铬、砷、氯及其化合物，有机磷、苯及其硝基化合物、酸碱等 | 化工、机械、冶金、印染、采矿、造纸工业、造纸等 |
| | 有机质：油脂、有机悬浮物、细菌及其他病原体 | 皮革、屠宰、生物制品、食品加工、制糖、石油化工及医院废水等 |
| 废渣 | 无机废渣：矿石、炉渣、灰烬、含无机毒物的金属矿渣、化工生产废渣等 | 采矿、冶炼、化工、锅炉等 |
| | 有机废渣：食品加工厂的废渣、动植物尸体、动物内脏及皮、毛、骨等 | 生物制品、屠宰、食品加工、皮革工业等 |

(2) 生活性污染 生活性污染物是指粪便、垃圾、污水以及医院的污水、废弃物，以及人类在生活过程中人为造成空气、水体、土壤和食物污染与传播疾病的物质。如烧菜、吸烟、燃放烟花爆竹等行为过程。

(3) 交通性污染 由汽车、火车、飞机、拖拉机及其他交通工具等排放出的废气、产生的噪声导致的污染，如公路两旁的土壤污染等。船舶往来和海上事故造成对江河、湖泊、海洋的污染等。

（4）其他污染　其他污染是指由各种电磁波通讯设备产生的微波和电磁辐射，未经处理的放射性废弃物等引起的污染，以及由自然灾害、突发意外事故以及战争等造成的污染。

### 1.2.2　优先污染物

优先污染物（priority pollutant）指的是在众多的污染物中筛选出的潜在危险大并作为优先研究与控制对象的污染物。美国是最早开展优先污染物监测的国家，在20世纪70年代，美国环境保护局就筛选出6大类共129种优先污染物，其中114种为有毒有机污染物；1986年，日本环境厅公布了189种有毒污染物；前苏联也于1985年公布了561种有机污染物在水中的极限容许浓度；德国于1980年公布了120种按毒性大小分类的水中有毒污染物名单，欧共体则将确认的大量毒性物质列入“黑名单”和“灰名单”。总之，有毒有害物质引起的环境污染已受到世界发达国家的重视和关注。

我国国家环境保护局、国家经济贸易委员会、外经贸部、公安部于1998联合发布关于《国家危险废物名录》文件，详细列出47大类有毒、有害废物。在2001国家环境保护总局、国家经济贸易委员会、国家科学技术部又根据国家有关环境防治法等有关法律、法规、政策和标准，制定并联合发布关于《危险废物污染防治技术政策》的文件，以引导危险废物管理和处理处置技术的发展，促进社会和经济的可持续发展。我国也初选出水中优先污染物为249种，经专家多次研讨确定水中优先控制污染物黑名单为68种，如表1-11所示。

表1-11　我国水中优先控制污染物黑名单

| 序号 | 类别 | 优先控制污染物 |
|---|---|---|
| 1 | 挥发性卤代烃类 | 二氯甲烷、四氯化酸、1,2-二氯乙烷、1,1-二氯乙烷 |
| 2 | 苯系物 | 苯、甲苯、乙苯、邻二甲苯、间二甲苯、对二甲苯 |
| 3 | 氯代苯类 | 氯苯、邻二氯苯、对二氯苯、六氯苯 |
| 4 | 多氯联苯 | 多氯联苯 |
| 5 | 酚类 | 苯酚、间甲酚、1,4-二氯酚、2,4,6-三氯酚、对硝基酚 |
| 6 | 硝基苯类 | 硝基苯、对硝基甲苯、2,4-二硝基甲苯、三硝基甲苯、2,4-硝基氯苯 |
| 7 | 苯胺类 | 苯胺、二硝基苯胺、对硝基苯胺、2,6-二氯硝基苯胺 |
| 8 | 多环芳烃类 | 萘、荧蒽、苯并[*b*]荧蒽、苯并[*k*]荧蒽、苯并[*a*]芘、茚并[1,2,3-*c*,*d*]芘、苯并[*g*,*h*,*f*]二萘嵌苯 |
| 9 | 酞酸酯类 | 酞酸二甲酯、酞酸二丁酯、酞酸二辛酯、 |
| 10 | 农药 | 六六六、滴滴涕、敌敌畏、乐果、对硫磷、甲基对硫磷、除草醚、敌百虫 |
| 11 | 丙烯腈 | 丙烯腈 |
| 12 | 亚硝胺类 | *N*-亚硝基二甲胺、*N*-亚硝基二正丙胺 |
| 13 | 氰化物 | 氰化物 |
| 14 | 重金属、类金属及其化合物 | 铍、镉、铬、镍、铊、铜、铅、汞、砷及其它们的化合物 |

注：摘自周文敏等，水中优先控制污染物黑名单，中国环境监测，1990，6（4）：1-3。

列入黑名单的大部分为有机污染物，也被称为毒害性化合物（hazardous chemicals，HC），包括有机的如酚类和有机氯农药、氰化物等；另一类为镉、铅、铬、铜、钒、镍、钼、汞、砷等重金属、类金属及其化合物，它们会与氮氧化物（$NO_x$）或氯等反应而生成重金属或类金属化合物。由于重金属在环境中不能降解，一旦污染了水体、土壤，就很难排除；同时，重金属极易被生物富集，并通过食物链累积于人体内，对人和生物产生毒害；汞、镉、铅等还被认为是导致人和生物生殖系统疾病的环境激素之一。这些有毒、有害化合物对人体具有严重危害和具有潜在危险，如不加以严格的处置处理，就会以各种可能途径进入环境中，对土壤、空气和水体造成严重的污染。并通过人为接触、呼吸或以食物链的方式，影响人体健康。

### 1.2.3 持久性污染物

根据对人体的危害程度，有机污染物还分为无毒和有毒有机污染物，有机毒物还可进一步分为可生物降解的有机毒物和难生物降解的有机毒物。酚、氰等一类有机毒物可被微生物降解，最终成为简单的无机物质；而对有机氯、有机汞等一类很难生物降解或不能降解的有机毒物，由于它们的化学性质稳定，很难被生物降解，因而会长期存在于环境中，这类有机毒物被称为持久性有机污染物（POP）。

POP是最危险的高毒污染物，它们不溶于水，即使它们在环境中的数量极微，但可经过生物富集在生物体内，再经生物积累和生物放大等作用，危害人类。鱼类、猛禽、哺乳动物以及人类等处于食物链顶端，POP会被脂肪组织大量吸收而放大到原始值的7万倍，且POP较为稳定，可持续存在长达数十年。POP对人类的特殊影响包括致癌、过敏、损伤中枢及周围神经系统、通过改变激素引起内分泌失调而破坏生殖与免疫系统。尤其是POP不仅危害当代，还影响后一代。

因此，2001年5月，联合国环境会议通过了《关于持久性有机污染物的斯德哥尔摩公约》，内容涉及12种持久性有机污染物的生产、使用、进出口、废物处置、科研开发、宣传教育、技术援助、财务机制等方面。被公认为急需解决的12种持久性有机毒物为：艾氏剂、氯丹、DDT、七氯、六氯化苯、狄氏剂、异狄氏剂、毒沙芬、灭蚁灵、多氯联苯、多氯对苯并呋喃、多氯对苯并二噁英。此12种均为含氯有机化合物，前9种为农药，第10种是工业化学品，最后2种为无用的工业副产品或焚烧排污物。

2010年8月27日，据CHEMICAL WATCH的消息，关于持久性有机污染物（POP）的联合国斯德哥尔摩公约（Stockholm Convention）修正案于2009年达成一致，该修正案于2010年8月26日正式生效。新公约加入9种物质：五溴二苯醚（pentabromodiphenyl ether，pentaBDE），十氯酮（chlordecone），六溴代二苯（hexabromobiphenyl，HBB），$\alpha$-六氯环已烷（alpha-hexachlorocyclohexane，alphaHCH），$\beta$-六氯环已烷（beta-hexachlorocyclohexane，betaHCH），林丹（lindane），商用八溴二苯醚（octabromodiphenyl ehter，c-octaBDE），五氯苯（pentachlorobenzene，PeCB），全氟辛烷磺酰基化合物（perfluorooctane sulphonate，PFOS）。加上以前公布的12种，目前持久性有机污染物（POP）共有21种。

## 1.3 废水、废气质量指标与排放标准

环境生物技术（environmental biotechnology）也称为环境生物工程（environmental bioengineering），是近20余年来发展起来的一门由生物技术和环境工程相结合的新兴交叉学科。广义的环境生物技术所涉及的面较广，凡自然环境中涉及环境控制的一切与生物技术有关的技术和工程，都可归结为环境生物技术。狭义的环境生物技术定义为“生物技术在处理环境问题时的特定应用，包括废弃物处理、污染控制以及与非生物技术的结合运用”。环境生物技术就是生物技术的各个组成部分在环境问题中的应用。

环境生物技术的发展基础建立在微生物学、酶学、生物反应工程、生物分离工程以及环境工程、生态学、毒理学等基础的发展上。污染物富集、降解、转化方法，污染环境的净化与生物修复等工艺，也是伴随着一般意义上的生物科学与技术的发展而逐渐形成的，它们的许多方面实际上是人类对自然现象的进一步认识、归纳与利用。

### 1.3.1 废气质量指标与排放标准

污染空气的固体物质一般用总悬浮颗粒物（TSP）和可吸入颗粒物两类指标表示。TSP

包括固体颗粒、气溶胶、细菌和病毒，粒径范围在0.1～200μm，常分为降尘和飘尘两类。可吸入颗粒物指数——$PM_{10}$或$PM_{2.5}$，分别指大气中空气动力学直径在10μm或2.5μm以下的细微颗粒物，易被人和动物吸入呼吸道，尤其是$PM_{2.5}$以下颗粒物。

我国于1996年发布了环境空气质量标准，国家环境保护局、卫生部和建设部分别颁布了室内空气质量（评价）标准及一系列有关公共场所室内环境卫生标准等共12个国家标准。对于空气质量中的悬浮颗粒物浓度，目前国内正在从TPS浓度标准向$PM_{10}$及$PM_{2.5}$浓度标准过渡。对于室内空气污染，2002年又颁布了《室内空气质量标准》，并于2003年3月1日起实施。

### 1.3.2 废水水质指标与排放标准

#### 1.3.2.1 水质指标

水质是指水和其中所含的杂质共同表现出来的物理学、化学和生物学的综合特性。各项水质指标则表示水中杂质的种类、成分和数量，是判断水质好坏的具体衡量标准。表示废水水质污染情况的重要指标有：有毒物质、有机物质、固体物质、pH值、色度、温度等。

（1）有毒和有用物质　某些水体中的污染物一方面对人体和生物有毒害作用，另一方面又都是有用的工业原料。因此，有毒和有用物质的含量是污水处理和利用中的重要水质指标。

（2）有机化合物　有机化合物成分比较复杂，通常采用生化需氧量和化学需氧量两个指标来表示有机物的含量。

① 生化需氧量　以BOD表示，指在氧的存在下，微生物将有机物降解并达稳定化所需的氧量。水体中的有机物越多，BOD就越大，污染越严重。一般状况下，以20℃、5d的生化需氧量作为度量污染水体中的有机物浓度，以$BOD_5$表示。

② 化学需氧量　是指在一定条件下水中有机物与强氧化剂（如重铬酸钾、高锰酸钾）作用所消耗的氧量，以COD表示。COD不仅代表水中有机物的含量，还包括了水中还原性无机物被氧化的耗氧量。当水体中存在有毒有机物时，一般不能准确测定废水中BOD的值，采用COD值可以较准确地确定水中有机物含量。

③ 总需氧量（TOD）　是指水体中的还原性物质（主要是有机物）在燃烧中变成稳定的氧化物时所需要的氧量。TOD值能反映几乎全部有机物（C、H、O、N、P、S）经燃烧后变成$CO_2$、$H_2O$、$NO_x$、$SO_2$等时所需氧的量。

④ 总有机碳（TOC）　是指水样中的有机碳在高温下燃烧氧化成二氧化碳的量，以碳的mg/L来表示。总有机碳间接表示水中有机物含量的一个综合性指标。

（3）固体物质　水中固体常分为可溶性固体（DS）和不溶性悬浮固体（SS）。废水中或受污染水体中，不溶性悬浮固体数量和性质随污染性质和程度而改变。水样经过滤，并在105～110℃温度下烘干后的蒸发残渣就是可溶性固体。

#### 1.3.2.2 废水排放标准

为防治水污染和保障天然水体的水质，国家环境保护局于1988年颁布了《污水综合排放标准》（GB8978—88），又于1996年重新对该标准进行了修订（GB8978—1996）。该标准对地面水体和城市下水道排放的污水，分别规定了执行的级别标准，并按污染物的性质分为两类。第一类污染物是指能在环境和动植物体内蓄积，对人体健康产生长远不良影响者，如汞、镉、铬、砷、铅、苯并［a］芘等；第二类为长远影响小于前者的。各类污染物都分别列出了最高允许排放浓度。2000年3月，国家还颁布了中华人民共和国水污染防治法实施细则，加强对地表水和地下水污染的防治以及水污染防治的监督管理等。

## 1.4　环境生物工程的基础与研究对象

环境生物工程是环境工程与生物技术相结合的交叉学科，其研究范围至少涉及环境、生物以及工程三个方面，包括微生物、酶、细胞、基因工程等生物技术，以及环境毒物、生态环境、环境化学、环境检测、环境工程等环境技术。尽管环境生物工程本身并不是一种解决环境问题的完善的方法，但作为一种完备控制和消除环境污染的工程技术的重要组成部分，它的发展给环境污染的治理注入了前所未有的活力。环境生物工程学科发展基础与研究范畴见图 1-1。

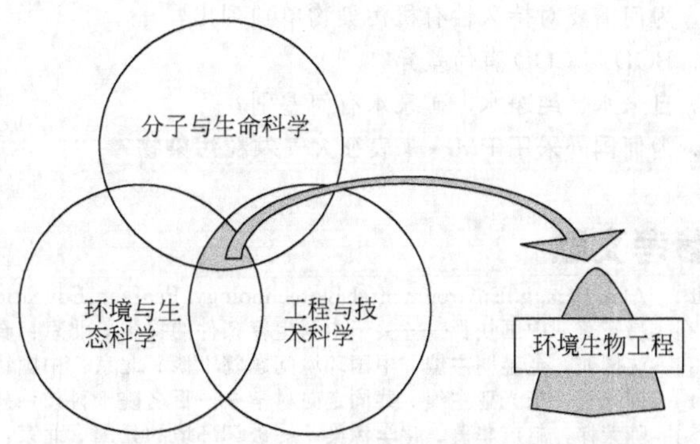


图 1-1　环境生物工程学科发展基础与研究范畴

### 1.4.1　主要研究对象与目的

环境生物工程是研究生物科学与技术领域所取等的成果来解决人类环境中出现与人们生存的不协调现象。即人类活动对生态系统造成的污染，以及人类活动对生态系统的影响和破坏，也即为对自然资源的不合理利用。

环境生物工程主要研究环境污染引起的机理、生物对环境污染的适应性即抗性机理、利用生物技术对环境污染现象进行分析、检测及检测的原理和方法；利用生物技术对污染环境的控制与处理；进行污染环境的生物修复；采用生物技术合成和生产环境友好物质。其主要目的在于为人类的健康、保护和改善人类生存发展的环境、合理利用自然资源提供技术和工程应用基础、促进环境的生态平衡、有利于人类的生存和社会的可持续发展。

### 1.4.2　主要研究内容

环境生物工程其研究方向与主要内容，可参考有关专家学者对环境生物工程的论述，将其归纳成三个层次。

第一个层次为现代环境生物技术，主要指以基因工程为主导的近代防治污染的生物技术，如构建降解杀虫剂、除草剂以及多环芳烃类等污染物的高效基因工程菌，创造抗污染转基因植物；开展环境友好材料的生物合成，研制生物农药等；探索合理利用自然资源的新方法和新技术。其目的是为有效地防治污染、快速解决日益出现的大量环境污染难题开辟新途径。

第二个层次以传统生物处理技术、环境生物分析与监测为主要内容，同时包含基于新理论和新技术所开发出的一系列废物强化处理技术与工艺过程，提高对污染环境的净化效率；采用生物技术来改造传统工业过程，实行环境友好生产、实现废物零排放的清洁生产。其目的是为提高效率、降低能耗、解决环境污染问题提供科学理论与技术依据。该层次是目前广泛使用并有效治理污染的生物技术，现仍在不断地强化与改进，为控制现时环境质量起到极其重要的作用。

第三个层次主要包括氧化塘、人工湿地和农业生态工程等的研究。地球环境具有一定的环境容量，污染物在一定度量范围内具有自净作用。该层次研究目的是充分利用污染物资源与提高天然环境的自净能力，最大限度地发挥自然界的生态环境功能，建立和创造人类与其他生物协调共存的良好体系。

根据以上提出的三个层次，本课程所涉及的基本上为第二个层次和第三个层次的研究内容。具体包括工业废水及生活污水的生物处理、大气的生物净化、毒物的生物富集与转化、污染环境的生物修复等，有关环境污染的生物分析与监测不包含在其中。

## 习题

1. 为何需要对持久性有机污染物单独列出？
2. BOD与COD有何差异？
3. 自来水、纯净水、矿泉水有何差别？
4. 为何国外采用$PM_{2.5}$来表征大气颗粒污染物？

## 参考文献

[1] Alan Scragg. Environmental Biotechnology. Pearson Education Limited，Essex，England，1999.
[2] 易正著．中国抉择——关于中国生存条件的报告．北京：石油工业出版社，2001.
[3] 沈国舫，金鉴明主编．中国环境问题院士谈．北京：中国纺织出版社，2001.
[4] 周光召，朱光亚主编．共同走向科学——百名院士科技系列报告集．北京：新华出版社，1997.
[5] 陈荣悌，赵广华著．化学污染——破坏环境的元凶．北京：清华大学出版社，暨南大学出版社，2002.
[6] 何源．环境毒物．北京：化学工业出版社，2002.
[7] De Nevers N. Air Pollution Control Engineering. Second Ed. McGraw-Hill，2000.
[8] 孔繁翔主编．环境生物学．北京：高等教育出版社，2000.
[9] 陈坚．环境生物技术．北京：中国轻工业出版社，1999.
[10] Gary S Sayler，Robert Fox，James W Blackburn. Environmental Biotechnology for waste Treatment. Plenum Press，1991.

# 第2章 环境微生物及其对环境的自净力

## 2.1 环境中微生物的主要类群

微生物是对所有形体微小、结构简单的低等生物的通称。微生物在自然界中的数量极其庞大，种类繁多。按微生物生长环境的差异，可将微生物分为土壤微生物、水体微生物和大气微生物三大类群。微生物大多是单细胞，有些是简单的多细胞，有些甚至是不具细胞结构的大分子。微生物通常需借助于光学显微镜或电子显微镜才能看见其形体，其大小为微米（μm）级，甚至纳米（nm）级。

### 2.1.1 土壤微生物

土壤微生物指占据于土壤，并将土壤作为天然培养剂的细菌（包括放线菌）、真菌、藻类、原生动物等土著微生物，以及由于人类或动物活动，或作为生物控制剂、降解剂引入，或通过污水灌溉而引入的微生物。土壤微生物种类最多，数量也最大，据估测，在1g肥土中通常含有几亿至几十亿个微生物，即使是贫瘠土壤，每克所含的微生物量也在几百万至几千万。其中既有非细胞形态的，也有细胞形态的微生物、藻类和原生动物。一般来说，这些微生物的大小从细菌到原生动物逐渐增大，数量则依次减少。

#### 2.1.1.1 细菌

土壤中微生物以细菌最多，常占土壤微生物总数量的70%～90%，主要为腐生性细菌，少数是自养型的。据估计，离地表面5～20cm处数量最多，每克土壤中可培养细菌数达到$10^7$～$10^8$个；若土壤有机质含量以3%计算，则细菌干重约为其1%，也即占土壤重量的万分之三左右。随着土层深度的增加，细菌数量明显减少，在距表面1m处，每克土壤约含3.6万个。另外，好氧菌的数量比厌氧菌高2～3个数量级，厌氧菌随着土壤深度的增加而增多。土壤中放线菌的数量也很大，每克土壤含有几百万到几千万的菌体和孢子，占土壤中微生物总数的5%～30%。它们多喜欢碱性富含有机质的温暖的土壤。在高pH、高温或缺水环境下，放线菌数量明显增加。放线菌的一个明显特点是它能利用土壤中的大量基质，特别是一些难降解的昆虫或植物多聚物如甲壳素、纤维素和半纤维素。土壤中真菌数量少。细菌、放线菌和真菌的特征比较如表2-1所示。

表2-2和表2-3列出了土壤中优势细菌属和重要的自养或异养菌属。

#### 2.1.1.2 真菌

真菌一般是好氧微生物，主要分布在土壤的表层，特别在酸性森林土壤中更多；与细菌相比，真菌数量较少，但它们的体积相对要大一些，其直径范围为2～10μm，每克土壤中真菌数量为$10^5$～$10^6$个，因此在整个土壤微生物生物量中，真菌所占比例要大一些。酵母菌在厌氧状态下代谢（发酵），比好氧丝状真菌（霉菌）数量少。随着土壤深度的增加，真菌数量迅速减少。与细菌类似，真菌常与土壤微粒联系在一起或存在于植物根际中。土壤真菌的种类很多，约有170个属，690种真菌，其中优势真菌多属丝胞纲和接合菌纲（表2-4）。

表 2-1　细菌、放线菌和真菌的特征比较

| 特征 | 细菌 | 放线菌 | 真菌 |
|---|---|---|---|
| 数量 | 最多 | 中等 | 最少 |
| 生物量 | 细菌与放线菌生物量相当 | | 最大 |
| 分枝程度 | 有轻微分枝 | 可成为单个细胞 | |
| 气生菌丝体 | 无 | 有 | 有 |
| 液体培养中的生长 | 可液体培养,浑浊 | 可液体培养,颗粒状 | 可液体培养,颗粒状 |
| 生长率 | 指数级增长 | 立方级增长 | 立方级增长 |
| 细胞壁 | 胞壁质,磷壁酸,脂多糖 | 胞壁质,磷壁酸,脂多糖 | 甲壳素或纤维素 |
| 复杂子实体 | 无 | 简单 | 复杂 |
| 对简单有机物的竞争能力 | 很强 | 较差 | 中等 |
| 固氮能力 | 有 | 有 | 无 |
| 好氧性 | 好氧或厌氧 | 大部分好氧 | 除酵母外好氧 |
| 湿度压迫 | 低耐受 | 中等耐受 | 高耐受 |
| 最适 pH | 6～8 | 6～8 | 6 |
| 竞争性 pH | 6～8 | >8 | <5 |
| 土壤中的竞争能力 | 各种土壤均出现 | 干燥、高 pH 的土壤中占优 | 在低 pH 的土壤中占优 |

表 2-2　占优势的可培养的土壤细菌

| 细菌 | 特　征 | 占可培养菌的比例/% | 功　能 |
|---|---|---|---|
| 节杆菌属 | 异养、好氧、革兰阳性或阴性 | 约 40 | 营养物循环和生物降解 |
| 链球菌属 | 革兰阳性、异养、好氧的放线菌 | 5～20 | 营养物循环和生物降解;产生抗生素,如疮痂病链霉菌 |
| 假单胞菌属 | 革兰阴性、异养、好氧兼性厌氧,具有范围广泛的酶系统 | 10～20 | 营养物循环和生物降解,包括难降解有机物;生物控制剂 |
| 芽孢杆菌属 | 革兰阳性、好氧、异养、产生内生孢子 | 2～10 | 营养物循环和生物降解;生物控制剂,如苏云金芽孢杆菌 |

表 2-3　重要的自养或异养土壤菌

| 细　菌 | | 特　征 | 功　能 |
|---|---|---|---|
| 自养土壤菌 | 亚硝化单胞菌属 | 革兰阴性、好氧 | 将 $NH_4^+$ 转化为 $NO_2^-$(硝化作用的第一步) |
| | 硝化杆菌属 | 革兰阴性、好氧 | 将 $NO_2^-$ 转化为 $NO_3^-$(硝化作用的第二步) |
| | 硫杆菌属 | 革兰阴性、好氧 | 将 S 氧化为 $SO_4^{2-}$(硫的氧化) |
| | 反硝化硫杆菌 | 革兰阴性、兼性厌氧 | 将 S 氧化为 $SO_4^{2-}$,具有反硝化菌的功能 |
| | 氧化亚铁硫杆菌 | 革兰阴性、好氧 | 将 $Fe^{2+}$ 氧化为 $Fe^{3+}$ |
| 异养土壤菌 | 放线菌 | 革兰阳性、好氧、丝状 | 有"土腥味",能产生抗生素 |
| | 芽孢杆菌属 | 革兰阳性、好氧、芽孢产生菌 | 碳循环,产生杀虫剂和抗生素 |
| | 梭菌属 | 革兰阳性、厌氧、芽孢产生菌 | 碳循环(发酵) |
| | 甲烷营养菌 | 好氧,如甲基弯曲菌属 | 能利用甲烷单加氧酶共代谢三氯甲烷的甲烷氧化酶 |
| | 真养产碱菌 | 革兰阴性、好氧 | 通过 pJP4 质粒降解 2,4-D |
| | 根瘤菌属 | 革兰阴性、好氧 | 和豆科植物共生固氮 |
| | 弗兰克菌属 | 革兰阳性、好氧 | 和非豆科植物共生固氮 |
| | 土壤杆菌属 | 革兰阴性、好氧 | 重要的植物病原体,引起冠瘿病 |

表 2-4　土壤中常见的真菌及其主要特征

| 亚门 | 纲 | 菌丝形态 | 无性繁殖 | 有性繁殖 | 土壤较常见的属 |
| --- | --- | --- | --- | --- | --- |
| 半知菌亚门（Deuteromycotina） | 丝胞纲（Hyphomycetes） | 菌丝分隔 | 不运动的分生孢子 | 无 | *Alternaria*, *Aspergillus*, *Botryotrichum*, *Botrytis*, *Cladosporium*, *Curvularia*, *Cylindrocarpon*, *Fusarium*, *Geotrichum*, *Coniothyrium*, *Phoma* |
|  | 腔胞纲（Coelomycetes） | 菌丝分隔 | 有分生孢子盘或分生孢子器 | 无 |  |
| 接合菌亚门（Zygomycotina） | 接合菌纲（Zygomycetes） | 菌丝无隔或有隔 | 孢囊孢子 | 接合孢子 | *Absidia*, *Mortierella*, *Cunninghamella*, *Mucor*, *Rhizopus*, *Zygorhynchus* |
| 子囊菌亚门（Ascomycotina） | 核菌纲（Pyrenomycetes） | 菌丝分隔 | 不运动的分生孢子 | 子囊孢子产在子囊果中 | *Chaetomium*, *Thielavia*, *Sacchanomyces* |
| 鞭毛菌亚门（Mastigomycotina） | 卵菌纲（Oomycetes） | 单细胞至无隔菌丝体 | 双鞭毛游动孢子 | 卵孢子 | *Pythium*, *Saprolegnia*, *Chytridium*, *Olpidium*, *Rhizophydium* |
|  | 壶菌纲（Chytridiomycetes） | 菌丝无隔 | 尾鞭式游动孢子 | 卵孢子 |  |
| 担子菌亚门（Basidiomycotina） | 层菌纲（Hymenomycetes） | 菌丝分隔 | 不运动的分生孢子 | 担孢子 | *Agrocybe*, *Marasmius*, *Ceratobasidium*, *Coniophora* |

土壤中真菌含有霉菌、酵母菌和担子菌等。这些真菌往往具有很强的分解能力，有不少真菌能分解许多微生物所不能分解的纤维素、木质素等物质，从而有助于改善土壤的结构，提高土壤肥力。

真菌是土壤中推动营养物质循环、降解纤维素和木质素有机物的重要成员，如常见土壤真菌的青霉属和曲霉属，它们的菌丝能固定土壤微粒。真菌的耐酸性比一般细菌强，降解作用随 pH 下降而上升，能降解不少有机污染物分子，如白腐菌等典型的真菌。

#### 2.1.1.3　藻类

藻类具有光合色素，存在于有光源和 $CO_2$ 碳源的地方，能通过光合作用，增加土壤中的有机物。在土壤表面 10 cm 的区域内藻的数量最多，靠近表层处每克土壤可达 5000～10000 个藻，有时在 1m 深的土壤中也能发现藻类。土壤中已发现绿藻、硅藻、黄绿藻、红藻四大主要类群的藻，其中绿藻或绿藻门（如衣藻属）是酸性土壤中最常见的；硅藻主要见于中性或碱性土壤；黄绿藻和红藻的数量较少。绿藻和硅藻既能光自养也能异养生长。

藻类数量与季节性天气变化有关，干燥的夏季或寒冷的冬季均抑制其生长，在春天数量最大，然后下降。活性污泥中常见的微型绿藻见图 2-1。

除了藻类，还有蓝细菌，具有藻类的多种特征，也把它们归在藻类。蓝细菌参与土壤形成过程，且具有一定的固氮能力。在温带土壤中，按藻类丰富度从大到小排序分别为绿藻＞硅藻＞蓝细菌＞黄绿藻，在热带地区则以蓝细菌占主导地位。

#### 2.1.1.4　原生动物

原生动物是单细胞真核生物，最长可达 5.5mm，但一般都很小（表 2-5），主要见于土壤 15～20cm 上层。大多数原生动物是异养小动物，吞食各种有机物、细菌、藻类和真菌类生活。有证据表明：它们也能参与有机物的降解。

原生动物主要有：鞭毛虫、变形虫和纤毛虫 3 种类型，如表 2-5 所示。鞭毛虫是最大的

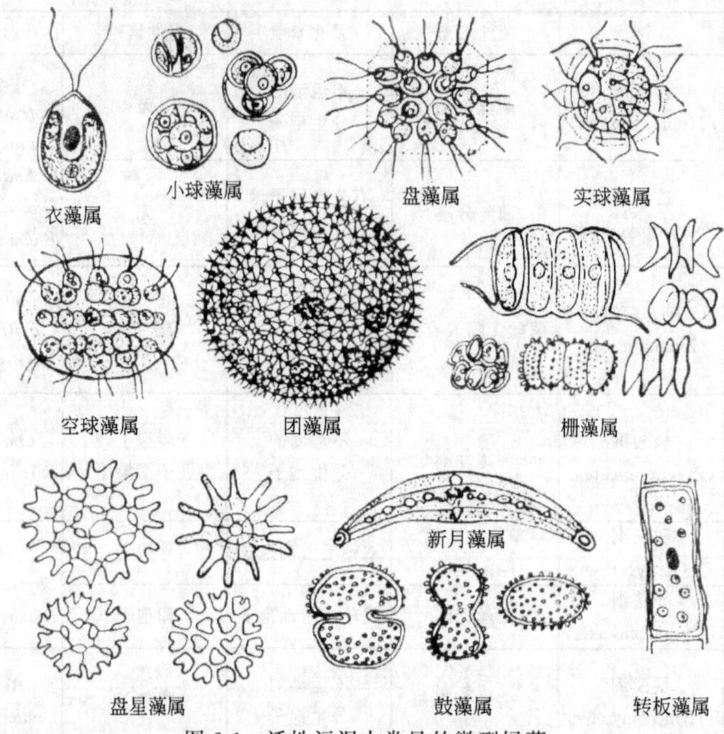


图 2-1　活性污泥中常见的微型绿藻

原生动物，通过鞭毛运动，一些鞭毛虫（如 *Euglena*）含有叶绿素；变形虫是土壤环境中找到的最多的原生动物类型；纤毛虫通过覆盖在整个细胞表面的短纤毛的振动来运动。原生动物的数量在温带非耕作土壤中每克约 30000 个，而在亚热带土壤中每克可达 $10^7$ 个。原生动物对土壤中的物质转化和在藻类、菌类数量调节方面起着很大的作用。

**表 2-5　土壤原生动物与细菌的平均长度和体积对比**

| 类　群 | 长度/$\mu m$ | 体积/$\mu m^3$ | 形　状 |
|---|---|---|---|
| 细菌 | <1～5 | 2.5 | 球状或杆状 |
| 鞭毛虫 | 2～50 | 50 | 球状、梨状或香蕉状 |
| 变形虫 | | | |
| 裸露的变形虫 | 2～600 | 400 | 原生质流动，有伪足 |
| 甲壳的变形虫 | 45～200 | 1000 | 用土壤做成椭球状或贝壳状外壳 |
| 巨大的变形虫 | 6000 | $4\times10^9$ | 巨大的，裸露的变形虫 |
| 纤毛虫 | 50～1500 | 3000 | 椭球状、肾状、笛状或扁平延伸状 |

### 2.1.2　微生物气溶胶

气溶胶（aerosol）是指固态或液态微粒悬浮在气体介质中的分散体系。当微粒为微生物时，就是微生物气溶胶。当气溶胶包括分散相的微生物粒子和连续相的空气介质，它是双相的；对悬浮在空气中的微生物，不包括空气介质，是单相的。

大气中的自然微生物主要是非病原性的腐生菌，据 Wright 于 1969 年报道，各种球菌占 66%，芽孢菌 25%，还有真菌、放线菌、病毒、蕨类孢子、花粉、微球藻类和原虫等（表 2-6）。除了高空专性厌氧菌的繁殖体外，凡土壤中有的微生物，在空气中可能都有。即使在

150m 的高空，仍然有微生物存在，如图 2-2 所示各类微生物在不同高度的活体数量。

**表 2-6　空气中各种微生物粒子的大小、浓度和作用**

| 粒子种类 | 粒径/μm | 浓度/(个/m³) | 作用 |
|---|---|---|---|
| 病毒 | 0.015～0.045 | | 传染病 |
| 细菌 | 0.3～15 | 0～100 | 传染病 |
| 真菌 | 3～100 | 100～10000 | 过敏性疾病等 |
| 藻类 | 0.5～100 | 10～1000 | — |
| 孢子 | 6～60 | 0～100000 | 植物病 |
| 花粉 | 1～100 | 0～1000 | 过敏性疾病 |

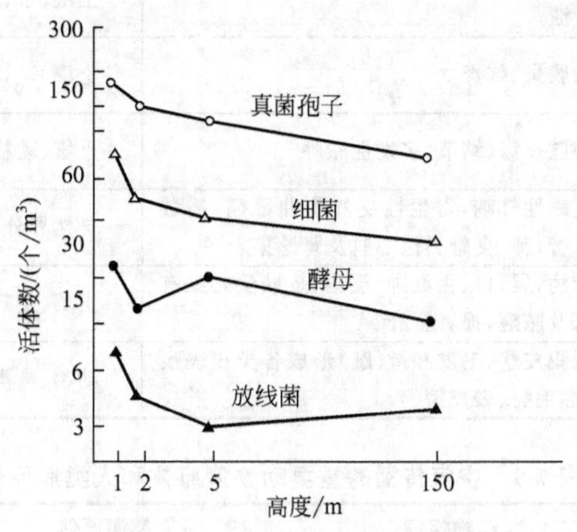


图 2-2　不同高度空气微生物浓度

2.1.2.1　细菌类

大气中的细菌约有 160 种，包括结核杆菌、肺炎双球菌、绿脓杆菌、肠杆菌、沙门菌、葡糖球菌等。1978 年 Mancinelli 等发表了在美国西部科罗拉多州连续两年的观测结果（表 2-7），可知细球菌的比例占首位，其次是葡萄球菌属。

**表 2-7　空气中各属细菌比例**

| 菌属 | 比例/% | 菌属 | 比例/% | 菌属 | 比例/% |
|---|---|---|---|---|---|
| 细球菌 | 41 | 链球菌 | 3 | 梭状芽孢杆菌 | <1 |
| 气球菌 | 8 | 副球菌 | 5 | 芽孢八叠球菌 | <1 |
| 葡萄球菌 | 11 | 小球菌 | 2 | 沙雷菌 | 3 |
| 消化球菌 | 3 | 芽孢杆菌 | 8 | 假单胞菌 | 2 |
| 消化链球菌 | 3 | 八叠球菌 | 4 | 白色念珠菌 | <1 |
| 奈瑟菌 | 3 | 芽孢乳杆菌 | <1 | 乳酸杆菌 | <1 |

2.1.2.2　真菌类

大气中的真菌散布极其广泛，种群很多，包括球孢子菌、组织胞浆菌、隐球酵母（隐球菌）、假丝酵母（念珠菌）、北美芽生菌、曲霉和青霉、毛霉等 600 多种。真菌可借助风、水、动物和人类的活动等多种途径的外部条件，将孢子释放出去以达到有效传播后代的“目的”，从而引发人类的各种疾病。表 2-8 列出了部分真菌来源及所致的疾病。

2.1.2.3　病毒类

大气中的病毒大约有几百种，主要有鼻病毒、腺病毒、麻疹、流感、水痘、风疹病毒等。这些病毒通过空气传播可感染动物，口蹄疫病毒就是典型的通过空气微生物途径传播的。1967年，英格兰暴发的一场口蹄疫仅仅持续了4个月，却影响了2300家以上的农场，造成了450000只动物损失。据有关报道，每年由空气中病毒感染所造成的损失高达数十亿美元。空气传播的重要动物和人类病原体及引起的相应疾病见表2-9。

表2-8 主要真菌引起的疾病及其来源

| 菌属种名称 | 引起的疾病 | 来　源 |
|---|---|---|
| 假丝酵母属(*Candida*) | 鹅口疮、慢性舌炎、黑毛舌、唇炎、口角炎、角膜炎、支气管炎、肺炎、肠炎等 | 自然界、病人及带菌者皮肤、口腔、肠道等 |
| 新型隐球菌(*Cryptococcus neoformans*) | 皮肤损伤、支气管炎、肺炎、脑膜炎、骨质破坏、血行播散性隐球菌病 | 尘埃、植物、昆虫、鸽粪、烂水果、咽喉、人类皮肤 |
| 放线菌属(*Actinomyces*) | 面颌放线菌病、急性或亚急性阑尾炎、皮肤破溃 | 土壤、水、人类唾液 |
| 星状诺卡菌(*Nocardia asteroides*) | 脑膜炎、肺炎 | 土壤、动物、人体 |
| 马杜拉分枝菌属(*Madurella*) | 四肢丘疹、结节、多发性脓肿 | 土壤、动物、人体 |
| 曲霉属(*Aspergillus*) | 过敏性气喘，寄生性支气管曲霉病，播散性气管、肺、食管、胃、心肌及肾感染 | 自然界分布极广，动植物、人类、基质 |
| 组织胞浆菌属(*Histoplasma*) | 肺病，唇、口、舌红肿、溃疡，皮肤受感染有丘疹及脓疱，损害全身 | 土壤、空气、动物、人体 |
| 皮肤真菌(*Dermatophyte*) | 侵犯皮肤、毛发和指(趾)形成各类浅表疾病，如毛癣、表皮癣等 | 动物、禽类及人体的毛发、皮屑及表皮等 |

表2-9 空气传播的重要动物病原体和人类病原体

| 动物病原体 | 动物疾病 | 人类病原体 | 人类疾病 |
|---|---|---|---|
| 疱疹病毒 | 犬疱疹 | 流感病毒 | 流感 |
| α病毒 | 东方型马 | 本扬病毒 | 出血热 |
|  | 脑脊髓炎 | 汉坦病毒 | 汉坦病毒肺症 |
| 瘟病毒属 | 猪霍乱 | 肝炎病毒 | 肝炎 |
| 流感病毒 | 流感 | 疱疹病毒 | 鸡痘病 |
| 麻疹病毒 | 猫瘟热 | 小核糖酸病毒 | 感冒 |
|  |  | 黄病毒 | 黄热病，登革热 |
|  |  | 狂犬病病毒 | 狂犬病热 |
|  |  | 风疹病毒 | 风疹 |
|  |  | 麻疹病毒 | 麻疹 |

#### 2.1.2.4 其他

大气中的微生物还有支原体、衣原体、立克次体等。

### 2.1.3 水体微生物

#### 2.1.3.1 细菌

水体中的细菌大多数为有机营养型，依赖各种动、植物来源的有机物而营腐生生活。寄生型细菌的数量较少。除此之外，还存在一些仅需无机营养的光能和化能细菌。

水生细菌除了常见的球状、杆状、弧状或螺旋状外，丝状、带状和柄状的形态亦常见。不同的水生细菌可形成包含不同数量细胞的团聚体，它们成圆形、椭圆形、星状、丝带状、网状或片状。大多数水生细菌均靠鞭毛运动，有些可以在固体表面滑行。

在不同类型的水体环境中，细菌的种群和组成有很大差别。这种差异的产生一方面决定于水体中的有机或无机营养物质的含量，也取决于 pH 值、浑浊度和温度等理化因素。因此，海水与淡水、江河和湖泊中的细菌种类不同（表 2-10）。

**表 2-10 不同水体中的细菌类型**

| 水体环境 | 细菌种类 |
| --- | --- |
| 地下水和泉水 | 无色杆菌、黄杆菌、小球菌、诺卡菌、食纤维菌等 |
| 江河和湖泊水 | 无色杆菌、黄杆菌、假单胞杆菌、芽孢杆菌、肠杆菌、弧菌属、螺菌属、硫杆菌属、小球菌属、八叠球菌属、诺卡菌属、链霉菌属等 |
| 盐湖水 | 绝大多数是嗜盐菌（盐杆菌属和盐球菌属） |
| 海洋 | 单胞菌、弧菌、螺菌、无色杆菌和黄杆菌外，还有柄发菌、生丝微菌、螺旋体、诺卡菌、链霉菌、游动放线菌、含纤维菌、柔发菌、贝氏硫菌、发硫菌等 |

2.1.3.2 真菌

水体中存在大量真菌，但大多为鞭毛菌亚门的低等真菌，从水生生物或有机残体中摄取营养，靠游走孢子繁殖。水体中也有高等真菌存在，其主要是子囊菌亚门和半知菌亚门的少数代表，多为酵母菌或酵母状半知菌，担子菌很少见。

在江河溪流中真菌的存在十分普遍。不同的真菌依其对营养的要求，生活在不同的水体中。有的可在营养贫乏、比较洁净的河流中繁殖，如水节霉目（Leptomitales）中的腐水霉属（*Sapromyces*）。有的则喜欢在富营养化的流水中生活，如水节霉目中的水节霉（*Leptomytus lacteus*）就是一种污水真菌，在污染严重的水体中能大量发生。洁净的地下水和泉水，由于缺乏营养，一般没有真菌。

酵母菌在流水中也可找到，在污水负荷量大的河流中则更为普遍，河流中出现的高等子囊菌和半知菌主要是存在于死亡的植物残体或木头上。

水霉目的外壶菌（*Ectrogella bacillariacearum*）是各种淡水硅藻的寄生菌，在湖泊中极为丰富。此外，水霉属、细囊霉属、绵霉属和丝囊霉属的成员在湖泊中均很常见。

与内陆水体的真菌一样，壶菌目和水霉目仍然是海洋真菌中最重要的。常见的属有油壶菌属、壶菌属、根生壶菌属、外壶菌属、罗兹壶菌属（*Rozella*）、离壶菌属（*Sirolpidium*）。它们中有的是海洋生物的寄生菌，有的是腐生菌。除壶菌目和水霉目外，其他目都有代表类型生活于海洋中。其中较重要的有霜霉目中的腐霉属，它们生活在龙虾卵和藻体中。

2.1.3.3 蓝细菌

内陆水体，特别是湖泊是几百种蓝细菌大量发展的主要生境，生活于水体中蓝细菌大多数为浮游型，包括蓝球藻类和蓝丝藻类，它们在水体物质循环的生物合成过程中起着重要作用。在形成水华的水域中，它们是主要的初级生产者。

泉水中常见的绝大多数蓝细菌都是光合生物，主要有隐球藻属（*Aphanocapsa*）、宽球藻属（*Pleurocapsa*）、聚球藻属（*Synechococcus*）、眉藻属（*Calothrix*）、鞭枝藻属（*Mastigocladus*）、颤藻属（*Oscillatoria*）、席藻属（*Phomidium*）和螺旋藻属（*Spirulina*）。

蓝细菌也存在于海洋中，如北冰洋、南极及其他温暖的海区都能见到，但所起的作用不如在淡水湖泊大。

海洋浮游生物中常见的蓝细菌属有束毛藻属（*Trichodesmium*）、颤藻属（*Dermocarpa*）、浮丝藻属（*Pelagothrix*）、假膜藻属（*Katagnymene*）和 *Haliarachne*。束毛藻主要生长在热带海洋中，它们可以成为藻华。在大西洋、印度洋和地中海的深层水域中也发现有念珠藻和蓝纤维藻（*Dactyliococopsis*）。

### 2.1.4 极端微生物

在自然界存在很多极端环境，为一般生物生长和存活的极限，但却能生长相应的、能适应这些极端环境的微生物。如高盐、高碱、高温、低温、高酸、高酸热、高干旱、高压、高辐射和高浓度重金属离子和低营养等极端环境下生长的微生物。这些微生物经长期自然选择，分别具备强且稳定的特殊结构、机能和遗传基因，以在极端环境中生存。

#### 2.1.4.1 嗜热微生物

自然界陆地或海底的某些热泉温度可达50～60℃，甚至更高，对多数微生物来说在如此高温下不可能存活，但某些嗜热微生物却能在此极端温度环境中生存。如某些蓝细菌、光合细菌、硫氧化菌、硫还原菌，以及某些藻和真菌，它们的最高生长温度见表2-11。

**表2-11 不同类群微生物生长的最高温度**

| 微生物类群 | 原生动物 | 藻 | 真菌 | 蓝细菌 | 光合细菌 | 化能自养菌 | 异氧菌 |
|---|---|---|---|---|---|---|---|
| 生长的最高温度/℃ | ≤65 | ≤60 | ≤62 | ≤73 | ≤73 | ≤90 | ≤90 |

某些嗜热微生物主类群见表2-12所示，它们的最适生长温度在45～76℃范围内。还有如热网菌属（*Pyrodictium*）和嗜热球菌属（*Pyrococcus*），可生存在100℃的高温环境中。

**表2-12 嗜热微生物主类群和最适生长条件**

| 嗜热微生物主类群 | 典型菌例 | 最适生长条件 |
|---|---|---|
| 好氧芽孢杆菌 | 嗜热脂肪芽孢菌(*Bacillus stearothermophilus*)<br>脱氮嗜热芽孢杆菌(*B. thermodenitrificans*)<br>极端嗜热芽孢杆菌(*B. caldotenax*) | |
| 嗜酸嗜热好氧芽孢杆菌 | 凝结芽孢杆菌(*B. coagulans*)<br>酸热芽孢杆菌(*B. acidocaldarius*) | 45～55℃ |
| 嗜热芽孢梭菌 | 热纤维梭菌(*Clostridium thermocellum*)<br>热硫氢梭菌(*C. thermohydrosulfuricum*)<br>热解糖梭菌(*C. thermosaccharolyticum*) | <70℃<br><76℃<br><67℃ |
| 栖热菌属 | 水生栖热菌(*Thermus aquaticus*)<br>嗜热栖热菌(*T. thermophilus*)<br>黄色栖热菌(*T. flavus*) | |
| 硫化叶菌属 | 酸热硫化菌(*Sulfolobus acidocaldarius*)<br>嗜酸极热菌(*Caldariella acidophila*) | 60～70℃,pH1.0～4.0 |
| 绿屈挠菌属 | *Chloroflexus auranticus* | 52～60℃,pH7.8～8.0 |

研究发现，极端嗜热菌几乎都是古细菌，并有以下共性，保持其热稳定性和抗性：由5-碳化合物（异戊二烯）重复单元组成的完全不同的细胞膜，细胞膜中的饱和脂肪酸的含量明显增加，有助于在高温下保持膜的稳定；盐桥（salt bridge）量（连接氨基酸残基的阳离子）有所增加，有助于蛋白质在高温环境下仍保持折叠；具有独一无二的DNA促旋酶，能促使DNA形成正超螺旋，理论上保持相当的热稳定性；能特殊结合有蛋白的DNA，促使DNA成为球状颗粒，以增强对高温熔解的抗性。

另一个耐热细菌种——水生栖热菌（*Thermus aquaticus*）因其耐热的DNA聚合酶而被广泛应用于聚合酶链反应（PCR）。

#### 2.1.4.2 嗜酸微生物

酸热泉、胃肠道、酸矿水和各种无机氧化环境的酸性环境中栖居的细菌有：硫杆菌属（*Thiobacillus*）、丙酮丁醇梭菌（*Clostridium acetobutylicum*）和胃八叠球菌（*Sarcina ventriculi*）等，这些都是发酵糖的专性厌氧菌。微生物耐高或低pH的机制主要是细胞膜的两种修饰方式：①通过掺入长链的二羧脂肪酸（32～36碳）修饰膜的结构有助于抑制膜的酸解，使其耐酸；②通过控制某些离子的跨膜迁移，使外部环境pH<2.0，而维持内部pH在

5～7。嗜酸菌可用于金属冶金和煤脱硫，耐酸菌则可用于食品工业。除嗜酸菌外，某些真菌、藻类和原生动物也具有耐酸性。

2.1.4.3　嗜冷微生物

嗜冷微生物是指那些最高生长温度近 20℃，而最低生长温度为 0℃或更低，最适生长温度为 15℃或更低的细菌。嗜冷菌绝大多数为革兰阴性菌，已鉴定的属有假单胞菌、弧菌、无色杆菌、黄杆菌、噬纤维菌和螺菌。Herbert 等曾对淡水湖泊和海洋的沉积物作过大量调查，分离出的菌大多为耐寒菌（表 2-13），很少为嗜冷菌。

**表 2-13　淡水湖及海湾水中的耐寒细菌群**

| 细菌群 | 海水 | 淡水 | 细菌群 | 海水 | 淡水 |
|---|---|---|---|---|---|
| *Azotobacter* sp. | + | + | 绿色硫细菌 | + | + |
| *Nitrosomonas* sp. | − | + | 紫色硫细菌 | + | + |
| *Nitrobacter* sp. | − | + | 硫酸盐还原菌 | + | + |
| 反硝化菌 | + | + | 硫氧化菌 | + | − |
| 蛋白质分解菌 | + | + | 纤维分解菌 | + | + |
| 紫色非硫细菌 | + | + | | | |

2.1.4.4　嗜盐嗜碱微生物

嗜盐菌一般是厌氧、光合菌，常发现在高盐湖泊和死海水体中，其耐氯化钠浓度高于 1.5mol/L，最适生长盐浓度为 2.5～3.5mol/L，最适 pH 在碱性范围。典型的嗜盐菌有：嗜盐杆菌属（*Halobacterium*）、盐厌氧菌属（*Haloanaerobium*）、外硫红螺菌（*Ectothiorhodospira*）。还有某些藻类和真菌耐盐性也很好。

嗜盐菌的耐盐机理主要是用其细胞内隔离的高浓度溶质平衡胞外的盐浓度，可维持这种平衡的溶质有 $K^+$ 和甘油，其中 $K^+$ 对耐盐细菌，而甘油对耐盐真核生物；耐盐菌的蛋白质一般是酸性的，并具有低比例的非极性氨基酸。有研究表明：嗜盐菌的耐盐性不是指其对高盐度的需要，而是可能对 $Na^+$ 有特殊的需求。

嗜碱菌最适生长 pH＞10.0，在中性条件下不生长。芽孢杆菌中有很多为嗜碱菌或耐碱菌，包括嗜盐芽孢杆菌（*B. alcalophilus*）和坚强芽孢杆菌（*B. firmus*）。

2.1.4.5　嗜压微生物

生活在深海的微生物称之为嗜压微生物，它们的耐受程度可达到 1000atm[❶]；由于受深海低温环境的影响，嗜压菌大部分也是嗜冷的。嗜压菌的主要菌群为无色杆菌、假单胞菌、芽孢杆菌、弧菌等。

另外，还有一些能生活在低营养环境中的细菌，这些菌的特征是细胞微型化，发育时间增长，最小低营养菌仅有 0.04$\mu m^3$ 大。能适应低营养环境的菌有假单胞菌、弧菌、芽孢杆菌、生丝微菌、生丝单胞菌（*Hyphomonas*）、产碱杆菌、棒杆菌、李斯特菌（*Listeria*）、诺卡菌、动性球菌（*Planococcus*）、球衣菌（*Sphaerotilus*）等。

## 2.2　环境微生物的生理特征

### 2.2.1　微生物营养

2.2.1.1　微生物的化学组成与营养需求

（1）微生物的化学组成　在微生物机体中，其质量的 70％～90％为水分，其余 10％～

❶ 1atm＝101325Pa。

30%为干物质。干物质由有机物和无机物所组成，其中有机物占干物质总量的90%～97%，包括蛋白质、核酸、糖类和脂类等；无机物占干物质总量的3%～10%，包含P、S、K、Na、Ca、Mg、Fe、Cl和微量元素等。

(2) 微生物的营养需求　微生物的营养物质分成六大类：水、碳源、氮源、无机盐、生长因子和能源。微生物的营养物质主要满足自身机体生长、繁殖和完成各种生理活动的需要。其作用可归纳为：形成结构（参与细胞组成）、提供能量（机体进行生理活动所需的能量）、调节作用系统（构成酶的活性成分和物质运输系统）。

① 水是微生物细胞的重要组成成分。细胞外营养物质输入细胞内，细胞内代谢产物输出到细胞外都依靠水作为媒介；水能有效地吸收代谢释放的热量，并将热量迅速地散发出去，从而有效地控制细胞的温度。水在细胞中以两种形式存在：结合水和游离水。结合水与溶质或其他分子结合在一起，很难加以利用。游离水则可以被微生物利用。

② 碳源为微生物细胞结构或代谢产物中碳架来源的营养物质。可作为微生物营养的碳源物质，有从简单的无机物（$CO_2$、碳酸盐）到复杂的有机含碳化合物（糖、糖的衍生物、脂类、醇类、有机酸、烃类、芳香族化合物等）。但不同微生物利用碳源的能力不同，如烷氧化菌仅能利用甲烷和甲醇两种有机物。多糖中，淀粉可为大多数微生物所利用，而纤维素则很难被降解；少数微生物还能用酚、氰化物等为碳源。

③ 氮源是构成微生物细胞物质或代谢产物中氮元素来源的营养物质。细胞的干物质中氮含量仅次于碳和氧。氮是组成核酸和蛋白质的重要元素，从分子态的$N_2$到复杂的含氮化合物都能被不同的微生物所利用，而不同类型的微生物能利用的氮源差异较大。根据对氮源要求不同，微生物分为四类。

a. 固氮微生物，是指能利用空气中分子氮进行自身氨基酸和蛋白质合成的微生物，如固氮菌、根瘤菌和固氮蓝藻。

b. 利用无机氮（氨、铵盐、亚硝酸盐、硝酸盐）为氮源的微生物，如亚硝化细菌、硝化细菌、大肠杆菌、产气杆菌、枯草杆菌、铜绿假单胞菌、放线菌、霉菌、酵母菌及藻类等。

c. 需要某种氨基酸为氮源的微生物（也称氨基酸异养微生物），如乳酸细菌、丙酸细菌等。它们不能利用简单的无机氮化物合成蛋白质，必须供给某些现成的氨基酸才能生长繁殖。

d. 从分解蛋白质获得铵盐或氨基酸合成蛋白质的微生物，如氨化细菌、霉菌、酵母菌及某些腐败细菌，它们有分解蛋白质，产生$NH_3$、氨基酸和肽，进而合成细胞蛋白质的能力。

④ 无机盐是微生物生长所不可缺少的营养物质，主要有磷酸盐、硫酸盐、氯化物、碳酸盐、碳酸氢盐等，需求量为$10^{-4}$～$10^{-3}$mol/L数量级，其主要功能有：参与细胞组织的构成；成为酶的组成成分；维持酶的活性并参与能量转移；调节细胞渗透压、氢离子浓度和氧化还原电位；作为某些自氧菌的能源。另外，还有被称为“微量元素”的物质，如铁、锰、铜、钴、锌、钼等，需求量在$10^{-8}$～$10^{-6}$mol/L数量级，是微生物维持正常生长发育所必需的，极微量就可刺激微生物的生命活动。

⑤ 生长因子不能从普通的碳源、氮源中合成，而需要另外少量加入来满足需要，包括氨基酸、维生素、嘌呤和嘧啶碱及其衍生物。缺乏合成生长因子能力的微生物称为“营养缺陷型”微生物。

⑥ 能源是指能为微生物生命活动提供最初能量来源的营养物或辐射能。微生物的能源如下：

能源
- 化学物质
  - 有机物 即碳源，为化能异氧微生物的能源
  - 无机物 还原态无机物，为化学能自养型微生物的能源
- 辐射能 光能自养和光能异氧型微生物的能源

2.2.1.2 微生物的营养类型

微生物营养按能源划分，有光能营养型和化能营养型两大类；按碳源划分，有自养型和异养型两大类，其主要区别如表2-14。

**表2-14 自养型和异养型微生物的主要区别**

| 营养类型 | 自养型 | 异养型 |
| --- | --- | --- |
| 碳源 | 二氧化碳和碳酸盐 | 有机物 |
| 能源 | 光和无机物的氧化 | 有机物的氧化 |

按能源和碳源两大因素划分，可将微生物分为：光能自养型（photolithoautotroph，PLA）、光能异养型（photoorganoheterotroph，POH）、化能自养型（chemolithoautotroph，CLA）和化能异养型（chemoorganoheterotroph，COL）四个基本营养类型。如表2-15所列。

**表2-15 微生物的营养类型**

| 类型 | 碳源 | 能源 | 微生物种类举例 |
| --- | --- | --- | --- |
| 光能自养型 | $CO_2$ | 光能 | 蓝细菌、紫硫细菌、绿硫细菌、藻类 |
| 光能异养型 | 有机物 | 光能 | 紫色非硫细菌（红螺菌科细菌） |
| 化能自养型 | $CO_2$ | 无机还原物 | 消化细菌、硫化细菌、铁细菌、氢细菌 |
| 化能异养型 | 有机物 | 有机物 | 绝大多数细菌和全部真核微生物 |

上述四大类型微生物的划分并不是绝对的，在它们之间也有一些过渡型。微生物营养类型的区分一般是以最简单的营养条件为依据，当微生物兼有两种营养类型时，光能先于化能，自养先于异氧，并加以“专性”或“兼性”来描述营养类型。

**2.2.2 微生物生长**

微生物群体的生长，既包括群体细胞物质的增加，又有个体数量的增多现象。就个体而言，当同化作用大于异化作用时，个体细胞物质增加，体积增大，这种现象称为生长。微生物的生长是由细胞重量和细胞数目的增加来体现的，繁殖是菌体数量增多的生长，效率可以其细胞得率表示。细胞得率指微生物利用单位质量的底物时生成的细胞物质的量。

2.2.2.1 微生物的生长规律

微生物生活在各种各样的物理化学环境中，其生长和其他生理活动，实质上是对周围环境的一种反应。只有在满足微生物所需要的物理（如温度等）和化学条件（如营养种类和浓度等）时，微生物才能旺盛地繁殖、生长。维持微生物细胞的良好生长状态并达到较高的细胞浓度，是进行大规模发酵过程所必需的前提条件。

一般来说，微生物生长和培养方式，可以分为分批培养（batch culture）、连续培养（continuous culture）和补料分批培养（fed-batch culture）三种类型。

（1）分批培养 在一个密闭系统内一次性投入有限数量营养物进行培养的方法称为分批培养。当时间为零时，向发酵罐内灭过菌的培养基中接种入所要培养的微生物，然后在最适宜的生理条件下进行培养。在以后的整个生长繁殖过程中，除氧气、消泡剂及pH控制外，不再加入任何其他物质。过程中培养基成分逐步减少，微生物得到生长繁殖，是一种非稳态的培养过程。

在分批培养条件下，根据细胞浓度和代谢产物浓度变化情况，其微生物生长过程可分为四个不同阶段，即迟滞期（lag phase）、对数期（log phase）、稳定期（stationary phase）和

衰亡期（decline phase）。图 2-3 显示了典型的细菌生长曲线。

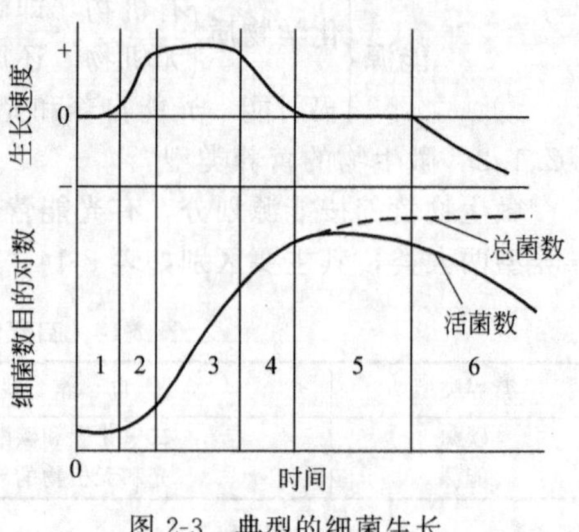

图 2-3　典型的细菌生长曲线（岑沛霖，2008）

迟滞期长短与接种物的生理状态及接种物浓度有关。如果接种物处于对数期，很可能不存在迟滞期，而立即开始生长。如果所用的接种物已经停止生长，那么，就需要更长的时间以适应新的环境。

对数期内细胞的生长速度大大加快，单位时间内细胞的数目或重量的增加维持恒定，并达到最大值。

在稳定期间，微生物的生长造成营养物的消耗和产物的分泌，一旦营养物消耗殆尽或有毒物质开始形成，则生长速度就开始下降，直至生长停止。当所有细胞停止分裂，或细胞增加速度与死亡速度达到平衡，就进入了稳定期。这时，细胞重量基本维持恒定，但活细胞数目可能下降。由于细胞溶解作用，新的营养物（糖类、蛋白质）又释放出来，它们又可作为细胞的能源，使存活的细胞发生缓慢的生长，通常称为二次生长，此时生成的主要为次级代谢产物。

衰亡期间细胞的能量储备已经消耗完毕并开始死亡，在稳定期和衰亡期之间时间的长短，取决于微生物的种类和所用的培养基。

(2) 连续培养　连续培养是指以一定的速度向发酵罐内添加新鲜培养基，同时以相同的速度流出培养液，从而使发酵罐内的液量维持恒定，使培养物在近似恒定状态下生长的培养方法。与密封系统的分批培养相反，连续培养是在开放系统中进行的。恒定状态（steady state）可以有效地延长分批培养中的对数期。在恒定状态下，微生物所处的环境条件，如营养物浓度、产物浓度、pH 值以及微生物细胞的浓度、比生长速率等可以始终维持不变。甚至，还可以根据需要来调节生长速度。

连续培养的最大特点是，微生物细胞的生长速度、代谢活性处于恒定状态，达到稳定高速培养微生物或产生大量代谢产物的目的。

(3) 补料分批培养　补料分批培养是指在分批培养过程中，间歇地或连续地补加含有限制性营养物的培养基的培养方法，又称半连续培养，是介于分批培养和连续培养之间的一种过渡培养类型。

目前，补料分批培养有很多类型，就补料方式而言，有连续流加、间歇流加和多周期流加。按每次流加速度不同又可分为：快速流加、恒速流加、按指数速率流加和变速流加。就发酵罐内培养液体积而言，有变体积和恒体积之分。就反应器数目而言，又可分为单一组分流加和多组分流加。

2.2.2.2　影响微生物生长的因素

影响微生物生长的因素除了营养条件外，还有温度、pH 值、氧气、光照、氧化还原电位、渗透压等环境条件。在废水处理中，酸、碱、盐、重金属、毒物等物质组成、流量、浓度与供氧状况的变化，往往会导致微生物种群组成的变化和处理效果的下降。

(1) 温度　任何微生物只能在一定的温度范围内生存，在适宜的温度范围内微生物能大量生长繁殖，根据微生物对温度（℃）的不同反应可分为三大类，以细菌为例：

| | 最低温度 | 最适温度 | 最高温度 |
|---|---|---|---|
| 低温型细菌 | −5～0℃ | 5～10℃ | 20～30℃ |
| 中温型细菌 | 5～10℃ | 25～40℃ | 45～50℃ |
| 高温型细菌 | 30℃ | 50～60℃ | 70～80℃ |

原生动物的最适温度一般为16～25℃，工业废水生物处理过程中的原生动物的最适温度为30℃，其最高温度在37～43℃；大多数放线菌的最适温度为23～37℃，有的放线菌在20℃以下的温度中也可生长；霉菌与温度的关系和放线菌差不多；藻类的最适温度多数在28～30℃；大多数细菌为嗜中温度菌，在适宜的温度范围内，环境温度每提高10℃，酶反应速度将提高1～2倍，其代谢速率和生长速率均可能成倍增加。

（2）pH值　微生物的生命活动、物质代谢与pH值有密切关系。大多数细菌、藻类和原生动物的最适pH为6.5～7.5。大多数细菌要求中性和偏碱性，也有的细菌，例如氧化硫杆菌喜欢在pH1.5的酸性环境中生活，其最适pH为3；放线菌在中性和偏碱性环境中生长，以pH7.5～8.0最适宜；酵母菌和霉菌要求在酸性或偏酸性的环境中生活，最适pH在3～6，其生长极限在pH1.5～10。

大多数细菌、藻类、放线菌和原生动物等在其适宜pH值下均能生长繁殖，尤其是形成菌胶团的细菌能互相凝聚形成良好的絮状物，取得良好的净化效果。很多微生物分解糖、产生酸而使pH值下降；有些细菌能分解尿素、产生氨而使pH值上升。因此，在实践中要经常注意微生物生存环境的pH值变化。微生物的培养基中往往需要加入缓冲剂。

（3）氧气　根据微生物与氧的关系，可将微生物分成三类。

① 好氧微生物　必须在有氧存在的条件下才能生长。大多数细菌、放线菌、真菌、原生动物，以及蓝细菌和藻类属好氧微生物。

一般情况下好氧微生物只利用溶于水的氧（即溶解氧）。在废水生物处理的曝气池中，为使活性污泥中的好氧微生物得到足够的氧，往往要保持溶解氧在3～4mg/L。蓝细菌和藻类则比较特殊，白天进行光合作用放出氧，晚上则消耗氧分解有机物。

② 厌氧微生物　厌氧微生物分为两种：一种需在绝对无氧条件下才能生存，遇到氧气就会死亡，称为专性厌氧微生物，如拟杆菌属、梭菌属、梭杆菌属及产甲烷菌等；另一种是氧的存在对其生长繁殖无影响，不利用氧也不中毒，如典型的乳酸发酵。

③ 兼性厌氧微生物　这类微生物既具有氧化酶，又有脱氢酶，因此它们既能在有氧条件下生长，也能在无氧条件下生长。除酵母菌外，还有肠道、反硝化细菌及很多病原菌也是兼性厌氧微生物。

由于兼性厌氧微生物在有氧条件或无氧条件下均能很好地生长，因此在废水生物处理或活性污泥消化中起着十分积极的作用。

### 2.2.3 微生物代谢

在微生物的生长与繁殖过程中，细胞不断由外界环境中摄取生长需要的能源与营养物质，同时又将产生的废物排泄到外界环境中去，细胞与环境之间进行大量的物质交换。微生物通过这一系列生物化学反应实现细胞中物质的转化称为微生物的代谢，也即微生物代谢由一系列的生物化学反应所组成，而使生物体内顺利和迅速反应的主要原因，是由于酶的催化转化作用。

（1）酶与酶的反应转化　微生物代谢主要利用了微生物细胞中酶的催化作用，酶将吸收的有机营养物质逐步分解，其中一部分用于产生微生物自身生长繁殖所需的能量，另一部分则转化成维持细胞生命活动所需的小分子物质，以及蛋白质、脂类、核酸、多糖等生物大分子。这些反应的一个基本特点是它们在一个极温和的条件下（体温37℃，接近中性pH）进行。

酶既然是生物催化剂，它和一般催化剂一样，只能催化热力学上允许进行的反应，它可以缩短平衡到达的时间，而不改变反应的平衡点。已发现的酶已达2000多种，国际酶学委员会根据酶催化反应的类型，把酶分为六大类：氧化还原酶、转移酶、水解酶、裂解酶、异构酶、合成酶。

① 酶的催化效率极高。同一反应，酶催化反应的速率比一般催化剂的反应速率要大$10^6$～$10^{13}$倍。

② 酶的另一个特点是它具有高度的专一性。酶对其所作用的物质（叫做底物）有着严格的选择性。一种酶只能作用于一些结构近似的化合物，甚至只能作用于一种化合物而发生一定的反应。酶对底物的这种严格的选择叫做酶的专一性（或叫做特异性）。

③ 酶的催化作用条件温和，酶只需在常温、常压和近中性的水溶液中就可催化反应的进行。

④ 酶是蛋白质，对环境条件极为敏感。在高温、强酸或强碱、重金属等引起蛋白质变性的条件下都能使酶丧失活性。同时酶也常因温度、pH等轻微的改变或抑制剂的存在使其活性发生变化。酶常常在最适温度下才表现最大活力。

酶除了蛋白质组分外，还含有对热稳定的非蛋白的小分子物质。前者称为酶蛋白，后者称为辅因子。酶蛋白与辅因子单独存在时，均无催化活力，只有二者结合成完整的分子时，才具有活力，此完整的酶分子称为全酶，即全酶＝酶蛋白＋辅因子。有些酶的辅因子是金属离子，有的则是小分子有机化合物。通常将这些小分子有机化合物称为辅酶或辅基。

微生物对于外界环境变化的感知是通过酶进行的，外界环境的变化“诱导”或“激活”微生物某些酶的产生或活化，从而在一定程度上改变微生物的行为，使之适应环境。酶的催化活性受生物体调节和控制，如通过酶的生成和分解、酶结构的修饰与改变、产生抑制或激活剂，以及反馈作用。

(2) 微生物代谢　微生物的代谢可分为分解代谢和合成代谢两大类。分解代谢也称异化作用，它指各种营养物质或细胞物质降解为简单物质的过程，在这一过程中，产生可供生物利用的能量；合成代谢也叫同化作用，是细胞由较简单的物质合成为细胞所需物质的过程，这一过程消耗能量。

葡萄糖分解途径是最典型的微生物分解代谢，它是生物体内将葡萄糖分解为丙酮酸的最普遍的反应路线，为纪念发现这条路线的科学家而被称作EMP途径。在这条途径中，葡萄糖被微生物细胞以基团转位方式吸收后，先后经过十余种酶的参与，将一个葡萄糖分子最后分解成2个丙酮酸分子，同时将分解过程中产生的能量储存在腺苷三磷酸（ATP）中，或以氢原子的形式储存在辅酶Ⅰ中，整个过程相当于生成2个ATP分子。在微生物吸收的营养物质中，只有一部分糖类用于分解生成能量和氢原子，而另一部分则用于合成各种细胞组成物质和胞外分泌物。如微生物自身所需的蛋白质、核酸、多糖和脂类等大分子，以及一些与细胞的生理活性相关的氨基酸等小分子的合成；还有为了吸收和利用某些大分子而分泌出相应的酶制剂；以及为提高微生物的生活质量和增强在环境中竞争优势与适应能力而产生抗生素等一类次级代谢物。

由此可知，分解代谢和合成代谢是一个协同的、一体化的过程，它们是密不可分的。

(3) 微生物的产能代谢与呼吸类型　微生物的生长繁殖需要吸收周围营养物以合成细胞成分，而合成细胞成分和维持生命活动需要通过产能代谢提供能量。通过细胞中的光合色素（例如叶绿素和载色体）从光能中获得能量的称为光合微生物；通过生物氧化反应所产生的化学能的称为化能微生物。以光能合成ATP的过程称为光合磷酸化作用，ATP是微生物可直接利用的能量；从物质的氧化获取能量生成ATP的过程称为氧化磷酸化作用。微生物的绝大多数只能由化学反应中获取能源。微生物将物质氧化的过程，称为生物氧化作用，也称为呼吸作用，其间产生能源，同时伴随着ADP转化为ATP的磷酸化过程，即氧化磷酸化。根据生物氧化中电子受体（或受氢体）的不同，将生物氧化分为三种类型。

① 有氧呼吸　有氧呼吸是以分子氧作为电子受体的生物氧化作用。其特点是底物按常

规方式脱氢后，经完整的呼吸链传递氢，最终由分子氧接受氢并产生水和 ATP。有氧呼吸是好氧微生物和兼性微生物在有氧条件下所进行的生物氧化方式。有氧呼吸对底物的氧化作用比较彻底，因而可以获得最多的能量。以葡萄糖为例，在好氧呼吸中它首先经 EMP 途径生成丙酮酸，并进一步通过三羧酸（TCA）循环被彻底氧化。一个葡萄糖分子完全氧化分解成 $CO_2$ 和水过程中，理论上可产生 38 个 ATP。

② 无氧呼吸　无氧呼吸是以分子氧以外的无机氧化物（主要是硝酸盐、硫酸盐、碳酸盐及 $CO_2$ 等）为最终氢及电子受体，产生 ATP。这些无机盐在接受电子后被还原，分别称为硝酸盐还原、硫酸盐还原和碳酸盐还原。无氧呼吸是一些厌氧菌或兼性菌在无氧条件下进行的，其终产物为 $CO_2$、$H_2O$、$CH_4$、$N_2$、$H_2S$ 等，产能水平低于有氧呼吸。氧化底物一般为葡萄糖、乙酸、乳酸等有机物。

③ 发酵　发酵的最终电子受体为有机物，在无氧条件下进行有机物的氧化。发酵是厌氧微生物获得能量的主要方式。葡萄糖是微生物常利用的发酵基质，它被逐步分解的过程称为糖酵解。糖酵解途径几乎是所有具有细胞结构的生物所共有的主要代谢途径。

发酵作用比有氧呼吸和无氧呼吸的产能水平都低得多，为获得相同的能量，发酵作用要消耗数倍于有氧呼吸的底物。发酵作用不能彻底氧化有机物，它能得到许多有用的产物。在工业上，酒精、丙酮、丁醇、乙酸、氨基酸等许多产品都可以由发酵制取，发酵终产物也有 $CO_2$、$CH_4$、$NH_3$、$H_2S$ 等。

## 2.3　环境微生物的生态

### 2.3.1　生态与生态平衡

一切生物都离不开周围的环境，它们不断适应着变化中的环境，反过来又不断以自身活动影响着环境。

(1) 生态系统　由生物群落与其周围环境之间形成的这种动态平衡系统称为生态系统。生物群落同其生存环境之间，以及生物群落内不同种群之间不断进行着物质交换和能量交换，并处于相互作用的动态平衡之中。用公式可表示为：

$$生态系统=生物群落+环境条件$$

生态系统由 4 个部分组成。①生产者：包括一切能通过光合作用制造有机物的生物，主要是绿色植物、藻类与光合细菌，以及化学能合成细菌。②消费者：指动物群落。③分解或转化者：主要为异养微生物群落、原生动物及微型动物。它们把环境中的有机物（动植物残骸、废弃物等）分解为可以为生产者利用的无机物。④无生命物质：即生物赖以生存的自然环境，它们包括各种无生命的有机和无机物、太阳光、大气等各种自然因素。

生态系统是自然界的基本功能单元，其功能主要表现在生物生产、能量流动、物质循环和信息传递。生物生产是生态系统的基本功能之一，只要有太阳辐射，水、二氧化碳及无机物、植物、藻类及光合细菌等利用太阳能，将 $CO_2$ 和水合成碳水化合物：$6CO_2+12H_2O \xrightarrow[\text{叶绿素}]{\text{太阳光(2876KJ)}} C_6H_{12}O_6+6O_2+6H_2O$，进而合成蛋白质和脂肪，构成植物体。

能量流动是太阳将能量供给植物、藻类和光合细菌等进行光合作用合成有机物，光能被转化为化学能而被储存于植物体内，能量再通过食物链由一种生物体移到另一生物体内，消费者则通过生物氧化从中获得能量。

物质循环是生态系统中生物群落所需的各种营养物在环境、生产者、消费者和分解者（各营养级）之间传递。

(2) 生态平衡　在一定的条件下，生态系统处于动态平衡，即生物种群相对稳定，能量和物质循环与系统的组成、功能相对平衡，这种平衡状态就是生态平衡。

生态系统是开放系统，当能量和物质的输入（被植物等固定）大于输出（消费和分解、人类收获等），生物量增加；反之，生物量减少。如果输入和输出在较长时间趋于相等，生态系统的组成、结构和功能将长期处于稳定状态。动物、植物和微生物等群落的种群、数量、它们之间的数量比均保持相对恒定。即使有外来干扰，生态系统能通过自行调节的能力恢复到原来的稳定状态（例如，土壤和水体的自净）。因此，生态系统具有一定的稳定性和适应性。但生态系统的自行调节功能也有一定限度。当外来干扰过大，超过了生态系统所能容忍的限度，则生态系统被破坏，生物群落中物种数量与比例失调，能量与物质循环发生障碍。在自我调节恢复其原有平衡状态范围内，环境系统所能接受的外来干扰（例如，污染物的排放）的最大限度，称为环境容量。

### 2.3.2 微生物生态系统

生态系统可根据生物群落、生存环境划分为许多大小不同的类型。微生物与不同环境组成各种生态系统，如土壤、空气与水体微生物三个最典型的生态系统。

（1）土壤微生物生态　土壤含有丰富的有机质，一般来自动植物的遗体；也含有多种矿物质、金属元素。土壤 pH 范围一般在 3.5～8.5，大多数在 5.5～8.5，也有不少土壤甚至接近中性，适合大多数微生物生长需要。土壤的团粒结构有无数小孔隙，起到毛细管作用，它既能使空气畅通交换，又能保持一定的水分。土壤具有较强的保温性，在表层几毫米之下，其温度一年四季变化相对不大，在夏天可避免阳光直射到微生物；即使冬季地面冻结，也能保持一定的微生物生长温度。由于土壤的成分、土壤的结构以及土壤的功能特征，具有能满足微生物生长、繁殖及生命活动所需的各种条件，被称为微生物的“天然培养基”，是微生物最适宜的天然生境。因此，土壤成为微生物生存数量最大、种类最多、其活动最适宜的场所。

一般情况下，在肥沃的土壤中微生物每克可有数亿，即使贫瘠的土壤也有千万。土壤中的微生物以细菌为主，一般可占土壤微生物总数的 70%～90%，放线菌、真菌次之，藻类和原生动物较少。土壤中微生物的数量与种类因土壤类型、营养、季节、土层深度等不同而有所差异。一般来说，在土壤表面，由于日照、雨淋、干燥等多变因素，以及受紫外线照射，微生物不易生存而数量少。土壤中微生物的垂直分布，也与紫外线照射、营养、水、温度等因素有关，而在离地面 10～20cm 的耕作层，其温度适宜，微生物数量最多，每克土可含几十万个微生物，在植物根系附近微生物数量更多。随土层深度增加，微生物数量逐渐减少，在距表面 1m 深处每克土含有数万个微生物，在离表面 2m 深处每克土只有几个至数百个微生物，主要是由于缺乏营养和空气不畅造成的。

在多种类型的细菌中，异养、好氧的嗜温菌在土壤中都是最多的。但对于具体的微生物种类会因土质成分、结构以及气候环境等的不同有较大差异。特别需要指出的是，土壤中微生物的水平分布主要决定于存在的碳源及其形式，如油田地区存在以碳氢化合物为碳源的微生物；森林土壤中存在分解纤维素的微生物；含动、植物残体多的土壤中含氨化细菌、硝化细菌较多；在沼泽土中，厌氧菌数量较大；偏酸性土壤中，真菌数量比率上升。地面生存的动植物也能改变土壤的成分与构成，使得优势菌种得以大量繁殖，甚至改良土壤的成分。如霉菌能分解植物组织的主要成分——纤维素和木素，霉菌菌丝体在土壤中累积；如葡萄园、养蜂场等处糖源丰富，则能找到大量酵母菌。从而使优势菌种聚积并改良土壤有机质成分与物理结构。

土壤中最简单的食物链为：植物残余（枯枝败叶、根等）→真菌 →细菌→原生动物和微小后生动物。但由于土壤中微生物和微小后生动物的种类极多，微生物的活动比较频繁，也增加了其食物链的复杂性。在含水较多的条件下，细菌一开始就会繁殖，因为它们也能分解植物中的半纤维素甚至纤维素；在有机质与水分含量更高的土壤中，厌氧细菌成为主要角色，在此情况下真菌生长受到抑制，后生动物也较少存在。

土壤微生物不仅对土壤的肥力和土壤营养元素的转化起着重要作用，而且对于进入土壤中的农药及其他有机污染物的自净、有毒金属及其化合物在土壤环境中的迁移转化等都起着极为重要的作用。

(2) 空气微生物生态　空气中的微生物主要来自地面飞扬的尘埃、飞溅的污水、动植物体表的脱落物，并可借空气气流做远距离传播。空气微生物没有固定的类群，在空气中存活时间较长的主要有芽孢杆菌、霉菌和放线菌的孢子、野生酵母菌、原生动物及微型动物的胞囊。空气中的微生物常以真菌的孢子数量最多，而室内空气中则可能存在很多种致病微生物。

空气中微生物的数量与环境卫生、绿化程度、人员密度与活动情况有关。在畜舍、公共场所、医院、宿舍、街道空气中微生物较多；海洋、森林、终年积雪的山脉、高纬度地带的空气中，微生物数量较少；而雨、雪过后空气十分干净，微生物极少。

由于空气中有较强的紫外辐射，空气较干燥，温度变化大，缺乏营养等。所以，空气不是微生物生长繁殖的适宜场所。

(3) 水体微生物生态　水体中含有微生物所需的各种营养条件，是微生物的天然生境。微生物在水域中的数量和分布与水体类型、污染程度、有机物含量、溶解氧、水温、pH 值及水深等多种因素有关。

湖泊、水库、池塘、河流等地表水中的微生物大部分来自土壤、生活污水、动植物残余及其排泄物。能进行光合作用的微生物（藻类、光合细菌）生活在上层地表水中，大量微生物成为其他生物直接或间接的食物源。在水中有机物以溶解状态和悬浮物状态（非生物颗粒）存在，并使其逐渐分解为溶解性有机物。水中异养菌种类和数量较多，它们分解水中的有机质，在水的自净中起重要作用。水中也有自养菌，如硝化细菌，氧化铁、硫和氢的细菌。此外，水中还有藻类、水生藻状真菌、原生动物等。

地下水、山泉、温泉以及洁净的湖泊和水库等所含有机质低，微生物也少；含铁和硫较丰富的水中，则常见铁细菌和硫细菌。

海水中微生物主要分布在水下 5～20m 的水层中，20m 以下菌数随深度逐渐减少，到底部污泥层又有所增加。海岸附近的海域有机质丰富，微生物数量较多。一般情况下，从生活污水和土壤流入海域的微生物，多数因环境不适宜和营养物质缺乏而逐渐死去，但有一部分能继续繁殖。由于海水中营养物质相对不及地面水丰富，加之海水的高盐分、低温、高压等，海水中微生物数量相对较低。

### 2.3.3　微生物之间的相互关系

用来发酵生产的工业微生物基本上都是纯种培养的，在人类活动的环境中很难找出单一微生物存在的生态环境。无论是一滴水还是一把土，都是由不同类群的多种微生物组成的集体环境，它们之间彼此联系，共同协作，相互竞争，激烈争斗完成了各种复杂的物质交换与能量代谢。根据目前已有的研究结果，大体可以可归纳为共生、互生、栖生、寄生和拮抗五种关系。

(1) 共生　两种生物生活在一起，双方相互依存，彼此得益，甚至不能分开独立生活，形态上形成特殊的共生体，生理上形成一定分工。某些蓝细菌或藻类与真菌共生而形成地衣是微生物种群之间共生关系的典范。

(2) 互生　两种可单独生活的微生物，在共同生活时，一方为另一方或相互为对方提供有利条件，这种关系称为互生。具有互生关系的两个种群可以独立生活，但共同生活时生长得更好。

互生关系普遍存在，如好氧菌与厌氧菌互生。在一些好氧环境中，好氧微生物进行代谢活动，消耗氧气，造成厌氧微环境，其中就有厌氧菌存在。同样，在自然界中当一种微生物排出的代谢产物能被另一种微生物作为营养而利用时，就存在互生关系。

(3) 栖生　栖生也称单利共生，是指两个微生物种群共同生长时，一方受益，另一方不受影响的现象。微生物种群之间发生栖生的纽带是：①一方为另一方提供适宜的生长环境；②一方为另一方提供生长因子；③一方为另一方提供营养物质；④两者共代谢；⑤一方为另一方解除毒物的损害。

(4) 寄生　寄生不同于共生和互生，是一方得益而另一方受害。其中得益者为寄生物，受害者为寄主（或称宿主）。

(5) 拮抗　拮抗关系是指一种微生物在其生命活动中，产生某种代谢产物或改变环境条件，从而抑制其他微生物的生长繁殖，甚至分泌抗生素与毒物杀死其他微生物的现象。拮抗作用表明，生物之间并非都是友好相处，也有矛盾和争斗，甚至生死相拼，吞食另一种较小的微生物，生态系统中的优势菌，是营养竞争的胜利者。

## 2.4 微生物与污染环境的相互作用

### 2.4.1 污染环境对微生物的影响

影响微生物生长的因素除了营养条件、温度、pH 值、氧气、光照、氧化还原电位、渗透压等环境条件外，化学药剂和辐射常对微生物产生严重的影响，也是人们消毒和杀灭病原微生物的常用方法。

(1) 化学药剂　在一定条件下，不少化学药剂对微生物的作用取决于药剂浓度、作用时间以及微生物对化学药剂的敏感性。在一定条件下，不少化学药品是环境中常见的污染物。

① 重金属、类金属及其化合物　如 $Hg^{+}$、$Ag^{+}$ 和 $Cu^{2+}$ 具有很强的杀菌力，这些离子或化合物进入细胞后主要与酶或蛋白质上的-SH 基结合而使之失活或变性，还会在细胞内不断累积并最终对生物发生毒害作用。

② 卤化物　具有杀菌能力，其杀菌力大小顺序是 F>Cl>Br>I。其中碘和氯最为常用。碘不可逆地与菌体蛋白质或酶的酪氨酸结合，生成二碘酪氨酸，使菌体失活；氯与水结合成次氯酸，后者易分解产生新生态氧。

③ 有机化合物　常用作杀菌剂的有机化合物是醇、醛、酚类和有机酸等，它们也是常见的环境污染物。醇类的杀菌作用主要是由于它能引起脱水作用，使菌体蛋白变性或沉淀。此外，通过溶解细胞壁和膜中的类脂，破坏膜结构而起杀菌作用。

④ 染料（染色剂）　碱性染料的阳离子（显色基团带正电）易与带负电的菌体蛋白结合，从而抑制细菌生长发育。常用的碱性染料比酸性染料有更强的杀菌力，如结晶紫、亚甲蓝、孔雀石绿等在低浓度下具有明显的抑菌效果并表现出一定的特异性。

⑤ 化学治疗剂　化学治疗剂是一类能选择性地抑制或杀死病原微生物并可用于临床治疗的化学药剂。按其作用性质分为抗生素和抗代谢物两大类。

a. 抗生素　由某些生物合成或半合成的，在低浓度时就可抑制或杀死微生物、螨类和寄生虫等多种生物的化合物叫做抗生素。

b. 抗代谢物　结构与生物体所必需的代谢物很相似，可与特定的酶结合，产生竞争性拮抗作用，这类化合物叫做抗代谢物，如磺胺类药物。

⑥ 表面活性剂对微生物的影响　能降低液体表面张力的物质称为表面活性剂。许多有机酸、醇、肥皂、甘油、洗涤剂、多肽以及蛋白质都能够降低溶液的表面张力。表面张力与微生物菌体的生长、繁殖及形态都有密切的关系。一般液体培养基的表面张力为 $(4.5\sim6.5)\times10^{-4}$ N/cm；常温下纯水的表面张力为 $7.2\times10^{-4}$ N/cm。

(2) 辐射对微生物的影响　辐射是能量借助于电磁波在空间传播或传递的一种物理现

象。电磁波携带的能量与波长有关，波长愈短，能量愈高。不同波长的辐射对微生物生长的影响不同。

① 紫外线　紫外线的波长在 150～390nm，其中波长为 265～266nm 的对微生物作用能力最强，因为 DNA 和 RNA 的吸收高峰在该区间，紫外线对 DNA 的作用是诱发产生胸腺嘧啶二聚体，从而抑制 DNA 复制，引起突变或致死。此外，紫外线还可使空气中的分子氧变为臭氧，臭氧分解放出的原子氧也有杀菌作用。

② 电离辐射　包括 X 射线、γ 射线、α 射线和 β 射线等。它们的波长短、能量大。其对微生物的作用不是靠辐射直接对细胞成分作用，而是间接地使被照射的物质分子发生电离作用而产生自由基，自由基与细胞内的大分子化合物作用使之变性失活。

由上述介绍可见，环境对微生物的生长有非常大的影响，因此，可以根据微生物在不同环境条件下的数量分布和种群组成、理化性质、遗传变异等差异来分析环境的污染状况。

### 2.4.2　微生物对环境污染的影响

环境中的微生物可借助空气、水和土壤等介质传播，从而直接或间接影响人类和生物的健康。致病微生物进入水体，或某些藻类大量繁殖，使水质恶化，直接或间接危害人类健康或影响渔业生产和环境美观的现象，称为水体微生物污染。

（1）微生物对水体的污染　某些病原微生物进入水体后，可引起传染病的暴发流行。这些污染水体的微生物主要有肠道细菌（大肠杆菌、粪链球菌、梭状芽孢杆菌等）和病原菌（沙门菌属、志贺菌属、霍乱弧菌和结核杆菌等）两大类。表 2-16 列出了环境中致病微生物来源和致病症状。

**表 2-16　环境中致病微生物来源和致病症状**

| 微生物 | 来　源 | 病　症 | 疾病发作周期 |
|---|---|---|---|
| 肉毒杆菌 | 土壤和动物 | 神经质、呼吸困难 | 12～36h |
| 金葡菌 | 手、咽喉、人类肠道、动物 | 恶心、呕吐、腹泻、疲劳、头痛 | 0.5～8h |
| 沙门菌 | 水、土壤、动物肠道 | 恶心、呕吐、腹泻、发烧、头痛 | 6～48h |
| 李斯特菌 | 土壤、水、动物肠道、植物 | 不舒服、发烧和腹泻 | 3d 至数周 |
| 产气荚膜芽孢梭菌 | 土壤和动物排泄物的沉积物 | 恶心、呕吐、腹泻和腹痛 | 8～12h |
| 志贺菌 | 污水和动物排泄物 | 腹泻带血、腹绞痛和发烧 | 12h～2d |
| 致病性大肠杆菌 | 人类和动物的肠道 | 中度血痢、呕吐、腹痛、失水和休克 | 18～48h |
| 芽孢杆菌 | 土壤、污垢、灰尘、水、植物、谷类、干食品和香料 | 呕吐、腹泻、腹痛和恶心 | 腹泻:6～165h<br>呕吐:1～6h |
| 空肠弯杆菌 | 土壤、排水沟、淤泥和动物排泄物 | 发烧、头痛、腹痛、肌肉痛和腹泻 | 2～5d |
| 耶新鼠疫杆菌 | 土壤、自然水和动物肠道 | 腹泻、呕吐、发烧和腹痛 | 24～48h |

存在于人类肠道的病毒，常通过粪便污染水体。如典型的传染性肝炎病毒，主要是通过污染水体扩散与传播开来的。

污水排入水体后，开始时细菌维持一定的存活率，以后由于水体一般具有多种不适于细菌生活的条件，使细菌逐渐减少。一般污水在夏天排入水体后经过 12～24h 的流动为最大的细菌污染带；经过 48h 后，河水中的细菌不超过最大量的 10%～25%；经过 72h 后，不超过最大量的 5%。促进水体中细菌不断消失的主要原因有以下几点：①水体中有机物的无机化，有机物量逐渐减少，影响依赖于有机物生存的细菌；②某些外界条件如日光等对某些细菌具有杀伤能力，如水温不适应于细菌生活，它将逐渐死亡；③水体中某些化合物，如工业废水中的酸、碱，难降解的有机毒物，也能影响细菌生存；④水体生物对细菌的吞噬作用，将使水中细菌数目减少。

(2) 不同营养水体下的优势类群　水体的营养程度一般分为三类，即贫营养型、中营养型和富营养型。表 2-17 列出了不同营养类型水体的优势类群。一般水体中营养物浓度与生物生产量呈明显的正相关，当水体中的营养物浓度过大，且水体温度、pH 值以及光照条件均在一个比较适宜的范围时，就会促进如表 2-17 所示优势类群的藻类大量生长。

**表 2-17　不同营养类型水体的优势类群**

| | |
|---|---|
| 贫营养型水体 | 金藻门的锥囊藻属(*Dinobryon*)、鱼鳞藻属(*Mallonmonas*)，绿藻门的叉链藻属(*Staurodesmus*)、叉星藻属(*Stauroastrum*)，硅藻门的平板藻属(*Tabellaria*)、根管藻属(*Rhizosolenia*) |
| 中营养型水体 | 甲藻门的角藻属(*Ceratium*)、多甲藻属(*Peridinium*)，硅藻门的脆杆藻属(*Fragilaria*)，绿藻门的空星藻属(*Coelastrum*)、鼓藻属(*Cosmarium*) |
| 富营养型水体 | 蓝藻门的微囊藻属(*Macrocysis*)、鱼腥藻属(*Anabaenaa*)、颤藻属(*Oscillatoria*)、束丝藻属(*Aphanizomenon*)、平裂藻属(*Merismopedia*)、蓝纤维藻属(*Dactylococcopsis*)，绿藻门的栅藻属(*Scenedesmus*)、小球藻属(*Chloreklla*)、弓形藻属(*Schroederia*)、衣藻属(*Chlamydomonas*)，硅藻门的直链藻属(*Melosira*)、舟形藻属(*Navicula*)，裸藻门的裸藻属(*Euglena*)，隐藻门的隐藻属(*Cryptomanas*) |

除了表 2-17 上的优势类群的藻属外，还有如甲藻、沟鞭藻、夜光藻、无纹多沟藻、绿色鞭毛藻、硅藻等微型藻类，也与水体的富营养化有关。

(3) 水体富营养化发生因素　当含有大量氮、磷等植物营养物质的生活污水、农田排灌水连续排入湖泊、水库、河道等缓流水体时，造成水中营养物质过剩。在适宜的光照、温度、pH 值和具备充分营养物质的条件下，天然水体中藻类进行光合作用，合成并快速繁殖。当水体中藻类大量繁殖，水中严重缺氧，则会导致生物死亡。微藻生成的基本反应式可写为：

$$106CO_2+16NO_3^-+HPO_4^{2-}+122H_2O+18H^++\text{能量}+\text{微量元素}\longrightarrow C_{106}H_{263}O_{110}N_{16}P+138O_2$$

从反应式可以看出，使藻类繁殖所需要的各种成分中，磷和氮是必不可少的两种成分，所以藻类繁殖的程度主要决定于水体中这两种成分的含量。

一般认为氮、磷两种元素的浓度分别达到 0.2～0.3mg/L 和 0.01～0.02mg/L 时，藻类会过度繁殖而导致富营养化。藻类是中温型微生物，因此在气温较高的夏季易发生藻类暴长。充足的光照是藻类旺盛繁殖的必要条件。藻类生长的 pH 值范围在 7～9。另外，藻类生长还与水体中有机物、毒物和捕食性生物等影响因素有关。

富营养化发生后，将先引起水底有机物的消耗速度超过其生长速度，处于腐化污染状态，并逐渐向上层扩展，在严重时可使一部分水体区域完全变为腐化区。这样，由富营养化而引起有机体大量生长的结果，倒过来又使其衰亡。这种现象可能周期性地交替出现，破坏水域的生态平衡。

由于湖泊和水库中的水流很低，停留时间较长，基本属于静水环境，是相对比较封闭的水生生态系统，因此，富营养化是湖泊和水库必须控制的最重要问题。

## 2.5　湖泊、水库与河流水质评价模型

### 2.5.1　湖泊、水库水质富营养化模型

对于富营养化程度的定量化，目前已有不少研究模型提出，比较公认的有沃伦威德尔(Vollenwelder) 模型和吉柯奈尔-迪龙模型，是一种从宏观上研究湖泊或水库中营养物质平衡的输入-产出关系的模型。

沃伦威德尔模型假定：湖泊或水库中某营养物的积累浓度是流入、流出浓度，湖底或库

内沉积的该营养物质量的函数：

$$V\frac{dc}{dt}=I_C-scV-Qc \tag{2-1}$$

式中，$V$ 为湖泊或水库的容积，$m^3$；$c$ 为某种营养物质的浓度，$g/m^3$；$I_C$ 为某种营养物质的总负荷，g/年；$s$ 为营养物在湖泊或水库中的沉积速率常数，年$^{-1}$；$Q$ 为湖泊或水库流出的流量，$m^3$/年。

若令冲刷系数 $r=\frac{Q}{V}$，并两边除以 $V$，则得：

$$\frac{dc}{dt}=\frac{I_C}{V}-sc-rc \tag{2-2}$$

给定初始条件，当 $t=0$，$c=c_0$，则求得模型解析解为：

$$c=\frac{I_C}{V(s+r)}+\frac{(s+r)c_0-I_C}{V(s+r)}\exp[-(s+r)t] \tag{2-3}$$

在湖泊、水库的流出和流入流量、营养物质供给稳定情况下，当 $t\rightarrow\infty$ 时，则营养物质平衡浓度：

$$c_P=\frac{I_C}{(s+r)V} \tag{2-4}$$

以上模型的难点是沉积速率常数 $s$ 的确定困难。为此，吉柯奈尔-迪龙引入了滞留系数 $R_C$，也即营养物在湖泊或水库中的滞留分数，可根据流入、流出的支流流量和营养物浓度作近似计算：

$$R_C=1-\frac{\sum_{j=1}^{n}q_{oj}c_{oj}}{\sum_{k=1}^{m}q_{ik}c_{ik}} \tag{2-5}$$

式中，$q_{oj}$、$q_{ik}$ 分别为第 $j$ 条支流流出量和第 $k$ 条支流流入量；$c_{oj}$、$c_{ik}$ 分别为第 $j$ 条支流的营养物浓度和第 $k$ 条支流的营养物浓度；$m$、$n$ 分别为流入、流出的支流数。

引入滞留系数即可得到吉柯奈尔-迪龙模型：

$$\frac{dc}{dt}=\frac{I_C(1-R_C)}{V}-rc \tag{2-6}$$

给定初始条件，当 $t=0$ 时，$c=c_0$，则可求得模型的解析解：

$$c=\frac{I_C(1-R_C)}{rV}+\left[c_0-\frac{I_C(1-R_C)}{rV}\right]\exp(-rt) \tag{2-7}$$

在湖泊、水库的流入、流出与污染物的输入处于稳态时，当 $t\rightarrow\infty$ 时，可得污染物的平衡浓度为：

$$c_P=\frac{I_C(1-R_C)}{rV}=\frac{L_C(1-R_C)}{rh} \tag{2-8}$$

$$L_C=\frac{I_C}{A_S} \tag{2-9}$$

式中，$h$ 为湖泊或水库的平均水深，m；$L_C$ 为湖泊或水库的单位面积营养负荷，$g/(m^2\cdot年)$；$A_S$ 为湖泊或水库的水面面积，$m^2$。

### 2.5.2　湖泊、水库富营养化水平判别条件

通常认为，水体的水质达到一定的状态，则有可能引起富营养化。沃伦威德尔基于大量数据，将磷、氮负荷关联为水深的函数，建立起湖泊与水库营养负荷与富营养化之间的关系。如对于可接受的磷、氮负荷分别用以下方程计算：

$$\lg L_{PA}=0.61\lg h+1.40$$
$$\lg L_{NA}=0.61\lg h+2.57 \tag{2-10}$$

对于富营养化危险界限的磷、氮负荷分别用以下方程计算：

$$\lg L_{PD}=0.61\lg h+1.70$$
$$\lg L_{ND}=0.61\lg h+2.87 \tag{2-11}$$

式中，$L_{PA}$、$L_{NA}$分别为可接受磷、氮营养负荷，mg/($m^2$·年)；$L_{PD}$、$L_{ND}$分别为富营养化磷、氮营养负荷，mg/($m^2$·年)；$h$ 为水深，m。

富营养化的水质条件是：总氮＞0.2～0.3mg/L；总磷＞0.01～0.02mg/L；$BOD_5$＞10mg/L；pH 值＝7～9；细菌总数＞100000 个/mL；叶绿素 a＞0.01mg/L。

**【例 2-1】** 某湖泊容积 $V=2.0\times10^8 m^3$，水面面积 $A_S=3.6\times10^7 m^2$，支流入流量 $Q=3.1\times10^9 m^3$/年，经多年测量，磷的输入量为 $1.5\times10^8$g/年，已知蒸发量等于降水量，试判断该湖泊的营养状况，是否会发生富营养化？假定湖泊的滞留系数为 0.25。

**解：** 以保证贫营养水质上限条件计算

湖的平均深度：　$H=\dfrac{V}{A_S}=\dfrac{2.0\times10^8}{3.6\times10^7}=5.56\ (m)$

湖中磷浓度：　$\lg L_{PA}=0.61\lg h+1.40=0.61\lg 5.56+1.4\approx1.85$

$$L_{PA}=70.79 mg/(m^2\cdot 年)\approx0.07lg/(m^2\cdot 年)$$

湖泊的单位面积磷负荷：　$L_P=\dfrac{I_P}{A_S}=\dfrac{1.5\times10^8}{3.6\times10^7}=4.167 g/(m^2\cdot 年)$

通过比较，$L_P>L_{PA}$，该湖泊会引起富营养化发生。

也可通过计算湖泊中磷的平衡浓度来判断：

$$c_P=\frac{L_P(1-R_C)}{rh}=\frac{4.167\times(1-0.25)}{15.5\times5.56}=0.036 mg/L$$

一般条件下，湖中磷含量应控制在 0.01～0.02mg/L 以下，今 $c_P=0.036mg/L>0.02mg/L$，若此时湖泊中的总氮也超标，则有可能导致湖泊的富营养化发生。

### 2.5.3 水库水环境预警评价模型

水库水环境预警是指在一定范围内，在对一定时期的水环境容量及其状况与变化进行监测、分析与评价的基础上，对未来水环境质量状况与变化趋势进行预测，并预报不正常状况的时空范围和危害程度，对已出现或可能出现的问题给出警戒信息、防范措施或解决办法，为相关部门提供决策依据。

目前有关水环境预警工作主要涉及以下三个方面：利用单个或数个水环境指标或生物标志物变化进行水环境水质变化预警；应用各种水质或水生态模型对水体进行模拟和预警；利用地理信息或遥感系统对水华的发生进行预测等。在这些预警模型中，韦伯-费希纳定律（Weiber-Fechner Law）的应用，为水库水环境安全管理提供科学依据与技术支撑作用较为明显。

韦伯-费希纳定律（Weiber-Fechner Law）是定量描述人类感觉强度与外界环境刺激强度关系的心理物理学公式，用以通过其确定各种感觉阈限、测量刺激物理量与心理学的关联程度，其函数关系可表示为：

$$K=a\lg c$$

式中，$K$ 为人体产生的反应量；$c$ 为客观环境刺激量；$a$ 为常数。

假定：把客观环境刺激量 $c$ 视为水库中某污染物的浓度或水环境指标；把人体产生的反应量 $K$ 视为该污染物或水环境指标对人体影响程度；$a$ 为由某种污染物或水环境指标性质所决定的常数，由于不同种污染物常数各不相同，$a$ 可视为某种污染物或指标的权重。基于以上假定，则韦伯-费希纳定律可改写成以下函数关系：

$$K_{ij}=a_{ij}\lg(c_{ij}+1)$$

式中，$K_{ij}$ 为第 $i$ 个监测点第 $j$ 个污染或水环境指标综合影响指数；$a_{ij}$ 为第 $i$ 个监测点第 $j$ 个污染或水环境指标某种污染物或指标的权重，可由熵权系数确定；$c_{ij}$ 为第 $i$ 个监测点第 $j$ 个污染或水环境指标监测浓度标准化值；$c+1$ 为使其对数值大于 0。

**【例 2-2】** 根据某水库水环境中不同污染物检出报道，以及地表水环境质量标准和饮用水环境标准中涉及的指标，选取地表水环境质量的常规检测项目、重金属、农药、有机物等评价因子，参考水环境质量指标、饮用水源地水质标准等。计算 $K_{ij}$，建立水库 $K_{ij}$ 值和水环境状态等级之间函数，划定不同预警等级，判断某水库水环境综合预警状态。

基于韦伯-费希纳水环境状态等级函数关系，算得 $K$ 值，然后将 $K$ 值与水环境状态等级进行拟合，获得以下关系式：

$$K_{ij}=0.0516x-0.0436\quad(R^2=0.9967)$$

式中，$x$ 为环境状态等级。

某水库水环境状态综合预警结果见表 2-18。

**表 2-18　某水库水环境状态综合预警结果**

| 项目 | | 水环境质量等级 | | | | | 官厅水库 |
|---|---|---|---|---|---|---|---|
| | | 一级 | 二级 | 三级 | 四级 | 劣四级 | |
| $K_i$ 值/$\times10^{-2}$ | | <0.931 | 0.931～6.064 | 6.064～10.583 | 10.583～16.639 | >16.639 | |
| $K_i$ 值-水环境状态等级函数 | | $K_i=0.0516x-0.0436$ ($R^2=0.9967$) | | | | | |
| 预警等级 | | 无警 | 轻警 | 中警 | 重警 | 超重警 | 轻警 |
| 评价指标量值 | 溶解氧/(mg/L) | 7.5 | 6 | 5 | 3 | >3 | 8 |
| | $COD_{Mn}$/(mg/L) | 2 | 4 | 6 | 10 | >10 | 5.6 |
| | 总氮/(mg/L) | 0.2 | 0.5 | 1 | 1.5 | >1.5 | 4.35 |
| | 总磷/(mg/L) | 0.01 | 0.025 | 0.05 | 0.1 | >0.1 | 0.061 |
| | 挥发酚/(μg/L) | 2 | 2 | 5 | 10 | >10 | 2 |
| | 氰化物/(mg/L) | 0.005 | 0.05 | 0.2 | 0.2 | >0.2 | 0.005 |
| | 铜/(mg/L) | 0.01 | 1 | 1 | 1 | >1 | 0.01 |
| | 砷/(mg/L) | 0.05 | 0.05 | 0.05 | 0.1 | >0.1 | 0.005 |
| | 汞/(μg/L) | 0.05 | 0.05 | 0.1 | 1 | >1 | 0.02 |
| | 镉/(μg/L) | 1 | 5 | 5 | 5 | >5 | 0.5 |
| | 铅/(μg/L) | 10 | 10 | 50 | 50 | >50 | 10 |
| | 苯/(μg/L) | 0.2 | 0.5 | 10 | 30 | >30 | 0.024 |
| | 四氯化碳/(μg/L) | 1 | 1.5 | 2 | 4 | >4 | 0.026 |
| | 二氯甲烷/(μg/L) | 5 | 10 | 20 | 30 | >30 | 1.31 |
| | 苯并[a]芘/(ng/L) | 1 | 1.5 | 2.8 | 10 | >10 | 0 |
| | 六六六/(μg/L) | 1 | 3 | 5 | 5 | >5 | 0.0076 |
| | 滴滴涕/(μg/L) | 0.2 | 0.5 | 1 | 1.5 | >1.5 | 0.047 |

富营养化预警模型及等级划分见表 2-19。

**表 2-19　富营养化预警模型及等级划分**

| 营养状态 | 贫营养 | | 中营养 | | | 富营养 | | | | |
|---|---|---|---|---|---|---|---|---|---|---|
| 营养指数 | 10 | 20 | 30 | 40 | 50 | 60 | 70 | 80 | 90 | 100 |
| $K_i$ 值/$\times10^{-2}$ | 0.11 | 0.25 | 0.49 | 1.06 | 1.85 | 3.65 | 5.72 | 12.62 | 19.37 | 30.1 |
| $K_i$ 值-营养指数函数 | $K_i=0.0008e^{0.0628x}$　$R^2=0.9956$ | | | | | | | | | |
| 预警等级 | 无警 | | 轻警 | | | 中警 | | 重警 | | |
| $K_i$ 值/$\times10^{-2}$ | <0.25 | | 0.25～1.85 | | | 1.85～5.72 | | >5.72 | | |

由计算结果发现，某水库水环境质量综合预警等级为轻警，主要污染物指标分别为：$COD_{Mn}$（5.6mg/L）；TN（4.35mg/L）；TP（0.061mg/L）。造成这一水环境状态的主要原因可能是由于水库周围农业生产使用的尿素、氮肥、磷肥及生活污水随降雨径流流入水库所致。

### 2.5.4 河流水体的耗氧与复氧规律

污水进入河流后，其中的有机污染物可在好氧微生物的作用下氧化分解，分解产物氨被细菌氧化为亚硝酸和硝酸，逐渐变为无机物质，起到水体自净作用（图 2-4），但要使自净过程连续不断地进行，河水中必须含有足够的溶解氧。在充足氧的存在下，才能供给沉积在水底的淤泥的分解、水中水生生物晚间的呼吸等。

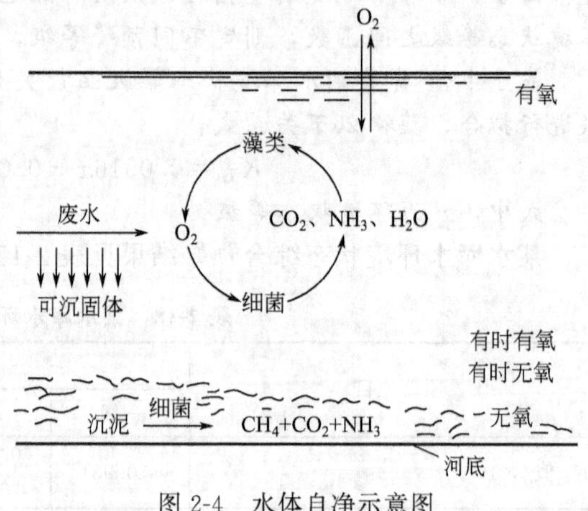

图 2-4 水体自净示意图

补充和恢复水体中的氧有以下三条途径：①大气中的氧向水体扩散，直到水体中的溶解氧达到饱和；②水体中水生生物和藻类的繁殖，通过光合作用向水体供氧，常可使水体中的氧趋于超饱和状态；③水体和污水中存留的部分氧量。因此，耗氧和复氧的变化是水体自净的重要指标。

水体的耗氧规律，由于污水中有机物在各时刻的耗氧速率与该时刻污水中有机物含量成正比，用公式表示为：

$$\frac{dx}{dt}=k_1(L_a-x_t) \tag{2-12}$$

式中，$x_t$ 为污水中有机物氧化经过 $t$ 时段后所消耗的氧量（即满足的生物需氧量）；$\frac{dx}{dt}$ 为好氧速率；$k_1$ 为好氧速率常数；$L_a$ 为污水分解开始时第一阶段生化需氧量（即开始时的可分解有机物含量）。

积分得：

$$\ln\frac{L_a-x_t}{L_a}=-kt \tag{2-13}$$

移项，合并得：

$$x_t=L_a(1-e^{-k_1t}) \tag{2-14}$$

令 $L_t=L_a-x_t$，经过 $t$ 时段后污水中尚余留的生化需氧量，则：

$$L_t=L_a\times e^{-k_1t} \tag{2-15}$$

在一般情况下，水体中溶解氧量均足以满足污水中有机物分解的需要，保持好氧分解状态。

水体的复氧规律，从大气中向水体供氧，氧的溶解速率主要取决于：①氧在水中的溶解率与温度、压力有关，压力增加溶解度增加，而温度上升则溶解度下降；②氧的溶解速率与水中溶解氧的饱和度有关，当水中溶解氧的饱和度高时，大气中的氧溶解于水体的速率减慢，即溶解氧速率与水中氧的饱和差值成正比；③水体的扰动强烈，水与空气的接触处于不断更新状态，溶解于水体中的氧量增加。

在一定的温度和压力下，溶氧速率可表示为：

$$\frac{dx}{dt}=k_2(c-x) \tag{2-16}$$

式中，$c$ 为水中的饱和溶解氧量；$x$ 为 $t$ 时间内由大气溶于水中的氧量；$k_2$ 为氧的溶解速率常数（底数为 $e$）。

将上式积分并整理得：

$$x=c(1-e^{-k_2t}) \tag{2-17}$$

当 $t=0$ 时水中无溶解氧，上式成立。如果开始时水中已有溶解氧量，则饱和差 $D_a=c-c_0$，则溶解氧速率与亏氧量的关系为：

$$\frac{dx}{dt}=k_2(c-c_0-x)=k_2(D_a-x) \tag{2-18}$$

积分并整理后得：

$$x=D_a(1-e^{-k_2t}) \tag{2-19}$$

令 $D_t=D_a-x$，则有：

$$D_t=D_a\times e^{-k_2t}$$

式中，$D_a$，$D_t$ 分别为溶解过程开始时与溶解开始后 $t$ 时刻的亏氧量。

氧垂曲线模式如图 2-5 所示，在污水排入水体后耗氧与复氧同时进行。

### 2.5.5 斯特里特-菲尔普斯模型

河流中溶解氧浓度是评价水质功能的重要因素之一，因排入河流的污水在降解过程中需要不断消耗溶解氧；同时空气中的氧气又会不断地溶解到河水中，以达到一定状态下的平衡。这种不断消耗氧气和连续复氧达到河水的溶解氧平衡，实现河水自净的平衡规律可用斯特里特-菲尔普斯（Streeter-Phelps）模型来描述。其反映了一维稳态河流中 BOD 和 DO 消长变化规律。

设水体经过 $t$ 日后溶入的氧量为 $x_2$，消耗的氧量为 $x_1$，则水中实际的溶解氧量为 $x=x_2-x_1$，因此 $t$ 日水中溶解氧量的实际增加速率为：

$$\frac{dx}{dt}=\frac{dx_2}{dt}-\frac{dx_1}{dt}=k_2D_t-k_1L_t \tag{2-20}$$

氧的饱和差的变化速率为：

$$\frac{dD_t}{dt}=-\frac{dx}{dt}=-\left(\frac{dx_2}{dt}-\frac{dx_1}{dt}\right)=k_1L_t-k_2D_t \tag{2-21}$$

式中，$L_t$ 为耗氧开始后 $t$ 时刻的生化需氧量；$D_t$ 为复氧开始后 $t$ 时刻的氧饱和差。

解上式得：

$$D_t=\frac{k_1L_a}{k_2-k_1}(e^{-k_1t}-e^{-k_2t})+D_ae^{-k_2t} \tag{2-22}$$

式中，$L_a$ 为污水排入点污水与河水混合后第一阶段的生化需氧量；$D_a$ 为污水排放点污水与河水混合后的饱和差；$D_t$ 为污水与河水混合后 $t$ 时刻的氧饱和差；$t$ 为污水与河水混合后的水流天数；$k_1$，$k_2$ 分别为耗氧速率常数和大气供氧速率常数，它们与许多因素有关。

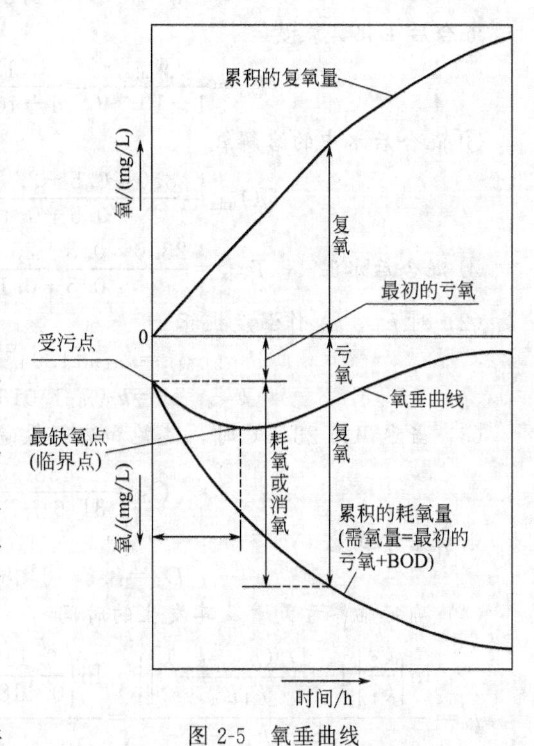

图 2-5　氧垂曲线

一般 $k_1$、$k_2$ 与水温的关系可用下式表示：

$$k_{1(T)}=k_{1(20)}\theta^{T-20},k_{2(T)}=k_{2(20)}\theta^{T-20}$$

式中，$k_{1(T)}$，$k_{1(20)}$，$k_{2(T)}$，$k_{2(20)}$ 分别表

示温度为$T$℃和20℃时的$k_1$、$k_2$值；$\theta$是温度系数，在多数情况下，$\theta$分别可取1.047、1.016。

在氧垂点，溶解氧达到最低点，氧饱和差达到最大值$D_c$。河水流至氧垂点的时间，可对式(2-22)求导，令$\frac{dD_t}{dt}=0$，则得：

$$t_c=\frac{\ln\left\{\frac{k_2}{k_1}\left[1-\frac{D_a(k_2-k_1)}{k_1L_a}\right]\right\}}{k_2-k_1} \tag{2-23}$$

$$D_c=\frac{k_1}{k_2}L_a\times e^{-k_1t_c} \tag{2-24}$$

求得缺氧点，耗氧速率等于复氧速率，接着耗氧速率小于复氧速率，河水中溶解氧逐渐回升，最后河水的溶解氧恢复或接近饱和状态，这条曲线称为氧垂曲线。当有机物污染程度超过河流的自净能力时，河流将出现无氧河段，开始厌氧分解，河水出现黑色并产生臭气。

**【例2-3】** 某城市污水处理厂的出水排入一河流，最不利的情况将发生在夏季气温高而河水流量小的时候。已知废水最大流量为16000$m^3/d$，$BOD_5$=40mg/L，DO=2mg/L，水温25℃。废水排入口上游处河流最小流量为0.5$m^3/s$，$BOD_5$=3mg/L，DO=8mg/L，水温23℃。假定废水和河水能瞬时完全混合。已知在20℃的耗氧速率常数$k_d=0.1d^{-1}$，复氧速率常数$k_a=0.17d^{-1}$，试求临界亏氧量及其发生的时间。

**解：**(1) 确定废水和河水混合后的流量

① 废水流量$q=16000m^3/d=0.185m^3/s$；河水流量$Q=0.5m^3/s$

则混合后流量

$$Q_{min}=q+Q=0.685\ (m^3/s)$$

② 废水$BOD_5$ $y_w$=40mg/L；河水$BOD_5$ $y_s$=3mg/L

则混合后$BOD_5$

$$y_{min}=\frac{y_sQ+y_wq}{Q+q}=\frac{3.0\times0.5+40\times0.185}{0.5+0.185}=13.0\ (mg/L)$$

混合后生化需氧量

$$L_a=\frac{y_{min}}{1-10^{-k_1t}}=\frac{13.0}{1-10^{-0.1\times5}}=19.0\ (mg/L)$$

③ 混合后水中的溶解氧

$$DO_{mix}=\frac{8.0\times0.5+2.0\times0.185}{0.5+0.185}=6.38\ (mg/L)$$

④ 混合后水温 $$T_{mix}=\frac{23.0\times0.5+25.0\times0.185}{0.5+0.185}=23.54\ (℃)$$

(2) 对$k_1$，$k_2$作温度校正

$$k_{1(23.54)}=k_{1(20)}1.047^{23.54-20}=0.118\ (d^{-1})$$

$$k_{2(23.54)}=k_{2(20)}1.016^{23.54-20}=0.18\ (d^{-1})$$

(3) 当水温为23.5℃时，其饱和溶解氧量

$$O_S=\frac{468}{31.6+T}=8.5\ (mg/L)$$

则初始亏氧量

$$D_a=8.5-6.38=2.12\ (mg/L)$$

(4) 确定临界亏氧量及其发生的时间

$$t_c=\frac{\ln\left\{\frac{k_2}{k_1}\left[1-\frac{D_a(k_2-k_1)}{k_1L_a}\right]\right\}}{k_2-k_1}=\frac{\ln\left\{\frac{0.18}{0.118}\left[1-\frac{2.12\times(0.18-0.118)}{0.118\times19.0}\right]\right\}}{0.18-0.118}=2.53\ (d)$$

临界亏氧量

$$D_c=\frac{k_1}{k_2}L_a\times e^{-k_1t_c}=\frac{0.118}{0.18}\times19.0\times e^{-0.118\times2.53}=6.26\ (mg/L)$$

以上S-P模型是在没有考虑污染物的絮凝、沉降、再悬浮对BOD的影响，并假定无光合作用。

如果考虑到污染物的絮凝、沉降、再悬浮对BOD的影响，则需要用托马斯修正式：

$$\frac{dL}{dt}=-(k_d+k_s)L \tag{2-25}$$

$$\frac{dD}{dt}=k_dL-k_aD \tag{2-26}$$

式中，$k_s$为沉淀与再悬浮速率常数。

托马斯修正式的解为：

$$L=L_0e^{-(k_d+k_s)t} \tag{2-27}$$

$$D=\frac{k_dL_0}{k_a-(k_d+k_s)}[e^{-(k_d+k_s)t}-e^{-k_at}]+D_0e^{-k_at} \tag{2-28}$$

当考虑到底泥的耗氧作用和阳光光合作用时，则需要用康布修正式：

$$\frac{dL}{dt}=-(k_d+k_s)L+B \tag{2-29}$$

$$\frac{dD}{dt}=k_dL-k_aD-P \tag{2-30}$$

式中，$B$为底泥的耗氧速率；$P$为光合作用的产氧速率。

康布模型的解析解如下：

$$L=(L_0-\frac{B}{k_d+k_s})e^{-(k_d+k_s)t}+\frac{B}{k_d+k_s} \tag{2-31}$$

$$D=\frac{k_d}{k_a-(k_d+k_s)}(L_0-\frac{B}{k_d+k_s})[e^{-(k_d+k_s)t}-e^{-k_at}]+\frac{k_d}{k_a}(\frac{B}{k_d+k_a}-\frac{P}{k_d})(1-e^{-k_at})+D_0e^{-k_at} \tag{2-32}$$

**【例2-4】** 江浙一带的河流河道窄长通畅，用于泄洪十分有效，河道平时水流量$Q=6.0m^3/s$，平均流速$u_x=0.3m/s$，已知废水好氧速率常数$k_d=0.25d^{-1}$，河水复氧速率常数$k_a=0.4d^{-1}$，设上游河水水温20℃，$BOD_5=2mg/L$，河水中溶解氧呈饱和状态，氧亏值为0；现排入污水$q=1.0m^3/s$，$BOD_5=100mg/L$，DO=0。计算氧亏点处的溶解氧浓度。

**解：**

河段起点的$BOD_5$浓度

$$L_0=\frac{6\times2+1\times100}{6+1}=16\ (mg/L)$$

饱和溶解氧浓度

$$O_S=\frac{468}{31.6+20}=9.07\ (mg/L)$$

河段起点的DO浓度

$$O_0=\frac{6\times9.07+1\times0}{6+1}=7.77\ (mg/L)$$

河段起点的氧亏值 $D_0=O_S-O_0=9.07-7.77=1.3\ (mg/L)$

氧垂点发生的时间

$$t_c=\frac{1}{k_a-k_d}\ln\left\{\frac{k_a}{k_d}\left[1-\frac{D_0(k_a-k_d)}{L_0k_d}\right]\right\}=\frac{1}{0.4-0.25}\ln\left\{\frac{0.4}{0.25}\left[1-\frac{1.3(0.4-0.25)}{16\times0.25}\right]\right\}=2.98\ (d)$$

氧垂点的氧亏值

$$D_c=\frac{k_d}{k_a}L_0 e^{-k_d t_c}=\frac{0.25}{0.4}\times 16\exp(-0.25\times 2.98)=4.75\ (mg/L)$$

氧垂点的 DO　　$O_c=O_s-D_c=9.07-4.75=4.32\ (mg/L)$

**【例 2-5】** 有一河段长 16km，河水流量 $Q=60m^3/s$，平均流速 $u_x=0.3m/s$，$BOD_5$ 降解速率常数 $k_d=0.25d^{-1}$，复氧速率常数 $k_a=0.4d^{-1}$，沉淀与再悬浮速率常数 $k_s=0.1d^{-1}$。如果在河段中保持 DO≥5mg/L，问在河段始端每天可排放的 BOD 量不应超过多少？设排放口上游河水流量稳定，氧亏值为 0，水温为 20℃；而在河段内的光合与呼吸作用不理想。

**解**：已知上游河水 $T=20℃$，氧亏 $D_0=0$，故河流中饱和溶解氧 $O_S$ 为：

$$O_S=\frac{468}{31.6+20}=9.07\ (mg/L)$$

临界氧亏发生时间 $t_c$

$$t_c=\frac{1}{k_a-(k_d+k_s)}\ln\left\{\frac{k_a}{k_d+k_s}\left[1-\frac{D_0(k_a-(k_d+k_s))}{k_d L_0}\right]\right\}=\frac{1}{k_a-(k_d+k_s)}\ln(\frac{k_a}{k_d+k_s})$$

$$=\frac{1}{0.4-(0.25+0.1)}\ln(\frac{0.4}{0.25+0.1})=2.67\ (d)$$

临界氧亏发生距离

$$x_c=u_x t_c=0.3\times 2.67\times 24\times 3600\times 10^{-3}=69.2\ (km)$$

由于河段长度仅为 16km，临界氧亏点发生在河段的下游，也即控制 16km 处断面的 DO≥5mg/L 即可。

河段末端的流经时间　　$t=\frac{x}{u_x}=\frac{16\times 10^3}{0.3\times 24\times 3600}=0.617\ (d)$

河段末端氧亏值需满足：$D\leqslant O_S-DO=9.07-5=4.07\ (mg/L)$

采用托马斯模型解得

$$D=\frac{k_d L_0}{k_a-(k_d+k_s)}[e^{-(k_d+k_s)t}-e^{-k_s t}]+D_0 e^{-k_a t}$$

$$=\frac{0.25L_0}{0.4-(0.25+0.1)}[e^{-(0.25+0.1)\times 0.617}-e^{-0.4\times 0.617}]+0=0.1225L_0\leqslant 4.07\ (mg/L)$$

$$L_0\leqslant 33.2mg/L$$

则河段可排放量为

$$M=L_0 Q=60\times 10^3\times 33.2=1992000\ (mg/s)=172.1\ (t/d)$$

## 习题

1. 什么是水体微生物污染？引起水体微生物污染的病原菌有哪些？
2. 有机物排入河流后会发生哪些相互关联的水质作用？
3. 试述河流、水库与湖泊的水质特征，它们有差异吗？如有，请比较它们的异同？
4. 描述湖泊富营养化的水质特征，在何种条件下湖泊会富营养化？
5. 简述水体富营养化的危害，控制湖泊富营养化的关键因素是什么？
6. 已知某湖泊的停留时间 $T=1.5$ 年，沉降速率 $s=0.001d^{-1}$，一种污染物排入湖中达到最终平衡浓度的 90%需多长时间？(设湖内初始浓度为 0)。
7. 已知湖泊的容积 $V=14.4\times 10^{10}m^3$，湖水表面积 $A_S=7.2\times 10^9 m^2$，入湖支流的入流量 $Q=3.6\times 10^{10}m^3$/年，磷的输入量为 $1.8\times 10^{10}g$/年，水库的蒸发量等于降水量，湖泊水质模型和滞留系数可用吉柯奈尔-迪龙模型计算。试求：①湖泊内磷的面积负荷；②湖泊内磷的平衡浓度；③判断该湖泊的营养状况(富营养化发生的磷浓度≥0.02mg/L)；④如果磷在湖泊内的沉积速率 $s=0.05$ 年$^{-1}$，磷的初始浓度 $c_0=0.01mg/L$，估计可能发生富营养化的最近时间。

8. 某湖泊的容积为 $2.0\times10^{8}m^{3}$，水面面积为 $3.6\times10^{7}m^{2}$，支流流入的水流量为 $3.1\times10^{9}m^{3}$/年，磷的输入量为 $1.5\times10^{8}g$/年。假定蒸发量等于降水量，判断该湖泊是否会发生富营养化？
9. 什么叫水体自净？什么叫氧垂曲线？根据氧垂曲线可以说明什么问题？
10. 某城市污水处理厂的出水排入一河流，最不利的情况将发生在夏季气温高而河水流量小的时候。已知废水最大流量为 $17000m^{3}/d$，$BOD_5=40mg/L$，DO=2mg/L，水温24℃。废水排入口上游处河流最小流量为 $43200m^{3}/d$，BOD=3mg/L，DO=7.5mg/L，水温25℃。假定废水和河水能瞬时完全混合，耗氧速率常数为 $0.11d^{-1}$（20℃），复氧速率常数为 $0.18d^{-1}$（20℃），试求临界亏氧量及其发生的时间。
11. 已知一河段长36km，平均水流量为 $6.0m^{3}/s$，平均流率为0.1m/s，耗氧速率常数为 $0.2d^{-1}$（20℃），复氧速率常数为 $0.32d^{-1}$（20℃），起始断面溶解氧浓度为5mg/L，如果要求河段中的 DO≥5mg/L，设上游河水中的亏氧值为零，水温20℃，并假定氧垂点与河段终点允许氧亏值相等，计算 $BOD_5$ 排放量不能超过多少？
12. 有一河段长36km，其稳定水流量 $Q=6.0m^{3}/s$，平均流速 $u_x=0.1m/s$，水温25℃，耗氧速率常数为 $0.2d^{-1}$（20℃），复氧速率常数为 $0.32d^{-1}$（20℃），起始断面溶解氧浓度为5mg/L。现要求河段中的 DO≥5mg/L，设上游河水中的氧亏值为0，水温20℃。计算河流上游 $BOD_5$ 排放量不应超过多少？
13. 什么是水体微生物污染？引起水体微生物污染的病原菌有哪些？

## 参考文献

[1] 贺延龄，陈爱侠编著．环境微生物学．北京：中国轻工业出版社，2002.
[2] 岑沛霖，蔡谨编著．工业微生物学．北京：化学工业出版社，2000.
[3] 张景来等编著．环境生物技术及应用．北京：化学工业出版社，2002.
[4] 周德庆著．微生物学教程．北京：高等教育出版社，1993.
[5] 胡家骏，周群英编著．环境工程微生物学．北京：高等教育出版社，1988.
[6] 史家樑等编著．环境微生物学．上海：华东师范大学出版社，1993.
[7] 徐亚同等编著．污染控制微生物工程．北京：化学工业出版社，2001.
[8] 蒋展鹏主编．环境工程学．北京：高等教育出版社，1992.
[9] 高廷耀主编．水污染控制工程．北京：高等教育出版社，1989.
[10] 张希衡主编．废水治理工程．北京：冶金工业出版社，1984.
[11] 郑平．环境微生物学．杭州：浙江大学出版社，2002.
[12] 王家玲．环境微生物学．北京：高等教育出版社，1988.
[13] 王建龙，文湘华．现代环境生物技术．北京：清华大学出版社，2000.
[14] Clive Edwards. Microbiology of extreme environments. McGraw-Hill Publishing Company，1990.
[15] Anthony B Wolbarst. Solutions for an environment in peril. The Johns Hopkins University Press，2001.
[16] Gareth M Evans，Judith C Furlong. Environmental Biotechnology，theory and application. John Wiley & Sons Ltd，2003.
[17] Raina M Maier，Lan L Pepper，Charles P Gerba 编著．环境微生物学：上册、下册．张甲耀，宋碧玉，郑连爽，安志冬，章晓联译．北京：科学出版社，2004.
[18] 于玺华．现代空气微生物学．北京：人民军医出版社，2002.
[19] 程声通．环境系统分析教程习题集及题解．北京：化学工业出版社，2007.
[20] David A Chin. Water-quality Eng in natural systems. New Jersay：Johnwiley & sons Inc Hoboken，2006.
[21] 乔静波．了解致病菌．肉品卫生，2001，12：30-32.
[22] 刘静．水体富营养化与浮游植物的指示作用．植物杂志，2002，3：6-7.
[23] 张智，林艳等．水体富营养化及其治理措施．重庆环境科学，2002，24（3）：52-54，76.
[24] 闫庆松．浅谈水体富营养化．山东环境，1994，2：43.
[25] 钱大富，马静颖等．水体富营养化及其防治技术研究进展．青海大学学报，2002，2（11）：28-30，48.
[26] Tam N F Y. Algal growth and nutrient removal in Hong Kong domestic waste water. Environment Pollution，1989，58：19.
[27] Talbot P. A comparative study and mathematical modelling of temperature，light and growth of three microalgae potentially useful for wastewater treatment. Water Research，1991，25：465.
[28] 吴燮荪．水体自净的机理与功能．污染防治技术，1994，7（1）：13-17.
[29] 张宝，刘静玲，陈秋颖，李永丽，林超，曹寅白．基于韦伯-费希纳定律的海河流域水库水环境预警评价．环境科学学报，2010，30（2）：268-274.
[30] 张兰英，刘娜，王显胜．现代环境微生物技术．第二版．北京：清华大学出版社，2007.

# 第3章 主要元素循环与生物计量学基础

## 3.1 主要元素的生态循环

### 3.1.1 碳元素循环

全球的碳资源广泛分布在陆地、海洋和大气层中，大部分分布在地壳，其构成如表3-1所示，储存总量十分巨大。具有活性循环作用的碳量约为$246\times10^{11}$ t，其中化石燃料占了极大部分。

表3-1 全球碳源构成与分布

| 项目 \ 碳资源 | 大气层 | 海洋 | | | 陆地 | | | |
|---|---|---|---|---|---|---|---|---|
| | | 生物量 | 碳酸盐 | 溶解和微粒有机物 | 生物区 | 腐殖质 | 化石燃料 | 地壳 |
| 碳量/$\times10^{11}$t | 7.5 | 0.04 | 380 | 21 | 5.0 | 12 | 200 | $1.2\times10^{6}$ |
| 活性循环 | 是 | 否 | 否 | 是 | 是 | 是 | 是 | 否 |

碳元素循环（见图3-1）是自然界最基本的物质循环，自然界碳元素循环以$CO_2$为中心。碳是构成生物体的主要元素，碳元素循环主要包括空气中二氧化碳通过植物和微生物的光合作用形成有机化合物，以及有机物被微生物分解成二氧化碳释放到大气中。在缺氧条件下，有机物的分解一般不完全，积累的大量有机质经地质变迁形成煤、石油等矿物燃料，这部分有机碳就从生态系统中暂时消失。当火山爆发或矿物燃料被开采后，其中的碳大部分通过燃烧转变成二氧化碳。现代工业将部分煤及石油等作为化工原料生产出各种各样的非生物性含碳化合物，人工合成的有机化合物中有许多不能被生物降解，使碳循环变得更加复杂。各种污染物生化处理过程的主要任务就是在人工创造的环境中加速将有机物中的碳转化为二

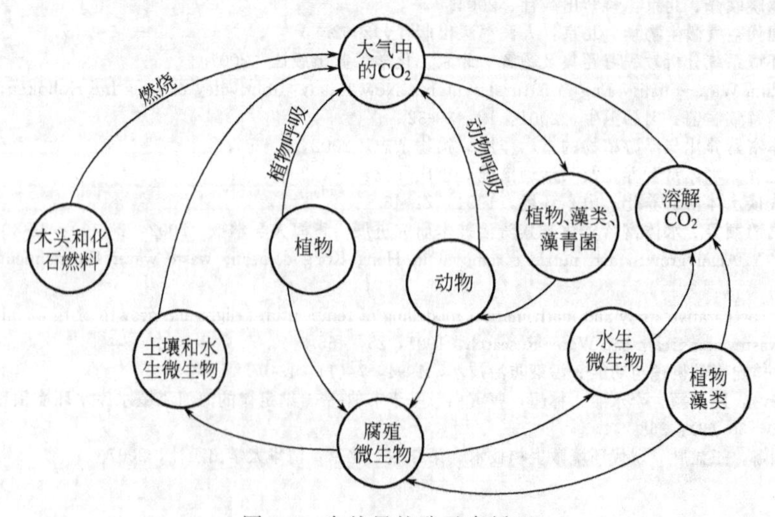


图3-1 自然界的碳元素循环

氧化碳，因此已经成为碳循环的重要组成部分。

据估计，由于人类活动增加、燃料的大量燃烧、森林砍伐、荒地大面积开垦等，加剧了碳素从陆地系统向大气转移。目前每年通过光合作用被植物、微生物和海洋生物固定的二氧化碳量要大大小于化石燃料燃烧、动植物代谢及尸体分解代谢等向大气释放的二氧化碳量，导致每年排向大气的二氧化碳净通量达到 $9.0\times10^{9}$t，由此引起大气层中的 $CO_2$ 浓度以每年 0.5%的速度递增，近几年来大气中的 $CO_2$ 浓度已达到 0.0389%。$CO_2$ 浓度不断上升是造成地球上温室效应的元凶，因此需要采取措施降低 $CO_2$ 的排放量。

### 3.1.2　氮素循环

氮元素资源十分丰富（表 3-2），也是构成生物有机体的重要元素之一，是蛋白质的主要成分。大气中含氮量虽高达 78%，但植物不能直接利用。只有当固氮细菌和某些蓝细菌将空气中的氮转变为硝酸盐时，才能被高等植物利用。氮的循环过程如图 3-2 所示，自然界大气中氮的固定有四种主要途径：生物固氮、工业固氮、大气固氮和岩浆固氮。

表 3-2　世界氮资源构成及其分布

| 项目 \ 氮资源 | 大气层 | 海洋 | | | | 陆地 | | |
|---|---|---|---|---|---|---|---|---|
| | | 生物量 | 可溶性盐 | 溶解和微粒有机物 | 溶解氮 | 生物区 | 有机物 | 地壳 |
| 氮量/$\times10^{11}$t | 39000 | 0.0052 | 6.9 | 3.0 | 200 | 0.25 | 1.1 | 7700 |
| 活性循环 | 否 | 是 | 是 | 是 | 否 | 是 | 慢 | 否 |

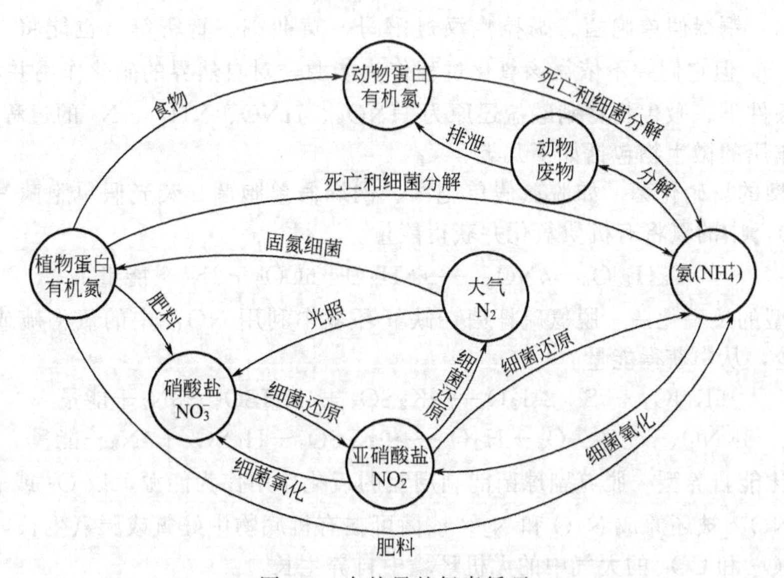


图 3-2　自然界的氮素循环

表 3-3 为全球生物固氮和化学固氮量。大气中分子态氮的固定 90%以上都是通过微生物完成的。工业用氮和氢合成氨需在高温（500℃）和高压（20～30MPa）条件下进行，而生物固氮只需在常温常压下进行。生物固氮不仅具有提高农作物产量和增强土壤肥力的作用，而且对维持生态系统氮平衡有重要意义。工业上大规模生产氮肥、农业过程中大面积栽培豆科植物，将大量氮气转化为氨，加速了陆地固氮的进程，对局部区域的氮元素平衡产生较大的冲击，造成一些中间产物如 $NH_3$、$NH_2OH$、$NO_3^-$、$NO_2^-$、NO、$N_2O$ 等的积累，使水体富营养化，水中藻类大量繁殖，溶解氧浓度大幅度下降，其他水生生物无法生长，它们引起的环境污染已不容忽视。

表 3-3 全球生物固氮和化学固氮量

| 氮元素来源 | 陆地 | 水体 | 化肥 |
| --- | --- | --- | --- |
| 年固氮量/$\times 10^7$t | 13.5 | 4.0 | 3.0 |

微生物可将固氮的产物（氨）合成氨基酸而进入蛋白质，或合成嘌呤和嘧啶而进入核酸，也能够合成细胞壁成分——*N*-乙酰胞壁酸而进入细菌细胞壁。通过微生物将氨合成细胞物质的生物过程称为氨的同化。

微生物也能将已经固定的氮元素通过氨化、硝化和反硝化重新转化为气态氮，完成氮元素循环。氨化是将有机态氮转化为氨的生物反应，在自然界中氨化作用是含氮有机物的矿化。在微生物作用下，蛋白质水解成氨基酸，并在细胞内经过多种途径脱除氨基生成相应的有机酸，并释放出氨。硝化过程是氨氧化生成硝酸盐的过程，主要包括如下两步反应：

① 形成亚硝酸盐

$$2NH_3+3O_2 \longrightarrow NH_2OH\text{等} \longrightarrow \cdots\cdots \longrightarrow 2HNO_2+2H_2O+\text{能量}$$

② 亚硝酸盐继续氧化生成硝酸盐

$$NO_2^- \longrightarrow NO_3^-$$

$$HNO_2+H_2O \longrightarrow HO{-}N(OH){-}OH \longrightarrow HNO_3+2H+\text{能量}$$

$$2H+1/2O_2 = H_2O$$

具有硝化作用的微生物主要是亚硝化细菌和硝化细菌。好氧的异养细菌和真菌，如节杆菌、芽孢杆菌、铜绿假单胞菌、姆拉克汉逊酵母、黄曲霉、青霉等，也能将 $NH_4^+$ 氧化为 $NO_2^-$ 和 $NO_3^-$，但它们并不依靠该氧化过程作为能源，对自然界的硝化作用并不重要。

在厌氧条件下，微生物将硝酸盐还原为 $HNO_2$、HNO、$NH_4^+$、$N_2$ 的过程称为反硝化。具有反硝化作用的微生物包括如下几类。

① 异养型的反硝化菌 如脱氮假单胞菌、铜绿假单胞菌、荧光假单胞菌等能在厌氧条件下利用 $NO_3^-$ 中的氧将有机质氧化并获得能量。

$$C_6H_{12}O_6+4NO_3^- \longrightarrow 6H_2O+6CO_2+2N_2+\text{能量}$$

② 自养型的反硝化菌 脱氮硫杆菌在缺氧环境中利用 $NO_3^-$ 中的氧将硫或硫代硫酸盐氧化成硫酸盐，从中获得能量。

$$6KNO_3+5S+2H_2O \longrightarrow K_2SO_4+4KHSO_4+3N_2+\text{能量}$$

$$8KNO_3+5K_2S_2O_3+H_2O \longrightarrow 9K_2SO_4+H_2SO_4+4N_2+\text{能量}$$

③ 兼性化能自养型 脱氮副球菌能利用氢的氧化作用作为能源，以 $O_2$ 或 $NO_3^-$ 作为电子受体，使 $NO_3^-$ 被还原成 $N_2O$ 和 $N_2$。该菌可在有机底物中好氧或厌氧生长，亦可在暴露于含有 $H_2$、$O_2$ 和 $CO_2$ 的大气中的无机环境中自养生长。

氮元素通过固氮—同化—氨化—硝化—反硝化完成循环，当其中的一步速率无法与其他过程匹配时，就会影响氮元素循环过程，较常见的是硝化和反硝化的速率比较低，从而引发水体的富营养化。因此，在污水生物处理时应该充分认识硝化与反硝化过程的作用和意义。

### 3.1.3 硫元素循环

硫是地球上十大元素之一，在 $SO_4^{2-}$ 的正六价硫酸盐与 $S^{2-}$ 的负二价硫化物之间循环变化，全球硫源构成与分布见表 3-4。大部分硫存在于地壳中并由惰性的元素硫、硫化铁($FeS_2$)、硫酸钙及金属硫化物沉积物组成，也与化石燃料共存。存在于大陆和海洋中的生物质和有机物中的硫具有较高的循环活性，也是生物的必需营养元素，约占干细胞重量的1%。在细胞内合成半胱氨酸、蛋氨酸、维生素、激素和辅酶时都需要硫元素。在蛋白质中，半胱氨酸残基间的二硫键桥联对于蛋白质的折叠及活性非常重要。

硫元素循环对全球的环境影响也十分重要，主要污染包括：形成酸雨、有毒含硫有机化合物及腐蚀等。陆地和海洋中的硫主要通过火山爆发、含硫化合物燃烧、含硫矿物加工过程及生物分解等进入大气，而大气中的硫则通过降水和沉降等作用，回到海洋和陆地；陆地和海洋的动植物、藻类分别从土壤和水中吸收硫酸盐，并将其转化为生物有机硫，如蛋白中的—SH基。在厌氧条件下，动植物死后残体的腐败作用产生硫化氢，硫化氢可被光合细菌用作供氢体，氧化为硫或硫酸盐，从而实现硫元素的循环。

**表 3-4　全球硫源构成与分布**

| 项目＼硫资源 | 大气层 $SO_2/H_2S$ | 海洋 生物量 | 海洋 溶解无机物 $SO_4^{2-}$ | 陆地 生物 | 陆地 有机物质 | 陆地 地壳 |
|---|---|---|---|---|---|---|
| 硫量/t | $1.4\times10^6$ | $1.5\times10^8$ | $1.2\times10^{15}$ | $0.85\times10^{10}$ | $1.6\times10^{10}$ | $1.8\times10^{16}$ |
| 活性循环 | 是 | 是 | 慢 | 是 | 是 | 否 |

自然界中硫素循环见图 3-3。从图 3-3 可见，硫元素的循环主要以无机硫的形式进行，但有机硫的循环也具有十分重要的意义。自然界中的硫和硫化氢，经微生物氧化作用形成 $SO_4^{2-}$，$SO_4^{2-}$ 在缺氧环境中可被微生物还原成 $H_2S$，也可被植物或微生物同化还原成有机硫化物，成为自身的组成部分；动物食用植物和微生物，又将其转变成动物的有机硫化物；当动、植物和微生物的尸体及排泄物中的有机硫化物被微生物分解时，再以 $H_2S$ 和 S 的形态返回自然界。整个硫素循环包括分解作用、硫化作用和反硫化作用。微生物参与硫素循环的各个过程，并在其中起重要的作用。

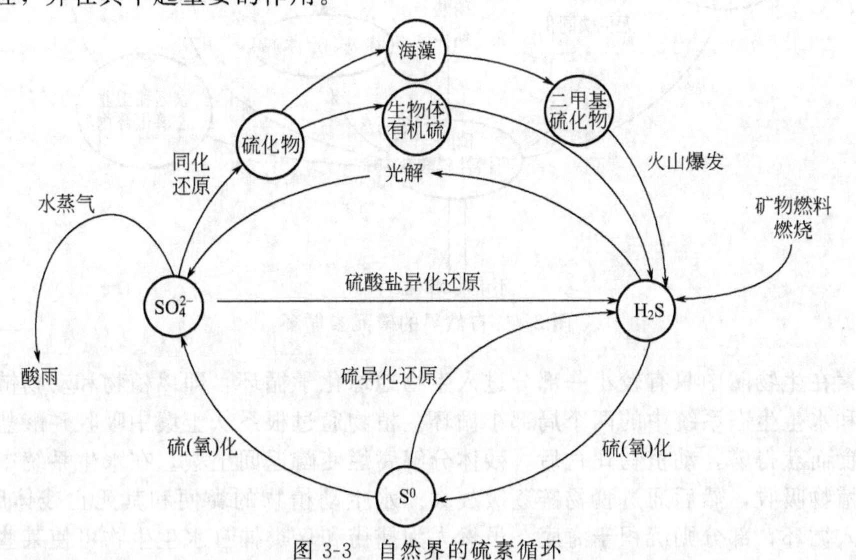


图 3-3　自然界的硫素循环

生物利用 $SO_4^{2-}$ 和 $H_2S$，组成自身细胞物质的过程称为同化作用。大多数的微生物都能像植物一样利用硫酸盐作为硫源，把它转变为含硫氢基的蛋白质等有机物，即由正六价氧化态转变为负二价的还原态；只有少数微生物能同化 $H_2S$；大多数情况下元素硫和 $H_2S$ 都须转变为硫酸盐，再固定为有机硫化合物。

硫有机物的分解作用是指利用微生物将动、植物和微生物机体中含硫有机物（主要是蛋白质）分解生成硫化氢的过程。分解含硫有机物的微生物很多，那些能使含氮有机物分解的氨化微生物都能分解含硫有机物产生硫化氢。

还原态无机硫化物如 $H_2S$、S 或 $FeS_2$ 等在微生物作用下进行氧化，最后生成硫酸及其盐类的过程称为硫化作用。进行硫化作用的微生物主要是硫细菌，可分为无色硫细菌和有色硫细菌两大类。

在厌氧条件下微生物将硫酸盐还原为 $H_2S$ 的过程称为反硫化作用。参与这一过程的微生物称为硫酸盐还原菌。反硫化作用具有高度特异性，主要是由脱硫弧菌属来完成，产生的 $H_2S$ 与铁化学氧化产生的 $Fe^{2+}$ 形成 FeS 和 Fe（$OH)_2$，是造成铁锈蚀的主要原因。

在环境工程中，已经将微生物用于烟气脱硫、含硫有机化合物生物降解及油品脱硫等过程。

### 3.1.4 磷元素循环

自然界中的磷元素常以多种形式存在：在土壤和水体中呈可溶或不可溶性的含磷有机物、无机磷化合物状态；在矿物中大部分为不溶性磷酸盐；在生物体内则与生物大分子相结合。自然界中磷元素的循环如图 3-4 所示，岩石和土壤中的磷酸盐通过风化和淋溶作用，或由于人为开采使溶解磷酸盐进入江河，进而流入浅海并沉积，某些被鱼和海鸟食用并由其粪便形式沉积海底，直到地质活动使沉积物暴露出水面又再次参与循环。该循环为磷元素的地质大循环，需几万年甚至更长时间才能完成。

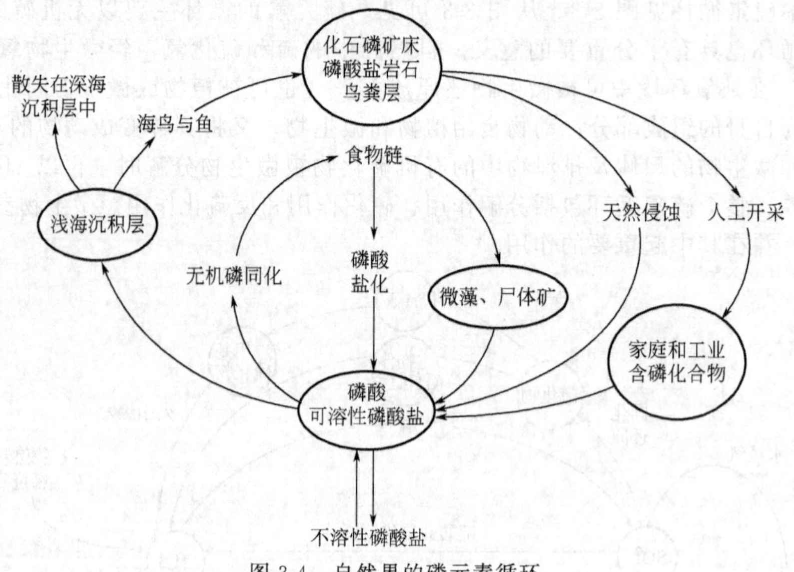


图 3-4　自然界的磷元素循环

磷元素在生物圈中只有较小一部分进入生物地球化学循环，即以植物和动物链的形式进行的陆地和水生生态系统中的两个局部小循环。植物通过根系从土壤中吸收磷酸盐，动物则以植物为食而获得磷，动植物死亡后，残体分解腐烂使磷返回土壤。在水生系统中主要靠藻类和水生植物吸收，然后通过食物链逐级放大。水生动植物的粪便和其死亡残体腐烂分解，磷再次进入循环，部分则沉积于海底。虽然人为捕捞和鸟类捕食水生生物可使某些磷元素返回陆地，但数量较少。由此可知，生态系统中磷元素的循环大部分为单方向的，使之成为一种不可更新的资源。若以世界磷酸盐岩石消耗量计，现有磷矿资源储存可维持 100 年左右。

磷是作物生长的三要素之一。近年来，随着农村城市化进程加快和商品经济发展，陆地土壤中的磷循环渐趋不平衡状态，大量农作物和畜牧产品运往城市，而城市垃圾和人畜排泄物未能返回农田，需靠人为施磷加以补偿。由此造成大部分磷肥随农田排水而进入水体，造成水体的磷污染。同时富磷工业废水排放和含磷洗涤剂的大量使用，也是造成目前江河水体磷污染、湖泊富营养化、海湾出现赤潮的主要原因之一。

磷是所有生物细胞必不可少的重要营养元素，它存在于一切核苷酸结构中，并参与生物体内的能量转化。然而植物不能直接利用有机磷，必须经过磷的同化，也即通过微生物或藻类将可溶性无机磷化物合成为能结合于核酸、ATP、磷脂、磷脂蛋白等分子中有机磷物质的生物过程。在磷的同化过程中，需要适量的碳和氮存在。

由于微藻和细胞死亡等原因，同化的磷又能被分解和矿化，释放出无机磷。某些细菌和真菌可以合成肌醇六磷酸酶、核苷酸酶、磷脂酶等，这些酶能将肌醇六磷酸、核酸、磷脂水解释放出磷酸。在分解有机磷化合物过程中，微生物将部分磷转化为自身的细胞物质。

在污水生化处理过程中，为了降低出水中磷含量，一般需要经过除磷处理，通过适当工艺使活性污泥的菌体中大量积累磷而达到除磷的目的。

# 3.2 微生物反应计量学基础

## 3.2.1 微生物细胞的经验分子式

(1) 经验分子式　Porges 等早在 1956 年针对含酪蛋白废水处理，提出如下生物氧化的质量平衡方程式：

$$C_8H_{12}O_3N_2+3O_2 \longrightarrow C_5H_7O_2N+NH_3+3CO_2+H_2O$$

式中，假定酪蛋白和细菌细胞的组成均由碳、氢、氧、氮四种元素组成，其经验分子式分别为 $C_8H_{12}O_3N_2$（相对分子质量 $M=184$）和 $C_5H_7O_2N$（相对分子量 $M=113$），Porges 等认为这 4 种元素基本上能满足平衡计算需要。该平衡方程式表明，为使生物反应过程正常进行，必须提供 96g 氧，微生物才能消耗 184g 酪蛋白，产生出 113g 新细胞物质，同时产生 17g 氨、132g 二氧化碳和 18g 水，这是最早提出的微生物质量平衡反应简化方程式之一。实际的微生物具有高度复杂的细胞结构，含有脂肪、蛋白质、核酸、多种氨基酸和碳酸盐，还包含磷、硫、铁、锌等无机物和痕量元素。虽没有将这些物质列入质量平衡方程式，但并不影响相对质量的估算，如在细菌细胞中的磷通常占其有机物干重的 2%，因此，只要在处理过程中按细菌的生成量加上其 2% 的磷元素，即可满足细菌的需求。

另外，过程所生成的细胞与其各元素的相对比例、系统的微生物种群、用于产生能量的基质，以及细菌生长所需的营养物质等有关。如果细菌在缺氮的环境中生长，则细胞中脂肪和糖类成分较高，因而氮的比例降低。表 3-5 列出了 Porges 等报道的采用混合培养或纯培养时，在不同生长基质与在厌氧或好氧环境下，获得的生成细胞的经验分子式及其含氮量。

表 3-5　原核细胞的经验分子式

| 经验分子式 | 相对分子质量 | COD′/质量 | 含氮量/% | 生长基质和环境条件 |
|---|---|---|---|---|
| | | 混合培养 | | |
| $C_5H_7O_2N$ | 113 | 1.42 | 12 | 酪蛋白、好氧 |
| $C_7H_{12}O_4N$ | 174 | 1.33 | 8 | 乙酸盐、氨氮氮源、好氧 |
| $C_9H_{15}O_5N$ | 217 | 1.40 | 6 | 乙酸盐、硝酸盐氮源、好氧 |
| $C_9H_{16}O_5N$ | 218 | 1.43 | 6 | 乙酸盐、亚硝酸盐氮源、好氧 |
| $C_{4.9}H_{9.4}O_{2.9}N$ | 129 | 1.26 | 11 | 乙酸盐、产甲烷 |
| $C_{4.7}H_{7.7}O_{2.1}N$ | 112 | 1.38 | 13 | 辛酸、产甲烷 |
| $C_{4.9}H_9O_3N$ | 130 | 1.21 | 11 | 丙氨酸、产甲烷 |
| $C_5H_{8.8}O_{3.2}N$ | 134 | 1.16 | 10 | 亮氨酸、产甲烷 |
| | | 纯培养 | | |
| $C_5H_8O_2N$ | 114 | 1.47 | 12 | 细菌、乙酸、好氧 |
| $C_5H_{8.33}O_{0.81}N$ | 95 | 1.99 | 15 | 细菌、未确定 |
| $C_4H_8O_2N$ | 102 | 1.33 | 14 | 细菌、未确定 |
| $C_{4.17}H_{7.42}O_{1.38}N$ | 94 | 1.57 | 15 | 产气气杆菌、未确定 |
| $C_{3.85}H_{6.69}O_{1.78}N$ | 95 | 1.30 | 15 | 埃希大肠杆菌、葡萄糖 |

（2）理论需氧量估算　对于某种生物细胞或蛋白质，如已知其组成，则可获得其经验分子式，并假定其能被氧气完全氧化成 $CO_2$ 和水，则可以采用生物化学计量方程来估算其理论化学需氧量 COD′。根据生物细胞或蛋白质的经验分子式 $C_nH_aO_bN_c$，完全氧化后的物质为 $CO_2$、$NH_3$ 和水，则该氧化反应的摩尔计量方程如下：

$$C_nH_aO_bN_c+\left(\frac{2n+0.5a-1.5c-b}{2}\right)O_2 \longrightarrow nCO_2+cNH_3+\frac{a-3c}{2}H_2O \tag{3-1}$$

从以上平衡关系，可以获得所需的理论化学需氧量 COD′：

$$\text{COD}'/\text{质量}=\frac{(2n+0.5a-1.5c-b)16}{12n+a+16b+14c} \tag{3-2}$$

令细胞或蛋白质的相对分子质量为 $T$，则其组成中 C、H、O、N 的分数分别为：

$$n=\frac{C}{12T},\ a=\frac{H}{T},\ b=\frac{O}{16T}\text{和}\ c=\frac{N}{14T}$$

则

$$T=(C/12+H+O/16+N/14)\% \tag{3-3}$$

按照以上方程，如果已知一个生物培养物中有机元素的质量分配，就可以很快建立细胞的经验分子式，并计算出理论化学需氧量 COD′。

对于某种未知组成的生物细胞或蛋白质，假定其能被氧气完全氧化，则可以通过实验测定其完全氧化单位质量细胞或蛋白质碳所需要的氧量，这个需氧量称为实际化学需氧量，用 COD 表示。目前常用的两种测定方法是高锰酸钾法和重铬酸盐法，前者主要用于自来水中化学需氧量测定，后者则主要用于废污水中的化学需氧量测定。但是在实际应用过程中，发现在被测定的体系中常常存在某些难以被以上两种氧化剂氧化的物质，如难降解的有机毒物等，这时所测定的 COD 往往要小于完全降解所需的理论化学需氧量 COD′，一般 COD 小于 COD′，其二者之差即为难降解物质所作出的贡献。

### 3.2.2 电子供体及其特征

（1）电子供体的能量代谢　生物反应实质上也是一种具有电子得失的氧化还原反应，遵循物质与能量守恒，只是一种比物化过程更为复杂的物质与能量转换和传递形式，如通过电子供体和电子受体的形式。电子供体是微生物的食物基质，通常，有机物是除某些原核生物外的所有非光合微生物的电子供体，但在能量代谢中，氨和硫化物等某些无机物也可成为电子供体；电子受体通常是双原子的分子氧、硝酸盐、硫酸盐、二氧化碳等。微生物通常从基质的氧化还原反应过程中获取能量，如电子供体基质首先释放出电子，以电子流形式传递并进入细胞内，随后转移给电子载体 ADP，进而传递给电子受体，在这转移过程中所释放的电子被细胞以能量载体的形式捕获，用于细胞的合成。

如图 3-5 所示，电子供体的一部分电子流（分量为 $f_e$）用于提高能量，使另一部分电子流进入细胞，进入细胞的电子流用于合成（分量为 $f_s$）和能量代谢。无论电子供体的电子流如何传递与分配，消耗于细胞合成部分的与细胞内能量代谢部分的电子流总和恒定为 1，即：

$$f_s+f_e=1.0 \tag{3-4}$$

另外，需要指出的是在典型的摩尔计量方程中，不管提供电子供体基质为何种有机物或其他化合物，通常 0.25mol 的 BOD（可生物降解）的基质能提供 1mol 的电子，也即 8g BOD 提供 1mol 电子。

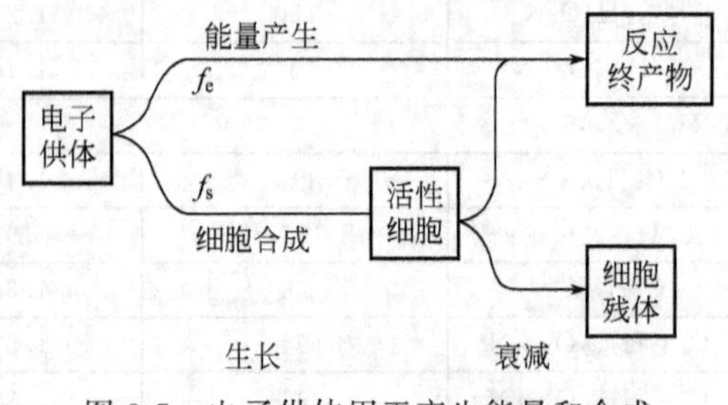

图 3-5　电子供体用于产生能量和合成

（2）电子供体的细胞合成　微生物的生长过程由两部分组成，一部分是电子供体给电子受体提供电子，产生能量；另一部分则是电子供体用于细胞合成。根据 McCarty 提出的微生物生长的半反应概念，假定 3 个半反应方程式分别用 $R_c$、$R_d$、$R_a$ 表示，如细胞半反应 $R_c$，电子供体半反应 $R_d$，电子受体半反应 $R_a$，则能量半反应 $R_e$ 可表示成电子受体半反应减去电子供体半反应：

$$R_e = R_a - R_d \tag{3-5}$$

而细胞合成半反应式为：

$$R_s = R_c - R_d \tag{3-6}$$

若以 1mol 当量电子为基础，设电子供体用于细胞合成的分量为 $f_s$，用于能量代谢的分量为 $f_e$，则包括能量生成反应和合成反应的总反应式为：

$$R = f_e(R_a - R_d) + f_s(R_c - R_d) \tag{3-7}$$

依据式(3-4)，可知 $(f_e + f_s)R_d = R_d$，简化后得：

$$R = f_e R_a + f_s R_c - R_d \tag{3-8}$$

上式是一个以当量电子为基础的普遍的通用方程式，代表微生物消耗电子供体的电量的同时，反应物的净消耗量和产物的生成量。若将式(3-4) 和式(3-8) 联立，该公式可用于建立微生物合成和生长的各种计量方程式。

**【例 3-1】** 假定以安息香酸盐作为电子供体，硝酸盐为电子受体，并以氨为氮源。同时假定安息香酸盐当量电子中的 60% 用作能量，也即 $f_e = 0.6$，余下 40% 用于合成，$f_s = 0.4$。求算微生物合成的总反应式。

**解：** (1) 计算以安息香酸盐和硝酸盐分别为电子供体和电子受体的能量半反应：

电子受体半反应　$R_a$：$\frac{1}{5}NO_3^- + \frac{6}{5}H^+ + e^- \longrightarrow \frac{1}{10}N_2 + \frac{3}{5}H_2O$

电子供体半反应　$-R_d$：$\frac{1}{30}C_6H_5COO^- + \frac{13}{30}H_2O \longrightarrow \frac{1}{5}CO_2 + \frac{1}{30}HCO_3^- + H^+ + e^-$

将上述两半反应代入能量半反应式(3-5)：

$$R_e = R_a - R_d = \frac{1}{30}C_6H_5COO^- + \frac{1}{5}NO_3^- + \frac{1}{5}H^+ \longrightarrow \frac{1}{5}CO_2 + \frac{1}{10}N_2 + \frac{1}{30}HCO_3^- + \frac{1}{6}H_2O$$

(2) 计算细胞合成半反应：

细胞半反应　$R_c$：$\frac{1}{5}CO_2 + \frac{1}{20}NH_4^+ + \frac{1}{20}HCO_3^- + H^+ + e^- \longrightarrow \frac{1}{20}C_5H_7O_2N + \frac{9}{20}H_2O$

电子供体半反应　$-R_d$：$\frac{1}{30}C_6H_5COO^- + \frac{13}{30}H_2O \longrightarrow \frac{1}{5}CO_2 + \frac{1}{30}HCO_3^- + H^+ + e^-$

则细胞合成半反应

$$R_s = R_c - R_d = \frac{1}{30}C_6H_5COO^- + \frac{1}{20}NH_4^+ + \frac{1}{60}HCO_3^- \longrightarrow \frac{1}{20}C_5H_7O_2N + \frac{1}{60}H_2O$$

(3) 求算能量与细胞合成半反应的相对比：

已知 $f_e$、$f_s$，将能量半反应和细胞合成半反应分别乘以 $f_e$ 和 $f_s$：

$f_eR_e$：$0.02C_6H_5COO^- + 0.12NO_3^- + 0.12H^+ \longrightarrow 0.12CO_2 + 0.06N_2 + 0.02HCO_3^- + 0.1H_2O$

$f_sR_s$：$0.0133C_6H_5COO^- + 0.02NH_4^+ + 0.0067HCO_3^- \longrightarrow 0.02C_5H_7O_2N + 0.0067H_2O$

(4) 求算微生物合成总反应：

将以上相关半反应代入式：$R = f_eR_a + f_sR_c - R_d$

$R$：$0.0333C_6H_5COO^- + 0.12NO_3^- + 0.02NH_4^+ + 0.12H^+ \longrightarrow 0.02C_5H_7O_2N + 0.06N_2 + 0.12CO_2 + 0.0133HCO_3^- + 0.1067H_2O$

上式即为以安息香酸盐为电子供体、硝酸盐为电子受体时，微生物净合成的摩尔计量方程的总反应式。

# 3.3 微生物反应能量学基础

## 3.3.1 电子与能量载体

电子载体分为自由扩散载体和细胞质酶载体。自由扩散载体分布在整个细胞质中，主要包括辅酶烟酰胺腺嘌呤二核苷酸（$NAD^+$）和烟酰胺腺嘌呤二核苷酸磷酸（$NADP^+$）。其中 $NAD^+$ 参与产能反应，而 $NADP^+$ 则参与合成反应。细胞质酶载体附着在细胞质的酶上，主要有 NADH 脱氢酶、黄素蛋白、细胞色素和醌。自由扩散载体的 $NAD^+$ 与 $NADP^+$ 反应分别为：

$$NAD^+ + 2H^+ + 2e^- \longrightarrow NADH + H^+ \qquad \Delta G^\circ = 62kJ \tag{3-9}$$

$$NADP^+ + 2H^+ + 2e^- \longrightarrow NADPH + H^+ \qquad \Delta G^\circ = 62kJ \tag{3-10}$$

式中，$NAD^+$（或 $NADP^+$）获得两个质子和两个电子后，还原为 NADH（或 NADPH），也即从被氧化的有机分子中获得了能量。反之，当 NADH 向另一个载体提供电子，则被氧化释放化学能后成为 $NAD^+$，自由能则为负值。如以氧气为末端电子受体，假定存在以下 NADH 半反应和氧气半反应方程，则可计算出总自由能变化。

$$NADH + H^+ \longrightarrow NAD^+ + 2H^+ + 2e^- \qquad \Delta G^\circ = -62kJ \tag{3-11}$$

$$\frac{1}{2}O_2 + 2H^+ + 2e^- \longrightarrow H_2O \qquad \Delta G^\circ = -62kJ \tag{3-12}$$

净反应：

$$NADH + \frac{1}{2}O_2 + H^+ \longrightarrow NAD^+ + H_2O \qquad \Delta G^\circ = -219kJ \tag{3-13}$$

以上自由能变化表明，在有氧呼吸过程中，随电子从有机分子转移给 NADH 的能量，被释放给其后的电子载体，并最终传递给氧气，在该过程中 1mol NADH 可产生 219kJ 能量。

电子载体可从正在被氧化的有机分子中获得能量，并将其传递给其后的电子载体，但要将此获得利用，则主要依靠能量载体来实现，如腺苷三磷酸（ATP），电子载体释放出的能量被腺苷二磷酸（ADP）用于生成含有磷酸盐基团的 ATP。

$$ADP + H_3PO_4 = ATP + H_2O \qquad \Delta G^\circ = 32kJ \tag{3-14}$$

以上反应发现，1mol ADP 仅转化 32kJ 能量给 ATP，而以氧气作为末端电子受体时，理论上 1mol NADH 释放的能量高达 219kJ，为 ADP 吸收能量的 6 倍多。因此，在实际 NADH 将能量传递给 ATP 的反应过程中，大约只有 50%的能量被捕获。

如图 3-6 所示，ATP 捕获的化学能，并散布在细胞中，当细胞合成与维持需要 ATP 能量时，细胞从 ATP 中提取能量，释放磷酸盐分子后，ATP 转化为 ADP。

如脂肪酸氧化过程中，首先由辅酶 A（CoA）活化脂肪酸，在脂肪酸活化过程中需要

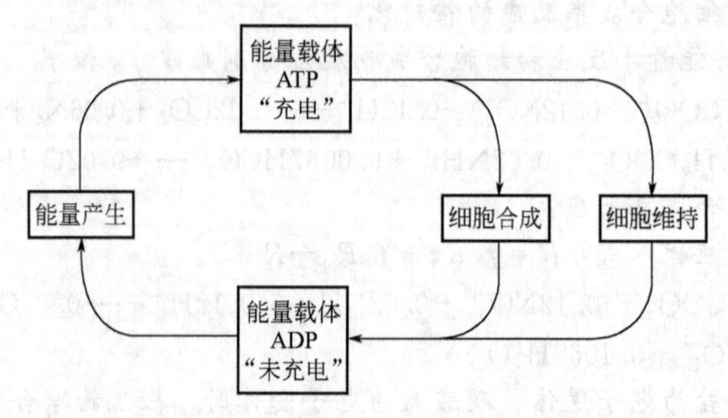


图 3-6 能量载体的产生与细胞合成和维持的转移过程

ATP与脂肪酸基质（R—COOH）形成复合物：

$$RCOOH+HCoA+ATP \longrightarrow RCOCoA+ADP+H_3PO_4 \tag{3-15}$$

进而使其他酶氧化脂肪酸，释放磷酸盐分子后，ATP转化为ADP。这类脂肪族碳氢化合物，以及不少芳香族化合物，如多环芳烃、萘、芘和多数卤代芳烃，活化后获取能量氧化是过程的关键，其主要原因在于当氧结合到分子中，反应分子在水中的溶解性增强，也就容易实现后续的氧化。

### 3.3.2　反应能量与细胞产率

微生物通过培养基的消耗得以生长需经历两个步骤：首先是通过能量反应产生高能量载体，如ATP；然后是通过能量载体用于细胞合成或细胞生命活动的维持。为此需要有一个合成半反应 $R_c$ 和一个受体半反应 $R_a$，表3-6列出了4种以不同氮源的细胞合成半反应和5种常见电子受体半反应。如表3-6中以氨为氮源的合成半反应（C-1）合成的是蛋白质和核苷酸；如没有氨源，则微生物可能利用其他如硝酸盐或亚硝酸盐或氮气为氮源，如表3-6中所示的C-2、C-3、C-4半反应。表3-6中还列出了最常见5种物质：$O_2$、$NO_3^-$、$Fe^{3+}$、$SO_4^{2-}$ 和 $CO_2$ 为电子受体的半反应。

**表3-6　细胞合成和常用电子受体半反应**

| 氮源和受体类型 | 编号 | 细胞合成或受体半反应 | $\Delta G^\circ$/(kJ/当量电子) |
|---|---|---|---|
| 细胞合成半反应($R_c$) | | | |
| 氨为氮源 | C-1 | $\frac{1}{5}CO_2+\frac{1}{20}HCO_3^-+\frac{1}{20}NH_4^++H^++e^- \longrightarrow \frac{1}{20}C_5H_7O_2N+\frac{9}{20}H_2O$ | |
| 硝酸盐为氮源 | C-2 | $\frac{1}{28}NO_3^-+\frac{5}{28}CO_2+\frac{29}{28}H^++e^- \longrightarrow \frac{1}{28}C_5H_7O_2N+\frac{11}{28}H_2O$ | |
| 亚硝酸盐为氮源 | C-3 | $\frac{5}{26}CO_2+\frac{1}{26}NO_2^-+\frac{27}{26}H^++e^- \longrightarrow \frac{1}{26}C_5H_7O_2N+\frac{10}{26}H_2O$ | |
| 氮气为氮源 | C-4 | $\frac{5}{23}CO_2+\frac{1}{46}N_2+H^++e^- \longrightarrow \frac{1}{23}C_5H_7O_2N+\frac{8}{23}H_2O$ | |
| 常见电子受体半反应($R_a$) | | | |
| 氧 | I-14 | $\frac{1}{4}O_2+H^++e^- \longrightarrow \frac{1}{2}H_2O$ | −78.72 |
| 硝酸盐 | I-7 | $\frac{1}{5}NO_3^-+\frac{6}{5}H^++e^- \longrightarrow \frac{1}{10}N_2+\frac{3}{5}H_2O$ | −72.20 |
| 硫酸盐 | I-9 | $\frac{1}{8}SO_4^{2-}+\frac{19}{16}H^++e^- \longrightarrow \frac{1}{16}H_2S+\frac{1}{16}HS^-+\frac{1}{2}H_2O$ | 20.85 |
| $CO_2$ | O-12 | $\frac{1}{8}CO_2+H^++e^- \longrightarrow \frac{1}{8}CH_4+\frac{1}{4}H_2O$ | 23.53 |
| Fe(Ⅲ) | I-4 | $Fe^{3+}+e^- \longrightarrow Fe^{2+}$ | −74.27 |

设碳源的分解经丙酮酸作为中间体来实现，其好氧分解过程中的丙酮酸半反应为：

$$\frac{1}{5}CO_2+\frac{1}{10}HCO_3^-+H^++e^- \longrightarrow \frac{1}{10}CH_3COCOO^-+\frac{2}{5}H_2O \tag{3-16}$$

该半分解反应的自由能变化为 $\Delta G^\circ=35.09$kJ/当量电子，则碳源转变为丙酮酸的自由能变化为：

$$\Delta G_p=35.09-\Delta G_d^\circ \tag{3-17}$$

式中，$\Delta G_d^\circ$为电子供体半反应的自由能变化。

其次，根据1971年McCarty的研究结果，每克细胞物质的 $\Delta G^\circ_{pc}=3.33$kJ，今已知细胞物质分子式为 $C_5H_7O_2N$，根据表3-6中C-1的细胞合成半反应，生成1个当量电子细胞的质量为113/20＝5.65g，则以氨为氮源时，由丙酮酸转变为细胞物质的自由能变化为$\Delta G_{pc}=3.33\times5.65=18.8$kJ/当量电子。

事实上，在电子传递过程中通常都存在能量的损耗，无论是在碳源转化为丙酮酸过程中，还是丙酮酸进一步合成为细胞物质过程中。假定能量传递效率为ε，则细胞合成所需的总能量可由下式计算：

$$\Delta G_s=\frac{\Delta G_p}{\varepsilon^n}+\frac{\Delta G_{pc}}{\varepsilon} \tag{3-18}$$

式中，指数$n$为碳源转化为丙酮酸盐过程中的传递效率，其与电子供体在转化丙酮酸盐过程中的$\Delta G_p$有关。如葡萄糖为供体时，$\Delta G_p<0$，则表明在转化过程中能获得能量，可令$n=-1$；若以乙酸为供体时，$\Delta G_p>0$，也即在转化过程中需要能量，则可设$n=+1$。

设氧化$A$个当量的电子供体所释放出的能量为$A\Delta G_r$，在传递给能量载体过程中，会损失一部分能量，假定在传递给能量载体的效率与能量载体传递给合成反应的效率（ε）相同，则传递到能量载体的能量为$A\varepsilon\Delta G_r$。由于在稳定条件下，能量载体必定维持在一定的能量平衡，则有以下平衡关系：

$$A\varepsilon\Delta G_r+\Delta G_s=0 \tag{3-19}$$

将式(3-18）代入上式，求解可得：

$$A=\frac{\dfrac{\Delta G_p}{\varepsilon^n}+\dfrac{\Delta G_{pc}}{\varepsilon}}{\varepsilon\Delta G_r} \tag{3-20}$$

式中，$A$为合成一定当量细胞的能量所需的供体当量数；$\Delta G_r$为单位电子供体氧化产能释放的自由能，$\Delta G_r=\Delta G_a^\circ-\Delta G_d^\circ$；$\Delta G_a^\circ$、$\Delta G_d^\circ$分别为电子受体和电子供体的半反应自由能变化。

该式表明，当利用给定碳源进行合成所需的能量增加，或供体氧化所释放的能量减少，均会导致合成一定当量细胞的能量所需要的供体当量数增加。

假定用于产生能量部分所消耗的供体当量数为$A$，则用于合成部分的供体当量数为1，则总体供体当量数为（$1+A$），因此，当不考虑细胞维持能时，如式(3-20)，所能合成细胞所需供体的最大分数为$f_s^0$，产生能量部分所需供体的最小分数为$f_e^0$，则有：

$$f_s^0=\frac{1}{1+A}\quad 和 \quad f_e^0=1-f_s^0=\frac{A}{1+A} \tag{3-21}$$

在最佳条件下，典型的能量传递效率ε在55%～70%，通常可取ε＝0.6。则通过式(3-20）和式(3-21）可求出$f_e^0$和$f_s^0$。

在化学计量学基础上，实际产率$Y$和$f_s^0$成正比，若已知$f_s^0$，则可从相应的平衡反应式中得出实际产率。

**【例3-2】** 今采用乙酸为电子供体，以氨为氮源的好氧微生物细胞合成反应，假设ε＝0.4、0.6、0.7，试求$f_s^0$和估算细胞产率$Y$。

**解**：先列出电子供体和电子受体的半反应为：

$$\frac{1}{8}CO_2+\frac{1}{8}HCO_3^-+H^++e^-=\!=\!=\frac{1}{8}CH_3COO^-+\frac{3}{8}H_2O$$

$$\frac{1}{4}O_2+H^++e^-=\!=\!=\frac{1}{2}H_2O$$

查表得两个半反应的自由能变化分别为：$\Delta G_d^\circ=27.40$kJ/当量电子和$\Delta G_a^\circ=-78.72$kJ/当量电子。

则可求得：$\Delta G_p=35.09-27.40=7.69$kJ/当量电子和$\Delta G_r=-78.72-27.40=-106.12$kJ/当量电子。

由于$\Delta G_p>0$为正值，则可取$n=+1$。由于氨用于细胞合成，$\Delta G_{pc}$等于18.8kJ/当量电子。将相应数值代入式(3-20)得：

$$A=\frac{\frac{7.69}{\varepsilon}+\frac{18.8}{\varepsilon}}{-106.12\varepsilon}$$

式中，$A$与$\varepsilon$之间呈函数变化关系，分别令$\varepsilon=0.4$、0.6、0.7，则可求得：$A=1.56$、0.69、0.51，那么利用式(3-21)可求出细胞合成分数分别为：$f_s^0=0.39$、0.59、0.66。

为确定细胞产率，需要写出计量式，若设定$\varepsilon=0.6$，$f_s^0=0.59$，$f_e^0=1-0.59=0.41$的情况下，通过以下三个半反应：

反应O-1 $0.125CH_3COO^-+0.375H_2O\longrightarrow 0.125CO_2+0.125HCO_3^-+H^++e^-$

能量半反应 $0.41(0.1025\ O_2+0.41H^++0.41e^-\longrightarrow 0.205\ H_2O)$

细胞合成半反应 $0.59(0.118\ CO_2+0.0295\ HCO_3^-+0.0295NH_4^++0.59H^++0.59e^-\longrightarrow 0.0295C_5H_7O_2N+0.2655\ H_2O)$

---

获得总反应式：$0.125CH_3COO^-+0.1025\ O_2+0.0295NH_4^+\longrightarrow$

$0.0295C_5H_7O_2N+0.007\ CO_2+0.0955\ HCO_3^-+0.0955\ H_2O$

从总反应式，可获得$\varepsilon=0.6$，$f_s^0=0.59$条件下的细胞产率：

$Y=0.0295/0.125=0.236$mol细胞/mol乙酸$=0.236\times(113/8)=0.42$g细胞/g COD′

类似计算，可求出$\varepsilon=0.4$、0.7条件下的细胞产率。由此可见，生物反应能量与细胞产率有较密切的关系。

# 3.4 微生物反应动力学

微生物反应动力学是在一定限制条件下，研究微生物反应中基质浓度与细胞生长速率或产物形成速率之间的关系。通过对它的研究，可以定量地了解在微生物反应中如何正确地掌握和控制基质的浓度或其消耗速率，使细胞生长速率与产物浓度达到可能的理想状态。

## 3.4.1 微生物反应动力学基础

(1) 细胞生长的Monod方程 在细胞的分批培养过程中，细胞、基质和产物浓度均在不断的变化中，其生长曲线可分为延迟（适应）、指数生长、减速、静止和衰亡期等阶段。在指数生长期，细胞浓度的增长速率与培养液中活细胞的浓度$X$成正比，即：

$$\frac{dX}{dt}=\mu X \tag{3-22}$$

式中，$\mu$为比生长速率，它与细胞种类、培养条件（培养基组成、限制性基质浓度、温度、pH）等有关。

1949年蒙德（Monod）在研究限制性基质浓度$S$与比生长速率$\mu$时发现：当$S$较高时，细胞生长处于指数生长期，$S$下降很快，但$\mu$却维持在同一水平，$\mu$不随$S$变化，也即细胞生长不受限制，其比生长速率达到最大值$\mu_m$；其后由于$S$下降至一定程度，$\mu$即开始减小，指数生长期也随之结束，也即限制性基质发挥其限制作用。在指数生长的后续的减速期，$S$与$\mu$的关系可由下式表示：

$$\mu=\mu_m\frac{S}{K_s+S} \tag{3-23}$$

式中，$\mu_m$为最大比生长速率，$s^{-1}$；$S$为限制性基质浓度，$mol/m^3$；$K_s$称饱和常数，$mol/m^3$，$K_s$决定了$\mu$接近$\mu_m$的快慢程度，$K_s$越小$\mu$接近$\mu_m$时的基质浓度越低。

Monod 方程有两种简化形式，常被用于废水处理系统的模拟。

① 如果 $S$ 远大于 $K_s$，方程可近似表示为：

$$\mu \approx \mu_m$$

该法称为零级近似法。在这种情况下，比生长速率与基质浓度无关，其值等于最大比生长速率，细菌会快速生长。

② 如果 $S$ 远小于 $K_s$，分母部分近似地等于 $K_s$，Monod 方程变为：

$$\mu \approx \mu_m / K_s$$

这种方法称为一级近似法。在此情况下，比生长速率与基质浓度成正比。

Monod 最初认为，只有当包括基质在内的所有营养物处于高浓度时，细菌才能进行指数生长；后来发现，即使某种营养物浓度有限时，细菌也能进行指数生长。同时也发现，比生长速率 $\mu$ 的值取决于限制性营养物的浓度。碳源、氮、供体、受体，以及生长所需的其他任何因子都可能是限制因子。目前这种现象的普遍性已经得到证实，并成为微生物生长动力学的一个基本概念。

(2) 细胞衰减的传统模式　在传统的细胞衰减模式中，首先通过氧气和氨氮将溶解性基质氧化，放出的电子供体供微生物生长，随后进入细胞的衰减期，进一步被降解为细胞残留物。通常这种导致生长比率与活性降低的程度可用以下计量方程式表达：

细胞＋电子受体⟶$CO_2$＋还原后的受体＋营养物＋细胞残留物

在以上过程中可知，细胞物质并非都能被彻底氧化，其中有一部分成为细胞残留物，这些残留物的降解速率极低，几乎是惰性的，不能再被微生物作用，但也有部分的氮会以氨氮形式释放。随着残留物的不断累积，悬浮固体中的活性生物量比例降低。图 3-7 为细胞衰减、生物量损失与残留物累积过程示意，被认为是好氧环境微生物生长的传统模式。

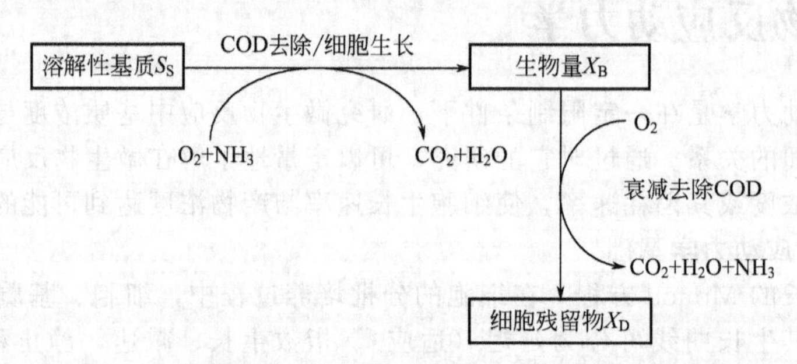

图 3-7　细胞衰减、生物量损失与残留物累积过程示意

在细胞衰减与活性生物量降解过程中，氮以氨氮形式释放，根据生物化学计量平衡，生长和衰减的计量方程式为：

$$S_S + (1-Y_B)S_{O_2} \longrightarrow Y_B X_B$$

$$X_B + (1-f_D)S_{O_2} \longrightarrow f_D X_D$$

式中，$f_D$ 为活性生物量衰减所产生的细胞残留物比例，对于生物污水处理系统，其 $f_D$ 的值为 0.2。

设 $i_{N/X_B}$ 和 $i_{N/X_D}$，分别为活性细胞和细胞残留物中的氮与 COD 的质量比，与 COD 关联的氮计量方程为：

$$i_{N/X_B} \cdot \text{细胞 COD} \longrightarrow NH_3\text{-}N + i_{N/X_D} \cdot \text{细胞残留物 COD}$$

已知细胞的经验分子式为 $C_5H_7O_2N$，则 $i_{N/X_B}$ 值为 0.087mgN/mgCOD；虽然目前尚未有计算 $i_{N/X_D}$ 的通用公式，其在内源代谢中被分解，细胞残留物中的氮含量必定低于细胞中的氮含量，为此推荐 $i_{N/X_D}$ 值为 0.06mgN/mgCOD。

细胞衰减速率是细胞浓度的一次方程：

$$r_{X_B}=-bX_B$$

式中，$b$ 是衰减系数，$h^{-1}$。

则细胞残留物的产生速率可为：　$r_{X_D}=bf_DX_B$

若以氧气为电子受体表示硝酸盐利用速率，则氨氮释放速率为：

$$r_{SNH}=(i_{N/X_B}-i_{N/X_D}f_D)bX_B$$

式中，衰减系数 $b$ 值取决于微生物的种类、被利用的基质，一定程度上也取决于细胞的生长速率。在好氧和缺氧废水处理系统中，异养菌典型 $b$ 值为 $0.01h^{-1}$；自养硝化菌 $b$ 值范围在 $0.0002\sim0.007h^{-1}$，20℃时的典型值为 $0.003h^{-1}$。

厌氧系统中也会发生细胞衰减，但厌氧系统中细菌 $\mu$ 值低得多，其 $b$ 值要小于好氧系统，厌氧氧化菌和产甲烷菌约为 $0.0004h^{-1}$，而发酵细菌约为 $0.001h^{-1}$。

(3) 细胞衰减的溶胞再生长模式　无论好氧区还是缺氧区的废水处理系统，随着活性微生物的不断死亡和溶解，则会产生颗粒态基质和细胞残留物。颗粒态基质转化为溶解性基质后，可以被活细胞吸收用于生长，生成新的细胞物质。由于细胞的生长比率总小于1，所以新生成的细胞数量也总是小于死亡和溶解的细胞数量，最终导致系统总细胞数量衰减。细胞残留物和颗粒态基质积累使得系统中生物量活性降低。

Dold 等人提出溶解再生长模式，如图 3-8 所示，这种模式可以解释细菌经过好氧、缺氧和厌氧循环时所衰减量的差别，但传统的衰减方式却不能圆满解释，因此有人把它称为传统模式的替代模型。

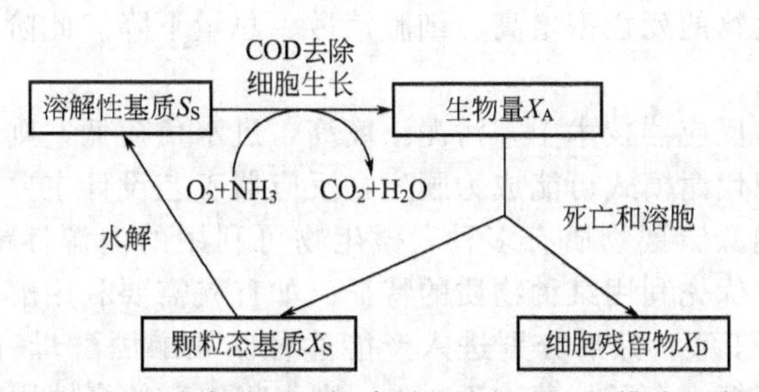


图 3-8　细胞衰减和活性降低的溶解再生长模式示意

溶胞再生长模式主要为生物量的衰减，其计量方程为：

$$X_B\longrightarrow(1-f'_D)X_S+f'_DX_S$$

式中，$f'_D$ 为能够产生细胞残留物的活性细胞所占的比例。

由于在生物量衰减过程中没有 COD 损失，活性细胞 COD 只是简单地转化为等量的细胞残留物和颗粒态基质 COD，也即电子受体并没有直接与细胞衰减相关联。电子受体的利用仅发生在活性细胞的利用，即由颗粒态基质水解产生的溶解性基质进行生长的过程。

溶胞再生长模式中有细胞 COD 损失，释放出颗粒态基质，又水解为溶解性基质，最后被活性细胞降解利用产生新的细胞，新细胞又死亡和溶解，又产生颗粒态基质，如此不断地循环往复。

因此，碳需要沿系统循环多次才能获得传统模式中循环一次的细胞减少量，所以与传统模式相比，两者的衰减系数无论从意义上还是从数值上均不相同。也即 $b_L$ 的数值必然大于 $b$。相应地，由于一定数量的细胞通过衰减而减少，最终形成的细胞残留物数量相同，所以，$f'_D$的数值必然小于 $f_D$。

溶胞再生长模式能很好解释细菌在好氧、缺氧和厌氧环境下衰减速率差异，ASM1、ASM2 和 ASM2D 等国际水协会推荐的活性污泥模型基于溶胞再生长模式理论。

(4) 内源代谢模式　当无外源营养物质供应时，大多数微生物仍能较长时间存活，并显示有活跃的代谢活动。其原因是微生物细胞内的多糖、类脂和多聚 $\beta$-羟基丁酸是能量的储库。在无外来能源时，微生物就从这些物质获取维持生命所需的能量；储藏物耗尽之后，则利用细胞蛋白质和 RNA 作为能源。这一现象称内源代谢。也是指微生物因其内源呼吸作用而使自身的原生质体随时间下降，也可表述为：当可利用的基质浓度达到最低限度时，合成的原生质已不足以补充内源呼吸所耗出的原生质，微生物会迫使自己氧化自身内部储存的能源物质、酶等部分原生质，来获取营养物质，维持细胞的活性过程。

内源代谢模式示意见图 3-9。

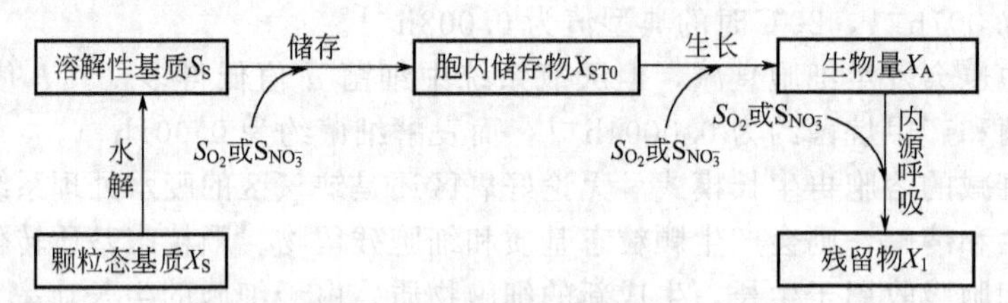


图 3-9　内源代谢模式示意（曾一鸣，2007）

在这一阶段，内源呼吸的细胞衰减反应式可写成：

$$X_B+(1-f_D)S_{O_2}\longrightarrow f_D X_D$$

该式类似于传统模式的细胞衰减，但此时内源呼吸不再是常数，还受电子受体、溶解氧浓度等影响。可能会发生溶胞，死亡细胞中的残留营养物也可能会扩散出来供剩余细胞作为基质利用。此时，微生物的死亡率增高、细胞消散、总量下降。此阶段基质与活细菌重量之比小于 0.006～0.1。

在第 9 章的膜生物反应器技术中，污泥浓度高，进水负荷低，则微生物的内源呼吸现象更为重要，因此，内源代谢模式可能成为膜生物反应器工艺设计主要依据。

另外，细胞内的能源储藏物质有多种，微生物可利用的内源性能源物质不只一种，因此，内源代谢往往具有优先利用某种物质的特征。如首先需要利用解聚酶类分解成单体，如单糖、脂肪酸、$\beta$-羟基丁酸，然后分别进入产能途径。如酿酒酵母（*S. cerevisiae*）首先利用多糖原，其次为海藻糖；大肠杆菌（*E. coli*）则先将储存的多糖用完，然后再分解细胞蛋白质和 RNA；铜绿假单胞菌（*P. aeruginosa*）则先利用细胞内蛋白质等。

(5) 溶解性微生物产物的生成　溶解性微生物产物有两种：一种是直接从细胞生长和基质利用过程生成的产物；另一种是与细胞相关产物的生成。

以氨作为氮源的异养型细菌好氧生长的 COD 计量方程为：

$$CH_2OCOD+(-0.29)O_2\longrightarrow 0.71C_5H_7O_2NCOD$$

定义异养型微生物的生长比率 $Y_H$ 为利用单位基质所形成的细胞物质的数量，以 COD 表示；若令 $S_O$ 为氧气，$S_S$ 为基质，$X_{B,H}$ 为活性异养微生物的浓度，$S_{MP}$ 表示溶解性微生物产物的浓度（以 COD 为单位），$Y_{MP}$ 表示产物比率（产物 COD/基质 COD），则包含有溶解性微生物产物形成的 COD 计量方程为：

$$S_S+[-(1-Y_H-Y_{MP})S_O]\longrightarrow Y_H X_{B,H}+Y_{MP}S_{MP}$$

对于直接利用基质从细胞生长过程中生成的溶解性产物，由于其部分基质 COD 仍以这些产物形式存留在介质中，故电子供体需要量减少。

而对于细胞相关产物的生成，主要是由于细胞溶解和衰减而引起的，故在传统模式的衰减 COD 计量方程中包含溶解性产物即可：

$$\text{细胞 COD}+[-(1-f_D-f_{MP})]\text{电子受体的 }O_2\text{ 当量}\longrightarrow f_D\text{ 细胞残留物 COD}+f_{MP}\text{溶解性产物 COD}$$

式中，$f_{MP}$为能产生细胞相关产物的活性细胞所占的比例。

故进一步可从上式推出细胞相关产物的产生速率：

$$r_{SMP}=bf_{MP}X_{B,H} \tag{3-24}$$

可以看出，溶解性微生物产物的比生成速率与比生长速率呈线性关系，适合于缓慢生长的系统。

### 3.4.2 细胞培养过程动力学模型

由于用于细胞培养或发酵的基质是多组分的培养基，这对动力学的研究带来了很大的困难，为此常把在培养或发酵过程中影响大、用量大且容易测定其浓度的某一基质作为限制性基质进行动力学研究。作为限制性基质的基质量是限量的，而培养基中其他组分的量是过量的，因此细胞生长或产物形成的速率就受限于限制性基质的浓度。常用作限制性基质的有碳源、氮源或氧。

(1) 细胞生长动力学　Monod方程式既能较好地描述很多情况下的细胞生长行为，又具有模型简单、参数少的优点，因而应用广泛。蒙德方程式在形式上和米氏方程式相同，含义上也类似，因此同样可以获得如下规律：当$S$很大（$S>10K_s$）时，$\mu \doteq \mu_m$，可认为是零级反应；当$S$很小时，$\mu \doteq (\mu_m/K_s)S$，可认为是一级反应；当$\mu=\mu_m/2$时，$S=K_s$。同时也可用双倒数法求得$\mu_m$及$K_s$值。

对不同的培养体系，Monod方程的参数也不同。表3-7是几种常见微生物的最大比生长速率$\mu_m$和饱和常数$K_s$的大致范围。可以看出$\mu_m$随微生物种类的不同而有所差异，而$K_s$则除了与微生物种类有关外，还与底物类型关系密切。

**表3-7 几种常见微生物的$\mu_m$和$K_s$值**

| 微生物 | 限制性底物 | $\mu_m/h^{-1}$ | $K_s/(mg/L)$ |
|---|---|---|---|
| 大肠杆菌(37℃) | 葡萄糖 | 0.8～1.4 | 2～4 |
| 大肠杆菌(37℃) | 甘油 | 0.87 | 2 |
| 大肠杆菌(37℃) | 乳糖 | 0.8 | 20 |
| 酿酒酵母(30℃) | 葡萄糖 | 0.5～0.6 | 25 |
| 热带假丝酵母(*Candida tropicalis*)(30℃) | 葡萄糖 | 0.5 | 25～75 |
| 产气克雷伯菌 | 甘油 | 0.85 | 9 |
| 产气气杆菌(*Aerobacteraerogenes*) | 葡萄糖 | 1.22 | 1～10 |

除了Monod模型外，一些学者先后提出了许多不同的函数形式用以描述细胞的生长行为。最简单的模型是Malthus提出的：

$$\gamma x=\mu[X] \tag{3-25}$$

式中的$\mu$被看作是一个与底物浓度和时间均无关的常数。按照这样的模型细胞将可以无限制地生长，这显然与事实不符。

Pearl和Reed（1920年）共同提出了以下模型描述间歇培养时细胞的生长规律：

$$\frac{d[X]}{dt}=\gamma_X=k[X](1-\beta[X]) \tag{3-26}$$

式中，$(1-\beta[X])$一项综合描述了因营养物质匮乏和有毒代谢物积累等各种限制或抑制细胞生长的因素。式(3-26)积分得：

$$[X]=\frac{[X]_0 e^{kt}}{1-\beta[X]_0(1-e^{kt})} \tag{3-27}$$

式(3-27)是著名的逻辑方程，该方程所描述的曲线称为逻辑曲线。该方程用于营养成分复杂、生长限制性因素不清楚的情形，至今在生态学和间歇发酵动力学上仍被广泛使用。

与Monod模型类似的描述比生长速率与底物浓度关系的模型还有许多。表3-8列举了几个典型的例子。

**表 3-8 几个非结构生长模型比较**

| 提出者 | 模型形式 | 参数个数 | 式(3-28)参数 | | |
|---|---|---|---|---|---|
| | | | $a$ | $b$ | $k$ |
| Monod | $\mu=\frac{\mu_m[S]}{K_s+[S]}$ | 2 | 0 | 2 | $1/K_s$ |
| Tessier | $\mu=\mu_m(1-e^{-[S]/K})$ | 2 | 0 | 1 | $1/K$ |
| Moser | $\mu=\frac{\mu_m[S]^\lambda}{K_s+[S]^\lambda}$ | 3 | $1-1/\lambda$ | $1+1/\lambda$ | $\lambda/K_s^{1/\lambda}$ |
| Contois | $\mu=\frac{\mu_m[S]}{B[X]+[S]}$ | 2 | 0 | 2 | $1/(B[X])$ |
| Dabes 等 | $[S]=\lambda_1\mu+\frac{\lambda_2\mu}{\mu_m-\mu}$ | 3 | | | |

表 3-8 中的 Monod 方程、Tessier 方程、Moser 方程和 Contois 方程可以统一地表示为如下形式：

$$\frac{dv}{d[S]}=kv^a(1-v)^b \tag{3-28}$$

(2) 基质消耗和产物形成动力学　在细胞培养过程中限制性基质的消耗主要用于细胞生长，而在发酵过程中，基质的消耗除了用于细胞生长外，还应考虑用于产物的形成需要。此外，在上述两种过程中都应考虑部分基质消耗于细胞维持其生命，包括代谢过程基质的异化和同化、细胞的生长、产物的形成所需能量所消耗的基质量。

在单纯的细胞培养过程中，限制性基质的消耗速率可以下式表示：

$$-\frac{dS}{dt}=\frac{1}{Y_{X/S}}\times\frac{dX}{dt}=\frac{1}{Y_{X/S}}\mu X \tag{3-29}$$

当过程存在产物形成时，则可以下式表示：

$$-\frac{dS}{dt}=\frac{1}{Y_G}\mu X+mX+\frac{1}{Y_P}\times\frac{dP}{dt} \tag{3-30}$$

式中，$Y_{X/S}$表示包括细胞生长过程中的能源消耗在内的限制性基质转化为细胞的得率系数，kg 细胞（干）/kg 基质；$Y_G$ 表示基质纯用于细胞生长的得率系数，kg 细胞（干）/kg 基质；$Y_P$ 表示基质用于产物形成的得率系数，kg 产物/kg 基质；$m$ 表示维持细胞正常生命活动所消耗的基质，称为维持常数，kg 基质/[kg 细胞（干）·h]；$P$ 表示产物浓度。

若以单位干细胞、单位时间内的基质消耗量称为比基质消耗速率 $q_S$，把单位干细胞、单位时间内的产物形成量称为比产物形成速率 $q_P$，则式(3-30) 可写成：

$$q_S=\mu/Y_G+m+q_P/Y_P \tag{3-31}$$

当无产物形成时，式(3-31) 可写为：

$$-\frac{dS}{dt}=\frac{1}{Y_G}\mu X+mX \tag{3-32}$$

对照式(3-29)，可得

$$1/Y_{X/S}=1/Y_G+m/\mu \tag{3-33}$$

当培养过程中基质丰富时，$m\doteq 0$，$Y_{X/S}=Y_P$。

产物形成动力学的表达较为复杂，这是因为产物的形成与细胞的生长及基质的消耗的关系因不同的发酵类型及品种而异。

(3) 基因工程重组菌的生长动力学　由于重组菌都有一定程度的不稳定性，在培养过程中 DNA 重组质粒易被丢失。若以 $X^+$ 和 $X^-$ 分别表示带有和丢失重组质粒细胞的浓度，两者的最大比生长速率分别为 $\mu_m^+$ 及 $\mu_m^-$，细胞在培养过程中丢失重组质粒的概率为 $p$，则：

$$\frac{dX^{+}}{dt}=\mu_{m}^{+}\frac{S}{K_{s}+S}(1-p)X^{+} \tag{3-34}$$

$$\frac{dX^{-}}{dt}=\mu_{m}^{-}\frac{S}{K_{s}+S}X^{-}+\mu_{m}^{+}\frac{S}{K_{s}+S}pX^{+} \tag{3-35}$$

### 3.4.3 生物膜生化反应动力学模型

生物膜在载体表面形成的第一步是微生物在载体表面的附着，随后微生物在给定的环境下繁殖、增长，最终发展成为具有一定厚度和密度的生物膜。

3.4.3.1 生物膜附着动力学

微生物在载体表面附着有可逆及不可逆之分，不可逆附着过程是形成生物膜群落的基础。当微生物与载体表面接触时，其首先在载体表面可逆附着，随后受环境中的水力作用与微生物自身的运动影响，使其从载体表面脱落到悬浮液相中；不可逆附着通常是由于微生物分泌的某些黏性代谢物质的作用，如多聚糖等。二者的区别在于附着过程中是否有生物多聚物参与微生物和载体之间的作用。

以下从可逆和不可逆附着动力学模型入手探讨微生物附着机理，以利于弄清生物膜的形成机制，从而控制生物膜增长过程。

(1) 可逆附着动力学　微生物在载体表面的可逆附着可用动力学来描述，假定可逆附着行为遵守一级可逆反应动力学，刘雨等提出的微生物在载体表面的可逆附着过程为：

$$\text{细菌}+\text{载体}\underset{k_2}{\overset{k_1}{\Longleftrightarrow}}\text{细菌-载体} \tag{3-36}$$

式中，$k_1$、$k_2$ 表示细菌的附着和脱附常数，$s^{-1}$。

那么，微生物附着速度可以表示为：

$$-\frac{dX}{dt}=k_1X-k_2X_f \tag{3-37}$$

式中，$X_f=X_0-X$，表示任意 $t$ 时单位悬浮相体积内微生物在载体表面的附着浓度，$kg/m^3$；$X_0$、$X$ 分别为悬浮微生物的初始浓度和在任意时间 $t$ 的浓度，$kg/m^3$。

当微生物附着达到平衡时，则有：

$$X_{fe}=X_0-X_e \tag{3-38}$$

及

$$\frac{X_{fe}}{X_e}=\frac{k_1}{k_2} \tag{3-39}$$

式中，$X_{fe}$表示平衡状态下微生物的附着量，对于给定的过程来说为一常数，$kg/m^3$；$X_e$表示平衡状态下悬浮微生物浓度，$kg/m^3$。

整理方程式(3-37) 至式(3-39) 得：

$$-\frac{dX}{dt}=(k_1+k_2)(X-X_e) \tag{3-40}$$

对式(3-40) 积分，并结合方程式(3-38) 和式(3-39)，得：

$$X_f=X_{fe}\frac{e^{(k_1+k_2)t}-1}{e^{(k_1+k_2)}} \tag{3-41}$$

式中，$k$ 为微生物的附着总常数，$k=k_1+k_2$，$s^{-1}$。

将方程式(3-41) 两边进一步除以载体和细菌接触表面积，则得到一个以单位表面附着为变量的动力学模型：

$$B=B_{max}\frac{e^{kt}-1}{e^{kt}} \tag{3-42}$$

式中，$B$ 表示 $t$ 时刻微生物表面吸附量，$kg/m^2$；$B_{max}$表示可逆附着中微生物平衡吸附量或最大附着量，$kg/m^2$。

由于可逆附着反应发生在载体与微生物接触的最初阶段，一般接触时间较短，因此根据无穷小等价原理，式(3-42) 可简化为：

$$B=B_{\max}\frac{kt}{kt+1} \tag{3-43}$$

（2）微生物不可逆附着动力学　在微生物不可逆附着阶段，已经附着的微生物开始其各种生理活动，该过程可以表述为：

$$\text{细菌-载体}\xrightarrow{k_3}[\text{细菌-载体}] \tag{3-44}$$

式中，$k_3$ 表示生物膜或附着微生物的净积累常数，$s^{-1}$。

研究表明，在生物膜形成初期，生物量积累过程遵循一级反应动力学。而且在一个连续运行的生物反应器中，早期生物膜形成速率主要取决于微生物与载体表面接触频率以及悬浮微生物的增长活性。其中前者由悬浮微生物的浓度、微生物的性质以及水力学强度决定，这些可以由可测定的悬浮微生物浓度（$X$）和雷诺数（$Re$）表示，而后者可由微生物的比增长速率（$\mu$）来描述。因此，Bryers 等人提出以下早期生物膜形成速率表达式：

$$\frac{dB}{dt}=k_3B=k_3'X^{\alpha}Re^{\beta}\mu^{\gamma} \tag{3-45}$$

经进一步试验研究分析得到：

$$\frac{dB}{dt}=k_f\frac{X-\mu}{Re}B \tag{3-46}$$

对式(3-46) 进一步积分得：

$$B=B_0e^{k_f\frac{X-\mu}{Re}t} \tag{3-47}$$

式中，$k_f$为早期生物增长速率；$B_0$ 为在不可逆过程中 $t=0$ 时微生物的固定量，$kg/m^2$。

该方程适用于描述生物膜发展初始阶段中生物膜积累的变化。

3.4.3.2　生物膜增长动力学

生物膜增长的一般过程与悬浮微生物的增长过程相似，可以划分为适应期、对数增长期、线性增长期、减速增长期、稳定期及脱落期六个阶段。生物膜增长过程示意图如图3-10

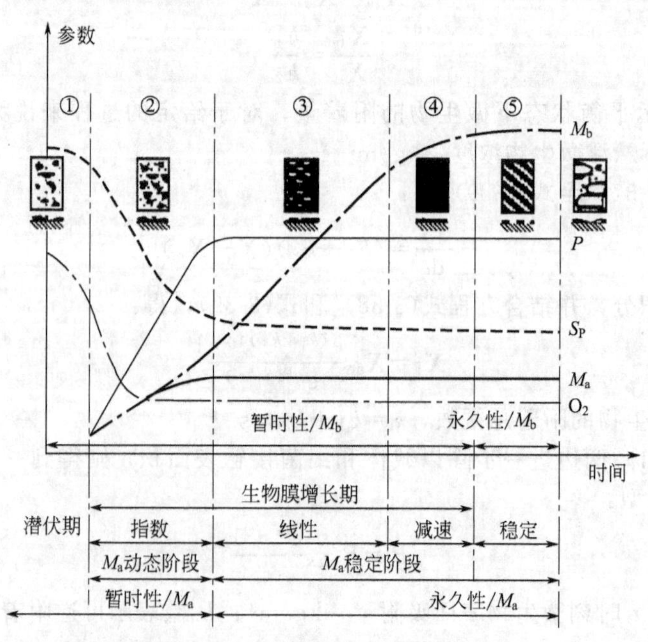


图 3-10　生物膜增长过程示意图

所示。

目前已有不少生物膜增长速率方程，如指数增长模型［见式(3-48)］、逻辑方程［见式(3-49)］以及目前应用最广泛的Monod方程［见式(3-50)］。这些模型各有特色，指数方程简便，主要用于微生物增长过程中对数增长阶段；逻辑方程常被用来描述系统中生物量的积累过程；Monod方程则揭示微生物增长特性与限制性底物浓度间的定量关系。但是无论是指数增长模型、逻辑方程，还是Monod方程，都只考虑了生物膜总量的增加，而缺少对生物膜结构的系统描述。

$$r_X=\mu X \tag{3-48}$$

$$r_X=\mu_{\max}X\left(1-\frac{X}{X_{\max}}\right) \tag{3-49}$$

$$\mu=\mu_{\max}\left(1-\frac{X}{X_{\max}}\right)=\mu_{\max}\frac{S}{S+K_s} \tag{3-50}$$

式中，$r_X$为微生物增长速率，kg/(m$^3$·s)；$\mu$、$\mu_{\max}$分别为微生物比增长速率及最大比增长速率，s$^{-1}$；$X$、$X_{\max}$分别为微生物浓度及最大微生物浓度，kg/m$^3$；$S$为限制性底物浓度，kg/m$^3$；$K_s$为半饱和常数，kg/m$^3$。

Capdeville建立的生物膜增长动力学模型，考虑到活性生物量和非活性物质之间的相互作用及影响，具有普遍意义。

首先Capdeville提出总生物量（$M_b$）可以区分为活性生物量（$M_a$）和非活性物质（$M_i$）两部分。

$$M_b=M_a+M_i \tag{3-51}$$

载体表面净活性生物量积累速率为活性生物量积累速率（$r_{M_a}$）和非活性物质积累速率（$r_{M_i}$）之差，即：

$$\left(\frac{dM_a}{dt}\right)_{net}=r_{M_a}-r_{M_i} \tag{3-52}$$

一般认为活性生物量的增长发生在生物膜动力学增长期，活性生物量的增长是底物浓度的零级反应，即活性生物量浓度（$M_a$）的一级反应动力学为：

$$r_{M_a}=\mu_0 M_a \tag{3-53}$$

式中，$\mu_0$为最大比增长率，s$^{-1}$。

生物膜内非活性物质的积累速率取决于生物膜自身浓度（$M_a$）以及抑制性物质的浓度（$c_1$），而抑制性代谢产物浓度与生物膜的种群密度成正比，所以：

$$r_{M_i}=k_1c_1M_a=k_1\alpha M_a^2=k_2M_a^2 \tag{3-54}$$

式中，$\alpha$为比例常数。

由式(3-52)～式(3-54)得到：

$$\left(\frac{dM_a}{dt}\right)=\mu_0 M_a-k_2M_a^2 \tag{3-55}$$

由于在生物膜动力学增长末期，活性生物量增长趋于达到最大值，即：

$$\left(\frac{dM_a}{dt}\right)=0\text{ 时，}\quad M_a=(M_a)_{\max} \tag{3-56}$$

由式(3-55)和式(3-56)可以得到活性生物量的表达式：

$$M_a=(M_a)_0\frac{e^{\mu_0 t}}{1-\frac{(M_a)_0}{(M_a)_{\max}}(1-e^{\mu_0 t})} \tag{3-57}$$

由式(3-54)和式(3-57)可以得到非活性生物量的表达式：

$$M_i=(M_a)_{max}\ln\left[1-\frac{(M_a)_0}{(M_a)_{max}}(1-e^{\mu_0 t})\right]+\frac{(M_a)_0(1-e^{\mu_0 t})}{1-\frac{(M_a)}{(M_a)_{max}}(1-e^{\mu_0 t})} \tag{3-58}$$

由式(3-57) 和式(3-58) 可以得到生物膜总量积累的表达式：

$$M_b=(M_a)_{max}\ln\left[1-\frac{(M_a)_0}{(M_a)_{max}}(1-e^{\mu_0 t})\right]+\frac{(M_a)_0}{1-\frac{(M_a)}{(M_a)_{max}}(1-e^{\mu_0 t})} \tag{3-59}$$

式(3-57)～式(3-59) 构成了系统描述生物膜增长的生物数学模型。这些方程从生物膜结构组成角度，清楚地揭示了其增长动力学行为的变化。

该模型进一步强调了在水处理过程中，真正起作用的并不是观察到的生物膜总量，而只是其中活性生物量部分。也正是因为如此，近几年有些学者提出了薄层生物膜反应器概念，再一次验证了生物膜活性和生物量间的有机结合，而不是片面依赖于生物膜总量的作用。这些都为今后发展新一代薄层生物膜反应器奠定了理论基础，同时也为三相流化床、扰动床等生物反应器的运行、设计提供理论指导。

3.4.3.3 生物膜底物去除动力学

生物膜的一个重要特征是：在膜的不同厚度处存在底物浓度梯度，而且这种底物浓度分布是非线性的。对于比较厚的生物膜，在膜的某一厚度处，底物的浓度可能为零。在这种情况下，如果进一步增加膜厚，并不会相应地进一步提高底物的利用率。而对于比较薄的生物膜，可以认为底物能够完全穿透膜层，这时底物浓度在膜与载体的接触面以上的整个膜厚中可以近似认为是等同的，且等于膜与液体主体接触层处的底物浓度。一般来说，在生物膜法中，污水有机物及其他污染物的去除是依靠生物膜的正常代谢活动和保持好氧层膜的生物活性来实现的，因此底物及溶解氧与生物膜接触并扩散到生物膜中是保证生物膜发挥生物氧化作用的前提条件。

假设生物膜具有均一的密度 $X_f$ 和均一的厚度 $L_f$，并以有效扩散层 $L$ 表示的是外部质量传递阻力，分子扩散则表示内部质量传递阻力，且生物膜中细菌存活处的底物浓度 $S_f$ 要比液流主体处的底物浓度 $S$ 小得多，则能获得理想生物膜中底物浓度的分布情况，如图 3-11 所示。

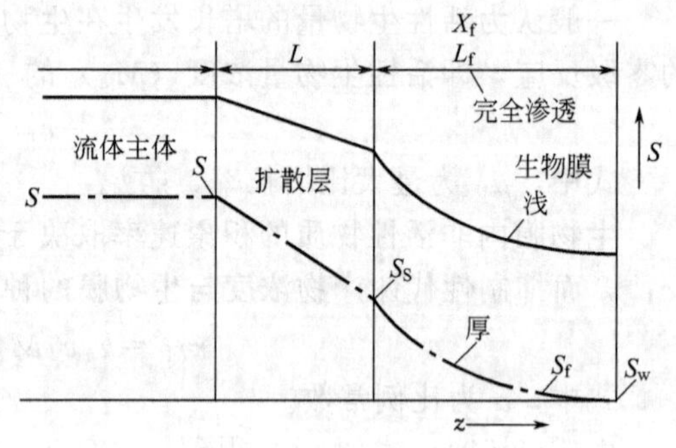

图 3-11 理想生物膜中底物浓度分布情况

和悬浮培养一样，一个完整的生物膜模型必须包括限制性底物和活性生物量的质量平衡以及速率表达关系式。对生物膜而言，由于存在底物浓度梯度，使得在不同膜厚处底物的浓度以及底物传递的速率是不一样的，是膜内位置的函数。在生物膜的任意位置，底物的利用速率可表示为：

$$r_{ut}=-\frac{\hat{q}X_f S_f}{K+S_f} \tag{3-60}$$

式中，$X_f$ 为生物膜中活性生物量的密度，kg/m$^3$；$S_f$ 为生物膜中底物浓度，kg/m$^3$。

底物在生物膜内的扩散速率满足 Fick 第二定律：

$$r_{diff}=D_f\frac{d^2 S_f}{dz^2} \tag{3-61}$$

式中，$r_{diff}$ 为底物由于扩散所积累的速率，kg/(m$^3$ · s)；$D_f$ 为生物膜中底物的分子扩散系数，m$^2$/s；$z$ 为垂直于生物膜表面的深度，m。

由于底物的扩散和利用是同时进行的，结合式(3-60) 和式(3-61) 就可以得到底物总的质量平衡式。当生物膜处于稳定状态下，底物的质量平衡关系为：

$$0=D_{\mathrm{f}}\frac{\mathrm{d}^2 S_{\mathrm{f}}}{\mathrm{d}z^2}-\frac{\hat{q}X_{\mathrm{f}}S_{\mathrm{f}}}{K+S_{\mathrm{f}}} \tag{3-62}$$

结合两个边界条件：第一个是在生物膜的附着表面，底物通量为零，即：

$$\left.\frac{\mathrm{d}S_{\mathrm{f}}}{\mathrm{d}z}\right|_{z=L_{\mathrm{f}}}=0 \tag{3-63}$$

第二个边界条件为：在生物膜和处理水的界面处，底物必须从液流主体传递至生物膜的外表面。该外部质量传递满足 Fick 第一定律，即：

$$J=\frac{D}{L}(S-S_{\mathrm{S}})=D_{\mathrm{f}}\left.\frac{\mathrm{d}S}{\mathrm{d}z}\right|_{z=0}=D\left.\frac{\mathrm{d}S}{\mathrm{d}z}\right|_{z=0} \tag{3-64}$$

式中，$J$ 为底物流进生物膜的通量，$\mathrm{kg/(m^2 \cdot s)}$；$D$ 为底物在水中的扩散系数，$\mathrm{m^2/s}$；$L$ 为有效扩散层的厚度，m；$S$，$S_{\mathrm{S}}$ 分别为液流主体和膜/液界面处的底物浓度，$\mathrm{kg/m^3}$。

假定在界面处液流侧的底物浓度 $S_{\mathrm{S}}$ 和界面处膜侧的底物浓度是相等的，求解方程式(3-62) 需要知道所有的动力学及其质量传递参数（$\hat{q}$、$K$、$D_{\mathrm{f}}$ 和 $L$），生物膜的性质 $X_{\mathrm{f}}$、$L_{\mathrm{f}}$，以及表示单位面积上的生物量 $X_{\mathrm{f}}L_{\mathrm{f}}$乘积（$\mathrm{kg/m^2}$）。如果已知生物膜的有关性质，则可求解式(3-62)。

3.4.3.4　稳态生物膜动力学

在生物膜的任一位置，活性生物量的质量平衡关系可以表示为：

$$\frac{\mathrm{d}(X_{\mathrm{f}}\mathrm{d}z)}{\mathrm{d}t}=Y\frac{\hat{q}S_{\mathrm{f}}}{K+S_{\mathrm{f}}}(X_{\mathrm{f}}\mathrm{d}z)-b'X_{\mathrm{f}}\mathrm{d}z \tag{3-65}$$

式中，$t$ 为时间，$\mathrm{s^{-1}}$；$b'$为总的生物膜比损耗速率，$\mathrm{s^{-1}}$；$\mathrm{d}z$ 为微分生物膜厚度，m。

式(3-65) 左边表示单位载体表面积上生物膜质量的变化速率，$\mathrm{M_X L^{-2} T^{-1}}$；右边表示单位载体表面积上新合成的生物膜质量速率以及损耗的生物膜质量速率，$\mathrm{M_X L^{-2} T^{-1}}$。由于生物膜中底物浓度 $S_{\mathrm{f}}$随膜内不同位置而变化，所以等式右边的第一项也随着位置的变化而变化。因此等式左边不太可能为常数或者为零。这就意味着，生物膜中各处的生物量都处于非稳定状态。在生物膜的外表面处，底物的浓度比较高，等式右边的第一项为正值，生物量具有正的净增长速率。相反在生物膜深处，底物浓度很低，生物量的净增长速率为负。

尽管生物膜的不同位置处生物量存在净的增长或损耗，但是对生物膜来说稳定状态是一个十分重要的概念。说生物膜处于稳定状态是指生物膜作为一个整体处于稳定状态，也就是说尽管生物膜的不同位置处的生物量不处于稳定状态，但是单位载体表面积上的生物量（$X_{\mathrm{f}}L_{\mathrm{f}}$）不随时间而变化。换句话说，生物膜处于稳定状态指的是对式(3-65) 在整个生物膜厚度上积分，其值为零。

$$0=\int_0^{L_{\mathrm{f}}}\frac{\mathrm{d}(X_{\mathrm{f}}\mathrm{d}z)}{\mathrm{d}t}=\int_0^{L_{\mathrm{f}}}Y\frac{\hat{q}S_{\mathrm{f}}}{K+S_{\mathrm{f}}}X_{\mathrm{f}}\mathrm{d}z-\int_0^{L_{\mathrm{f}}}b'X_{\mathrm{f}}\mathrm{d}z \tag{3-66}$$

假设 $X_{\mathrm{f}}$、$\hat{q}$、$K$ 和 $b'$为常数，则式(3-66) 变换为：

$$0=YJ-b'X_{\mathrm{f}}L_{\mathrm{f}} \tag{3-67}$$

即：

$$X_{\mathrm{f}}L_{\mathrm{f}}=\frac{JY}{b'} \tag{3-68}$$

因此生物膜的稳定状态是一种动态概念。在生物膜的外表面，底物的浓度比较高，$\mathrm{d}(X_{\mathrm{f}}L_{\mathrm{f}})/\mathrm{d}t$为正值；而在生物膜的附着表面，$S_{\mathrm{f}}$很低，$\mathrm{d}(X_{\mathrm{f}}L_{\mathrm{f}})/\mathrm{d}t$ 为负值。因此生物量从生物膜正增长速率的位置传递到负增长速率的位置，以至从生物膜的整体看来生物膜处于稳定状态。

式(3-62)～式(3-64) 和式(3-67) 同时构成了稳态生物膜模型。该模型的解可以表示为相对比较简单的 $J$ 和 $X_{\mathrm{f}}L_{\mathrm{f}}$关于 $S$ 和各种各样的动力学及质量传递参数的代数方程。但是由于式(3-62) 是非线性的，因此要获得严格的解析解是不可能的。而通过适当选择代数方程来拟合稳态生物膜模型的成千上万数学解可以称为拟解析解。其中最新且最精确的拟解析解是由 Sez 和 Rittmann 于 1992 年提出的。该解可以用三个主要的无量纲变量表示：$S_{min}^{*}$、$K^{*}$和$S^{*}$。除了将八个不同变量（$q$、$K$、$Y$、$b'$、$D_f$、$D$、$L$ 和 $S$）合并成三个无量纲变量，从这三个无量纲变量也可以看出生物膜体系的动力学特性。

这三个无量纲变量为：

$$S_{min}^{*}=\frac{b'}{Yb'-b'}=\frac{S_{min}}{K} \tag{3-69}$$

$$K^{*}=\frac{D}{L}\left[\frac{K}{\hat{q}X_f D_f}\right]^{1/2} \tag{3-70}$$

$$S^{*}=S/K \tag{3-71}$$

式中，$S_{min}^{*}$为增长势，$S_{min}^{*}\ll 1$ 意味着增长势很大，因为最大正的净增长率比损耗速率要大得多，$S_{min}^{*}>1$ 意味着增长势较低，因此难以维持稳定、稳态的生物量；$K^{*}$为外部质量传递和最大的利用速率之比，$K^{*}$较小（例如小于 1）意味着外部质量传递较慢，是通量大小的控制步骤；$S^{*}$为无量纲底物浓度，较大的$S^{*}$（例如$\gg 1$）表示利用反应达到饱和了，至少在生物膜的外部已经达到了饱和。

拟解析解可以表示为以下形式：

$$J=fJ_{deep} \tag{3-72}$$

式中，$J$ 为实际的稳态通量，mg/(cm$^2$·d)；$J_{deep}$为进入具有相同 $S_S$ 浓度的厚层生物膜的通量，mg/(cm$^2$·d)；$f$ 为比例常数，介于 0 和 1 之间，表示由于生物膜物性变化引起的实际通量下降程度。

从拟合的数值解中，Sez 和 Rittmann 发现：

$$f=\tanh\left[\alpha\left(\frac{S_S^{*}}{S_{min}^{*}}-1\right)^{\beta}\right] \tag{3-73}$$

式中，$\tanh(x)$ 表示双曲正切算子，$\tanh(x)=(e^{x}-e^{-x})/(e^{x}+e^{-x})$；$\alpha$、$\beta$ 表示与$S_{min}^{*}$有关的系数。

以下为求拟解析解的步骤：

① 由式(3-70)～式(3-72) 计算 $S_{min}^{*}$、$K^{*}$和$S^{*}$。

② 由 $S_{min}^{*}$计算 $\alpha$ 和 $\beta$。

$$\alpha=1.5557-0.4117\tanh[\lg S_{min}^{*}] \tag{3-74}$$

$$\beta=0.5053-0.0257\tanh[\lg S_{min}^{*}] \tag{3-75}$$

③ 由 $\alpha$、$\beta$、$K^{*}$和$S^{*}$迭代计算生物膜和液流边界层处的无量纲底物浓度 $S_S^{*}$。

$$S_S^{*}=S^{*}-\frac{\left\{\tanh\left[\alpha\left(\frac{S_S^{*}}{S_{min}^{*}}-1\right)^{\beta}\right]\right\}\{2[S_S^{*}-\ln(1+S_S^{*})]\}^{1/2}}{K^{*}} \tag{3-76}$$

④ 计算无量纲通量 $J^{*}$。

$$J^{*}=K^{*}(S^{*}-S_S^{*}) \tag{3-77}$$

⑤ 将 $J^{*}$转化为 $J$。

$$J=J^{*}(K\hat{q}X_f D_f)^{1/2} \tag{3-78}$$

⑥ 由式(3-68) 计算 $X_f L_f$。

尽管求解步骤比较多，不过数学运算并不复杂，但需注意以下几点：

① 当 $S<S_{min}$时，$J=0$；而当 $S>S_{min}$时，$J$ 有其唯一的有限值；

② 当 $S>S_{min}$时，乘积 $X_f L_f$也是唯一的；

③ $S^*_{min}$和$K^*$可用来判断过程的控制步骤。例如，$K^*$较小，底物的通量主要取决于外部质量传递；而$S^*_{min}$较大，则生物膜的增长限制了底物的脱除效果。

**【例 3-3】** 当底物浓度$S$为 0.5mg/L 时，已知有关动力学与质量传递常数为：有效扩散层厚度$L=0.01$cm、达到微生物最大增长速率一半时底物的浓度$K=0.01mg_s/cm^3$、活性生物膜密度$X_f=40mg_a/cm^3$、底物利用的最大比速率$\hat{q}=8mg_s/(mg_a \cdot d)$、全部生物膜的比损失速率$b'=0.1d^{-1}$、水中的底物扩散系数$D=0.8cm^2/d$、生物膜中底物的分子扩散系数$D_f=0.64cm^2/d$、细胞合成的实际增长率$Y=0.5mg_a/mg_s$。$mg_a$和$mg_s$分别表示毫克活性生物量和毫克底物。

试利用求拟解析解方法求稳态底物通量（$J$）、生物膜积累量（$X_fL_f$）以及生物膜的厚度（$L_f$）。

**解**：根据量纲的一致性，质量、长度和时间分别以 mg、cm 和 d 表示，则底物浓度为$S=0.0005mg/cm^3$。以下根据前述拟解析解求解的详细步骤，通过计算无量纲常数获得无量纲通量$J^*$，然后转化为$J$、$X_fL_f$和$L_f$。

(1) 由式(3-70)～式(3-72) 计算$S^*_{min}$、$K^*$和$S^*$

$$S^*_{min}=\frac{b'}{Yb'-b'}=\frac{0.1}{0.5\times8-0.1}=0.02564$$

$$K^*=\frac{D}{L}\left[\frac{K}{\hat{q}X_fD_f}\right]^{1/2}=\frac{0.8}{0.01}\left[\frac{0.01}{8\times40\times0.64}\right]^{1/2}=0.559$$

$$S^*=S/K=0.0005/0.01=0.05$$

$S^*_{min}$值比较小，表明该过程具有比较高的增长势，而且只要$S>S_{min}$，该过程也不会受到生物膜积累量的限制。$K^*$值适中，这说明该过程在某种程度上，但不是完全受控于外部质量传递步骤。

(2) 根据式(3-74) 和式(3-75)，由$S^*_{min}$计算$\alpha$和$\beta$

$$\alpha=1.5557-0.4117\tanh[\lg S^*_{min}]=1.5557-0.4117\tanh[\lg 0.02546]=1.9346$$

$$\beta=0.5053-0.0257\tanh[\lg S^*_{min}]=0.5053-0.0257\tanh[\lg 0.02546]=0.5272$$

(3) 根据式(3-76)，由$\alpha$、$\beta$、$K^*$和$S^*$迭代计算生物膜和液流边界层处的无量纲底物浓度$S^*_S$

$$经迭代计算得\ S^*_S=0.02754$$

(4) 根据式(3-77) 计算无量纲通量$J^*$

$$J^*=K^*(S^*-S^*_S)=0.559(0.05-0.02754)=0.01256$$

(5) 根据式(3-78) 将$J^*$转化为$J$

$$J=J^*(K\hat{q}X_fD_f)^{1/2}=0.01256(0.01\times8\times40\times0.64)^{1/2}=0.0179[mg_s/(cm^2\cdot d)]$$

(6) 由式(3-68) 计算$X_fL_f$

$$X_fL_f=\frac{0.0179\times0.5}{0.1}=0.0895(mg_a/cm^2)$$

$$L_f=0.00224cm=22.4\mu m$$

AQUASIM 是专门的实验室、工厂和自然水体体系进行仿真、辨识而设计的，不仅可以进行污水处理数学模拟计算，也可以用于河流、湖泊水质模拟计算。

## 习　题

1. 为何必须知道生长比率才能建立微生物生长的生物化学计量方程？生长比率、真正生长比率和实际生长比率中，哪一个最适合用来建立微生物生长计量方程？为什么？如何用生长比率知识和 McCarty 半反应建立计量方程？

2. 用半反应方法建立下列各种情形的微生物生长摩尔计量方程：
   a. 生活污水为好氧生长基质，氨氮作为氮源，生长比率为 0.6mg 细胞 COD/mg 基质 COD；
   b. 碳水化合物为生长基质，硝酸盐为最终电子受体，氨为氮源，生长比率为 0.5mg 细胞 COD/mg 基质 COD；
   c. 碳水化合物为生长基质，硝酸盐为最终电子受体和氮源，生长比率为 0.4mg 细胞 COD/mg 基质 COD；
   d. 以电子供体为基准，对各方程进行标准化处理。
3. 对于以氨为氮源的异养型微生物，其经验分子式假定为 $C_5H_7O_2N$，能利用有机质生长。a. 请写出其利用基质为甲醇的好氧生长的 COD 计量方程；b. 若以 $S_{MP}$ 表示溶解性产物浓度（以 COD 为单位），$Y_{MP}$ 表示单位产物比率，请写出包含有溶解性微生物产物形成的好氧生长的 COD 计量方程；c. 请写出关联比生长速率与基质浓度的 Monod 方程，并确定方程中的参数。
4. 已知给定条件为：甲醇废水 $BOD_U=500$mg/L，废水流量 $Q=3785m^3/d$，pH=7.0，碱度充足，甲醇氧化自由能=－8.895kcal/当量电子（－37.24kJ/当量电子），$NH_4^+$-N=10mg/L（以 N 计），$PO_4^{3-}$-P=1mg/L（以 P 计），SRT=10d，40d，100d。根据上述条件，以厌氧处理化学计量学方程式计算：
   (1) 由化学计量学方程式计算产量；
   (2) SRT=10d，40d，100d 时 $CH_4$ 产量及其 $\theta_c$ 的函数关系；
   (3) SRT=10d，40d，100d 时剩余生物量和 $\theta_c$ 的函数关系；
   (4) SRT=10d，40d，100d 时反应所需 N 量和 $\theta_c$ 的函数关系；
   (5) SRT=40d 时，如果反应器出水 $BOD_u$ 为 70mg/L，计算甲醇的补充量是多少？
5. 废水中含乙酸 1000mg/L 和乙醇 500mg/L，在下列情况下厌氧处理该废水：细胞平均停留时间 $\theta_c=25$d，生物体可降解部分分数 $f_d=0.80$，废水流量 $Q=1892.5m^3/d$，自分解速率 $b=0.05d^{-1}$，能量转移细胞系数 $\varepsilon=0.6$，转化效率=95%，乙酸盐 $\Delta G=-6.605$kcal/当量电子（－27.65kJ/当量电子），乙酸 $\Delta G=-7.592$kcal/当量电子（－31.79kJ/当量电子）。
   用化学计量学方法计算：
   (1) 甲烷产量（L/d）；
   (2) 营养需要（kg/d）；
   (3) 剩余生物量（kg/d）。
   注：计算过程中有关基质的 $A$ 值与 $Y$ 值可从表 3-9 查得。化学计量学的总反应为：

$$R=R_d-f_eR_a-f_sR_c$$

   式中，$R_d$，$R_a$，$R_c$ 分别为电子供体、电子受体和细胞合成方程。

**表 3-9 各种基质的厌氧生物转化的生物动力学系数及生物产率**

| 基质 | $A$ | $Y$/(g 细胞/g COD 去除) | 基质 | $A$ | $Y$/(g 细胞/g COD 去除) |
|---|---|---|---|---|---|
| 碳水化合物 | 1.02 | 0.35 | 丁酸盐 | 11.13 | 0.058 |
| 蛋白质 | 2.45 | 0.2 | 乙酸盐 | 21.03 | 0.032 |
| 脂肪 | 17.75 | 0.038 | 氢气 | 22.55 | 0.03(与 $H_2$ 浓度有关) |
| 丙酸盐 | 18.27 | 0.037 | | | |

注：资料来源于 Pavlostathis and Giraldo-Gomez，1991。

## 参考文献

[1] 斯皮思 R E 著．工业废水的厌氧生物技术．李亚新译．北京：中国建筑工业出版社，2001.
[2] Bruce E Rittmann，Perry L McCarty. 环境生物技术原理与应用．文湘华，王建龙等译．北京：清华大学出版社，2004.
[3] 瑞恩 P 施瓦茨巴赫，菲利普 M 施格文，迪特尔 M 英博登著．环境有机化学．王连生等译．北京：化学工业出版社，2004.
[4] 周少奇编著．环境生物技术．北京：科学出版社，2003.
[5] 唐受印，汪大翚等．废水处理工程．北京：化学工业出版社，1998.
[6] 戚以政，汪叔雄．生化反应动力学与反应器．北京：化学工业出版社，1996.
[7] 张员兴，许学书．生物反应器工程．上海：华东理工大学出版社，2001.

[8]　格拉泽 A N，二介堂弘著．微生物生物技术——应用微生物学基础原理．陈守文等译．北京：科学出版社，2002.
[9]　罗辉等．环保设备设计与应用．北京：高等教育出版社，1997.
[10]　岑沛霖．生物工程导论．北京：化学工业出版社，2004.
[11]　Baina M Maier，David C Herman，San L Pepper. Environment Microbiology. San Diego：Acdemicpress，2005.
[12]　周少奇．生物脱氮的生化反应计量学关系式．华南理工大学学报，1998，26（3）：124-126.
[13]　Fang H H P，Liu Y，Chen T. Effect of sulphate on anaerobic degradation of benzoate in UASB reactors. J Environ Eng，1997，123（4）：320-328.
[14]　Morgenroth E，Wilderer P A. Modeling of enhanced biological phosphorus removal in a sequencing batch biofilm reactor. Wat Sci Tech，1998，37（4-5）：583-587.
[15]　Araki N，Ohashi A，Machdar E，et al. Behabiors of nitrifiers in a novel biofilm reactor employing hanging spongecubes as attachment site. Wat Sci Tech，1999，39（7）：23-31.
[16]　Ramasamy E V，Abbasi S A. Energy recovery from dairy waste-waters：impacts of biofilm support systems on anaerobic CST reactors. Applied Energy，2000，65：91-98.
[17]　Ohashi A，Koyama T，Syutsubo K，et al. A novel method for evaluation of biofilm tensile strength resisting erosion. Wat Sci Tech，1999，39（7）：261-268.
[18]　Zhu S M，Chen S L. An experimental study on nitrification biofilm performances using a series sector system. Aquacultural Engineering，1999，20：245-259.
[19]　Kargi F，Eker S. Comparison of performances of rotating perforated tubes and rotating biodiscs biofilm reactors for wastewater treatment. Process Biochemistry，2002，37：1201-1206.
[20]　White D M，Schnabel W. Treatment of cyanide waste in a sequencing batch biofilm reactor. Wat Sci Tech，1998，32（1）：254-257.
[21]　Lim K H，Shin H S. Operating characteristics of aerated submerged biofilm reactors for drinking water treatment. Wat Sci Tech，1997，36（12）：101-109.
[22]　Kolv F R，Wilderer P A. Activated carbon membrane biofilm reactor for the degradation of volatile organic pollutants. Wat Sci Tech，1995，31（1）：205-213.
[23]　Porges N，Jasewicy L，Hoover S R. Principles of biological oxidation//J McCabe W W Eckenfelder，Eds. Biological trcatment of Sewage and industrial waster. New York：Reinhold Publ，1956.
[24]　曾一鸣．膜生物反应器技术．北京：国防工业出版社，2007.

# 第4章 污染物的生物降解基础

在有机污染物的不同降解途径中，通过微生物作用将其降解成小分子物质，并进而转变成 $CO_2$ 和水是生物降解最重要的途径之一。有机污染物的生物降解途径、降解程度与污染物质的分子结构、微生物种群、基质的浓度以及过程的环境因素等有关。本章主要对降解微生物种群、微生物对有机污染物的作用、降解途径和反应类型，以及典型有机污染物的降解机理等几个方面进行介绍。

## 4.1 污染物的生物可降解性

自然界中能以有机污染物为基质的微生物种类大致可分为细菌、真菌和藻类三大类。不少微生物对有机污染物具有氧化、还原、转化等作用，利用微生物的这一特征来分解土壤、水体中的有机污染物，修复受污染的环境，具有十分重要的意义。表 4-1 列出了一些对典型有机污染物具有降解功能的微生物，按来源可分为土著微生物、外来微生物和基因工程菌三大类。

表 4-1 有机污染物降解的典型微生物

| 化合物 | 降解微生物 |
| --- | --- |
| 脂肪烃 | 无色杆菌属、不动杆菌属、放线菌属、气单胞菌属、产碱菌属、节杆菌属、芽孢杆菌属、贝内克菌属、短杆菌属、棒杆菌属、黄杆菌属、甲基细菌属、甲基杆菌属、甲基球菌属、甲基孢囊菌属、甲基单胞菌属、甲基弯曲菌属、小单孢菌属、分枝杆菌属、诺卡菌属、假丝酵母属、隐球菌属、德巴利酵母属、洋葱假单胞菌 |
| 芳香化合物 | 施氏假单胞菌、巨大脱硫线菌、儿茶酚脱硫杆菌、未鉴定菌、黄杆菌属、洋葱假单胞菌、节杆菌属、氯酚红球菌属、皮氏假单胞菌属 |
| 多环芳烃 | 气单胞菌属、拜叶林克菌属、黄杆菌属、诺卡菌属、假单胞菌属、霉菌小克银汉霉属、恶臭假单胞菌属、节杆菌属、泡囊假单胞菌属、分枝杆菌属 |
| 含氮芳香烃 | 假单胞菌属、生胞盐杆菌属、红球菌属、红细菌属、产碱菌属、丛毛单胞菌属、节杆菌属、韦荣球菌属、埃希菌属、分枝杆菌属、脱硫弧菌属、梭菌属、甲烷八叠球菌属、产甲烷菌属、多食假单胞菌属、莫拉菌属、肠球菌属、变形菌属 |
| 农药 | 亚硝化单胞菌、多型亚硝化单胞菌、直肠梭菌、丁酸梭菌、巴氏梭菌、生孢梭菌、恶臭假单胞菌、大肠杆菌、弗氏柠檬酸杆菌、荧光假单胞菌、无色杆菌、产碱杆菌、黄杆菌、诺卡菌 |

(1) 土著微生物　土著微生物是通过从自然界存在的大量微生物菌株中筛选并经驯化而获得的菌株或微生物种群，对某类有机污染物具有高效降解能力。土著的土壤微生物群系可以直接或通过共代谢作用将污染物分解为低毒或无毒代谢产物，也可以通过其分泌酶的作用将污染物降解，对污染土壤的生物修复具有重要作用。土著微生物对污染物的降解与转化过程比较复杂，通常是分步进行的，整个过程包括多种微生物和酶的共同作用，如一种微生物的分解产物可成为另一种微生物的底物。因此，充分认识和了解土著微生物对有机污染物的降解、转化机理，并充分发挥其作用具有重要意义。

(2) 外来微生物　在某些受污染环境中，土著微生物的生长过慢、代谢活性不高，或由于污染物毒性过高，微生物生长受抑制，导致其对污染物的降解能力降低，达不到理想的修复效果。在这种情况下，人为投加特种微生物以促进污染物的降解很有必要。这种人为投加并对有机污染物具有高效降解能力的菌被称为外来微生物。一般条件下，外来微生物与土著微生物应具有良好的相容性。

(3) 基因工程菌　基因工程菌是指将所需的某一供体生物的遗传物质 DNA 分子提取出来，在离体条件下切割后，把它作为载体的 DNA 分子连接起来，导入某一受体细胞中，让外来的遗传物质在其中进行正常的复制和表达，从而获得新物种菌。20 世纪 70 年代以来，发现不少具有特殊降解能力的细菌，其降解能力由质粒或酶控制。目前已发现降解性质粒多达 30 余种，如假单胞菌属中的石油降解质粒，能编码降解石油组分及其衍生物；如樟脑、辛烷、水杨酸盐、甲苯和二甲苯等的酶类，可用于降解 2,4-D、六六六等农药，抗重金属离子等。采用基因工程方法将具有降解性质粒转移到一些能在污水和受污土壤中生存的菌体内，定向构建高效工程菌，用于特定有机污染物的降解具有重要意义。

目前世界上已研究出多种难降解有机物的工程菌，如 Chapracarty 等为了消除海上溢油污染，将假单胞菌属中不同菌株的 CAM、OCT、SAL、NAH 四种降解性质粒结合转移到一个菌株中，构建成一株能同时降解芳烃、多环芳烃和脂肪烃的“超级细菌”。该菌能将天然菌要花一年以上才能消除的浮油缩短为几个小时，被誉为在污染治理工程菌构建上的第一个里程碑。

基因工程菌投放到实际污染治理系统中，就等于进入了自然环境，如果基因工程菌的安全性没有得到确认，将会对环境造成可怕的影响。为此，在研制基因工程菌过程中，采用给细胞增加某些遗传缺陷的方法或是使其携带一段“自杀基因”，使该工程菌在非指定底物或非指定环境中不易生存或发生降解作用。为基因工程菌的安全性提供科学依据，发达国家已作了大量的探索研究，但有待进一步深入。

理想的基因工程菌应有以下几个特征：对自然界的微生物和高等生物不构成有害的威胁；基因工程菌有一定的寿命；进入净化系统之后，其适应期比土著种的驯化期要短得多；降解污染物功能下降时，可以重新接种；易适应生存，不会被目标污染物杀死。表 4-2 列出了一些基因工程菌的降解活性。

**表 4-2　某些基因工程菌的降解活性**

| 亲株 | 活　性 | 构建细菌代谢的微生物 | 亲株 | 活　性 | 构建细菌代谢的微生物 |
| --- | --- | --- | --- | --- | --- |
| 不动杆菌<br>假单胞菌 | 在联苯中生长 | 3-氯联苯 | 假单胞菌 | 降解苯胺 | 氯代苯胺 |
| | 在氯代苯甲酸中生长 | | 假单胞菌 | 降解氯代儿茶酚 | |
| 假单胞菌<br>产碱菌属 | 利用 4-氯-2-硝基苯酚 | 以 4-氯-2-硝基苯酚为碳源 | 假单胞菌 | 利用 4-氯酚 | 2-氯代酚/<br>3-氯代酚 |
| | 在二甲苯中生长 | | 产碱菌 | 利用酚 | |
| 恶臭假单胞菌<br>产碱假单胞菌 | 在苯甲酸中生长 | 1,4-二氯苯 | 恶臭假单胞菌 | 在联苯中生长 | 二氯联苯 |
| | | | 假单胞菌 | 在 4-氯苯甲酸中生长 | |

(4) 其他微生物与植物　其他微生物包括藻类、微型生物、植物等对污染物的降解作用。在污染水体中，通过藻类的放氧，可使严重污染后缺氧的水体恢复至好氧状态，为好氧性异养细菌降解污染物提供必要的电子受体，使降解顺利进行；微型动物则通过吞噬过多的藻类和一些病原性微生物，间接地对水体起净化作用。

不少植物对污染物具有吸收、固定、挥发等作用，也被充分利用对污染水体或土壤的生物修复。如凤尾莲、芦苇，以及其他如水花生、细绿萍、黑燕麦用于处理生活污水或工业废水污染的水体，并取得了较为显著的环境效益。

## 4.2 微生物对污染物的作用

微生物对环境中的污染物的生物降解，主要是通过其一系列的代谢活动进行的，也即在微生物与污染物的相互作用下，通过氧化（β-氧化、环氧化、氮氧化、硫氧化、甲基氧化等）反应、还原（硫酸盐还原、双键还原、三键还原）反应、水解反应、脱基（脱卤、脱氨基、脱羧基）反应、羟基化反应、酯化反应以及代谢（氨代谢、肟代谢、腈氨代谢）等一种或多种生理、生化反应，使大多数有机污染物质发生不同程度的转化、分解或降解。

促使污染物的生物转化与降解，可以是一种反应的单独参与，也可能是多种反应共同作用的结果，其过程比较复杂。在这一系列的作用过程中，深入了解在特定环境下微生物与污染物间发生的共代谢（cometabolism）、激活、去毒、吸着等作用，以及污染物能被生物降解的阈值（threshold）是较为重要的。

### 4.2.1 微生物的共代谢作用

某些有机物在其生物降解过程中不能作为微生物的唯一碳源，而只能依靠另一种有机物作为碳源与能源的前提下才能被降解的现象，称为共代谢。在共代谢过程中，微生物既不能从基质的氧化代谢中获取足够能量，也不能从基质分子所含的C、N、S或P中获得营养进行生物合成。在纯培养中，由共代谢产生的有机产物，为不能进一步代谢的终死产物，一般不能转化为典型的细胞组分，也即共代谢是微生物不能受益的终死转化；但在复杂的微生物群落中，终死产物可能会被另外的微生物种群代谢或利用。

共代谢包含两种情况：在支持生长的第二种基质存在下的不能进行生长繁殖的基质代谢，以及在支持生长繁殖的化学物质不存在下的基质转化过程。

#### 4.2.1.1 共代谢基质与微生物

能进行共代谢反应的微生物细菌主要有假单胞菌属、不动杆菌属、诺卡菌属、芽孢杆菌属、分枝杆菌属、无色杆菌属、甲基弯曲菌属、节杆菌属、产碱菌属、红球菌属、黄色杆菌属和亚硝化单胞菌属等；真菌有青霉素和丝核菌属等。

异养细菌和真菌进行的共代谢反应是多种多样的。如甲基营养菌的甲烷加氧酶就能够氧化烷烃、烯烃、仲醇、二（或三）氯甲烷、二烷基醚、环烷烃和芳香族等多种化合物；珊瑚状诺卡菌（*N. corallina*）可以共代谢三（或四）甲基苯、二已基苯、联苯、四氢化萘和二甲基并产生多种产物。表4-3列出了一些典型的共代谢的基质及其产物。

表4-3 纯培养中的一些共代谢基质及其产物

| 基　质 | 产　物 | 基　质 | 产　物 |
|---|---|---|---|
| 氟甲烷 | 甲醛 | 丙烷 | 丙酸、丙酮 |
| 二甲醚 | 甲醇 | 4-氯苯胺 | 4-氯乙酰替苯胺 |
| 二甲基硫醚 | 二甲基亚砜 | 2-丁醇 | 2-丁酮 |
| 四氯乙烯 | 三氯乙烯 | 间氯甲苯 | 苄基醇 |
| 苯并噻吩 | 苯并噻吩-2,3-双酮 | DDT | DDD,DDE,DBP |
| 3-羟基苯甲酸 | 2,3-二羟苯甲酸 | 三硝基甘油 | 1-硝基甘油和2-硝基甘油 |
| 环乙烷 | 环乙醇 | 4-三氟甲基苯甲酸 | 4-三氟甲基-2,3-二羟基甲酸 |
| 3-氯酚 | 4-氯儿茶酚 | 4-氟苯甲酸 | 4-氟儿苯酚 |
| 氯苯 | 3-氯儿茶酚 | 4,4-二氯二苯基甲烷 | 4-氯苯乙酸 |
| 对硫磷 | 4-硝基酚 | 2,3,6-三氯苯甲酸 | 3,5-二氯儿茶酚 |
| 3-硝基酚 | 硝基氢醌 | 3-氯苯甲酸 | 4-氯儿茶酚 |

#### 4.2.1.2 共代谢的原因

一种有机物可以被微生物转化成另一种有机物，但在转化过程中不能为其本身生长获取所必需的碳源和能源，不少学者提出了各种假设，其主要原因有以下几点。

① 微生物的吸收与同化能力。微生物不能在某种基质上生长的原因并不是由于微生物无法分解代谢这种物质，而是由于微生物本身缺乏吸收、同化其氧化产物的能力。卤代芳烃化合物的共代谢可能是由于微生物无法从苯环上脱去卤素取代基，并把芳香环基质导向碳吸收同化的节点。具有苯甲酸氧化酶的微生物只能氧化苯甲酸和单氟苯甲酸（因为氟和氢的范德华半径相近），而氯、溴、碘取代基却使基质失去活性。以上观点已被证实，但无法解释已发现的许多氯、溴、碘代苯甲酸的脱卤作用，以及脂肪烃、芳香烃类化合物的共代谢现象。

② 有毒产物的积累。把具有氧化代谢卤代芳烃化合物功能的细菌不能在该基质上生长的原因归结于有毒产物的积累。Horvath 证实 2,3,6-三氯苯甲酸的共代谢会导致 3,5-二氯儿茶酚的积累，最终形成对细胞有毒害的环境。但这一机制仅能应用于芳烃化合物，无法解释氧化产物积累有毒环境形成的直接原因。

③ 酶的专一性与抑制作用。由于卤代二羟基苯与催化芳香烃氧化的酶活性中心的铁离子发生螯合作用，抑制了酶系统的活性。支持该解释的主要实验依据是：在苯甲酸基质中生长的细胞能立即氧化代谢间氯苯甲酸，没有滞留期；当细胞和其他卤代同系物预培养一定时间后，能诱导细胞代谢苯甲酸和间氯苯甲酸；当非诱导细胞分别和这两种化合物培养时，在氧的吸收方面表现出相同的滞留期，积累产物 4-氯儿茶酚并不抑制苯甲酸的氧化代谢，这就排除了共代谢产物对酶的抑制作用和毒性。由此可以推断：苯甲酸氧化酶具有相对的非专一性，而芳香环裂解酶则具有专一性。但是，这种螯合作用抑制酶活性的机制无法解释微生物对乙烷、卤代苯甲酸（盐）、卤代儿茶酚、烷基芳烃化合物（如乙苯、丙苯等）的共代谢作用。

### 4.2.2 微生物的解毒作用

通过微生物对污染物的转化、降解、矿化等作用，使污染物的分子结构发生改变，从而降低或去除污染物的毒性的过程称为去毒，也称为钝化。去毒过程中可由一种微生物作用于一种污染物，也可采用微生物群落同时作用于一种污染物，使其去毒。解毒作用导致产物的钝化，将具有毒理学活性物质转化为无活性产物。促使活性分子转化为无毒产物的酶反应通常在细胞内进行，其解毒的历程如图 4-1 所示，形成的产物有如下三种形式。

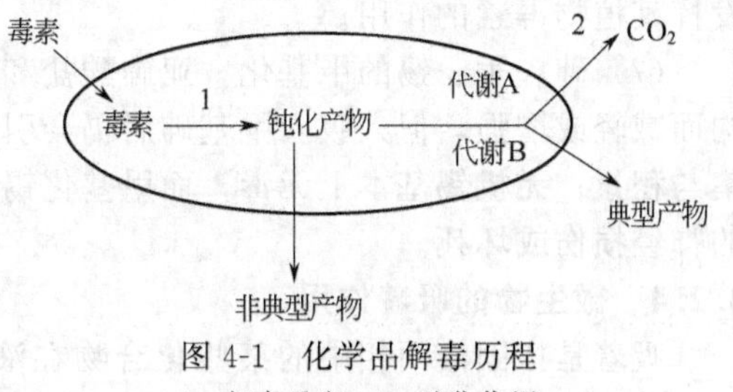


图 4-1 化学品解毒历程

1—解毒反应；2—矿化作用

① 将钝化产物直接分泌到细胞外。

② 经酶反应进入正常代谢途径，碳以 $CO_2$ 的形式释放。

③ 经酶反应进入正常代谢途径，以有机废物的形式分泌到胞外。

微生物对有机污染物的去毒主要通过以下作用：①对酯键或酰胺键的水解脱毒；②苯环或脂肪链上的羟基化，以 OH 取代 H 使毒物失去毒性；③杀虫剂中氯和其他卤素的脱卤；④杀虫剂中与氮、氧或硫相连甲基和烷基的去甲基和去烷基，使毒物转化为无毒产物；⑤对有毒酚类物的甲基化，使酚类物钝化；⑥将硝基还原成氨基，以减轻基质的毒性；⑦醚草通脱氨基，变为无毒害物；⑧卤代苯氧羧酸类除草剂在植物体内断裂醚键（C—O—C），降解成相应的酚，消除其对植物的毒害；⑨将腈转化为酰胺，降低毒性；⑩轭合作用，利用生物体内的中间代谢产物和异生素的反应合成无毒产物。

事实上，不是所有的作用都能有效去掉有机物的毒性，某些产物的毒性可能比原先更强。另外，毒性的含义是相对的，有范围和有条件的，即对某一物种而言为无毒，而对另一物种可能是有毒的。

### 4.2.3 微生物的激活作用

在微生物处理过程中，未必都是消除有害物质，也会产生新的污染物。微生物的激活作用与去除作用相反，是指无害的前体物质通过微生物的作用转化成有毒产物的过程。因此，需要密切注意废物生物处理过程中，尤其对污染环境的生物修复，有机物分子降解的中间产物和最终产物及其对环境敏感物（人、动物、植物和微生物）的毒性。

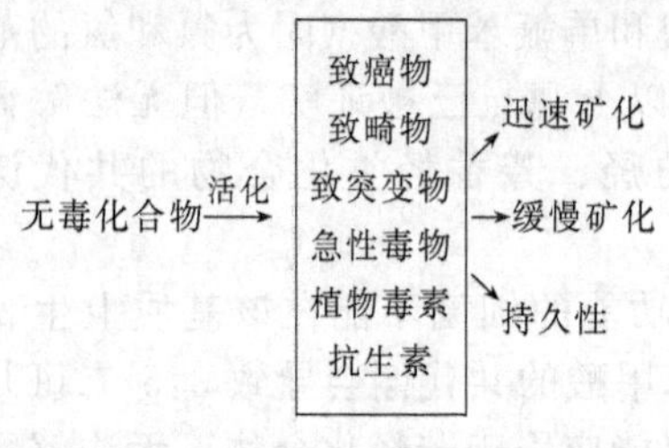


图 4-2 无毒物的活化作用

激活作用可以发生在微生物活跃的土壤、水体、废水和其他任何自然环境中，也包括发生在人和动物体内。生成的产物是矿化过程中的中间产物，可能是短暂的，也可能持续很长时间，甚至会引起环境污染的问题。激活作用的结果是生物合成致癌物、致畸物、致突变物、神经毒素、植物毒素、杀虫剂和杀菌剂等。如图 4-2 所示。

环境中的激活作用大部分与微生物活动有关，但与去毒作用类似，并不都是微生物代谢的结果。激活作用虽不普遍，但其作用结果的危害较大，不可忽视。为此特归纳以下几种典型的激活作用。

(1) 脱卤作用　三氯乙烯（TCE）在厌氧环境中会发生脱卤，形成1,1-二氯乙烯、1,2-二氯乙烯和氯乙烯，降解物均为致癌物。

(2) *N*-亚硝化作用　在土壤中仲胺通过 *N*-亚硝化作用形成三致毒物——亚硝胺。

(3) 环氧化　微生物可以使一些带双键的化合物形成环氧化物。

(4) 硫-氧转化　在天然土壤或微生物培养物中硫代磷酸酯转化为相应的磷酸酯、对硫磷转化为对氧磷、乐果转化成氧化乐果等。

(5) 硫醚的氧化　类似于硫-氧转化，在微生物的纯培养物或土壤中，不少含有硫醚键（—C—S—C—）杀虫剂也会被氧化成相应的亚砜和砜，其毒性比硫醚更大。

(6) 酯的水解　麦草氟甲酯、新燕灵等除草剂在土壤中经酶水解成游离酸及相应的醇，发挥其植物毒素的作用。

(7) 砷、汞、锡的甲基化　亚砷酸盐和砷酸盐本身有毒，甲基化的有机砷其毒性可依结构而减轻或增强，但人吸入甲基砷后仍会引起中毒；甲基化汞有毒，代谢缓慢，易被生物富集与积累；无机锡基本上无毒，而甲基化锡毒性很高，如三甲基锡在很低浓度下造成不可逆的神经损伤或坏死。

### 4.2.4 微生物的吸着作用

吸着是指固液两相中的某些化合物在液相中的浓度降低，而在固相中的浓度升高的现象。吸着包括吸收和吸附，吸附指溶液在固体内的持留。固体表面通常有吸收作用，对固体表面溶液中溶质的持留，在一定条件下有可能是吸附占优势，吸收和吸附在概念上没有明显的界限。

很多种微生物都能结合金属，但是它们与金属离子之间的作用却是大不相同的。微生物从溶液中分离金属离子的机理有以下几种：①胞外富集；②细胞表面吸附或络合；③胞内富集。其中细胞表面的吸附和络合对死活微生物都存在，而胞外和胞内的大量富集则往往要求微生物具有活性。在一个吸附体系中，可能会存在上述一种或几种机制。

(1) 胞外吸附　利用胞外聚合物分离金属离子早有研究。Brow 和 Laster 综述了活性污泥和细菌产生的胞外多糖在金属分离中的作用。尽管这些聚合物主要是中性多糖，但它们同样也含有如糖醛酸、磷酸盐等可以络合溶解金属离子的化合物。不同微生物产生的胞外多糖组成不一样，从而不同微生物类型结合金属的性质也不一样。微生物生长条件强烈影响胞外聚合物的组成，从而也影响金属的分离。有时一旦产生了聚合物，它对金属的分离则是一被动过程，不需要活性微生物的参与。

（2）细胞表面富集　大部分微生物对金属的富集往往发生在细胞壁表面，细胞表面对金属的吸附通常是一快速、依赖 pH 的过程。一般认为吸附主要是由于金属离子与细胞表面活性基团络合用于交换以及以络合基团为晶核进行吸附沉淀。Tobin 等用少量根菌酶吸附酸性溶液中的多种离子时，显示有选择性、对某种金属离子的吸附受共存阳离子的影响，说明微生物对金属离子的吸附是一可逆过程。Avery 和 Robin 用酸碱的硬-软理论描述酿酒酵母吸附金属离子的特点，硬金属离子易于与硬阴离子（配位体）结合，而软金属离子易于与软阴离子（配位体）结合，细胞壁上共价结合位点是限制金属离子吸附最大量的主要因素，尤其对过渡金属元素而言。

## 4.3　有机污染物的阈值和协同作用

在不少情况下，地表水、地下水、土壤和沉积物中的有机污染物浓度很低，甚至是痕量级水平，但由于某些痕量有机物：①可能是慢性致癌、致突变和致畸的三致毒物；②可能是剧毒的，在水中被水生生物饮用和吞食，造成生物体的毒害；③在生物体内通过自然界的食物链得到生物富集与放大，造成对食物链上的高级生物的伤害。由于这些原因，痕迹浓度下有机化合物的生物降解及其阈值受到重视。某些国家已经建立了许多化合物的安全水平值。

### 4.3.1　有机污染物的阈值

微生物为维持生命与生长均需要能量，对异养菌，这些能量来自对有机基质的氧化，当有机基质的浓度低于某一值时，基质虽然仍能被代谢，但不能获得充分的能量供细胞生长，该基质浓度被称为阈值。当基质浓度低于阈值时，微生物群体数量和生物量都不会增长，还可能使微生物减少甚至消亡。

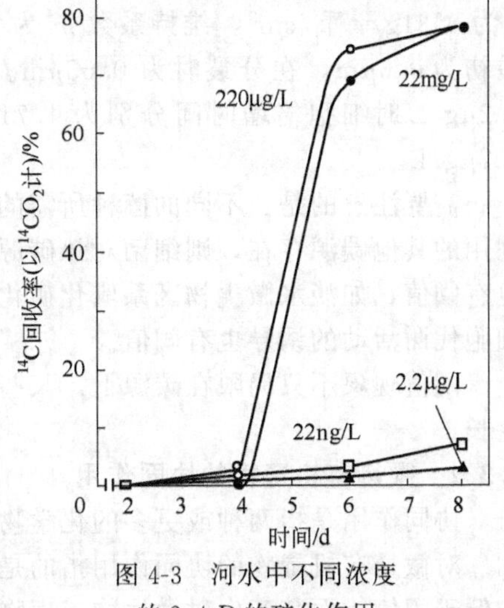


图 4-3　河水中不同浓度的 2,4-D 的矿化作用

图 4-3 为在河水中加入不同浓度的 2,4-D 后，有关微生物对 2,4-D 的矿化作用，由图 4-3 可知，在试验期内 2,4-D 低于某一浓度时，生物降解就不会发生，或者发生的生物降解速率会远低于高浓度下预测出的生物降解速率。

表 4-4 为从自然界生态系统中采样分析得到的有关污染物检出浓度，其阈值一般为 0.1～5μg/L。

表 4-4　不发生生物降解或低于预测值的有机化合物

| 有机化合物 | 环境来源 | 浓度 /(μg/L 或 μg/kg) | 有机化合物 | 环境来源 | 浓度 /(μg/L 或 μg/kg) |
|---|---|---|---|---|---|
| 2,4-D | 河流 | 2.2 | 苯酚 | 湖泊 | 0.0015 |
| 甲氨基甲酸-1-萘酯 | 河流 | 3.0 | 呋喃 | 土壤 | 1000 |
| 苯胺 | 湖泊 | 0.1 | 2,4,5-T | 土壤 | 100 |
| 4-硝基酚 | 湖泊 | 1.0 | 1,2-二氯苯、1,3-二氯苯、1,4-二氯苯 | 生物膜 | 0.2～7.1 |
| 2,4-二氯苯酚 | 湖泊 | 2.0 | | | |
| 苯乙烯 | 湖泊 | 2.5 | | | |

通过细菌的纯培养也能表明碳源阈值的存在。各种细菌不能生长繁殖的阈值差异很大，有些细菌种的阈值很高，而某些则能在很低的浓度下生长。许多海洋细菌的阈值为0.15mg/L，大肠埃希菌和假单胞菌属生长在葡萄糖上的阈值为18μg/L，一种细菌矿化喹啉的阈值为2μg/L。

Alexander基于：①在特定基质浓度下细菌能获得能量的最大速率；②所利用的能量仅用于维持细胞活动的速率的假定下，导出了估算细菌生长繁殖的有机物阈值模型，也即细胞需要供应维持能的碳刚好等于化合物扩散到细胞表面的速率时，存在阈值。低于该浓度，细胞不能有效地维持活动，细菌群体数不会增加。细胞的最大倍增时间可用下式计算：

$$t=\frac{\dfrac{1}{Y_{\max}}\times\dfrac{R_{\mathrm{d}}^2-R_{\mathrm{b}}^2}{2}}{\dfrac{D_{\mathrm{AB}}c_{\mathrm{b}}}{\rho}-\dfrac{m}{\ln 2}\times\dfrac{R_{\mathrm{d}}^2-R_{\mathrm{b}}^2}{2}}$$

式中，$t$为细胞最大倍增时间；$Y_{\max}$为产率系数；$R_{\mathrm{b}}$，$R_{\mathrm{d}}$分别为细胞初始时和细胞分裂时的半径；$D_{\mathrm{AB}}$为化合物的扩散系数；$c_{\mathrm{b}}$为化合物的浓度；$\rho$为细胞干重密度（即干重除以细胞体积）；$m$为维持系数。

大多数污染物的扩散系数约为$10^{-5}\mathrm{cm^2/s}$，细菌的$Y_{\max}$通常为0.55g细胞干重/g基质，$\rho$为0.31g干重/$\mathrm{cm^3}$，维持系数$m$为15mg基质/g干重。使用这些常数，假定细胞的半径最初为0.5μm，在分裂时为0.63μm。在基质浓度分别为10μg/L、1.0μg/L、0.5μg/L和0.2μg/L时细胞倍增时间分别为1.71h、21h、57h和无穷大，因此，这种细胞的阈值为0.2μg/L。

需要注意的是：不同的菌种所需的维持能是不同的，也即阈值有差异；如果有某些可以利用的其他碳源存在，则细菌对该碳源的阈值将会有一定的降低。另外，微生物区系的驯化也有阈值，如淡水微生物区系驯化矿化4-硝基苯酚，其浓度不能低于10μg/L。另外，细菌细胞代谢活动的诱导也有阈值。

阈值现象不只局限在碳源上，某些营养物也如此，如磷的浓度低于阈值时微生物也不能生长。

### 4.3.2 微量有机毒物的协同作用

协同作用是指两种或更多的化学物质同时作用，其整体影响远远大于它们单独影响的总和。对微量有机毒物的协同作用指的是：当水体中存在多种微量有机毒物，而每种毒物的量均低于阈值，而其产生对微生物或生物的毒性则远大于单种毒物毒性的累加之和称之为微量有机毒物的协同作用。微量有机毒物的协同作用，最近几年来逐渐被相关研究学者所发现与认识，微量有机毒物的协同作用对人类健康带来的威胁更大。

如马拉息胺（malathion）与其他磷酸盐共同使用时，其毒性为两种物质预计相加毒性的50倍；如人造色素甜味剂阿斯巴甜糖、味精、人工色素喹啉黄和亮蓝四种普通食品添加剂，它们之间的协同作用会干扰正常的神经细胞发育，其混合物对神经的毒害是单独使用时的7倍。水体中的氯是一种能够与其他某些有机化合物反应，转化形成三氯甲烷，这种化合物会导致乳腺癌；又如把几种聚氯联苯和二噁英混合，水体的协同效应比原先雨季的高800倍。

## 4.4 影响生物降解的因素

### 4.4.1 污染物种类对降解性影响

有机污染物种类对生物降解性有较大的差异，大部分有机污染物在好氧或厌氧状态下可获得充分降解，如碳水化合物、烃类化合物、醇类化合物等；但也有不少有机物较难降解，如酚、醛、酮等一类优先污染物；还有少量化合物难降解，如多环芳烃、卤素有机物等一类持久性污染物。表 4-5 列出有关废水的生物降解难易程度的大致划分等级判据。

**表 4-5　废水的生物可降解性等级判据**

| $BOD_5/COD$ | 生物降解性 | $BOD_5/COD$ | 生物降解性 |
|---|---|---|---|
| ≤0.1 | 不能降解 | 0.3～0.6 | 可降解 |
| 0.1～0.3 | 难降解 | ≥0.6 | 易降解 |

表 4-6 列出了各类有机物的生物可降解性和降解特例。

**表 4-6　某些物质的生物可降解性**

| 化合物种类 | 生物可降解性 | 特殊的例子 |
|---|---|---|
| 碳水化合物类 | 易分解，大部分化合物$\frac{BOD_5}{COD}>0.5$ | 纤维素、木质素、甲基纤维素生物降解性较差 |
| 烃类 | 对生物氧化有阻抗，环烃比脂烃更甚 | 松节油、苯乙烯较易被分解 |
| 醇类 | 能够被分解，主要取决于驯化程度，大部分的$\frac{BOD_5}{COD}<0.2\sim0.25$ | 特丁醇、戊醇表现较高的阻抗性 |
| 酚类 | 能够被分解，需短时间的驯化，一元酚、二元酚、甲酚都能够分解 | 2，4，5-三苯酚、硝基酚具有较高的阻抗性，较难分解 |
| 醛类 | 能够被分解，大多数化合物的$\frac{BOD_5}{COD}>0.4$ | 丙烯醛、三聚丙烯醛需长期驯化，苯醛、3-羟基丁醛在高浓度时表现高度抗性 |
| 醚类 | 对生物降解的阻抗性较大 | 乙醚、乙二醚不能被分解 |
| 酮类 | 有一部分酮类化合物经长期驯化后，能够被分解 | |
| 氨基酸类 | 生物降解性良好，$\frac{BOD_5}{COD}$可大于 0.5 | 胱氨酸需较长时间驯化才能被分解 |
| 含氮化合物 | 苯胺类化合物经长期驯化后可被分解，胺类大部分能被降解 | 二乙替苯胺、异丙胺、二甲苯胺实际上不能被降解 |
| 氰类 | 经驯化后容易被降解 | |
| 乙烯类 | 生物降解性能良好 | |
| 表面活性剂类 | 直链烷基芳基硫化物经长期驯化后能够被降解 | |
| 含氧化合物 | 氧乙基类对降解作用有阻抗，其高分子化合物阻抗性更大 | |
| 卤素有机物 | 大部分化合物不能被降解 | |

碳氢化合物中，简单的脂肪族和单环芳香族化合物容易降解；而 PAH 的结构复杂，不易降解；对于某些有毒化合物或污染物的分解产物有毒的，则降解更难。

对于酰胺和亚酰胺、3 个碳至 10 个碳的酮、1 个碳至 8 个碳的醇、4 个碳至 8 个碳的脂肪醇、1 个碳至 8 个碳的 2，4-叔丁基酯和叔胺等类化合物，碳原子数目主要影响分子的大小和重量，其碳原子数目越多越容易降解。

而对于烷烃、脂肪酸、芳香烃的烷基取代链等类化合物，其碳原子数目越多越难降解，一般情况下，环的数目、偶氮基越多，结构越复杂的污染物越难降解。

对芳香类化合物，表示支链程度的分子连接指数越大，生物可降解性越差；分子的尺寸越大，空间效应越明显，生物可降解性越低。脂肪烃分子上支链越多，生物可降解性越低。有关污染物的生物可降解性与污染物种类及结构特征关系可参见有关文献。

### 4.4.2 化学结构对生物降解的影响

化学结构对生物降解性影响，主要为取代基的影响，包括取代基种类、取代基数目、取代基的位置，其影响比较复杂。

(1) 取代基种类影响 取代基团的种类对降解性的影响大致可分三类：对带有—OH、—COOH、酰胺、酯类或酰酐基团的有机分子，可促进微生物对它们的降解；对于带有$—CH_3$、$—NH_2$、—OH 和$—OCH_3$ 等基团有机物，微生物对其的生物降解难度增加；而对于单环芳烃、脂肪酸或其他易利用基质分子中带有—Cl、$—SO_3H$、—Br、—CN、$—CF_3$ 等基团时，则会大大增加其分子的抗性，使大多数微生物不能降解它们。

(2) 取代基位置的影响 对于芳香烃或苯胺，邻位的羟基或羧基存在易导致开环，故邻位羟基或羧基的取代化合物容易降解，但若邻位是氯原子则降解性要低于羟基或羧基取代。三种取代基的位置易降解性顺序是邻位＞间位＞对位。对于烷基或脂肪酸基与苯环的连接位置也会影响生物降解性，如苯磺酸基与烷烃端基位连接比中间连接的降解速度快，而由苯基或苯氧基与脂肪烃类化合物连接，则接近端头的羧基或羟基取代存在能增加化合物的生物可降解性。

需要指出的是，微生物所处的环境不同，对相同取代基团位置的生物降解性也有影响，即在不同的环境条件下对其的降解性会有所变化，对某些位置可能急剧地改变其降解速率。

(3) 取代基数目的影响 对单取代基情况，对脂肪和芳香母体化合物，羟基和羧基的数目越多越容易降解；相反，氨基、卤代基、硝基、磺酸基等的数目越多越难降解。脂肪酸、脂肪醇和芳烃的甲基、磺酸基和偶氮取代基数目越多，生物可降解性越低。

(4) 甲基分支的影响 烷基侧链上的甲基分支存在，则酶的转化作用将会受到不同程度的抑制，使代谢困难，导致其生物降解速率减缓。如没有甲基分支的脂肪烃、脂肪酸、脂肪醇等化合物比带有甲基分支的易生物降解；烷烃所带的分支较多，则降解难度增加。

(5) 其他因素的影响 在一般情况下，环的数目越多越难降解，最难降解的物质包括多氯联苯；多环芳烃中含有稠环越多越难生物降解；一般来说，三环的蒽、菲以及四环的芘在好氧条件下比较容易降解；双键的影响具有双重作用。另外，尼龙、农药、烷基苯磺酸等人工合成的高聚合物及表面活性剂等，难生物降解。

### 4.4.3 环境条件对生物降解的影响

每个微生物菌株对影响生长和活动的生态因素均有耐受范围，即其耐受上、下限。当环境条件超出定居微生物的耐受范围时，降解作用就不会发生。如果某一环境中有几种降解微生物同时存在，一般情况下比在同一环境中只有一种降解微生物的耐受范围要宽。

影响微生物生长的因素除了营养条件外，还有 pH 值、环境温度、供氧条件、光照、氧化还原电位、渗透压等环境条件，这些条件对微生物的生长繁殖有重要影响。

(1) 温度 任何微生物只能在一定的温度范围内生存，在适宜的温度范围内微生物才能大量生长繁殖。温度的变化会影响微生物体内的生化反应与生命活动，也会改变其他环境因子，造成对微生物的新陈代谢活动的影响。一般来说，温度上升降解速率加快，温度降低反应减缓，但有时也会出现相反的情况。位于土壤表层和水表层的化合物的降解速率受温度影响很大。在北方冬季，土壤冻结，湖面结冰，有机物分子不能降解。

(2) pH 值 微生物的生命活动、物质代谢与 pH 值有密切关系。在合适的 pH 值下微生物活性增加，生物降解趋于加快。

(3) 水分 微生物进行代谢活动需要有足够的水分。在水环境中的微生物不会因缺水而限制其生长，但是在土壤中的微生物可能会由于水分的不足成为微生物降解的限制因素，是值得注意的。

(4) 盐分 某些土壤或淡水中的盐分较高，可能会抑制微生物的活动；海水和河口水中的盐分很高，会抑制某些降解有机物的种群生长，从而降低生物降解的效果。

(5) 压强　有些油类污染物的密度比海水大，会沉积到海底。海底属于高静水压和低温环境，在这样的环境中微生物活性很低，有机物的降解十分缓慢。

# 4.5 污染物的生物降解反应及其中间产物

### 4.5.1 水解

在微生物的作用下，大部分带有酯键或酰胺键的有机物具有水解作用。

$$R^1COOCH_2R^2+H_2O \longrightarrow R^1COOH+HOCH_2R^2$$

$$RCHO+H_2O \longrightarrow RCOOH+2H$$

$$RCHO+H_2O \longrightarrow RCOOH+2H$$

$$RCH_2NH_2+H_2O \longrightarrow RCHO+NH_3+2H$$

$$RCOOR'+H_2O \longrightarrow RCOOH+R'OH$$

$$RCl+H_2O \longrightarrow ROH+H^++Cl^-$$

$$RNO_2+H_2O \longrightarrow ROH+NO_2^-+H^+$$

### 4.5.2 氧化

(1) 链烃氧化　链烃的降解氧化方式有单末端氧化、双末端氧化、次末端氧化和直接脱氢四种。

① 单末端氧化，在加氧酶的作用下，氧直接结合到碳链末端的碳上，形成对应的伯醇，伯醇再依次进一步氧化成为对应的醛和脂肪酸，脂肪酸再按$\beta$-氧化方式氧化分解，即形成乙酰CoA后进入中央代谢途径。

$$RCH_2CH_3 \longrightarrow RCH_2CH_2OH \longrightarrow RCH_2COOH$$

② 双末端氧化，也即链烷烃氧化可以在两端同时发生，这种氧化的产物为二羧酸。双末端氧化经常会在支链烷烃中出现，一端$\beta$-氧化受阻，另一端氧化还可以进行。

③ 次末端氧化，微生物对烷烃末端的第二个碳的氧化，生成仲醇，然后再依次氧化成酯和酮，酯被水解为伯醇和乙酸，然后进一步分解。

④ 直接脱氢，脂肪烷烃在厌氧条件下脱氢，使烷烃变为烯烃，进一步转化为仲醇、醛和酸。

$$RCH_2CH_3 \longrightarrow RCH=CH_2 \longrightarrow RCHOHCH_3 \longrightarrow RCH_2CHO \longrightarrow RCH_2COOH$$

$$RNHCH_3+O \longrightarrow RNH_2+HCHO$$

$$CH_3(CH_2)_nCH_3+O \longrightarrow CH_3(CH_2)_nCH_2OH$$

$$RCH_2NH_2+O \longrightarrow RCHO+2H$$

$$ROCH_3+O \longrightarrow RSH+HCHO$$

$$(R^1)(R^2)CH-NH_2+O \longrightarrow (R^1)(R^2)C=NOH+H_2O$$

$$(R^1)(R^2)CH-NH_2+O \longrightarrow (R^1)(R^2)C=O+NH_3$$

$$R-S-CH_3+O \quad RSH+HCHO$$

(2) 碳双键环氧化　碳双键在混合功能氧化酶的作用下，能被环氧化。

$$R^1CH=CHR^2+O \longrightarrow R^1CH\underset{O}{-}CHR^2$$

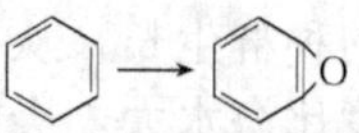

### 4.5.3 碳羟基化

混合功能氧化酶利用细胞内分子氧，将其中的一个氧原子与有机底物结合，使之氧化，而另一个氧原子与氢原子结合形成羟基。

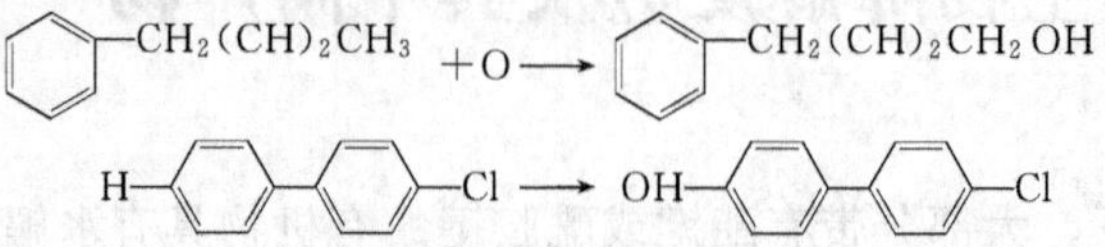

$$CH_3(CH_2)_nCH_3 + O \longrightarrow CH_3(CH_2)_nCH_2OH$$

$$R—O—CH_3 + O \longrightarrow ROH + HCHO$$

### 4.5.4 还原

（1）单环芳烃还原　单环芳烃的苯环在厌氧微生物的作用下，其中一个双键和多个双键断裂，典型的反应是苯转化为环已烯，苯甲酸转化为羧酸和环已羧酸，甲苯转化为 4-甲基环已醇。

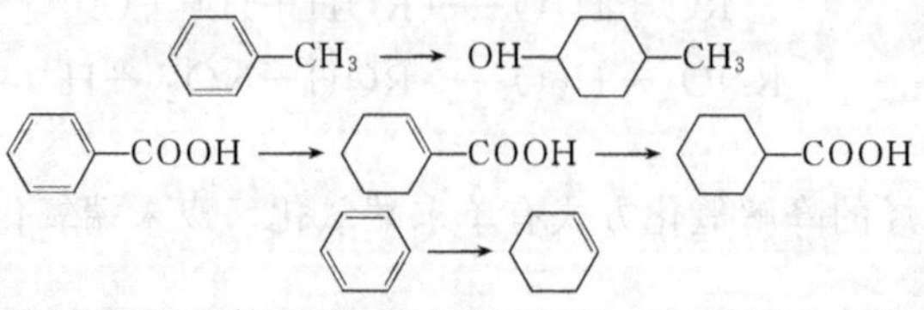

（2）氮化物还原　硝基还原酶使硝基化合物还原，生成相应的胺；偶氮还原酶使偶氮化合物还原成相应的胺。

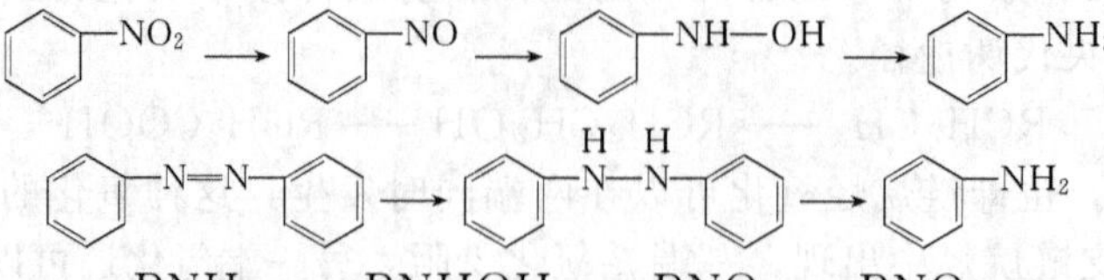

$$RNH_2 \longrightarrow RNHOH \longrightarrow RNO \longrightarrow RNO_2$$

某些氮基还原的基质和产物见表 4-7。

表 4-7　某些氮基还原的基质和产物

| 基　质 | 产　物 | 基　质 | 产　物 |
| --- | --- | --- | --- |
| 4-氯硝基苯 | 亚硝基,羟基氨,氨基衍生物 | 4-硝基苯甲酸 | 4-羟胺苯甲酸 |
| 2,6-二氯-4-硝基苯胺 | 氨基衍生物 | 硝基甲苯 | 甲苯胺 |
| 1,2-二硝基苯 | 硝基苯胺 | 对硫磷 | 氨基对硫磷 |
| 2,4-二硝基苯酚 | 2-氨基-4-硝基苯酚 | RDX | 三亚硝基三嗪 |
| 甲基对硫磷 | 氨甲基对硫磷 | TNT(三硝基甲苯) | 4-氨基-2,6-二硝基甲苯 |
| 硝基苯 | 苯胺 | 3-三氟甲基-4-硝基苯酚 | 氨基衍生物 |

### 4.5.5 裂解

（1）氨基化合物裂解　许多杀虫剂、除草剂都是氨基甲酸酯，酰胺在化学工业品中是常见的。这些化合物可能转化为相应的羧酸和胺。表 4-8 列出了一些化学品的基质和代谢产物。

表 4-8　某些酯和酰胺的代谢产物

| 基　质 | 产　物 | 基　质 | 产　物 |
| --- | --- | --- | --- |
| 丙烯酰胺 | 丙烯酸 | 2-氯苯胺 | 2-氯苯甲酸 |
| 草不绿 | 2,4-二乙基苯胺 | 氟糖醛 | 3-三氟甲基苯胺 |
| 甲基-4-氨基苯磺酰基氨基甲酸酯 | 硫苯胺 | 利谷隆 | 3,4-二氯苯胺 |
| 燕麦灵 | 3-氯苯胺 | 美托溴糖醛 | 4-溴苯胺 |
| 偶氮苯 | 2-氨基苯咪唑 | 敌稗 | 3,4-二氯苯胺 |

（2）环裂解　微生物利用萘为唯一碳源而生长。细菌对萘的降解是通过芳环的连续代谢而实现的。细菌先将氧原子加进萘的分子中，使萘氧化成顺-1,2-二羟基-1,2-二氢化萘，其后经脱氢转化为 1,2-二羟基萘，继而开环生成水杨醛和丙酮酸，水杨醛再氧化为水杨酸。在水解酶作用下水杨酸转变为邻苯二酚，邻苯二酚再经由邻位或间位途径进一步氧化。

细菌降解菲的途径如下：首先在 3,4-位上氧化菲生成顺-3,4-二羟基-3,4-二氢菲，其后转化成 3,4-二羟菲⟶1-羟-2-萘甲醛⟶1-羟-2-萘甲酸。

不同菌种对中间体 1-羟-2-萘甲酸继续氧化的途径有所区别：假单胞菌将 1-羟-2-萘甲酸氧化成 1,2-二羟基萘-顺-邻羟基-苯甲烯基丙酮酸⟶水杨醛⟶水杨酸⟶邻苯二酚；气单胞菌将 1-羟-2-萘甲酸继续氧化为 $\alpha$-羟基苯甲醛⟶邻苯二甲酸⟶3,4-二羟苯甲酸。

多环芳烃(PAH) 的前几步降解过程见图 4-4。

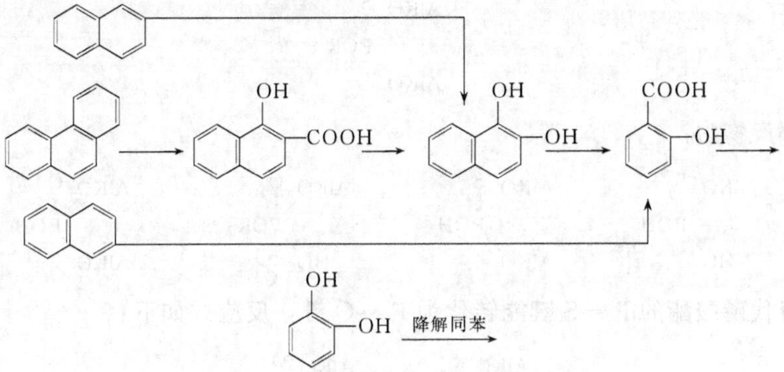

图 4-4　多环芳烃的前几步降解过程

微生物降解苯并芘的主要代谢产物为反-7,8-二羟-7,8-二氢苯并［a］芘、3-羟基苯并［a］芘和 9-羟基苯并芘。表 4-9 列出了一些 PAH 的基质及代谢产物。

**表 4-9　PAH 的基质及代谢产物**

| 基　质 | 产　物 | 基　质 | 产　物 |
|---|---|---|---|
| 芘 | 1,8-菲二羧酸 | 芴 | 邻苯二甲酸 |
| 蒽 | 3-羟基-2-萘酸 | 萘 | 2-羟基-苯甲酸 |
| 1-乙基萘,2-乙基萘 | 水杨酸 | 菲 | 1-羟基-2-萘酸 |

（3）醚键裂解　尽管醚被认为是抗生物降解的，但事实上许多醚可以裂解，如亚硝酸醚键、磺酸醚键等。

$$ArNO_2 \longrightarrow ArH$$

$$RONO_2 \longrightarrow ROH$$

$$R(ONO_2)_3 \longrightarrow HOR(ONO_2)_2 \longrightarrow (HO)_2RONO_2 \longrightarrow (HO)_3R$$

$$ROSO_3H \longrightarrow ROH$$

一些被微生物裂解的醚及其产物见表 4-10。

**表 4-10　一些被微生物裂解的醚及其产物**

| 基　质 | 产　物 | 基　质 | 产　物 |
|---|---|---|---|
| 地茂散 | 2,5-二氯对苯二酚 | 乙氧基硫酸盐 | 乙二醇硫酸酯 |
| 2,4-D | 2,4-二氯苯酚 | MTBE | 叔丁基醇 |
| 2,4-二氯苯氧基烷酸 | 烷酸 | 二壬基苯酚聚乙氧醚 | 二壬基苯酚二乙氧基盐 |
| 2,7-二氯二苯-$p$-二氧吲哚 | 1,2,4-三羟基苯 | 2,4,5-T | 2,4,5-三氯苯酚 |
| 二甲基醚 | 甲醇 | 麦草畏 | 3,6-二氯水杨酸酯 |
| 二苯醚 | 苯酚 | | |

(4) 含磷化物键裂解 许多杀虫剂是磷酸醚，它们的结构为：

$$\mathrm{(AlkO)_2P(=O)OR}$$

它们的典型降解产物如下：

$$\mathrm{(HO)_2P(=O)OR}\qquad \mathrm{(AlkO)(HO)P(=O)OR}\qquad \mathrm{(AlkO)_2P(=O)OH}$$

一些硫代磷酸酯是潜在的杀虫剂，其结构如下：

$$\mathrm{(AlkO)_2P(=S)OR}$$

它的降解产物为：

$$\mathrm{(AlkO)(HO)P(=S)OH}\qquad \mathrm{(AlkO)_2P(=S)OH}\qquad \mathrm{(AlkO)(HO)P(=O)OR}\qquad \mathrm{(AlkO)_2P(=O)OH}$$

另外，硫代磷酸酯的 P ═S 键能转化为 P ═O 键，反应式如下：

$$\mathrm{(AlkO)_2P(=S)OR} \longrightarrow \mathrm{(AlkO)_2P(=O)OR}$$

$$\mathrm{(AlkO)_2P(=S)SR} \longrightarrow \mathrm{(AlkO)_2P(=O)SR}$$

一些磷酸酯的 C—P 键也会裂解，如：

$$\mathrm{RP(=O)(OH)-OH} + H_2O \longrightarrow RH + \mathrm{HOP(=O)(OH)-OH}$$

(5) C—S 键裂解 许多重要的化学品都含有 C—S 键，如硫醚（RSR）和磺酸（$RSO_3H$）。这些化学品在微生物降解过程中，其中的 C—S 键会裂解，如：

$$R^1SR^2 \longrightarrow R^1SH$$

$$R^1SR^2 \longrightarrow R^1OH$$

$$R^1SR^2 \longrightarrow R^1SH + HR^2$$

$$ROSO_3H \longrightarrow ROH$$

$$RSO_3H \longrightarrow ROH$$

$$R^1CH_2SCOR^2 \longrightarrow R^1CH_2SO_3H$$

$$C_6H_5SO_3H \longrightarrow C_6H_5OH$$

#### 4.5.6 酰化

在 *N*-酰化过程中，芳香胺将转化为 *N*-酰化物。这些酰化物中，大多数是乙酰化物和甲酰化物：$ArNH_2 \longrightarrow ArNHCOCH_3$ 或 ArNHCOH。表 4-11 列出了一些芳香胺酰化的基质和产物。

表 4-11 芳香胺酰化的基质和产物

| 基质 | 产物 | 基质 | 产物 |
|---|---|---|---|
| 4-氨基偶氮苯 | 乙酰苯胺 | 4-氯苯胺 | 乙酰，甲酰衍生物 |
| 苯胺 | 乙酰苯胺，甲酰苯胺 | 除草醚 | 乙酰，甲酰衍生物 |
| 氨茴酸 | *N*-乙酰苯胺酸 | 3,4-二氯-4-硝基苯胺 | 甲酰衍生物 |
| 二氨基联苯 | 单酰，多酰衍生物 | 利谷隆 | 3,4-二氯乙酰苯胺 |
| 二苯氧 | 乙酰，丙酰衍生物 | 4-甲苯胺 | 甲酰，乙酰衍生物 |
| 4-氯苯胺 | 乙酰，丙酰衍生物 | | |

### 4.5.7 甲基化

某些硫醇是可以甲基化的，如：

$$ArSH \longrightarrow ArSCH_3$$

另外，一些卤代化合物也能转化为硫代甲基衍生物，反应式如下：

$$ArCl \longrightarrow ArSCH_3$$

甲基的引入意味着加成反应。甲基可以加到 O、N 和 S 上，而且甲基也可能加到芳香环上，如：

$$ArH \longrightarrow ArCH_3$$

### 4.5.8 转化

不少胺在微生物的作用下，转化为 *N*-杂环，反应式如下：

### 4.5.9 二聚

许多芳香胺能进行二聚反应，生成偶氮苯或氧化偶氮苯，有时生成三氮烯。如：

$$ArNH_2 \longrightarrow ArN{=}NAr$$

$$ArNH_2 \longrightarrow ArON{=}NAr$$

$$ArNH_2 \longrightarrow ArNHN{=}NAr$$

表 4-12 列出了一些胺二聚的基质和产物

表 4-12 胺二聚的基质和产物

| 基质 | 产物 | 基质 | 产物 |
|---|---|---|---|
| 4-氯苯胺 | 4,4-二氯偶氮苯 | 2,4-二硝基甲苯 | 2,2′-二硝基-4,4′-氧化偶氮甲苯 |
| 4-氯苯胺 | 1,3-双(4-氯苯基)三氮烯 | 灭草灵 | 3,3′,4,4′-四氯偶氮苯 |
| 3,4-二氯苯胺 | 3,3′,4,4,-四氯偶氮苯 | TNT | 4,4′-偶氧-2,2′,6,6′-四硝基甲苯 |
| 3,4-二氯苯胺 | 1,3-双(二氯苯基)三氮烯 | 氟乐灵 | 偶氮苯衍生物 |

另外一些硫醇也能进行二聚反应：$RSH \longrightarrow RSSR$。

# 4.6 典型有机污染物的生物降解机理

生物降解是生物修复的一种具体形式，是指某些化合物通过生物过程进行降解或转化。下面主要介绍一些污染物的降解机理。

## 4.6.1 卤代有机物的生物降解

### 4.6.1.1 卤代脂肪烃的生物降解方式

卤代脂肪烃的碳-卤键断裂方式可归纳为以下6种。

（1）水解脱卤　水解脱卤酶催化卤代脂肪烃水解［如图4-5(a)］。常见的水解酶有烷烃水解脱卤酶（DhlA）和卤酸水解酶（DhlB）。卤代支链被水化羟基基团取代。

（2）分子内取代　卤代醇脱卤酶（HheC）催化亲核取代反应［如图4-5(b)］，卤素与邻位羟基基团进行亲核取代反应，生成环氧化物。

（3）硫解脱卤　在细菌利用二氯甲烷代谢中［如图4-5(c)］，谷胱甘肽S转化酶（DcmA）催化反应，形成谷胱甘肽和氯甲烷的中间物，脱卤反应伴随进行。

（4）脱卤化氢　在这类脱卤反应中，脱卤化氢酶（LinA）起催化作用，反应放出HCl，分子内随之生成双键［如图4-5(d)所示］。

（5）还原脱卤　还原脱卤酶（LinD）参与反应，卤素支链被H取代［如图4-5(d)所示］。

（6）水合　3-氯丙烯酸的脱卤酶（CaaD）催化水分子的亲核性基团加成到烯键上的碳原子，形成杂环，生成不稳定的中间产物，然后再降解成醛，卤素随之脱下［如图4-5(e)所示］。

甲烷营养菌的甲烷单加氧酶是一个特异性很低的氧化酶，可以把一个氧原子加到三氯乙烯（TCE）上，形成环氧化物的中间产物，然后进一步反应生成二氯乙酸、乙醛酸或其他的一碳化物。在甲烷-三氯乙烯体系中，TCE先降解成环氧化物，然后，在酸性条件下，环氧化物转化成二氯乙酸和乙醛酸；在碱性条件下，环氧化物转化成一氧化碳和甲酸。

### 4.6.1.2 卤代脂肪烃的厌氧降解

微生物厌氧降解卤代脂肪烃是在硫酸盐还原或反硝化过程中发现的。Widdel发现在硫酸盐还原或反硝化环境中的菌株纯培养物可以彻底氧化6～20个碳原子的脂肪烃。在硫酸盐还原环境中的菌株，分别用奇数和偶数个碳原子的脂肪烃试验，发现单碳原子的氧化原则；在反硝化环境中的菌株，则发现奇数碳原子的脂肪烃生成奇数碳原子的脂肪酸，偶数碳原子的脂肪烃生成偶数碳原子的脂肪酸。

厌氧的初步降解过程是还原脱卤，卤代脂肪烃在还原过程中可以失去一个或两个以上的卤原子，以失去一个卤原子和氢的还原脱卤过程为主。脱卤作用取决于分子的氧化还原电位，而这又是由卤-碳键强度决定的。键强度越高，卤原子越难脱去。键强度与卤原子的类型和数目有关，也与卤代分子的饱和程度有关。一般来说，溴和碘取代物比氯取代物的键强度低，易于脱卤；氟取代物比氯取代物键强度高，难于脱卤；随着分子的饱和程度下降，键强度增加。因此，饱和化合物（烷烃类）比不饱和化合物（烯烃、炔烃类）的还原性脱卤敏感。在卤代烯烃厌氧代谢中，其脱卤速率取决于氧化状态的高低，由快到慢依次是：四氯乙烯、三氯乙烯、1,2-二氯乙烯和氯乙烯。

### 4.6.1.3 典型卤代脂肪烷烃的降解

工业上的卤代烃，如1,2-二氯乙烷、二氯甲烷、环氧氯丙烷、$\gamma$-六氯环已烷、3-氯丙烯酸、1,3-二氯丙烯水解物等卤代烃的降解具有重要意义，目前已有不少纯培养菌能降解氯代

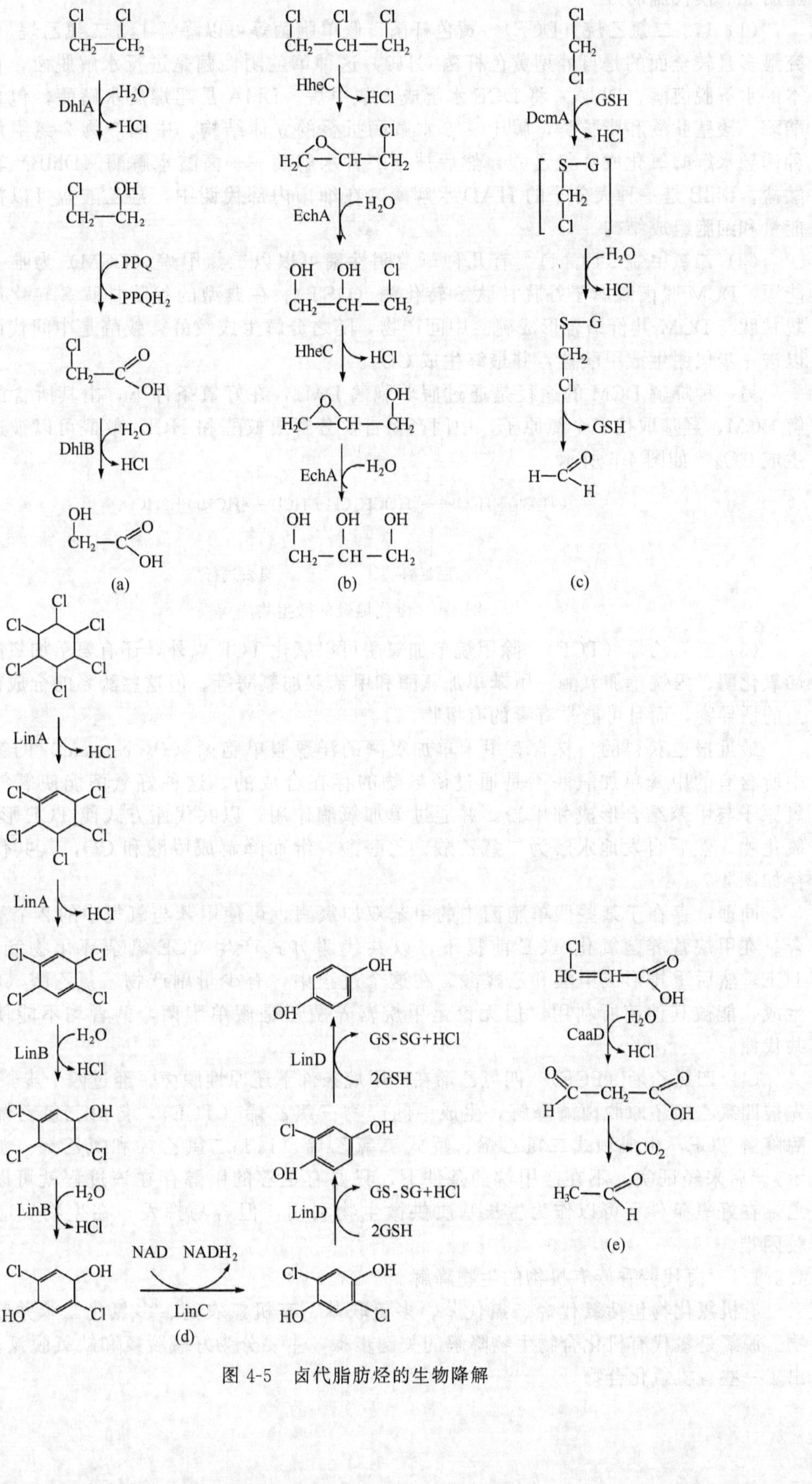

图 4-5　卤代脂肪烃的生物降解

脂肪烃和溴代脂肪烃。

(1) 1,2-二氯乙烷（DCE） 黄色杆菌、假单胞菌等可以降解1,2-二氯乙烷（DCE），研究最多且较全面的是自养型黄色杆菌GJ10，这种革兰阴性菌是进行水解脱卤，首先通过基本的水解脱卤酶（DhlA）将DCE水解成2-氯甲烷。DhlA是超螺旋水解酶，包含乙酰胆碱酯酶、羧基肽酶和脂肪酶，属于$\alpha/\beta$水解酶折叠的立体结构。中间产物2-氯甲烷继续被两种诱导水解酶氧化成2-氯乙酸，然后被第二种水解酶——卤酸水解酶（DhlB）转化成羟乙酸盐。DhlB是一种大分子的HAD水解酶。在细菌内部代谢中，羟乙酸盐可以被代谢产生能量和细胞组成结构。

(2) 二氯甲烷（DCM） 有几种革兰阴性菌可以以二氯甲烷（DCM）为唯一的碳源和能源。DCM脱卤酶属于谷胱甘肽S转化酶（GST）。在典型的谷胱甘肽S转化反应中，谷胱甘肽与DCM共价结合形成硫醚中间产物，随之分解生成蚁醛，蚁醛是中间代谢产物，可以进一步代谢生成甲酸盐，并最终生成$CO_2$。

另一种降解DCM的途径是通过假单胞菌DM1，在好氧条件下，由其所含的脱卤酶水解DCM，羟基取代一个氯原子，中间产物自发分解成蚁醛和HCl，蚁醛可以被进一步代谢生成$CO_2$，如图4-6所示。

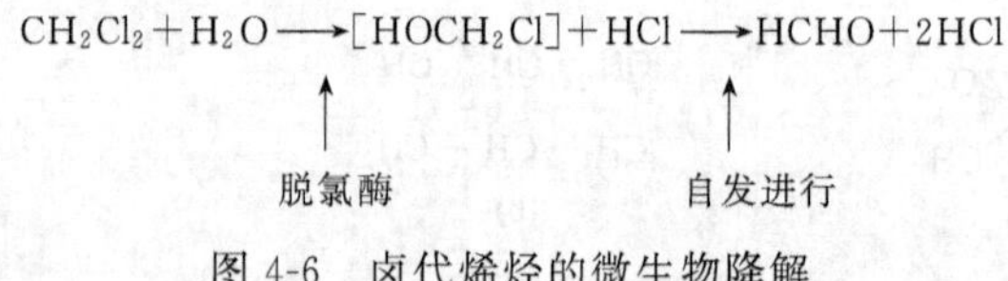


图4-6 卤代烯烃的微生物降解

(3) 三氯乙烯（TCE） 除甲烷单加氧酶可以氧化TCE以外，还有氨单加氧酶、异戊二烯氧化酶、丙烷单加氧酶、甲苯单加氧酶和甲苯双加氧酶等。但这些酶系的合成都需要有适当的诱导物，而且可能是有毒的有机物。

最近报道获得的一株含有甲苯单加氧酶的洋葱假单胞菌（*Ps. cepacia*）的突变株，其中所含有的甲苯单加氧酶不是通过诱导物的存在合成的。这种好氧菌能使氧气中的一个氧原子与甲苯结合形成邻甲酚，并通过单加氧酶作用，以共代谢方式使TCE形成TCE环氧化物，然后自发地水解为二氯乙酸、乙醛酸，继而降解成甲酸和CO，其共代谢降解途径如图4-7。

同理，存在于某些假单胞菌中的甲苯双加氧酶，可使甲苯与氧气中的2个氧原子相结合。在甲烷营养菌氧化TCE前提下，以共代谢方式产生TCE-氧杂环化物和1,2-羟基-TCE，然后重排形成甲酸和乙醛酸。在这个过程中，有少量副产物三氯乙醛（$Cl_3CCHO$）生成，能被其他菌所利用。但无论是甲烷营养菌还是假单胞菌，两者均不能使四氯乙烯共代谢。

(4) 四氯乙烯（PCE） 四氯乙烯在产甲烷条件下还原性脱卤，经过四个步骤产生乙烯。先被四氯乙烯还原脱卤酶降解，生成中间产物三氯乙烯（TCE），再由三氯乙烯还原脱卤酶降解TCE，生成顺式二氯乙烯、反式二氯乙烯、1,1-二氯乙烯和氯乙烯（如图4-8所示）。后来经证实，不在产甲烷的条件下，只要有足够的甲醇存在该过程就可以进行。氯乙烯在好氧条件下可以作为生长基质供微生物利用，但容易挥发，在生物反应器中处理较困难。

4.6.1.4 卤代芳香族有机物的生物降解

有机氯化物包括氯代烃、氯代苯、多氯联苯、有机氯农药、多氯代二苯并呋喃等化合物。脱氯是氯代有机化合物生物降解的关键步骤，主要分为好氧脱氯和缺氧脱氯。图4-9列出了一些有机氯化合物。

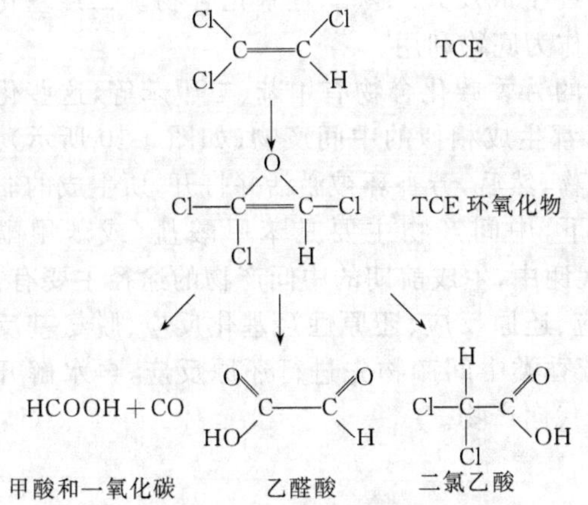

图 4-7 甲烷营养菌好氧降解 TCE

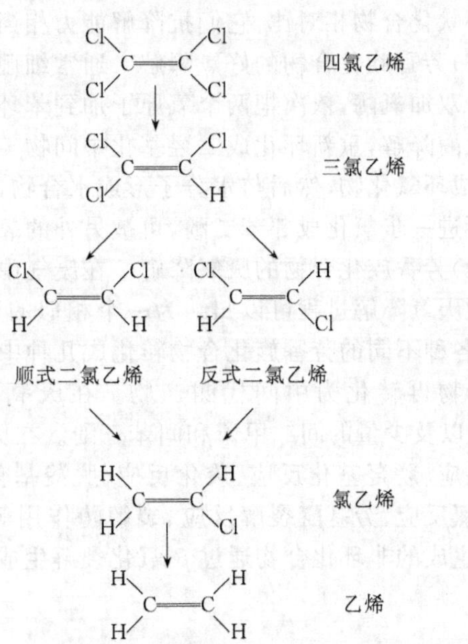

图 4-8 产甲烷同生菌对 PCE 厌氧脱氯

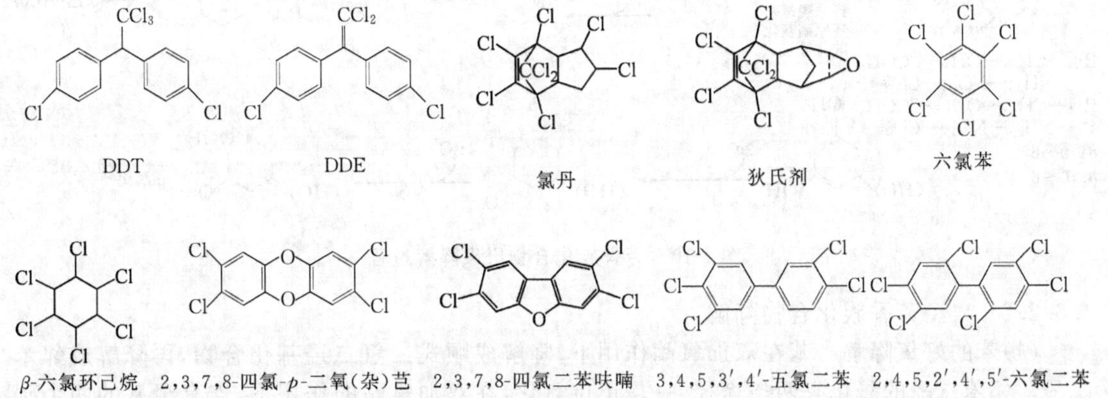

图 4-9 一些典型的有机氯化合物

在土壤和沉积物的表层由于存在较多的溶解氧，所以多氯代有机化合物的生物降解以氧化脱氯为主。氯代芳烃化合物的生物降解过程一般在脱氮的同时经氧化，然后继续按羟基化合物的降解途径降解。氯代烷烃一般先水解为醇，再氧化为酸或醛，最后自发分解为二氧化碳和水。而对于氯代烯烃，在好氧条件下，一般先氧化为不稳定的氯代环氧化合物，然后再进一步降解。

而在土壤和沉积物深处，由于缺氧，多氯代有机化合物的生物降解为还原脱氯，即在得到电子的同时，氢取代了苯环上的氯原子，并释放出一个氯阴离子。在缺氧条件下，氯代烯烃通过一系列还原脱卤作用形成烯烃，进而转化为甲烷。对于氯代芳烃，氯原子强烈的吸电子性使芳环上电子云密度降低，在缺氧条件下，电子云密度较低的苯环在酶作用下很容易受到还原剂的亲核攻击，显示出较好的缺氧生物降解性。

### 4.6.2 芳香族化合物生物降解

4.6.2.1 芳香族化合物的生物降解

众所周知，土壤中存在能降解芳香族化合物的微生物。据调查，在 245 份土壤样品中，有

60%的样品能降解萘、甲酚、苯酚。虽然这些芳香族化合物会被土壤中的微生物降解，但是与其他环状化合物相对比，它们抗降解能力相当强，这是由于芳香族化合物存在非定域的双键。

(1)芳香族化合物的好氧降解　通常细菌利用加氧酶把苯环降解成二氢二羟基化合物，通过一个双加氧酶，依次把两个氧原子加到苯环上，生成顺式二氢二羟基化合物，再被顺式二氢脱氢化酶降解，重新环化成二羟基化中间物。而真菌是利用单加氧酶把一个氧分子加到苯环上，生成环氧化物，然后与水分子形成水合物，并最终生成反式二氢二羟基化合物。二羟基化合物再进一步氧化成邻苯二酚，可被另外的氧化酶作为底物利用。

(2)芳香族化合物的厌氧降解　在废气中主要的芳香族化合物有甲苯、二甲苯等，这些化合物的厌氧降解过程可以归纳为一个相似的途径，都生成相似的中间产物(如图 4-10 所示)。首先，各种不同的芳香族化合物转化成几种中间产物，然后，芳香环被激活并打开，所生成的非环化合物再转化为中间代谢产物。在厌氧条件下，中间产物主要是苯甲酸盐(或苯甲酰 CoA)，以及少量的间二甲苯和间苯三酚。在厌氧代谢中，生成前期的中间产物的途径主要有：羟化反应、脱羟基化反应、羧化反应、脱羧基化反应、还原反应、还原性羟基化反应、脱氨基反应、脱氯反应、芳基醚裂解反应、裂解酶作用等。芳香类中间产物先进行还原反应，再水解开环，所生成的非环化合物通过 β-氧化裂解生成中间代谢产物。

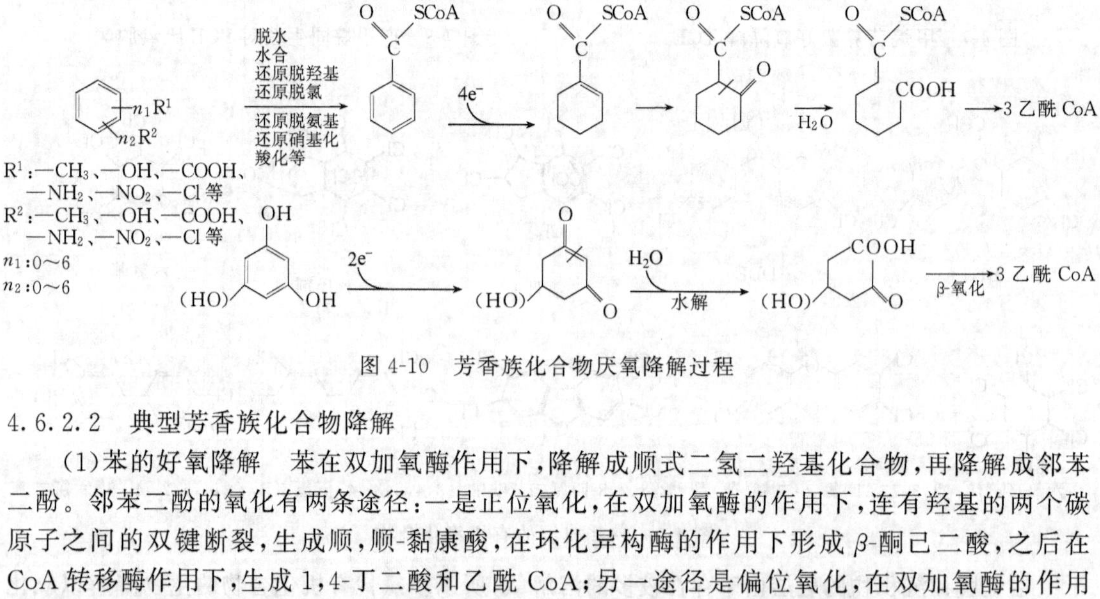

图 4-10　芳香族化合物厌氧降解过程

#### 4.6.2.2　典型芳香族化合物降解

(1)苯的好氧降解　苯在双加氧酶作用下，降解成顺式二氢二羟基化合物，再降解成邻苯二酚。邻苯二酚的氧化有两条途径：一是正位氧化，在双加氧酶的作用下，连有羟基的两个碳原子之间的双键断裂，生成顺，顺-黏康酸，在环化异构酶的作用下形成 β-酮己二酸，之后在 CoA 转移酶作用下，生成 1,4-丁二酸和乙酰 CoA；另一途径是偏位氧化，在双加氧酶的作用下，羟基化的碳原子与相邻的非羟基化碳原子之间断键，生成 2-羟基黏康酸半醛，然后在水解酶作用下生成 2-酮基-4-戊烯酸，在水合酶作用下生成丙酮酸和乙醛，如图 4-11 所示。

(2)甲苯的厌氧降解　反硝化细菌、硫酸盐还原细菌、铁离子还原细菌的纯培养菌落都可以以甲苯为碳源和能源。所有反硝化生物体通常都属于硒酸索氏菌、固氮菌属两大类。在自然界中广泛存在着反硝化降解甲苯的细菌，如铁离子还原细菌 *Geobacter mtallireducens* GS15，以及一种新的菌属 *Desulfobacula toluolica*，都可以厌氧降解甲苯。

甲苯的降解是在甲苯氧化细菌作用下生成苯甲酰 CoA，其过程主要有两种：一是把甲基直接氧化成羧基；二是通过 β-氧化作用，甲基与乙酰 CoA 之间进行氧化缩合反应生成苯甲酰 CoA。后一种降解途径是建立在一个假设上：在硫酸盐还原培养环境中，假定苄基琥珀酸醛和延胡索酸盐是硝化菌株 T1 和 K172 的中止产物。前一种降解途径是直接生成苯甲酸盐，这已被采用非生长性底物的试验所证实。甲苯的氟、氯、甲基的模拟物，分别被硝化作用的恶臭硒

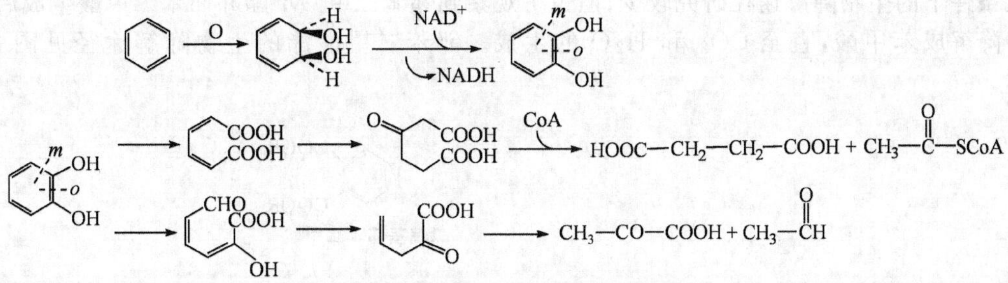

图 4-11　苯的好氧生物降解过程

酸索氏菌 K 172 菌株降解成各自的苯甲酸盐。

### 4.6.3　多环芳烃的降解

多环芳烃是指分子中含有两个或两个以上苯环的烃类。图 4-12 列出了典型的多环芳烃。许多多环芳烃是很毒的致癌、致突变的环境污染物。

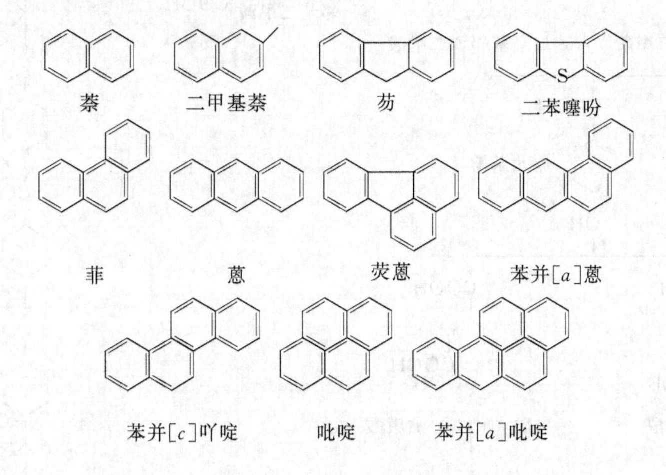


图 4-12　典型的多环芳烃

苯与短链烷基苯在脱氢酶及氧化还原酶的参与下，经二醇的中间过程代谢成邻苯二酚和取代基邻苯二酚，后者可在邻位或间位处断裂，形成羧酸。多环芳烃(PAH)的微生物降解机理是：多数真菌通过分泌单加氧酶将 $O_2$ 的一个氧原子引入 PAH，产生环氧化合物中间体，然后通过水分子的加成形成反式二醇和酚类；细菌通过分泌双加氧酶将一个氧分子引入 PAH，产生二氧化合物中间体，继而氧化为顺式二醇，而后转化为二羟基化合物，接着苯环断开，并进一步代谢为三羧酸循环的中间产物。多环芳烃降解中的产物被微生物用来合成自身的生物量，同时产生水和 $CO_2$。Gibson 等研究表明真菌代谢多环芳烃与哺乳动物类似，细菌色素氧化酶 P450 起了重要作用。

### 4.6.4　邻苯二甲酸酯类的生物降解

邻苯二甲酸酯(PAE)类化合物是世界上生产量最大、应用面广的人工合成有机化合物之一，目前已成为一种全球性的环境有机污染物，广泛存在于水体、土壤及物体中。生物降解是处理邻苯二甲酸酯类的主要途径之一。

邻苯二甲酸酯首先在微生物酯酶的作用下水解形成邻苯二甲酸单酯，再生成邻苯二甲酸和相应的醇。在好氧条件下，邻苯二甲酸在加氧酶作用下生成 3,4-二羟基邻苯二甲酸或 4,5-二羟基邻苯二甲酸后，形成原儿茶酚等双酚化合物，芳香环开裂形成相应的有机酸，进而转化成丙酮酸、琥珀酸、延胡索酸等进入三羧酸循环，最终转化为 $CO_2$ 和 $H_2O$。邻苯二甲酸酯在厌氧条件下的生物降解途径研究较少，但也可观察到邻苯二甲酸单酯和邻苯二甲酸生成后，进一步降解成苯甲酸，直至 $CO_2$ 和 $H_2O$ 的生成。邻苯二甲酸酯的生物降解途径见图 4-13 所示。

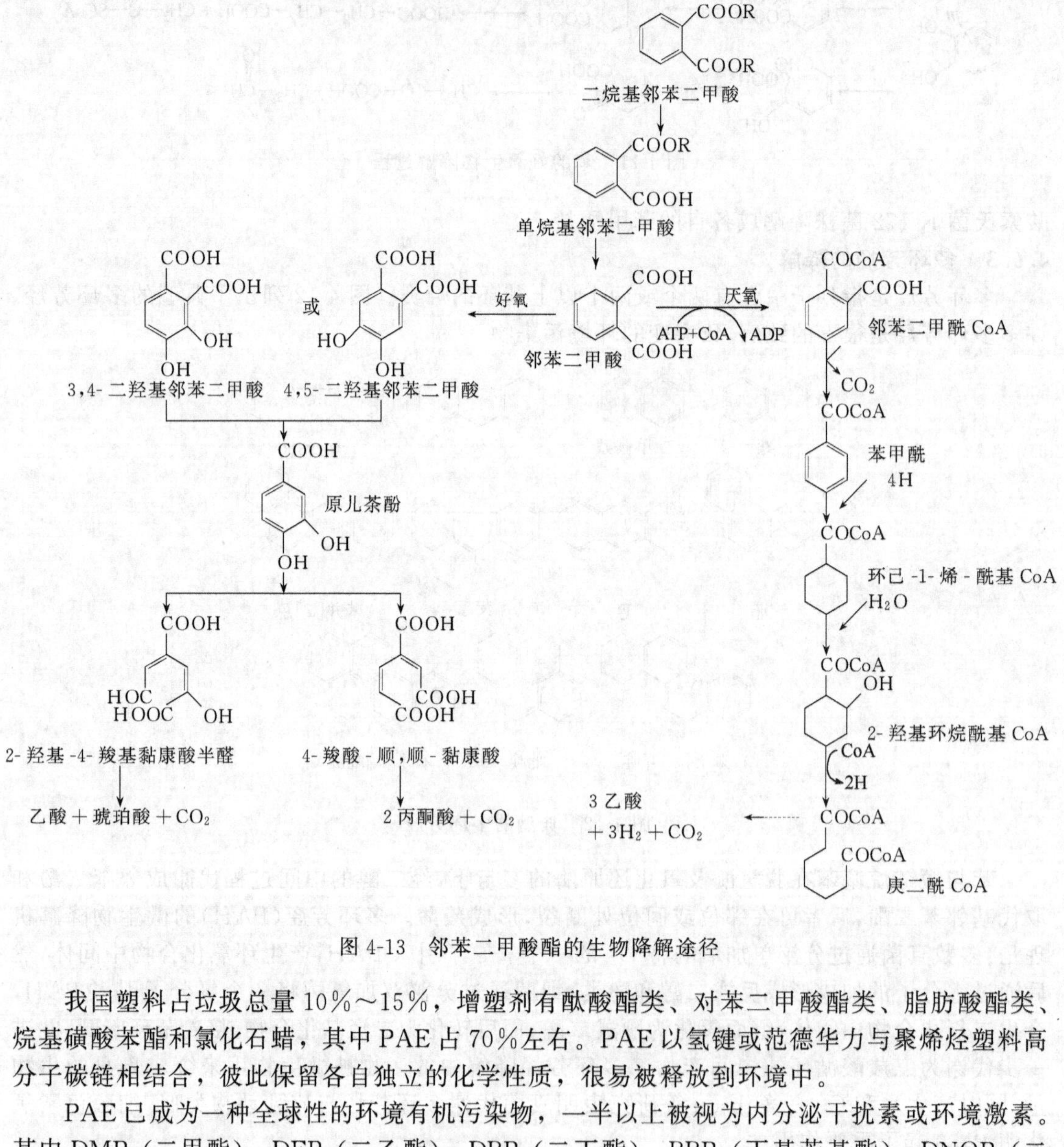

图 4-13 邻苯二甲酸酯的生物降解途径

我国塑料占垃圾总量 10%～15%，增塑剂有酞酸酯类、对苯二甲酸酯类、脂肪酸酯类、烷基磺酸苯酯和氯化石蜡，其中 PAE 占 70%左右。PAE 以氢键或范德华力与聚烯烃塑料高分子碳链相结合，彼此保留各自独立的化学性质，很易被释放到环境中。

PAE 已成为一种全球性的环境有机污染物，一半以上被视为内分泌干扰素或环境激素。其中 DMP（二甲酯）、DEP（二乙酯）、DBP（二丁酯）、BBP（丁基苄基酯）、DNOP（二辛酯）、DEHP［二（2-乙基）己酯］被美国环境保护局（EPA）列为优先控制污染物。

## 4.7 污染物的真菌降解

近几年来，真菌的降解作用引起人们的关注，真菌的代谢方式十分特殊，真菌细胞通过分泌胞外酶将潜在的食物分解，然后再吸收进入细胞，具有很强的分解能力。在不少真菌中，白腐真菌对很多种有毒污染物具有降解转化作用，为生物降解开拓了一条新的途径。

### 4.7.1 依靠 LiP 的氧化

LiP 具有比其他过氧化物酶更高氧化还原电位的特点决定 LiP 可氧化那些具高氧化还原电位的化学物。

（1）直接氧化　图 4-14 是包括 LiP 在内的过氧化物酶催化循环。$H_2O_2$ 将 LiP 氧化成有活性的酶中间复合物 1，将化学物 RH（如多环芳烃、氧化物、染料等）氧化成自由基 $R^*$ 后，成为中间复合物 1，它具有活性并与另一化学物分子反应，自身被还原成原来状态的酶。

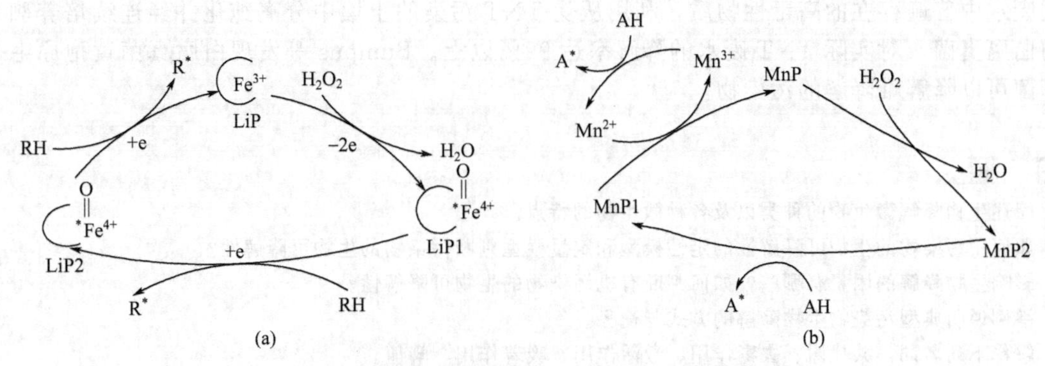


图 4-14　过氧化物酶降解多环芳烃机理（岑沛霖，2004）

（a）木素过氧化物酶降解木质素；（b）锰过氧化物酶降解木质素

直接氧化导致碳-碳键断裂、芳环开裂、去甲基化、二聚化等。

（2）间接氧化　某些化学物（如除草剂氨基三唑、一些有机酸）不易被 LiP 血红素所作用，在另一类易被 LiP 直接氧化成自由基的化学物质的帮助下发生氧化。这种依靠某种中介物相助的氧化叫间接氧化。

### 4.7.2　依赖 LiP 的还原

白腐真菌的降解系统能将某些已非常高度氧化的（即缺电子）有机物氧化成 $CO_2$，实验证明白腐真菌中确实存在着依赖 LiP 的还原途径。

白腐真菌用于纸浆漂白废水已经取得了很大的进展，一般都直接利用白腐真菌丝进行处理。经过 3～4d 的处理后，废水的脱色率可以达到 90%，COD 和 BOD 降低 60%以上，氯代有机物可减少 45%，50%以上的芳香族化合物被降解。原毛平革菌通过生物吸附和生物降解作用能有效地处理各种染料废水，经 30d 处理，低浓度的刚果红、活性翠蓝脱色率达 93%～99%；高浓度的脱色率达 85%，降解率在 70%以上。

现在发现许多有机污染物可以被白腐真菌黄孢原毛平革菌降解。白腐真菌黄孢原毛平革菌能够降解的部分有机物如表 4-13 所示。

表 4-13　白腐真菌黄孢原毛平革菌可降解的部分有机物

| 种　类 | 化　合　物 |
|---|---|
| 多环芳烃 | 联苯、苯并[a]芘、2-甲基萘、菲、苯并[a]蒽、芘、蒽 |
| 三苯甲烷类染料 | 结晶紫、副品红、甲酚红、溴酚蓝、甲基紫、孔雀绿、亮绿 |
| 木质素及其衍生物 | 木质素、纤维素、牛皮纸木质素、3-氯苯胺-木质素轭合物 |
| 氯代芳烃 | 氯代苯甲酸类、氯代愈创木酚类、氯代苯胺类、6-氯香草醛、2,4,5-三氯苯氧乙酸、五氯酚 |
| 多环氯代芳烃 | DDT、2,3,7,8-四氯二苯并-p-二噁英、3,4,3′,4′-四氯联苯、2,4,5,2′,4′,5′-六氯联苯 |
| 氯代脂肪烃 | 林丹、氯丹 |
| 硝基苯胺类 | 三硝基甲苯(TNT)、二硝基甲苯(DNT)、环三亚甲基三硝基胺(RDT)、环四亚甲基四硝基胺(HMX) |
| 其他 | 氰化物、叠氮化物等 |

有机氯化物，如DDT、林丹、氯丹等，它们的毒性很大，环境中含有微量这类化合物，一般微生物都很难生存，但白腐真菌特异的耐毒性，对这些化合物也具有广谱降解能力。在外加营养物木质素和葡萄糖作用下，在20d内，对DDT的降解率达91.7%，对林丹的降解率达85.8%，对氯丹的最高降解率达97.3%。

在农村，难降解的农药具有污染面广、生物毒性强和易于生物富集等特点。在合适培养条件下培养的白腐真菌，可使大多数氯代有机农药彻底矿化。硝化甘油是军工厂和制药厂排放废水中普遍存在的高毒性物质，利用从受TNT污染的土壤中分离纯化并经连续培养驯化的白腐真菌，对实际TNT废水的降解率达99%以上。Bumpus等发现白腐真菌黄孢原毛平革菌可以降解难降解的污染物。

## 习 题

1. 简述生物降解微生物的种类以及各种微生物的特点。
2. 如何用污染物的生物可降解性的定性模型和定量模型判断污染物的生物可降解性？
3. 影响生物降解的因素有哪些？如何判断有机污染物的生物可降解性？
4. 举例说明典型污染物生物降解的方式与途径。
5. 解释下列名词：共代谢、去毒作用、激活作用、吸着作用、阈值。
6. 试述共代谢的生化机制。常见的激活作用有哪些？试举例说明。

## 参考文献

[1] Alexander M. Biodegration and biomeadiation. New York：Academic Press，1999.
[2] 王家玲主编．环境微生物学．北京：高等教育出版社，1988.
[3] 高廷耀主编．水污染控制工程．北京：高等教育出版社，1989.
[4] 赵永芳主编．生物化学技术原理及其应用．武汉：武汉大学出版社，1994.
[5] 田春学造著．生物技术净化环境．郭丽化等译．北京：化学工业出版社，1990.
[6] 陈坚主编．环境生物技术．北京：中国轻工业出版社，1999.
[7] 马文骑．环境微生物工程．南京：南京大学出版社，1999.
[8] 程树培．环境生物技术．南京：南京大学出版社，1994.
[9] 张景来，王剑波等．环境生物技术及应用．北京：化学工业出版社，2002.
[10] 沈德中编著．污染环境的生物修复．北京：化学工业出版社，2002.
[11] Alan scragg. Environment biotechnology. 北京：世界图书出版公司，2000.
[12] Rittmann B E，McCarty P L. 环境生物技术：原理与应用．北京：清华大学出版社，麦格劳-希尔教育出版集团，2002.
[13] 岑沛霖，蔡谨．工业微生物学．第2版．北京：化学工业出版社，2008.
[14] Crawford R L，Crawford D L. Bioremediation and principles and applications. Cambridge university process Cambridge，1998.
[15] Reddy C A. The potential for white-rot fungi in the treatment pollutants. Current opinion in biotechnology，1995，6：320-328.
[16] Mosse B. Fructifications of an endogone species causing endotrophic mycorrhiza in fruit. Annual Bot，1956，20：349-362.
[17] Knight G C，Seviour E M，et al. Development of the microbial community of a full scale biological nutrient removal activated sludge plant during start-up. Water Resource，1995，29 (9)：2085-2093.
[18] Wilson S C，Jones K C. Bioremediation pf soil contaminated with polyunclear aromatic hydrocarbons：A review. Environment pollution，1993，81 (3)：229-249.
[19] 范轶，王麒等．活性污泥法石化工业废水处理动力学研究，化学工程，2001，29 (5)：44-47.
[20] Salt D E，Smith R D. Phytoremediation annual review of plant physiology and plant molecular. Biology，1998，49：643-648.
[21] 陈玉成．土壤污染的生物修复．环境科技动态，1999，2：7-11.
[22] Rainwater K A，Scholze R J. In situ biodrgradation for treatment of contaminated soil and groundwater. Biological process，1991，46：257-264.
[23] Fredridcsonj J K，Brockmon J. In situ and on situ bioreclamation. Environment Sci Technol，1993，27 (9)：1711-1716.
[24] 武正华．土壤重金属污染植物修复研究进展．盐城工学院学报：自然科学版，2002，15 (2)：53-57.

[25] 鲍伦军，张远标，吴宏中等．卤代有机物生物降解研究进展．中国卫生检验杂志，2002，12 (3)：376-380.

[26] 马雅琳，伊爱君，舒余德．氯代有机化合物生物降解的研究现状及展望．中国锰业，1999，17 (4)：16-19.

[27] 翼滨弘，章非娟．难降解有机污染物的处理技术．重庆环境科学，1998，20 (5)：36-40.

[28] 沈东升．微生物共代谢在氯代有机物生物降解中的作用．环境科学，1994，15 (4)：84.

[29] James J，Robert C. Anaerobic biodegradation of alkylbenzenes and trichloroethylene in aquifer sediment gradient of a sanitary landfill. Journal of contaminant hydrology，1996，23 (4)：263-283.

[30] Holliger Christof，Zehnder Alexander J B. Anaerobic biodegradation of hydrocarbons. Current Opinion in Biotechnology，1996，7 (3)：326-330.

[31] 吴文海，徐杰．多氯联苯降解方法研究进展．宁夏大学学报，2001，22 (2)：203-206.

[32] 甘平，樊耀波．氯苯类化合物的生物降解．环境科学，2001，22 (3)：93-96.

[33] 甘平，朱婷婷．氯苯类化合物的生物降解．环境污染治理与技术设备，2000，4：1-12.

[34] Feudieker Doris，Kampfer Peter Dott Wolfgang. Field-scale investigation on the biodegradation of chlorinated aromatic compounds at the subsurface environment. Journal of contaminant hydrology，1995，19 (2)：145-169.

[35] Abd-Allah Aly M A，Srorr，Tarek. Biodegradation of anionic surfactants in the oresence of organic contaminants. Water Research，1998，32 (3)：944-947.

[36] Ramaraj，Boopathy，Charles F Kulpa，et al. anaerobic biodegradation of explosives and related compounds by sulfate-rwducing and methanogenic bacteria a review. Bioresourse technology，1998，63：81-89.

[37] Batterby N，Wilson V. Survey of the anaerobic biodegradation potential of organic chemicals in digesting sludge. Application Environment microbiology，1989，55：433-439.

[38] Namkoong Wan，Hwang Eui-Young，Park Joon-Seok，Choi Jung-Young. Bioremediation of diesel-contaminated soil with composting. Environmental pollution，2002，119 (1)：23-31.

[39] Jaml B，Walsh A. Feasibility study bioremediation in a highly organic soil. Environmental Engineering，1995，5：1-75.

[40] Colombo Juan C，Cabello Marta，Arambarri Angélica M. Biodegradation of aliphatic and aromatic hydrocarbons by natural soil microflora and pure cultures of imperfect and lignolitic fungi. Environmental Pollution，1996，94 (3)：355-362.

[41] Gotvajn Andreja Zgajnar，Zagorc-Koncan Jana. Biodegradation studies as an important way to estimate the environmental fate of chemicals. Water Science and Technology，1999，39 (10-11)：375-382.

[42] Lee S，Cutright T. Bioremediation of polycyclic aromatic hydrocarbon-contaminated soil. Journal of Cleaner Production，1995，3 (4)：255.

[43] Lee S，Cutright T. Bioremediation of polycyclic aromatic hydrocarbon-contaminated soil. Biotechnology Advances，1996，14 (3)：399.

[44] Sanjay Chawla，Suzane M Lenhart. Application of optimal theory to remediation. Journal of computational and applied mathematics，2000，114：81-102.

[45] Albert L Juhasz，Ravendra Naidu. Remediation of high molecular weight polycyclic aromatic hydrocarbons：a review of the microbial degradation of benzo [$\beta$] pyrene. International bioremediation and biodegradation，2000，45：57-88.

[46] Sudip K Samanta，Om V Singh，Rakesh K Jain. Polycyclic aromatic hydrocarbons：Environmental pollution and bioremediation. Trends in biotechnology，2002，20 (6)：243-248.

[47] Muller Rolf-Joachim，Kleeberg Ilona，Deckwer Wolf-Dieter. Biodegradation of polyesters containing aromatic constituents. Journal of Biotechnology，2001，86 (2)：87-95.

[48] Smith Michael J Lethbridge Gordon，Burns Richard G. Bioavailability and biodegradation of polycyclic aromatic hydrocarbons in soils. FEMS Microbiology Letters，1997，152 (1)：141-147.

[49] Mazeas L，Budzinski H，Raymond N. Absence of stable carbon isotope fractionation of saturated and polycyclic aromatic hydrocarbons during aerobic bacterial biodegradation. Organic geochemistry，2002，33 (11)：1259-1272.

[50] Shimao，Masayuki. Biodegradation of plastics. Current opinion in biotechnology，2001，12 (3)：242-247.

[51] 曾锋，杨惠芳．邻苯二甲酸丁酯的微生物降解．环境科学，1999，20 (5)：49-51.

[52] 曾锋，杨惠芳．邻苯二甲酸酯类有机物生物降解性能研究进展．环境科学进展，1999，7 (4)：1-13.

[53] 李慧蓉．白腐真菌的研究进展．环境科学进展，1996，4 (6)：69-77.

[54] 管位农，朱晓玫．应用白腐真菌技术处理难降解有机物．江苏化工，2000，28 (8)：21-22.

[55] 林刚，文湘华等．应用白腐真菌技术处理难降解有机物的研究进展．环境污染治理技术设备，2001，2 (4)：1-8.

# 第5章 污水好氧生物处理

## 5.1 好氧生物处理及活性污泥工艺

好氧生物处理是利用悬浮生长的微生物絮体处理废水中的有机污染物。生物絮体也称活性污泥，是由好氧性微生物（包括细菌、真菌、原生动物及后生动物）及其代谢的和吸附的有机物、无机物组成，具有生物化学活性，具有降解废水中有机污染物（也有些可部分分解无机物）的能力。

### 5.1.1 好氧生物处理原理

好氧生物处理废水过程一般可分为三个阶段：生物吸附阶段，有机物的生物降解与菌体合成和代谢阶段，凝聚与沉淀澄清阶段。好氧生物处理分解与合成见图 5-1。

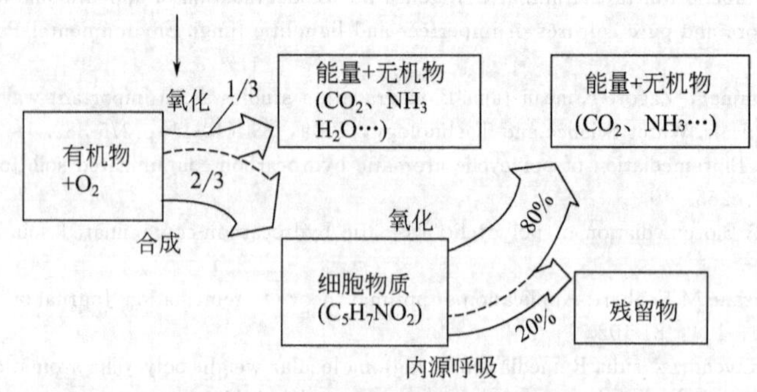


图 5-1 好氧生物处理分解与合成

（1）生物吸附阶段 废水与活性污泥微生物充分接触，形成悬浊混合液，废水中的污染物被比表面积巨大且表面上含有多糖类黏性物质的微生物吸附和粘连，呈胶体状的大分子有机物被吸附后，首先在水解酶作用下，分解为小分子物质，然后这些小分子与溶解性有机物在酶的作用下或在浓差推动下选择性渗入细胞体内，使废水中的有机物含量下降而得到净化。这一阶段进行得非常迅速，对于含悬浮状态有机物较多的废水，有机物去除率相当高，往往在 10～40min 内，BOD 可下降 80％～90％。此后，下降速度迅速减缓。说明在这一阶段，吸附作用是主要的。

（2）有机物的生物降解与菌体合成和代谢阶段 某些被吸收进入细胞体内的有机物质能被微生物的代谢反应而降解，并经过一系列中间状态继续被氧化为终产物 $CO_2$ 和水，此过程虽进行非常缓慢，但微生物获得一定的生长和代谢，活性污泥又呈现活性，恢复吸附和吸收能力。

（3）凝聚与沉淀澄清阶段 不少细菌具有凝聚特性，它们能在生长过程中将体内积聚的碳源物质释放到液相，使细菌相互凝聚，形成絮体物而沉淀；原生动物则会释放出含碳黏性物质，促使过程中发生凝聚作用。在凝聚沉淀过程中，还能将一些不能降解的污染物夹带沉淀，提高去除的效率。

好氧生物法处理废水的关键在于具有足够数量和性能良好的污泥，它是大量微生物聚集的地方，即微生物高度活动的中心，在处理废水过程中起主要作用的是细菌和原生动物，它们对废水中的有机物具有很强的吸附和氧化分解能力。

### 5.1.2　典型活性污泥处理法

活性污泥法可以有多种运行方式，主要有传统活性污泥法、完全混合活性污泥法。

(1) 传统活性污泥法　传统活性污泥法又称普通活性污泥法，是早期采用的运行方式，沿用至今，其工艺流程如图 5-2 所示。通常由初沉池、曝气池、二沉池构成，并配备充氧设备、进水泵、污泥回流、搅拌沉降装置等。根据实际处理废水的特性和出水要求等，可分别省略如初沉池，或采用膜生物反应器替代二沉池等。

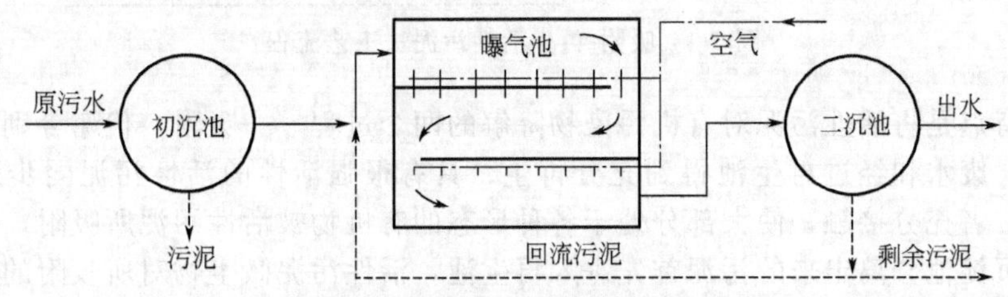


图 5-2　传统活性污泥法基本流程

图 5-2 中曝气池的进料方式为推流式，废水从一端进入池内，回流污泥同步流入，废水中的有机污染物在曝气池内与活性污泥充分接触，经历吸附与代谢两个阶段，其浓度、需氧速率沿池长度逐渐降低。混合液在二次沉淀池进行泥水分离，污泥由池底部排出，剩余污泥排出系统，回流污泥回流曝气池。表 5-1 所示为普通活性污泥法处理城市污水的主要设计参数。

**表 5-1　普通活性污泥法处理城市污水的主要设计参数**

| 主要参数 | 数　值 | 主要参数 | 数　值 |
|---|---|---|---|
| BOD-SS 负荷/[kg $BOD_5$/(kg MLSS·d)] | 0.2～0.4 | 污泥回流比 | 0.25～0.50 |
| 容积负荷/[kg $BOD_5$/($m^3$·d)] | 0.3～0.6 | 曝气时间/h | 4～8 |
| 污泥龄(生物固体平均停留时间)/d | 5～15 | 剩余污泥量/% | 0.5～1.5 |
| 混合液悬浮固体浓度/(mg/L) | 1500～3000 | $BOD_5$ 去除率/% | 85～95 |
| 混合液挥发性悬浮固体浓度/(mg/L) | 1200～2400 | | |

(2) 完全混合活性污泥法　采用该法处理，废水进入曝气池后可与池内原混合液废水充分混合，池内组成、活性污泥负荷 (F/M)、微生物种群等完全均匀一致，因此，曝气池内所有位置的废水中有机污染物浓度、污泥浓度变化、生化反应、氧吸收率等参数基本相同。其工艺流程如图 5-3 所示。

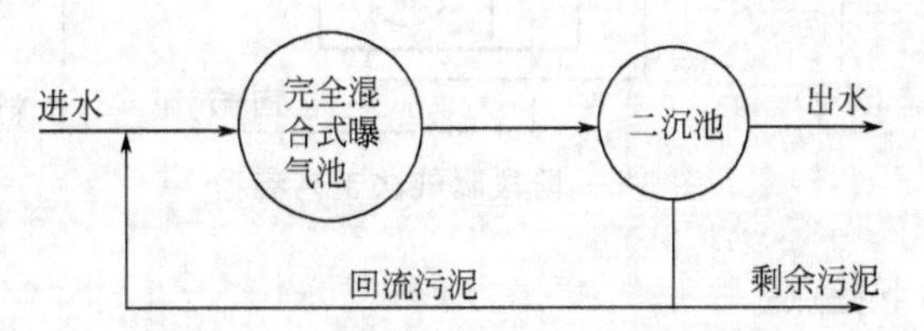


图 5-3　完全混合活性污泥法基本流程

通过对活性污泥负荷 (F/M) 值的调整，有可能将完全混合式曝气池内的有机物降解反应控制在最佳状态；并具有稀释进水浓度、基本完成有机物降解反应，即可进行泥水分离的特点，适合对高浓度有机废水的处理。

(3) 吸附-再生活性污泥法　吸附-再生活性污泥法又称生物吸附法或接触稳定法，20 世纪 40 年代后期首先在美国使用，其工艺流程如图 5-4。

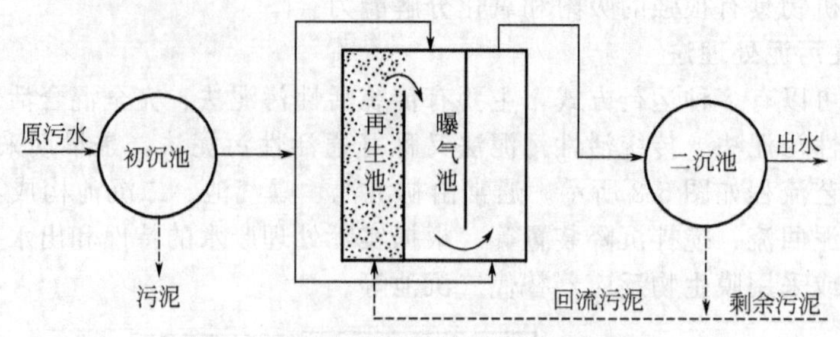


图 5-4　吸附-再生活性污泥法工艺流程

该法的特点是将活性污泥对有机污染物降解的两个过程——吸附、代谢分别在各自的反应器内进行。废水和经过再生池得到充分再生、具有很强活性的活性污泥同步进入吸附池（曝气池），二者充分接触，使大部分处于各种形态的有机物被活性污泥所吸附，废水得到净化。由二次沉淀池分离出来的污泥首先进入再生池，活性污泥微生物对所吸附的有机物进行代谢活动，有机物降解，微生物增殖，微生物进入内源代谢期，污泥的活性、吸附功能得到充分恢复，然后再与废水一同进入吸附池。

废水与活性污泥在吸附池接触时间较短，吸附池与再生池容积之和低于传统法曝气池的容积，建筑费用较低；具有一定的承受冲击负荷的能力，当吸附池的活性污泥遭到破坏时，可由再生池内的污泥予以补充。

## 5.2　曝气方式与曝气池结构

曝气方式对于好氧生物处理的转化效率起到十分关键作用。目前较为常用的曝气方式，有阶段曝气、延时曝气、纯氧曝气、深井曝气等多种。

### 5.2.1　阶段曝气法

阶段曝气又称分段进水法或多段进水法，为 1939 年在纽约首先使用，其工艺流程如图 5-5 所示。

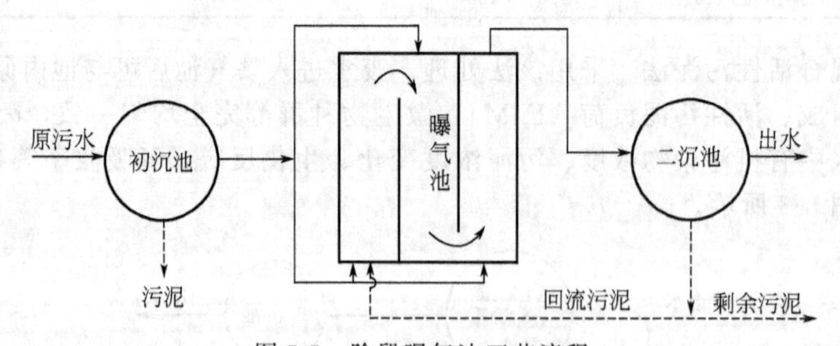


图 5-5　阶段曝气法工艺流程

阶段曝气法具有如下特点。

① 废水沿池长度分段注入曝气池，有机物负荷分布比较均衡，改善了供氧速率与需氧速率之间的矛盾，有利于降低能耗，又能够比较充分地发挥活性污泥的生物降解功能。

② 混合液中污泥浓度沿池长度逐步降低，能够减轻二次沉淀池的负荷，有利于提高二次沉淀池固、液分离效果。

③ 废水分段注入，提高了曝气池对冲击负荷的适应能力。

### 5.2.2 延时曝气法

延时曝气又称完全氧化活性污泥法，20世纪50年代初期在美国开始应用。其特点是有机负荷率非常低，污泥持续处于内源代谢状态，剩余污泥量少且稳定，不需进行消化处理。此外，还具有处理出水水质稳定、对冲击负荷有较强的适应性、不需设初沉淀池等特点。主要缺点是池容较大、曝气时间长、建设费用和运行费用都较高，且占地面积较大。

工艺适用于对出水水质要求高，且又无法用污泥处理的城乡污水和工业废水，水量一般在1000$m^3$/d以下为宜。

从理论上来说，延时曝气法是不产生污泥的，但在实际中仍产生少量的剩余污泥，污泥主要是由一些无机悬浮物和微生物内源代谢的残留物，如细胞壁、细胞膜等组成。

### 5.2.3 纯氧曝气法

与鼓风曝气相比，纯氧曝气活性污泥法主要具有如下特征：①纯氧氧分压比空气约高5倍，纯氧曝气可大大提高氧的转移效率；②氧的转移率可提高到80%～90%，而鼓风曝气仅为10%左右；③纯氧曝气可使曝气池内活性污泥浓度达4000～7000mg/L，能够大大地提高曝气池的容积负荷；④ 纯氧曝气剩余污泥产量少，污泥容积指数（SVI）值也低，一般无污泥膨胀之虑。

纯氧曝气的曝气池，大多采用多级封闭式，如图5-6所示，池内分隔为几个小室，每室流态为完全混合式，各室间逐级串联，池顶加盖，以防池外空气渗入，同时排除代谢产物及废气$CO_2$等。

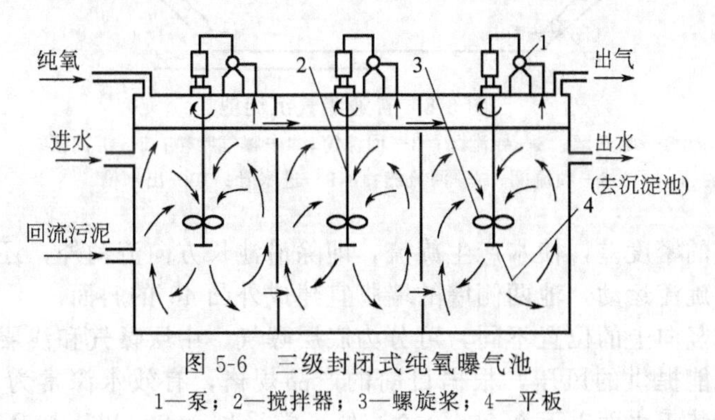


图5-6 三级封闭式纯氧曝气池

1—泵；2—搅拌器；3—螺旋桨；4—平板

### 5.2.4 深井曝气法

深井曝气又名超深水曝气法，20世纪70年代由英国帝国化学公司开发，1974年于英国皮林翰姆（Billingham）市废水处理厂建造了第一座半生产性的深井曝气装置，效果良好。该方法具有氧转移率高（为常规法的10倍以上）、动力效率高、占地少、易于维护运行、耐冲击负荷、产泥量低，且可不建初沉淀池等优点。

深井曝气装置，一般平面呈圆形，直径介于1～6m，深达50～150m，如图5-7所示。在空压机的作用下形成降流［图5-7(a) 所示］和升流［图5-7(b) 所示］的流动。

### 5.2.5 曝气池结构型式

曝气池实际上是一个生化反应器，图5-8所示为普通曝气沉淀池构造。

曝气池按水力特征可分为推流式、全混流式以及二者结合式三大类。

(1) 推流式曝气池　推流式曝气池的长宽比一般为5～10，受场地限制时，长池可以采用折流式，废水从一端进，另一端出，进水方式不限，出水多用溢流堰，曝气一般采用鼓风曝气扩散器。池宽和有效水深之比一般为1～2，有效水深最小为3m，最大为9m，超高0.5m。根据横断面上的水流情况，又可分为平推流和旋转推流两种。在平推流曝气池底铺满扩散器，池中水流只有沿池长方向的流动。在旋转推流曝气池中，扩散器装于横断面的一

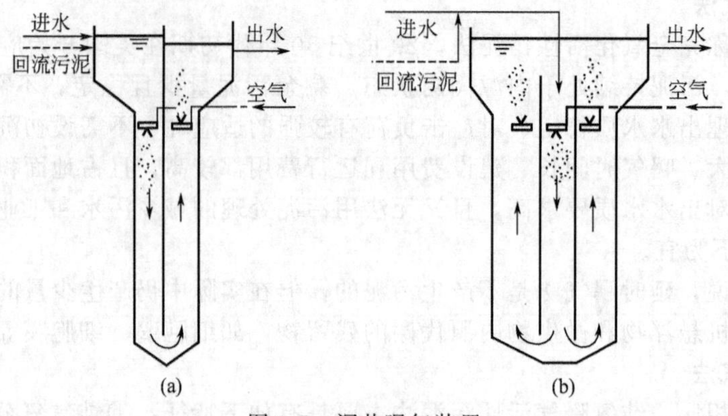


图 5-7　深井曝气装置

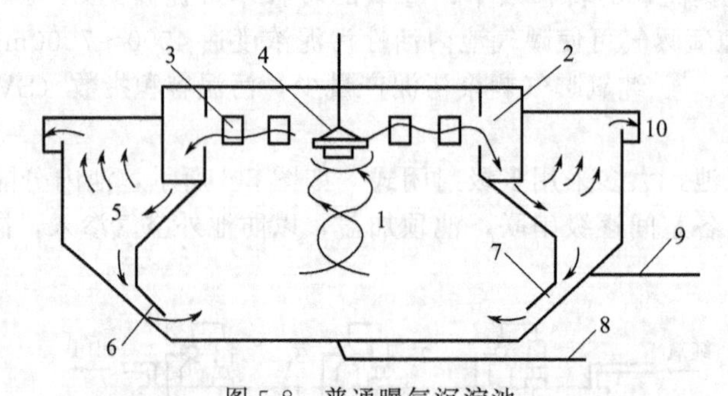


图 5-8　普通曝气沉淀池

1—曝气区；2—导流区；3—回流窗；4—曝气叶轮；5—沉淀区；
6—顺流圈；7—回流缝；8,9—进水管；10—出水槽

侧，由于气泡形成的密度差，使水产生旋流，即除沿池长方向流动外，还有侧向流动。为了保证池内有良好的旋流运动，池两侧墙的墙脚宜建成外凸45°的斜面。

根据扩散器在竖向上的位置不同，可分为底层曝气、中层曝气和浅层曝气。底层曝气的池深决定于鼓风机能提供的风压，根据目前的产品规格，有效水深常为3～4.5m。采用浅层曝气时，扩散器装于水面以下0.8～0.9m处，常采用1.2m以下风压的鼓风机，风压虽小，但风量大，故仍能形成足够的密度差，产生旋转推流。近年来发展的中层曝气法将扩散器装于池深的中部，与底层曝气相比，在相同的鼓风条件和处理效果时，池深一般可加大到7～8m，最大可达9m，从而节约了曝气池的用地。中层曝气的扩散器也可设于池的中央，形成两个侧流。这种池形可采用较大的宽深比，适于大型曝气池。

(2) 全混流式曝气池　全混流式曝气池平面可以是圆形、方形或矩形。曝气设备可采用表面曝气机，置于池的表层中心，废水从池底中部进入。废水一进池，即在表面曝气机的搅拌下，立即与全池混合均匀，不像推流那样上下段有明显的区别。全混流式曝气池可和沉淀池分建，即曝气池和沉淀池分别设置，既可使用表面曝气机，也可用鼓风曝气装置。

## 5.3　活性污泥设计参数

表征活性污泥数量和性能好坏的指标主要有以下参数。

### 5.3.1　污泥的浓度（MLSS）

指1L混合液内所含的悬浮固体的量，单位为g/L或mg/L。污泥浓度的大小可间接地反映废水中所含微生物的浓度。一般普通活性污泥曝气池内MLSS在2～3g/L，对于完全混

合和吸附再生法，则控制在4～6g/L。

此外，也可采用混合液中挥发性悬浮固体（MLVSS）表示活性污泥的浓度，以避免惰性物质的影响，更好地反映活性污泥的活性。对于一定种类的废水和处理系统，活性污泥中微生物所占悬浮固体的比例是相对稳定的，因此，用MLVSS表示污泥浓度与MLSS具有相同的价值。

### 5.3.2 污泥沉降比（SV）

污泥沉降比是指一定量的曝气池混合液静置30min后，沉淀污泥与废水的体积比，单位为%。污泥沉降比反映了污泥的沉淀和凝聚性能的好坏。污泥沉降比越大，越有利于活性污泥与水迅速分离。性能良好的污泥，一般沉降比可达15%～30%。

### 5.3.3 污泥容积指数（SVI）

污泥容积指数是指一定量的曝气池混合液经30min沉淀后，1g干污泥所占沉淀污泥容积的体积，也称污泥指数，单位为mL/g。污泥指数反映活性污泥的松散程度，污泥指数越大，污泥松散程度也就越大，表面积也大，易于吸附和氧化有机物，提高废水处理效果。但污泥指数大于某一范围，污泥过于松散，则沉淀性较差，不利于固液分离。一般控制污泥指数在50～150mL/g。不同性质的废水，污泥指数有一定的差异，如废水中溶解性有机物含量较高时，SVI值可能较高；相反，废水中含无机性悬浮物较多时，正常的SVI值可能较低。

以上三者之间的关系可用下式表示：

$$\mathrm{SVI}=\frac{\mathrm{SV}\%}{\mathrm{MLSS}} \tag{5-1}$$

如某曝气池的污泥沉降比为30%，混合液中活性污泥浓度为2500mg/L，则可求得污泥指数为：

$$\mathrm{SVI}=\frac{\mathrm{SV}\%}{\mathrm{MLSS}}=\frac{30\%}{2500\times\frac{1}{1000}}=0.12\mathrm{L/g}$$

### 5.3.4 污泥负荷与去除负荷（F/M）

在活性污泥法中，一般将有机底物与活性污泥的质量比（F/M），即单位质量活性污泥（kg MLSS）或单位体积曝气池（$m^3$）在单位时间（d）内所承受的有机物量（kgBOD），称为污泥负荷，用$L$表示。

$$L=\frac{Q\times S_0\times 24}{V\times X\times 1000} \tag{5-2}$$

式中，$L$为污泥负荷（F/M），kg$BOD_5$或kgCOD/[kg（泥）·d]；$Q$为废水流量，$m^3/h$；$S_0$为进水$BOD_5$或COD浓度，mg/L；$V$为曝气池有效容积，$m^3$；$X$为混合液污泥浓度（MLSS），g/L。

如$X$代表挥发性污泥浓度（MLVSS），则所得$L$为挥发性污泥负荷，其单位为kg $BOD_5$或kg COD/[kg（挥泥）·d]。挥发性污泥负荷通常简称为污泥负荷。

在污泥增长的不同阶段，F/M是不同的，净化效果也不一样，所以采用上述污泥负荷时应注明所能达到的处理效率。有时为了表示有机物的去除情况，也采用去除负荷$L_r$，即单位质量活性污泥在单位时间内去除的有机物的量：

$$L_r=\frac{Q\times(S_0-S_e)\times 24}{V\times X\times 1000}=\eta L \tag{5-3}$$

式中，$S_e$为出水$BOD_5$或COD浓度，mg/L；$\eta$为$BOD_5$或COD的去除效率，$\eta$也称氧化能力，%。

污泥负荷与废水处理效率、活性污泥特性、污泥生成量、氧的消耗量有很大的关系，废水温度对污泥负荷的选择也有一定的影响。

**5.3.5 水力停留时间（$\theta$）**

水力停留时间指的是处理污水在反应器内的平均停留时间，也就是污水与生物反应器内微生物作用的平均反应时间。

$$\theta=\frac{V}{(1+R)Q}\text{（考虑回流量）} \tag{5-4}$$

式中，$R$ 为污泥回流比，当过程中没有污泥回流时，$\theta=V/Q$。

## 5.4 活性污泥处理系统设计

### 5.4.1 曝气池容积

曝气池的经验设计计算方法主要有污泥负荷法和泥龄法。

污泥负荷法是通过试验或参照同类型污水处理设备工作状况，选择合适的污泥负荷计算曝气池容积 $V$。

$$V=\frac{Q\times S_e\times 24}{L\times X\times 1000} \tag{5-5}$$

废水在曝气池中的名义停留时间为：

$$\theta=\frac{V}{Q} \tag{5-6}$$

实际停留时间为：

$$\theta=\frac{V}{(1+R)Q} \tag{5-7}$$

式中，$R$ 为回流比。

如采用泥龄作为设计依据，则有：

$$V=\theta_c\frac{Q_wX+(Q-Q_w)}{X} \tag{5-8}$$

式中，$Q_w$ 为由曝气池排出的污泥量，$m^3/h$。

表 5-2 归纳了各种活性污泥法的典型设计参数值。

**表 5-2 活性污泥法的设计参数**

| 运行方式 | $\theta_c$ /d | $L$ /[kg $BOD_5$/(kg·d)] | $X$ /(mg/L) | $\theta$ /h | $R$ | BOD 去除率% |
|---|---|---|---|---|---|---|
| 普通推流 | 5～15 | 0.2～0.4 | 1500～3000 | 4～8 | 0.25～0.5 | 85～95 |
| 渐减曝气 | 5～15 | 0.2～0.4 | 1500～3000 | 4～8 | 0.25～0.5 | 85～95 |
| 阶段曝气 | 5～15 | 0.2～0.4 | 2000～3500 | 3～5 | 0.25～0.75 | 85～95 |
| 吸附再生 | 5～15 | 0.2～0.6 | (1000～3000)①<br>(4000～10000)② | (0.5-1.0)①<br>(3～6)② | 0.25～1 | 80～90 |
| 高负荷法 | 0.2～0.5 | 1.5～5 | 600～1000 | 1.5～3 | 0.05～0.15 | 60～75 |
| 延时曝气 | 20～30 | 0.05～0.15 | 3000～6000 | 18～36 | 0.75～1.5 | 75～95 |
| 纯氧曝气 | 8～20 | 0.25～1 | 6000～10000 | 1～3 | 0.25～0.6 | 85～95 |

① 吸附池。
② 再生池。

### 5.4.2 泥龄

细胞的平均停留时间 $\theta_c$ 也称泥龄，是微生物在曝气池中的平均培养时间。在间歇式试验装置中，$\theta_c$ 与水力停留时间 $\theta$ 相等。在实际的连续流活性污泥系统中，$\theta_c$ 将比 $\theta$ 大得多，且 $\theta_c$ 不受 $\theta$ 的限制。

图 5-9 所示为有污泥回流的连续流全混系统，细胞的平均停留时间可以通过排出的微生

物量与曝气池容积的关系求得：

$$\theta_c = \frac{VX}{Q_w X + (Q - Q_w) X_e} \tag{5-9}$$

式中，$Q_w$ 为由曝气池排出的污泥流量；$X_e$ 为二次沉淀池出水中挟带的活性污泥浓度。

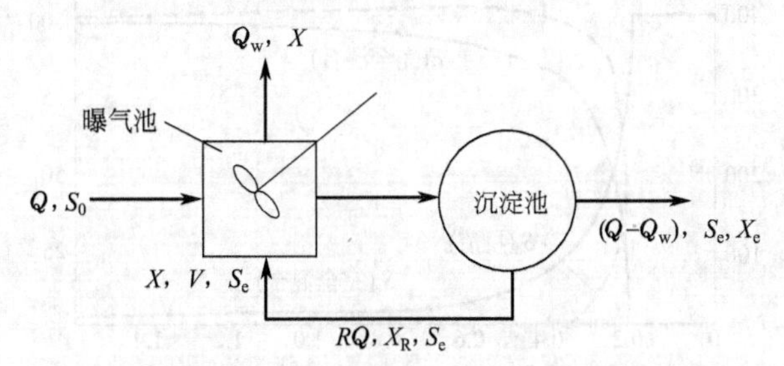


图 5-9　有污泥回流的连续流全混系统

当出水中 $X_e$ 很小，上式可简化为：

$$\theta = V/Q_w$$

如有剩余活性污泥排出，则：

$$\theta_c = \frac{VX}{Q'_w X_R + (Q - Q'_w) X_e} \tag{5-10}$$

式中，$Q'_w$为排出系统的活性污泥量；$X_R$ 为回流混合液中的污泥浓度。

当 $X_e$ 极小时，有：

$$\theta_c = \frac{VX}{Q'_w X_R} \tag{5-11}$$

可见，通过控制每日从系统排出的污泥量来控制细胞平均停留时间。

泥龄 $\theta_c$ 与污泥负荷、出水浓度的关系可用下式表示：

$$S_e = \frac{K_s(1 + k_d \theta_c)}{YK\theta_c - k_d \theta_c - 1} \tag{5-12}$$

式中，$K_s$ 为饱和常数，微生物比增长速率为最大比增长速率一半时的底物浓度；$k_d$ 为微生物的自身氧化率，时间$^{-1}$，一般为 0.05～0.1d$^{-1}$；$Y$ 为微生物增长常数，即消耗单位底物所形成的微生物量，一般为 0.35～0.8mg MLVSS/mg $BOD_5$；$K$ 为底物的降解速率常数，城市生活污水及性质与其类似的工业废水的 $K$ 值为 0.7～1.17L/(g·h)，我国某城市污水处理厂实测的 $K$ 值为 0.835L/(g·h)。

上式表明系统出水水质仅仅是细胞平均停留时间的函数，与其他因素无关。

如图 5-10 所示，在有污泥回流的推流式处理系统中，泥龄 $\theta_c$ 与污泥负荷、出水浓度的关系可以用下式表示：

$$\frac{1}{\theta_c} = \frac{YK(S_0 - S_e)}{(S_0 - S_e) + (1+R)K_s \ln(S_i/S_e)} - k_d \tag{5-13}$$

式中，$S_i$ 为进入曝气池的水流经回流稀释后的底物浓度；其他符号意义同前。

$$S_i = \frac{S_0 + RS_e}{1+R} \tag{5-14}$$

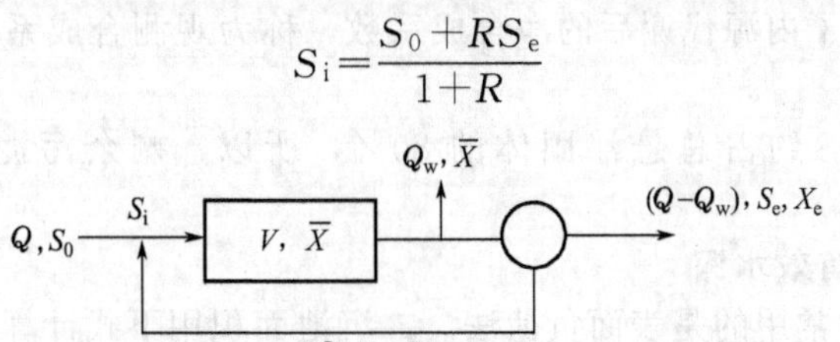

图 5-10　有污泥回流的推流式系统

由式(5-13) 和式(5-14) 可得出细胞平均停留时间 $\theta_c$ 与出水浓度 $S_e$ 及去除率 $\eta$ 的关系，如图 5-11 所示。

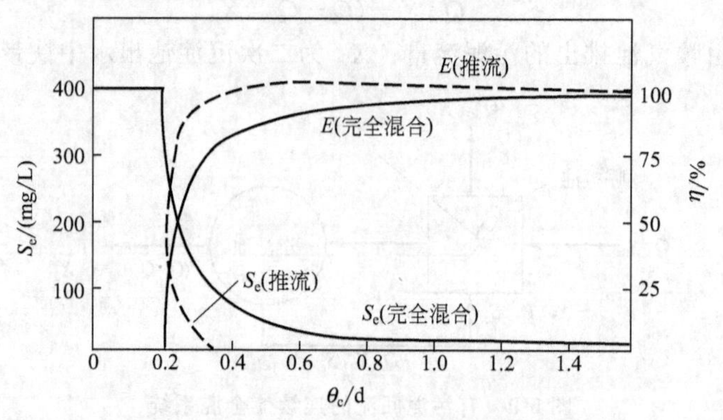


图 5-11　推流和全混系统出水水质比较

在活性污泥法处理系统的设计中，既可采用污泥负荷，也可采用泥龄作为设计参数。在实际运行时，控制污泥负荷比较困难，需要测定有机物量和污泥量。如采用泥龄作为运转控制参数，只要调节每日的排泥量，相对比较简单。

### 5.4.3　污泥回流比

混合液污泥浓度 $X$ 与 SVI、$R$ 之间关系，可由泥量平衡关系获得：

$$X(1+R)=X_R\times R \tag{5-15}$$

式中，$X$ 为曝气池混合液污泥浓度，mg/L；$X_R$ 为回流污泥浓度，mg/L。

由于污泥容积指数（SVI）是为 30min 后污泥沉降比与污泥浓度之比，而实际沉淀池的沉淀时间要远比 30min 长。一般情况下，污泥在二沉池中的浓缩时间约为 2h，回流浓缩污泥的 SVI 略小于混合液 SVI，两者的比值约 0.8。此时设 $\alpha$ 为与污泥在二沉池中停留浓缩时间、池深等有关的修正系数，并取值为 1.2，则：

$$X_R=\alpha\times\frac{10^6}{\text{SVI}}=\frac{1.2\times10^6}{\text{SVI}} \tag{5-16}$$

那么：

$$X=X_R\frac{R}{1+R}=\frac{1.2\times10^6}{\text{SVI}}\times\frac{R}{1+R} \tag{5-17}$$

上式表示曝气池混合液污泥浓度 $X$ 与 SVI、$R$ 之间的关系，测得 SVI 和 $X$，即可求出污泥回流比 $R$。

### 5.4.4　剩余污泥量

剩余污泥量可由下式通过选定的污泥负荷值进行计算，也可通过 $\theta_c$ 计算：

$$\Delta X=Y_{obs}Q(S_0-S_e)\times10^{-3} \tag{5-18}$$

$$Y_{obs}=\frac{Y}{1+k_d\theta_c} \tag{5-19}$$

式中，$Y_{obs}$ 为扣除了内源代谢后的净合成系数，称为观测合成系数；相应地，$Y$ 称为理论合成系数。

一般来说，MLVSS 约占总悬浮固体的 80%，所以，剩余污泥总量为上式计算值的 1.25 倍。

### 5.4.5　二沉池面积及有效水深

在实际工程设计中常用的是表面负荷法。二沉池面积用下式计算：

$$A=\frac{Q_{max}}{q}=\frac{Q_{max}}{3.6u} \tag{5-20}$$

式中，$A$ 为二次沉淀池面积，$m^2$；$Q_{max}$ 为废水量大时流量，$m^3/h$；$q$ 为水力表面负荷，$m^3/(m^2 \cdot h)$；$u$ 为活性污泥成层沉淀时的沉速，mm/s，$u$ 值大小与废水混合液污泥浓度有关，介于0.2～0.5mm/s之间，相应的 $q$ 值为 $0.72 \sim 1.8m^3/(m^2 \cdot h)$。

混合液污泥浓度与 $u$ 值之间的关系见表5-3。

**表5-3 混合液污泥浓度与 $u$ 值之间的关系**

| MLSS/(mg/L) | $u$/(mm/s) | MLSS/(mg/L) | $u$/(mm/s) |
|---|---|---|---|
| 2000 | ≤0.5 | 5000 | 0.22 |
| 3000 | 0.35 | 6000 | 0.18 |
| 4000 | 0.28 | 7000 | 0.14 |

**表5-4 二次沉淀池池边水深值**

| 二次沉淀池直径/m | 池边水深/m |
|---|---|
| 10～20 | 3.0 |
| 20～30 | 3.5 |
| >30 | 4.0 |

有效水深（$H$）的计算公式：

$$H=\frac{Q_{max} \times t}{A}=q \times t \tag{5-21}$$

式中，$H$ 为澄清区水深，m；$t$ 为二次沉淀池水力停留时间，h。

为了保证二次沉淀池的水力效率和有效容积，池的水深和直径应保持一定的比例关系，一般可采用表5-4中所列举的数值。

出水堰负荷值一般可以在 $1.4 \sim 2.9L/(m \cdot s)$ 之间选取。

### 5.4.6 污泥斗容积

对于分建式沉淀池，一般规定污泥斗的储泥时间为2h，故可采用下式来计算污泥斗容积（$V_S$）：

$$V_S=\frac{4(1+R)QX}{(X+X_R)} \tag{5-22}$$

式中，$V_S$ 为污泥斗容积，$m^3$；$Q$ 为废水流量，$m^3/h$；$X$ 为混合液污泥浓度，mg/L；$X_R$ 为回流污泥浓度，mg/L；$R$ 为回流比。

污泥斗中的平均污泥浓度 $X_S$：

$$X_S=0.5(X+X_R) \tag{5-23}$$

$$X_R=\frac{X(1+R)}{R} \tag{5-24}$$

对于合建式的曝气沉淀池，沉淀区的面积和池深确定之后，其污泥区的容积也就确定了，不需进行单独计算。

污泥斗的作用是储存和浓缩沉淀污泥，由于活性污泥易因缺氧而失去活性和腐败，因此污泥斗容积不能过大。

## 5.5 曝气量及其曝气设备

### 5.5.1 需氧量计算

活性污泥系统供氧速率与耗氧速率应保持平衡，因此，曝气池混合液的需氧量应等于供氧量，曝气池的需氧量可由负荷法通过下式计算：

$$O_2=a'L_rVX+b'VX \tag{5-25}$$

式中，$O_2$ 为每日系统的需氧量，kg/d；$a'$ 为有机物代谢的需氧系数，kg/kg BOD；$b'$ 为污泥自身氧化系数，kg/(kgMLSS·d)；$L_r$ 为去除负荷，即单位质量活性污泥在单位时间内所去除的有机物质量。

$$L_r=\frac{Q(S_0-S_e)}{VX}=\eta L \tag{5-26}$$

$$\eta=\frac{S_0-S_e}{S_0} \tag{5-27}$$

在活性污泥法中，一般 $a'=0.25\sim0.76$，平均 0.47；$b'=0.10\sim0.37$，平均 0.17。表 5-5 为生活污水和部分工业废水的 $a'$、$b'$值，可供选用。在有条件的情况下，$a'$、$b'$应通过试验确定。

**表 5-5 生活污水和部分工业废水的 $a'$、$b'$值**

| 污水种类 | $a'$ | $b'$ | 污水种类 | $a'$ | $b'$ |
|---|---|---|---|---|---|
| 生活污水 | 0.42～0.53 | 0.18～0.11 | 炼油废水 | 0.50 | 0.12 |
| 石油化工废水 | 0.75 | 0.16 | 亚硫酸浆粕废水 | 0.40 | 0.185 |
| 含酚废水 | 0.56 | — | 制药废水 | 0.35 | 0.354 |
| 漂染废水 | 0.5～0.6 | 0.065 | 制浆造纸废水 | 0.38 | 0.092 |
| 合成纤维废水 | 0.55 | 0.142 | | | |

由于废水中的有机物只有一部分被氧化降解，另一部分被转化为新的有机体，合成为新细胞有机物作为剩余污泥排出，并不消耗水中的溶解氧。因此，理论耗氧量应为有机物降低的耗氧量减去转化为新细胞有机体的有机物耗氧量。其中，有机物降低的耗氧量为 $Q(S_0-S_e)\times10^{-3}$(kg)，$S_0$ 和 $S_e$ 都以 $BOD_5$ 计。也可折算为有机物完全氧化的需氧量 $BOD_u$，当耗氧常数 $K_1=0.1d^{-1}$时，$BOD_5=0.68BOD_u$。

如果假定细胞组成式为 $C_5H_7NO_2$，则氧化 1kg 微生物所需的氧量为 1.42kg。

所以，系统每天需氧量为：

$$O_2=\frac{Q(S_0-S_e)\times10^{-3}}{0.68}=-1.42(\Delta X) \tag{5-28}$$

实际的供气量还应考虑曝气设备的氧利用率以及混合的强度要求。通常情况下，当污泥负荷大于 0.3kg$BOD_5$/(kgMLSS·d) 时，供气量为 60～110$m^3$/kg$BOD_5$（去除）；当污泥负荷小于 0.3kg$BOD_5$/(kgMLSS·d) 或更低时，供气量为 150～250$m^3$/kg$BOD_5$（去除）。

### 5.5.2 空气扩散器选定

鼓风曝气就是利用鼓风机或空压机向曝气池充入一定压力的空气，一方面供应生化反应所需要的氧量，同时保持混合液均匀混合。气压要足以克服管道系统、扩散器阻力及扩散器上部的静水压。曝气效率取决于气泡大小、废水的亏氧量、气液接触时间等因素。目前常用的空气扩散器有以下几类。

① 小气泡扩散器　由微孔材料制成的扩散板或扩散管，气泡直径可以达到 1.5mm 以下，如图 5-12(a) 所示。

② 中气泡扩散器　常用穿孔管和莎纶管。穿孔管的孔眼直径为 3～5mm，孔口朝下，与垂直面成 45°夹角。间距 10～15mm，孔口流速不小于 10m/s。国外也用萨纶（Saran）、尼龙或涤纶线缠绕多孔管以分散气泡 [图 5-12(b)]。

③ 大气泡扩散器　主要有竖管、倒盆式扩散器、圆盘形扩散器等，竖管的结构如图 5-12(c)，直径一般为 15mm 左右。倒盆式扩散器是水力剪切扩散型 [图 5-12(d)]，由塑料及橡皮板组成，空气从橡皮板四周喷出，旋转上升，气泡直径 2mm 左右，阻力大，动力效率约 2.6kg $O_2$/(kW·h)。圆盘形扩散器 [见图 5-12(e)] 由聚氯乙烯圆盘片、不锈钢弹性压盖与喷头连接而成。通气时圆盘片向上顶起，空气从盘片与喷头间喷出；当供气中断时，扩散器上的静水压头使盘片关闭。

④ 射流扩散器　用泵打入混合液，在射流器的喉管处形成高速射流，与吸入或压入的空气强烈搅拌，将气泡粉碎为 100$\mu$m 左右，使氧迅速转移至混合液。射流器构造如图 5-12(f)。

⑤ 固定螺旋扩散器　由 $\phi$300mm 或 $\phi$400mm、高 1500mm 的圆筒组成，内部装着按 180°扭曲的固定螺旋元件 5～6 个，相邻两个元件的螺旋方向相反，一顺时针旋，另一逆时针旋。

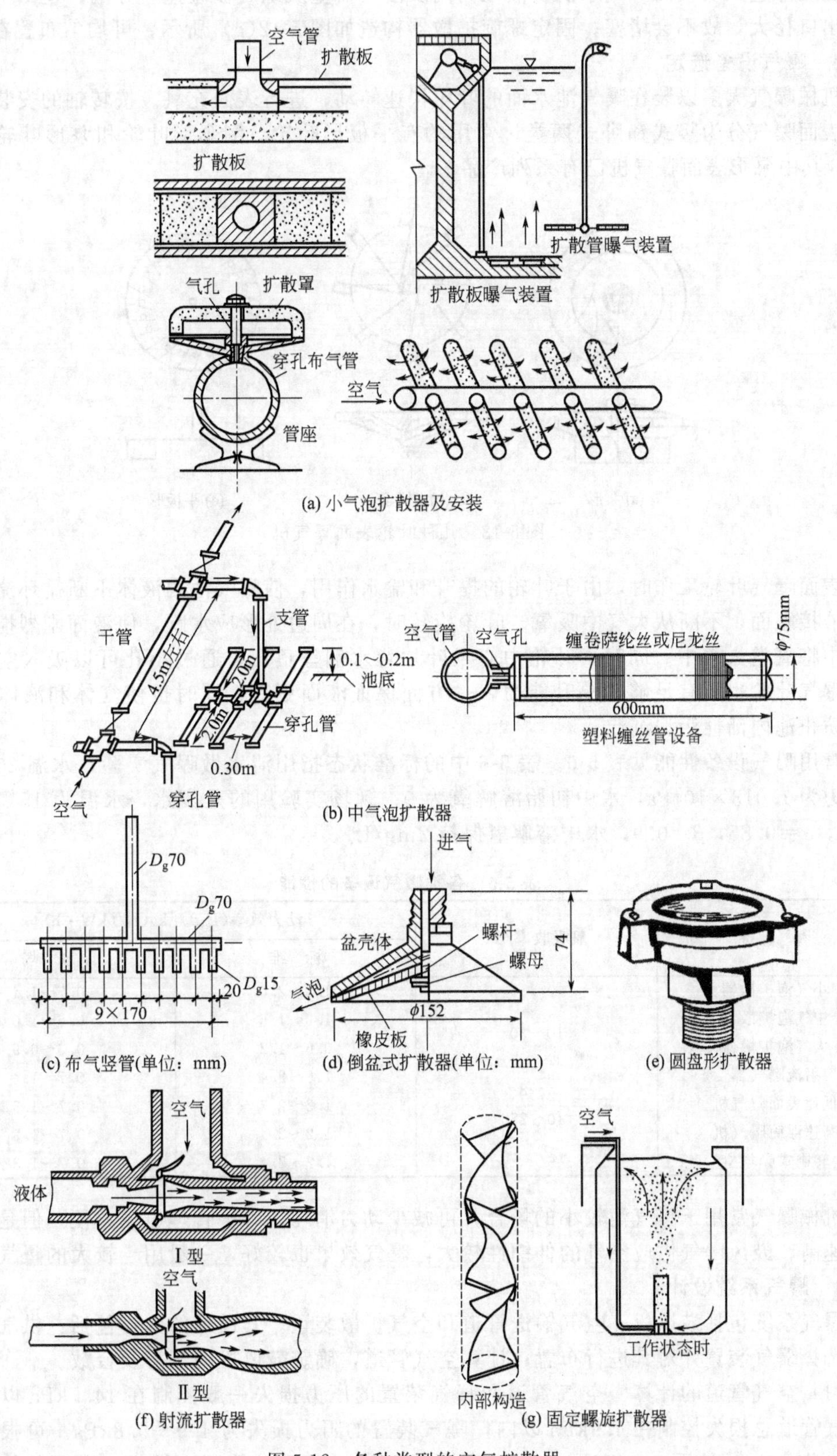


图 5-12　各种类型的空气扩散器

空气由底部进入曝气筒，气水混合液在筒内反复与器壁及螺旋板碰撞、分割、迂回上升，空气喷出口径大，故不会堵塞。固定螺旋扩散器构造如图 5-12(g) 所示，可均匀布置在池内。

### 5.5.3 曝气设备选定

机械曝气大多以装在曝气池水面的叶轮快速转动，进行表面充氧。按转轴的安装方向不同，表面曝气分为竖式和卧式两类。常用的有平板形叶轮、倒伞形叶轮和泵形叶轮，见图 5-13，其中泵形表面曝气机已有系列产品。

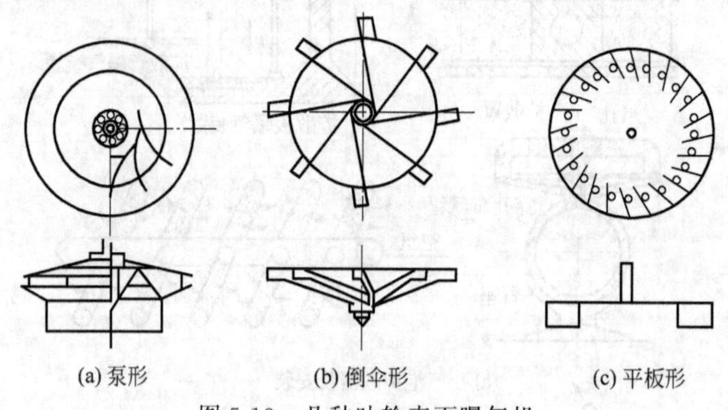

(a) 泵形　(b) 倒伞形　(c) 平板形

图 5-13　几种叶轮表面曝气机

表面曝气叶轮工作时，由于叶轮的提升和输水作用，使曝气池内液体不断循环流动，更新气液接触面，不断从大气中吸氧。叶轮旋转时，在周边处形成水跃，使液面剧烈搅动，从大气中将氧卷入水中。同时，叶轮中心及叶片背水侧呈负压，通过小孔可以吸入空气。此外，曝气叶轮也具有足够的提升能力，一方面保证液面更新，同时也使气体和液体充分混合，防止池内活性污泥沉淀。

常用曝气设备性能见表 5-6。表 5-6 中的标准状态指用清水做曝气实验，水温 20℃，大气压力为 $1.013\times10^5$Pa，水中初始溶解氧为 0；现场实验用的是废水，水温为 15℃，海拔 150m，$\alpha=0.85$，$\beta=0.9$，水中溶解氧保持 2mg/L。

表 5-6　各类曝气设备的性能

| 曝气设备 | 氧吸收率/% | 动力效率($E_P$)/[$kgO_2$/(kW·h)] | |
|---|---|---|---|
| | | 标　准 | 现　场 |
| 小气泡扩散器 | 10～30 | 1.2～2.0 | 0.7～1.4 |
| 中气泡扩散器 | 6～15 | 1.0～1.6 | 0.6～1.0 |
| 大气泡扩散器 | 4～8 | 0.6～1.2 | 0.3～0.9 |
| 射流曝气器 | 10～25 | 1.5～2.4 | 0.7～1.4 |
| 低速表面曝气机 | | 1.2～2.7 | 0.7～1.3 |
| 高速浮筒曝气机 | | 1.2～2.4 | 0.7～1.3 |
| 转刷式曝气机 | | 1.2～2.4 | 0.7～1.3 |

机械曝气常用于曝气池较小的场合，可减少动力消耗，维护管理也较方便。但是这类装置转速高。鼓风曝气供应空气的伸缩性较大，曝气效果也较好，一般用于较大的曝气池。

### 5.5.4 曝气系统设计

曝气系统包括鼓风机、空气输送管道和空气扩散装置。其设计的内容包括：供气量的计算，选择曝气装置并对其进行布置；计算空气管道，确定鼓风机的型号及台数。

(1) 空气管道的计算　空气管道和曝气装置的压力损失一般控制在 14.7kPa 以内，其中空气管道总损失控制在 4.9kPa 以内，曝气装置的阻力损失为 4.9～9.8kPa。可根据流量($Q$)、流速 ($v$) 按图 5-14 和图 5-15 选定管径 ($D$)，然后核算压力损失，再调整管径。空

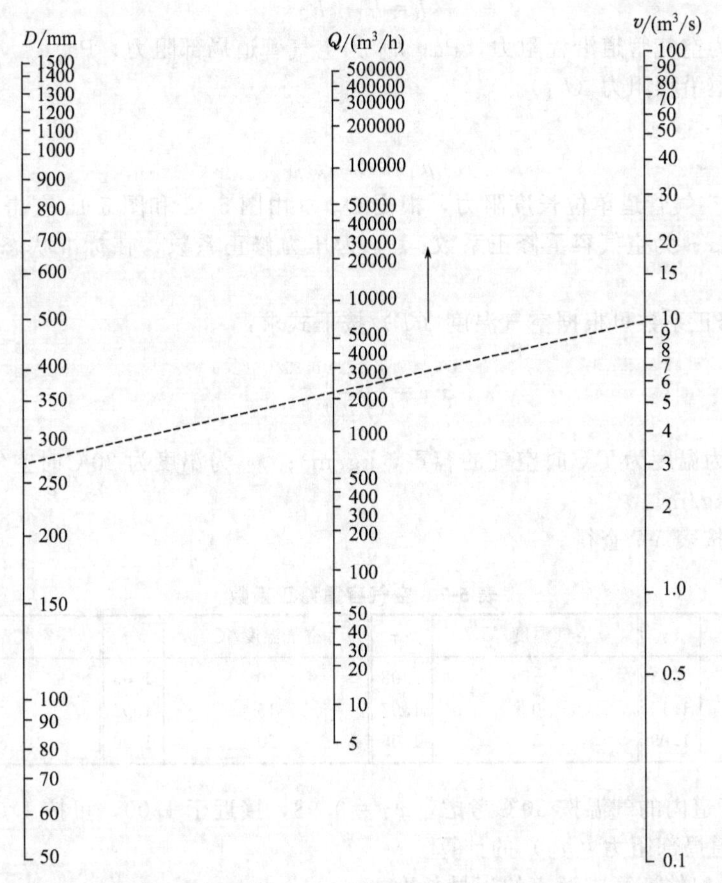


图 5-14　空气管道直径 $R(D_g)$、空气量（$Q$）与流速（$v$）之间的关系

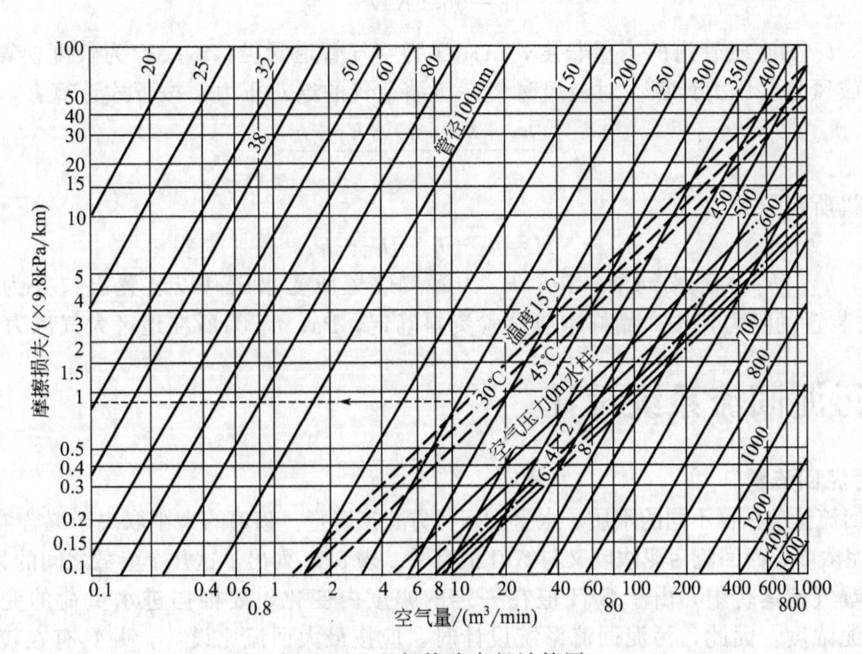


图 5-15　空气管路直径计算图

气管道的压力损失（$h$）按下式求：

$$h=h_1+h_2 \tag{5-29}$$

式中，$h_1$ 为空气管道沿程阻力，Pa；$h_2$ 为空气管道局部阻力，Pa。

① 空气管道沿程阻力（$h_1$）。

按下式计算：

$$h_1=ilx_Tx_p \tag{5-30}$$

式中，$i$ 为空气管道单位长度阻力，根据 $Q$、$v$ 由图 5-14 和图 5-15 查得，Pa；$l$ 为空气管道长度，m；$x_T$ 为空气容重修正系数；$x_p$ 为压力修正系数，在标准状态下，$x_p$ 值可按 1.0 考虑。

空气容重修正系数可根据空气温度（$T$）按下式求：

$$x_T=\left(\frac{\gamma_T}{\gamma_{20}}\right)^{0.852} \tag{5-31}$$

式中，$\gamma_T$ 为温度为 $T$℃时空气的容重，$kg/m^3$；$\gamma_{20}$ 为温度为 20℃时空气的容重，一般作为 1.00 计，$kg/m^3$。

$x_T$ 值可以按表 5-7 查得。

**表 5-7　空气容重修正系数**

| 空气温度/℃ | $x_T$ | 空气温度/℃ | $x_T$ | 空气温度/℃ | $x_T$ | 空气温度/℃ | $x_T$ |
|---|---|---|---|---|---|---|---|
| −20 | 1.13 | −5 | 1.08 | 10 | 1.03 | 30 | 0.98 |
| −15 | 1.10 | 0 | 1.07 | 15 | 1.02 | 40 | 0.95 |
| −10 | 1.09 | 5 | 1.05 | 20 | 1.00 | 50 | 0.92 |

一般空气管道内的气温按 30℃考虑，$x_T=0.98$，接近于 1.00，可按 1.00 计。

② 空气管道局部阻力（$h_2$）的计算。

按下式将各配件换算成管道的当量长度：

$$l_0=55.5KD^{1.2} \tag{5-32}$$

式中，$l_0$ 为空气管道的当量长度，m；$D$ 为空气管道管径，m；$K$ 为长度换算系数。

(2) 鼓风曝气压力计算　对鼓风曝气，压缩空气的绝对压力，按下式计算：

$$p=\frac{h_1+h_2+h_3+h_4+h_5}{h_5} \tag{5-33}$$

鼓风机所需压力为：

$$H=h_1+h_2+h_3+h_4 \tag{5-34}$$

式中，$h_1$、$h_2$ 的意义同前，Pa；$h_3$ 为曝气装置所受水压（以装置出口处为准），Pa；$h_4$ 为曝气装置的阻力，按产品样本或试验资料确定，Pa；$h_5$ 为所在地区大气压力，Pa。

# 5.6 污泥回流系统设计

## 5.6.1 污泥回流量

污泥回流量应根据不同的水质、水量和运行方式来确定。该值的大小取决于混合液污泥浓度和回流污泥浓度，而回流污泥浓度又与 SVI 值有关。表 5-18 列出了这几个参数之间的关系。

实际曝气池运行中，由于 SVI 值在一定的幅度内变化，要根据进水负荷的变化，调整混合液污泥浓度。因此，污泥回流系统设计时，应按最大回流比设计，并具有在较小回流比时工作的可能性，以便使回流污泥可以在一定幅度内变化。

表 5-8 $R$、SVI、$X_R$ 和 $X$ 值之间的关系

| SVI | $X_R$ /(kg/m³) | 在下列 $X$ 值(kg/m³)时的 $R$ 值 | | | | |
|---|---|---|---|---|---|---|
| | | 1.5 | 2.0 | 3.0 | 4.0 | 5.0 |
| 60 | 20.0 | 0.08 | 0.11 | 0.18 | 0.25 | 0.33 |
| 80 | 15.0 | 0.11 | 0.15 | 0.25 | 0.36 | 0.50 |
| 120 | 10.0 | 0.18 | 0.25 | 0.43 | 0.67 | 1.00 |
| 150 | 8.0 | 0.24 | 0.33 | 0.60 | 1.00 | 1.70 |
| 240 | 5.0 | 0.43 | 0.37 | 1.50 | 4.00 | — |

### 5.6.2 空气提升器选择与设计

合建式的曝气沉淀池内的活性污泥可从沉淀区通过回流缝自行回流曝气区。而对分建式曝气池，活性污泥则要通过污泥回流设备回流。常用污泥泵和空气提升器作为提升设备和输泥管渠。

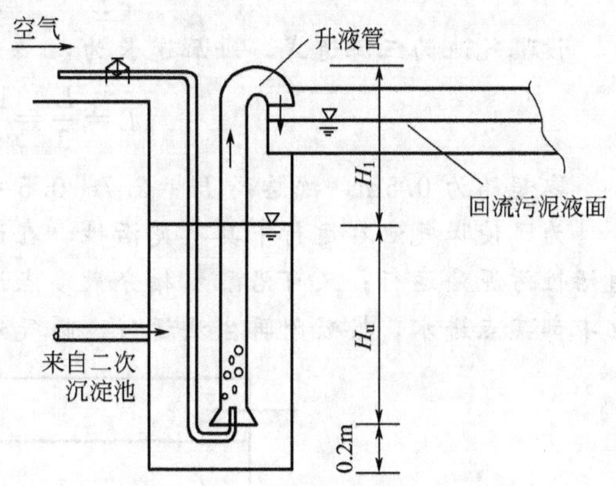

图 5-16 空气提升器污泥回流

空气提升器是利用升液管内、外液体的密度差而使污泥提升的。其效率低，但结构简单、管理方便，且可在提升过程中对活性污泥进行充氧。如图 5-16 所示空气提升器设在二次沉淀池的排泥井或在曝气池进口处专设的污泥井中。

每座污泥回流井宜设一个升液管，而且只与一个二次沉淀池的污泥斗连通，以免造成二次沉淀池排泥量相互间的干扰。污泥回流比可以通过调节进气阀门控制。升液管在回流井中最小浸没深度（$H_u$）可按下式计算：

$$H_u=\frac{H_1}{n-1} \tag{5-35}$$

式中，$H_1$ 为拟提升高度，m；$n$ 为密度系数，一般取 2～2.5。

空气用量（$Q_u$）一般为最大提升污泥量的 3～5 倍，也可按下式计算：

$$Q_u=\frac{K_u Q_S H_1}{\left(2.3\lg\frac{H_u+10}{10}\right)\eta} \tag{5-36}$$

式中，$Q_u$ 为空气用量，m³/h；$K_u$ 为安全系数，一般采用 1.2；$Q_S$ 为每个升液管设计提升流量，m³/h；$\eta$ 为效率系数，一般为 0.35～0.45。

空气压力应大于浸没深度（$H_u$）3kPa 以上。一般空气管的最小管径为 25mm，升液管的最小管径为 75mm。

**【例 5-1】** 某城市计划新建一座以活性污泥法二级处理为主体的污水处理厂，日污水量为 10000m³，进入曝气池的 $BOD_5$ 为 300mg/L，时变化系数为 1.5，要求处理后出水的 $BOD_5$ 为 20mg/L，试设计活性污泥处理系统中的曝气池及其曝气系统。

**解**：(1) 曝气池的设计计算

处理效率
$$\eta=\frac{300-20}{300}\times100\%=93.3\%$$

生活污水可以采用普通活性污泥法处理，取污泥负荷 $L$ 为 0.3kg ($BOD_5$)/[kg (泥)·d]，混合液污泥浓度 $X$ 为 3g/L，污泥回流比 $R$ 为 50%。

可求得污泥指数如下：

$$SVI=\frac{10^6\times1.2R}{X(1+R)}=\frac{10^6\times1.2\times0.5}{3000\times(1+0.5)}=133$$，在50～150之间，符合要求。

可求得曝气池有效容积如下：

$$V=\frac{S_0\times Q\times24}{L\times X\times1000}=\frac{300\times10000}{0.3\times3\times1000}=3334\ (m^3)$$

取水深 $H_1=2.7m$，设两组曝气池，每组池面积为：

$$A=\frac{V}{nH_1}=\frac{3334}{2\times2.7}=617.36\ (m^2)$$

取池宽 $B=4.5m$，$B/H_1=4.5/2.7=1.66$，在1～2之间，符合要求，则池长为：

$$L=\frac{A}{B}=\frac{617.36}{4.5}=137\ (m)$$

设曝气池为三廊道式，每廊道长为：

$$L=\frac{L}{3}=\frac{137}{3}\approx46\ (m)$$

取超高为0.5m，故总高 $H=2.7+0.5=3.2$ (m)

为了使曝气池在运行中具有灵活性，在进水方式上设计成：既可集中从池首进水，按普通活性污泥法运行；又可沿配水槽分散多点进水，按阶段曝气法运行；还可沿配水槽集中从池中部某点进水，按吸附再生法运行。曝气池的平面尺寸见图5-17。

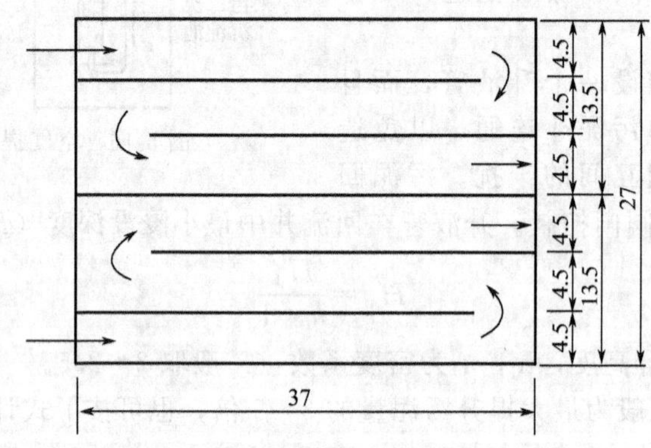


图5-17 曝气池平面尺寸（单位：mm）

(2) 曝气系统的设计计算

① 平均需氧量：按公式(5-25)计算。查表5-5，$a'=0.53$，$b'=0.11$

$$O_2=a'QL_r+bVX_v$$
$$=0.53\frac{10000(300-20)}{1000}+0.11\frac{3000\times0.75\times3334}{1000}$$
$$=2309\ (kg/d)=96.2\ (kg/h)$$

$$每日去除的BOD_5=\frac{QL_r}{1000}=\frac{10000(300-20)}{1000}=2800\ (kg/d)$$

去除每千克 $BOD_5$ 的需氧量$=2310/2800=0.83$ ($kg\ O_2/kg\ BOD_5$)

② 最大需氧量：在不利条件下运行，最大需氧量为平均需氧量的1.4倍，则：

$$O_{2max}=1.4O_2=1.4\times96.2=134.7\ (kgO_2/h)$$

③ 供气量：采用穿孔管，距池底0.2m，故淹没水深为2.5m，计算温度定为30℃，当水温为20℃时溶解氧饱和浓度为 $c_{s(20)}=9.2mg/L$；当水温为30℃时溶解氧饱和浓度为 $c_{s(30)}=7.6mg/L$。

穿孔管出口绝对压力 $p_b=1.033\times10^5+9.8\times2.5\times10^3=1.258\times10^5$ (Pa)，当空气离

开曝气池时氧的百分比为：

$$Q_t=\frac{21(1-E_A)}{79+21(1-E_A)}\times 100\%=\frac{21(1-0.06)}{79+21(1-0.06)}\times 100\%=20\%$$

式中，$E_A$ 为穿孔管的氧转移效率，取 $E_A=6\%$。

曝气池中平均溶解氧饱和浓度为（按最不利条件考虑）：

$$c_{sm(30)}=c_s\left(\frac{p_b}{2.026\times 10^5}+\frac{Q_t}{42}\right)=7.6\left(\frac{1.258}{2.026}+\frac{20}{42}\right)$$

$$=8.33\ (\text{mg/L})$$

$$c_{sm(20)}=10.1\ (\text{mg/L})$$

20℃脱氧清水的充氧量计算，取 $\alpha=0.82$，$\beta=0.95$，$c_L=1.5$mg/L，有：

$$R_0=\frac{Rc_{sm(20)}}{\alpha\left[\beta c_{sm(30)}-c_L\right]\times 1.024^{(T-20)}}=\frac{96.2\times 10.1}{0.82(0.95\times 8.33-1.5)\times 1.219}$$

$$=\frac{96.2\times 10.1}{6.41}=152\ (\text{kg/h})$$

相应最大时需氧量的 $R_0=152\times 1.4=212.8$ (kg/h)

曝气池的平均供气量为 $c_s=\frac{O_2}{0.3E_A}\times 100=\frac{152\times 100}{0.3\times 6}=8444$ ($m^3$/h)

去除每千克 $BOD_5$ 的供气量$=\frac{G_s}{Q(L_a-L_e)}=\frac{8444}{10000(0.3-0.02)/24}=72$ ($m^3$ 气/kg $BOD_5$)，此值在经验数据的范围内

每立方米污水的供气量$=\frac{G_s}{Q}=\frac{8444}{10000/24}=20$ ($m^3$ 气/$m^3$ 污水)

相应最大时需氧量的供气量为 $G_{s(max)}=1.4G_s=1.4\times 8444=11821.6$ ($m^3$/h)

污泥回流采用空气提升，提升回流污泥的空气量取回流污泥量的5倍（按体积计），最大回流比 $R=100\%$，故提升污泥的空气量为：

$$(5\times 10000)\div 24=2080\ (m^3/h)$$

所以总供气量 $G_{sT}=11821.6+2080=13901.6$ ($m^3$/h)

(3) 空气管的计算

按照图5-17所示的布置方式，在两个相邻廊道设置一条配气干管，共设三条，每条干管设16对竖管，共计96根竖管，每根竖管最大供气量=11821.6/96=123 ($m^3$/h)。

另外，曝气池一端的两旁各设一座污泥提升井，每井的供气量为2080/2=1040 ($m^3$/h)。

为了便于计算，将上述布置绘制成空气管道计算图（图5-18），空气支管和干管的管径按照所通过的空气流量和相应的流速，可从图5-14查出，并且列入空气管道计算表格（表5-9）中；空气管道中的压力损失，按照管道通过的流量和管道长度及当量长度从图5-15中

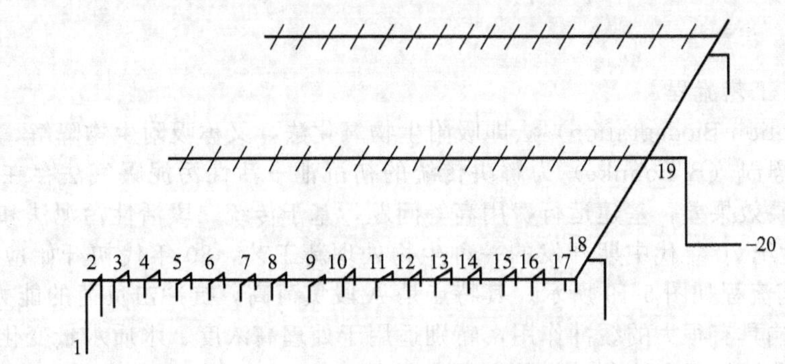


图5-18 空气管道计算图

查得，亦列入表5-9中。从表5-9中累加可得空气管道系统的压力损失为117.68×9.8=1.153（kPa）。

表5-9　空气管道计算表

| 管段编号 | 管段长度 $l$/m | 空气流量 | | 空气流速 $v$/(m/s) | 管径 $D$/mm | 配件 | 管道当量长度 $l_0$/m | 管道计算长度 $(l+l_0)$/m | 压力损失 | |
|---|---|---|---|---|---|---|---|---|---|---|
| | | $Q$/(m³/h) | $Q$/(m³/min) | | | | | | /(×9.8 kPa/km) | /×9.8Pa |
| 1～2 | 3.8 | 123 | 2.0 | 6.0 | 80 | | 9.6 | 13.4 | 0.54 | 7.24 |
| 2～3 | 2.2 | 246 | 4.1 | 3.6 | 150 | | 7.64 | 9.84 | 0.12 | 1.18 |
| 3～4 | 2.2 | 492 | 8.2 | 7.0 | 150 | | 1.9 | 4.1 | 0.32 | 1.31 |
| 4～5 | 2.2 | 738 | 12.3 | 10.0 | 150 | | 1.9 | 4.1 | 0.53 | 2.17 |
| 5～6 | 2.2 | 984 | 16.4 | 14.0 | 150 | | 3.34 | 5.54 | 1.2 | 6.65 |
| 6～7 | 2.2 | 1230 | 20.5 | 10.0 | 200 | | 2.66 | 4.86 | 0.5 | 2.42 |
| 7～8 | 2.2 | 1476 | 24.6 | 12.0 | 200 | | 2.66 | 4.86 | 0.53 | 2.57 |
| 8～9 | 2.2 | 1722 | 28.7 | 14.0 | 200 | | 4.27 | 6.47 | 0.55 | 3.55 |
| 9～10 | 2.2 | 1968 | 32.8 | 10.0 | 250 | | 3.48 | 5.68 | 0.45 | 2.56 |
| 10～11 | 2.2 | 2214 | 36.9 | 12.0 | 250 | | 3.48 | 5.68 | 0.50 | 2.84 |
| 11～12 | 2.2 | 2460 | 41.0 | 13.0 | 250 | | 3.48 | 5.68 | | |
| 12～13 | 2.2 | 2706 | 45.1 | 14.5 | 250 | | 3.48 | 5.68 | | |
| 13～14 | 2.2 | 2952 | 49.2 | 15.0 | 250 | | 5.6 | 7.8 | | |
| 14～15 | 2.2 | 3198 | 53.3 | 11.0 | 300 | | 4.35 | 6.55 | | |
| 15～16 | 2.2 | 3444 | 57.4 | 12.0 | 300 | | 4.35 | 6.55 | | |
| 16～17 | 2.2 | 3690 | 61.5 | 13.5 | 300 | | 4.35 | 6.55 | | |
| 17～18 | 2.5 | 3936 | 65.6 | 14.0 | 300 | | 11.2 | 13.70 | 0.53 | 7.25 |
| 18～19 | 7.1 | 4976 | 82.9 | 16.0 | 300 | | 4.35 | 11.45 | 1.05 | 12.0 |
| 19～20 | 23.0 | 13901 | 231.7 | 16.0 | 500 | | 60.7 | 83.7 | 0.55 | 46.0 |
| 合计:117.68 | | | | | | | | | | |

取穿孔管压力损失4.9kPa，总压力损失为空气管道系统与穿孔管压力损失之和，即1.15+4.9=6.05（kPa），取9.8 kPa。

（4）鼓风机的选择

鼓风机所需压力　　　$p=2.5\times9.8+9.8=34.3$（kPa）

鼓风机所需供气量：

最大供气量：$G_{s(max)}=13901.6$（m³/h）

平均供气量：$G_s=8444+2080=10524$（m³/h）

最小供气量：$G_{s(min)}=0.5G_s=5262$（m³/h）

## 5.7　活性污泥处理工艺的发展

### 5.7.1　AB法

#### 5.7.1.1　原理及工艺流程

AB（Adsorption-Biodegration）法即吸附生物氧化法，又称吸附生物降解，是德国亚琛大学教授布·伯恩凯（B. Bohnke）为解决传统的初沉池+活性污泥曝气法存在难降解有机物去除和脱氮除磷效果差，基建运行费用高等问题，基于传统二段活性污泥法和高负荷活性污泥法，于20世纪70年代中期开发的一种生物处理新工艺，80年代初开始应用于工程实践。AB法的工艺流程如图5-19所示。其特点是A段负荷高，抗冲击负荷的能力强，对pH和有毒物质的影响具有很大的缓冲作用，特别适用于处理高浓度、水质水量变化大的污水。

该法仍属二段活性污泥法范畴，其主要特点有：AB法一般不设初沉池，A段和B段的

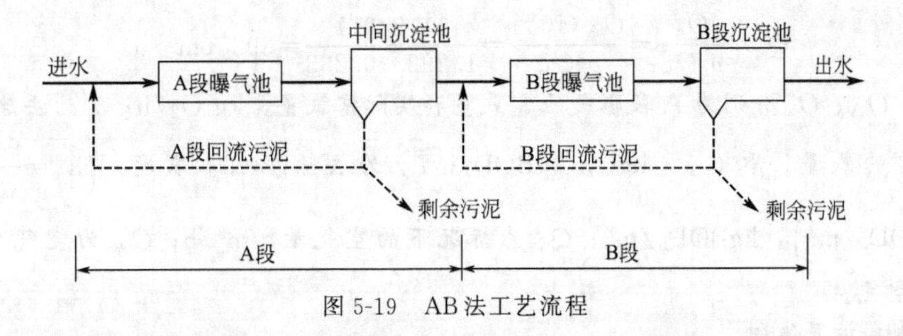


图 5-19　AB 法工艺流程

回流系统分开，使 A 段和 B 段具有不同组成和功能的微生物种群；A 段的活性污泥全部是细菌（大肠杆菌属），其世代很短，繁殖速度快；AB 法对 BOD、COD、SS、磷和氨氮的去除效果一般均高于常规活性污泥法，节省基建投资约 20%，节约能耗 25%左右。

AB 法曝气池的设计参数选取范围见表 5-10。

**表 5-10　AB 法曝气池主要设计参数**

| 项目 | 单位 | A 段 | B 段 | 项目 | 单位 | A 段 | B 段 |
|---|---|---|---|---|---|---|---|
| 污泥负荷 | kgBOD/(kgMLSS·d) | 2～5 | ≤0.3 | 水力停留时间(HRT) | h | 0.5～0.75 | 2.0～4.0 |
| 容积负荷 | kgBOD/(m³·d) | 6～10 | ≤0.9 | 污泥回流率 | % | 20～50 | 50～100 |
| 混合液浓度 | g/L | 2～3 | 3～4 | 溶解氧(DO) | mg/L | 0.3～0.7 | 3～4 |
| 污泥龄($\theta_c$) | d | 0.4～0.7 | 10～25 | 气水比 | | (3～4)∶1 | (7～10)∶1 |

A 段设计直接影响到 AB 法整个工艺过程的运行，需要根据实际体系选用表 5-10 中提供的 A 段设计参数。

5.7.1.2　A 段设计计算

**【例 5-2】**　若处理废水 $Q=1200\text{m}^3/\text{d}$，现选用以下参数：污泥浓度为 2000mg/L（平均值）；容积负荷 $N_V=10\text{kgBOD}_5/(\text{m}^3\cdot\text{d})$；污泥负荷 $N_S=5\text{kgBOD}_5/(\text{kgMLSS}\cdot\text{d})$；停留时间（HRT）＝20min～4h；污泥龄（MCRT）$\theta_c=0.3\sim1.0\text{d}$；溶解氧 DO＝0.2～1.5 mg/L；污泥回流比 $R=100\%$。试计算 A 段曝气池容积、需氧量、剩余污泥体积量、污泥龄 $\theta_c$ 和污泥回流量。

**解：**（1）曝气池计算

已知曝气池处理废水的负荷为 $Q=1200\text{m}^3/\text{d}$，则：

曝气池容积
$$V_A=\frac{QS_0}{N_SX}=\frac{1200\times945}{5\times2000}=114\ (\text{m}^3)$$

容积负荷
$$N_V=\frac{QS_0}{V_A}=\frac{1200\times945\times10^{-3}}{114}=9.94\ [\text{kgBOD}_5/(\text{m}^3\cdot\text{d})]$$

停留时间
$$t_{HRT}=\frac{V_A}{Q}=\frac{114}{50}=2.28\ (\text{h})$$

设池总高度 $H$ 为 6m，取有效水深 $h=5.5\text{m}$，池宽 $B=3\text{m}$，则池长

$$L=\frac{F_A}{B}=\frac{21}{3}=7\ (\text{m})$$

（2）需氧量计算

假定 A 段曝气池在短泥龄、兼氧状态下运行，其对有机物的去除以吸附为主，几乎不存在内源呼吸作用，则可以去除 $BOD_5$ 所需氧量计算，当氧转移效率为 10%时，曝气池需氧量

$$O_A=a'QL_r=0.5\times50\times0.472=11.8\ (\text{kg O}_2/\text{h})$$

$$Q_a=\frac{O_a}{\rho_a O_w}=\frac{O_A/10\%}{\rho_a O_w}=\frac{11.8/0.1}{1.293\times0.233}=392\ (m^3/h)$$

式中，$O_A$、$O_a$ 分别为A段曝气池需氧量和实际需氧量，kg $O_2$/h；$a'$为去除单位质量 $BOD_5$ 所需的氧量，取0.5，$kgO_2/kgBOD_5$；$L_r$ 为去除 $BOD_5$ 浓度，$\left(L_r=\frac{945-473}{1000}=0.472kgBOD_5/m^3\right)$，$kgBOD_5/m^3$；$Q_a$ 为标况下的空气量，$m^3/h$；$O_w$ 为空气含氧质量，$kgO_2/kg$ 空气。

(3) 剩余污泥体积

A段中沉池的沉淀污泥包括由SS转化的污泥及微生物氧化分解有机物细胞增殖所产生的剩余污泥（考虑减去微生物自身氧化所减少的活性污泥）两个部分，即：

$$W_A=QS_r+aQL_r$$

式中，$W_A$ 为A段中沉池剩余污泥量，kg/d；$S_r$ 为A段沉淀池去除SS浓度，$S_r=\frac{1500-600}{1000}=0.9kg/m^3$，$kg/m^3$；$a$ 为污泥综合增长系数（增殖－自身氧化），取 $a=0.34$。

$$W_A=500\times0.9+0.34\times500\times0.472=530\ (kg/d)$$

取剩余污泥含水率99.4%，污泥密度以1000kg/m³计，则剩余污泥体积：

$$V_2=\frac{100W_A}{(100-P)\ \rho_s}=\frac{100\times530}{(100-99.4)\times1000}=88.3\approx89\ (m^3/d)$$

(4) 污泥龄 $\theta_c$

$$\theta_c=\frac{1}{aN_S}=\frac{1}{0.34\times5}=0.6\ (d)$$

(5) 污泥回流量

A段与中沉池分建，需将活性污泥从二沉池回流到曝气池，已知剩余污泥体积为89 $m^3/d$，取污泥回流比 $R=100\%$，则回流污泥量 $Q_R=RV_2=89\ (m^3/d)$。

5.7.1.3 B段设计计算

**【例5-3】** 已知BOD去除率为50%，则B段进水BOD为473mg/L；取污泥负荷 $N_S=0.15kgBOD_5/(kgMLSS\cdot d)$，污泥浓度 $X$ (MLSS)＝3500mg/L。其他参数同【例5-2】。试计算B段曝气池容积 $V_B$、供氧量、剩余污泥体积量、污泥龄 $\theta_c$ 和污泥回流量。

**解：**(1) 曝气池容积及其尺寸

当进水BOD为473mg/L时，则曝气池容积

$$V_B=\frac{QS_0}{N_S X}=\frac{1200\times473}{0.15\times3500}=1080\ (m^3)$$

$$N_V=\frac{QS_0}{V_B}=\frac{1200\times473\times10^{-3}}{1080}=0.525\ [kgBOD_5/(m^3\cdot d)]$$

$$t_{HRT}=\frac{V_B}{Q}=\frac{1080}{50}=21.6\ (h)$$

若取曝气池总高 $H$ 为5.5m，池的有效水深 $h=5m$，则曝气池池面面积为

$$F_B=\frac{V_B}{h}=\frac{1080}{5}=216\ (m^2)$$

假定池呈方形结构、三折推流式，选池宽为6m，则池长

$$L=\frac{F_B}{B}=\frac{216}{6}=36\ (m)$$

故池的每折长度均为12m

(2) 供氧量

若取 $a'=1.23$、$b'=4.57kg\ O_2/kg\ NH_3\text{-}N$，氧转移效率为25%，并假定 $NH_3$-N 部分转化需氧量可忽略。$BOD_5$ 去除量为：

$$L_r=S_0-S_e=\frac{473-118}{1000}=0.355\ (kg/d)$$

则可求得供氧量

$$O_B=a'QL_r+b'QL_r=1.23\times50\times0.355+0=22\ (kgO_2/h)$$

$$Q_a=\frac{O_a}{\rho_aO_w}=\frac{O_A/25\%}{\rho_aO_w}=\frac{88.0}{1.293\times0.233}=292\ (m^3/h)$$

(3) 剩余污泥体积 $V_3$

假定 $1kgBOD_5$ 产泥量为 $X=0.58kg$ 污泥$/kgBOD_5$，则

$$W_B=XQL_r=0.58\times1200\times0.355=247\ (kg/d)$$

剩余污泥体积

$$V_3=\frac{100W_B}{(100-P)\rho_s}=\frac{100\times247}{(100-99.4)\times1000}=42\ (m^3/d)$$

(4) 污泥龄 $\theta_c$

$$\theta_c=\frac{1}{a'N_S}=\frac{1}{1.23\times0.15}=5.5\ (d)$$

(5) 污泥回流量

采用B段与终沉池分建方式，则需将活性污泥从二沉池回流到曝气池内，若取污泥回流比 $R=50\%$，则B段回流污泥量可按下式求得：

$$Q_R=V_3R=41\times50\%=21\ (m^3/d)$$

A段充分利用活性污泥的吸附作用，可使A段污泥负荷高达2～6kgBOD/(kgMLSS·d)，约为常规活性污泥法的20倍；泥龄短，一般为0.3～0.5d，水力停留时间约30min；可以好氧或兼氧的方式运行，溶解氧含量0.2～0.7mg/L，耗氧负荷为0.3～0.4kg $O_2$/kg BOD，污泥的沉降性能较好（SVI为40～50）。

B段的微生物主要为菌胶团以及原生动物和后生动物，停留时间2～3h，泥龄15～20d，其负荷0.15～0.3kg BOD/(kg MLSS·d)，溶解氧含量1～2mg/L。

由于A段的处理效果改善，使B段处理效率得以提高，不仅能进一步去除COD、BOD，而且还能提高硝化能力。

### 5.7.2 序批式活性污泥法

序批式活性污泥法（sequencing batch reactor，SBR）也称间歇式活性污泥法，是由一个或多个SBR池组成，运行时废水分批进入池中，依次经历5个独立阶段，即进水、反应、沉淀、排水和闲置。进水及排水用水位控制，反应及沉淀用时间控制，一个运行周期的时间依负荷及出水要求而异，一般为4～12h，其中反应占40%，有效池容为周期内进水量与所需污泥体积的和。

#### 5.7.2.1 工艺流程及其工作原理

传统活性污泥法曝气池内废水流态在空间上属推流，在有机物降解上也呈推流。SBR法在流态上属完全混合型，而在有机物降解方面，却是时间上的推流，有机基质含量是随着时间的进展而降解的。

SBR法的主要反应器——曝气池的运行操作程序由流入、反应、沉淀、排放、待机（闲置）五个工序所组成，如图5-20所示。

(1) 流入工序　反应器处于五道工序中最后的闲置工序（或待机工作），处理后的废水已经排放，曝气池内残存着高浓度的活性污泥混合液，废水注满后再进行反应，曝气池进水

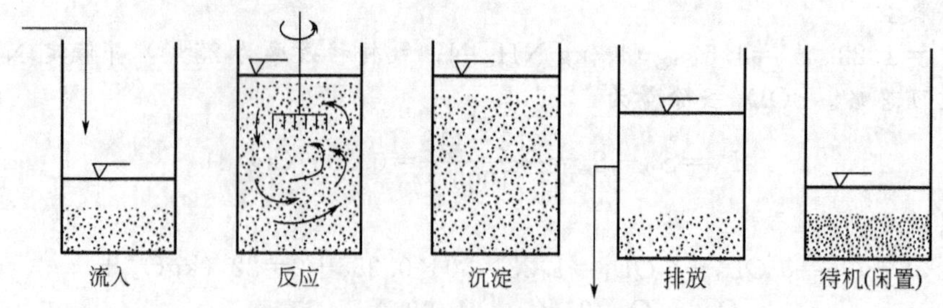


图 5-20　SBR 法运行操作工序示意图

阶段起调节池的作用。因此，曝气池对水质、水量变动有一定的适应性。进水需要的时间，可根据实际排水情况和设备条件而定。从处理效果考虑，入流时间以短为宜。进水期间，可以根据处理工艺要求，进行适当的曝气，以取得预曝气的效果，又使污泥再生，恢复活性。如脱氮、释放磷，则应保持缺氧状态，只进行缓慢搅拌。

（2）反应工序　废水注入达到预定的容积后，即开始反应操作。如去除 BOD、硝化、磷的吸收为主要目的，则进行曝气；如反硝化为主要目的，则进行缓慢搅拌。反应时间的长短，根据需要达到的程度决定。如进行反硝化脱氮反应为目的，则需向反应器投加电子受体，如甲醇或注入有机废水。

进入下一沉淀工序之前，还需要进行暂短的微曝气，吹脱污泥上黏附的气泡或氮，以保证沉淀效果。

（3）沉淀工序　停止曝气和搅拌，使混合液处于静止状态，进行活性污泥与水的沉淀分离。由于是静止沉淀，效果良好。沉淀时间与二沉池相同，一般取 1.5～2.0h。

（4）排放工序　经沉淀后上清液作为处理水排放，直至最低水位；污泥作为种泥残留在曝气池内。

（5）闲置工序　处理水排放后，反应器处于停滞状态，等待下一个运行操作周期的开始。闲置时间的长短，根据现场情况而定，如时间过长，为避免污泥的腐化，应进行轻微的曝气或间断进行曝气。

在新的操作周期开始之前，也可以考虑对残留在反应器内的污泥进行一定时间的曝气，使污泥再生，恢复其活性，对闲置工序时间较长的情况更为需要。

5.7.2.2　SBR 法设计

类似活性污泥法，进行 SBR 的设计计算，主要包括曝气池容积、运行周期及各时段的确定（进水时间、曝气时间、沉淀时间、排水时间），以及需氧量计算等。设计计算步骤如下。

（1）曝气池容积 $V$（$m^3$）

$$V=\frac{YQ\theta(c_0-c_z)}{eXf(1+k_d\theta)} \tag{5-37}$$

式中，$Y$ 为产率系数，生活污水取 $Y=0.6$，$kgVSS/kgBOD_5$；$Q$ 为污水流量，$m^3/d$；$\theta$ 为污泥龄，d；$c_0$ 为进水 $BOD_5$ 浓度，mg/L；$c_z$ 为出水溶解性 $BOD_5$ 浓度（$c_z=c_e-7.1k_dfS_e$），mg/L；$c_e$ 为二沉池出水 $BOD_5$ 浓度，mg/L；$k_d$ 为活性污泥自身氧化系数，取 20℃ 水温时的 $k_d=0.06$，任一水温时，$k_{d(T)}=k_{d(20)}1.04^{T-20}$；$T$ 为任一水温，℃；$f$ 为二沉后出水 SS 中 VSS 所占比例，一般取 $f=0.75$；$S_e$ 为二沉后出水 SS 浓度，mg/L；$e$ 为反应时间比，$e=t_a/t$；$t_a$ 为反应池曝气时间，h；$t$ 为运行周期时间，一般 $t=4$～12h。

（2）运行周期 $t$

① 进水时间 $t_e$

$$t_e=\frac{Ah}{Q}，一般取 t_e=1.0\sim2.0\text{h} \tag{5-38}$$

式中，$A$ 为反应池表面积，$m^2$；$h$ 为每个周期的排水深度，m。

$$A=\frac{V}{H}$$

式中，$H$ 为反应池有效深度，一般取 $H=5\sim6$m。

$$h=H\times\left(1-\frac{\text{SVI}-\text{MLSS}}{10^3}\right)-\Delta h \tag{5-39}$$

式中，SVI 为活性污泥容积指数，一般取 SVI=100mL/g；MLSS 为曝气阶段污泥浓度，一般取 MLSS=3.0kg/$m^3$；$\Delta h$ 为安全系数，一般取 $\Delta h=0.1$m。

② 曝气时间

$$t_a=t_e\times\frac{Qc_0}{\text{MLVSS}\times V\times(\text{F/M})} \tag{5-40}$$

式中，$t_a$ 为曝气时间，一般取 $t_a=3.0\sim3.5$h；MLVSS 为曝气阶段混合液挥发性悬浮固体浓度，mg/L；F/M 为有机负荷，一般取 F/M=0.3kg$BOD_5$/(kgMLVSS·d)。

③ 沉淀时间

$$t_s=\frac{h+\Delta h}{u} \tag{5-41}$$

式中，$t_s$ 为沉淀时间，一般取 $t_s\leqslant1.0$h；$u$ 为污泥界面沉降速率，m/h。

$$u=4.6\times10^4X^{-1.26} \tag{5-42}$$

式中，$X$ 为曝气池混合液浓度，mg/L。

④ 排水时间 $t_d$

$$t_d=\frac{Qt_e}{q_d} \tag{5-43}$$

式中，$t_d$ 为排水时间，一般取 $t_d=0.5\sim1.0$h；$q_d$ 为滗水的排水能力，$m^3$/h。

⑤ 排泥时间 $t_w$

$$t_w=\frac{Q_w}{q_w} \tag{5-44}$$

$$Q_w=\frac{t}{24}\times\frac{H-h}{H}\times\frac{V}{\text{SRT}} \tag{5-45}$$

式中，$t_w$ 为排泥时间，一般取 $t_w=0.5$h；$Q_w$ 为一个周期需排放的剩余污泥量，$m^3$；SRT 为污泥龄，一般取 SRT=7d；$q_w$ 为排泥设备的排泥能力，$m^3$/h。

⑥ 闲置时间　$t_k=0.5\sim1.0$h，也可不设置。

⑦ 运行周期　$t=t_e+t_a+t_s+t_d+t_k$

（3）曝气量 $Q_a$

$$Q_a=\frac{t_e}{t_a}\times\frac{f_0Qc_0}{300E_a} \tag{5-46}$$

式中，$Q_a$ 为曝气量，$m^3$/h；$f_0$ 为 $BOD_5$ 降解耗氧系数，一般取 $f_0=1.2$kg $O_2$/kg $BOD_5$；$E_a$ 为曝气效率，橡胶膜片微孔曝气系统的 $E_a=10\%$。

（4）出水 $BOD_5$ 浓度 $c_{ch}$（mg/h）

$$c_{ch}=\frac{24c_0}{24+k_2Xft_an_2} \tag{5-47}$$

式中，$k_2$ 为动力学参数，$k_2=0.0168\sim0.0281$，一般取 $k_2=0.018$；$n_2$ 为每日周期数，如每个周期时间 $t=6$h，则 $n_2=4$。

SBR池中各反应阶段的运行时间分配，对处理效果产生一定影响，相互关系可参见表5-11。

表 5-11 各反应阶段的时间与处理效率

| 进水/h | | 曝气好氧/h | 沉淀/h | 排水待机/h | 总时间/h | $BOD_5$降解率/% | P去除率/% | N去除率/% |
|---|---|---|---|---|---|---|---|---|
| 搅拌（缺氧） | 搅拌（厌氧） | | | | | | | |
| 1.5 | 0.5 | 4.0 | 1.5 | 0.5 | 8.0 | 80.3 | 93.2 | — |
| 1.0 | 0.5 | 3.0 | 1.0 | 0.5 | 6.0 | 71.5 | 96.8 | — |
| 1.0 | 1.0 | 4.0 | 1.0 | 1.0 | 8.0 | 93 | 96.8 | 82 |
| 1.0 | 2.0 | 3.0 | 1.0 | 1.0 | 8.0 | 80 | 77.8 | 92.5 |

实际运行中，需要根据处理体系及处理要求，对各阶段的运行时间进行适当调整。大多SBR工艺的设计与水质条件、使用场合和出水要求等密切相关，常需要对其进行一些改进，以适应特定场合的稳定运行，由此产生了不少改进的SBR工艺，典型的有：间歇循环延时曝气活性污泥（intermittent cyclic extended aeration system，ICEAS）工艺，循环式活性污泥（cyclic activated sludge technology，CAST）工艺，UNITANT三沟式一体化活性污泥工艺，以及改良式序批间歇反应器（modified sequencing batch reactor，MSBR）。这些SBR改良工艺的共同特点是：可较大程度改善废水处理效果，特别对于脱氮除磷方面的功能有所提高，有些甚至专门用于脱氮除磷。但其工艺也变得较为复杂，自动控制系统要求较高。

### 5.7.3 氧化沟

氧化沟（oxidation ditch，OD）也称氧化渠、循环曝气池，20世纪50年代由荷兰卫生工程研究所开发，1954年由巴斯维尔（Pasveer）博士设计出第一座氧化沟，在荷兰Voorshoper市投入使用，用于处理5000$m^3$/d以下的城市废水和有机废水。该技术将曝气、沉淀和污泥稳定等处理过程集于一体，间歇运行，$BOD_5$去除率高达97%，管理方便，运行稳定。由于Pasveer的特殊贡献，该技术也被称为Pasveer沟。

#### 5.7.3.1 工作原理与特征

氧化沟是活性污泥法的一种变形。图5-21为以氧化沟为处理单元的废水处理流程，图5-22则为氧化沟平面布置图。与传统的曝气池相比，氧化沟具有如下特征。

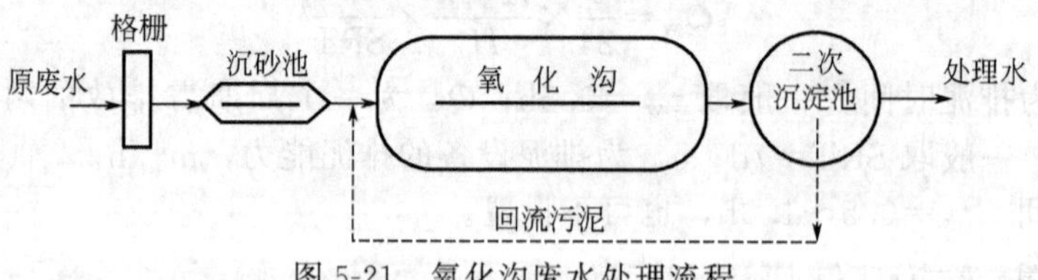


图5-21 氧化沟废水处理流程

（1）构造上的特征　池体狭长，可达数十米，甚至达100m以上，池深度较浅，一般在2m左右；曝气装置多采用表面曝气器，竖轴、横轴曝气器都可用；进水装置和出水装置构造简单。

（2）在工艺上的特征　①氧化沟可按完全混合-推流式考虑，从水流动形式为推流式，但由于流速可达0.4～0.5m/s，进入废水很快就与沟内水流混合，故又属完全混合式；②BOD负荷低，类似活性污泥法的延时曝气法，出水水质良好；③对水温、水质和水量的变动有较强的适应性；④污泥产率低，排泥量少；⑤污泥泥龄长，为传统活性污泥系统的3～6倍，达14～30d，在反应器内能够存活增殖世代时间长的如硝化菌一类细菌，在沟内可能产生硝化反应和反硝化反应，具有脱氮功能。

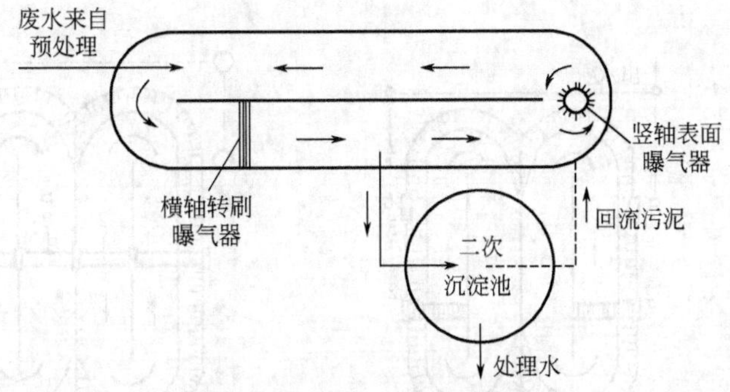


图5-22 氧化沟平面布置图

5.7.3.2 典型氧化沟构造

(1) 卡罗塞（Carrouse）氧化沟 该氧化沟又称平行多渠型氧化沟，20世纪60年代末期由荷兰DHV公司开创。图5-23所示为其中的一种。

采用竖轴低速表面曝气器，水深可达4～4.5m，沟内流速达0.3～0.4m/s，混合液在沟内每4～20min循环一次，沟内循环的混合液量为入流废水量的30～50倍，沟内转弯处设导流板，防止水流短路。

这种形式氧化沟处理规模小至每日处理废水数百立方米，大到650000m³/d，BOD去除率可达95%以上，脱氮率可达90%，除磷效率约为50%。

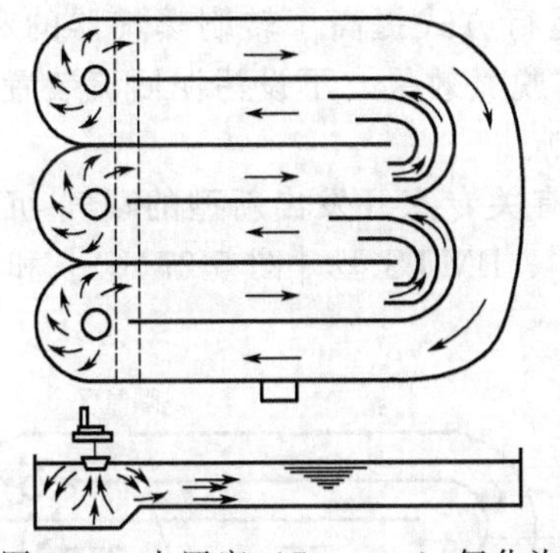

图5-23 卡罗塞（Carrouse）氧化沟

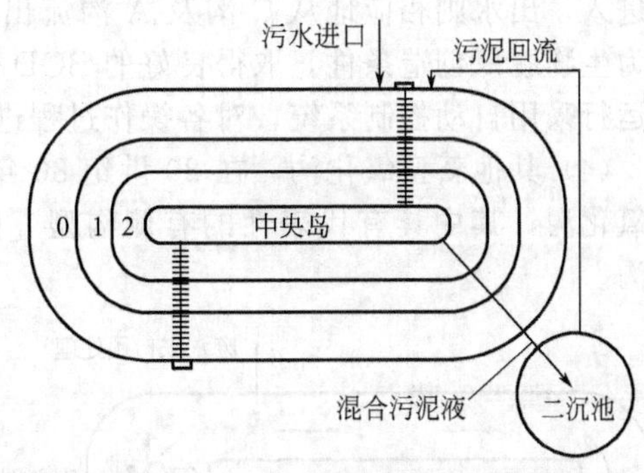


图5-24 奥贝尔（Orbal）氧化沟

(2) 奥贝尔（Orbal）氧化沟 该氧化沟又称同心沟形氧化沟，其构造如图5-24所示。常用的奥贝尔氧化沟多为三沟形，原废水首先进入最外的沟渠，依次进入下一个沟渠，最后由中心沟渠流出进入沉淀池。该氧化沟具有如下特征：①圆形或椭圆形沟渠，能够更好地利用水流惯性，节省能耗；②多沟串联可减少水流短路现象；③最外层第一沟的容积为总容积的60%～70%，沟内的溶解氧浓度接近于零，为反硝化和磷的释放创造条件；④第二沟和第三沟的容积分别为总容积的20%～30%和10%，溶解氧含量分别为1mg/L、2mg/L，沟渠间形成较大的溶解氧浓度差，充氧率较高。

(3) 交替工作式氧化沟 该氧化沟为丹麦克鲁格（Kruger）公司所开发，有两沟和三沟两种交替工作的氧化沟。图5-25所示为两种不同的两沟交替工作氧化沟。

V-R型氧化沟的特点是将沟道分为A、B两部分，以单向阀门连接，定时变换转刷曝气器的旋转方向，以改变沟内水流方向，使A、B两部分交替地作为曝气区和沉淀区，不设二沉池和污泥回流装置。

D型氧化沟由A、B两沟组成，串联运行，交替作为曝气池和沉淀池，同样不设污泥回流装置。其缺点是转刷曝气器的利用率较低，不足40%。

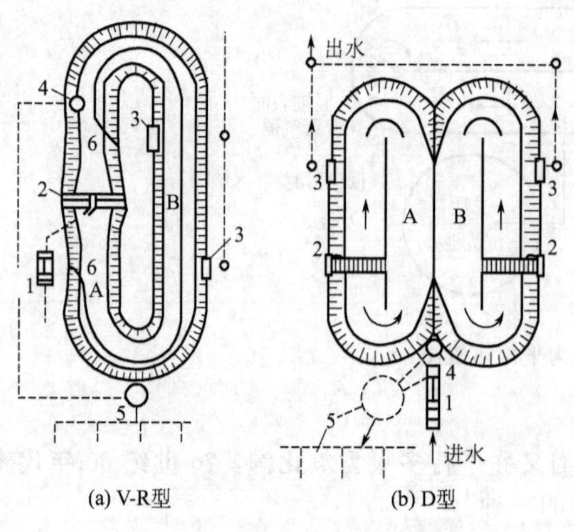


图 5-25 两沟交替工作氧化沟

1—沉砂池；2—转刷曝气器；3—出水堰；4—排泥管；5—污泥井；6—氧化沟

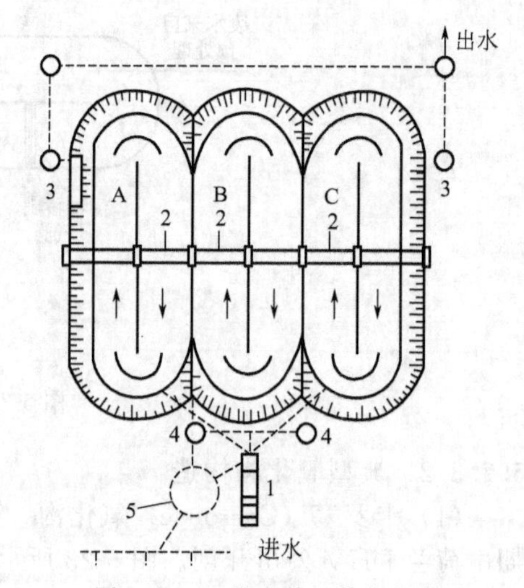


图 5-26 三沟交替工作氧化沟

1—沉砂池；2—转刷曝气器；3—溢流堰；4—排泥管；5—污泥井

图 5-26 所示为三沟交替工作氧化沟，或称 T 形氧化沟。其运行特点为：两侧的 A、C 两沟交替地作为曝气池和沉淀池，中间的 B 沟则一直作为曝气池；废水交替地从 A 沟和 C 沟进入，出水则相应地从 C 沟及 A 沟流出。这样的运行方式提高了转刷曝气器的利用率，还为生物脱氮创造条件，取得良好的 BOD 去除效果和脱氮效果。不设污泥回流装置，系统的运行采用自动控制系统，对各操作过程进行自动控制。

(4) 其他新型氧化沟　在 20 世纪 80 年代，美国有关专家开发出新型的曝气-沉淀一体化氧化沟，其中具有代表性的有侧沟型［图 5-27(a)］、BMTS 型［图 5-27(b)］和船型氧化沟。

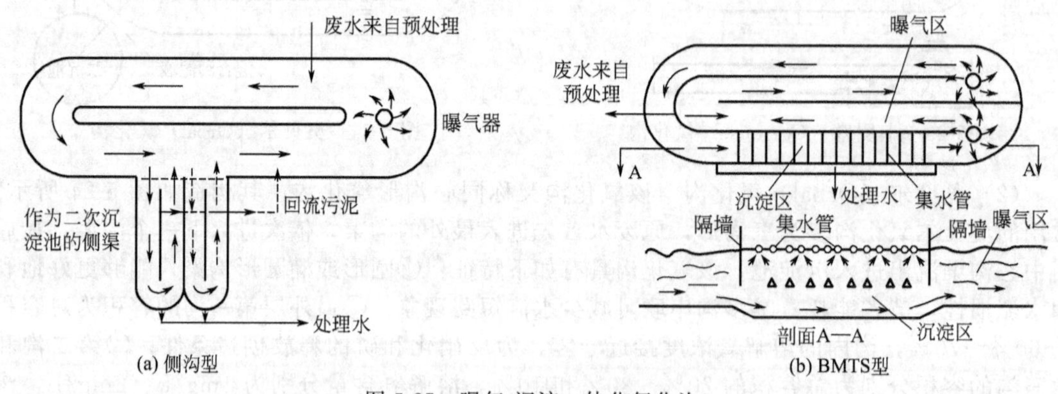


图 5-27 曝气-沉淀一体化氧化沟

侧沟型氧化沟是在氧化沟的一侧设两座作为二沉池的侧沟，侧沟交替运行。BMTS 型氧化沟是在沟内留出一段作为沉淀区，两侧设隔板，沉淀区底部设一排呈三角形的导流板，混合液一部分从导流板间隙上升进入沉淀区，沉淀的污泥也通过间隙回流氧化沟，澄清水通过设在水面的集水管排出。

5.7.3.3 氧化沟设计

鉴于氧化沟类型多，其中有些类型的构筑物比较复杂，工艺流程尚未广泛应用，如合建式 BMTS 型、船型和侧沟式氧化沟；有些类型的构筑物虽不复杂，工艺流程也比较成熟，但运用不够灵活，且污水降解率不够理想，如交替式运行的A型、VR型等氧化沟。因此，重点介绍三沟交替式氧化沟的设计，氧化沟设计计算公式汇总于表5-12。

**表5-12　氧化沟设计计算公式汇总**

| 名称 | 公　式 | 符号说明 |
| --- | --- | --- |
| 碳氧化、氮硝化容积 | $V_1=\frac{YQ(L_0-L_e)\theta}{X(1+k_d\theta)}=\frac{YQL_r\theta}{X(1+k_d\theta)}$ | $V_1$——碳氧化、氮硝化容积，$m^3$<br>$Q$——污水设计流量，$m^3/d$<br>$X$——污泥浓度，$kg/m^3$<br>$L_0$、$L_e$——进、出水$BOD_5$浓度，mg/L<br>$L_r=L_0L_e$，mg/L<br>$\theta$——污泥龄，d<br>$Y$——污泥净产率系数，$kgMLSS/kgBOD_5$<br>$k_d$——污泥自身氧化率，城市污水，$k_d=0.05\sim0.1$，$d^{-1}$ |
| 最大需氧量 | $O_2=a'QL_r+b'N_r-b'N_D-c'X_w$ | $O_2$——需氧量，kg/d<br>$a'=1.47$；$b'=4.6$；$c'=1.42$<br>$N_r$——氨氮降解量，$kg/m^3$<br>$N_D$——硝态氮降解量，$kg/m^3$<br>$X_w$——剩余活性污泥量，kg/d |
| 剩余活性污泥量 | $X_w=\frac{YQ_{平}L_r}{1+k_d\theta}$ | $Q_{平}$——污水平均日流量，$m^3/d$ |
| 水力停留时间 | $t=\frac{24V}{Q}$ | $t$——水力停留时间，h<br>$V$——氧化沟容积，$m^3$ |
| 污泥回流比 | $R=\frac{X}{X_R-X}\times100\%$ | $R$——污泥回流比，%<br>$X_R$——二沉池的污泥浓度，mg/L |
| 反硝化脱氮量 | $W=Q_{平}N_r-0.124YQ_{平}L_r$<br>$=Q_{平}(N_0-N_e)-0.124YQ_{平}L_r$ | $W$——反硝化脱氮量，kg/d<br>$N_r$——降解的总氮浓度，mg/L<br>$N_0$——进水总氮浓度，mg/L<br>$N_e$——出水总氮浓度，mg/L<br>0.124——剩余污泥中含氮率 |
| 污泥负荷 | $N_s=\frac{Q(L_0-L_e)}{VX_V}$ | $N_s$——污泥负荷，$kgBOD_5/(kgMLSS\cdot d)$<br>$X_V$——MLVSS浓度，mg/L |
| 反硝化所需污泥量 | $G=\frac{W}{V_{DN}}$ | $G$——反硝化所需污泥量，kg<br>$V_{DN}$——反硝化速率，$kgNO_3^--N/(kgMLSS\cdot d)$ |
| 反硝化容积 | $V_2=\frac{G}{X}$ | $V_2$——反硝化容积，$m^3$ |
| 氧化沟容积 | $V=\frac{V_1+V_2}{k}$ | $k$——具有活性的污泥占总污泥量比例，$k=0.55$ |

5.7.3.4　三沟交替氧化沟设计

**【例5-4】** 已知污水流量$Q=80000m^3/d$（不考虑流量日变化系数$K_z$），进水$BOD_5$浓度$L_0=150mg/L$，SS浓度$S_0=180mg/L$，$NH_3$-N＝25mg/L，TN＝35mg/L；要求出水$BOD_5$浓度$L_e=18mg/L$，SS浓度$S_e=20mg/L$，$NH_3$-N＝2mg/L，TN＝15mg/L；假定碱度SALK＝250mg/L，最高水温$T_{max}=18℃$，最低水温$T_{min}=5℃$。

**解：** 已知$V_{DN}=0.025kgNO_3^--N/(kgMLSS\cdot d)$，并取污泥龄$\theta=25d$、污泥浓度$X=4000mg\ MLSS/L$、$k_d=0.06d^{-1}$、$Y=0.53$。

1. 计算氧化沟总容积$V$

① 碳氧化、氮硝化容积

$$V_1=\frac{YQL_r\theta}{X(1+k_d\theta)}=\frac{0.53\times80000\times(150-18)\times25}{4000\times(1+0.06\times25)}=13992\ (m^3)$$

② 水力停留时间

$$t_1=\frac{24V_1}{Q}=\frac{24\times13992}{80000}=4.2\ (h)$$

③ 反硝化脱氮量

$$W=Q(N_0-N_e)-0.124YQ(L_0-L_e)$$
$$=80000\times\frac{35-15}{1000}-0.124\times0.53\times\frac{150-18}{1000}\approx1600(kg/d)$$

④ 反硝化所需污泥量$G=\dfrac{W}{V_{DN}}=1600/0.025=64000\ (kg)$

⑤ 反硝化容积

$$V_2=\frac{G}{X}=\frac{64000}{4000/1000}=16000\ (m^3)$$

⑥ 水力停留时间

$$t_2=\frac{24V_2}{Q}=24\times16000/80000=4.8\ (h)$$

⑦ 剩余污泥量

$$X_w=\frac{YQL_r}{1+k_d\theta}=\frac{0.53\times80000\times(150-18)/1000}{1+0.06\times25}=2239\ (kg/d)$$

⑧ 计算氧化沟尺寸

氧化沟总容积为　$V=V_1+V_2=13992+16000=29992\ (m^3)$

设三沟的容积相等，则每沟容积

$$V_0=\frac{V}{3}=\frac{29992}{3}=9997\ (m^3)$$

设矩形横断面氧化沟水深$H=3m$、单沟宽$B=2H=2\times3=6m$，取沟间隔墙厚度$b=0.3m$，

则单沟有效面积　$A_1=\dfrac{V_0}{H}=\dfrac{9997}{3}=3332\ (m^2)$

弯道部分面积　$A'=\left(B+\dfrac{b}{2}\right)^2\pi=119\ (m^2)$

直线部分面积　$A''=A_1-A'=3332-119=3213\ (m^2)$

直线段长度　$L=A''/2B=3213/2\times6=268\ (m)$

2. 校核与验算

① 总水力停留时间校核

$$t=\frac{24V}{Q}=\frac{24\times2992}{80000}=9.0\ (h)$$

② 剩余碱度校核：若每氧化1mg $NH_3$-N需消耗7.14mg碱度，每氧化1mg $BOD_5$产生0.1mg碱度，每还原1mg $NO_3$-N可产生3.57mg碱度，则：

剩余碱度＝原水碱度－硝化耗碱＋反硝化产碱＋氧化$BOD_5$产碱

$$=250-7.14(25-2)+3.57(35-15)+0.1(150-18)=170\ (mg/L)$$

一般认为剩余碱度≥100mg/L（以$CaCO_3$计），可保持混合液pH值≥7.2，使硝化反应正常进行。

③ 污泥负荷校核：

$$N_S=\frac{Q(L_0-L_e)}{X_V V}=\frac{80000\times(150-18)}{29992\times4000\times0.75}=0.117[\text{kgBOD}_5/(\text{kgMLVSS}\cdot\text{d})]$$

④ 验算氧化沟流速 $v$

$$v=\frac{Q/86400}{BH}=\frac{80000/86400}{6\times3}=0.05\ (\text{m/s})<0.3\text{m/s}$$

以上除了流速外，总水力停留时间符合设计参数推荐范围，碱度与污泥负荷也基本符合设计参数推荐范围。流速不足，则需要采用曝气转刷推力加速，或专设潜水泵推动，以保持氧化沟中液流速度大于最低流速。

## 习　题

1. 什么叫活性污泥法？简述活性污泥净化废水的机理。活性污泥法正常运行必需具备那些条件？
2. 良好的活性污泥具有哪些性能，讨论沉淀泥量与回流泥量之间的关系。
3. 试比较推流式曝气池和完全混合曝气池的优缺点。
4. 解释为何 SRT 一般保持在 3～15d，以便获得沉降性能良好的活性污泥。
5. 为何活性污泥系统中 MLSS 浓度一般在 500～5000mg TSS/L 之间，影响 MLSS 浓度选择的因素是什么？
6. 在活性污泥法中，为什么必须设置二次沉淀池？对于二次沉淀池，在设计上有些什么要求？
7. 如果从活性污泥曝气池中采取混合液 500mL，盛于 500mL 的量筒内，半小时后的沉淀污泥量为 150mL，试计算活性污泥的沉降比；曝气池中的污泥浓度如为 3000mg/L，求污泥指数。根据计算结果，你认为该曝气池的运行是否正常？
8. 某工厂拟采用吸附再生活性污泥法处理含酚废水，废水设计流量为 150$m^3$/h（包括厂区生活污水），曝气池进水的挥发酚浓度为 200mg/L，20℃五天生化需氧量为 300mg/L。试计算曝气池（包括吸附和再生两部分）的基本尺寸和空气用量。要求挥发酚去除率大于 99.0%，生化需氧量去除率 90.0%。
   设计参数：曝气池容积负荷，挥发酚为 1.2kg/($m^3$·d)，20℃五天生化需氧量为 1.7kg/($m^3$·d)；曝气池吸附与再生部分容积比为 2∶3；曝气池吸附部分污泥浓度为 3g/L；空气用量（竖管）为 40$m^3$/$m^3$ 废水。
9. 已知污水流量 $Q$=5000$m^3$/d，$BOD_5$=170mg/L，$L_V$=0.5kg/($m^3$·d)，SVI=90，周期 $T_c$=6h，一天内周期数 $n=\frac{24}{6}=4$（周期/d），池数 $N$=3，进水时间 $T_F=\frac{T_c}{N}=\frac{6}{3}=2$h，曝气（进水 1h 后开始）时间 3.0h，沉淀时间 1.0h，排水时间 0.5h，待机时间 0.5h，混合液 MLSS=3000mg/L。请计算周期进水量，反应池有效容积，反应池内最小水量，并校核周期进水量。
10. 某村前几年已建有反应池 2 个，池水深为 5m。现准备用于生活污水处理，采用 SBR 工艺，该村污水最大排放量为 1000$m^3$/d，污水 $BOD_5$ 为 200mg/L，水温在 10～20℃。若假定反应池污泥界面上最小水深为 0.5m，排水比为 1/4，MLSS 浓度为 4000mg/L。要求出水达到：BOD≤20mg/L，BOD-SS 负荷 $L_S$=0.08kg/(kg·d)，脱氮率达 70%。假定 SBR 一个周期为 8h，每天周期数为 3 次。请计算曝气时间、沉淀时间、排水时间、进水时间、需氧量、供氧量，并核算反应器容积。
11. 假定废水平均流量为 10000$m^3$/d，进入曝气池的 $BOD_5$ 为 300mg/L，时变化系数为 1.5，要求处理后出水的 $BOD_5$ 为 20mg/L，SRT 为 7d，曝气方式等其他条件与【例 5-1】相同，假定负荷恒定，请设计一个 SBR 系统，并与【例 5-1】进行比较分析。
12. 某城市污水设计水量 $\theta=6\times10^4 m^3$/d，原水 $BOD_5$=250mg/L，COD=400mg/L，SS=220mg/L，$NH_3$-N=30mg/L，TN=40mg/L。要求处理后二级出水 $BOD_5$≤15mg/L，COD≤50mg/L，SS≤15mg/L，$NH_3$-N≤10mg/L，假定 AB 段的设计参数可参考下表，试设计 AB 法处理工艺，请计算 AB 各段数据：$BOD_5$ 去除率、曝气池容积、曝气时间、剩余污泥量、污泥龄 $\theta_c$、最大需氧量。

| 项　目 | 污泥负荷 ($N_S$)/[$\text{kgBOD}_5/(\text{kgMLSS}\cdot\text{d})$] | 混合液污泥浓度 ($X$)/(mg/L) | 污泥回流比 $R$/% |
|---|---|---|---|
| A 段 | 3.00 | 2000 | 50.0 |
| B 段 | 0.15 | 3500 | 100 |

13. 什么叫氧化沟？与其他废水处理相比有何优点？
14. 单沟式氧化沟设计，已知条件：最大污水量 $Q=5000m^3/d$，进水 BOD 浓度 $L_0=200mg/L$，回流污泥浓度 $X_R=7000mg/L$，污泥回流比 $R=100\%$。BOD-SS 负荷 $N_S=0.04kgBOD/(kg\ SS \cdot d)$　池数 $n=4$，曝气方式为间歇式。试求氧化沟的容积及工艺尺寸。
15. 对三沟交替氧化沟工艺，主要设计参数范围：污泥负荷 F/M 采用 0.05～0.10kgBOD/(kgMLSS·d)，污泥龄为 12～30d，MLSS 浓度为 3500～5500mg/L。现采用污泥负荷法进行计算，取 F/M＝0.085kg/(kg·d)，$X=4500mg/L$，池数为 2 组 6 池。求每池的容积为多少？

## 参考文献


[1] 唐受印，汪大偻等．废水处理工程．北京：化学工业出版社，1998.
[2] 徐志毅主编．环境保护技术和设备．上海：上海交通大学出版社，1999.
[3] 顾夏声，黄铭荣，王占生．水处理工程．北京：清华大学出版社，1989.
[4] 刘天齐主编．三废处理工程技术手册．北京：化学工业出版社，1998.
[5] 张自杰主编．环境工程手册：水污染防治卷．北京：高等教学出版社，1996.
[6] 于尔杰，张杰主编．给排水快速设计手册．北京：中国建筑工业出版，2000.
[7] 哈尔滨建筑工程学院主编．排水工程．北京：中国建筑工业出版，1987.
[8] 罗辉主编．环保设备设计与应用．北京：高等教育出版社，1997.
[9] 肖林，潘安君，李为民．小河道水环境修复．北京：中国农业科学技术出版社，2007.
[10] 阮文权．废水生物处理设计实例详解．北京：化学工业出版社，2006.
[11] 谢冰，徐亚同．废水生物处理原理和方法．北京：中国轻工业出版社，2007.
[12] 钱易．氧化沟与其他生物处理法的比较．中国给水排水，1995，2：54-58.
[13] 穆瑞林．国内曝气设备评述．建筑技术通讯：给水排水，1992，6：35-37.

# 第 6 章 废水厌氧生物处理

## 6.1 厌氧生物处理原理

人们有目的地利用厌氧生物处理已有近百年的历史，农村广泛使用的沼气池，就是厌氧生物处理技术最初的运用实例。但由于存在水力停留时间长、有机负荷低等缺点，在较长时期内限制了该技术在废水处理中的应用。从 20 世纪 70 年代开始，由于世界能源的紧缺，能产生能源的废水厌氧处理技术得到重视，并不断开发出新的厌氧处理工艺和设备，大幅度地提高了厌氧反应器内活性污泥的持留量，使废水的处理时间大大缩短，处理效率成倍提高，在废水处理领域，特别在高浓度有机废水处理方面逐渐显示出它的优越性。目前废水厌氧生物处理已经成为环境与能源工程中一项重要技术，也是高有机物浓度废水处理的主要方法之一。

### 6.1.1 厌氧消化的基本原理

废水的厌氧生物处理是指在无分子氧存在条件下通过厌氧微生物（或兼氧微生物）的作用，将废水中的有机物分解转化为甲烷和二氧化碳的过程，所以又称厌氧发酵或厌氧消化。厌氧生物处理是一个复杂的生物化学过程，有机物的分解过程分为酸性（酸化）阶段和碱性（甲烷化）阶段。1967 年，Bryant 发现奥尔甲烷杆菌是一种甲烷菌和产氧产乙酸菌构成的共生体，厌氧过程主要依靠三大主要类群的细菌，即水解产酸细菌、产氢产乙酸细菌和产甲烷细菌的联合作用完成。因而于 1979 年提出厌氧消化三阶段理论，即水解酸化、产氢产乙酸和产甲烷三阶段。如图 6-1 所示，三个阶段的反应速率因废水性质的不同而异。

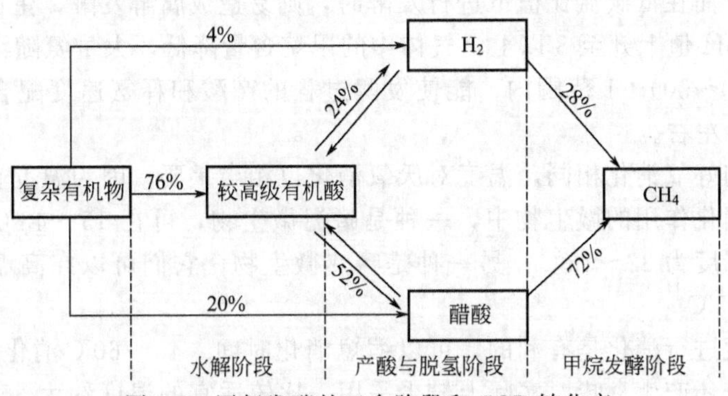


图 6-1 厌氧发酵的三个阶段和 COD 转化率

（1）水解酸化阶段 复杂大分子、不溶性有机物先在细胞外酶作用下水解为小分子、溶解性有机物，然后这些小分子有机物渗透到细胞体内，分解产生挥发性有机酸、醇、醛类等。

（2）产氢产乙酸阶段 在产氢产乙酸细菌的作用下，将第一个阶段所产生的各种有机酸分解转化为乙酸和 $H_2$，在降解奇数碳素有机酸时还产生 $CO_2$。

（3）产甲烷阶段 产甲烷细菌利用乙酸、乙酸盐、$CO_2$ 和 $H_2$ 或其他一碳化合物产生甲烷。

Zeikus 则认为：厌氧消化应该划分为水解、产酸、产乙酸和产甲烷四个阶段。水解阶段将不能通过细胞膜的大分子有机物降解成能被微生物利用的有机水分子；产酸阶段将有机小分子转化为简单的易挥发性脂肪酸为主的末端产物；产乙酸阶段是将挥发性脂肪酸、醇类、乳酸等转化为乙酸与氧气，最后转化为 $CH_4$ 和 $CO_2$。四阶段机理较为复杂，但更明显地揭示了在各过程中不同代谢菌群间的相互作用、相互影响的生态关系。

### 6.1.2 厌氧生物处理的主要影响因素

厌氧生物处理对环境的要求比较严格。一般认为，控制厌氧生物处理效率的基本因素有两类：一类是基础因素，包括微生物量（污泥浓度）、营养比、混合接触状况、有机负荷等；另一类是周围的环境因素，如温度、pH 值、氧化还原电位、有毒物质的含量等。厌氧生物处理的主要影响因素有 pH 值、碳氮化、温度、阻抑物等。

（1）pH 值　产酸菌繁殖的倍增时间是以分钟或小时计，而甲烷菌却长达 4～6d。若消化过程被酸性发酵阶段所控制，则甲烷细菌必被酸性发酵产物等所抑制，平衡这两类细菌非常重要。因此，消化过程的 pH 值应控制在 6.7～7.2 为宜，不能超出 6.6～7.6 这个范围，超出这个范围，对产甲烷过程是非常有害的。运行正常的消化系统可以在消化的最终产物中产生缓冲剂，例如：

$$\text{有机物} \xrightarrow{\text{分解}} CO_2 + H_2O + NH_3 + CH_4 \tag{6-1}$$

$$CO_2 + H_2O + NH_3 + CH_4 \xrightarrow{\text{分解}} NH_4HCO_3\text{(缓冲剂)} \tag{6-2}$$

当消化过程中有机酸积累时，要大量消耗碳酸氢根（$HCO_3^-$），使消化液的缓冲能力下降甚至消失。

$$RCOOH + HCO_3^- \xrightarrow{\text{分解}} RCOO^- + CO_2 + 2H_2O \tag{6-3}$$

（2）碳氮比　在厌氧菌的生命过程中，由于呼吸作用没有分子氧参与，分解有机物所获得的能量仅为需氧条件下的 3%～10%，因此，对营养的要求主要是以能满足合成新的细胞质为基础。

在高碳氮比值下进行发酵时，易造成产酸发酵优势。当 pH 值降至 6 以下时，产气效果差，酸性气体超过 50%。当 pH 值降至 5.5 以下时，会出现酸阻抑现象，发酵基本停止，影响有机物的分解。而在低碳氮比值下进行发酵时，则易造成腐解发酵，蛋白质分解、氨释放加快，使发酵液 pH 值上升至 8 以上，气体中的甲烷含量降低，大量氨随沼气一起排出。碳氮比宜控制在（20～30）∶1 范围内，能使发酵过程的产酸和释氨速度配合得当，酸碱中和使 pH 值稳定在 4 左右。

（3）温度　与好氧消化相同，温度对厌氧消化也相当重要，因为温度直接影响生化反应速率的快慢。起消化作用的微生物中，一种是嗜温微生物，可在 15～43℃之间的温度范围内存活，最适宜温度为 32～35℃；另一种是嗜热微生物，它们可以在高温环境中繁殖，适宜温度为 49～54.5℃。

采用较高温度进行消化是有利的，可以缩短消化时间。45～60℃消化温度是最有利的，但由于热损失高，还产生臭味，实际上较少采用。比较适宜的温度约为 35℃，即中温消化。在不加热的池中发酵，周期长，池容量要比在 35℃时增加 4～5 倍。高、中低温消化法的单位容积处理能力比值为 2.5∶(0.2～0.25)。

（4）生物抑制物质　厌氧消化过程的生物抑制物质主要有重金属离子和阴离子。

① 重金属离子的抑制作用　重金属离子对甲烷消化所起的阻抑作用有两个方面：与酶结合，产生变性物质；重金属离子及其碱性化合物的凝聚作用，使酶沉淀。

② 阴离子的抑制作用　抑制作用最大的阴离子是硫化物，当其浓度超过 100mg/L 时，对甲烷细菌有显著的抑制作用。硫化物是硫酸根在硫酸还原菌作用下还原生成的，因此，消化过程中硫酸根浓度不应超过 5000mg/L。

## 6.2　厌氧生物反应器的种类

多年来，结合高浓度有机废水的特点和处理经验，开发了不少新的厌氧生物处理工艺和设备。有代表性的厌氧生物处理工艺和设备有：普通厌氧消化池、厌氧滤池、厌氧膨胀床和流化床、上流式厌氧污泥床（UASB）等。表 6-1 列举了几种常见厌氧处理工艺的一般性特点和优点。

**表 6-1　几种常见厌氧处理工艺的比较**

| 工艺类型 | 特　点 | 优　点 | 缺　点 |
|---|---|---|---|
| 普通厌氧消化 | 厌氧消化反应与固液分离在同一个池内进行，甲烷气和固液分离（搅拌或不搅拌） | 可以直接处理悬浮固体含量较高或颗粒较大的料液，结构较简单 | 缺乏持留或补充厌氧活性污泥的特殊装置，消化器中难以保持大量的微生物；反应时间长，池容积大等 |
| 厌氧接触法 | 通过污泥回流，保持消化池内污泥浓度较高，能适应高浓度和高悬浮物含量的废水 | 消化池内的容积负荷较普通消化池高，有一定的抗冲击负荷能力，运行较稳定，不受进水悬浮物的影响，出水悬浮固体含量低，可以直接处理悬浮固体含量高或颗粒较大的料液 | 负荷高时污泥仍会流失；设备较多，需增加沉淀池、污泥回流和脱气等设备，操作要求高；混合液难于在沉淀池中进行固液分离 |
| 厌氧滤池 | 微生物固着生长在滤料表面，滤池中微生物含量较高，处理效果比较好。适用于悬浮物含量低的废水 | 可承受的有机容积负荷高，且耐冲击负荷能力强；有机物去除速度快；不需污泥回流和搅拌设备；启动时间短 | 处理含悬浮物浓度高的有机废水，易发生堵塞，尤以进水部位更严重。滤池的清洗比较复杂 |
| 厌氧流化床 | 载体颗粒细，比表面积大，载体处于流化状态 | 具有较高的微生物浓度，有机物容积负荷大，具有较强的耐冲击负荷能力，具有较高的有机物净化速度，结构紧凑、占地少以及基建投资省 | 载体流化能耗大，系统的管理技术要求比较高 |
| 上流式厌氧污泥床 | 反应器内设三相分离器，反应器内污泥浓度高 | 有机负荷高，水力停留时间短；能耗低，无需混合搅拌装置，污泥床内不填载体，节省造价又避免堵塞问题 | 对水质和负荷突然变化比较敏感；反应器内有短流现象，影响处理能力；如设计不善，污泥会大量流失；构造较复杂 |
| 两步厌氧法和复合厌氧法 | 在两个独立的反应器中进行，酸化和甲烷化在两个反应器中进行。两个反应器内也可以采用不同的反应温度 | 耐冲击负荷能力强，能承受较高负荷；消化效率高，尤其适于处理含悬浮固体多、难消化降解的高浓度有机废水；运行稳定，更好地控制工艺条件 | 两步法设备较多，流程和操作复杂 |
| 厌氧转盘和挡板反应器 | 对废水的净化靠盘片表面的生物膜和悬浮在反应槽中的厌氧菌完成，有机物容积负荷高 | 无堵塞问题，适于高浓度废水；有机物容积负荷高，水力停留时间短；动力消耗低；耐冲击能力强，运行稳定，运转管理方便 | 盘片造价高 |

### 6.2.1　普通厌氧消化池

6.2.1.1　工作原理

普通厌氧消化池已有很长的历史，消化池采用密闭的圆柱形，如图 6-2 所示。废水间歇或连续进入池中，经消化的污泥和废水分别由消化池的底部和上部排出，产生的沼气由顶部排出。池径从几米到三四十米，柱体部分的高度约为池径的 1/2。底部呈圆锥形，以利于排泥。消化池一般设有顶盖，以保证良好的厌氧条件，便于收集沼气，保持池内温度，并减少

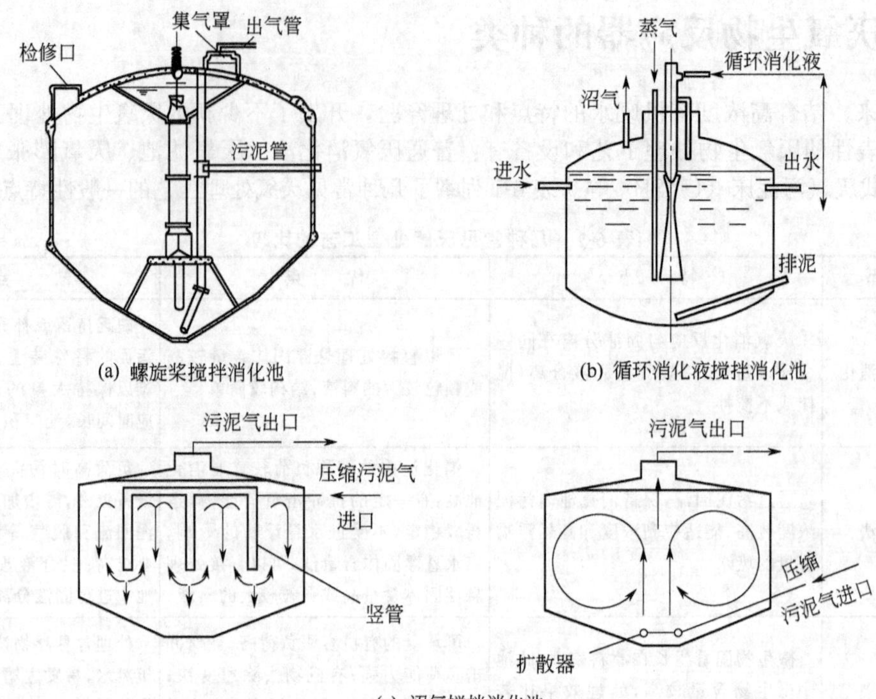


(a) 螺旋桨搅拌消化池

(b) 循环消化液搅拌消化池

(c) 沼气搅拌消化池

图 6-2 普通厌氧消化池

池面的蒸发。

虽然传统消化池的应用越来越少，但在某些特殊的场合仍有一定的应用：①城市污水处理厂污泥的稳定化处理；②高浓度、难生物降解有机工业废水的处理；③高悬浮物浓度有机废水的处理。

普通消化池的优点是可以直接处理悬浮固体含量较高或颗粒较大的料液，消化反应和固液分离在同一个池进行，结构简单。其缺点是无法保持或补充厌氧活性污泥，消化池内难以保持大量的微生物；无搅拌的消化池会出现料液分层现象，微生物不能与料液均匀接触，消化效果较差。

6.2.1.2 消化池的搅拌与加热

消化池要进行搅拌，常用的搅拌方式有 3 种：①机械搅拌；②沼气搅拌，即用压缩机将沼气从顶部抽出，再从池底充入，进行循环搅拌；③循环消化液搅拌，即在池内设射流器，池外设置的水泵将循环消化液经射流器重新打入消化池内，射流器喉管吸入的是消化产生的沼气。

中温和高温消化时，要对消化液进行加热，加热的方式有 3 种：①废水先经热交换器预加热到一定温度再进入消化池；②热蒸汽直接在消化池进行加热；③在消化池安装热交换器。

普通消化池中温消化的负荷为 2～3kgCOD/($m^3$ · d)，高温消化时的负荷为 5～6kgCOD/($m^3$ · d)。

6.2.1.3 普通消化池的设计计算

(1) 消化池容积的计算　消化池池体的设计主要有以下几种方法。

① 对于处理污泥的消化池，根据平均细胞停留时间 $\theta_c$ 来确定容积。

$$V=\theta_c Q_N \tag{6-4}$$

式中 $Q_N$ 为污泥流量，$m^3/d$；$\theta_c$为平均细胞停留时间，选用表6-2所列的$\theta_c$值，d。

**表6-2 污泥消化池设计时建议采用的$\theta_c$值**

| 温度/℃ | 18 | 24 | 30 | 35 | 40 |
|---|---|---|---|---|---|
| 设计时采用的$\theta_c$/d | 28 | 20 | 14 | 10 | 10 |

② 按容积负荷或有机负荷进行设计。

容积负荷指1$m^3$消化池容积每日投入有机物［挥发性固体（VS）］质量，单位为kg/($m^3$·d)。有机负荷也称BOD或COD负荷，指每日投加于给定消化池的料液中所含有的挥发性固体质量，单位为kg/($m^3$·d)。故消化池容积为：

$$V=每日投入有机物质量/有机负荷 \tag{6-5}$$

不同温度下消化池的有机负荷可参照表6-3。

**表6-3 不同消化温度时消化池的有机负荷**

| 消化温度/℃ | 8 | 10 | 15 | 20 | 27 | 30 | 33 | 37 |
|---|---|---|---|---|---|---|---|---|
| 有机负荷/［kg/($m^3$·d)］ | | | | | | | | |
| 最大 | 0.25 | 0.33 | 0.50 | 0.65 | 1.00 | 1.30 | 1.60 | 2.50 |
| 最小 | 0.35 | 0.47 | 0.70 | 0.95 | 1.40 | 1.80 | 2.30 | 3.50 |

③ 按消化池投配率计算容积。

先确定每日投入消化池内的污水或污泥量，然后按下式进行计算：

$$V=V_n/P\times100\% \tag{6-6}$$

式中，$V$为消化池污泥区容积，$m^3$；$V_n$为每日要处理的污泥或废液体积，$m^3$；$P$为设计投配率，一般采用5%～12%，%。

(2) 消化池构造尺寸的确定　确定了消化池的有效容积后，即可确定消化池构造尺寸：圆柱形消化池直径一般取6～35m，柱体高与直径的比为1∶2，池总高与直径的比为0.8～1.0，池底坡度一般为0.08，池顶部集气罩高度和直径相同，常采用2.0m。池顶至少应设置两个直径为0.7m的人孔。

消化池液面高度的确定应考虑以下因素：①有效容积尽可能大；②表面面积应尽量小；③液面升高时不进入沼气管；④用沼气搅拌时产生的飞沫不会进入沼气引入管。一般液面定在淹没2/3的顶盖处较好。

### 6.2.2 厌氧接触工艺

在普通消化池后设置一沉淀池，将污泥沉淀后回流至消化池，一方面可以保持消化池内污泥的浓度，同时出水中污泥的含量少，水质稳定。工艺流程如图6-3所示。

厌氧接触工艺的设计计算与普通消化池相类似，可采用容积负荷法或污泥负荷法，设计负荷及池内MLVSS可以通过实验确定。一般容积负荷为2～6kgCOD/($m^3$·d)，污泥负荷一般不超过0.25kgCOD/(kgMLVSS·d)，池内的MLVSS一般为5～10g/L，F/M为0.3～

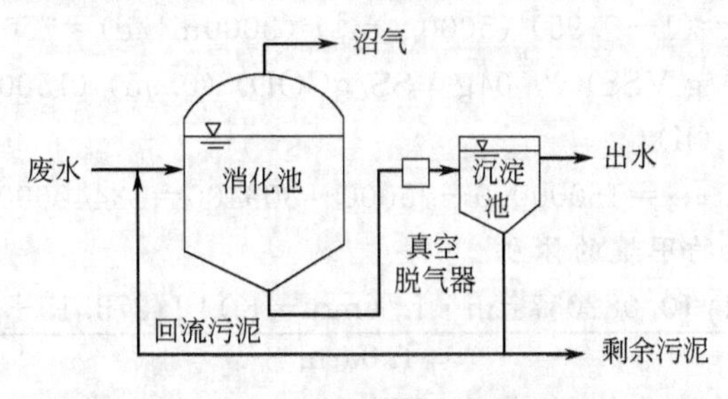


图6-3 厌氧接触工艺流程

0.5，污泥回流比通过试验确定，一般取2～3。污泥的分离装置一般采用沉淀池，可按污水处理沉淀设计，但停留时间比一般沉淀池长，可取4h，表面负荷不超过$1m^3/(m^2 \cdot h)$。

厌氧接触消化池的主要缺点是负荷低，停留时间长，设备大，如中温处理COD浓度为15000mg/L的有机工业废水，停留时间要10d，能量消耗也很大。消化效率不高的主要原因是池内废水呈完全的混合态，酸化和甲烷发酵两个阶段的不同类型微生物混合生长，无法在各自的最佳生长条件下生长。另外微生物的流失，使消化池内微生物浓度较低，影响了消化分解能力。

由于混合液中污泥上附着大量的微小沼气泡，易引起污泥上浮；同时，由于混合液中的污泥仍具有产甲烷活性，在沉淀过程中仍能继续产气，从而妨碍污泥颗粒的沉降和压缩。因此，混合液在进入沉淀池前要进行脱气处理。常用的脱气方法有以下几种。

① 真空脱气：由消化池排出的混合液经真空脱气器（真空度为0.005MPa)，将污泥絮体上的气泡除去。

② 热交换器急冷法脱气：将混合液进行急速冷却，如将中温混合液从35℃冷却到15～25℃，以控制污泥继续产气，从而使厌氧污泥有效地沉淀。

③ 絮凝沉淀法：向混合液中投加絮凝剂，使厌氧污泥凝聚成大颗粒，以加速沉降。

④ 用超滤代替沉淀池，改善固液分离效果。

图6-4是设有真空脱气器和热交换器的厌氧接触法工艺流程。

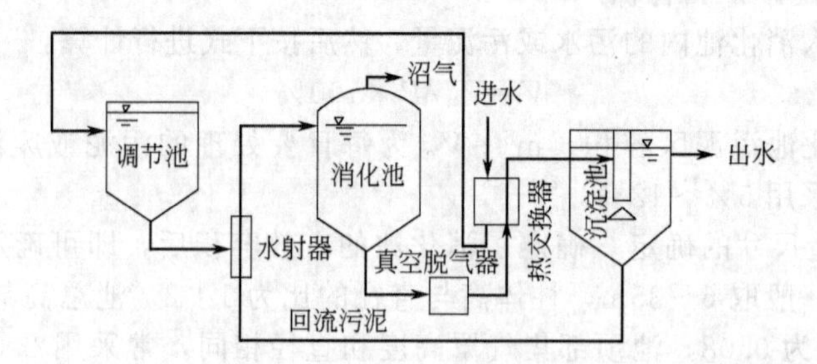


图6-4 设有真空脱气器和热交换器的厌氧接触法工艺流程

**【例6-1】** 一厌氧反应器处理废水量为$3000m^3/d$，废水$COD_{Cr}$浓度为$5000g/m^3$，操作温度35℃，$COD_{Cr}$脱除率为95%。现假定净生物体合成产率为0.04g VVS/g $COD_{Cr}$，请预测厌氧反应器每天产生的甲烷量为多少立方米？

**解**：(1) 通过稳态质量衡算，确定流入$COD_{Cr}$转化为甲烷的量

0=流入COD－出口流中流入COD的分数－流入COD转化为细胞组织－流入COD转化为甲烷

$$COD_{in}=COD_{eff}+COD_{VSS}+COD_{甲烷}$$

确定各质量衡算项：

$$COD_{in}=(5000g/m^3)(3000m^3/d)=15000000g/d$$

$$COD_{eff}=(1-0.95)(5000g/m^3)(3000m^3/d)=750000g/d$$

$$COD_{VSS}=(1.42g\ COD/g\ VSS)(0.04g\ VSS/gCOD)(0.95)(15000000g/d)=809400g/d$$

求得转化为甲烷的COD

$$COD_{甲烷}=15000000-75000-809400=13440600g/d$$

(2)确定35℃时产生的甲烷的体积

$$V=\frac{nRT}{p}=\frac{(1mol)[0.082057atm \cdot L/(mol \cdot K)][(273.15+35)K]}{1.0atm}=25.29L$$

求得$CH_4$当量$=(25.29L/mol)/(64gCOD/molCH_4)=0.40L\ CH_4/gCOD$

则

$$CH_4\text{ 产量}=(13440600\text{g COD/d})(0.40\text{L } CH_4/\text{g COD})(1\text{m}^3/10^3\text{L})=5376\text{m}^3/\text{d}$$

按65%甲烷计

$$\text{总气体流量}=(5376\text{m}^3/\text{d})/0.65=8271\text{m}^3/\text{d}$$

**【例6-2】** 某肉类罐头加工厂废水水量为 $Q=760\text{m}^3/\text{d}$，废水的COD浓度为3000g/L，发酵温度 $T=35℃$，混合液浓度 $X=3500\text{mg/L}$，试采用厌氧接触法消化池处理，请计算消化池体积、污泥负荷。

**解：** 按有机物容积负荷计算厌氧接触法消化池体积：

$$V=QC/N_V$$

取有机物容积负荷为 $4\text{kg}/(\text{m}^3\cdot\text{d})$，则消化池的有效容积为

$$V=760\times 3/4=570\ (\text{m}^3)$$

污泥负荷相当于：

$$N=760\times 3/(570\times 3.5)=1.14[\text{kg COD}/(\text{kg MLVSS}\cdot\text{d})]$$

**【例6-3】** 已知有机废水设计流量 $Q=1000\text{m}^3/\text{d}$，$\text{COD}=4000\text{mg/L}$，原生产废水温度为25℃。现采用厌氧接触法进行处理，反应温度为35℃，反应器中污泥浓度 $S_0=4000\text{mg/L}$。若该废水在35℃厌氧条件下测得的动力学经验系数为：$Y=0.04\text{mg VSS/mg COD}$，$K_d=0.015\text{d}^{-1}$，$\theta_{max}=6.5\text{d}^{-1}$，$K_s=2300\text{mg COD/L}$。试问当设计泥龄 $\theta_c$ 值的安全系数取8.0时，厌氧接触池的容积应为多少？产气量为多少？

**解：** (1) 设计泥龄 $\theta_c$ 值的确定

$$\frac{1}{(\theta_c)_{min}}=Y\frac{q_{min}S_0}{K_s+S_0}-K_d=0.04\times\frac{6.5\times 4000}{2300+4000}-0.015=0.15$$

$$(\theta_c)_{min}=6.67(\text{d})$$

所以，$\theta=8.0(\theta_c)_{min}=8.0\times 6.67=53.4(\text{d})$

(2) 流出底物浓度的确定

$$S_e=\frac{(1+K_d\theta_c)K_s}{\theta_c(Yq_{max}-K_d)-1}=\frac{(1+0.015\times 53.4)\times 2300}{53.4(0.04\times 6.5-0.015)-1}=343(\text{mg COD/L})$$

(3) 厌氧接触池容积 $V$ 的确定

$$\theta=\theta_c Y(S_0-S_e)/[S_0(1+K_d\theta_c)]=\frac{53.4\times 0.04(4000-343)}{4000(1+0.015\times 53.4)}=1.08(\text{d})$$

所以 $$V=Q\theta=1000\times 1.08=1080\ (\text{m}^3)$$

(4) 微生物净增长量 $\Delta X$ 的确定

$$Y_{obs}=\frac{Y}{1+K_d\theta_c}=\frac{0.04}{1+0.015\times 53.4}=0.022$$

所以 $\Delta X=Y_{obs}Q(S_0-S_e)=0.022\times 1000(4.0-0.343)=80.5(\text{kg VSS/d})$

(5) 产气量的确定

在厌氧处理过程中，理论上每去除1kg COD可产甲烷气 $0.35\text{m}^3$，若考虑到细胞合成，则在标准状况下的产气量为

$$Q_g=0.35\times[Q(S_0-S_e)-1.42\Delta X]=0.35\times[1000\times(4-0.343)-1.42\times 80.5]$$
$$=1239.3(\text{m}^3\ CH_4/\text{d})$$

考虑到反应温度为35℃，则在35℃和1atm情况下，产气量为

$$Q_g=\frac{273+35}{273}\times 1239.3=1398.6\ (\text{m}^3\ CH_4/\text{d})$$

由上可知，厌氧接触池容积为 $1080\text{m}^3$，产气量为 $1398.6\ \text{m}^3/\text{d}$。

若已知有机负荷率为 $4\text{kg COD}/(\text{m}^3\cdot\text{d})$，则厌氧接触池的容积为：

$$V=\frac{Q_V S_0}{N}=\frac{1000\times4}{4}=1000\ (m^3)$$

厌氧接触法处理高浓度有机废水，已有一定的实际运行管理经验，部分食品工业有机废水的废水浓度、有机负荷率、水力停留时间、运行温度以及BOD去除率，均可从有关资料中查到。

### 6.2.3 两相厌氧生物反应器

两相厌氧消化工艺是根据厌氧消化过程产酸和产甲烷两阶段中起作用的微生物群在组成和生理生化特性方面的差异，采用两个独立的反应器串联运行。第一个反应器称为产酸反应器，或产酸相；第二个反应器称为产甲烷反应器，或产甲烷相。两个反应器中分别培养发酵菌和产甲烷菌，并控制不同的运行参数，使其分别满足两类不同细菌的最适宜生长条件。两相厌氧消化工艺克服了普通厌氧消化池中两类微生物的协调和平衡矛盾，提高了反应器处理效率和能力。

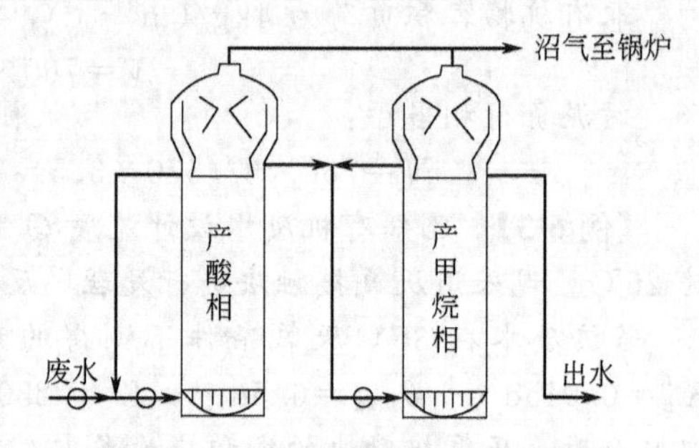

图 6-5 两相厌氧消化工艺流程

两相厌氧消化工艺流程如图 6-5 所示。由图 6-5 可见，产酸相接受待处理的原废水或经过一定预处理的废水，其出水送至第二个反应器——产甲烷相。两相厌氧消化工艺中的反应器可以采用完全混合反应器、升流式厌氧污泥床、厌氧滤池或其他反应器。产酸相和产甲烷相所采用的反应器形式可以相同，也可以不同。

两相厌氧消化工艺最本质的特征是相分离，即在产酸相中保持产酸细菌的优势，在产甲烷相中保持产甲烷菌的优势，实现相分离有如下方法。

① 化学法　即投加选择性的抑制剂或调整氧化还原电位，抑制产甲烷菌在产酸相中生长，以实现两相分离。

② 物理法　即采用选择性的半渗透膜使进入两个反应器的基质有显著的差异，以实现相的分离。

③ 动力学控制法　即利用产酸细菌和产甲烷细菌在生长速率上的差异，控制两个反应器的水力停留时间，使生长速率慢、世代时期长的产甲烷菌不可能在停留时间短的产酸相中存活。

上述三种方法中，动力学控制法最为简便，因此被普遍采用。

必须指出，两相的彻底分离是很难实现的，在产酸相或产甲烷相中，总还会有另一类细菌存在，只是不占优势而已。

**【例 6-4】** 若采用两相厌氧处理法处理废水，已知酸化反应器的水力停留时间 $\theta_1$ 及气化、酸化反应器容积比 $R$，以及废水设计流量 $Q$（$m^3/d$）。请用水力停留时间或有机负荷率来确定反应器容积。

**解：**(1) 对水力停留时间法

已知酸化反应水力停留时间、容积比和设计流量，则可计算气化反应器的停留时间 $\theta_2$，由此可计算出酸化反应器容积 $V_1$ 和气化反应器容积 $V_2$。

$$V_1=Q\theta_1,\ V_2=Q\theta_2$$

一般情况下，在中温 30～35℃处理条件下，酸化反应器的水力停留时间较短，为 0.4～1.0d，若容积比 $R=4$ 时，则气化反应器的水力停留时间 $\theta_2$ 在 1.6～4d。

(2) 对有机负荷率法

若已知两相厌氧处理系统的总有机负荷率 $N$，或酸化反应器的有机负荷率 $N_1$，设 $Q$ 为

废水设计流量 ($m^3$/d)，$S_0$ 为流入废水的 COD 浓度 (kg/$m^3$)，$N$ 为工艺系统的总有机负荷率 [kgCOD/($m^3$·d)]，气化、酸化反应器容积比 $R$，则反应器总容积 $V$、酸化反应器 $V_1$ 和气化反应器 $V_2$ 之间有以下关系：

$$V=V_1+V_2,\ \frac{V_2}{V_1}=R,\ V=\frac{QS_0}{N}$$

则：

$$V_1=\frac{QS_0}{N(1+R)},\ V_2=V-V_1$$

一般在中温 30～35℃，厌氧处理情况下，酸化反应器的有机负荷率为 25～60kgCOD/($m^3$·d)，若容积比 $R=4$，则系统的总有机负荷率 $N=5$～12kgCOD/($m^3$·d)。

### 6.2.4　厌氧生物滤池

6.2.4.1　厌氧生物滤池形式

厌氧生物滤池是 20 世纪 60 年代末开发的高效厌氧处理装置，其滤池结构呈圆柱形，池内装放填料，池底和池顶密封。厌氧微生物附着于填料的表面生长，当废水通过填料层时，在填料表面的厌氧生物膜作用下，废水中的有机物被降解，并产生沼气，沼气从池顶部排出。滤池中的生物膜不断地进行新陈代谢，脱落的生物膜随出水流出池外。废水从池底进入，从池上部排出，称升流式厌氧滤池 [图 6-6(a)]；废水从池上部进入，以降流的形式流过填料层，从池底部排出，称降流式厌氧滤池 [图 6-6(b)]。

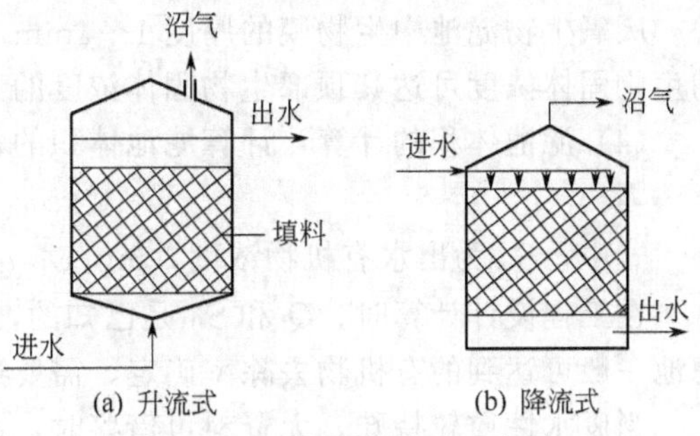


图 6-6　厌氧生物滤池示意图

厌氧生物滤池填料的比表面积和空隙率对设备处理能力有较大影响。填料比表面积越大，可以承受的有机物负荷越高，空隙率越大，滤池的容积利用系数越高，堵塞减小。填料层高度，对于粒状滤料，不超过 1.2m；对于塑料填料，高度可取 1～6m。

在厌氧生物滤池中，厌氧微生物大部分存在于生物膜中，少部分以厌氧活性污泥的形式存在于废水中。厌氧微生物总量沿池高度分布很不均匀，在池进水部位高，相应的有机物去除速度快。当废水中有机物浓度高，特别是进水悬浮固体浓度较高时，进水部位容易发生堵塞现象。厌氧生物滤池可通过以下方法加以改善。

① 出水回流：稀释进水有机物浓度，同时提高池内水流的流速，以冲刷滤料空隙中的悬浮物，有利于消除滤池的堵塞。

② 部分充填载体：为了避免堵塞，仅在滤池顶部和中部各设置一填料薄层，提高空隙率，增大处理能力。

③ 采用平流式厌氧生物滤池：滤池前段下部进水，后段上部溢流出水，顶部设气室，底部设污泥排放口，使沉淀悬浮物得到连续排除。

④ 采用空隙率大的软性填料：一定程度上也可克服堵塞现象。

厌氧接触工艺在高浓度有机废水处理方面获得较为广泛的应用。

6.2.4.2　厌氧生物滤池设计要则

(1) 理想滤料的特征：高的体积面积比；提供细菌附着生长所需的粗糙表面结构；保证生物惰性；一定的机械强度；价格较低；合适的形状、孔隙度和颗粒尺寸；质轻，使生物滤池的结构载荷较轻。

(2) 常用填料种类

① 实心块填料，如碎石、砾石等。采用实心块状滤料的厌氧生物滤池生物固体浓度低，

有机负荷仅为 $3\sim6\text{kgCOD}/(\text{m}^3\cdot\text{d})$，易发生局部滤层堵塞，造成短路。

② 空心填料，多用塑料制成，呈圆柱形或球形，内部则有不同形状、大小的空隙。可减少滤料层的堵塞现象。

③ 蜂窝或波纹板填料，质轻、比表面积可达 $100\sim200\text{m}^2/\text{m}^3$，运行稳定，不易被堵塞，有机负荷可达 $5\sim15\text{kgCOD}/(\text{m}^3\cdot\text{d})$。

④ 软性或半软性填料，由尼龙纤维、聚乙烯、弹性聚苯乙烯等材料制成，纤维细而长，比表面积和孔隙率较大。

(3) 填料层高度　一般情况下，反应器高度为 0.3m 处，废水中大部分有机物已被去除，在高度 1m 以上时 COD 的去除率几乎不再增加。也即过多增加填料高度只是增大了反应器体积。在一定的流量和浓度下，反应器容积增加，但 COD 去除率没有明显改变；另外，反应器填料高度小于 2m 时，污泥有被冲出反应器的危险，使出水悬浮物增多，出水水质下降。因此，填料高度需要综合考虑决定。

厌氧生物滤池中生物膜的厚度 1～4mm，生物固体浓度随滤料层高度而变化，滤池底部的生物固体浓度可达其顶部生物固体浓度的几十倍，因此，底部滤料层易发生堵塞现象。

(4) 滤池体积的计算　计算滤池体积的常用公式为：

$$V=Q(S_0-S_e)/(1000q) \tag{6-7}$$

式中，$S_e$ 为出水有机物浓度，mg/L；$q$ 为有机负荷，$\text{kgCOD}_{\text{Cr}}$（或 $\text{BOD}_5$）$/(\text{m}^3\cdot\text{d})$。

在工程设计计算时，$Q$ 和 $S_0$ 是已知的，$S_e$ 取决于对出水水质的要求，或根据厌氧生物滤池一般可达到的有机物去除率确定，需要选定的是有机负荷。

当废水性质较特殊，无资料可借鉴时，最好通过小试或中试确定有机负荷，试验条件如温度、水质、滤料高度等应尽可能与实际生产条件一致，并设法减小试验装置边壁的影响。一般设计采用的有机负荷值应比试验所求得的值小，以保证安全运行。算出填料体积后，可进一步决定填料高度并计算滤池面积。

**【例 6-5】** 设废水流量 $500\text{m}^3/\text{d}$，COD 浓度为 10000mg/L，采用中温 35℃ 发酵；取 $K=1.53$，COD 去除率 90%，试问厌氧生物滤池的容积为多少？

**解：** 采用反应动力学系数计算法，出流 COD 浓度为：

$$S_e=(1-0.9)S_0=(1-0.9)\times10000=1000(\text{mg/L})$$

计算停留时间

$$\theta=\frac{1}{K}\ln\left(\frac{S_0}{S_e}\right)=\frac{1}{1.53}\ln(10)=1.5\ (\text{d})$$

故生物滤池的容积　$V=Q\theta=500\times1.5=750\ (\text{m}^3)$

6.2.4.3　厌氧滤池的串联

两个厌氧滤池串联可以使反应器呈多级的特性，并可以定期更换串联前后位置，通过改变进水和出水而改善运行状态。由于进入第二级厌氧生物滤池的有机物量的减少，促进了滤池内生物固体的衰减，增加了内源代谢，降低生物量的净产率。这种运行方式可以使厌氧生物滤池的处理能力得到充分发挥，改善废水处理效果。

当采用两级串联时，第一级一般为预酸化，通常其 COD 的去除率比传统一级处理工艺低。预酸化的主要优点是固体不随出水进入第二反应器，同时可防止甲烷反应器中产生硫酸盐的抑制作用，并可对进水中的有毒元素进行脱毒而减少抑制作用，提高 COD 去除效率。

当废水中含有可能抑制厌氧菌生长的重金属时，也可采用两级串联工艺。对于小型升流式厌氧生物反应器，当其有效空体积较小时，废水进入反应器前需要预处理，去除悬浮固体以防止堵塞。

### 6.2.5　厌氧膨胀与流化床反应器

6.2.5.1　原理和特点

厌氧膨胀床和流化床的工艺流程如图 6-7 所示，床内填充细小的固体颗粒作为载体。常用的载体有石英砂、无烟煤、活性炭、陶粒和沸石等，粒径一般为 0.2～1mm。废水从床底部流入，向上流动。为使填料层膨胀或流化，常用循环泵将部分出水回流，以增加上升流速。一般常将床内载体略有松动，载体间空隙增加但仍保持互相接触的反应器称为膨胀床；上升流速增大到使载体可在床内自由运动而互不接触的反应器，则称为流化床。

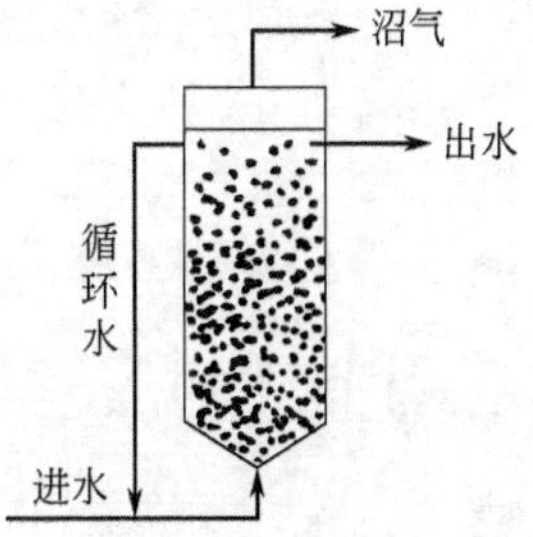

图 6-7　厌氧膨胀床和流化床的工艺流程

厌氧膨胀床与流化床有很多共同特点，其区分界限不十分清晰，为此，本节将把两者均称为流化床。

这两种厌氧反应器主要特点如下。

① 介质的流态化能保证厌氧生物与被处理介质充分接触。

② 由于形成的生物量大，生物膜较薄，传质好，反应过程快，反应器的水力停留时间短。

③ 克服了厌氧生物滤池的堵塞和沟流问题。

④ 由于反应器负荷高，高径比大，可减少占地面积。

6.2.5.2　流化床反应器的设计

流化床反应器设计中的一个重要问题是底部进水的均匀布水，因此需要某种形式的布水器固定在流化床底部的砾石层进行布水。为了防止发生堵塞，可以采用锥形布水器，进水向下进入锥形底部。锥体上方设置穿孔的布水板以消除环状水流，起到导向作用。反应器主体部分一般设计为直径相同的柱体。有些设计中也采用倒置的锥形体设计，废水由进水处较小的横截面向上方几倍大的面积逐渐膨胀。反应器内很少出现大的涡流和返流现象，反应器内水的上流速度随反应器高度上升而降低。进水流量一旦增加，较低部位的载体与其上的生物膜则膨胀到上方横截面更大的区域。

流化床内的流化程度由上流速度、颗粒的形状和大小及密度以及所要求的流化或膨胀程度所决定。在一定的反应器负荷下，要取得高的上流速度取决于进液流量与反应器截面积。因此流化床反应器多采用大的回流比和相对高的反应器高度以提高上流速度。

6.2.5.3　厌氧升流式流化床

图 6-8 是 Biobed 厌氧反应器示意图。在高的水和气上升流速（两者都可达到 5～7m/h）下产生充分混合作用，使得该反应器可以保持高的负荷和去除效率，因此系统可以采用15～30 kgCOD/($m^3$ · d) 的负荷高度。

**【例 6-6】** 设废水流量 500$m^3$/d，COD 浓度为 10000mg/L，采用 35℃中温发酵，用厌氧膨胀床工艺处理，试计算厌氧膨胀床的容积为多少？

**解：** 设滤床有机负荷率为 11 kgCOD/($m^3$ · d)，则厌氧膨胀床的容积为：

$$V=\frac{QS_0}{N}=500\frac{10}{11}=454.5\ (m^3)$$

由上式计算，在处理量相等的条件下，厌氧膨胀床的容积约为厌氧生物滤床的 60%左右。

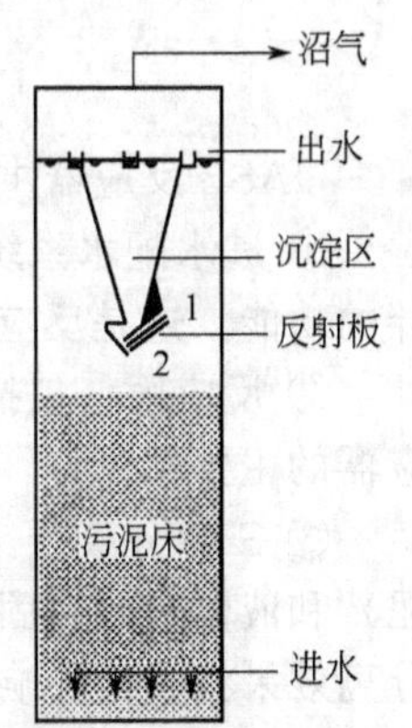


图 6-8　Biobed 厌氧反应器示意图

### 6.2.6　升流式厌氧流化床反应器

6.2.6.1　工作原理

升流式厌氧流化床反应器（upflow anearobic sludge blanket）简

称UASB反应器，是荷兰学者莱廷格（Lettinga）等人在20世纪70年代初开发的，其工作原理如图6-9所示。

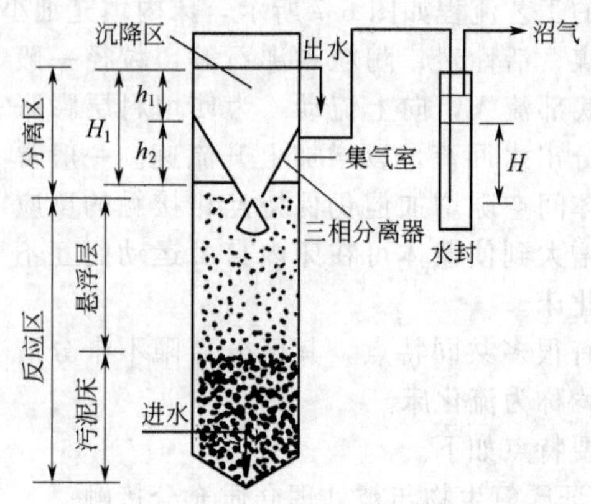


图6-9 UASB厌氧生物反应器工作原理

UASB反应器的上部设有气、固、液三相分离器，下部为污泥悬浮区和污泥床，废水从反应器底部流入，上升流动至反应器顶部流出。混合液在沉淀区进行固液分离，污泥可自行回流到污泥床区，污泥床区可保持很高的污泥浓度。

UASB反应器的构造特点如图6-10所示，集生物反应与沉淀于一体，结构紧凑。废水由配水系统从反应器底部进入，通过反应区经气、固、液三相分离器后进入沉淀区；气、固、液分离后，沼气由气室收集，再由沼气管流向沼气柜；固体（污泥）由沉淀区沉淀后自行返回反应区；沉淀后的处理水从出水槽排出。UASB反应器内不设搅拌设备，上升水流和沼气产生的气流足可满足搅拌要求。

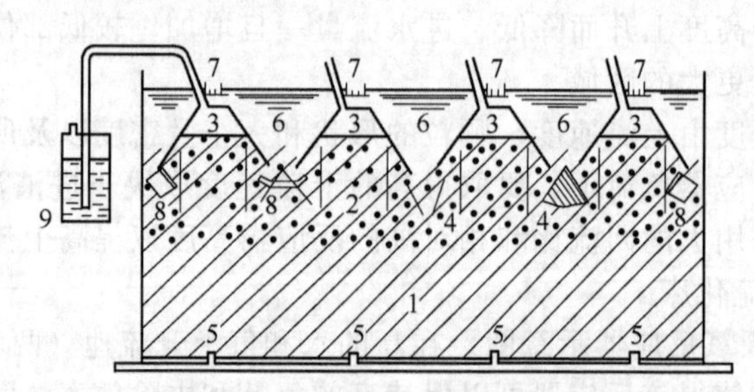


图6-10 UASB反应器的构造特点

1—污泥床 2—悬浮污泥层；3—气室；4—气体挡板；5—配水系统；
6—沉降区；7—出水槽；8—集气槽；9—水封

UASB反应器主要组成部分如下。

① 进水配水系统。其功能主要是将废水均匀地分配到整个反应器，并具有进行水力搅拌的功能。这是反应器高效运行的关键之一。

② 反应区。包括污泥床区和污泥悬浮层区，有机物主要在这里被厌氧菌所分解，是反应器的主要部位。

③ 三相分离器。它由沉淀区、回流缝和气封组成。其功能是把气体（沼气）、固体（污泥）和液体分开。固体经沉淀后由回流缝回流到反应区，气体分离后进入气室。三相分离的分离效果将直接影响反应器的处理效果。图6-11所示为几种三相分离器的构造形式。

图6-11中的（a）式构造简单，但泥水分离效果不佳，回流缝中同时存在上升和下降两股流体，相互干扰，污泥回流不通；（c）式也存在类似情况；（b）式的构造较为复杂，但污

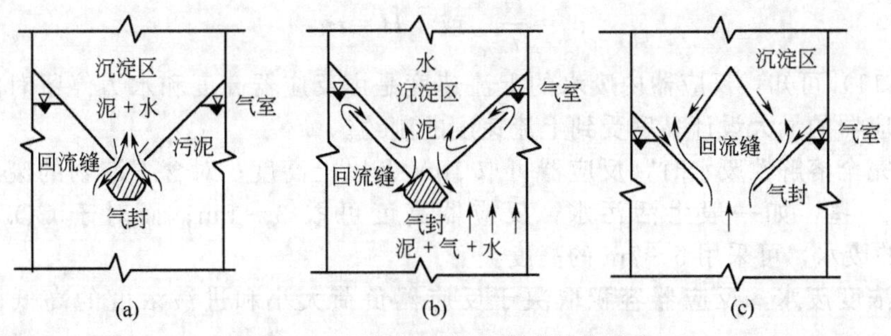


图 6-11 UASB 三相分离器结构形式

泥回流和水流上升互不干扰，污泥回流通畅，泥水分离效果较好，气体分离效果也较好。

④ 排水系统是均匀地收集处理水并排出反应器。

⑤ 气室也称集气罩，用于收集沼气。

⑥ 浮渣清除系统是清除沉淀区内液面和气室液面的浮渣。

⑦ 排泥系统用于均匀地排除反应区的剩余污泥。

UASB 反应器的横断面形状一般为圆形或矩形。反应器常为钢结构或钢筋混凝土结构，当采用钢结构时，常采用圆形横断面；当采用钢筋混凝土结构时，则常用矩形横断面。由于三相分离器构造要求，采用矩形横断面便于设计和施工。

UASB 反应器处理废水一般不加热，而利用废水本身的水温。如果需要加热提高反应的温度，则采用与消化池加热相同的方法。反应器一般都采用保温措施，方法同消化池。

UASB 反应器的最大特点是能在反应器内实现污泥颗粒化，颗粒污泥的粒径一般为 0.1～0.2cm，密度为 1.04～1.08g/cm³，具有良好的沉降性能和很高的产甲烷活性。污泥颗粒化后，反应器内污泥的平均浓度可达 50g VSS/L 左右，污泥龄一般在 30d 以上，而反应器的水力停留时间比较短，故 UASB 反应器具有很高的容积负荷。UASB 反应器不仅适于处理高、中浓度的有机废水，也适用于处理如城市废水这样的低浓度有机废水。

6.2.6.2 反应器容积计算

以下两个公式可以计算反应器容积：

$$V=AH=tQ \tag{6-8}$$

$$V=\frac{S_0Q}{L_V}=\frac{(S_0-S_e)Q}{L_V} \tag{6-9}$$

式中，$V$ 为反应器有效容积，$m^3$；$A$ 为反应器横截面积，$m^2$；$H$ 为反应器的有效高度，m；$t$ 为容许的最大水力停留时间，h 或 d；$Q$ 为进液流量，$m^3/h$ 或 $m^3/d$；$L_V$为反应器容积负荷，kg COD/($m^3$·d)；$S_0$，$S_e$分别为进、出水 COD 浓度，kg COD/$m^3$ 或 mg COD/L。

一般讲，废水浓度较低时，反应器容积计算主要取决于水力停留时间；而在较高浓度下，反应器容积取决于容积负荷大小。前者按式(6-8) 计算，后者按式(6-9) 计算。

对于低浓度废水，反应器的容积主要取决于水力停留时间而与其负荷大小无关。其中水力停留时间 $t$ 的大小与反应器内污泥的类型（颗粒污泥或絮状污泥）和三相分离器的效果有关。

$$\frac{Q}{A}=\frac{H}{t} \tag{6-10}$$

其中$\frac{Q}{A}$即上流速度，记作 $v_a$。

$$v_a=\frac{H}{t} \quad 或 \quad H=tv_a \tag{6-11}$$

由式(6-11) 可知，反应器内废水的上流速度是由反应器高度和水力停留时间共同决定的，也即反应器的最大设计高度受到上流速度的制约。

在处理完全溶解性废水时，反应器可取 10m 及以上高度；对含不溶物的废水，反应器高度可稍低一些，如一般生活污水，反应器高度可取 3～5m；而对于 COD 浓度超过 3000mg/L 的废水，可采用 5～7m 的高度。

对于高浓度废水，反应器容积取决于反应器负荷大小和进液浓度的高低，可用下式计算：

$$V=\frac{S_0Q}{L_V} \tag{6-12}$$

图 6-12 所示为处理水量为 $250m^3/h$、负荷为 $15kg\ COD/(m^3 \cdot d)$、反应器水力停留时间为 4h 时，反应器容积随进液浓度变化曲线。在虚线左方，反应器容积按式(6-8) 计算，虚线右方按式(6-9) 计算。

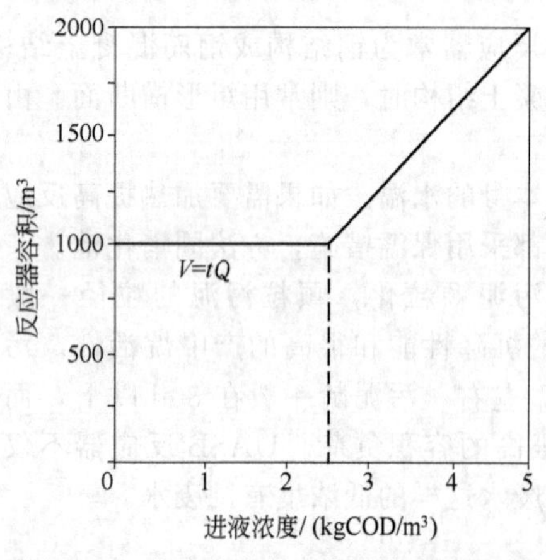


图 6-12　废水浓度与反应器容积关系图

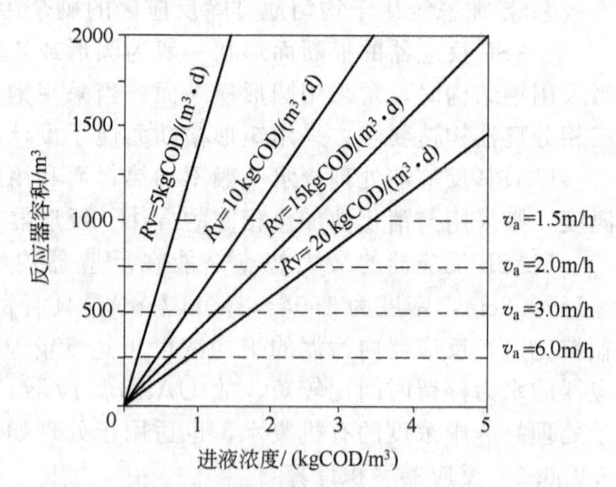


图 6-13　不同负荷与容许上流速度时的反应器容积

图 6-13 所示为 $Q=250m^3/h$、$H=6m$ 时，UASB 反应器在不同负荷和最大上流速度时的反应器容积。图 6-13 中各斜线是根据 $V=\frac{S_0Q}{L_V}$计算出的反应器体积随浓度变化的曲线。横虚线是根据 $v_a=\frac{Q}{A}$计算出来的容许上流速度。由图 6-13 可知，当上流速度不超过 1.5m/h，反应器高度为 6m 时，反应器的容积不低于 $1000m^3$（即 $v_a=1.5m/h$ 虚线所对纵坐标）；当进液浓度超过某一界限时，对不同的负荷，反应器容积可按 $v_a=1.5m/h$ 虚线上方的斜线查找。不同容许负荷下反应器容积计算采用不同公式的浓度界限为虚线与斜线交点所对应的横坐标。

对于工业废水，容积负荷（以可降解 COD 计）由污泥活性（包含了温度因素）、所要求的处理效率、污染物的性质与组成、进液布水系统的合理性以及所要求的保险系数决定。

表 6-4 为不同操作温度下，不同性质的废水在 UASB 反应器中处理时的容积负荷参考值（假定污泥浓度为 $25kg\ VSS/m^3$）。

对于采用絮状污泥的 UASB 反应器，其容许的上流速度为 0.5m/h，允许在 2～4h 的短时间内达到 0.8m/h 的峰值，但是如果絮状污泥较稠而沉降性能相当好，其上流速度可提高约 50%。

**表 6-4　不同性质废水在不同操作温度下的容积负荷**

| 温度/℃ | 有机物的容积负荷/[kg COD/($m^3$·d)] | | |
|---|---|---|---|
| | VFA 废水 | 非 VFA 废水 | SS 占 COD 总量 30%的废水 |
| 15 | 2～4 | 1.5～3 | 1.5～2 |
| 20 | 4～6 | 2～4 | 2～3 |
| 25 | 6～12 | 4～8 | 3～6 |
| 30 | 10～18 | 8～12 | 6～9 |
| 35 | 15～24 | 12～18 | 9～14 |
| 40 | 20～32 | 15～24 | 14～18 |

对于低浓度生活废水，安全的水力停留时间主要取决于温度。表 6-5 所示为不同温度时的水力停留时间的参考值。

**表 6-5　不同温度下生活废水的水力停留时间参考值①**

| 温度/℃ | 水力停留时间/h | | |
|---|---|---|---|
| | 日平均 | 4～6h 内最大值 | 2～6h 内容许峰值 |
| 16～19 | ＞10～14 | ＞7～9 | ＞3～5 |
| 22～26 | ＞7～9 | ＞5～7 | ＞3 |
| ＞26 | ＞6 | ＞4 | ＞2.5 |

① 在 4m 高的 UASB 反应器内。

6.2.6.3　进水分配系统和布水点计算

进液布水系统是厌氧反应器很关键的部分，要求污泥与进液充分接触，最大限度地利用反应器内的污泥，防止形成沟流和死角。经验表明，对于产气量小于 1$m^3$/($m^3$·d) 的 4～6m 高的反应器，容易形成沟流。产气量越小，形成沟流的可能性越大。

当反应温度较低或处理低浓度废水时，反应器负荷只能维持在低水平，此时产气量很小，气体的搅拌作用减少，可以通过提高反应器高度和污泥床高度来达到污泥和废水间的良好接触。

UASB 反应器进液系统均采用从底部均匀分布的进水口（布水点）进液方式。UASB 反应器布水点数量的计算依据见表 6-6。

**表 6-6　UASB 反应器布水点数量的计算依据**

| 污泥类型 | 反应器容积负荷/[kg COD/($m^3$·d)] | 每个布水点平均占有面积/$m^2$ |
|---|---|---|
| 稠絮状污泥(＞40kg TSS/$m^3$) | ＜1.0 | 0.5～1 |
| | 1.0～2.0 | 1～2 |
| | ＞2.0 | 2～3 |
| 中等浓度絮状污泥(20～40kg TSS/$m^3$) | 1.0～2.0 | 1～2 |
| | ＞3.0 | 2～5 |
| 颗粒污泥 | ＜2.0 | 0.5～1 |
| | 2.0～4.0 | 0.5～2 |
| | ＞4.0 | ＞2 |

除了布水点数目外，出水口喷嘴的设计、出口瞬时最小与最大流速（有的可达每秒数米）、连续或间歇的进料方式对布水也有较大影响。布水管可以由配水装置经分配后，直接由各支管进入底部各出水点［图 6-14(a)］，也可以是置于反应器底部的穿孔横管［图 6-14(b)］。

对于悬浮物含量比较高的废水，有可能发生喷嘴堵塞的问题，因此喷嘴应容易清洗。一般使用一段时间后，喷嘴总会有某种程度的堵塞，形成布水不均匀。

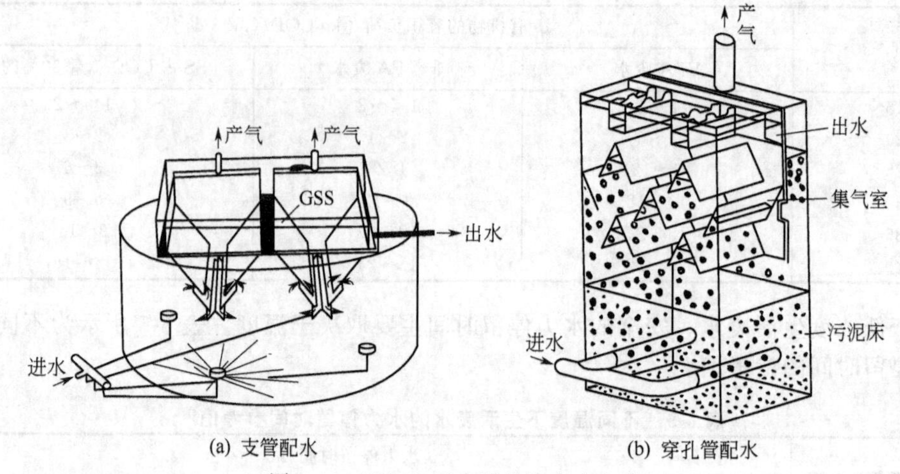


(a) 支管配水　　(b) 穿孔管配水

图 6-14　UASB反应器进液布水方式

6.2.6.4　三相分离器

三相分离器用于反应器内气、液、固体分离，在国外文献上更多称为气-固分离器（gas-solids separator，GSS）。设计三相分离器时应达到表 6-7 所列要求。

**表 6-7　处理溶解性废水的三相分离器设计要求**

| | | | |
|---|---|---|---|
| 1 | 从反应器中分离和排放出产生的生物气 | 4 | 当污泥床向上膨胀时，防止过量污泥进入沉降区 |
| 2 | 尽可能有效地防止具有生物活性的厌氧污泥流失 | 5 | 提高出水净化效果 |
| 3 | 使污泥通过斜板返回反应器的反应区 | 6 | 防止上浮的颗粒污泥洗出 |

图 6-15 给出了反应器各部位气、液、固流速示意图，各种不同情况下的流速参考值见表 6-8，这些流速数值指日平均上流速度，在短期（如 2～6h 内）允许的高峰值可以达到表 6-8 所列数据的 2 倍。在一定的容积负荷下，单位反应器截面的产气率与反应器高度成正比，因此在设计较高的反应器时，三相分离器的设计应注意克服浮沫问题。为了防止某些废水产生的浮沫，可以在三相分离器的集气室内安装喷雾喷嘴。

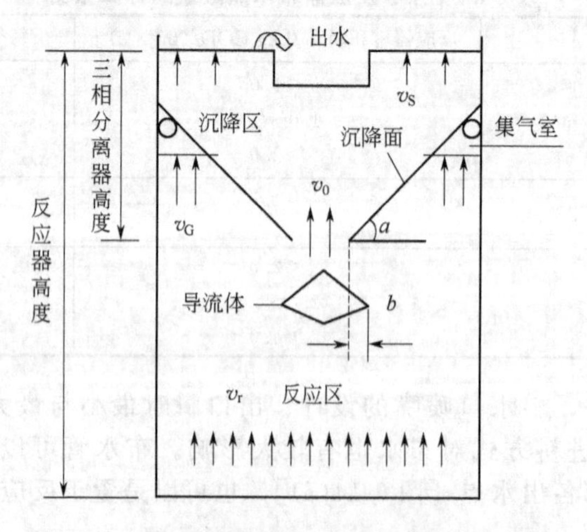


图 6-15　UASB反应器与三相分离器结构示意图

$v_r$—反应区内液体的上流速度；$v_S$—沉降区液体的上流速度；$v_0$—沉降区开口处液体的上流速度；$v_G$—气体在气液界面的上流速度；$b$—导流体（或导流板）超出开口边缘的宽度；$a$—沉降面与水平面的夹角

表 6-8　UASB 反应器上流速度推荐设计值

| | |
|---|---|
| $v_r$=1.25～3m/h(对颗粒污泥床反应器) | $v_0$≤3m/h(对絮状污泥床反应器) |
| =0.75～1m/h(对絮状污泥床反应器) | ≤12m/h(对颗粒污泥床反应器) |
| $v_S$≤1.5m/h(对絮状污泥床反应器) | $v_G$——推荐的最小值为 1m/h |
| ≤8m/h(对颗粒污泥床反应器) | |

三相分离器集气室之间开口（也即沉降区开口）面积可按下式计算：

$$\sum_{i=1}^{n} S_i = \frac{Q}{v_0} \tag{6-13}$$

式中，$\sum_{i=1}^{n} S_i$ 为开口总面积之和；$n$ 为开口个数，则 $\sum_{i=1}^{n} S_i = nS$；$Q$ 为每小时废水流量，$m^3/h$；$v_0$ 为表 6-8 建议的废水通过开口的流速，m/h。

表 6-9 列出三相分离器的设计要点（参照图 6-15)。

表 6-9　三相分离器设计要点

| |
|---|
| 1. 沉降斜面与水平方向的夹角应在 45°～60°,且应光滑,以利于污泥返回 |
| 2. 沉降室开口最狭处的总面积(即上述 $\sum_{i=1}^{n} S_i$)应当等于反应器水平截面积的 15%～20% |
| 3. 反应器高度在 5～7m 时,集气室部分的高度应当为 1.5～2m |
| 4. 集气室气液两相应维持相对稳定以促使气泡释放并克服浮渣层形成 |
| 5. 导流体或导流板与集气室斜面重叠部分高度应在 10～20cm,以免上流气泡进入沉降室 |
| 6. 沉降区出水堰板前一般应设置浮渣挡板 |
| 7. 三相分离器集气室上方出气管直径需足够大,以便有浮渣时气体也能溶解释放 |
| 8. 在浮沫严重时,集气室可以设置高压喷雾喷嘴 |

沉降斜面（即集气室的斜面）与水平方向的夹角（图 6-15 中的 $a$ 角）应在 45°～60°。

6.2.6.5　水封高度的计算

集气室气液表面可能形成浮渣或浮沫，会妨碍气泡的释放；液面太高或波动时，浮渣或浮沫会引起出气管的堵塞或使气体部分进入沉降室。除采用吸管排渣、安装喷嘴、产气回流等措施外，在设计上要保证气液界面稳定的高度，采用水封来控制，水封高度 $H$ 计算如下：

$$H = H_1 - H_{阻} = (h_1 + h_2) - H_{阻} \tag{6-14}$$

式中，$H_1$ 为集气室气液界面至沉降区上液面的高度；$h_1$ 为集气室顶部至沉降区上液面的高度；$h_2$ 为集气室气液界面至集气室顶部的高度；$H_{阻}$ 主要包括由反应器至储气罐全部管路管件阻力引起的压头损失和储气罐内的压头。

6.2.6.6　反应器的形状、污泥排放和出水循环

反应器形状可以是圆柱形或矩形。早期反应器以圆柱形为多，为建造方便，大型 UASB 反应器多采用矩形结构。

反应器的剩余污泥排放口一般设置在反应器中部，也有的将其设在反应器底部或在三相分离器下方大约 0.5m 的地方。若为了解反应器内的污泥总量及其浓度分布，可在反应器不同高度设置若干取样口。

利用反应器出水的循环，不但可稀释高浓度废水，改善其与污泥的混合程度，还具有节约用水的意义。特别对含脂肪类的高浓度废水，若使反应器进水稀释至 5g/L 以下，则对改善污泥的混合，以及反应器操作启动和颗粒污泥的形成极有利。

### 6.2.7　内循环厌氧反应器

UASB 属于第二代厌氧反应器，其依靠颗粒污泥和三相分离器延长污泥停留时间及提高

反应器内污泥浓度，但传质过程并不理想。为此，20 世纪 80 年代，荷兰 PAQUES 公司在 UASB 基础上开发了一种内循环（internal circulation，IC）厌氧反应器，该反应器相当于两个 UASB 相互重叠而成，分混合区、颗粒污泥膨化区、深度处理区、内循环系统和出水区五个功能部分，其核心部分由布水器、三相分离器、提升管、泥水回流管、气液分离器、罐体及溢流系统组成。IC 厌氧反应器主要有以下特色。

① 采用旋流布水，分上、下三相分离器，提高分离效果，确保反应器高效稳定运行。

② 以自身产生沼气作提升动力，实现混合液内部自动循环，省去外动力。

③ 其容积负荷是 UASB 反应器的 5～7 倍，可达到 20～30kg COD/($m^3$·d)。

④ 产生的沼气，$CH_4$ 为 70%～80%，$CO_2$ 为 20%～30%，其他有机物仅为 1%～5%。

⑤ 污泥不易流失，容易形成颗粒污泥。表 6-10 为 IC 厌氧反应器对集中废水的处理效果。

**表 6-10　IC 反应器处理各类工业废水**

| 废水种类 | 容积负荷/[kgCOD/($m^3$·d)] | 水力停留时间/h | 沼气产量/($m^3$/kgCOD) | 总 COD 去除率/% | 溶解性 COD 去除率/% |
|---|---|---|---|---|---|
| 高浓度土豆加工废水 | 30～40 | 4～6 | 0.52 | 80～85 | 90～95 |
| 低浓度啤酒废水中试 | 18 | 2.5 | 0.31 | 61 | 77 |
| 生产性装置 | 26 | 2.2 | 0.43 | 80 | 87 |

## 6.3　厌氧生物处理工艺设计

### 6.3.1　厌氧水解工艺原理

如前所述，厌氧发酵产生沼气的过程可分为水解阶段、酸化阶段和甲烷化阶段三个阶段，水解工艺是将厌氧反应控制在前两个阶段，不进入第三个阶段。在水解反应器中完成水解和酸化两个过程。

水解反应器可以在较短的停留时间和相对高的水力负荷下获得较高的悬浮物去除率，明显提高废水的可生化性和溶解性，以利于后续好氧生物处理。其缺点是 COD 去除效率相对较低，特别是溶解性 COD 的去除率较低。但该处理工艺过程中有一系列不同于传统工艺过程的特点。表 6-11 为厌氧水解工艺处理城市生活污水的原污水和水解出水水质比较。

**表 6-11　原污水和水解出水水质比较**

| 项　　目 | 原污水 | 水解出水 | 原污水/水解出水 |
|---|---|---|---|
| COD/(mg/L) | 493.3 | 278.4 | 1.77 |
| BOD/(mg/L) | 170.2 | 115.2 | 1.48 |
| SS/(mg/L) | 277.4 | 45.3 | 6.13 |
| 溶解性 COD 比例/% | 50.8 | 77.8 | 0.65 |
| $BOD_5$/COD | 0.345 | 0.414 | |
| $BOD_5$/$BOD_{20}$ | 0.56 | 0.794 | |
| 动力学常数 | 0.135 | 0.175 | |
| 耗气速率/[mg $O_2$/(L·h)] | 37.4 | 112.6 | |

由表 6-11 可知，溶解性有机物的比例有了很大的变化，水解后溶解性有机物的比例提高了 1 倍，COD 去除率可达到 40%～50%。对悬浮性 COD 的去除率更高，达到 80%以上，出水 SS 小于 50mg/L。同时，出水 $BOD_5$/COD 值有所提高，水解处理对于后续好氧生物处

理起到预处理的作用，提高了好氧生物处理的效果。

### 6.3.2 厌氧水解反应器设计

(1) 水解池 水解酸化池一般采用水力停留时间作为设计参数。反应器内的上流速度可用下式表示：

$$v=\frac{Q}{A} \tag{6-15}$$

水解反应器的上流速度一般取 0.5～1.8m/h，最大上流速度在持续超过 3h 的情况下，$v_{max} \leqslant 1.8$m/h。

(2) 反应器配水系统 厌氧反应器良好运行的重要条件之一是保障污泥和废水之间的充分接触，因此布水应该尽可能地均匀。为了使反应器底部进水均匀，有必要采用将进水分配到多个进水点的分配装置。单孔布水负荷一般推荐 0.5～1.5m²，出水孔处需设置 45°导流板。

水解池底部设计按多槽形式设计，有利于布水均匀，克服死区。配水系统的形式参见 UASB 反应器池体设计。

(3) 管道设计 采用穿孔管布水器（一管多孔或分支状）时，不宜采用大阻力配水系统。需考虑设反冲洗装置，采用停水分池、分段反冲。用液体反冲时，压力为 98～196kPa (1.0～2.0kgf/cm²)，流量为正常进水量的 3～5 倍。用气体反冲时，反冲压力大于 98kPa (1.0kgf/cm²)，气水比为 (5～10)∶1。

管道设计时应注意以下几点：①进水采用重力流（管道及渠道）或压力流，后者需设逆止装置；②水力筛缝隙＞3mm 时，出水孔＞15mm，一般在 15～25mm；③单孔布水负荷 0.5～1.5m²，出水孔处需设置 45°导流板；④用布水器时从布水器到布水口应尽可能少地采用弯头等非直管。其他要求参见 UASB 反应器设计的相关内容。

## 6.4 厌氧过程的生物降解与转化估算

厌氧过程通常由多个中间反应步骤组成，每一反应中的碳、氮、氢、氧等元素都保持质量平衡状态，特别是保持电子平衡，因厌氧降解过程中的大多数有机物作为电子供体，通过电子流的形式转移到最终的气态产物甲烷中，以实现 BOD 的去除。

尽管在厌氧过程中某些中间产物最终不能转化为终端产物，如二氧化碳、甲烷、水和细胞，但其化学计量方程仍可大致确定。如假定有机物的经验分子式为 $C_nH_aO_bN_c$，其中 $f_a$ 比例的当量电子被用于合成细胞，氨来自细胞中的氮；虽然 $CO_2$ 不是利用乙酸盐产甲烷菌的真正电子受体，但若假设 $CO_2$ 也是电子受体，则乙酸盐分解并转化为甲烷的途径为：

$$CH_3 \mid COO^- + H_2O \longrightarrow CH_4 + HCO_3^- \tag{6-16}$$

式中，¦ 表示乙酸盐发生分子分裂的位置，分裂的 $CH_3$ 进而转化为 $CH_4$。设乙酸盐为电子供体，而 $CO_2$ 为电子受体，则乙酸盐转化为甲烷过程的供体和受体的半反应分别为：

$$-R_d: \frac{1}{8}CH_3CO^- + \frac{3}{8}H_2O \longrightarrow \frac{1}{8}CO_2 + \frac{1}{8}HCO_3^- + H^+ + e^- \tag{6-17}$$

$$R_a: \frac{1}{8}CO_2 + H^+ + e^- \longrightarrow \frac{1}{8}CH_4 + \frac{1}{4}H_2O \tag{6-18}$$

那么，乙酸盐转化为甲烷过程的总反应为：

$$R: \frac{1}{8}CH_3COO^- + \frac{1}{8}H_2O \longrightarrow \frac{1}{8}CH_4 + \frac{1}{8}HCO_3^- \tag{6-19}$$

对比式(6-19) 与式(6-16)，前者为后者的 1/8 等价。由总反应式(6-19) 可知，假设 $CO_2$ 为电子受体与实际反应途径等同。

对于典型的几类有机物厌氧转化过程，所生成的 $f_s$ 值取决于细胞产能与合成反应的热平衡、衰减速率 $b$ 和 $\theta_x$。对稳定状态下的生物反应过程，其 $f_s$ 可由下式来估算：

$$f_s = f_s^0\left[\frac{1+(1-f_d)b\theta_x}{1+b\theta_x}\right] \tag{6-20}$$

式中，$f_s^0$ 值包括产甲烷菌和所有其他能将有机物转化为乙酸盐和 $H_2$ 的细菌的参数值。表 6-12 为几类有机物转化甲烷时的 $f_s^0$ 和 $b$ 值，可供估算采用；对于混合废物的 $f_s^0$ 值，可从表中查相关污染物的参数值，然后根据不同电子供体的相对当量电子，求出其加权平均值。

**表 6-12 几类有机物厌氧转化的生化计量方程参数值**

| 有机污染物成分 | 典型分子式 | $f_s^0$ | $Y/(g\ VSS_a/g\ BOD_L)$ | $b/d^{-1}$ |
|---|---|---|---|---|
| 甲醇 | $CH_3OH$ | 0.15 | 0.110 | 0.05 |
| 乙醇 | $CH_3CH_2OH$ | 0.11 | 0.077 | 0.05 |
| 苯甲酸 | $C_6H_5COOH$ | 0.11 | 0.077 | 0.05 |
| 碳氢化合物 | $C_6H_{10}O_5$ | 0.28 | 0.200 | 0.05 |
| 脂肪酸 | $C_{16}H_{32}O_2$ | 0.06 | 0.042 | 0.03 |
| 蛋白质 | $C_{16}H_{25}O_5N_4$ | 0.08 | 0.056 | 0.02 |
| 市政污泥 | $C_{10}H_{19}O_3N$ | 0.11 | 0.077 | 0.05 |

**【例 6-7】** 某食品加工厂废水中含有 1.0mol/L 葡萄糖，现采用厌氧工艺处理该废水，假定葡萄糖分子式为 $C_6H_{12}O_6$，葡萄糖被全部利用；并假设合成细胞经验分子式为 $C_5H_7O_2N$，经验相对分子质量为 113，$f_s$ 为 0.20。试估算甲烷产量、产生细胞的质量，并计算微生物生长所需的氨氮浓度。

**解：** 采用厌氧工艺，先假定 $CO_2$ 为电子受体，微生物生长所需的氨氮来自细胞，则采用有机污染物为碳源的生物计量反应总平衡方程式为：

$$C_nH_aO_bN_c+\left(2n+c-b-\frac{9df_s}{20}-\frac{df_e}{4}\right)H_2O\longrightarrow$$

$$\frac{df_e}{8}CH_4+\left(n-c-\frac{df_s}{5}-\frac{df_e}{8}\right)CO_2+\frac{df_s}{20}C_5H_7O_2N+\left(c-\frac{df_s}{20}\right)NH_4^+ +\left(c-\frac{df_s}{20}\right)HCO_3^- \tag{6-21}$$

其中

$$d=4n+a-2b-3c$$

令葡萄糖分子组成为 $n=6$，$a=12$，$b=6$，$c=0$

代入上式算得 $d=(4\times6+12-2\times6)=24$

已知 $f_s$ 为 0.20，故可求得该厌氧处理过程的摩尔生物计量方程总反应式为：

$$C_6H_{12}O_6+0.24NH_4^+ +0.24HCO_3^- \longrightarrow 2.4CH_4+2.64CO_2+0.24C_5H_7O_2N+0.96H_2O$$

由以上摩尔生物计量平衡方程可得：

① 每处理 1L 葡萄糖浓度为 1.0mol/L 的废水，能产生 2.4mol $CH_4$ 和 2.64mol $CO_2$；

② 细胞产量为 0.24mol，即 $0.24\times113=27.2$g；

③ 需氮量为 0.24mol，故需氨氮量为 $0.24\times14=3.36$g/L。

因此，处理 $1m^3$ 废水，会产生 2.4kmol $CH_4$ 和 27.2kg 细胞，废水中需要有 3.36kg/$m^3$ 的氨氮才能满足细胞生长。

**【例 6-8】** 某工业废水流量为 $100m^3/d$，$COD_{Cr}=5000mg/L$，其 $COD_{Cr}$ 中的脂肪酸和蛋白质均按 50%计算，蛋白质和脂肪酸的经验分子式分别为 $C_{16}H_{24}P_5N_4$ 和 $C_{16}H_{32}O_2$。现采用厌氧处理方法，假定温度 35℃，$\theta_x=20d$ 条件下，废水中 80%的 $COD_{Cr}$ 能被转化为最终产物。试计算 $CH_4$ 和细胞产量，$CH_4$ 产量以 $m^3/d$ 为单位，细胞产量以 kg/d 为单位，以及产气中$CO_2$和$CH_4$产量的相对百分比。

**解**：为计算脂肪酸和蛋白质成分，先建立电子供体的方程分别为：

脂肪酸

$$\frac{4}{23}CO_2+H^++e^-\longrightarrow\frac{1}{92}C_{16}H_{32}O_2+\frac{15}{46}H_2O$$

蛋白质

$$\frac{2}{11}CO_2+\frac{2}{33}NH_4^++\frac{2}{33}HCO_3^-+H^++e^-\longrightarrow\frac{1}{66}C_{16}H_{24}O_5N_4+\frac{31}{66}H_2O$$

两个方程分别乘以50%，加起来即为电子供体的半反应：

$$0.1779CO_2+0.0303NH_4^++0.0303HCO_3^-+H^++e^-\longrightarrow 0.013C_{16}H_{27.3}O_{3.75}N_{2.33}+0.398H_2O$$

式中，$CO_2$的系数$0.1779=(4/23+2/11)/2$，对有机物的系数$0.013=(1/66+1/99)/2$。

由于脂肪酸和蛋白质的$f_s^0$分别为0.06和0.08，则取平均的$f_s^0=0.07$；$b$值对两者均取$0.05d^{-1}$。则：

$$f_s=\frac{0.07\times(1+0.2\times0.05\times20)}{1+0.05\times20}=0.042 \quad 且 \quad f_e=1-0.042=0.958$$

将结果代入方程(6-21)，得到摩尔生物计量方程的总反应式：

$$C_{16}H_{27.3}O_{3.73}N_{2.33}+10.73H_2O\longrightarrow 9.20CH_4+3.83CO_2+0.161C_5H_7O_2N+2.17NH_4^++2.17HCO_3^-$$

由电子供体半反应式，并已知0.013mol基质为一个电子供体当量，相当于8g $COD_{Cr}$，也即1经验摩尔的$COD_{Cr}$为8/0.013或者615g $COD_{Cr}$/mol。因此可求得：

① COD去除率

$$COD去除率=(S^0-S)Q=(5000-0.2\times5000)\frac{mg}{L}\times100\frac{m^3}{d}\times\frac{10^3L}{m^3}\times\frac{g}{10^3mg}=4\times10^5 g/d$$

② $CH_4$产率

由于在35℃时，1mol $CH_4$体积为$22.4\frac{L}{mol}\times\frac{273+35}{273}=25.3L$，则：

$$CH_4产量=25.3\frac{L}{mol}\times9.20\frac{mol}{mol}\times\frac{4\times10^5 gCOD/d}{615gCOD/mol}\times\frac{m^3}{10^3L}=151m^3/L$$

③ 细胞产量

已知细胞经验分子的相对摩尔质量为113g，故求得：

$$细胞产量=0.161\frac{mol}{mol}\times113\frac{g}{mol}\times\frac{4\times10^5 gCOD/d}{615gCOD/mol}\times\frac{kg}{10^3g}=11.8kg/d$$

④ 混合气组成

已知反应产生的$CO_2$和$CH_4$比例各为50%，则混合气体中：

$$CH_4产量=\frac{9.20}{9.20+3.83}\times100=71\%$$

$$CO_2产量=100\%-71\%=29\%$$

**【例6-9】** 在厌氧废水处理过程中，保持合适的碱度对于系统的稳定运行非常重要。根据【例6-8】的生化计量方程式，有机废水分解释放氨的同时能产生碱度。为此，请估算厌氧生化处理过程中产生的碳酸盐碱度，并计算系统的pH值。假定温度为35℃，$CO_2$分压为0.29atm（1atm=101325Pa）。

**解**：根据化学计量方程，每消耗1mol基质能产生2.17mol的$HCO_3^-$，其对应质量为

50g 的碱度（$CaCO_3$ 表示）：

$$碱度(CaCO_3)=\frac{0.8\times5gCOD}{L}\times\frac{2.17molHCO_3^-}{mol}\times\frac{mol}{615gCOD}\times\frac{50000mg碱度}{molHCO_3^-}=706mg$$

$CaCO_3/L$

假定原始废水中不含碱度，则废水处理系统的碱度均来自生化反应过程，其 pH 值可用下式计算：

$$pH=-\lg(5\times10^{-7})+\lg\frac{706/5000}{0.29/38}=6.6$$

该 pH 值为维持厌氧处理过程稳定所必需的下限。

## 习 题

1. 试比较厌氧法与好氧法处理的优缺点，讨论厌氧处理的主要影响因素。
2. 某地区设计人口为 80000 人，平均污水量为 100L/(人・d)，污泥量为 0.5L/(人・d)，污泥含水率为 95%。试估算完全混合系统一级消化和二级消化池容积；如采用传统消化池，池容是多少？
3. 一肉类加工厂废水拟采用厌氧接触消化池处理，已知废水水量 $Q=760m^3/d$，废水 $COD_{Cr}=3000g/L$，发酵温度 $T=35℃$，混合液浓度（MLVSS）$X=3500mg/L$。试计算厌氧接触消化池的容积。
4. 某屠宰场的废水排放量为 15 $m^3/h$，废水 $COD_{Cr}$浓度 3000$m^3/L$，采用厌氧颗粒污泥膨胀床（EGSB）工艺处理，取停留时间为 6h，容积负荷为 0.6kg COD/($m^3$・h)，取反应器有效高度为 10m。试求 EGSB 反应器的有效容积和反应器总体积。
5. 已知废水流量为 3000$m^3$/d、$COD_{Cr}=4500mg/L$、$BOD_5=2750mg/L$、SS=2000mg/L。假定容积负荷 6kg $COD_{Cr}$/($m^3$・d)，污泥产率 0.1kg MLSS/kg $COD_{Cr}$，产气率 0.5$m^3$/kg $COD_{Cr}$。水力负荷可取 0.5kg/($m^2$・h)。希望出水：$COD_{Cr}$和 $BOD_5$ 去除率分别达到 85%和 90%，出水 SS 为 800mg/L。试求 USAB 反应器有效容积（拟采用 6 座相同 USAB 反应器），日产泥量和产气量各为多少？
6. 某企业产生的废水拟采用内循环厌氧反应器（IC）处理，已知废水流量为 3000$m^3$/d、$COD_{Cr}$ 为 12000mg/L、SS 为 1000mg/L、TN 为 180mg/L、$NH_3$-N 为 20mg/L、pH 为 5.0、$SO_4^{2-}$ 为 220mg/L。要求内循环厌氧反应器工艺出水 $COD_{Cr}$、$NH_3$-N、SS 分别达到 1800mg/L、40mg/L、1200mg/L。取第一反应室 $COD_{Cr}$去除率为 80%，容积负荷 35kg $COD_{Cr}$/($m^3$・d)；第二反应室 $COD_{Cr}$去除率为 20%，容积负荷 12kg $COD_{Cr}$/($m^3$・d)；取反应器高径比为 2.5；设第二反应室内升流速度为 4m/h。试求反应器的有效容积，第一、第二反应室有效面积及其几何尺寸，第一反应室沼气产生量和第二反应室的循环量。

## 参考文献

[1] 唐受印，汪大辉等．废水处理工程．北京：化学工业出版社，1998.
[2] 贺延龄编著．废水的厌氧生物处理，北京：中国轻工业出版社，1998.
[3] 北京水环境技术与设备研究中心等主编．三废处理工程技术手册．北京：化学工业出版社，2000.
[4] 徐志毅主编．环境保护技术和设备．上海：上海交通大学出版社，1999.
[5] 王洪臣主编．城市污水处理厂运行控制与维护管理．北京：科学出版社，1999.
[6] 顾夏声，黄铭荣，王占生．水处理工程．北京：清华大学出版社，1989.
[7] 张自杰主编．排水工程．北京：中国建筑工业出版社，2000.
[8] 刘天齐主编．三废处理工程技术手册．北京：化学工业出版社，1998.
[9] 张自杰主编．环境工程手册：水污染防治卷．北京：高等教育出版社，1996.
[10] 于尔杰，张杰主编．给排水快速设计手册．北京：中国建筑工业出版社，2000.
[11] 斯皮思 R E 著．工业废水厌氧生物技术．李亚新译．北京：中国建筑工业出版社，2001.
[12] 阮文权主编．废水生物处理工程设计实例详解．北京：化学工业出版社，2006.
[13] 汪大翚，雷乐成等编．水处理新技术及工程设计．北京：化学工业出版社，2001.
[14] Bruce E Rittmann，Perry L McCarty 著．环境生物技术——原理与应用．文湘华，王建龙等译．北京：清华大学出版社，2004.

# 第7章 废水生物脱氮除磷

## 7.1 水中氮、磷的危害

废水中的氮以无机氮和有机氮形式存在。有机氮包括蛋白质、多肽、氨基酸和尿素等，主要来自生活污水、农业垃圾（植物秸秆、牲畜粪便等）以及某些工业废水（如羊毛加工、制革、印染、食品加工等）。无机氮可分为氨氮、硝态氮和亚硝态氮三种（统称为氮化合物），其中一部分无机氮由有机氮经微生物分解转化而来，另外的无机氮来自于农田排放水和地表径流，以及某些工业废水。

氮或磷化合物是生物的重要营养源和植物性营养物质，约有25%的氮和19%左右的磷可被微生物吸收用来合成细胞，但若水体中氮、磷含量过高，会加速水体的富营养化过程，使蓝藻、绿藻等大量繁殖并导致水体缺氧、水质恶化，致使鱼、虾等水生生物死亡。

据国家海洋局调查结果，我国近海有$20\times10^4km^2$的海水受到污染，其主要污染物质为氮、磷、油类等化合物，以及铅、汞等重金属与类金属，其中以氮、磷污染为甚。据报道，2001年宁波海域中无机氮严重污染海域面积为$9758km^2$，无机磷轻度、中度和严重污染海域面积分别为$6098.1km^2$、$3036.6km^2$、$623.3km^2$；杭州湾、甬江口、三门湾、象山港为无机氮严重污染海域，其平均测量值分别超出四类海水水质标准2.89倍、1.92倍、1.39倍和1.40倍，与2000年相比超标倍数有所增大（2000年分别为2.40倍、1.82倍、0.79倍和1.14倍）；杭州湾和甬江口也为无机磷严重污染海域，其含量超出四类海水水质标准1.31倍和1.12倍。

无机氮的两种主要毒害物质为硝酸盐和亚硝酸盐。如果饮用水中硝酸盐含量很高，人摄入过多的硝酸盐会导致亚硝酸根在血液系统中的积累，并妨碍血红蛋白氧的运输；另外，硝酸盐在人的胃内会转化成亚硝酸盐，进而转化成致癌的亚硝胺。

地表水和地下水中的磷通常以磷酸盐（$H_2PO_4^-$、$HPO_4^{2-}$和$PO_4^{3-}$）、聚磷酸盐和有机磷的形式存在，由于磷酸盐易被植物通过光合作用转化为蛋白质，所以在一般地表水中的磷含量不高。生活污水中的磷主要以正磷酸盐离子、聚合磷酸盐或缩合磷酸盐以及有机磷的形式存在，含磷量一般在10～15mg/L，其中70%是可溶性的。有机磷化合物主要包括磷酸酯、亚磷酸酯、焦磷酸酯、次磷酸酯和磷酸酰胺等。不同种类的有机磷，其毒性相差很大。如作为合成纤维阻燃剂的磷酸三苯酯是低毒的，用作杀虫剂的对氧磷属剧毒物，而沙林(sarin)、梭曼（soman）等则属于剧烈的神经毒物，曾被用于战争，具有极强的杀伤性。

国内外水体中氮、磷含量的控制是废水处理中一个比较突出的问题，因此，研究和开发新型的废水生物脱氮、除磷技术具有十分重要的意义。

## 7.2 废水微生物脱氮

生物脱氮是采用异养型微生物将污水中的含氮有机物氧化分解为氨氮，然后通过自养型硝化细菌将其转化为硝态氮，再经反硝化细菌将硝态氮还原为氮气的生物处理过程。近年来，随着水体富营养化问题的日益严重，各国对污水排放标准的日益严格，废水生物脱氮工艺技术得以迅速发展。

### 7.2.1 微生物脱氮原理及动力学模型

#### 7.2.1.1 脱氮原理

(1) 硝化作用 硝化作用（nitrification）指的是在氧存在下，废水中氨氮被自养菌氧化为亚硝酸盐及硝酸盐的过程。用于硝化的自养菌包括硝化细菌和亚硝化细菌等。硝化作用包括两个阶段，首先是氨氮氧化成亚硝态氮，其次将亚硝态氮进一步氧化成硝态氮。亚硝化单胞菌（*Nitrosomonas*）、亚硝化球菌（*Nitrosococcus*）、亚硝化管菌（*Nitrosopirn*）、亚硝化黏质菌（*Nitrosogloea*）以及亚硝化球胆菌（*Nitrosocystis*）等亚硝化细菌主要完成硝化作用的第一阶段。氨氮氧化过程可用以下方程表示：

$$2NH_4^+ + 3O_2 \longrightarrow 2NO_2^- + 4H^+ + 2H_2O + \text{（能量 480～700kJ）}$$

在好氧条件下，该过程中硝化菌利用无机物质为碳源合成细胞物质，同时释放出大量能量，产生的氢离子使废水的 pH 降低。与异养型细菌（$\mu_{max}=0.46 \sim 2.2d^{-1}$）相比，硝化细菌的生长是十分缓慢的（$\mu_{max}=0.1 \sim 1d^{-1}$）。

硝化菌（*Nitrobacter*）、硝化球胆菌（*Nitrocystis*）、硝化球菌（*Nitrococcus*）以及硝化螺旋菌（*Nitrospira*）等硝化细菌完成硝化作用的第二阶段，将亚硝态氮转变成硝态氮，具体反应可以用下式表示：

$$2NO_2^- + O_2 \longrightarrow 2NO_3^- + \text{（能量 130～180kJ）}$$

由于亚硝态氮氧化成硝态氮过程所释放的能量比氨氮氧化释放的能量要少，所以硝化细菌的产率也比亚硝化单胞菌产率低，而且硝化细菌的比生长速率 $\mu_{max}$ 为 $0.28 \sim 1.44d^{-1}$，也较低。硝化作用过程中的细菌性质对废水处理有多方面影响：首先由于硝化细菌的生长速率比异养菌要慢，导致氧化单位氨的细胞产率较低，因此废水中有机物负荷不能太大，应与硝化细菌的生长速率相适应，否则细菌就会被冲失；其次，过程中应存在一定量的氧气，以供硝化细菌转化 $NH_4^+$ 所需；另外，由于硝化过程中的氢离子产生，导致硝化细菌处于酸性环境下，故需考虑合适的缓冲溶液调节系统。

在硝化过程中，硝化细菌是最常用的亚硝态氮氧化剂，但是近来通过对硝化菌 16S RNA 的核酸探针测试表明，硝化细菌并不是废水处理工艺中完成亚硝态氮氧化作用最重要的菌种，相反，硝化螺旋菌更多地被视为完成亚硝态氮氧化的优势菌种。

(2) 反硝化作用 反硝化作用（denitrification）指的是硝酸盐的还原过程，即硝酸盐被微生物作为最终电子受体，通过生物异化还原转化成氮气，或通过生物同化还原转化为氨氮进入生物合成的过程。整个过程可表示为：$NO_3^- \to NO_3^- \to NO \to NO_2 \to N_2$。

反硝化过程的产物在某种程度上取决于参与反硝化反应的微生物种类和环境因素，但唯一的产物可以认为是 $N_2$。

反硝化作用实质上是以氧、硝酸盐和亚硝酸盐为电子受体的氧化还原反应。一般条件下都是氧气作为电子受体，在氧含量很低或缺氧的条件下，以硝酸盐及亚硝酸盐为电子受体，通过微生物将硝态氮转化成亚硝态氮，并最终释放出氮气。如果废水中存在可作为电子给体的有机物，则可大幅度降低氧的消耗。由于废水处理系统中有许多兼性异养微生物能够将硝酸盐转化成氮气，所以在生物脱氮中，常用甲醇作为电子给体，具体反应如下所示：

$$3NO_3^- + CH_3OH \longrightarrow 3NO_2^- + CO_2 + 2H_2O$$

$$2NO_2^- + CH_3OH \longrightarrow N_2 + CO_2 + H_2O + 2OH^-$$

反硝化作用的条件是：氧含量比较低（厌氧），存在有机碳源，硝酸盐浓度大于或等于 2mg/L，且 pH 在 6.5～7.5。当 pH 低于 7.3 时，$N_2O$ 的产量增加。在以有机物为基质时，反硝化菌不仅能将其用作电子给体进行反硝化（产能）反应，还能将其用作碳源合成细胞物质。用作反硝化反应与用作合成细胞物质的有机物的比例，与基质种类、菌的类群及其所处的环境条件有关，需通过实验测定。

7.2.1.2　微生物脱氮动力学

微生物脱氮动力学是表征硝酸盐和有机物两者与微生物比增长速率的关系。在硝化过程中，由于氨氮转化为亚硝酸盐的反应是整个硝化过程的控制步骤，亚硝酸盐一般不会积累，所以可用表征亚硝酸盐菌的比增长速率与氨氮浓度关系的单底物 Monod 模型来表示：

$$\mu=\frac{\mu_{\max}\rho_{\mathrm{N}}}{K_{\mathrm{N}}+\rho_{\mathrm{N}}} \tag{7-1}$$

式中，$\mu$、$\mu_{\max}$ 分别为亚硝酸盐菌的比增长速率和最大比增长速率，$d^{-1}$；$K_N$ 为亚硝酸盐的饱和常数，mg/L；$\rho_N$ 为亚硝酸盐的浓度，mg/L。

有关硝化动力学常数如饱和常数、细菌的最大比生长速率、最小总氨氮（TAN）浓度以及最大 TAN 去除速率等可参考有关文献。而在反硝化过程中，有机物和硝酸盐都可能成为微生物增长速率的限制性因素，因此，可以用“双 Monod 模型”来描述：

$$\mu=\frac{\mu_{\max}\rho\rho_{\mathrm{N}}}{(K+\rho)(K_{\mathrm{N}}+\rho_{\mathrm{N}})} \tag{7-2}$$

式中，$\mu$、$\mu_{\max}$ 分别为微生物比增长速率和最大比增长速率，$d^{-1}$；$K$、$K_N$ 分别为有机物和硝酸盐的饱和常数，mg/L；$\rho$、$\rho_N$ 分别为有机物和硝酸盐的浓度，mg/L。

其中 $\mu_{\max}$ 和 $K$ 与有机物的性质有关，当以甲醇作为外碳源时，$\mu=0.33h^{-1}$，$K=4.13$mg/L，而 $K_N=0.1\sim0.2$mg/L。

在反硝化过程中，有机物浓度可能成为限制微生物增长的因素。因为如果有机物过量，则可能使出水的 COD 增高；如果有机物不足，则硝酸盐还原不完全，影响处理效果。一般反硝化过程动力学用式(7-2) 来表征。若反硝化过程中利用的是可快速降解的有机物（如甲醇），则反硝化过程动力学可用式(7-1) 来表征，此时公式中下标 N 表示硝酸盐氮。如果以成分复杂的城市污水或工业废水为碳源，往往存在不同降解速率的有机物，则可采用式(7-2) 来计算。Barnard 等人在处理城市污水的研究中发现，反硝化过程存在三种不同的反应速率，如图 7-1 所示。

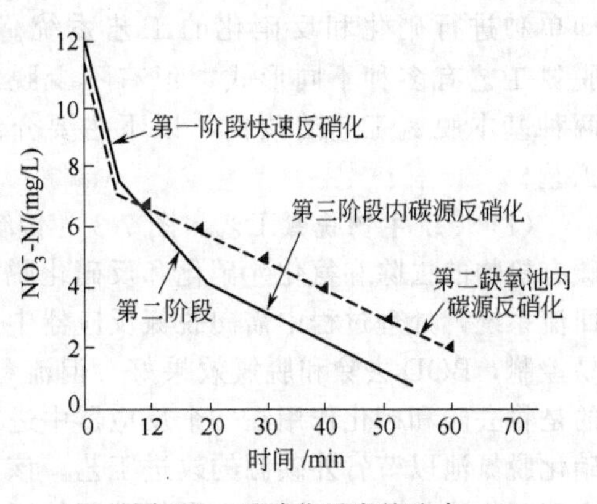


图 7-1　反硝化反应的速率

### 7.2.2　脱氮工艺

在污水处理系统中，硝化和反硝化过程可以各种方式组合在一起。如表 7-1 所示，只要水力停留时间不是很短，一般第一步硝化作用就可以将含氮有机物除去，而反硝化作用要求从好氧条件转变成厌氧状态，同时还需要有机碳源。

表 7-1　生物硝化和反硝化过程参数

| 过程 | 水力停留时间/d | 截留时间/h | 混合液中挥发性固体含量/(mg/L) | pH |
|---|---|---|---|---|
| 除碳 | 2～5 | 1～3 | 1～2 | 6.5～8.0 |
| 硝化作用 | 10～20 | 0.5～3 | 1～2 | 7.4～8.6 |
| 反硝化作用 | 1～5 | 0.2～2 | 1～2 | 6.5～7.0 |

生物脱氮工艺，按工艺中的硝化反应器类型，有微生物悬浮生长型（活性污泥法及其改良）和微生物附着型（生物膜反应器）。在废水的实际处理过程中，也有同时采用这两种反

应器的脱氮工艺，例如 Dincer 等人就采用该工艺，使废水通过活性污泥反应器进行硝化，然后进入生物膜反应器进行反硝化。若按活性污泥系统的级数来分，生物脱氮工艺可以分成单级活性污泥系统和多级活性污泥系统。

7.2.2.1 单级活性污泥脱氮工艺

单级活性污泥系统是将含碳有机物氧化、硝化和反硝化在一个活性污泥系统中实现，并只有一个沉淀池。如间歇式序批反应器（SBR）是典型的结合硝化和反硝化作用的单级系统，它同时利用一系列程序化的顺序操作：进料、厌氧条件、好氧条件、污泥沉淀以及水流去除。图 7-2 表示间歇式序批反应器中硝酸盐、亚硝酸盐和氨浓度变化。在最初的厌氧阶段以及随后的好氧阶段，氨水平下降。与之相反，硝酸盐的浓度开始很低，但随着好氧阶段的硝化作用开始而上升。在好氧阶段，硝酸盐和亚硝酸盐都发生脱氮作用。该模式还可用于厌氧反应器和第二级为缺氧阶段的两级过程。

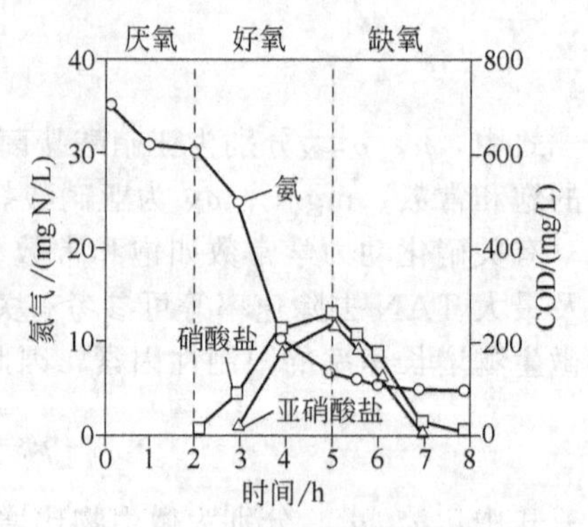


图 7-2 间歇式序批反应器中盐浓度随时间的变化

7.2.2.2 多级活性污泥脱氮工艺

多级活性污泥系统是传统的生物脱氮系统，即单独进行硝化和反硝化的工艺系统。虽然生物脱氮工艺有多种不同形式，但有不少脱氮工艺都是传统生物脱氮工艺和 A/O 脱氮工艺两种基本脱氮工艺的改良，以下主要介绍具有代表性的传统生物脱氮工艺和 A/O 脱氮工艺。

(1) 传统生物脱氮工艺 图 7-3 为传统的三级生物脱氮工艺流程。此工艺中，分别将含碳有机物的去除和氨化、硝化和反硝化脱氮反应在三个反应器中独立进行，并分别设置污泥回流系统，处理过程中需向脱氮反应器中投加甲醇等外碳源（也可用其他碳源）。此工艺较易控制，BOD 去除和脱氮效果好，但流程较长、构筑物较多、基建费用高等。图 7-4 所示的是将去碳和硝化作用在一个反应器中进行的改进工艺。图 7-5 所示的为将部分原水引入反硝化脱氮池以节省外碳源的改进工艺。该工艺通过将部分原水作为脱氮池的碳源，既降低了去碳硝化池的负荷，也减少了外碳源的用量。由于原水中的碳源多为复杂的有机物，反硝化菌利用这些碳源进行脱氮反应的速率将有所下降，故出水 BOD 去除效果略差。此外，该工艺存在流程长而复杂的问题。

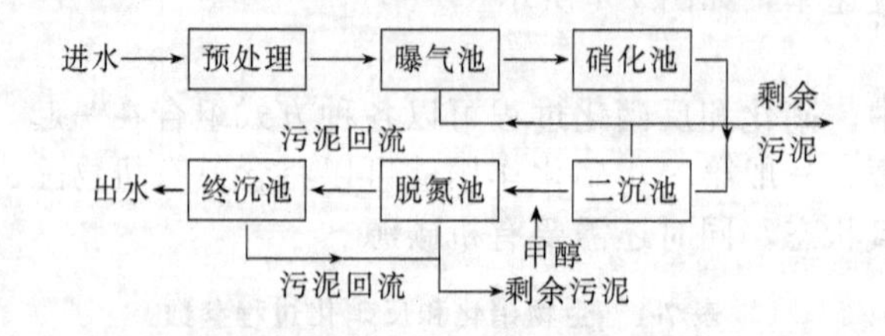


图 7-3 传统的三级生物脱氮工艺流程

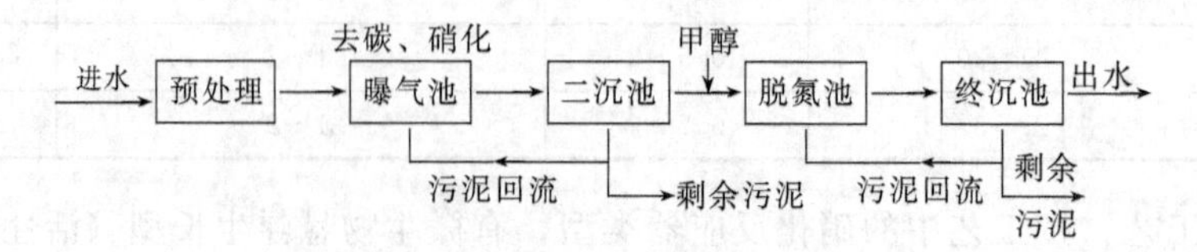


图 7-4 改进的三级生物脱氮工艺

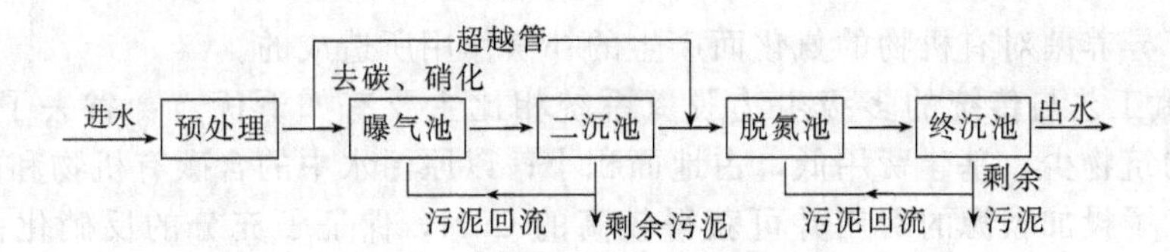


图 7-5　内碳源生物脱氮工艺

为使出水的 $BOD_5$ 浓度控制在较低水平，有专家提出如图 7-6 所示的在反硝化池后增设一个曝气池的工艺流程。此工艺虽能保证处理出水中的 $BOD_5$ 浓度，但是加长了工艺流程，使其工程造价及运行管理不具竞争性。

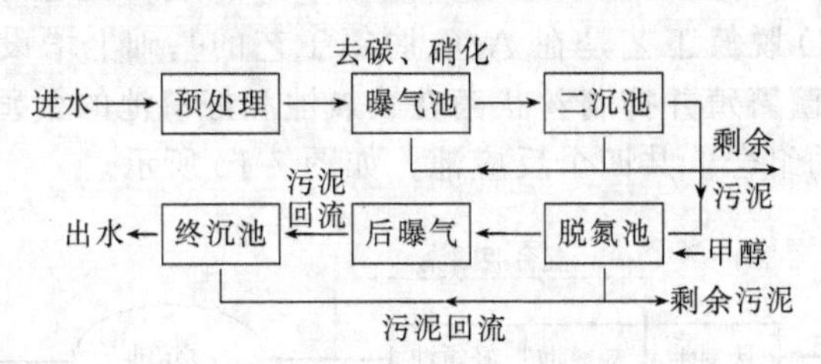


图 7-6　有后曝气的生物脱氮工艺

(2) A/O 脱氮工艺　A/O（Anoxic/Oxic）脱氮工艺是一种前置反硝化工艺，其流程如图 7-7 所示。这是目前实际工程中采用较多的一种生物脱氮工艺。

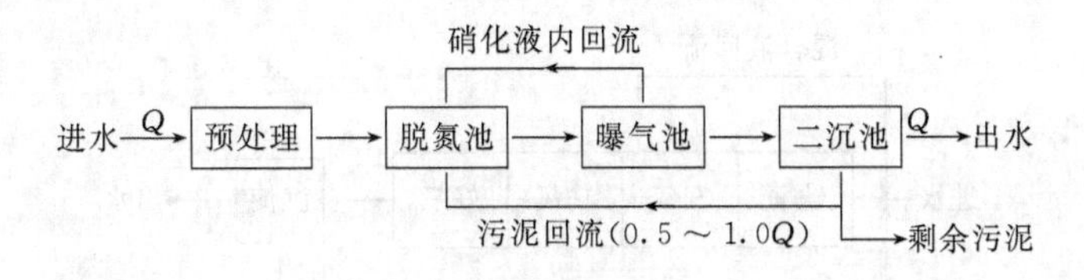


图 7-7　A/O 脱氮工艺

在 A/O 脱氮工艺流程中，原污水先进入缺氧池，再进入好氧池，并将好氧池的混合液与沉淀池的污泥同时回流到缺氧池。污泥和好氧池混合液的回流保证了缺氧池和好氧池中有足够数量的微生物，并使缺氧池得到好氧池中硝化产生的硝酸盐。而原污水和混合液的直接进入，又为缺氧池反硝化提供了充足的碳源，使反硝化反应能够在缺氧池中得以进行，反硝化后的出水又可在好氧池中进行 $BOD_5$ 的进一步降解和硝化。

A/O 脱氮工艺中只有一个污泥回流系统，因而使好氧异养菌、反硝化菌和硝化菌都处于缺氧-好氧交替的环境中，构成一种混合菌群系统，使不同菌属充分发挥它们的优势。图 7-8 所示为 A/O 脱氮工艺的特性曲线。由图 7-8 可见，在 A 段，$NO_3^-$-N 浓度由于反硝化作用而大幅度下降；同时由于在反硝化过程中利用了碳源有机物，污水的 COD 和 $BOD_5$ 均有所下降；$NH_4^+$-N 浓度也有所下降，主要是用于细菌的生物细胞合成。而在 O 段，在异养菌的作用下，COD 和 $BOD_5$ 不断下降；$NH_4^+$-N 则由于硝化作用而快速下降；相应的 $NO_3^-$-N 浓度不断上升，但是幅度明显大于 $NH_4^+$-N 的下降幅度，

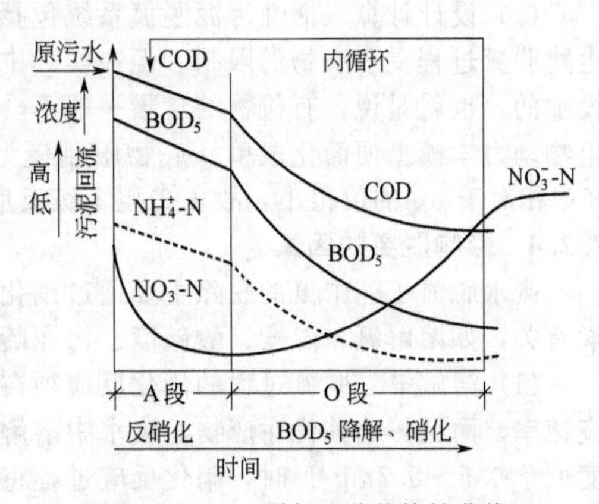


图 7-8　A/O 脱氮工艺的特性曲线

这主要是由于异养菌对有机物的氨化而产生的补偿作用所造成的。

A/O 脱氮工艺与传统的多级生物脱氮系统相比主要有如下优点：省去了中间沉淀池，流程简单，构筑物少，基建费用低，占地面积小；以原污水中的含碳有机物和内源代谢产物为碳源，节省了投加碳源的费用并可获得较高的 C/N，保证了充分的反硝化；好氧池在缺氧池后，可进一步去除反硝化残留的有机污染物，改善出水水质；而且由于反硝化消耗了一部分碳源有机物（$BOD_5$），可以减轻好氧池的有机负荷；缺氧池在好氧池前，缺氧池可起生物选择器的作用，改善活性污泥的沉降性能，有利于控制污泥膨胀，并且反硝化过程产生的碱度还可以补偿硝化过程对碱度的消耗。

A/O 脱氮系统是生物脱氮的基本工艺，其他不少工艺都是基于该工艺而改进发展的。例如图 7-9 所示的 $A^2/O$ 脱氮工艺是在 A/O 脱氮工艺的基础上增设了一个厌氧池，该厌氧池主要促进菌胶团的细菌繁殖并抑制丝状菌在缺氧池和好氧池的繁殖。而 Bardenpho 工艺则是两级 A/O 脱氮工艺的组合，共四个反应池，如图 7-10 所示。

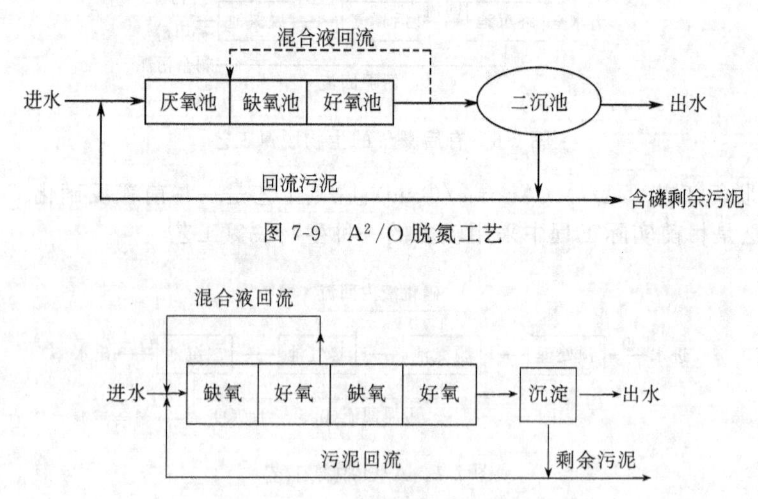


图 7-9　$A^2/O$ 脱氮工艺

图 7-10　Bardenpho 脱氮工艺

### 7.2.3　工艺选择及其设计计算

（1）工艺选择　生物脱氮工艺选择取决于污水处理的目标。当仅对出水的 $NH_4^+$-N 浓度有要求，而不考虑总氮（TN）含量，采用合并硝化或单独硝化即可满足出水要求；当出水 TN 有要求时，应同时考虑硝化和反硝化；对于出水 TN 要求不同，应考虑采用不同的脱氮工艺。

（2）设计计算　活性污泥脱氮系统包括脱氮反应器、需氧反应器和沉淀池。从理论上，生物脱氮过程受双底物的限制。但在实际中，为求得尽可能高的脱氮率，有机物往往是过量投加的，也就是说，有机物的含量一般不会成为脱氮反应的速率限制性因素，这样，脱氮的生物动力学模型便简化成单一底物限制模型，可用类似式(7-1) 的 Monod 方程表示。由于 $K_N$ 相对于 $\rho_N$ 的值很小，故可采用零级反应的形式表示脱氮系统中的脱氮率。

### 7.2.4　影响脱氮的因素

废水脱氮工艺中氮的脱除主要通过硝化菌和反硝化菌作用实现，但其处理效果与环境因素有关，如溶解氧、温度、酸碱度、污泥龄以及碳源等。

（1）溶解氧　脱氮过程的硝化反应须在好氧条件下进行，溶解氧的浓度不仅影响硝化反应速率，而且影响其代谢产物。废水中溶解氧的浓度一般控制在 2～3mg/L，当溶解氧的浓度低于 0.5～0.7mg/L 时，硝化反应过程将受到限制。在低溶解氧条件下，亚硝酸化毛杆菌将产生大量 $N_2O$ 等代谢产物。

反硝化过程需在较为严格的缺氧条件下进行。对悬浮型活性污泥反应器，反硝化过程中混合液的溶解氧浓度应控制在0.5mg/L以下。当缺氧区中的溶解氧含量过高时，氧不仅与硝酸盐竞争电子供体，还会抑制硝酸盐还原酶的合成和活性。反硝化速率与活性污泥絮体内的缺氧分数关系可表示为：

$$r_{DN(T)}=r_{DN(20)}K^{(T-20)}(1-DO) \tag{7-3}$$

式中，$r_{DN(T)}$表示温度为$T$℃的反硝化速率；$r_{DN(20)}$表示温度为20℃的反硝化速率；$K$表示反硝化温度系数（1.03～1.10）；DO表示溶解氧浓度，mg/L。

（2）温度　硝化反应的最适温度为30～35℃。温度对硝化反应速率的影响符合Arrhenius方程，当温度低于5℃时，硝化反应几乎停止。温度对亚硝化菌和硝化菌反应速率分别用以下两式计算：

亚硝化菌
$$r_{NY(T)}=r_{NY(15)}a^{(T-15)} \tag{7-4}$$

硝化菌
$$r_{Nx(T)}=0.791a^{0.088(T-15)} \tag{7-5}$$

式中，$r_{NY(T)}$、$r_{NY(15)}$分别为温度为$T$℃和15℃时的亚硝化菌最大比增长速率；$r_{Nx(T)}$为温度为$T$℃时的硝化菌最大比增长速率；$a$为常数。

图7-11表示反应温度及不同碳源对反硝化速率的影响。反硝化过程的适宜温度为15～30℃，在此温度范围内，反硝化速率变化与温度关系符合Arrhenius方程［式(7-6)］。当温度低于10℃时，反硝化速率明显下降；而当温度低于3℃，反硝化作用停止；当温度高于30℃时，反硝化速率也开始下降。

$$r_{DN(T)}=r_{DN(20)}10^{K_T(T-20)} \tag{7-6}$$

式中，$K_T$为温度常数。

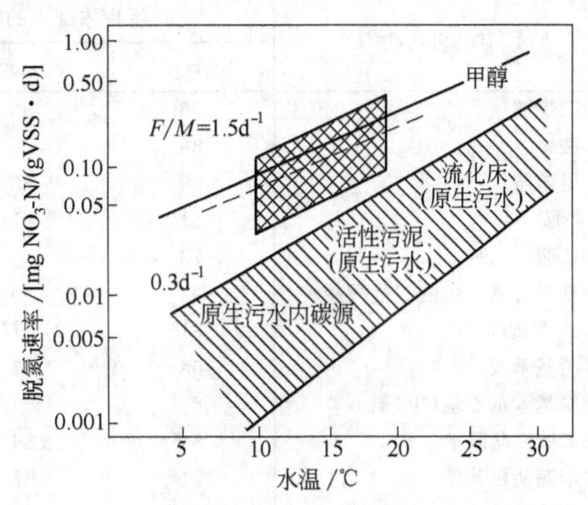

图7-11　温度及不同碳源对反硝化速率的影响

（3）酸碱度（pH）　酸碱度是影响废水生物脱氮工艺运行的一个重要因素。硝化过程消耗废水中的碱度使pH下降，而反硝化过程产生一定量的碱度使pH有所上升，但反硝化阶段所产生的碱度并不能弥补硝化阶段所消耗的碱度，从而导致系统的pH下降。由于硝酸菌、亚硝酸菌和反硝化菌的适宜pH分别为6.0～7.5、7.0～8.5和7.0～7.5，因此一般生物脱氮系统的pH最好维持在6.5～8.0。对硝化过程，当pH低于6或高于9.6时，硝化反应停止。而对反硝化过程，pH为7.5左右时，系统处于最佳状态；pH低于6.5或高于9.0时，反应速率会很快下降。式(7-7)是Haltman提出的pH对硝化菌生长速率的影响关系式。

$$\mu_N=\frac{\mu_{N,pH'}}{1+0.04\left[10^{(pH'-pH)}-1\right]} \tag{7-7}$$

式中，$\mu_N$、$\mu_{N,pH'}$分别为在非最佳pH和最佳pH′运行时硝化菌生长速率。

（4）碳源　硝化细菌是化能自养菌，广泛存活于土壤中，其生理活动不需要有机营养物，可从二氧化碳获取碳源，从无机物的氧化中获取能量。此外，研究发现废水中存在适量的磷，可提高细菌的硝化作用活性。

由反硝化过程动力学可知，碳源种类不同影响反硝化速率。反硝化碳源可以分为三类：易于生物降解的溶解性有机物，如甲醇、乙醇和葡萄糖等；可慢速生物降解的有机物，如淀粉、蛋白质等；第三类为细胞物质，细菌利用细胞成分进行内源反硝化。以第一类有机物为碳源，反硝化速率最快；以细胞物质为碳源，反硝化速率最慢。一般情况下，当废水中的$BOD_5$/

TKN 为 5～8 时，可以认为废水中的碳源是足够的；反之，则需要补充甲醇等外加碳源。

（5）污泥龄　污泥龄的长短主要取决于亚硝化细菌的世代期控制。在生物脱氮过程中，污泥龄一般控制在 3～5d 以上，最高可达 10～15d。污泥龄较长可增加微生物的硝化能力，减轻有毒物质的抑制作用，但也会降低污泥的活性。

（6）混合液回流比（$R$）　在各种脱氮工艺过程中，当回流比增加，氮的去除率也增加，但是，随着回流比的继续增加，氮去除率的增加速率将减慢，进一步提高处理效果的难度加大。因此，选取混合液的合适回流比相当重要。一般情况下，对低氨氮浓度的废水，回流比在 2～3 较为经济；对高浓度氨氮的废水，回流比可适当高一些。过高的回流比对反硝化有抑制作用，并导致系统运转费用的增加。

（7）毒害物质的控制　在废水的生物脱氮处理过程中需对某些有毒、有害物质进行合理而必要的控制，否则有机物浓度过高会使硝化过程中异养微生物浓度大大超过硝化菌的浓度，以致后者不能获取足够的氧而影响硝化速率。表 7-2 所列为某些有机物对氨氧化抑制程度的影响，可供设计时考虑。

**表 7-2　某些有机物对氨氧化抑制程度的影响**

| 有机物 | 在所指浓度下的抑制程度/% | | | 抑制程度为 50%时，计算浓度/(mg/L) |
|---|---|---|---|---|
| | 100mg/L | 50mg/L | 10mg/L | |
| 十二烷胺 | 96 | 95 | | $<1$ |
| 苯胺 | 86 | | | $<1$ |
| 正甲苯胺 | 90 | 83 | 71 | $<1$ |
| 1-萘胺 | 81 | 81 | 45 | 15 |
| 乙二胺 | 73 | | 41 | 17 |
| 萘基亚乙基二胺的二盐酸盐 | 93 | 79 | 29 | 23 |
| 2,2′-双吡啶 | 91 | 81 | 23 | 23 |
| 对硝基苯胺 | 64 | 52 | 46 | 31 |
| 对氨基苯基乙基(甲)酮 | 80 | 56 | 22 | 43 |
| 联苯胺二盐酸盐 | 84 | 56 | 12 | 45 |
| 对苯基偶氮苯胺 | 54 | 47 | 0 | 72 |
| 己二胺 | 52 | 45 | 27 | 85 |
| 间硝基苯 | 76 | 32 | 29 | 87 |
| 三乙胺 | 35 | | | 127 |
| 水合茚满三酮 | 30 | 26 | 31 | $>100$ |
| 对苯基苯酸乙酯 | 30 | 27 | 0 | $>100$ |
| 二甲基乙二醛二肟 | 30 | 9 | | 140 |
| 苄胺 | 26 | 10 | 0 | $>100$ |
| 单宁酸 | 20 | | | $>150$ |
| 草乙醇胺 | 16 | | | $>200$ |

注：摘自郑兴灿等，有机物对氨氧化抑制程度的影响，污水除磷脱氮技术，1998，P47。

此外，一些重金属和无机物对硝化菌也有抑制作用，如 Zn、Cu、Hg、Cr、Ni、Ag、Co、Cd 以及 Pb 等重金属和类金属，以及 $CN^-$、$ClO_4^-$、HCN、$K_2CrO_4$、硫氰酸盐、叠氮化钠、三价砷以及氟化物等无机物。

# 7.3　废水微生物除磷

## 7.3.1　微生物除磷原理及动力学模型

### 7.3.1.1　微生物除磷原理

微生物除磷通常指的是在活性污泥或生物膜法处理废水之后进一步利用微生物去除水体

中磷的技术。该技术主要利用聚磷菌等一类细菌，过量地、超出其生理需要地从废水中摄取磷，并将其以聚合态储藏在体内，形成高磷污泥而排出系统，从而实现废水除磷的目的。

聚磷菌是一种适应厌氧和好氧交替环境的优势菌群，在好氧条件下不仅能大量吸收磷酸盐合成自身的核酸和 ATP，而且能逆浓度梯度地过量吸收磷合成储能的多聚磷酸盐。

自 20 世纪 60 年代污水除磷现象被发现后，已有不少专家、学者研究聚磷菌能过量摄磷的原因及机理，特别是 Shapiro 和他的学生 Levin 提出的磷吸收的生物学过程是通过好氧微生物的代谢途径实现的，但他们没有提及释磷的原因。后来 Rensink 等、Wells 以及 Levin 和 Shapiro 等证实了厌氧条件下的放磷现象，即白天曝气吸磷，晚上停曝气放磷，同时也证实了磷的去除不是无机性磷化合物的沉淀和溶解。接着 Barnard 又提出了厌氧条件下磷的生物超量吸收概念等，使过量摄磷机理进一步完善。

聚磷菌能够过量摄磷的原因可以解释如下：废水除磷工艺中同时存在的发酵产酸菌，能为其他的聚磷菌提供可利用的基质。处于厌氧和好氧交替变化的生物处理工艺中，在厌氧条件下，聚磷菌生长受到抑制，为了生长便释放出其细胞中的聚磷酸盐（以溶解性的磷酸盐形式释放到溶液中)，同时释放出能量。这些能量可用于利用废水中简单的溶解性有机基质时所需。在这种情况下，聚磷菌表现为磷的释放，即磷酸盐由微生物体内向废水的转移。当上述微生物继而进入好氧环境后，它们的活力将得到充分的恢复，并在充分利用基质的同时，从废水中大量摄取溶解态的正磷酸盐，在聚磷菌细胞内合成多聚磷酸盐，如具有环状结构的三偏磷酸盐和四偏磷酸盐 $M_nP_nO_{3n}$，以及具有线状结构的焦磷酸盐和不溶性结晶聚磷 $M_{n+2}P_nO_{3n}$，具有横联结构的过磷酸盐等，并加以积累。这种对磷的积累作用大大超过了微生物正常生长所需的磷量，可达细胞重量的 6%～8%。而且有研究证明聚-3-羟基丁酸盐比聚-3-羟基戊酸盐更能够影响聚磷菌的好氧摄磷。聚磷菌在厌氧条件下不但能分解外界的有机物，还能通过分解体内的聚磷来获取生长繁殖所需的能量。

图 7-12 为聚磷菌利用乙酸基质在厌氧和好氧条件下的代谢过程。在厌氧条件下，聚磷菌将体内储藏的聚磷分解，产生的磷酸盐进入液体中（放磷)，同时产生的能量可供聚磷菌在厌氧条件下生理活动之需，另一方面用于主动吸收外界环境中的可溶性脂肪酸，在菌体内以聚-$\beta$-羟基丁酸（PHB）的形式储存。细胞外的乙酸转移到细胞内生成乙酰 CoA 的过程也需要耗能，这部分能量来自菌体内聚磷的分解，聚磷分解会导致可溶性磷酸盐从菌体内的释放和金属阳离子转移到细胞外。

在好氧条件下，聚磷菌体内的 PHB 分解为乙酰 CoA，一部分用于细胞合成，大部分进入三羧酸循环和乙醛酸循环，产生氢离子和电子；从 PHB 分解过程中也产生氢离子和电子，这两部分氢离子和电子经过电子传递产生能量，同时消耗氧。产生的能量一部分供聚磷菌正常的生长繁殖，另一部分供其主动吸收环境中的磷，并合成聚磷，使能量储存在聚磷的高能磷酸键中，这就导致菌体从外界吸收可溶性的磷酸盐和金属阳离子进入菌体内。

过量除磷主要是生物作用的结果，但是生物过量除磷并不能解释所有的生物除磷行为。Vacker 和 Milbury 的研究结果表明，生物诱导的化学除磷可以作为生物除磷的补充。他们提出了在生物除磷系统中磷的脱除可能包括 5 种途径：生物过量除磷、正常磷的同化作用、正常液相沉淀、加速液相沉淀以及生物膜沉淀。

7.3.1.2　聚磷微生物

一般聚磷微生物可以分为三大类，即不动细菌属、具有硝化或反硝化能力的聚磷菌、假单胞菌属（*Pseudomonas*）和气单胞菌属（*Aerodomonas*）等其他聚磷菌。

不动细菌，如乙酸钙不动杆菌（*Acinetobacter calcoa ceticus*）和鲁氏不动杆菌（*A. lwoffi*），其外观为粗短的杆状，革兰染色阴性或略紫色，对数期细胞大小 1～1.5μm，杆状到球状，静止期细胞近球状，以成对、短链或簇状出现。而实验也发现硝化杆菌属

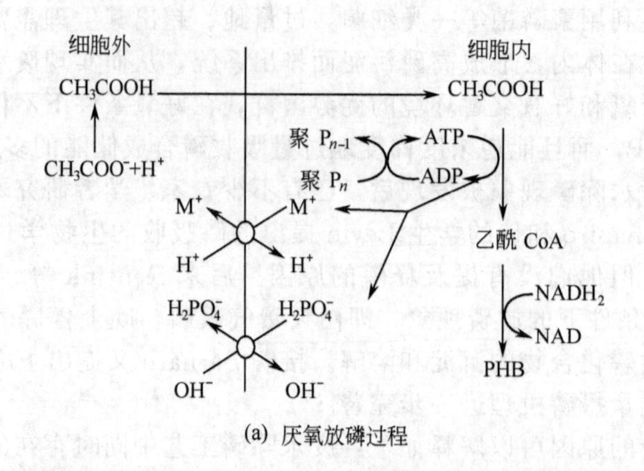

(a) 厌氧放磷过程

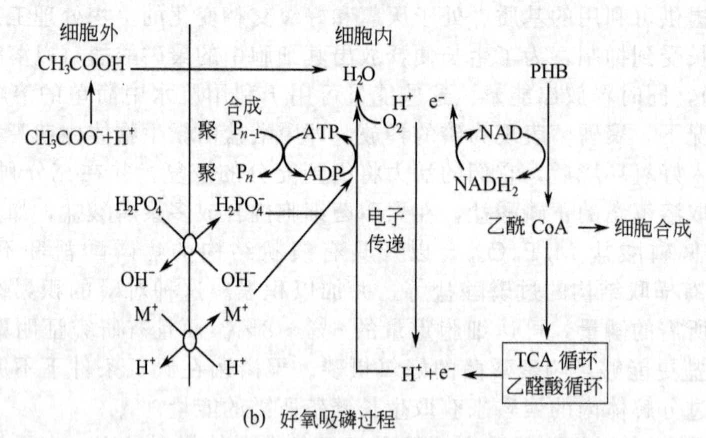

(b) 好氧吸磷过程

图 7-12 聚磷菌利用乙酸基质在厌氧和好氧条件下的代谢过程

(*Nitrobacter* sp.)、反硝化硝化球菌（*Nitrococcus denitrificans*）和亚硝化球菌（*Nitrosococcus*）等也能超量吸磷。其他聚磷菌主要有假单胞菌属（*Pseudomonas*）、气单胞菌属（*Aerodomonas*）、放线菌属（*Microthrix*）和诺卡菌属（*Nocardia*）等，如氢单胞菌（*Hydrogenomonas* sp.）、泡囊假单胞菌（*Pseudomonas vesicularis*）、沼泽红假单胞菌（*Rhodopseudomonas palustris*）、产气杆菌（*Aerobacter aerogenes*）等。

聚磷菌一般只能利用低级脂肪酸（如乙酸等），而不能直接利用大分子的有机基质，因此大分子物质需降解为小分子物质。如果降解作用受到抑制，则聚磷菌难以利用放磷中产生的能量来合成聚-$\beta$-羟基丁酸（PHB）颗粒，因而也难以在好氧阶段通过分解 PHB 来获得足够的能量过量地摄磷和积磷，从而影响系统的处理效率。

7.3.1.3 除磷过程

废水的生物除磷工艺过程中通常包括两个反应器，一个是厌氧放磷，另一个为好氧吸磷。图 7-13 为在工艺过程中厌氧放磷和好氧吸磷的生化机理。

① 厌氧放磷 污水生物处理中，主要是将有机磷转化成正磷酸盐，聚合磷酸盐也被水解成正盐形式。废水的微生物除磷工艺中的好氧吸磷和除磷过程是以厌氧放磷过程为前提的。在厌氧条件下，聚磷菌体内的 ATP 水解，释放出磷酸和能量，形成 ADP，即：

$$ATP + H_2O \longrightarrow ADP + H_3PO_4 + 能量$$

试验证明，经过厌氧处理的活性污泥，在好氧条件下有很强的吸磷能力。

② 好氧吸磷 在好氧条件下，聚磷菌有氧呼吸，不断地从外界摄取有机物，ADP 利用分解有机物所得的能量进行磷酸合成 ATP，即：

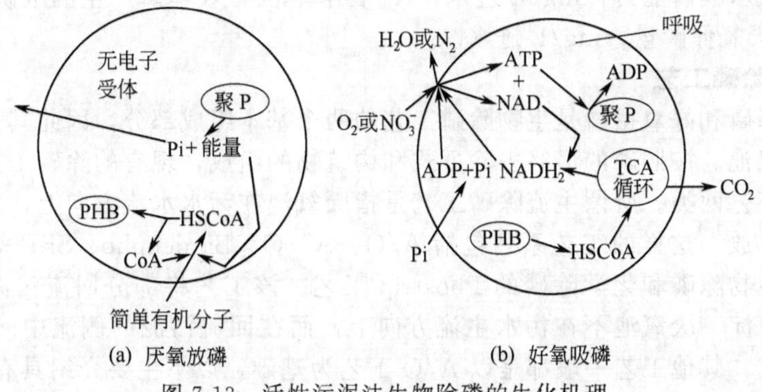


图 7-13 活性污泥法生物除磷的生化机理

$$ADP+H_3PO_4+能量\longrightarrow ATP+H_2O$$

其中大部分磷酸是通过主动运输的方式从外部环境摄取的，这就是所谓的“磷的过量摄取”现象。

7.3.1.4 生物除磷动力学

人们根据基质与除磷微生物混合后出现的响应方式把能诱导磷释放的基质划分成3类，它们是A类：甲酸、乙酸和丙酸等低分子有机酸；B类：甲醇、乙醇、柠檬酸和葡萄糖等；C类：丁酸、乳酸和琥珀酸等。这三类都属于可快速降解的COD。

其中A类基质存在时放磷速度较快，污泥初始的线性放磷是由A类基质诱导所致，放磷速度与A类基质浓度无关，仅与活性污泥的浓度和微生物的组成有关，所以A类基质诱导的厌氧放磷呈零级动力学反应，见式(7-8)。B类基质必须在厌氧条件下转化成A类基质后才能被聚磷菌利用，从而诱导磷的释放。因此诱导放磷的速度主要取决于B类基质转化成A类基质的速度，其反应方程见式(7-9)。C类基质能否引发磷的释放则与污泥中微生物组成有关。在用该基质驯化后，其诱导的厌氧放磷速度与A类基质相近。

A类基质诱导的厌氧放磷的零级反应方程为：

$$\frac{d\rho_t}{dt}=K_P K_{PA} X_A \tag{7-8}$$

式中，$\rho_t$表示$t$时刻混合液液相磷浓度，mg/L；$X_A$表示能利用A类基质的活性污泥浓度，mg/L；$K_{PA}$表示活性污泥中的聚磷菌吸收和转化A类物质成PHB的速率常数，mg COD/(g AVSS·h)；$K_P$表示活性污泥中的聚磷菌吸收单位A类基质所产生的释磷量，mg P/mg COD。

其中B类基质诱导的释放速率曲线可以用Monod方程表示为：

$$\frac{d\rho_t}{dt}=K_P'\frac{K_m S_B X_B}{K_{SB}+S_B} \tag{7-9}$$

式中 $K_P'$表示聚磷菌吸收单位B类基质所释放的磷量观测值，为0.3mg P/mg COD左右；$K_m$表示B类基质在厌氧状态下的最大转化速率，mg COD/(g BVSS·h)；$K_{SB}$表示半速率常数，mg COD/L；$S_B$为磷酸盐的浓度；$X_B$为能利用B类基质的活性污泥浓度，mg/L。所以混合液中磷的释放速率可以表示为：

$$\frac{d\rho_u}{dt}=K_P K_{PA} X_A+K_P'\frac{K_m S_B X_B}{K_{SB}+S_B} \tag{7-10}$$

又因为磷吸收是以磷释放为前提的，如果在选定的停留时间内，磷都是有效释放的，那么好氧条件的磷的吸收能力可以表示为：

$$\rho_u=K_u\Delta\rho \tag{7-11}$$

式中，$\rho_u$表示吸磷能力，mg/L 进水；$K_u$表示单位有效释磷产生的吸磷能力（2.0mg/mg）；$\Delta\rho$ 表示厌氧释磷量，mg/L 进水。

### 7.3.2 典型的除磷工艺

废水厌氧释磷和好氧摄磷是生物除磷工艺的两个基本组成部分，因此其工艺流程一般包括厌氧池和好氧池。按照磷的最终去除方式和构筑物的组成，现有的除磷工艺可分为主流除磷和侧流除磷工艺两类。所谓主流除磷工艺是指厌氧池在污水水流方向上，磷的最终去除通过剩余污泥的排放，这样的工艺系列包括 A/O、$A^2$/O、Bardenpho、SBR 等。而侧流除磷工艺是指结合生物除磷和化学除磷的 Phostrip 工艺。该工艺将部分回流污泥分流到厌氧池脱磷并用石灰沉淀，厌氧池不在污水主流方向上，而在回流污泥的侧流中。A/O 工艺是最基本的除磷工艺，其他工艺一般都是以 A/O 工艺为基础。以下主要介绍具有代表性的 A/O 工艺和 Phostrip 工艺。

#### 7.3.2.1 A/O工艺

A/O 工艺是 Anaerobic/Oxic 的简称，工艺流程图见 7-14。A/O 系统由活性污泥反应池和二沉池构成，污水和污泥顺次经厌氧和好氧交替循环流动。反应池分为厌氧区和好氧区，两个反应区进一步划分为体积相同框格，其中流态呈平推流式。回流污泥进入厌氧池可吸收去除一部分有机物，并释放出大量磷，进入好氧池的废水中有机物被好氧降解，同时污泥也将大量摄取废水中的磷，部分富磷污泥以剩余污泥的形式排出，实现磷的脱除。

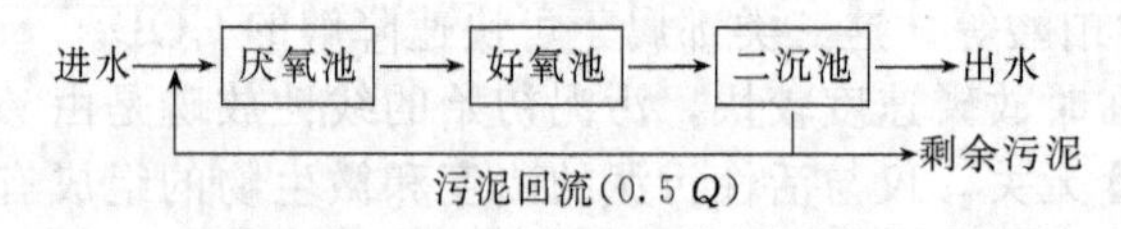


图 7-14 A/O 生物除磷工艺流程图

A/O 工艺流程简单，不需另加化学药品，基建和运行费用低。厌氧池在好氧池前，不仅有利于抑制丝状菌的生长，防止污泥膨胀，而且厌氧状态有利于聚磷菌的选择性增殖，污泥的含磷量可达干重的 6%。厌氧区分格有利于改善污泥的沉淀性能，而好氧区分格所形成的平推流又有利于磷的吸收。A/O 工艺高负荷运行，泥龄和停留时间短。

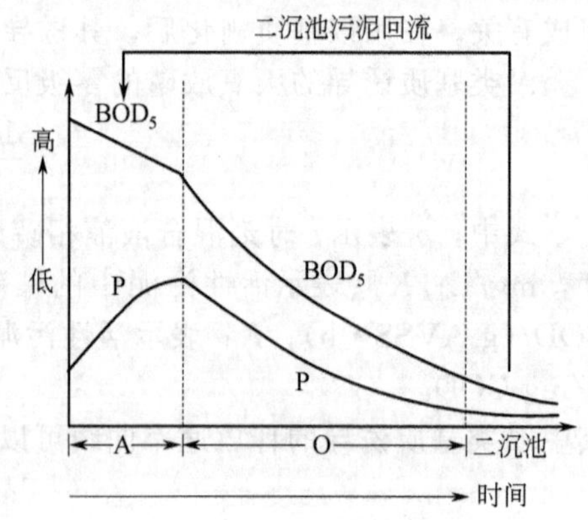


图 7-15 A/O 工艺的特性曲线

图 7-15 为 A/O 工艺的特性曲线，可见，在 A 段和 O 段 $BOD_5$ 均有所下降，其中 A 段 $BOD_5$ 的下降是由于聚磷菌利用废水中溶解性有机基质合成 PHB 造成的，而在 O 段的下降是由于异养菌的好氧分解。P 的含量在 A 段有所升高，到了 O 段才大幅度降低。

A/O 工艺适用于处理 P 和 BOD 之比很低的废水。当进水中的有机基质浓度较低，尤其是易降解的基质浓度较低时，对于废水的除磷是不利的。例如我国的城市污水，其含磷量一般为 3～8mg/L，在这种情况下对进水中有机基质的浓度要求大于 173.5mg/L，才能使 $BOD_5$ 的去除率达到 85%。

A/O 废水除磷工艺存在除磷效率低的问题，其主要原因有：系统中磷的去除主要依靠剩余污泥的排除来实现，其去除效果受运行条件和环境条件的影响很大；进水中分子量较低且易降解的有机基质含量较少时，聚磷菌难以直接利用基质而影响其磷的释放程度，从而导致在好氧段摄磷能力的下降；在污泥的浓缩和消化过程中，二沉池中还难免有磷的释放；另外，水质波动较大时也会对除磷产生一定的影响。

7.3.2.2　Phostrip 工艺

Phostrip 工艺如图 7-16 所示。该工艺是在传统活性污泥的污泥回流管线上增设一个除磷池及一个混合反应沉淀池而构成的。与 A/O 一样，其除磷机理同样利用聚磷菌对磷的过量摄取作用而完成的。该工艺不是将混合液置于厌氧状态，而是先将回流污泥（部分或全部）处于厌氧状态，使其在好氧过程中过量摄取的磷在除磷池中充分释放。由除磷池流出的富含磷的上清液进入投加化学药剂（如石灰）的混合反应池，通过化学沉淀作用将磷去除；经过磷释放后再行回流到处理系统中重新摄磷。将回流污泥的一部分（相当于进水量的10%～15%）送入除磷池，使其在厌氧条件下停留一定的时间，以利于磷由固相向液相转移，提高除磷池上清液中的磷含量。Phostrip 工艺的特点是生物除磷和化学除磷结合在一起，与 A/O 工艺相比具有以下优点：出水总磷浓度低，小于 1mg/L；回流污泥中磷含量较低，对进水水质波动的适应较强；大部分磷以石灰污泥的形式沉淀去除，污泥的处置不复杂；对现有工艺的改造只需在污泥回流管线上增设小规模的处理单元即可完成。

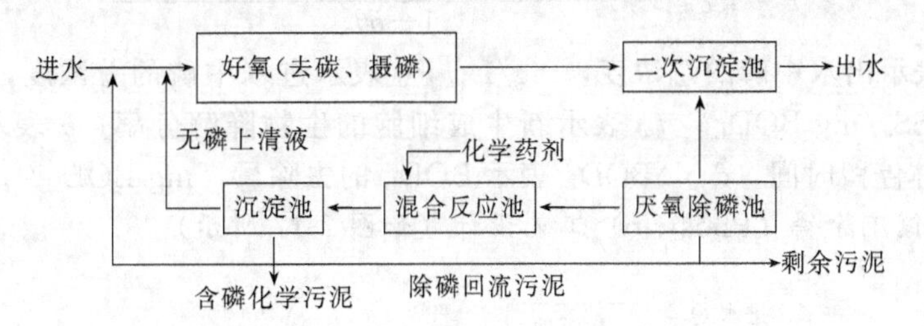


图 7-16　Phostrip 工艺

总之，Phostrip 工艺受外界条件影响小，工艺操作灵活，除磷效果好且稳定。在低温低有机基质浓度的条件下，以及除磷为主的情况下，采用此工艺是比较合适的。

### 7.3.3　工艺选择及设计计算

7.3.3.1　工艺选择

对于污水厂除磷，目前设计单位在工艺设计上的普遍做法是在城市污水二级处理工艺中设置厌氧段。但由于生物除磷效率有限（一般仅有 60%～70%），进水磷的浓度只要超过 2 mg/L，仅靠二级生物处理就很难达标排放。

在生物除磷工艺过程中，首先要根据废水水质及具体处理要求确定合理的处理工艺方法。以下为工艺选择的几条基本原则。

① 进水中的易降解有机基质不得低于 60mg/L。如果进水中易生物降解的有机基质浓度过低，没有一种工艺能获得良好的除磷效果。

② 进水的 COD/TKN 大于 12.5，可采用 Phoredox 以彻底消除硝酸盐对除磷的影响。

③ 进水的 COD/TKN 在 9～12.5 范围内，采用 UCT 工艺为宜。

④ 进水的 COD/TKN 在 7～9 之间，采用 UCT 工艺时应严格控制回流比，并检查污泥的沉降性能。否则，$NO_3^-$ 将影响厌氧段的释磷作用或因污泥沉降不良而影响系统的除磷效果。

⑤ 进水的 COD/TKN 小于 7，则不宜采用生物除磷工艺。

7.3.3.2　设计计算

生物除磷的工艺设计计算通常根据特定的生物除磷工艺给出相关的设计要点，包括厌氧区的设计、污泥处理方法、处理系统的处理能力以及污泥龄的确定等。以下主要介绍侧流除磷工艺（Phostrip）的设计要点，包括释磷池的尺寸和布置、反应澄清池的尺寸、石灰投加量和淘洗水的来源。

(1) 释磷池　根据分流到释磷池的回流污泥量、所需的固体停留时间以及进流和底流（外排）的污泥浓度来确定释磷池容积，其中释磷量按0.005～0.02g P/g VSS计算。释磷池的表面积，依据固体负荷和设定的固体通量确定；其深度按最低需求容积和表面积算出，再加上50%的深度，以调节释磷池的污泥储存量。

(2) 反应澄清池　反应澄清池的容积大小是依据释磷池产生的上清液流量以及设定的溢流率（表面负荷）来确定。释磷池的上清液包含来自污泥浓缩释放水和淘洗水，其中淘洗水一般按释磷池进水总流量的50%～100%计算。

(3) 石灰投加量　反应澄清池的石灰投加量取决于上清液的特性，即上清液的碱化能力。要使上清液的pH提高到9～9.5，石灰投加量大多在100～300mg/L。

(4) 淘洗水来源　淘洗水一般要求不含硝酸盐和溶解氧。初沉出水、二沉出水以及反应澄清池石灰沉淀上清液均可用作淘洗水。

以下给出一种人们常用来估算利用活性污泥法进行强化生物除磷后出水含磷量方法：

$$P=P_0-\frac{0.0801Y[1+(1-f_d)b\theta_x](\Delta BOD_L)}{1+b\theta_x}$$

式中，$P$ 表示出水中磷的总浓度，mg/L；$P_0$ 表示进水中磷的总浓度，mg/L；$Y$ 表示生长率，mg $VSS_a$/mg $BOD_L$；$f_d$ 表示新生成细胞的生物降解分率；$b$ 表示内源性衰减系数；$\theta_x$ 表示固体停留时间，d；$\Delta BOD_L$ 表示 $BOD_L$ 的去除量，mg $BOD_L$/L。

**【例 7-1】** 侧流除磷（Phostrip）工艺设计（如图 7-17 所示）

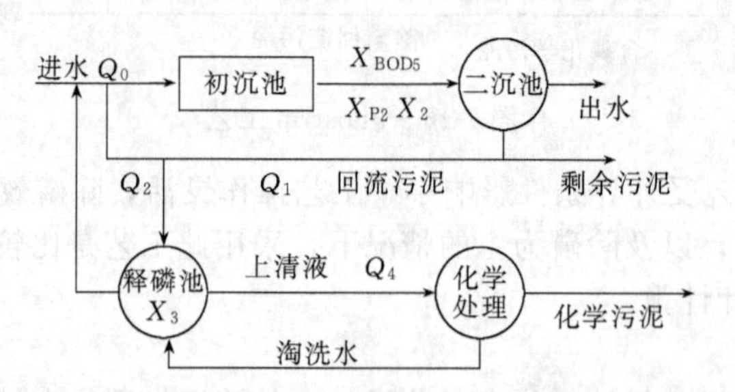


图 7-17　侧流除磷工艺流程示意

已知污水和处理设施设计条件如下。进水流量：$Q_0=10000m^3/d$；初沉出水 $BOD_5$ 浓度：$X_{BOD_5}=120mg/L$；初沉出水总含磷量：$X_{P_2}=8mg/L$；活性污泥回流量 $Q_1$：按进水流量的80%计算；回流活性污泥浓度：$X_2=6g/L$。释磷池设计设定值如下。污泥固体停留时间：$\theta=10h$；底流污泥浓度：$X_3=9g/L$；释磷池的回流污泥量 $Q_2$：按进水流量的25%计算。

**解：** 设计步骤如下。

(1) 进入释磷池的回流污泥量

$$Q_2=25\%Q_0=25\%\times10\ 000=2500\ (m^3/d)$$

通过释磷池的回流污泥量占总回流污泥量比例

$$Q_2'=\frac{Q_2}{Q_1}=\frac{25\%Q_0}{80\%Q_0}\times100\%=31\%$$

(2) 释磷池底流污泥浓度　　$X_3=9g/L$

(3) 释磷池污泥固体停留时间　　$\theta=10h$

(4) 释磷池每日产生的污泥（即释磷池底流流量）

$$Q_3=\frac{Q_2X_2}{X_3}=\frac{2500\times6}{9}=1667\ (m^3/d)$$

设密度修正系数 $\alpha$ 为 0.8，则释磷池净污泥体积

$$V_3=\frac{Q_3\theta}{\alpha}=\frac{1667\times10}{0.8}\times\frac{1}{24}=868\ (\mathrm{m}^3)$$

(5) 假设底流污泥浓度 9g/L 时的容许固体通量 $J_2$ 为 $50\mathrm{kg/(m^2\cdot d)}$，则释磷池固体负荷：

$$F_2=X_2Q_2=6\times2500=15000\ (\mathrm{kg/d})$$

所需释磷池面积 $A_2=\dfrac{F_2}{J_2}=\dfrac{15000}{50}=300\ (\mathrm{m}^2)$

溢流率 $J_2'=\dfrac{Q_2}{A_2}=\dfrac{2500}{300}\times\dfrac{1}{24}=0.35\ [\mathrm{m^3/(m^2\cdot h)}]$

(6) 释磷池污泥深度　$h_1=\dfrac{V_3}{A_2}=\dfrac{868}{300}=2.9\ (\mathrm{m})$

(7) 设上清液深度 $h_2$ 取 1.5m，则释磷池最低深度

$$h_L=h_1+h_2=2.9+1.5=4.4\ (\mathrm{m})$$

总释磷池深度取 5.5m 以增加储量调节能力。

(8) 一级出水淘洗液的进料流量为释磷池进流量 50% 时上清液流量

$$Q_4=50\%Q_2+(Q_2-Q_3)=50\%\times2500+(2500-1667)=2083\ (\mathrm{m^3/d})$$

(9) 设溢流率 $J_4'=49\mathrm{m^3/(m^2\cdot d)}$，则用于石灰沉淀的固体接触设施

$$面积\ A_4=\frac{Q_4}{J_4'}=\frac{2083}{49}=42.5\ (\mathrm{m}^2)$$

$$直径\ D_4=\sqrt{\frac{4A_4}{\pi}}=7.4\ (\mathrm{m})$$

设石灰投加剂量 $b$ 为 200mg/L，则每天投加石灰量

$$B_4=Q_4b=2083\times200\times0.001=417\ (\mathrm{kg/d})$$

(10) 核查除磷率

设挥发性固体含量为 70%，释磷池磷释放量折算系数 $c$ 为 0.01g P/g VSS，磷释放量

$$\Delta P_2=F_2dc=15000\times0.70\times0.01=105\ (\mathrm{kg/d})$$

通过释磷池上清液处理去除的磷

$$\Delta P_4=\frac{\Delta P_2Q_4}{150\%Q_2}=\frac{105\times2083}{150\%\times2500}=58.3\ (\mathrm{kg/d})$$

(11) 确定剩余污泥的含磷量

进入活性污泥系统的进水 TP 量

$$F_5=Q_0X_{P_2}=10000\times8\times0.001=80\ (\mathrm{kg/d})$$

设出水总磷浓度 $X$ 为 0.5mg/L，剩余污泥所含的总磷量

$$F_7=F_5-\Delta P_4-XQ_0=80-58.3-0.5\times10000\times0.001=16.7\ (\mathrm{kg/d})$$

一级处理后生物系统的净产泥量系数 $d$ 取 0.55g SS/g $BOD_5$，则

去除的 $BOD_5=120-10=110\ (\mathrm{mg/L})$

净产泥量 $F=\Delta BOD_5\times d\times Q_0=110\times0.55\times10000=605\ (\mathrm{kg/d})$

剩余污泥的含磷量 $P=F_7/F\times100\%=16.7/605\times100\%=2.8\%$

与主流生物除磷工艺相比，本工艺处理结果的污泥含磷量比较低。

### 7.3.4 影响除磷的因素

在生物除磷系统中，不少因素对除磷效率都有明显影响，在运行过程中必须加以注意。

(1) 溶解氧　生物除磷工艺中厌氧段的厌氧条件十分重要，因为它不仅影响聚磷菌的释磷能力及其利用有机底物合成 PHB 的能力，而且由于氧的存在，会促成非聚磷菌的需氧生

长消耗有机底物，使发酵产酸菌得不到足够的营养来产生短链脂肪酸供聚磷菌使用，导致聚磷菌的生长受到抑制。所以厌氧阶段的溶解氧浓度应控制在 0.2 mg/L以下。为了最大限度地发挥聚磷菌的摄磷作用，必须在好氧阶段供给足够的溶解氧，以满足聚磷菌的需氧呼吸，一般溶解氧的浓度应控制在 1.5～2.5mg/L。

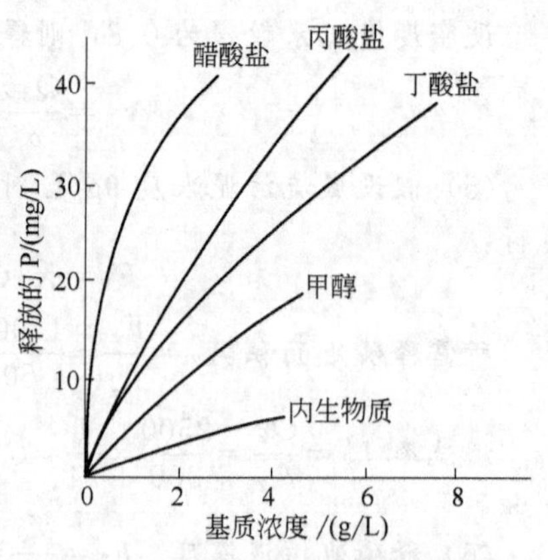

图 7-18 基质种类与磷释放的关系

(2) 基质种类　聚磷菌对不同有机基质的吸收是不同的。如图 7-18 所示在脱磷系统的厌氧区，聚磷菌首先优先吸收分子量较小的低级脂肪酸类物质，然后才是吸收可迅速降解的有机物，最后再吸收复杂难降解的高分子有机基质。废水中所含有机基质种类对磷的释放有很大影响。

(3) 碳磷比（C/P）　废水生物除磷工艺中各营养组分间的比例关系也是影响聚磷菌及摄磷效果的一个不可忽视的方面。要提高脱磷系统的除磷效率，就要提高原水中挥发性脂肪酸在总有机底物中的比例，至少应提高可迅速降解有机基质的含量。例如 Castillo 等人通过改变醋酸盐负荷来测定间歇式序批生物膜反应器（SBBR）的除磷效果，结果发现当有机负荷大于 15gCOD/($m^2$ · d) 时，其除磷率平均要比低有机负荷时的除磷率高出 40%。Helness 等人认为反应器中的总 COD 负荷应该保持足够高，以保证细菌获得净增长。不过 Morgenroth 等人却指出：虽然在活性污泥系统中，提高进水 COD 可以使得出水中磷浓度下降；但是在生物膜处理系统中，当进水 COD 提高到一定程度后，再提高进水 COD 却使得出水中磷浓度升高。Wang 等人还研究了富营养条件下醋酸盐浓度影响细胞生长和 PHB 形成的动力学情况，并指出：细胞比生长速率随醋酸盐浓度提高呈指数函数下降，但是细胞浓度提高使酸的毒性降低，因此可以显著提高 *A. eutrophus* 对醋酸盐的耐受性。醋酸盐的利用速率主要取决于细胞生长速率，而受细胞外醋酸盐浓度的影响较小。在细胞的静止生长期，以活细胞（ABM）为计算基础的醋酸盐的比利用率和 PHB 的比形成速率分别为 85mg HAc/(g ABM · h) 和 8mg PHB/(g ABM · h)；在醋酸盐浓度较高（5～10g/L）时，醋酸盐的吸收率提高了 10%～30%，结果使得 PHB 的分子尺寸也有了短暂的增长。而在指数生长期，醋酸盐的利用速率和 PHB 的合成速率分别达到了 160mg HAc/(g ABM · h) 和 830mg PHB/(g ABM · h)。

就进水中 $BOD_5$ 与 TP 的比例条件而言，聚磷菌在厌氧阶段中释放磷时产生的能量主要用于其吸收溶液中可溶性低分子基质并合成 PHB 而储存在其体内，以作为其在厌氧环境中生存的基础。因此进水中有无足够的有机基质提供聚磷菌合成足够的 PHB 是关系到聚磷菌能否在厌氧条件下生存的重要原因。为了保证脱磷效果，进水中的 $BOD_5$/TP 至少应在 15 以上，一般在 20～30。

(4) 亚硝酸盐和硝酸盐含量　亚硝酸盐浓度高低对活性污泥法除磷过程中缺氧吸磷段有一定的影响。Meinhold 等人的实验表明：在亚硝酸盐浓度较低的情况下（4～5mg $NO_2^-$-N/L），对缺氧吸磷过程无危害；但当亚硝酸盐的含量高于 8mg/L 时，缺氧吸磷被完全抑制，好氧吸磷也产生严重抑制。在该实验条件下，临界亚硝酸盐的浓度为 5～8mg $NO_2^-$-N/L。

由于聚磷菌中的气单胞菌属具有将复杂高分子有机底物转化为挥发性脂肪酸的能力，所以在除磷过程中存在着气单胞菌→发酵产酸→聚磷之间的连锁关系。而其中气单胞菌是否能够充分发挥其以发酵中间产物为电子受体而进行的发酵产酸能力，是决定其他聚磷菌能否正常发挥其功能的重要因素。但是气单菌能否充分发挥这种发酵产酸的能力，取决于废水的水质情况。实际表明，气单胞菌也是一种能利用硝酸盐作为最终电子受体的兼性反硝化菌，而且只要存在 $NO_3^-$，其对有机基质的发酵产酸作用就会受到抑制，从而也就抑制了聚磷菌的释磷和摄磷能力及 PHB 合成能力，结果导致系统的除磷效果下降甚至被破坏。为了保证厌氧段的高效释磷能力，一般应将 $NO_3^-$ 浓度控制在 0.2mg/L 以下。

(5) 污泥龄　污泥龄的长短对污泥摄磷作用及剩余污泥的排放有直接的影响。泥龄越长，污泥含磷量越低，去除单位重量的磷需消耗的 BOD 较多。此外，由于有机质的不足会导致污泥中磷“自溶”，降低除磷效果。泥龄越短，污泥含磷量越高，污泥产磷量也提高。此外，泥龄短有利于控制硝化作用的发生和厌氧段的充分释磷。因此，一般宜采用较短泥龄，为 3.5～7d。但泥龄的具体确定应考虑整个处理系统出水中 BOD 或 COD 要求。与活性污泥除磷法相比较，质量传递效果对生物膜除磷法的影响更加显著。因此，要促进生物膜法除磷效果，需要对生物膜载体进行必要的反冲洗，使生物膜比较薄。此外，研究发现改变活性污泥法厌氧阶段中废水的 pH 值也可以提高间歇式序批反应器的除磷效果。

## 7.4 废水的同步脱氮除磷工艺

### 7.4.1 废水的同步脱氮除磷工艺

同时具有脱氮除磷功能的工艺有 $A^2/O$ 和 $(AO)_2$、UCT、Phoredox、VIP 等。

#### 7.4.1.1 $A^2/O$ 和 $(AO)_2$ 工艺

$A^2/O$ (Anaerobic/Anoxic/Oxic) 工艺是在 A/O 工艺的基础上增设一个缺氧区形成的，目的是使好氧区中的混合液回流至缺氧区实现反硝化脱氮。其工艺过程大致是：废水首先进入厌氧区，由兼性厌氧发酵菌在厌氧环境下生物降解有机物转化为较低分子量的挥发性脂肪酸类（VFA）；聚磷菌将其体内聚磷酸盐分解释放出能量供专性好氧聚磷微生物吸收易降解有机基质，并以 PHB 的形式在其体内加以储存；随后，废水进入缺氧区，反硝化菌利用好氧区回流液中的硝酸盐以及废水中的有机基质进行反硝化，达到同时降低 $BOD_5$ 和脱氮的目的；在好氧区中，聚磷菌通过分解其体内 PHB 所释放出的能量维持其生长，同时过量摄取环境中的溶解态磷，使出水中溶解磷浓度降低。由于好氧区中的有机物经厌氧、缺氧段分别被聚磷菌和反硝化菌利用后浓度很低，有利于自养硝化菌的生长，并通过硝化作用将氨氮转化为硝酸盐。其他非除磷的好氧性异养菌由于受到厌氧和缺氧段的双重抑制，在好氧区中又无足够营养，难以参与竞争。从以上分析可以看出，$A^2/O$ 工艺具有同步脱氮除磷的效果。

图 7-19 为 $A^2/O$ 工艺的特性曲线。由图 7-19 可知，在厌氧池中，废水中的 $BOD_5$ 或 COD 有一定的下降，$NH_4^+$-N 也会由于细胞的合成而被部分去除，但是 $NO_3^-$-N 含量基本不变，而 P 的含量因聚磷菌在厌氧环境中的释磷而上升；在缺氧池中，反硝化菌利用废水

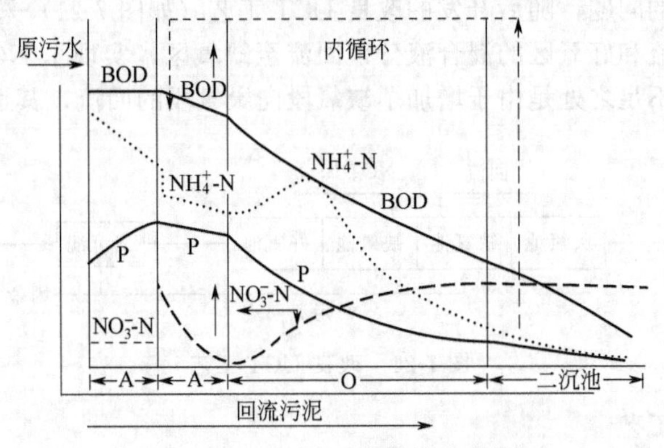


图 7-19 $A^2/O$ 工艺的特性曲线

中的碳源进行脱氮，$NO_3^-$-N 的含量大幅度下降，同时 $BOD_5$ 或 COD 也有所下降，P 的含量几乎不变；在好氧池中，由于硝化作用和聚磷菌摄取磷的作用，$NH_4^+$-N 和 P 的含量将下降，而 $NO_3^-$-N 的含量则上升。

$A^2$/O 工艺流程简单，总水力停留时间少于其他同类工艺，并不需外加碳源，运行费用低。$A^2$/O 工艺的优点是厌氧、缺氧、好氧交替运行，可以达到同时去除有机物、脱氮和除磷的目的，又由于丝状菌不适宜在此状况下生长繁殖，基本不存在污泥膨胀问题。其不足之处是除磷效果受到污泥龄、回流污泥中挟带的溶解氧和 $NO_3^-$-N 的限制。

$A^2$/O 工艺一般适用于处理负荷大于 0.2kg $BOD_5$/(kg MLVSS · d) 且进水中 BOD/TN 大于 4～5 的污水。若 $A^2$/O 工艺和生物膜反应器耦合，使部分废水直接进入缺氧池实现旁路流动，则也可以提高废水的除磷效果。

$(AO)_2$SBR 工艺指厌氧-需氧-缺氧-需氧间歇式序批反应器组合工艺，是在 A/O SBR 工艺基础上引入缺氧段组成的工艺。该工艺可以使需氧吸磷量的比例从 11%提高到 64%，且运行结果十分稳定，TOC、总氮和总磷的平均去除率分别为 92%、88%和 100%。即使亚硝酸盐的含量上升到 10mg $NO_2^-$-N /L，也不会危害缺氧吸磷过程，并可作为电子受体。而且磷的吸收速率在以亚硝酸盐为电子受体的情况下比以硝酸盐为电子受体时大得多。体积为 1000L 的中试 $(AO)_2$SBR 也有报道。A. Gieseke 等人研究发现在足够氧的情况下，若提高氨氮的浓度，则间歇式序批生物膜反应器（SBBR）可以同时实现脱氮除磷的目的。

7.4.1.2　UCT 工艺

如图 7-20 所示的 UCT 工艺是在 $A^2$/O 工艺的基础上通过调整，使沉淀池污泥回流到缺氧池的基础上形成的，另外阻止处理系统中 $NO_3^-$-N 进入厌氧池而影响磷的充分释放。UCT 工艺还增加了缺氧池混合液的回流，由于缺氧池混合液中含有较多的溶解性 BOD，而硝酸盐很少，为厌氧段内所进行的发酵提供了最优的条件。

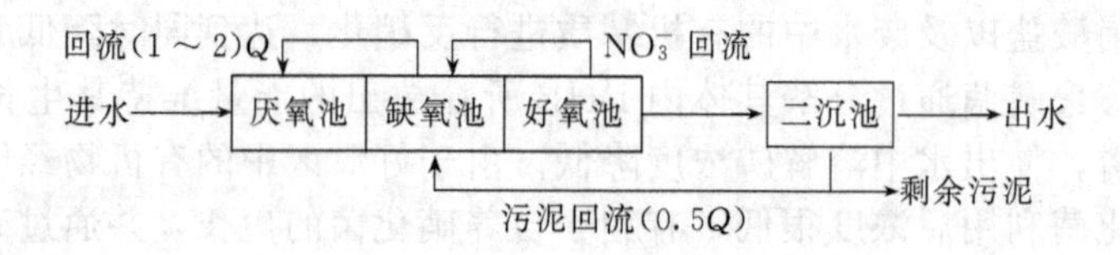


图 7-20　UCT 工艺

在实际运行过程中，当进水中总凯氏氮（TNT）与 COD 的比值较高时，为保证活性污泥具有良好的沉淀性能，须减少混合液的回流比以防止 $NO_3^-$ 进入厌氧池中。但是回流比又不能太小，否则会增加缺氧反应池的实际停留时间，从而造成某些单元中污泥的沉降性能恶化。为解决上述存在的问题，随后开发的改良 UCT 工艺（如图 7-21）采用了增加一个缺氧池，使沉淀池中的污泥回流和好氧区的混合液分别回流至缺氧区，实现了 $NO_3^-$ 在缺氧区中经反硝化而去除的目的。其不足之处是由于增加了缺氧段向厌氧段的回流，其运行费用较高。

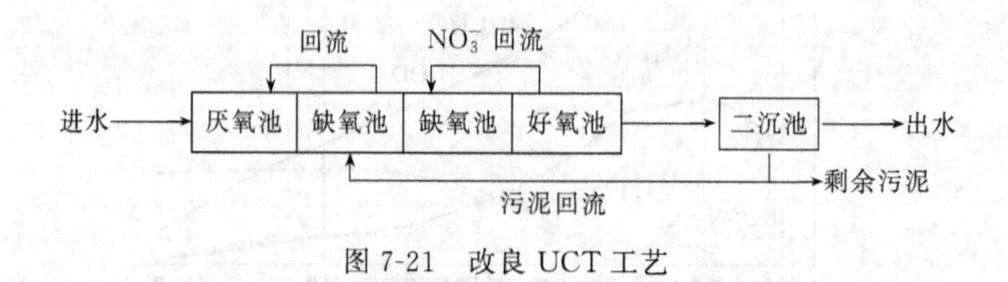


图 7-21　改良 UCT 工艺

7.4.1.3　Phoredox 工艺

如图 7-22 所示的 Phoredox 工艺，是在 Bardenpho 工艺的基础上增加一个厌氧池构成的，该工艺保证了在厌氧条件下磷的释放，从而保证了在好氧条件下有更强的吸收磷的能力，提高了除磷的效率；其缺点是污泥回流会挟带硝酸盐回到厌氧池引起对除磷的不利影响，同时该工艺还受水质的影响。

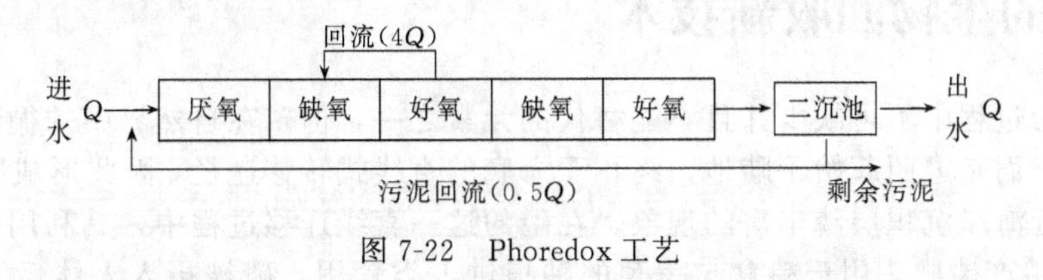


图 7-22　Phoredox 工艺

7.4.1.4　VIP 工艺

如图 7-23 所示的 VIP（Virginia Initiative Plant）工艺类似于 UCT 的生物脱氮除磷工艺。明显不同的两处是 VIP 的厌氧段、缺氧段和好氧段的每一部分都由两个以上的池子组成，其放磷和摄磷的速度很快；所需反应设备容积小、污泥龄较短、负荷较高，具有运行速率快、除磷效率高的特点。

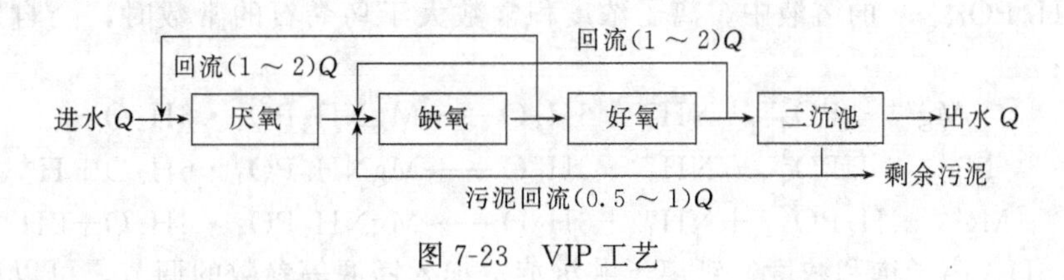


图 7-23　VIP 工艺

### 7.4.2　废水同步脱氮除磷技术的应用

废水生物脱氮除磷技术以其高效、低能耗等优势在防止受纳水体的富营养化问题和保护水体的使用方面发挥越来越大的作用，开始广泛地推广应用于各种废水的处理过程。

(1) 国内外应用现状　国外已经成功地建设并运行了许多采用生物脱氮除磷技术的污水处理厂。我国在这方面研究也进入了一定规模的生产性运行阶段，例如昆明兰花沟以生物脱氮除磷为目标设计和建设的 A/O 工艺；广州大坦沙污水处理厂采用了 $A^2/O$ 生物脱氮除磷工艺处理城市污水，设计流量为 $150000m^3/d$，运行效果良好；上海污水处理厂通过将原有的再生吸附生物处理流程改为 A/O 流程后，氮、磷的去除效率明显提高；天津市纪庄子污水处理厂对原有的曝气池的一部分进行了改造，改建为 $A^2/O$ 工艺，结果取得了 TN 和 TP 的去除率分别为 61％和 54％的良好处理效果。

(2) 存在问题与发展方向　废水生物脱氮除磷技术还在发展过程中，不少工艺过程中的问题有待解决，例如较大差别的微生物在同一系统中相互影响，制约了工艺的高效性和稳定性；较多的工艺流程中包含多重污泥和混合液回流，增加了系统的复杂性，提高了基建和运行费用；脱氮除磷过程中对能源（如氧、COD）消耗较多；剩余污泥富含磷，处理量较大；由于脱氮需要较长的停留时间才能使系统达到硝化，但系统中的 $NO_3^-$ 的存在将影响聚磷菌的厌氧放磷，泥龄长也会降低除磷效果，因此，一个系统中应兼顾脱氮与除磷的关系，使系统同时达到较理想的效果；生物脱氮系统中由于硝化细菌世代时间长，容易从系统中流失，受低温等不利环境条件的影响较大，常达不到良好的硝化效果，在活性污泥系统中采用投菌法可提高脱氮效率，但如何确定向系统投菌量和最佳投菌时间有待探讨；在生物除磷系统中也存在着确定向系统投加聚磷菌制剂的量和最佳投加时间，以保持系统处于除磷状态。

目前微生物脱氮除磷技术的主要发展方向为：采用微生物技术强化脱氮除磷过程，以提高处理效果；开发、研制成本低廉、效果稳定的新工艺新技术，如同时硝化和反硝化、短程硝化反硝化、反硝化除磷以及厌氧氨氧化等技术的研究和开发，以达到同步脱氮除磷的目的；对老厂实行技术改造，以获得较好的经济效益；处理设备的小型化和商品化，以适合不同处理需求。

## 7.5 磷的生物回收新技术

磷是生命过程中不可缺少并且不能替代的元素之一，但磷在自然界中的循环途径基本上是不可逆的，而是遵照起始于陆地，终止于海底的直线式转移途径，因此形成陆地磷资源日益匮乏，而近海岸沉积层磷丰富的现象。在磷的这一直线迁移过程中，其利用率极低，目前约80%资源生产磷肥，用于粮食与蔬菜的种植供人类食用，磷被摄入人体后，仅少量被吸收，大部分磷随尿液和粪便排泄到污水中。目前我国大部方地面水体中总磷的浓度已远高于足以引起水体富营养化的极限浓度（0.015mg/L）。因此，从污水中回收磷元素并加以利用的技术已成为目前研发热点。目前在磷的生物回收技术方面研发进展有以下几个方面。

### 7.5.1 鸟粪石沉淀磷回收技术

鸟粪石属无色斜方晶系，为白色结晶细颗粒或粉末，在常温下难溶于水，在含有$Mg^{2+}NH_4^+H_nPO_{(4n-1)}$的溶液中，离子浓度积常数大于鸟粪石的常数时，会自发沉淀，反应方程如下：

$$Mg^{2+}+PO_4^{3-}+NH_4^++6H_2O \longrightarrow MgNH_4PO_4\cdot 6H_2O$$

$$Mg^{2+}+HPO_4^{2-}+NH_4^++6H_2O \longrightarrow MgNH_4PO_4\cdot 6H_2O+H^+$$

$$Mg^{2+}+H_2PO_4^{2-}+NH_4^++6H_2O \longrightarrow MgNH_4PO_4\cdot 6H_2O+2H^+$$

通过对pH、离子饱和浓度、钙离子共沉淀、加入镁源等参数的调节，可以有效地获得鸟粪石的结晶物。

据报道，目前利用海水作为镁源从尿液中提取鸟粪石成本相对较为经济，也有采用高硬度泉水、平均含镁量为28g/L的苛性钾生产废水等作为镁源的研究报道。

### 7.5.2 丝状聚磷菌上浮富集技术

丝状聚磷菌微生物在活性污泥生物反应器中经常会引发泡沫，如微丝菌（*Microthricx parvicella*）、诺卡菌（*Nocardia amarae*）、乙酸钙不动杆菌（*Acinetobacter calcoaceticus*）等聚磷丝状菌，它们的除磷机理与聚磷菌（PAO）非常相似。有人通过试验发现，泡沫引发上浮的这些丝状聚磷菌的含磷量可达到40g/L，而释磷量为普通活性污泥释磷量的2～8倍，经厌氧消化处理，释磷量可达93mg/L。通过破碎厌氧处理，磷酸盐和氨氮的浓度足以形成鸟粪石，可避免铁盐和铝盐等化学药剂的使用。

### 7.5.3 铁还原菌回收磷技术

除了从尿液中提取鸟粪石外，还有不少磷回收的新型生物技术，如生物铁工艺用于富含脂肪废液的厌氧处理和食品加工工业废水中磷的回收，其主要原理是利用在厌氧消化条件下，铁还原菌（iron reducing bacteria，IRB）利用有机碳源将三价铁还原为二价铁，所产生的二价铁离子与污水中的磷酸根结合，在好氧条件下再将磷酸根氧化成磷酸铁沉淀。其相关反应如下：

$$4Fe_2O_3+CH_3COO^-+7H_2O \longrightarrow 8Fe^{2+}+2HCO_3^-+15OH^-$$

$$Fe^{2+}+HPO_4^{2-} \longrightarrow FeHPO_4$$

$$4FeHPO_4+HPO_4^{2-}+0.5O_2+H_2O \longrightarrow Fe_2(HPO_4)_3+2OH^-$$

该生物磷回收工艺用于回收活性污泥中的磷酸盐高达73%，其成本比传统铁盐工艺节省很多。

### 7.5.4 硝酸氮-磷酸钙沉淀回收磷技术

动物粪便中含有较高的氨氮和碳酸盐碱度，但可通过硝化使氨氮转化为硝酸氮，产生的酸度用来去除碳酸根。过程反应如下：

$$NH_4^+ + 2O_2 \longrightarrow NO_3^- + 2H^+ + H_2O$$

$$HCO_3^- + H^+ \longrightarrow CO_2(g) + H_2O$$

基于以上原理，实现磷的回收设计成以下三个过程：首先通过硝化将粪尿中的氨氮氧化为硝酸氮；其次去除溶液中存在的氨氮和碳酸盐；最后投加生石灰，以调节 pH 使磷酸钙沉淀，并回收磷。

### 7.5.5 其他的回收磷技术

除了以上介绍的技术外，还有采用生物质作为吸附剂的磷回收技术、污泥及肉骨焚烧回收磷技术，以及利用氧化铁纳米颗粒对磷酸盐的吸附回收技术等。总之，有效的磷回收生物新技术有待进一步的开发。

## 习 题

1. 脱氮设计

某城市污水平均流量 20000$m^3$/d，处理要求如表 7-3 所示。设计按出水中 $NH_4^+$-N 为 1mg/L，生物不可降解有机氮和出水 VSS 中含有机氮总量 3mg/L，$NO_3^-$-N 为 5mg/L。

设计条件如下：

| 水温 | 15℃ | MLVSS/MLSS | 0.63 |
|---|---|---|---|
| MLSS | 3000mg/L | pH | 7.0～7.5 |

表 7-3 设计指标

| 水质指标 | 进水/(mg/L) | 出水/(mg/L) | 水质指标 | 进水/(mg/L) | 出水/(mg/L) |
|---|---|---|---|---|---|
| VSS | 56 | 9 | TN | 27 | 9 |
| SS | 80 | 14 | 碱度 | 156 | — |
| $BOD_5$ | 100 | 5 | | | |

2. 污水的生物膜法硝化处理

一高为 10m 的生物塔，其横截面尺寸为 5m×5m，比表面积 $a=200m^{-1}$。污水的进水流量为 350$m^3$/d，其中 $BOD_L$ 含量为 600mg/L，TKN 为 50mg/L。污水的回流量为 350$m^3$/d。试计算该处理过程能否成功地完成硝化以及 BOD 的去除目标？

3. 硝化反应器设计

某城市区域污水场废水流量为 1500$m^3$/d，规定硝化反应器出水的 $NO_3^-$-N 为 25mg/L，$NO_2^-$-N 为 10mg/L，溶解氧为 2mg/L，要求设计脱氮反应器在当地冬季气温 10℃和 pH 值为 7.0 的条件下，达到 90%的脱氮效率，电子给体为甲醇。

4. 脱氮除磷工艺分析

如图 7-24 所示，假定该工艺处理对象是一般的生活污水。试分析该工艺能否完成脱氮除磷的目标。首先可以分析图中所标定的每个反应池以及每种流向流体的作用。如果该工艺不能成功地用于脱氮或除磷，试分析可能的原因。

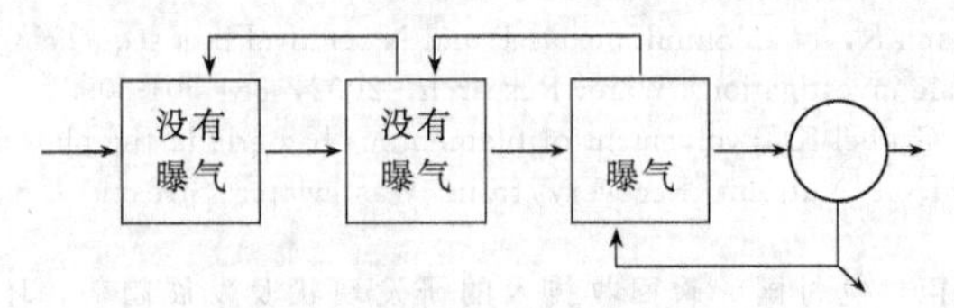


图 7-24 废水脱氮除磷工艺流程图

## 参考文献

[1] 高群英，高廷耀编著．环境微生物学．北京：高等教育出版社，2000.

［2］ 孔繁翔主编．环境生物学．北京：高等教育出版社，2000.
［3］ Alan Scragg. Environmental biotechnology. London：Pearson Education Limited，1999.
［4］ 陈坚主编．环境生物技术．北京：中国轻工业出版社，1999.
［5］ 许保玖，龙腾锐．当代给水与废水处理原理．北京：高等教育出版社，2000.
［6］ 沈耀良，王宝贞编著．废水生物处理新技术理论与应用．北京：中国环境科学出版社，1999.
［7］ 汪大翚，雷乐成编著．水处理新技术及工程设计．北京：化学工业出版社，2001.
［8］ 陈坚，任洪强，堵国成，华兆哲编著．环境生物技术应用与发展．北京：中国轻工业出版社，2001.
［9］ 马文漪，杨柳燕主编．环境微生物工程．南京：南京大学出版社，1998.
［10］ 徐亚同，史家樑，张明编著．污染控制微生物工程．北京：化学工业出版社，2001.
［11］ 汪大翚，徐新华，宋爽编．工业废水中专项污染物处理手册．北京：化学工业出版社，2000.
［12］ 王建龙，文湘华编著．现代环境生物技术．北京：清华大学出版社，2001.
［13］ Rittmann B E，McCarty P L. 环境生物技术：原理与应用．北京：清华大学出版社，麦格劳-希尔教育出版集团，2002.
［14］ 张景来，王剑波，常冠钦，刘平编著．环境生物技术及应用，北京：化学工业出版社，2002.
［15］ 郑兴灿，李亚新编著．污水脱氮除磷技术．北京：中国建筑工业出版社，1998.
［16］ 丁忠浩编著．有机废水处理技术及应用．北京：化学工业出版社，2002.
［17］ Henze M，Harremoes P，et al. Wastewater Treatment-($2^{nd}$) Biological and Chemical Processes. New York：Springer Verlag Co，1997.
［18］ Zhu S M，Chen S L. An experimental study on nitrification biofilm performances using a series reactor system. Aquacultural Engineering，1999，20：245-259.
［19］ Dincer A，Kargi F. Kinetics of sequential nitrification and denitrification processes. Enzyme and Microbial Technology，2000，27：37-42.
［20］ Alves C F，Melo L F，Vieira M J. Influence of medium composition on the characteristics of a denitrify biofilm formed by Alcaligenes denitrificans in a fluidized bed reactor. Process Biochemistry，2002，37：837-845.
［21］ Randall A A，Liu Y H. Polyhydroxyalkanoates form potentially a key aspect of aerobic phosphous uptake in enhanced biological phosphorus removal. Water Research，2002，36：3473-3478.
［22］ Mauro R，Cristano N，Attilio C，et al. Phosphorous removal in fluidized bed biological reactor (FBBR). Water Research，1995，29：2627-2634.
［23］ Castillo P A，Martinez S G，Tejero I. Biological phosphorus removal using a biofilm membrane reactor：operation at high oranic loading rates. Water Science Technology，1999，40 (4-5)：321-329.
［24］ Helness H，Qdegaad H. Biological phosphorus removal in a sequencing batch moving bed biofilm reactor. Technology，1999，40 (4-5)：161-168.
［25］ Morgenroth E，Wilderer P A. Controlled biomass removal-the key parameter to achieve enhanced biological phosphorus removal in biofilm systems. Water Science Technology，1999，39 (7)：33-40.
［26］ Morgenroth E，Wildere P A. Modelling of enhanced biological phosphorous removal in a sequencing batch bioflim reactor，Water Science Technology，1998，37 (4-5)：583-587.
［27］ Wang J P，Yu J. Kinetic analysis on inhibited growth and acetate under nutrient-rich conditions. Process Biochemistry，2000，36：201-207.
［28］ Meinhold J，Amold E，Isaacs S. Effect of nitrite on anoxic phosphate uptake in biological phosphorus removal activated sludge. Wat Res，1999，33：1871-1883.
［29］ Bond P L，Keller J，Blackall L L. Characterisation of enhanced biological phosphorus removal activated sludges with dissimilar phosphorus removal performances. Water Science Technology，1998，37 (4-5)：567-571.
［30］ Nam H U，Lee J H，Kim C W，Park T J. Enhanced biological nutrients removal using the combined fixed-film reactor with bypass flow. Water Research，2000，34 (5)：1570-1576.
［31］ Lee D S，Jeon C O，Park J M. Biological nitrogen removal with enhanced phosphate uptake in s sequencing batch reactor using single sludge system. Water Research，2001，35：3968-3976.
［32］ Garzon-Zuniga M A，Gonzalez-Martinez S. Biological phosphate and nitrate removal in a biofilm sequencing batch reactor. Water Science Technology，1996，34 (1-2)：293-301.
［33］ Giesike A，Arnz P，Amann R，et al. Simultaneous P and N removal in s sequencing batch biofilm reactor：insights from reactor and microscale investigations. Water Research，2002，36：501-509.
［34］ Suschka J，Kowalski E，Grubel K. Involvement of filamentous bacteria in the phosphorus recovery cycle，The Proceedings of the Int. Conf. on Nutrient Recovery from Wastewater Streams. London：IWA Publishing，2009：479-488.
［35］ 郝晓地，衣兰凯，王崇臣，仇付国．磷回收技术的研发现状及发展趋势，环境科学学报，2010，30 (5)：897-907.
［36］ Hao X D，Wang C C，Lan L，et al. Struvite formation，analytical methods and effects of pH and $Ca^{2+}$. Water Sci Tech，2008，58 (8)：1687-1692.

# 第 8 章　生物膜及其反应器

随着新型生物滤料的开发和配套技术的不断完善，以生物膜法为代表的废水处理技术得以快速发展。相对于活性污泥法，生物膜法具有生物膜体积小、微生物量高、污泥龄较长、水力停留时间较短、生物相相对稳定、对毒性物质和冲击负荷具有较强的抵抗性、可实现封闭运转以及处理效率高等优点。近十余年来，生物膜法已用于城市污水和工业废水的二级生物处理，并可与其他方法相结合组成新型的污水生物处理工艺，应用前景十分广阔。

本章主要介绍生物膜的附着和形成动力学机理、处理模型、各种生物膜反应器，还列举了生物膜反应器及其工艺过程的设计。

## 8.1　生物膜及其形成

### 8.1.1　生物膜的定义

生物膜主要由微生物细胞和它们所产生的胞外多聚物组成，通常具有孔状结构，含有大量被吸附的溶质和无机颗粒。因此，生物膜也可认为是由有生命的细胞和无生命的无机物组成的。基于微生物细胞分泌的胞外多聚物及其纤维状缠结结构，微生物细胞在水体中极易附着在载体表面，所组成的复杂有机结构既可以自然形成又大又密的颗粒，也可以在静止的固体或悬浮载体表面附着生长和繁殖。生物膜的组成与特性，以及在载体表面的厚度、分布均匀性，均与营养底物、生长条件和细胞分泌的胞外多聚物量等环境因素有关；生物膜的黏弹系数与抗张强度成正比关系。

生物膜一般可分为两种：静止生物膜和颗粒状生物膜。静止生物膜一般存在于滴滤池中；颗粒状生物膜通常应用于各种流化床生物膜反应器、升流式厌氧污泥床和气提式悬浮生物膜反应器。生物膜的典型尺寸比较大，通常为 0.5～3mm，孔隙率比较小。生物膜的存在形态可有多种形式，但其物理和结构性质相同，因此，其水力学、质量传递与反应特性相类似生物膜与生物絮凝体不同，生物絮凝体通常指的是在特定反应器条件下单个细胞和微小生物群的聚集体，典型大小为 10～50$\mu$m。

### 8.1.2　生物膜载体

生物膜的形成，与其载体及相应固定技术密切相关。载体通常指的是细胞及酶固定过程中所需要的介质。不少无机和有机类物质均可作为载体材料，无机载体主要有砂子、碳酸盐类、各种玻璃材料、沸石类、陶瓷材料、碳纤维、矿渣、活性炭和金属等；有机载体主要包括各种树脂、塑料、纤维等。从强度、密度和加工成形等方面性能来说，有机载体比无机载体更好。在一般情况下，常选用已经商品化的工业载体。如有特殊需要，可对载体进行适当的表面改性。表 8-1 列出了一些国外已商品化的生物膜载体。

生物膜载体的选择关系到生物膜反应器的运行效果，因此，在选择载体要同时考虑以下几个因素。

① 载体的物理形态及机械强度良好，载体间的碰撞概率较小，所制备的反应器不易堵塞，便于反冲洗。

② 载体表面粗糙度、孔隙率及密度应有利于生物膜的形成、发展及稳定。

表 8-1 国外已商品化的生物膜载体

| 名称 | 出产国家 | 载体结构 | 相对密度 | 形状 | 规格/μm | 比表面/(m²/g) |
|---|---|---|---|---|---|---|
| Biocarrier | 美国 | Pdy-acrylamide | 1.04 | 球状 | $\phi$120～180 | 5000 |
| Biosilon | 丹麦 | PS | 1.05 | 球状 | $\phi$160～300 | 225 |
| Cytodexl | 瑞典 | Dextran | 1.03 | 球状 | $\phi$131～220 | 6000 |
| DE-52 | 英国 | Microgranular Cellulose | — | 柱状 | $\phi$40～50,$L$80～400 | — |
| Superbeads | 美国 | Dextran | — | 球状 | $\phi$135～205 | 5000～6000 |

③ 载体的生物、化学及热力学稳定性要好，不参与生物膜的反应，其本身不会被生物降解，还应能抗生物膜微生物的腐蚀。

④ 载体所能提供的表面积应尽可能大，对已附着微生物具有较好的保护作用，且不显著影响微生物的生物活性，传质特性较好。

⑤ 载体的可再用性和价格等。

### 8.1.3 微生物的附着固定

微生物在其生存环境的 pH 条件下，一般带有负电荷，对表面带正电载体，微生物的附着固定容易。通常，需通过改变载体表面的亲水性、疏水性及电性来促进微生物在载体表面的附着固定。根据自由能最小原则，亲水性微生物易于在亲水性载体表面附着固定，而疏水性载体有利于疏水性微生物在其表面的附着固定。

根据微生物的特性与附着机制的不同，微生物在载体上的附着可划分为表面吸附、键联、细胞间自交联、多聚体包埋和孔网状载体截陷固定等方法（见表 8-2）。必须注意每种方法都有其特定的适用范围，在实际应用中，要结合生物反应器的种类、应用场合、处理废物的特性等来合理选取不同的附着固定方法。

表 8-2 微生物附着固定于载体的五种主要方法比较

| 比较项目 | 表面吸附固定法 | 键联固定法 | 细胞间自交联固定法 | 多聚体包埋法 | 孔网状载体截陷固定法 |
|---|---|---|---|---|---|
| 方式 | 微生物和载体间作用 | 微生物与载体表面的活性基团形成共价键 | 通过细胞间的自交联实现，或者人为加入交联剂 | 通过某些多聚体化合物包裹微生物 | 利用孔网状载体的特殊结构截陷微生物 |
| 特征 | 简单、便宜；不改变生物膜活性；可选载体种类多；载体可再生利用 | 受环境因素影响小；细胞与载体间作用力较强 | 细胞间交联紧密；可保留大部分细胞活性；选用交联剂多；机械强度较好 | 没有对细胞产生化学修饰；易于固液分离；可工业化操作 | 对固定细胞有保护作用，不影响细胞活性；固液分离容易；载体形状可变 |
| 不足 | 固定初期受环境影响大，时间较长；细胞与载体间作用力弱 | 可能改变细胞活性；选用载体相对较少；费用较高 | 制备过程中部分细胞会失活；不适用大分子底物系统 | 扩散阻力增大；细胞部分失活；机械强度较弱，适用寿命短 | 局部扩散阻力增加 |
| 应用实例 | 动物细胞在离子交换树脂上的繁殖 | 硝化细菌在含 $Fe^{3+}$ 聚合物上进行硝化反应 | 乳杆菌属通过聚氨基葡萄糖交联 | 用藻蛋白酸盐包埋黑曲霉等细胞 | 在中空纤维上固定黑曲霉细胞 |

### 8.1.4 生物膜的形成

（1）生物膜的形成步骤 生物膜的累积形成是物理、化学和生物过程综合作用的结果，如图 8-1 所示，通常包含下述四个步骤。

① 有机物分子从水中向生物膜载体表面运送，其中某些被载体吸附形成被微生物改良的载体表面。

② 水中一些浮游的微生物细胞被传送到改良的载体表面，其中碰撞到载体表面的细胞并被吸附，经一段时间后，一部分细胞因水力剪切或其他物理、化学和生物作用又解吸出来，而另一部分则被表面吸附变成不可解吸的细胞。

③ 不可解吸的细胞摄取并消耗水中的底物与营养物质，数目不断增多；与此同时细胞。可能产生大量产物，其中部分将排出体外。这些产物中有一些就是胞外多聚物，可以将生物膜紧紧地结合在一起。由此，微生物细胞在消耗水中底物能量进行新陈代谢时便使得生物膜不断累积。

④ 进入水中，或者细胞在增殖时亦可向水中释放出游离的细胞。

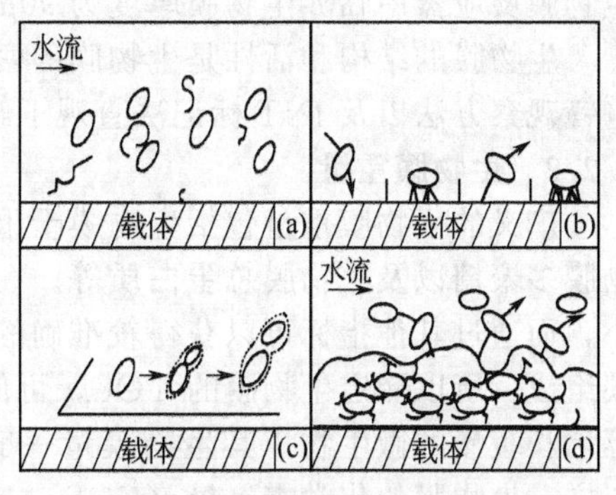

图 8-1　生物膜在附着生长载体表面的形成过程

(2) 生物膜上的微生物　生物膜上的微生物，包括细菌、真菌、藻类，以及某些原生动物甚至后生动物的生态体系，其组成相当复杂。某些微生物在生物膜上是否存在及优先生长等情况，常与被处理污水水质和生物膜所处的环境条件有关。如污水浓度适当时出现独缩虫属、聚缩虫属、累枝虫属、集盖虫属和钟虫等；而当污水浓度过高时，真菌类增加，纤毛虫类在绝大多数情况下消失，可以见到的有屋滴虫属、波豆虫属、尾波虫属等鞭毛类；负荷较低时可观察到盾纤虫属、尖毛虫属、表壳虫属和鳞壳虫属。后生动物如轮虫和线虫等大量出现时，使生物膜快速更新，生物膜中的厌氧层减少，因此不会引起生物膜肥厚，且生物膜脱落量也少；如扭头虫属、新态虫属和贝日阿托菌属等出现时，表明生物膜中的厌氧层增厚。由此可见，微生物膜上的生物相可以起到指示生物的作用，从而可以检查、判断生物膜反应器的运转情况以及水处理效果。

## 8.2　生物膜结构与特性

生物膜结构特性主要是指生物膜的生物化学、生物、化学以及物理特性。通常包括以下几个方面。

### 8.2.1　生物膜结构

生物膜内的微观结构不是种群间的一种简单组合，而是按照系统的生理功能以及特定环境条件下的最优化原则组合构成的。从结构上分析，生物膜由好氧生物膜层和厌氧生物膜层组成。根据底物、溶解氧在生物膜内的扩散机理，从功能上考虑，生物膜可划分成底物利用区、微生物饥饿区两部分。生物膜的宏观结构是生物膜增长和水力剪切作用的结果。生物膜的结构与活性取决于生物膜种群特性、底物浓度以及底物特性、污水流量、底物分子在膜中的扩散系数、反应器的水力条件、生物膜对底物的利用速率、生物膜的增长速率以及其他各种物理化学因素。一般认为生物膜的生物量按照生物活性划分为两类：活性生物量（$M_a$）和非活性生物量（$M_i$），其总量（$M_b$）为二者之和。$M_a$ 主要负责降解进水底物，它处于新生菌落及已经存在菌落的表面和边缘部分；$M_i$ 代表在底物降解过程中不再起任何作用的生物膜量，它主要集中在菌落的内部。不同活性生物量在生物膜中的分布见图 8-2。一些学者还提出了活性生物膜厚度、临界生物膜厚度和临界生物膜密度的概念，并测定了差动流化床

图 8-2　不同活性生物量在生物膜中的分布
（其中黑色部分表示非活性生物量）

生物膜反应器中临界生物膜厚度为 90μm，临界生物膜密度为 78g/dm³。

生物膜的结构和活性是生物膜的两个重要特征参数，可以采用氮蒽染色-荧光显微镜法、电镜观察方法以及 INT 标记法直观了解生物膜结构及生物活性。

### 8.2.2 生物膜重量

广义的生物膜重量包括生物膜干重、生物膜总有机碳（TOC）含量、生物膜 COD、生物膜多聚糖以及生物膜总蛋白质等。在这些指标中，生物膜干重反映的是生物膜总重量的大小，而通过其他指标可以获得较准确的活性生物量的信息。因为细胞的结构骨架主要由有机碳组成，所以测定生物膜的 TOC，可间接了解生物膜膜重的变化，特别是对于硝化生物膜等增长缓慢的微生物，其生物膜量一般较少，采用生物膜 TOC 来表示更加准确。与 TOC 一样，生物膜的化学需氧量（COD）也用于间接描述生物膜膜重，但是这种方法主要用于生物膜反应器动力学的研究中。生物膜多聚糖是细胞增长过程中的一种代谢物质，特别是细胞外多聚糖在细胞固定以及形成生物膜过程中起着重要的作用，因此多聚糖的分泌、积累与细胞活性以及数量有关，也是生物膜研究中的重要参数。而生物膜总蛋白质的重量更明确反映了生物膜的活性。

### 8.2.3 生物膜厚度

生物膜厚度是生物膜的特有参数，生物膜厚、生物密度和底物去除率之间存在一定的联系，可用于理论分析传质和反应行为。有关研究发现，随着生物膜加厚，生物膜的密度开始下降，而生物膜中聚磷菌却增多，结果出水中磷浓度增加，除磷效果降低。生物膜厚一般在几十微米到几百微米，有时仅有几微米。生物膜厚度测量方法有直接显微法、微米计阻力法、膜侧线法以及间接计算法等多种。准确测定生物膜厚度是研究生物膜增长动力学、底物去除动力学以及了解生物膜形态的实验基础。

### 8.2.4 生物膜活性

活性生物量在生物膜总量中所占比例虽小，但担负着所有生物化学反应的任务。因此，了解生物膜在生化反应过程中活性的变化，对生物膜反应器的优化控制和管理具有重要意义。表征生物膜活性的指标有很多种，如 ATP、微生物脱氢酶活性、DNA 等。生物膜活性的分析方法有 ATP 法、INT 法、DNA 法、总蛋白质法、好氧率测定法，以及活性细胞平板计数法等。

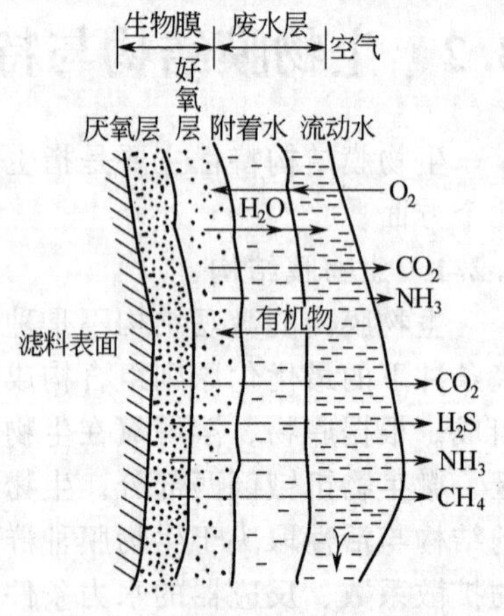


图 8-3 生物膜对废水的净化作用

### 8.2.5 生物膜的废水净化作用

生物膜对废水的净化作用如图 8-3 所示，大致可分成生物膜层与废水层。附着在滤料表面的为生物膜层，其中内层为厌氧层，较外层为好氧层。废水层也分两层，附着水层紧靠生物膜好氧层，而流动水层表面与空气接触。

附着水中的有机物大多会被生物膜氧化，使有机物浓度降低。同时空气中的氧随废水流经生物膜时被微生物所利用，有机物氧化分解产生的 $CO_2$ 等透过附着水，进入流动水流并随空气流流出。

## 8.3 生物膜反应器种类

### 8.3.1 生物膜反应器分类

从广义上来说，凡是在污水生物处理的各种工艺中引入微生物附着生长载体（或称为滤料、填料等）的反应器，都将其定义为生物膜反应器，包括以生物膜为主体的生物膜反应器，以及引入生物膜的复合式生物膜反应器。

生物膜反应器是污水生物处理的主要技术之一，它与活性污泥法并列，既是古老的又是发展中的污水生物处理技术。在 20 世纪 60 年代以前，生物滤池一直是生物膜反应器的主要形式。由于 60 年代新型无机合成材料的大量生产，广泛使用的由聚乙烯、聚苯乙烯和聚酰胺等制成的波纹板状、列管状和蜂窝状等有机人工合成填料，其比表面积和空隙率大大增加。再加上环境保护对水质的进一步提高，生物膜反应器获得了新的发展。除了生物滤池外，各种各样的新型生物膜反应器不断涌现出来。表 8-3 给出了生物膜反应器的主要类型。随着对生物膜有关特征的认识和基础理论研究的逐步加深，已有的实际应用工艺诸如生物滤池和生物转盘等更趋于完善，更出现了生物流化床和微孔膜生物反应器等新型的生物膜反应器工艺与系统。同时亦有研究者将生物膜的优势引入到悬浮生长污水处理系统形成各种组合工艺，充分利用各自的优点。在去除污染物方面，研究者从去除不同来源的有机物、营养物方面更是取得了丰硕的成果，例如冶金沥出液中氰化物的处理、纸浆废水的处理、奶制品废水处理以及饮用水中三氯甲烷前体的去除等。

**表 8-3　生物膜反应器主要类型一览表**

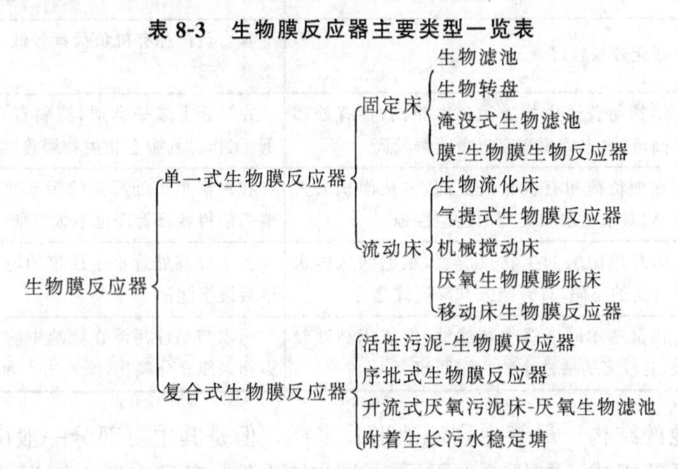


今后生物膜反应器的研究将更趋向于进一步探讨微生物在载体表面的固定机理，开发工程实际中普遍使用的微生物固定技术，优化生物膜结构及各种反应器工艺系统；进一步使各种生物膜反应器系统的净化功能更为广谱和高效，使其净化功能进一步提高；深入研究生物膜微生物的增长及底物去除动力学和生物膜微生物的能量代谢；生物膜反应器更是朝着节能和自动化控制方向发展。

### 8.3.2　生物滤池

（1）生物滤池原理及分类　生物滤池是以土壤自净原理为依据，在污水灌溉的实践基础上，经间歇砂滤池和接触滤池而发展起来的人工生物处理法。其作用过程是污水长期以滴状洒布在块状滤料的表面上，在污水流经的表面上就会形成生物膜，生物膜成熟后，栖息在生物膜上的微生物即摄取污水中的有机污染物质作为营养，从而使污水得到净化。

生物滤池发展于 19 世纪末，其特征是细菌以生物膜的方式附着在固体表面上。生物滤池表层的混合微生物种群，主要由好氧化能异养细菌和真菌组成，这些种群大多是开始就存在于污水中的微生物，它们能很好地适应整个处理系统的营养和物理条件。其中革兰阴性细菌包括动胶菌属（*Zoogloea*）、假单胞菌属、产碱杆菌属（*Alcaligenes*）、无色杆菌属（*Achromobacter*）和黄杆菌属（*Flavobacterium*），革兰阳性细菌（主要是棒杆菌）也有存在。经常出现的真菌代表属包括瘤孢霉属（*Sepedomium*）、酱霉属（*Ascoidea*）、镰刀菌属（*Fusarium*）、地霉属（*Geotrichirm*）等。在滤池的底层，自养硝化细菌将氨氧化为亚硝酸盐，然后亚硝酸盐被氧化成硝酸盐。污水处理厂还存在大量的原生动物，它们以微生物膜上悬浮的细菌为食，从而防止了膜的过量形成，使生物滤池的出水变得清澈。生物滤池中也存在以原生动物和细菌为食的草食动物，主要包括线虫、轮虫、蠕虫以及蝇类的幼虫。

生物滤池包括普通生物滤池、高负荷生物滤池、塔式生物滤池、厌氧生物滤池和活性生物滤池等多种形式。各种生物滤池的优点及缺点如表 8-4 所示。其中高负荷生物滤池是在解决与改善普通生物滤池在净化功能和运行中存在问题基础上而开发的工艺，它大幅度提高了滤池的负荷率，通常 BOD 容积负荷率比普通生物滤池高 6～8 倍，水力负荷则高达 10 倍。塔式生物滤池解决了普通生物滤池占地面积大的问题，也属于一种高负荷生物滤池，但其负荷比一般的高负荷生物滤池还要高，通常水力负荷为一般高负荷生物滤池的 2～10 倍，而有机负荷为普通生物滤池的 2～3 倍。厌氧生物滤池是一种装填滤料的厌氧生物膜反应器。活性生物滤池采用的是复合的生物膜-活性污泥工艺，也就是生物滤池与活性污泥曝气池串联运行，回流污泥和进料污水一同进入滤池进行生物处理。

**表 8-4　各种生物滤池比较**

| 生物滤池类型 | 优　点 | 缺　点 |
|---|---|---|
| 普通生物滤池 | 净化效果较好 | 水力负荷和有机负荷都较低，占地面积大，而且易于堵塞 |
| 高负荷生物滤池 | 结构与普通生物滤池基本相同，伴有处理水回流，水力负荷和有机负荷都较高 | 在平面上多呈圆形，滤料直径比较大，处理程度较低，工作过程中老化生物膜连续排出，池内不出现硝化 |
| 塔式生物滤池 | 水力负荷和有机负荷更高，占地面积大大缩小，对水量水质突变的适应性强 | 在地形平坦处需要的污水抽升费用较大，并且由于池高使得运行管理也不太方便 |
| 厌氧生物滤池 | 为装填滤料的生物反应器，根据滤床内水流方向的不同，有升流式和降流式之分 | 为了分离处理水中挟带的脱落的生物膜，一般在滤池后设沉淀池 |
| 活性生物滤池 | 构造基本同塔式生物滤池，但滤床高度较低，有较多的活性生物污泥回流 | 污水与活性污泥在滤池中的停留时间较短，有机污染物未能充分氧化，滤池出水尚需进一步曝气处理 |

(2) 生物滤池的结构　尽管生物滤池形式多样，但是其主要部分一般由滤料、池体、排水系统以及布水系统组成，如图 8-4 所示。池体在平面上多呈方形、矩形或圆形；池壁起围挡滤料的作用，一些滤池的池壁上带有许多孔洞，用以促进滤层的内部通风。一般池壁顶应高出滤层表面 0.4～0.5m，防止风力对池表面均匀布水的影响。池壁下部通风孔总表面积不应小于滤池表面积的 1%。

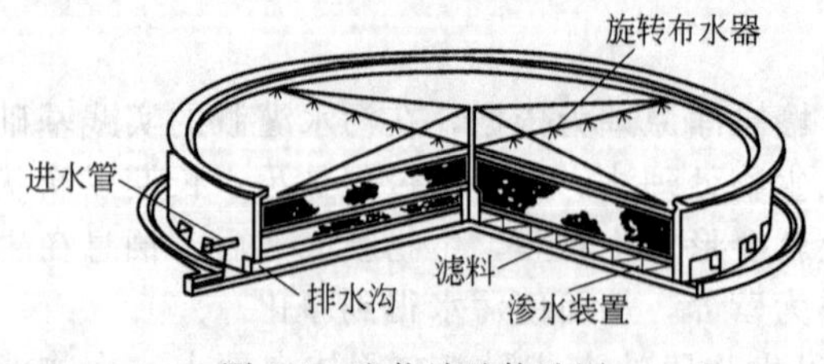

图 8-4　生物滤池构造图

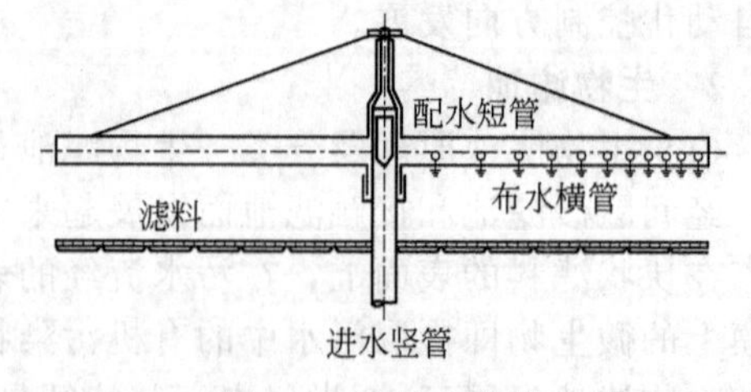

图 8-5　旋转布水器

滤料是生物膜的载体，对生物滤池的工作影响较大。滤料表面积越大，生物膜数量越多。但是，单位体积滤料所具有的表面积越大，滤料粒径必然越小，空隙也越小，从而增大了通风阻力。相反，为了减小通风阻力，空隙就要增大，滤料比表面积将要减小。滤料粒径的选择应综合考虑有机负荷和水力负荷等因素，当有机物浓度高时，应采用较大的粒径。滤料应有足够的机械强度，能承受一定的压力；其容重应小，以减少支承结构的荷载；滤料既应能抵抗废水、空气和微生物的侵蚀，又不应有影响微生物生命活动的杂质；滤料应能就地取材，价格便宜，加工容易。长期以来一般多采用碎石、卵石、炉渣和焦炭等实心拳状无机滤料。但是近年来已广泛使用由聚乙烯、聚苯乙烯和聚酰胺等材料制成的呈波纹板状、多孔筛状和蜂窝状等人工有机滤料，更具有比表面大（100～200m²/m³）和空隙率高（80%～95%）的优势。例如塔式生物滤池的滤料一般采用质轻的人工滤料，如纸蜂窝、玻璃布蜂窝和聚氯乙烯斜交错波纹板等。

排水系统位于滤池的底部，包括渗水装置、汇水沟和总排水沟等，其作用是排除处理后的污水并保证滤池的良好通风。渗水装置使用比较广泛的是混凝土板式装置，排水孔隙的总面积不低于滤池总表面积的20%，与池底之间的距离不小于0.4m，其主要作用在于支撑滤料，排出滤池处理后的污水，并保证通风良好。池底以1%～2%的坡度向汇水沟倾斜，汇水沟再以0.5%～10%的坡度向总排水沟倾斜，总排水沟的坡度不小于0.5%，其过水断面积应小于总断面积50%，沟内流速应大于0.7m/s，以免发生沉积和堵塞现象。

间歇喷洒布水系统和旋转布水器是目前使用比较广泛的布水装置。固定式喷嘴的间歇喷洒布水系统，主要由投配池、布水管道和喷嘴等几部分组成，向滤池表面均匀地撒布污水。例如小型的塔式生物滤池多采用固定式喷嘴布水系统，而大中型塔式生物滤池多采用电极驱动或水流反作用力驱动的旋转布水器。旋转布水器如图8-5所示，主要适用于圆形或多边形生物滤池，主要由进水竖管、配水短管和可以转动的布水横管组成。

### 8.3.3 生物转盘

（1）生物转盘的结构及特征　生物转盘是在生物滤池的基础上发展起来的，它的原理和生物滤池类似，主要的区别是它以一系列转动的盘片代替固定的滤料。生物转盘是由固定在一根轴上的许多间距很小的圆盘或多角形盘片组成。盘片可用聚氯乙烯、聚乙烯、泡沫聚苯乙烯、玻璃钢、铝合金或其他材料制成。盘片可以是平板，也可以是波纹板等形式，也有用平板和波纹板组合，因为点波波纹板盘片的比表面积比平板大1倍。盘片有接近一半的面积浸没在半圆形、矩形或梯形的氧化槽内。在电机带动下，盘片组在水槽内缓慢转动，废水在槽内流过，水流方向与转轴垂直，槽底设有排泥管或放空管，以控制槽内废水中悬浮物浓度。

生物转盘法是废水处于半静止状态，微生物生长在转盘的盘面上，转盘在废水中不断缓慢地转动，使其互相接触，其工作过程见图8-6所示。在中心轴上固定着一系列轻质高强的薄圆板，其40%的面积浸在废水中，由驱动装置低速转动，盘体与废水和空气交替接触，微生物从空气中摄取必要的氧，并对废水中污染物进行生物氧化分解。这样，生物转盘每转动一圈即完成一个吸附和一个氧化周期。转盘不断地转动，上述过程不停地循环进行，使废水得到净化。生物膜的厚度与处理原水的浓度和基质的性质有关，一般为0.1～0.5mm，在盘面的外侧附着液膜和生物膜，活性衰退的生物膜在转盘转动剪切力的作用下脱落。

（2）生物转盘法具有以下特征

① 由于附着在生物膜外侧的水膜可以将空气中的氧带入水中，所以接触槽中不需要曝

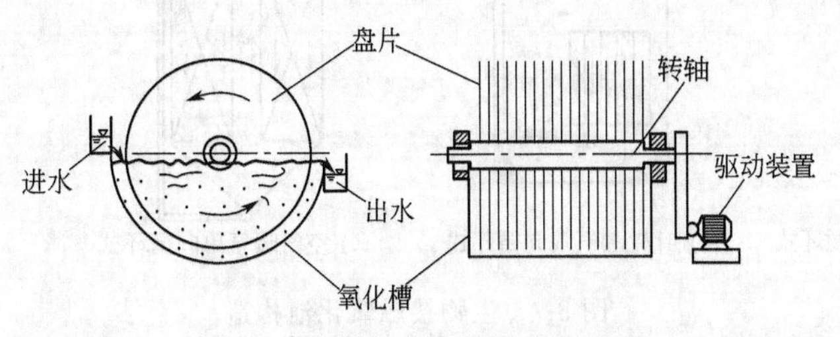


图8-6　生物转盘工作过程示意图

气。转盘缓慢转动搅拌槽中的水流，使悬浮物不产生沉淀，也不需要回流污泥，故运行的动力费用为活性污泥的1/3～1/2。

② 生物量多，净化率高，适应性强。生物转盘法的净化功能是以转盘上所附着生长的微生物群作为基础的。对于多段式生物转盘，在处理城市废水的初段转盘上生物量（以MLVSS表示）可高达4000～6000mg/L，因此生物转盘在短时间接触反应就能获得很高的净化率。

③ 环境条件以及生物膜厚度比较容易控制。这是因为生物转盘中的液相比较均一，生物膜在操作过程中裸露在外，而且生物转盘在旋转过程中生物膜和空气直接接触，所以其曝气效果更加有效。

④ 生物膜微生物的食物链长，污泥产量少，为活性污泥法的1/2。

⑤ 维护简单，功能稳定可靠，没有噪声。

⑥ 生物转盘的不足之处是：转盘顶上需要覆盖，以防暴雨时冲刷生物膜，寒冷地区宜建在室内；一般所需的场地面积比活性污泥法大，建设投资也高于活性污泥法。

### 8.3.4 生物接触氧化池

生物接触氧化是介于活性污泥与生物滤池之间的生物膜法。生物接触氧化法是在池内设置填料，经过充氧的污水以一定的速度流经填料，使填料上长满生物膜，污水和生物膜相接触，在膜上生物的作用下，污水得到净化的一种生物膜反应器。生物接触氧化的早期形式为淹没式好氧滤池，后来随着各种新型的塑料填料的制成和使用，目前则发展成为接触氧化池。生物接触氧化池的形式很多，从水流状态可分为分流式(池内循环式）和直流式，从供氧方式可分为鼓风式、机械曝气式、洒水式和射流曝气式几种。分流式普遍用于国外，目前国内大多采用直流式，并以鼓风式和射流曝气式为主。

生物接触氧化池构造示意见图8-7。废水充氧和同生物膜接触是在不同的间格内进行的，废水充氧后在池内进行单向或双向循环。这种形式能使废水在池内反复充氧，废水同生物膜接触时间长，但是耗氧量较大；水穿过填料层的速度较小，冲刷力弱，易于造成填料层堵塞，尤其在处理高浓度废水时，这种情况更值得重视。直流式接触氧化池（又称全面曝气接触式接触氧化池）是直接从填料底部充氧的，填料内的水力冲刷依靠水流速度和气泡在池内碰撞、破碎形成的冲击力，只要水流及空气分布均匀，填料不易堵塞。这种形式的接触氧化池耗氧量小，充氧效率高，同时，在上升气流的作用下，液体经强烈的搅拌，促进氧的溶解和生物膜的更新，也可以防止填料堵塞。

接触氧化池填料的选择要求比表面积大、空隙率大、水力阻力小、性能稳定。生物接触氧化池的填料大多为蜂窝状硬性填料或纤维状软性填料。垂直放置的塑料蜂窝管填料，比表面积较大，单位填料上生长的生物膜数量较大，每平方米填料表面上的活性生物量可达

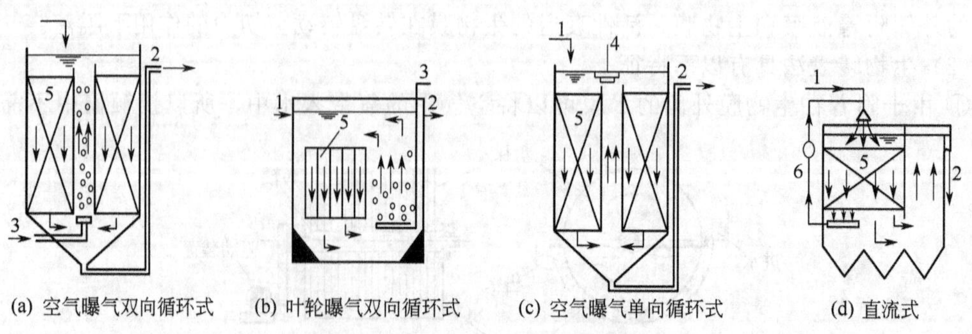


图8-7 生物接触氧化池构造

1—进水管；2—出水管；3—进气管；4—叶轮；5—填料；6—泵

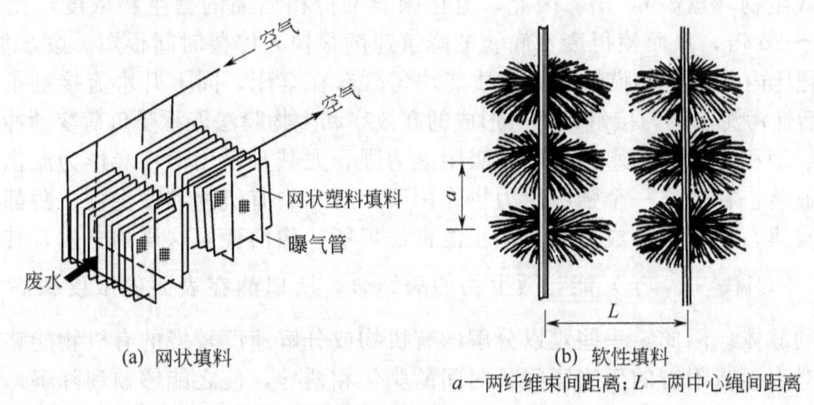

(a) 网状填料　　(b) 软性填料

a—两纤维束间距离；L—两中心绳间距离

图 8-8　生物接触氧化用填料

13g/L，比一般活性污泥法的生物量大得多。但这种填料各蜂窝管间互不相通，当负荷增大或布水均匀性较差时，则易出现堵塞，此时若加大曝气量，又会导致生物膜稳定性变差，造成周期性的大量剥离。近年来国内外开发出塑料规整网状填料，如图 8-8(a) 所示，水流四通八达，相当于经过多次再分布，可预防由于水、气分布不均匀而形成的堵塞。不足的是填料表面较光滑，挂膜缓慢，稍有冲击，就易于脱落。国内也有采用软性填料，即由纵向安设的纤维上绑扎一束束的人造纤维丝，形成巨大的生物膜支承面积，如图 8-8(b) 所示。这种填料耐腐蚀，耐生物降解，不堵塞，造价低，体积小，质量轻（2～3kg/$m^3$），易于组装，适应性强，处理效果好。但当接触氧化池停止工作时，会形成纤维束结块，清洗较困难。从接触氧化池脱落下来的生物污泥含有大量气泡，宜采用气浮法分离。一般废水在接触氧化池内停留时间为 0.5～1.5h，填料负荷为 3～6kg $BOD_5$/($m^3$ · d)。当采用蜂窝管时，管内水流速度在 1～3m/h，管长 3～5m（分层设置）。由于氧化池内生物浓度高（折算成 MLSS 达 10g/L 以上），故耗氧速度比活性污泥快，需要保持较高的溶解氧，一般为 2.5～3.5mg/L，空气与废水体积比为（10～15）∶1。

生物接触法在运行上有其一系列优点，如对冲击负荷有较强的适应能力；污泥生成量少，不产生污泥膨胀的危害，能够保证出水水质；无需污泥回流，易于维护管理；不产生滤池蝇，也不散发臭气；具有多种净化功能，还能够用于脱氮除磷。

### 8.3.5　生物流化床

与生物滤池中的静止生物膜相比，流化床中的生物膜是呈颗粒状的，因此不少文献也称其为颗粒状生物膜反应器。增加生物膜反应器面积的一个措施是可以采用又小又硬的生物膜支撑物，如砂等。然而，反应器中附着生物膜的砂一会就将颗粒截留并粘住，因而变成厌氧条件。为解决上述问题，可以在砂床底部通入上升气流，使之流化。生物膜支撑物的面积为 3300 $m^2/m^3$，但支撑 MLSS 为 40000mg/L 和 1500～3500mg/L，活性污泥的圆砂粒的面积为 150$m^2/m^3$。生物量越高，显然需氧量也越大，这可以通过沉淀污水，使其进入流化床前部，并向其注入纯氧的方法提高供氧量。此外，可以用旋风分离器除去微生物并使净化的砂粒重新回到反应器中，从而可以控制砂粒上生长的生物量。这种类型的系统对处理重度废水，尤其是工业废水特别有用。流化床操作的停留时间一般为 20min 左右，但是加上氧气使用费和泵运转费用，该系统操作费很高。

在流化床中，支撑生物膜的固相物是流化介质，为了获得足够的生物量和良好的接触条件，流化介质应具有较高的比表面积和较小的颗粒直径，通常流化介质采用砂粒、焦炭粒、无烟煤粒或活性炭粒等。一般颗粒直径为 0.6～1.0mm，所提供的表面积很大。例如，用直径为毫米级砂的比表面积是一般生物滤池的 50 倍，比采用塑料滤料的塔式生物滤池高约 20

倍，比平板式生物转盘高60倍。因此，流化床能维持相当高的微生物浓度，比一般的活性污泥法高10～20倍，从而使得废水底物的降解速度很快，停留时间很短，废水负荷相当高。

生物流化床内载有生物膜的流化介质能均匀分布在全床，同上升水流接触条件良好。因此，它兼有活性污泥法均匀接触条件所形成的高效率和生物膜法能承受负荷变动冲击的优点。

由于比表面积大，对废水污染物的吸附能力强，尤其是采用活性炭作为流化介质时，吸附作用更为显著。在这样一个强吸附力场作用下，废水中有机物和微生物、酶都将在流化的生物膜表面富集，使表面形成微生物生长的良好场所。像活性炭这样的介质，其表面官能团（—COOH、—OH、>C=O）能与微生物的酶结合，所以酶在表面的浓度很高，炭粒实际上已成为酶的载体。因此，一些难以分解的有机物或分解速度较慢的有机物能够在介质表面长期停留，对表面吸附着的生物膜经长时间的驯化和诱导，使之能够顺利降解，同时也能在高浓度的作用下，提高降解的速度。由于表面吸附作用和吸附平衡关系，废水浓度的变化对系统工作影响大大减少，因为吸附表面将对这种变化起缓冲作用。

生物流化床综合了介质的流化机理、吸附机理和生物化学机理，过程比较复杂。由于它兼有物理化学法和生物法的优点，又兼顾了活性污泥法和生物膜法的优点，所以，这种方法颇受人们重视。因此，近20年来得到了广泛的研究，并取得了许多重大的进展。图8-9为生物流化床处理系统的基本流程。废水和从生物流化床反应器出来的回流水在充氧设备进口处与空气混合后，从反应器的底部进入，自下而上通过反应器，使填料保持在流化的工作状态。经填料上生物膜处理后的废水，除部分回流到充氧设备的进口处外，最后流入二次沉淀池，以便沉淀悬浮的生物量，排出合格的水。

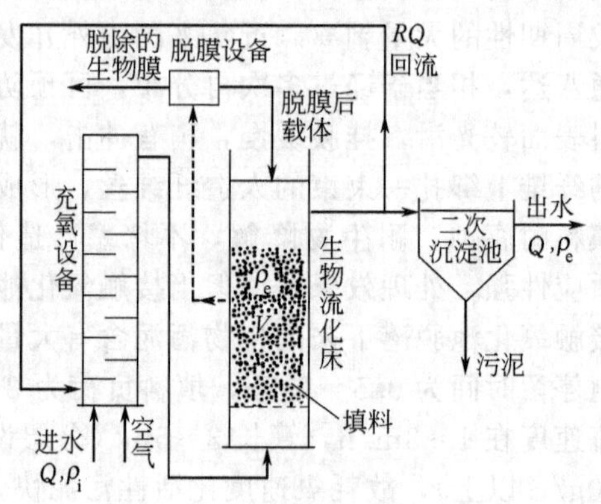


图8-9　生物流化床流程

生物流化床运行时，废水中的有机物与处于流化状态的生物颗粒（长满生物膜的细粒填料）接触而被去除。如果生物流化床用于需氧处理，则向废水中供氧是必要的，氧源可以是纯氧或空气，如果氧源是纯氧，供氧的方式通常采用在床外与废水混合后再进入流化床；如果利用空气，则既可在床外与废水混合，也可直接向床内供气。在生物流化床的运行中，为使床内填料流化，回流往往是需要的。当然，在采用空气作为氧源时，也可加大供气量来流化填料，回流便可以省去。回流比$R$根据填料层所需的流化速率（空床速率）确定。显然，流化床中的填料是随水流上升流速的增加而逐渐由固定床经膨胀床最后成为流化床的。一般将填料层膨胀率为5%时的上升流速称临界流化速率，将上升流速等于填料颗粒的自由沉降速率称冲出速率。流化床的回流比应使流化床中的空床流速处于上述两种速率之间。临界流化速率可按下式计算：

$$u_{mf}=\frac{\Phi_s^2 d_p^2 \varepsilon_{mf}^3(\rho_p-\rho_l)g}{150(1-\varepsilon_{mf})\mu} \tag{8-1}$$

式中，$u_{mf}$表示临界流化速率，cm/s；$d_p$表示填料粒径，cm；$\rho_p$、$\rho_l$分别表示填料和水流的密度，g/cm$^3$；$\mu$表示水的动力黏滞系数，g/(cm·s)；$g$表示重力加速度，981cm/s$^2$；$\varepsilon_{mf}$表示填料开始膨胀时的孔隙率；$\Phi_s$表示球形度，定义为同体积球形颗粒的表面积除以颗粒实际表面积，其中砂的$\Phi_s$值为0.6～0.85，焦炭的$\Phi_s$值约为0.35。

生物流化床由于采用1mm以下的细粒径填料，则从两个方面强化了生物处理过程。一方面可为微生物附着生长提供巨大的附着表面，流化床容积的比表面积可高达2000～

$3000m^2/m^3$，这就大大提高了床内单位体积的生物量，一般生物流化床的生物量浓度可达 10g/L 以上，甚至可高达 30g/L。另一方面，由于生物颗粒在床中处于自由运动（流化）状态，提高了废水与生物颗粒的接触更新机会；同时，在流化床中可以采用控制膨胀率的办法来控制水流紊动对生物颗粒表面的剪力水平，进而控制填料上生物膜的厚度。所有这些，都大大强化了废水中有机物向生物膜内的传递过程，使生物流化床的有机物容积降解速率大大提高。通常，生物流化床的有机物负荷可高达 8kg $BOD_5/(m^3 \cdot d)$ 以上。

液固两相生物流化床流程示意如图 8-10 所示。废水中回流水在充氧设备中与氧混合，使废水中的溶解氧达到 32～40mg/L（氧气源）或 9mg/L（空气源），然后进入流化床进行生物氧化反应，再由床顶排出。随着操作的进行，生物粒子直径逐渐增大，定期使用脱膜器（如图 8-11 和图 8-12 所示）对载体机械脱膜，脱膜后的载体返回流化床，脱除的生物膜则作为剩余污泥排出。

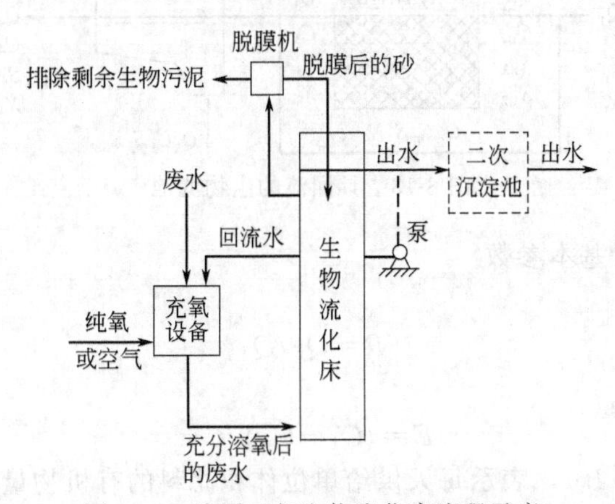


图 8-10　液固两相生物流化床流程示意

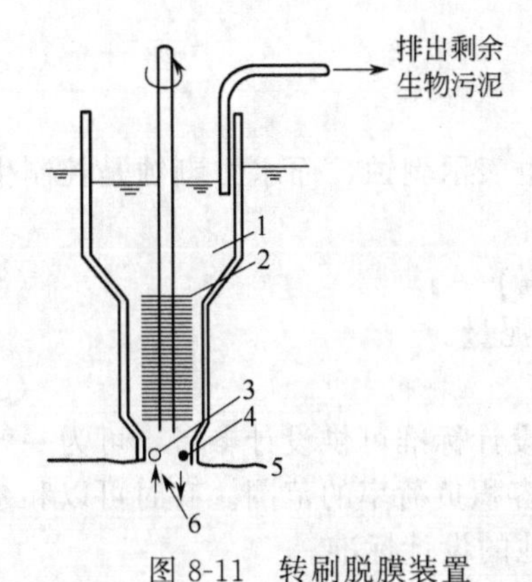


图 8-11　转刷脱膜装置

1—剩余生物污泥；2—脱膜刷子；3—带生物膜的颗粒；4—脱膜后颗粒；5—膨胀层表面；6—吸入孔

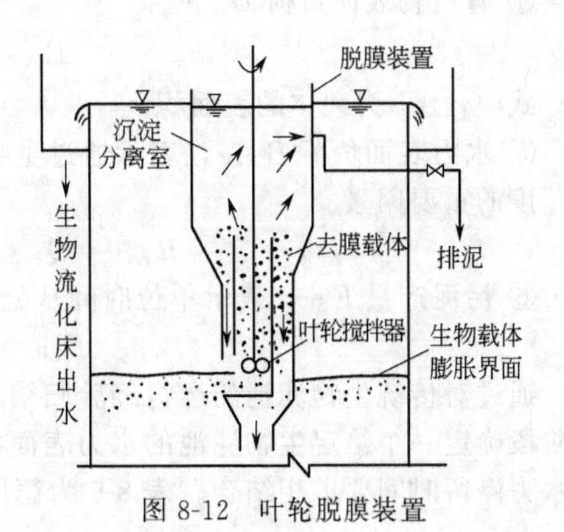


图 8-12　叶轮脱膜装置

## 8.4　典型膜生物反应器设计计算

### 8.4.1　生物滤池的设计计算

生物过滤法的基本流程一般由初次沉淀池、生物滤池、二次沉淀池等部分组成。在生物过滤中，为防止滤池堵塞，需设置初次沉淀池，预先去除废水中的悬浮物。二次沉淀池用以分离脱落的生物膜。由于生物膜的含水率比活性污泥小，因此，污泥沉淀速度较大，二次沉淀池容积较小。

滤池设计理论上要求应满足以下四个方面：①工艺所需要的细菌能够附着在载体（滤料）上；②污水有效地与附着在载体（生物膜/黏泥）上的污泥相接触；③控制生物膜的增长，使之不发生堵塞；④提供有机物降解所需要的氧。

生物滤池的一般工艺设计计算通常包括以下四个方面：①滤池类型和流程选择；②滤池个数和滤床尺寸的确定；③布水系统计算；④二沉池的形式、个数和工艺尺寸的确定。

大多数生物滤池都在滤池上直接进行回流，如图 8-13。回流的目的是确保有合适的进水流量，同时回流降低了滤池的进水浓度，从而影响工艺过程，所以回流对大多数类型的生物滤池构筑物是很重要的。

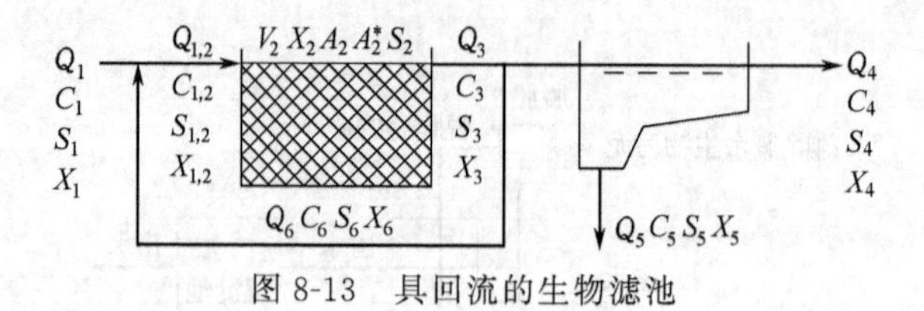

图 8-13　具回流的生物滤池

8.4.1.1　生物滤池设计基本参数

① 回流比 $R$。

$$R=Q_6/Q_1 \tag{8-2}$$

② 处理效率 $E$。

$$E=(C_1-C_4)/C_1 \tag{8-3}$$

③ 有机物容积负荷 $B_V$，表示每天供给单位体积滤料的有机物量。

$$B_V=Q_1C_1/V_2 \tag{8-4}$$

④ 有机物表面负荷 $B_{A,C}$。

$$B_{A,C}=Q_1C_1/A_2^* \tag{8-5}$$

式中，$A_2^*$ 为载体的表面积。

⑤ 水力表面负荷 $B_{A,V}$，表示通过生物膜的流量，也表示剥蚀，而水力剥蚀是控制生物膜厚度的重要因素。

$$B_{A,V}=Q_{1,2}/A_2=(Q_1+Q_6)/A_2 \tag{8-6}$$

⑥ 污泥产量 $F_{SP}$，表示单位时间从处理池排出的污泥量。

$$F_{SP}=Q_5X_5+Q_4X_4 \tag{8-7}$$

通过对传统生物滤池的运行经验归纳，已形成一套设计标准可供设计参考，可为一般设计阶段确定一个给定生物滤池的水力表面负荷率或有机容积负荷率的范围。有时可以和系统的水力停留时间要求相结合。表 8-5 为德国普通生物滤池的设计标准。

**表 8-5　采用石料处理一般城市污水的普通生物滤池的容许负荷（德国）**

| 项目 \ 负荷范围 | 低 | 中① | 一般 | 高 | 单位 |
|---|---|---|---|---|---|
| 有机物容积负荷率 | 200 | 200～450 | 450～750 | ＞750 | g BOD/(m³ · d) |
| 水力表面负荷率 | 大约 0.2 | 0.4～0.8 | 0.6～1.2 | ＞1.2 | m/h |
| 预计处理效率 | 92±10 | 88±12 | 83±15 | 75±20 | % |
| 预计出水浓度 | ＜20 | ＜25 | 20～40 | 30～50 | g BOD/(m³ · d) |

① 该负荷范围并不实用，因其易于堵塞。负荷过大，内部生物量的降解无法保持同步。负荷过小，利用水力冲刷控制生物量又得不到保证。

设计时，一般建议依据 $B_V=400g\ BOD/(m^3 \cdot d)$，$0.5m/h<B_{A,V}<1.8m/h$ 和 $R<1.0$ 进行设计。应该指出的是这些标准虽然很简单，却是根据无数个完全合格的生物滤池的系统经验得出的，而且在实际应用中也已经使用了几十年。但是由于各个生物滤池的状态变化较大，对于实际中发生的许多特殊情况也没有考虑，所以在使用这些标准的时候还要采取谨慎态度。

生物滤池的典型工艺流程见图 8-14（一级生物滤池）和图 8-15（二级生物滤池）。

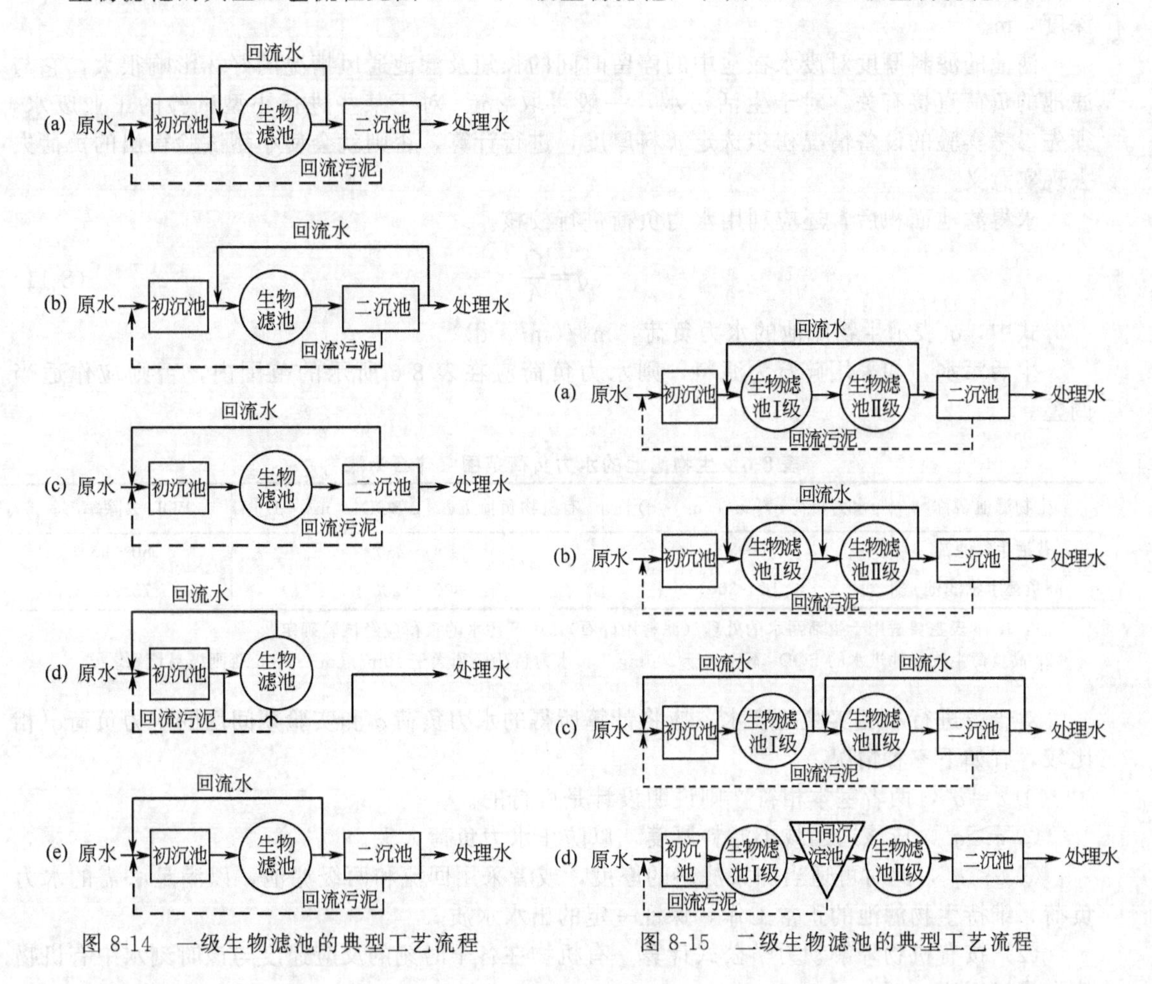


图 8-14　一级生物滤池的典型工艺流程　　图 8-15　二级生物滤池的典型工艺流程

8.4.1.2　滤池

（1）按负荷法计算　根据废水量与水质和需要的处理程度，可以利用生物滤池的有机负荷按下式算出滤料的体积。

$$V=\frac{(L_1-L_2)Q}{U} \tag{8-8}$$

$$V=\frac{L_1 Q}{F_W} \tag{8-9}$$

式中，$V$ 表示滤料体积，$m^3$；$Q$ 表示流入滤池的废水设计流量，一般采用平均流量，但如流量小或变化大时，可取最高流量，$m^3/d$；$L_1$、$L_2$ 分别表示进、出生物滤池的有机物浓度，mg/L；$U$ 表示以有机物去除量为基础的有机负荷，$g/(m^3 \cdot d)$；$F_W$ 表示以进水有机物量为基础的有机负荷，$g/(m^3 \cdot d)$。

对于某些工业废水，有时必须按废水中毒物含量及生物滤池的毒物负荷来校核滤池的体积，计算公式与式(8-8) 和式(8-9) 基本相同。此时应当根据两种负荷算出的结果进行比较，并选用较大值作为设计滤料体积。

滤料体积求得后，即可按下式计算滤池的平面面积。

$$A=\frac{V}{H} \tag{8-10}$$

式中，$A$ 表示生物滤池的平面面积，$m^2$；$H$ 表示生物滤池的滤料厚度，即滤池的有效深度，m。

滤池的滤料厚度对废水在池中的停留时间的长短及滤池通风情况的好坏影响很大，它与滤池的负荷直接有关。对于生活污水，一般可取 2m。对于某些进行小型试验的工业废水，须先参考实验的设备情况初步选定滤料厚度，进行计算，否则就会使小型试验得出的负荷失去现实意义。

求得滤池面积后，还应利用水力负荷进行校核。

$$q=\frac{Q}{A} \tag{8-11}$$

式中，$q$ 表示生物滤池的水力负荷，$m^3/(m^2 \cdot d)$。

生活污水，如采用碎石为滤料，则水力负荷应在表 8-6 所示的范围内，否则应作适当调整。

**表 8-6　生物滤池的水力负荷范围**（碎石为滤料）

| 生物滤池名称 | 水力负荷 $q$/[$m^3/(m^2 \cdot d)$] | 有机物负荷 $F_W$/[g $BOD_5/(m^3 \cdot d)$] | BOD 去除率/% |
|---|---|---|---|
| 普通生物滤池 | 1～3 | 100～250 | 80～95 |
| 高负荷生物滤池 | 10～30 | 800～1200 | 75～90 |

注：1. 本表主要适用于生活污水的处理（滤料用碎石），生产污水的负荷应经试验确定。

2. 高负荷生物滤池进水的 $BOD_5$ 不应大于 200mg/L，水力负荷必须大于 $10m^3/(m^2 \cdot d)$，否则极易堵塞。

对于曾进行小型实验的废水，应将计算所得的水力负荷 $q$ 和实验期间用的水力负荷 $q'$ 相比较，有如下三种情况。

① $q=q'$，两者基本相符，则说明设计是可行的。

② $q>q'$，应该适当减小滤料厚度，以防止水力负荷太大。

③ $q<q'$，此时可适当加大滤料的厚度，或者采用回流和两级滤池，以满足必需的水力负荷，维持生物滤池的正常工作，保证一定的出水水质。

(2) 按有机物降解动力学公式计算　有机物在各个时刻的反应速度与该时刻水中有机物的含量成正比，即

$$\frac{dL}{dt}=-K'L \tag{8-12}$$

或

$$\frac{L_2}{L_1}=10^{-K't} \tag{8-13}$$

式中，$L_1$、$L_2$ 分别表示进、出生物滤池的有机物浓度，mg/L；$K'$ 表示有机物降解反应常数，$d^{-1}$；$t$ 表示废水与滤料平均接触时间，d。

接触时间 $t$ 可用下式求得

$$t=\frac{cH}{q^N} \tag{8-14}$$

式中，$H$ 表示生物滤池滤料厚度；$q$ 表示生物滤池水力负荷；$c$、$N$ 表示常数（是滤料和比表面的函数）。

将式(8-14) 代入式(8-13) 得

$$\frac{L_2}{L_1}=10^{-K'cH/q^N}$$

或
$$\frac{L_2}{L_1}=10^{-KH/q^N} \tag{8-15}$$

式中，$K=K'c$。

式(8-15) 是生物滤池的基本数学模式。常数 $K$ 与有机物是否易于降解有关，而 $N$ 则决定于滤料的特征。对于生活污水（滤料用碎石），20℃时常数 $K_{(20℃)}$ 可取 $1.875d^{-1}$，$N$ 为 0.6。计算水温应采用较低温度，对于生活污水可取 10℃（不利条件）。下列公式可用来换算 $K$ 值。

$$K_{(T)}=K_{(20℃)}\times 1.035^{(T-20)} \tag{8-16}$$

根据以上公式，可求出滤池的水力负荷和滤池各部位尺寸。

8.4.1.3　旋转布水器的计算与设计

旋转布水器的计算与设计的主要内容包括：①决定所需要的工作水头（$H$）；②布水横管出水孔口数（$m$）和任一孔口距滤池中心的距离（$r_1$），以及布水器的转数（$n$）等。

(1) 所需要的工作水头（$H$）的计算　旋转布水器所需水头是用以克服竖管及布水横管的沿程阻力和布水横管出水孔口的局部阻力，同时还要考虑由于流量沿布水横管从池中心向池壁方向逐渐降低、流速逐渐减慢所形成的流速恢复水头，因此可写成

$$H=h_1+h_2+h_3 \tag{8-17}$$

式中，$H$ 表示布水器所需的工作水头，m；$h_1$ 表示沿程阻力，m；$h_2$ 表示出水孔口局部阻力，m；$h_3$ 表示布水横管的流速恢复水头，m。

按水力学基本公式

$$h_1=a_1\frac{q^2D'}{K^2} \tag{8-18}$$

$$h_2=a_2\frac{q^2}{m^2d^4} \tag{8-19}$$

$$h_3=a_3\frac{q^2}{D^4} \tag{8-20}$$

式中，$q$ 表示每根布水横管的污水流量，L/s；$m$ 表示每根布水横管上布水孔口数；$d$ 表示布水孔口的直径，mm；$D$ 表示布水横管的管径，mm；$D'$表示旋转布水器直径（滤池直径减去 200mm)，mm；$a_1$、$a_2$、$a_3$ 表示系数；$K$ 表示流量模数，L/s。

布水器的工作水头计算公式为

$$H=q^2\left(\frac{a_1D'}{K^2}+\frac{a_2}{m^2d^4}+\frac{a_3}{D^4}\right) \tag{8-21}$$

实践证明，旋转布水器实际上所需要的水头大于上述计算结果。因此在设计时，采用的实际水头应比上述计算值增加 50%～100%。

(2) 布水横管上的孔口数　假定每个孔口所喷洒的面积基本相等，布水横管的出水孔口数的计算公式为

$$m=\frac{1}{1-\left(1-\dfrac{a}{D'}\right)} \tag{8-22}$$

式中，$a$ 表示最末端两个孔口间距的 2 倍，约为 80mm。

任一孔口距池中心的距离（$r_i$）为

$$r_i=R'\sqrt{\frac{i}{m}} \tag{8-23}$$

式中，$R'$表示布水器半径，m；$i$ 表示从池中心算起，任一孔口在布水横管上的排列顺序。

(3) 布水器的旋转周数　布水器每分钟的旋转周数 ($n$)，可近似按以下公式计算

$$n=\frac{34.78\times10^6}{md^2D'}q \tag{8-24}$$

布水横管一般采用钢管或塑料管，管上的孔口直径介于 10～15mm，孔口间距在池中心向池周边逐步减小，通常从 300mm 开始逐渐缩小到 40mm，以满足均匀布水的要求。

**【例 8-1】** 已知某城镇人口 80 000 人，排水量定额为 100L/(人·d)，$BOD_5$ 为 20g/(人·d)，设有一座工厂，污水量为 $2000m^3/d$，其 $BOD_5$ 为 2200mg/L。要求处理后出水的 $BOD_5$ 达到 30mg/L，拟采用回流式生物滤池进行处理，试进行有关设计计算。

**解：** (1) 见图 8-13，基本设计参数计算如下

生活污水和工业废水总水量

$$Q_1=80000\times100\times10^{-3}+2000=10000\ (m^3/d)$$

生活污水与工业废水混合后的 $BOD_5$ 浓度

$$L_1=\frac{2000\times2200+80000\times20}{10000}=600\ (mg/L)$$

由于生活污水和工业废水混合后 $BOD_5$ 浓度较高，应考虑回流，设回流稀释后滤池进水 $BOD_5$ 为 300mg/L，则根据物料平衡

$$L_1Q_1+L_2Q_6=L_{1,2}\times(Q_1+Q_6)$$

所以回流比 $R=\frac{Q_6}{Q_1}=\frac{L_1-L_{1,2}}{L_{1,2}-L_2}=\frac{600-300}{300-30}=1.1$

(2) 生物滤池个数和滤床尺寸计算

设生物滤池的有机负荷率采用 $F_W=1.2kg\ BOD_5/(m^3\cdot d)$，则生物滤池总体积

$$V=\frac{L_{1,2}(R+1)Q}{F_W}=\frac{300\times10000\times(1.1+1)\times10^{-3}}{1.2}=5250\ (m^3)$$

滤池总面积

$$A=\frac{V}{H}=\frac{5250}{2.5}=2100\ (m^2)$$

(3) 利用水力负荷进行校核

$$q=\frac{Q_{1,2}}{A}=\frac{10000\times(1.1+1)}{2100}=10\ (m/d)$$

### 8.4.2 生物转盘的设计

生物转盘设计中的最主要内容是确定转盘总面积。通过 BOD 负荷计算盘片总面积是目前使用最广的方法，也是比较可靠的方法。

(1) 转盘总面积

$$A=\frac{Q(L_i-L_e)}{F_A} \tag{8-25}$$

式中，$Q$ 表示污水流量，$m^3/d$；$L_i$、$L_e$ 分别表示进水、出水 BOD 浓度，$g/m^3$；$F_A$ 表示 BOD 负荷，$g/(m^2\cdot d)$。

(2) 转盘总盘片数

$$M=\frac{4A}{2\pi D^2} \tag{8-26}$$

式中，$D$ 表示盘片直径，m。

(3) 氧化槽有效长度（即转动轴有效长度）

$$L=m(d+b)K \tag{8-27}$$

式中，$m$ 表示每台转盘的盘片数；$d$ 表示盘片厚度，m；$b$ 表示盘片间净距，m；$K$ 表示考虑循环沟道的系数，一般取1.2。

(4) 氧化槽净有效容积

$$V'=f(D+2\delta)^2(L-mb) \tag{8-28}$$

式中，$f$ 表示系数，与 $r/D$ 有关，其中 $r$ 为转轴中心距水面的高度，一般为150～300mm，当 $r/D=0.1$ 时，$f$ 取0.294，当 $r/D=0.06$ 时，$f$ 取0.335；$\delta$ 表示盘片与氧化槽内壁净距，一般取20～40mm。

(5) 转盘的最小转速

$$n_{\min}=\frac{6.37}{D}\times\left(0.9-\frac{1}{F'_{S}}\right) \tag{8-29}$$

式中，$F'_{S}$表示校核的转盘水力负荷，其中 $F'_{S}=\frac{Q}{A}$，L/(m$^2$·d)。

(6) 污水在氧化槽内停留时间

$$t=\frac{V'}{Q} \tag{8-30}$$

**【例8-2】** 某住宅小区人口3000人，排水量150L/(人·d)，初沉池出水 $BOD_5$ 值为300mg/L，平均水温为15℃，出水的 $BOD_5$ 值要求不大于60mg/L。试对生物转盘进行设计。

**解**：设计计算如下

(1) 水量　　$3000\times0.15=450\ (m^3/d)$

(2) BOD去除率

$$\eta=\frac{300-60}{300}\times100\%=80\%$$

(3) BOD负荷　　取 $F_A=30g/(m^2\cdot d)$

(4) 水力负荷　　取 $F_S=0.2m^3/(m^2\cdot d)$

(5) 转盘总面积，按BOD负荷计算

$$A=\frac{Q(L_i-L_e)}{F_A}=\frac{450(300-60)}{30}=3600(m^2)$$

按水力负荷计算

$$A=\frac{Q}{F_S}=\frac{450}{0.2}=2250(m^2)$$

可以看出二者有一定差距，为保证出水水质，按BOD负荷进行计算。

$$m=\frac{4A}{2\pi D^2}=0.636\frac{A}{D^2}=\frac{0.636\times3600}{4}\approx573(片)$$

(6) 校核转盘水力负荷 $F'_{S}=Q/A=450/3600=0.125[m^3/(m^2\cdot d)]=125[L/(m^2\cdot d)]$

(7) 转盘盘片总数

取盘片直径 $D=2$m，拟采用三台转盘，每台盘片数为 $m=192$ 片，每台转盘为单轴四级，第一、二两级盘片数为60片，后两级每级盘片数为36片。

(8) 氧化槽有效长度 $d$ 取25mm，采用硬聚氯乙烯盘材，$b$ 值取4mm。

$$L=m(d+b)K=192\times(25+4)\times1.2\approx6682(mm)$$

(9) 氧化槽净有效容积

采用半圆形氧化槽，$r$ 取200mm，$r/D$ 为0.1，系数取0.294，$\delta$ 取200mm。

$$V'=0.294(D+2\delta)^2(L-mb)=0.294(2+2\times0.2)^2(6.682-192\times0.004)\approx10.02\ (m^3)$$

(10) 转盘最小旋转速度

$$n_{\min}=\frac{6.37}{D}\times\left(0.9-\frac{1}{F'_{s}}\right)=\frac{6.37}{2}\times\left(0.9-\frac{1}{125}\right)=2.84(\mathrm{r/min})$$

(11) 污水在氧化槽内的停留时间

$$t=\frac{V'}{Q}=\frac{10.02}{\frac{450}{3}}\times 24=1.6(\mathrm{h})$$

对水力负荷和有机负荷的取用，一般要视水质而定。对于生活污水通常情况下只需考虑水力负荷，但对于本例，采用有机负荷设计更安全。对于某些成分复杂的工业废水，除采用水力负荷外，还要同时考虑有机负荷和毒物负荷。

### 8.4.3 生物接触氧化池的设计计算

(1) 氧化池的有效容积

$$V=\frac{Q(L_a-L_t)}{M} \tag{8-31}$$

式中，$V$ 表示氧化池的有效容积，$m^3$；$Q$ 表示平均日污水量，$m^3/d$；$L_a$ 表示进水 $BOD_5$ 浓度，mg/L；$L_t$ 表示出水 $BOD_5$ 浓度，mg/L；$M$ 表示容积负荷，g $BOD_5/(m^3 \cdot d)$。

(2) 氧化池总面积

$$F=\frac{V}{H} \tag{8-32}$$

式中，$F$ 表示氧化池总面积，$m^2$；$H$ 表示滤料层总高度，一般 $H=3m$，m。

(3) 氧化池格数

$$n=\frac{F}{f} \tag{8-33}$$

式中，$n$ 表示氧化池格数，一般 $n$ 不小于 2 个，个；$f$ 表示每格氧化池面积，一般 $f$ 不大于 $25m^2$，$m^2$。

(4) 校核接触时间

$$t=\frac{nfH}{Q}\times 24 \tag{8-34}$$

式中，$t$ 表示氧化池有效接触时间，h。

(5) 氧化池总高度

$$H_0=H+h_1+h_2+(m-1)h_3+h_4 \tag{8-35}$$

式中，$H_0$ 表示氧化池总高度，m；$h_1$ 表示超高，$h_1=0.5\sim0.6m$，m；$h_2$ 表示填料上水深，$h_2=0.4\sim0.5m$，m；$h_3$ 表示填料层间隙高，$h_3=0.2\sim0.3m$，m；$h_4$ 表示配水区高度，当采用多孔管曝气时，不进入检修者，$h_4=0.5m$；进入检修者，$h_4=1.5m$，m；$m$ 表示填料层数。

(6) 需气量

$$D=D_0Q \tag{8-36}$$

式中，$D$ 表示需气量，$m^3/d$；$D_0$ 表示 $1m^3$ 污水需气量，$m^3/m^3$。

**【例 8-3】** 已知某居民区污水量 $Q=2500m^3/d$，污水 $BOD_5$ 浓度 $L_a=100\sim150mg/L$，拟采用生物接触氧化法处理，出水 $BOD_5$ 浓度 $L_t\leqslant 20mg/L$。试设计生物接触氧化池。

**解：** 已知 $Q=2500m^3/d$，$L_a=150mg/L$，$L_t=20mg/L$，取容积负荷 $M=1500g/(m^3 \cdot d)$，接触时间 $t=2h$，则接触氧化池容积

$$V=\frac{Q(L_a-L_t)}{M}=\frac{2500\times(150-20)}{1500}=216.7(m^3)$$

取接触氧化填料层总高度 $H=3m$，则接触氧化池总面积

$$F=\frac{V}{H}=\frac{216.7}{3}=72.2\ (m^2)$$

取接触氧化池格数 $n=8$ 个，则每格接触氧化池面积

$$f=\frac{F}{n}=\frac{72.2}{8}=9\ (m^2)$$

每格接触氧化池尺寸为 3m×3m。校核接触时间

$$t=\frac{nfH}{Q}\times 24=\frac{8\times 9\times 3}{2500/24}=2.1(h)\ (合格)$$

取 $h_1=0.6m$，$h_2=0.5m$，$h_3=0.3m$，$h_4=1.5m$，填料层数 $m=3$ 层，则接触氧化池总高度

$$H_0=H+h_1+h_2+(m-1)h_3+h_4=3+0.6+0.5+2\times 0.3+1.5=6.2\ (m)$$

污水在池内的实际停留时间

$$t'=\frac{nf(H_0-h_1)}{Q}\times 24=\frac{8\times 9\times (6.2-0.6)}{2500}\times 24=3.87(h)$$

选用 $\phi$25mm 的玻璃钢蜂窝填料，则填料总体积

$$V'=nfH=8\times 9\times 3=216\ (m^3)$$

采用多孔管鼓风曝气供氧，取气水比 $D_0=15m^3/m^3$，则所需总空气量

$$D=D_0Q=15\times 2500=37500\ (m^3/d)$$

每格需气量

$$D_1=\frac{D_0}{n}=\frac{37500}{8}=4687.5\ (m^3/d)$$

与生物转盘以及普通活性污泥法相比，生物接触氧化法的显著优点是池本身所占的面积较小，无需污泥回流。

### 8.4.4 两相生物流化床设计计算

两相生物流化床设计一般包括以下 7 个方面。

(1) 选择载体种类，确定载体参数　对于石英砂、活性炭这类近似球形的载体，平均粒径 $d_s$ 以 0.3～1.0mm 为宜，最大与最小粒径之比不应大于 2。对于形状各异的人工载体，其流化特性应根据试验定出。

(2) 生物膜厚度及生物颗粒　取生物膜厚度 $\delta=0.10\sim 0.20mm$。生物膜厚度的取值与进水 BOD 有关，对与生活污水性质相近的工业废水，$\delta$ 取 0.10～0.12mm。生物颗粒的粒径（$d_p$）和密度计算如下。

$$d_p=d_s+2\delta \tag{8-37}$$

$$\rho_p=\frac{\rho_s d_s^3+(d_p^3-d_s^3)\rho_f}{d_p^3} \tag{8-38}$$

式中，$\rho_s$、$\rho_f$、$\rho_p$ 分别表示载体、湿生物膜、生物颗粒的密度，$\rho_f$ 取 1.02～1.04g/cm³，g/cm³；$d_s$ 表示生物颗粒平均粒径，mm。

(3) 生物颗粒的沉降特性　生物颗粒的静置沉降终速度（cm/s）为

$$u_t=\sqrt{\frac{40(\rho_p-\rho_1)gd_p}{3\rho_1 C}} \tag{8-39}$$

$$C=\frac{24}{Re_t}+\frac{3}{\sqrt{Re_t}}+0.34 \tag{8-40}$$

$$Re_t=\frac{u_t d_p \rho_1}{\mu}\times 0.1 \tag{8-41}$$

式中，$\rho_l$表示废水密度，g/cm³；$g$ 表示重力加速度，9.8m/s²；$C$ 表示系数；$Re_t$ 表示生物颗粒静置沉降的雷诺数；$\mu$ 表示废水的绝对黏度，g/(cm·s)。

通过对上式进行计算，可确定 $u_t$、$C$ 和 $Re_t$。

（4）床层的膨胀行为　首先由下式计算 Richardson-Zaki 常数（忽略反应器壁的影响）。

$$n=4.4Re_t^{-0.1} \tag{8-42}$$

再确定床层的临界流化速度。

$$u_{mf}=u_t\varepsilon_{mf}^n \tag{8-43}$$

式中，$\varepsilon_{mf}^n$表示临界空隙率，对近似球形的载体可取 $\varepsilon_{mf}^n=0.4$。

取废水在床内的上升流速 $u_l=1.5\sim2.5u_{mf}$，则由下式可得到床层空隙率。

$$\varepsilon=\left(\frac{u_l}{u_t}\right)^{1/n} \tag{8-44}$$

（5）反应器的有效容积　反应器中所需装填的载体多少由参数 $M_s$ 给定，$M_s$ 为载体的总质量（kg）。选取 $M_s$ 以后载体的真体积 $V_s$(m³) 为

$$V_s=\frac{M_s}{\rho_s}\times10^{-3} \tag{8-45}$$

床层的体积，即反应器的有效容积 $V$(m³) 由下式确定。

$$V=\frac{(d_p/d_s)^3V_s}{1-\varepsilon} \tag{8-46}$$

（6）核算污泥负荷

$$F_s=\frac{(S_i-S_e)Q}{\left[\left(\frac{d_p}{d_s}\right)^3-1\right]\rho_fV_s(1-P)\times10^6} \tag{8-47}$$

式中，$S_i$、$S_e$ 分别表示进水、出水有机物的浓度，mg/L；$Q$ 表示废水流量，m³/d；$P$ 表示生物膜含水率，一般取 $P=95\%$；$F_s$ 表示污泥负荷，应在 0.1～0.3kg/(kg·d) 范围内，如核算得到的 $F_s$ 过大，应调整 $M_s$ 的取值，使 $F_s$ 满足要求，kg/(kg·d)。

（7）反应器的尺寸　一般生物流化床中单凭废水的流量不足以使载体流化，因此应将部分出水回流至反应器入口。取回流比 $R=100\%\sim200\%$，则床层截面积

$$A=\frac{Q(1+R)}{864u_l} \tag{8-48}$$

式中，$R=Q_r/Q$，$Q_r$ 为回流量（m³/d）。

床层高由下式计算

$$H=\frac{V}{A} \tag{8-49}$$

如果得到的床高 $H$ 及截面积 $A$ 使 $H/D$ 比例不当，则可相应调整 $R$ 值。另外 $R$ 值的大小有时应考虑进水的稀释、充氧等因素。

另外，还需进行流体分布器、充氧等设施的设计。

**【例 8-4】**　生产废水，流量 $Q=240$m³/d，进水 $BOD_5=150$mg/L，出水要求 $BOD_5=30$mg/L，用好氧两相生物流化床进行处理。

**解：**（1）选择载体

采用粒径为 0.3～0.5mm、平均粒径 $d_s$ 为 0.42mm 的石英砂载体（平均粒径应以实测值为准）。载体的真密度 $\rho_s$ 为 2.63g/cm³。

（2）生物膜厚度

取生物膜厚度 $\delta=0.12$mm，则生物颗粒的粒径 $d_p=0.42+2\times0.12=0.66$（mm）；生物颗粒的密度 $\rho_p$ 为 1.4g/cm³（湿生物膜密度 $\rho_f$ 取 1.03g/cm³）。

(3) 生物颗粒的沉降特性

假设废水的密度和黏度均与20℃的纯水相同，则

$$Re_t=\frac{u_t d_p \rho_l}{\mu}\times 0.1=\frac{u_t \times 0.66\times 10^{-3}\times 998.2}{1.005\times 10^{-2}}\times 0.1=6.5u_t$$

代入式(8-40) 得

$$C=3.7/u_t+1.2/u_t^{1/2}+0.34$$

再代入式(8-39)，经试算得到生物颗粒的静置沉降终速度

$$u_t=4.5\text{cm/s}$$

(4) 床层的膨胀特性

由式(8-42) 计算Richardson-Zaki常数 $n=3.1$，再由式(8-43) 确定床层的临界流化速度 $u_{mf}=0.26$cm/s（取临界空隙率为0.4）。取上升流速 $u_1=2.5u_{mf}=0.65$cm/s，则由式(8-44) 得床层空隙率 $\varepsilon=0.54$。

(5) 反应器的有效容积

取反应器中装填的载体总质量 $M_s=2000$kg，则载体的真体积 $V_s=0.76\text{m}^3$，床层的体积 $V=6.4\text{m}^3$。

(6) 核算污泥负荷

取生物膜含水率 $P=95\%$，则污泥负荷 $F_s=0.26$kg/(kg·d)，符合要求，所以选定的 $M_s$ 合理。

(7) 反应器尺寸

取回流比 $R=150\%$，则床层截面积 $A=1.1\text{m}^2$，反应器直径 $D=1.2$m，有效床高 $H=5.8$m。取分布器占用高度0.5m，床内保护层0.3m，沉淀取高度1.0m，超高0.3m，则反应器总高7.9m。

# 8.5 其他新型生物膜反应器及其工艺

## 8.5.1 三相生物流化床

以空气为氧源的三相流化床的工艺流程如图8-16所示。在反应器底部或器壁上直接通入空气供氧，形成气液固三相流化床。由于空气的搅动，载体之间的摩擦较强烈，所以载体可以自动脱膜，而不需要别的脱膜装置。但载体易流失，气泡易聚并变化，影响充氧效率。为了控制气泡大小，有采用减压释放空气方式充氧的，也有采用射流曝气充氧的。

生物流化床由床体、载体、布水装置、充氧装置和脱膜装置等部分组成。床体用钢板焊制或钢筋混凝土浇制，平面形状一般为圆形或方形，其有效高度按空床流速计算。床底布水装置是关键设备，既使布水均匀，又承托载体。常用多孔板、加砾石多孔板、圆锥底加喷嘴或泡罩布水。

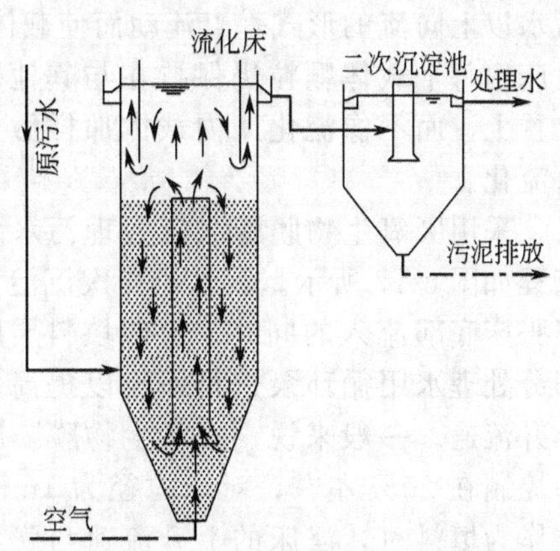

图8-16 三相流化床的工艺流程

国外最早的工业生物流化床是Hy-FLo反应器。床内废水上升速度25～62.5m/s，无污泥结块或堵塞现象，不需要冲洗。流化介质的膨胀率为100%，以砂粒为介质，其比表面积大于1000m²/m³。床内污泥浓度折算为MLSS达12～40g/L。美国Ecolotrol公司采用此装置，以纯氧为气源处理城市污水，在有机负荷为7.27kg $BOD_5$/(m³·d)，停留时间0.26h，$BOD_5$ 去除率达84%。

目前国内数十家单位也在进行生物流化床的研究（包括好氧性的和厌氧性的），所采用的床型也有多种。如水力流化的和气力流化的，充氧方式有直接供氧和射流吸氧的。采用纯氧气源的流化床，其 BOD 容积负荷可达 30kg/($m^3$·d) 左右；以空气作气源的，其 BOD 容积负荷：达 10kg/($m^3$·d) 左右。如某印染厂应用三相流化床处理印染废水，以空气作氧源，沸石为载体，在进水 COD 为 406mg/L、$BOD_5$ 和 COD 的容积负荷分别为 12.16kg/($m^3$·d) 和 29.24kg/($m^3$·d) 下，COD 和 $BOD_5$ 的去除率分别达到 68%和 85.1%，比相同处理效率下的表面曝气池负荷高 6 倍多。

然而，从消化池排出的混合液在沉淀池中进行固液分离有一定的困难。其原因一方面由于混合液中污泥上附着大量的微小沼气沟，易于引起污泥上浮；另一方面，由于混合液中的污泥仍具有产甲烷活性，在沉淀过程中仍能继续产气，妨碍了污泥颗粒的沉降和压缩。为了提高沉淀池中混合液分离效果，目前采用以下几种方法脱气：①真空，由消化池排出的混合液经真空脱气器（真空度为 0.005MPa），将污泥絮体上的气泡除去，改善污泥的沉淀性能；②热交换器急冷法，将从消化池排出的混合液进行急速冷却，如中温水化液 35℃冷到 15～25℃，可以控制污泥继续产气，使厌氧污泥有效地沉淀；③絮凝沉淀，向混合液中投加絮凝剂，使厌氧污泥易凝聚成大颗粒，加速沉降；④用超滤器代替沉淀池，也改善固液分离效果。此外，为保证沉淀池分离效果，在设计时，沉淀池内表面负荷应比一般废水沉淀池表面负荷小，一般不大于 1m/h，混合液在沉淀池内停留时间比一般废水沉淀时间要长，可采用 4h。

### 8.5.2 厌氧生物膜膨胀床

厌氧生物膜膨胀床是为优化污水处理甲烷发酵工艺于 1974 年研究和开发出来的。与生物流化床不同的是，厌氧生物膜膨胀床的污水是从床底部流入时仅使填料层膨胀而非流化，一般其膨胀率仅为 10%～20%，此时颗粒间仍保持互相接触。厌氧生物膜膨胀床也是一种强化生物处理、提高有机物降解能力的处理工艺。具体表现以下几个方面：细小填料颗粒为微生物附着生长提供较大的比表面积，可高达 3000$m^2$/$m^3$，单位反应器容积内微生物浓度一般可达 30g/L，因而可承受的有机物负荷达到 10～40kg COD/($m^3$·d)；载体处于膨胀状态能防止滤床堵塞；床内微生物固体停留时间较长，从而可减少剩余污泥量等。

典型的厌氧生物膜膨胀床主要由床体、载体、进出水管和沼气收集管等组成。膨胀床的床体多为圆柱形结构，由钢板或树脂强化玻璃辅以聚氯乙烯衬里而制成。载体多采用细小的固体颗粒填料，如石英砂、无烟煤、活性炭、陶粒和沸石等，其粒径一般介于 0.2～1.0mm。当由厌氧菌形成的生物膜附着在载体上时，生物膜载体颗粒的粒径稍稍增大，一般为 0.3～3.0mm。在污水处理的过程中，尽管污水以上向流的形式垂直流动而使载体颗粒膨胀，但床内每个载体颗粒仍保持在与其他颗粒相邻的位置上，而不像流化床内载体那样做无规则的自由流化。

采用厌氧生物膜膨胀床处理污水的典型工艺流程如图 8-17 所示。污水经初次沉淀池沉淀后从膨胀床底部流入的同时，为使填料层膨胀，需将部分处理水用循环泵进行回流以提高床内水流的上升流速。一般来说，厌氧生物膜膨胀床的膨胀率控制在 20%左右，对于粒径为 1mm 左右的砂粒作为填料时，滤床的上升流速与膨胀率之间的关系见表 8-7，设计时可用来参考。

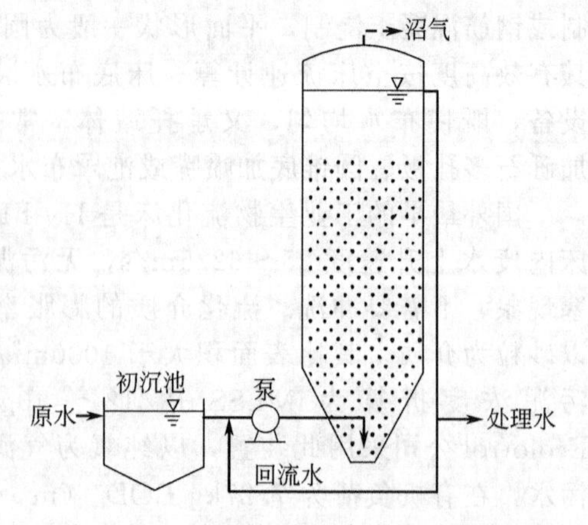


图 8-17 厌氧生物膜膨胀床的工艺流程

表 8-7 滤床的上升流速与膨胀率的关系

| 膨胀率/% | 通过滤床断面的上升流速/(m/h) | 通过滤床断面的流量/($m^3$/h) |
|---|---|---|
| 15 | 30.9 | 164.0 |
| 20 | 30.0 | 235.4 |
| 25 | 35.6 | 27.3 |

### 8.5.3 移动床生物膜反应器

移动床生物膜反应器是为解决固定床反应器需定期反冲洗、流化床需使载体流化、淹没式生物滤池堵塞需清洗滤料和更换曝气器的复杂操作而发展起来的。该处理工艺可靠，易于操作，适用于设计小型污水处理厂或改造已有的超负荷运转的活性污泥系统。

移动床生物膜反应器如图 8-18 所示。其中装填直径约 10mm、长度约 7mm 的短管状聚乙烯填料，密度为 0.96g/$cm^3$，内设交叉面支撑，外有鱼鳍状沟棱以增加填料的比表面积。这些漂浮载体随反应器内混合液的回旋翻转作用而自由移动，在好氧反应器中这种回旋力是由曝气提升力而提供的，而在缺氧反应器中则来自于机械搅拌桨。为了防止生物膜载体从反应器内流出，在反应器出口处设有穿孔板栅网，网孔尺寸为 5mm×25mm。反应器中生物膜比表面积由载体投加数量来控制，装填容积可高达空床反应器容积的 70%，相应地反应器内生物膜比表面积可高达 400～500$m^2$/$m^3$。但由于填料外侧表面比免受强烈水力冲刷的内表面生物膜量少得多，实际可供生物生长的最大比表面积约为 350$m^2$/$m^3$。在实际运行中，移动床生物膜反应器既不需要反冲洗，也不需要污泥回流，通过反应器的水头损失亦不大。由于移动床生物膜反应器建造简单、操作简单，可在不增加反应器容积的条件下改造现有的常规污水处理厂，使之提高对有机物的去除率和达到脱氮除磷的目的，所以移动床生物膜反应器具有很大的发展和应用前景。

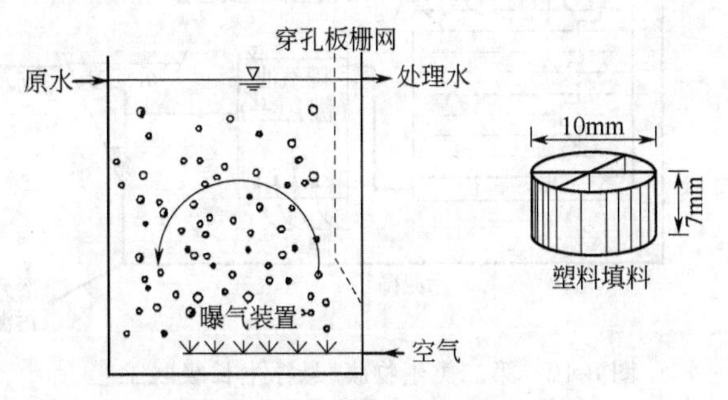


图 8-18 移动床生物膜反应器

### 8.5.4 生物膜/悬浮生长级联工艺

生物膜/悬浮生长级联工艺的发展起源于 20 世纪 70 年代中后期，主要是因为该时期滤池的滤料有了相当大的新发展，尤其是出现了高负荷滤料。新型滤料使普通生物滤池的有机负荷率能够比传统的石质滤料滤池的大 10～15 倍，并且没有臭味和堵塞问题。通过这两类工艺的联合，可以综合两者优点，克服各自的缺点，使处理工艺具备普通生物滤池简单、抗冲击负荷与维护简单的特点以及活性污泥工艺出水水质好、硝化效果好的特点，因而在实际应用中得到广泛重视。

生物膜/悬浮生长级联工艺主要有两种类型：第一类是生物膜与悬浮生长同时在同一构筑物中联合发生的复合式工艺；第二类是生物膜系统与悬浮生长系统按串联的方式联合。对于第一类生物膜/悬浮生长级联工艺，在活性污泥处理工艺中引入生物膜过程形成生物膜/悬浮生长系统可以提高活性污泥的处理能力以及系统的运行稳定性。已有的活性污泥过程可以通过在曝气池中增加生物膜表面积来改善。塑料筛、带状物或者丝带绳都可以用框架固定在曝气池中的混合液体中。移动生物膜载体可以混合在混合液体中并随混合液体而流动。海绵体、塑料网状立方体或者圆柱体、中空纤维颗粒或者聚乙烯醇颗粒都是可移动的生物膜载体。但是移动生物膜载体必须比较容易地固定在曝气池中，并且能够比较容易地从混合液中得到分离。在曝气池的出口通常还装有过滤筛或者金属网。当使用的载体是可移动的，该系统就称作移动床生物膜载体。

不论采用固定式生物膜载体还是可移动生物膜载体，目的都是要提高系统中活性菌的总量，从而提高固体截留时间。悬浮生长菌和生物膜中细菌对固体的截留时间是显著不同的。一般情况下，生物膜细菌对固体的截留时间比较长，这一点对缓慢生长菌种的繁殖十分重要。

图 8-19 是第二类生物膜/悬浮生长级联工艺，该过程是 20 世纪 70 年代由 Neptune-Microfloc 开发的活性生物滤池工艺（ABF）。图 8-19 中给出了 ABF 是如何将生物膜反应器和悬浮生长工艺相结合的过程，其中生物膜反应器由水平红杉板钉成。废水从上沿着红杉板滴滤下去，但是并不浸没红杉板，所以能够保证代谢过程的供氧需求。该设计方法和所处理的废水相适应，这是因为从沉淀池下溢的循环水中含有悬浮生物。在生物膜反应器和沉淀池中间是活性污泥曝气池，其中混合液悬浮固体含量为 2500mg/L。一般情况下，ABF 中生物膜反应器的 BOD 负荷为 9kg $BOD_5$/($m^3$·d)，约等于 14kg $BOD_L$/(1000$m^2$·d)。尽管该表面负荷对生物膜工艺来说比较高，但是该级联工艺中的曝气池可以确保 BOD 的有效去除以及硝化作用的完成。通过调节曝气池的大小，即可以获得满意的处理效果。在没有硝化作用的情况下，典型的曝气池截留时间为 1h 或 2h，而在有硝化作用的情况下通常需要 3～6h。

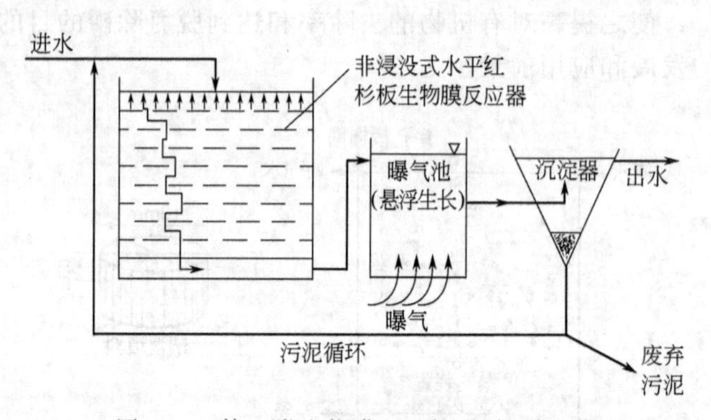


图 8-19　第二类生物膜/悬浮生长级联工艺

还有一种级联工艺称作 PACT（粉末状活性炭处理），是由 Zimpro 首先开发的。由于 PACT 工艺中伴有失效活性炭的湿气氧化过程，所以该工艺主要用于其中含有对细菌具有抑制作用的工业废水的生物处理。一般投入进料废水中的粉末状活性炭的浓度为 10～150mg/L。应用粉末状活性炭的主要目的是吸附废水中抑制性有机成分。经验表明，粉末状活性炭还可以提高污泥絮凝作用、沉淀作用以及吸附缓慢生物降解的成分，例如和生物量积累有关的底物。如果没有采用粉末状活性炭，处理后废水的 BOD、COD、颜色以及对微生物的毒性都比较高。PACT 工艺的主要不足之处是粉末状活性炭的成本比较高。

## 习　题

1. 什么是生物膜？生物膜有哪几种类型？
2. 什么是生物膜反应器？生物膜反应器的类型有哪些？各种生物膜反应器有何优点和特点？并说明不同生物膜反应器的主要适用场合。
3. 试简单说明生物膜法处理废水的基本原理。

4. 试指出生物接触氧化法的特点。
5. 某小型纺织厂，用生物转盘法处理废水，废水量 $Q=100m^3/d$，$BOD_5$ 浓度 $L_i=200mg/L$，根据小试实测，生物转盘水力负荷 $F_S=0.1\sim0.2m^3/(m^2\cdot d)$，有机负荷 $F_A=0.022kg\ BOD/(m^2\cdot d)$，要求 $BOD_5$ 去除效率达 80%，试对生物转盘进行设计。
6. 设计某城市的污水生物接触氧化处理装置。已知设计规模为 $10000m^3/d$，原水水质：pH 值 6.5～7.5，$BOD_5(L_a)$80～140mg/L，COD 200～350mg/L，悬浮物 150～300mg/L。处理出水水质：pH 值 6～9，$BOD_5(L_t)$30mg/L，COD 120mg/L，悬浮物 40mg/L。

## 参考文献


[1] 刘雨，赵庆良，郑兴灿．生物膜法污水处理技术．北京：中国建筑工业出版社，2000.
[2] Bruce E Rittmann，Perry L McCarty. Environmental biotechnology：principles and applications. 北京：清华大学出版社，2002.
[3] Mogens Henze，Poul Harremoes，Jes La Cour，et al. 废水生物和化学处理技术．国家城市给水排水工程技术研究中心译，北京：中国建筑工业出版社，1999.
[4] 许保玖，龙腾锐．当代给水与废水处理原理．北京：高等教育出版社，2000.
[5] 马文漪，杨柳燕．环境微生物工程．南京：南京大学出版社，1998.
[6] 汪大翚，雷乐成．水处理新技术及工程设计．北京：化学工业出版社，2001.
[7] 唐受印，汪大翚等．废水处理工程．北京：化学工业出版社，1998.
[8] 北京水环境技术与设备研究中心，北京市环境保护科学研究院，国家城市环境污染控制工程技术研究中心主编．三废处理工程技术手册．北京：化学工业出版社，2000.
[9] 张员兴，许学书．生物反应器工程．上海：华东理工大学出版社，2001.
[10] 格拉泽 A N，二介堂弘著．微生物生物技术——应用微生物学基础原理．陈守文等译．北京：科学出版社，2002.
[11] 罗辉等．环保设备设计与应用．北京：高等教育出版社，1997.
[12] Nicolella C，van Loosdrecht M C M，Herjnen J J. Wastewater treatment with particulate biofilm reactors. Journal of Biotechnology，2000，80：1-33.
[13] Wang Z S. Application of biofilm kinetics to the sulphur/lime packed bed reactor for autotrophic denitrification of groundwater. Wat Sci Tech，1998，37 (9)：97-106.
[14] Seker S，Beyenal H，Tanyolac A. The effects of biofilm thickness on biofilm density and substrate consumption rate in a differential fluidized bed biofilm reactor (DFBBR). Journal of Biotechnology，1995，41：39-47.
[15] Boaventura R A R，Rodrigues A E. Denitrification kinetics in a ratating disk biofilm reactor. Chem Eng J，1997，65：227-235.
[16] Jahren S J，Qdegaard H. Treatment of thermomechanical pulping (TMP) whitewater in thermophilic (55℃) anaerobic-Aerobic moving bed biofilm reactors. Wat Sci Tech，1999，40 (8)：81-89.
[17] Wilderer P A. Technology of membrane biofilm reactors operated under periodically changing process conditions. Wat Sci Tech，1995，31 (1)：173-183.
[18] Morgenroth E，Wilderer P A. Modeling of enhanced biological phosphorus removal in a sequencing batch biofilm reactor. Wat Sci Tech，1998，37 (4-5)：583-587.
[19] Araki N，Ohashi A，Machdar E，et al. Behabiors of nitrifiers in a novel biofilm reactor employing hanging sponge-cubes as attachment site. Wat Sci Tech，1999，39 (7)：23-31.
[20] Ramasamy E V，Abbasi S A. Energy recovery from dairy waste-waters：impacts of biofilm support systems on anaerobic CST reactors. Applied Energy，2000，65：91-98.
[21] Ohashi A，Koyama T，Syutsubo K，et al. A novel method for evaluation of biofilm tensile strength resisting erosion. Wat Sci Tech，1999，39 (7)：261-268.
[22] Zhu S M，Chen S L. An experimental study on nitrification biofilm performances using a series sector system. Aquacultural Engineering，1999，20：245-259.
[23] Kargi F，Eker S. Comparison of performances of rotating perforated tubes and rotating biodiscs biofilm reactors for wastewater treatment. Process Biochemistry，2002，37：1201-1206.
[24] White D M，Schnabel W. Treatment of cyanide waste in a sequencing batch biofilm reactor. Wat Sci Tech. 1998，32 (1)：254-257.
[25] Lim K H，Shin H S. Operating characteristics of aerated submerged biofilm reactors for drinking water treatment. Wat Sci Tech，1997，36 (12)：101-109.
[26] Kolv F R，Wilderer P A. Activated carbon membrane biofilm reactor for the degradation of volatile organic pollutants. Wat Sci Tech，1995，31 (1)：205-213.

# 第9章 膜生物反应器技术

将膜与传统活性污泥法结合成膜生物反应器（MBR）的概念最早可以追溯到20世纪70年代，鉴于当时膜的研制水平通量的局限，此技术的应用受到一定限制；90年代以来，随着优质膜材料与膜制备技术的不断成熟，膜生物反应器在工业废水与生活污水处理方面有了较大的发展，目前已成为我国重点推广的新工艺之一。

## 9.1 膜与膜技术基础

### 9.1.1 膜过滤过程

膜与膜组件是实现膜生物反应器技术的基础，膜对组分必须具有选择性透过功能，膜组件是实现混合组分分离的最基本单元。在膜两侧压差存在下，使原料中的某组分选择性地优先透过膜，实现混合物分离，产物提取、浓缩与纯化的过程称为膜分离过程。当采用筛分作用的多孔膜，则称为膜过滤，其推动力一般为压力差（也称跨膜压差），可以为正压或负压。

以压力差为推动力的膜过滤有微滤（MF）、超滤（UF）、纳滤（NF）与反渗透（RO）四种。它们的主要区别在于被分离物颗粒或分子的大小，其分离效果与所采用膜孔结构及其孔径分布有关。微滤膜的孔径范围为0.05～10μm，所施加的压力差为0.015～0.2MPa；超滤主要用于相对分子质量在数千以上的溶解性大分子或直径不大于0.1μm的微粒的分离，其压差范围为0.1～0.5MPa；反渗透常被用于截留溶液中的盐或其他小分子物质，所施加的压差与溶液中溶质种类及浓度有关，通常的压差在2MPa左右，也有高达10MPa；介于反渗透与超滤之间为纳滤，其操作压力比反渗透低，一般用于脱除相对分子质量在200以上至几千的物质，脱盐率依溶质种类而异。在膜生物反应器中常用的是微滤或超滤膜。

### 9.1.2 膜的种类

膜的种类可按材料来源、分离机理、分离过程的推动力、膜的结构及形态等来划分。按膜孔的大小可分为多孔膜与致密膜两大类，这两类的膜结构有对称和非对称之分。

多孔膜其两侧截面的结构及形态相同，且孔径分布基本一致，也称对称膜。对称膜分疏松的多孔膜和致密膜两大类，膜的厚度大致在10～200μm，绝大多数多孔膜的孔是不规则的，其形成与膜制备方法和过程有关。根据孔径大小，多孔膜可用于微滤、超滤及纳滤过程。致密的无孔膜通常用于渗透气化、气体分离和海水淡化等，不用作废水处理用的膜生物反应器。

多孔膜也可以是非对称的，常由较小孔径的表皮层和疏松的大孔支撑层组成，表皮层与支撑层材料相同，也可不同；表皮层厚度为0.1～0.5μm，支撑层厚度通常在50～150μm。非对称膜支撑层结构具有一定的强度，在较高的压力下也不会引起很大的形变。在以压力为推动力的膜过程中，非对称膜的传递阻力主要或完全取决于致密表皮层厚度，透过通量反比于膜的厚度，非对称膜的表皮层比均质膜的厚度薄得多。

### 9.1.3　常用膜材料

膜生物反应器所需的膜材料如表 9-1 所示，主要采用高分子材料，有聚烯烃、聚砜、聚酰胺类等，这类材料成膜性能较好，适用 pH 范围较宽，耐氯能力也强，能承受 70～80℃ 的温度，某些可高达 125℃。目前，聚砜，聚偏氟乙烯等材料被用于制备超滤和微滤膜，用作膜生物反应器。几种多孔膜的膜面孔结构形态见图 9-1。

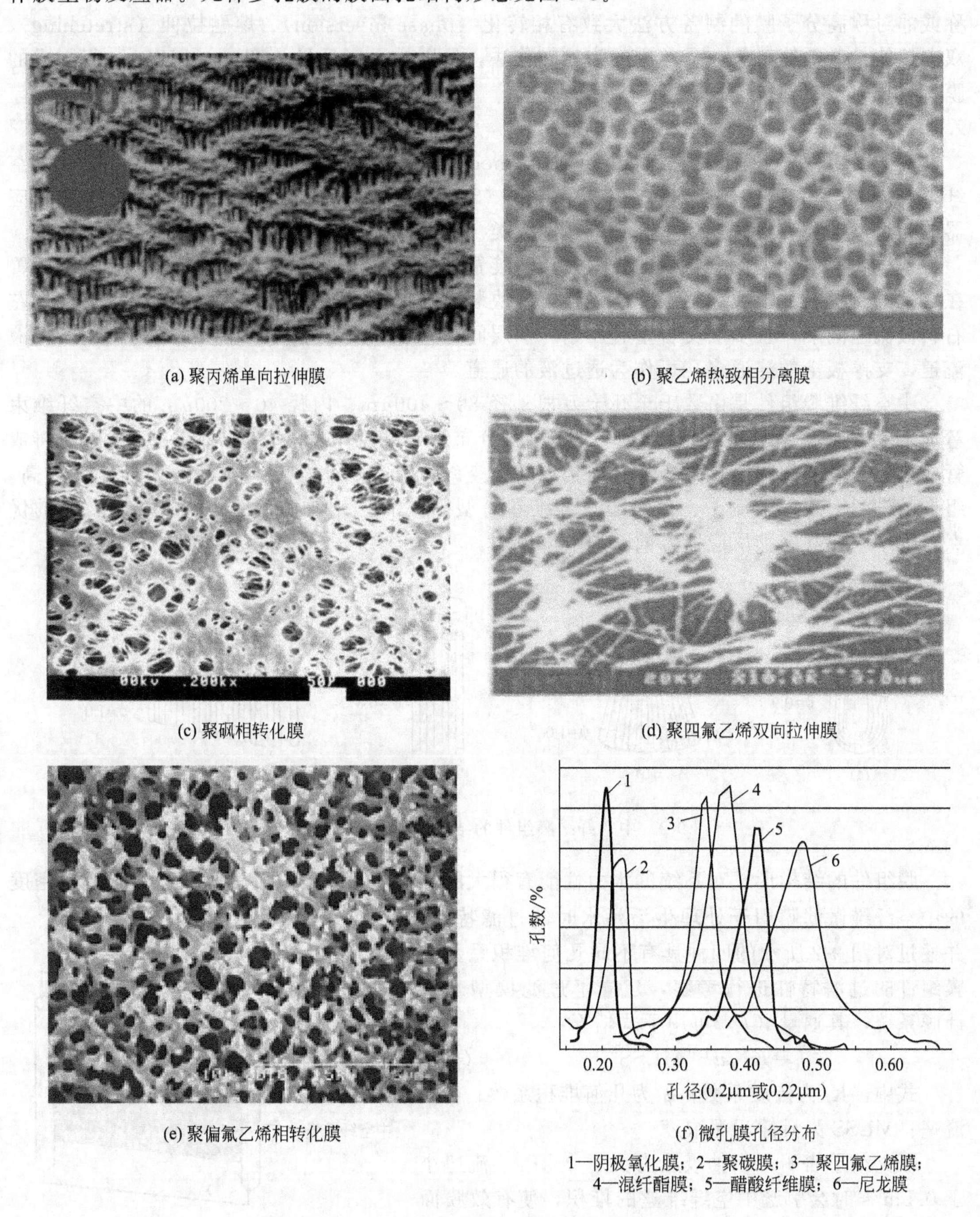


图 9-1　几种多孔膜的膜面孔结构形态

**表 9-1 膜生物反应器常用多孔膜材料**

| 膜过程 | 膜材料 |
|---|---|
| 微滤 | 聚四氟乙烯、聚偏氟乙烯、聚丙烯、聚乙烯、聚碳酸酯、聚(醚)砜、聚(醚)酰亚胺、聚脂肪酰胺、聚醚醚酮等及氧化铝、氧化锆等陶瓷材料 |
| 超滤 | 聚(醚)砜、磺化聚砜、聚偏氟乙烯、聚丙烯腈、聚(醚)酰亚胺、聚脂肪酰胺、聚醚醚酮、纤维素类等及氧化铝、氧化锆陶瓷材料 |

根据制膜材料、膜结构、膜孔径大小、孔隙率和膜厚度不同，选择不同的制备方法。对称或非对称高分子膜的制备方法大致有相转化（phase inversion）、熔融拉伸（stretching）、双向拉伸、涂敷等工艺，最常用的为相转化法，特别是温度诱导相变法（TIPS），所制成的膜具有较为理想的拉伸强度。

### 9.1.4 膜组件

商品膜组件主要有板框式（plate-framemodule）、折叠式（pleated sheetmodule）、中空纤维式（hollow fiber module）、管式及卷式（Spiral-woundmodule）5 种。用作膜生物反应器的膜组件主要为板框式和中空纤维式两大类。

板框式膜组件类似于常规的板框式压滤装置，有长方形、椭圆形或圆盘形等。膜被放置在多孔的支撑板上，膜之间可夹有隔板，两块装有膜的多孔支撑板叠压在一起形成 1mm 左右料液流道间隔，且多层交替重叠压紧，两层间可并联或串联连接。隔板上的沟槽用作料液流道，支撑板上的连通多孔可作为透过液的通道。

中空纤维膜组件是由数千至几十万根外径 80～400μm、内径 40～200μm 的中空纤维束弯成 U 形，在纤维束的中心轴装有一支原料分布管，纤维束的一端或两端用环氧树脂铸成管板或封头，装入圆筒形耐压容器内构成。中空纤维膜组件大多为外压式，耐压能力较高。组件的排列方式有轴流型、径流型及纤维卷筒型等。中空纤维膜组件具有装填密度高的优点，近年来在膜生物反应器方面获得推广应用。

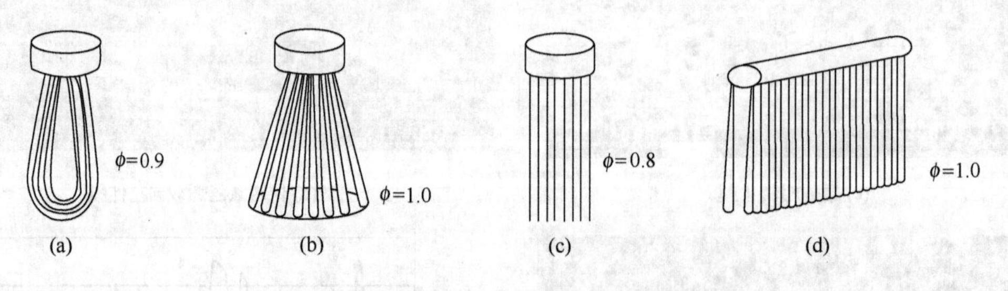


图 9-2 中空纤维膜组件的结构及其几何堆积系数

膜组件的结构形式对系统的水力性能有很大的影响。Y. Shimizu 等研究过不同装填密度的中空纤维微滤膜用于处理生活污水时的过滤特性，并通过对图 9-2 所示的四种具有不同几何堆积系数的膜组件的过滤特性进行考察，建立了过滤模型来设计膜系统，其通量（$J$）可用下式估算：

$$J=K'\phi u^{1.0}\mathrm{MLSS}^{-0.5} \quad (9\text{-}1)$$

式中，$K'$为传质系数；$\phi$ 为几何堆积系数；$u$ 为流速；MLSS 为活性污泥浓度。

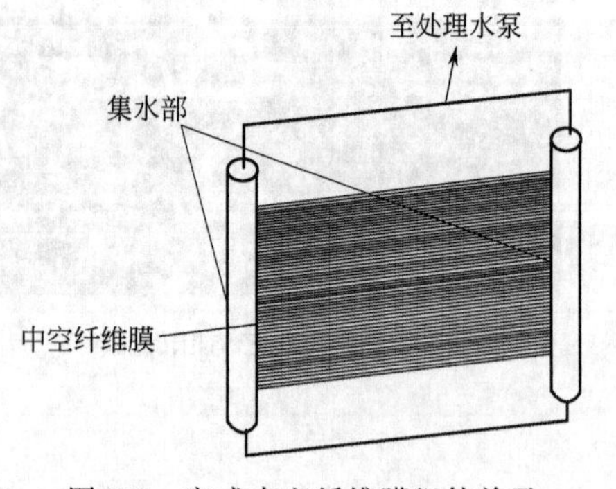


图 9-3 帘式中空纤维膜组件单元

研究结果表明，当抽吸压力大于 40kPa、流速小于 0.5m/s 时会引起中空纤维丝的堆积，使有效膜面积减小；通过中空纤维膜的运动或振动对通量的提高很小；装填密度高的中空纤维膜组件可有效地用于对活性污泥的过滤。

目前比较普遍采用帘式中空纤维膜组件，如图 9-3 所示，其中空纤维的两端与集水管密封相连，集水管与负压水泵连通。考虑到中空纤维膜的维护，设计成从上方拉出的方式。该帘式膜组件的过滤面积，可根据膜材料强度、处理废水成分、排水量大小、操作条件等实际需要而定。

# 9.2　膜生物反应器及其性能比较

## 9.2.1　膜生物反应器基本特征

膜生物反应器集成了膜技术和生物处理技术二者的优点，与普通的活性污泥法和生物膜法相比，膜生物反应器具有以下几个特征。

① 污泥停留时间（SRT）可控，去除率高。在单一的活性污泥反应器中，SRT 与水力停留时间（HRT）很难实现分别控制，而在膜生物反应器系统，可在很短的 HRT 条件下，同时实现较长的悬浮物或污泥停留时间，使得废水中那些难以降解的成分在有限体积的生物反应器中有足够的停留时间，达到高效去除的目的。

② 污泥浓度高。活性污泥量可比普通生物反应器中的高得多，具有污泥浓度高、容积负荷大的特点，污泥浓度通常可达 8000～15000mg/L。

③ 有机物降解时间可控。对于需要较长降解时间的可溶性大分子有机物，可根据出水水质需要，将其截留并与污泥或悬浮物一起返回生物反应器内，延长其在反应系统内的停留时间，既可以加强其降解，又可以同时减少出水悬浮物的含量。

④ 出水水质好。经膜滤的出水水质，其 COD 可降低到 50mg/L，实现污水的达标排放。

⑤ 设备紧凑，占地少。膜生物反应器可替代重力式沉淀池，不受污泥膨胀等影响。

⑥ 过程控制可自动化。易于设计成自动控制系统，便于管理。

以上特点，使膜生物反应器在污水处理领域具有较大规模的潜在推广应用前景，因而受到环保工业界的重视和关注。

## 9.2.2　膜生物反应器的种类

在膜生物反应器中，酶、细胞或微生物可以三种形态存在：溶解酶和悬浮细胞的游离态，膜表面或膜内酶蛋白凝胶以及膜截留细胞层的浓集态，以吸附、键合或包埋方式固定在膜表面或膜腔内的酶或细胞的固定化态。另外，在膜生物反应器中，物料的迁移方式有扩散和流动传递两类，且流动速率高于扩散传质。按三种形态和两种迁移方式可构成如图 9-4 所示的六种膜生物反应器。这六种型式的反应器各有其优缺点，如固定化的酶或细胞难以从膜生物反应器中清除，不便于补充和更换，但用于生物催化具有较高的稳定性；浓集态的酶或细胞的装填密度高，活性稳定，但酶或细胞的消除却存在一定的困难。

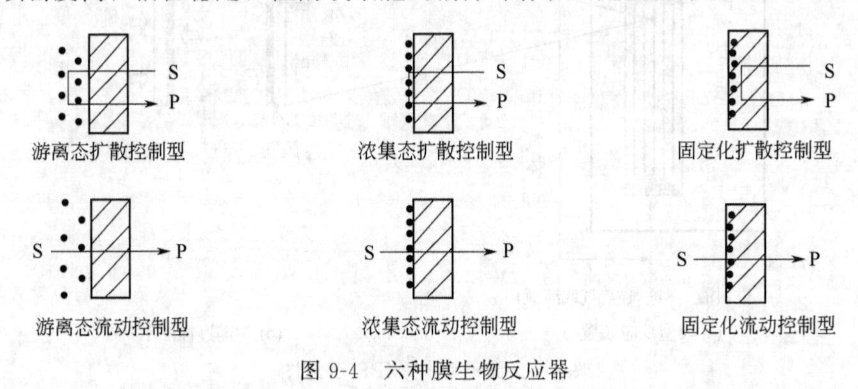


图 9-4　六种膜生物反应器

S—底物；P—产物

此外，从整体构造上来看，膜生物反应器组合工艺一般由膜组件及生物反应器两部分组成，若以生物反应器与膜单元结合方式来划分，膜生物反应器可分为外置式和浸没式两大类。如图 9-5(a) 所示，外置式生物反应器内废水经泵增压后进入膜组件，在压力作用下废水中的液体透过膜，成为系统净化水，而固形物、大分子物质等则被膜截留，随浓缩液回流到生物反应器内。外置式的特点是运行稳定可靠，操作管理容易，易于对膜的清洗、更换及增设。但一般条件下为减少污染物在膜表面的沉积，由循环泵提供的水流流速都很高，故动力消耗较高。如图 9-5(b) 所示，在浸没式的膜生物反应器中，膜组件置在反应器内，通过真空泵或其他负压泵抽吸，得到净化水。与外置式相比，浸没式的最大特点是动力费用低，但在膜的清洗或更换方面不及外置式方便。另外，根据反应器的供氧情况，还可分为好氧、厌氧或兼氧型膜生物反应器。目前，外置式、浸没式膜生物反应器用于好氧过程渐趋成熟，在厌氧过程方面的应用实例还少见。

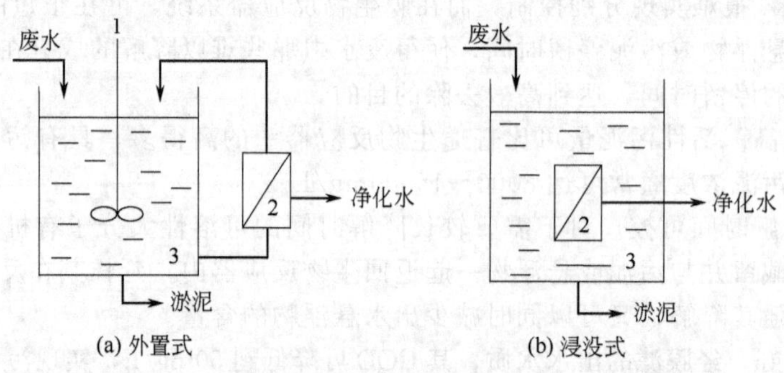


图 9-5　外置式和浸没式膜生物反应器工艺示意图

1—搅拌桨；2—膜组件；3—反应器

除按外置式与浸没式分类外，膜生物反应器也可按膜材料、膜孔径、膜组件、推动力方式的不同进行分类，但不及以上分类被广泛接受。

**9.2.3　曝气 MBR**

无泡曝气 MBR 既可用透气性致密膜，也可用疏水性微孔膜，组件可为中空纤维膜。只要保持透气（也可称扩散曝气）分压低于泡点，即可实现无泡曝气。

如图 9-6 所示，气液两相由膜隔开，膜可为氧传递和生物膜的增长提供较高表面积，氧

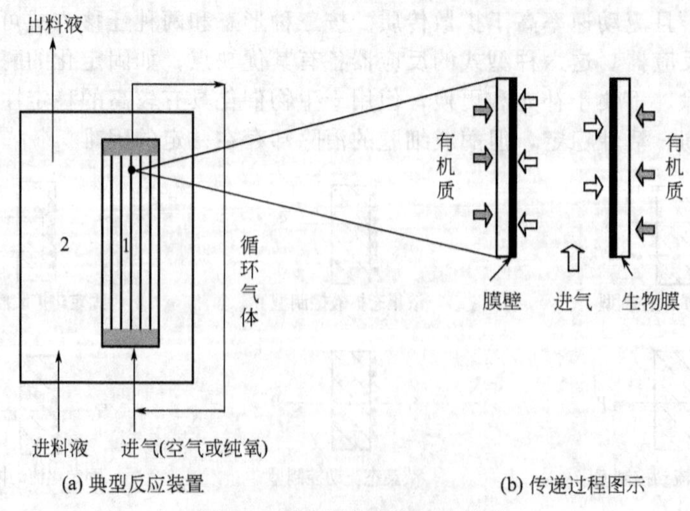


图 9-6　无泡曝气 MBR 示意图

1—膜组件；2—反应器

通过膜进入生物膜而不直接进入液相，可避免低沸点有机物的挥发，也不会产生泡沫。由于氧传递表面积是固定的，供氧膜面积较易确定。无泡曝气 MBR 可以满足活性污泥膜生物反应器的供氧需求，构建成新型 MBR，使膜兼有分离活性污泥和无泡曝气的双重功能，具有气液接触时间长、传氧效率高、不受气泡大小及其停留时间等因素的影响，过程易于控制等优点。

### 9.2.4　萃取 MBR

萃取 MBR 组合工艺可将有毒的易挥发性有机物从废水中除去，这种 MBR 也属于扩散控制的浓集态型，如图 9-7(a) 所示。在反应器中，废水流和生物膜被硅橡胶膜隔开，易挥发有机物可很快通过硅橡胶膜，在生物膜内进行生物降解；而废水中的无机物质不能通过硅橡胶膜，因此，废水中的有害离子组分对微生物的降解作用没有影响。壳侧为生物介质流，管内为废水流，硅橡胶膜按束排列于管内，选择性地将毒性有机物从废水中转移至一个经过曝气的生物介质相，如图 9-7(b) 所示，并在其中进行分解。

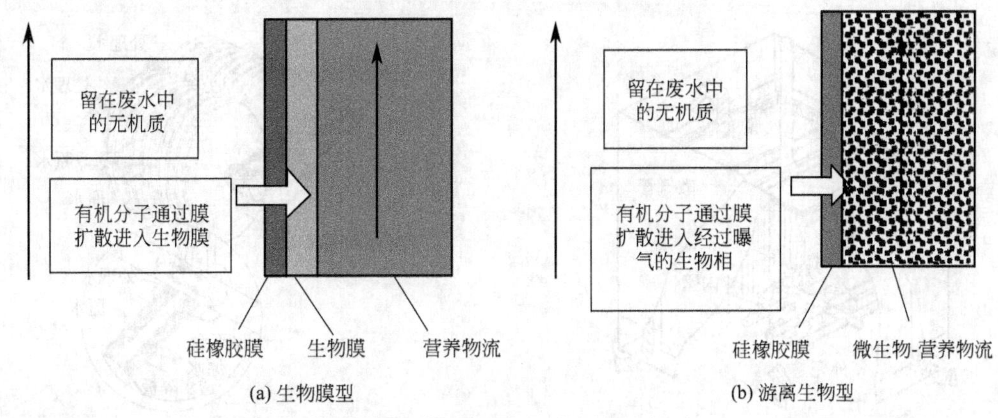


图 9-7　萃取 MBR 组合工艺示意图

### 9.2.5　脱氮 MBR

以下三种形式的膜生物反应器主要用于生物脱氮过程，萃取型的膜为致密的离子交换膜，而生物质截留 MBR 为微孔膜。

图 9-8(a) 所示为一种萃取型膜生物反应器，中空纤维膜为微孔的，但在微孔膜外侧涂有致密的离子交换膜分离层，可显著降低碳源穿透的危险，膜外侧具有脱氮生物膜，中空纤维管内通入含硝酸盐的溶液，浓度为 135～350mg $NO_3^-$/L，硝酸盐离子透过离子交换膜后被脱氮转化，脱氮率达到 85%，产品水中的电子供体可降低到 1mg/L。

图 9-8(b) 所示为扩散加氢 MBR，氢气扩散透过微孔膜，既可与作为碳源的 $CO_2$ 或碳

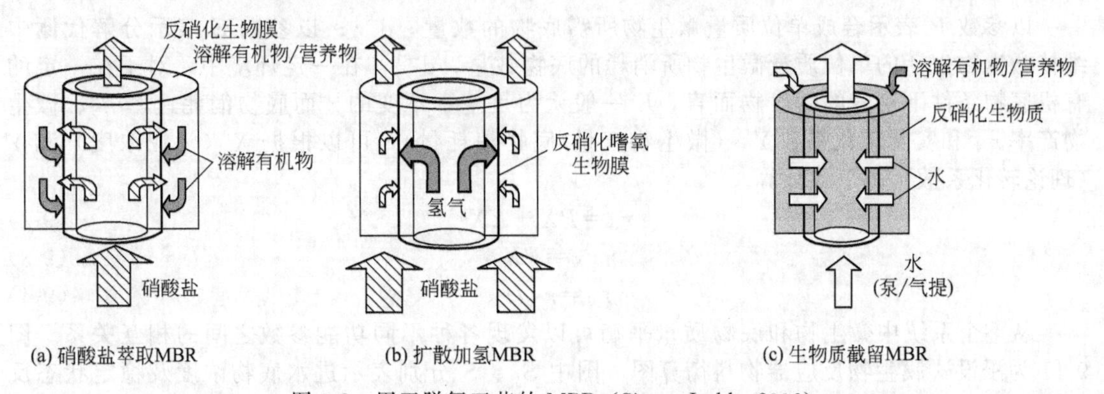


图 9-8　用于脱氮工艺的 MBR（Simon Judd，2006）

酸盐结合成为电子供体，用于廉价和无毒脱除氮，同时产生相对较低的生物质。用于扩散氢气的为 HF 膜或硅橡胶管直接将气体传递到壳侧与生物质接触。尽管异养脱氮低于 40%，但氢养脱氮 MBR 中硝酸盐的去除率很高。

图 9-8(c) 为生物质截留 MBR，在传统构型中，膜实际上用于水的过滤，以及硝酸盐和电子供体两者以同方向进入已形成的生物膜。已有专家以乙酸盐、乙醇和元素硫为电子供体，基于生物质截留 MBR 对含有微量硝酸盐的饮用水进行脱氮的专门研究，他们采用转盘控制污染，避免曝气和在缺氧条件下，保持 21L/($m^2$·h) 的通量下，运行 100d，硝酸盐的去除系数达到 98.5%。

### 9.2.6 两类典型 MBR

以下为两类小型膜生物反应器，如图 9-9 为浸没式中空纤维膜生物反应器，图 9-10 为浸没式转盘膜生物反应器，这两类反应器在广大村镇、宾馆、饭店、旅游风景点等小型公共场所具有潜在应用前景。

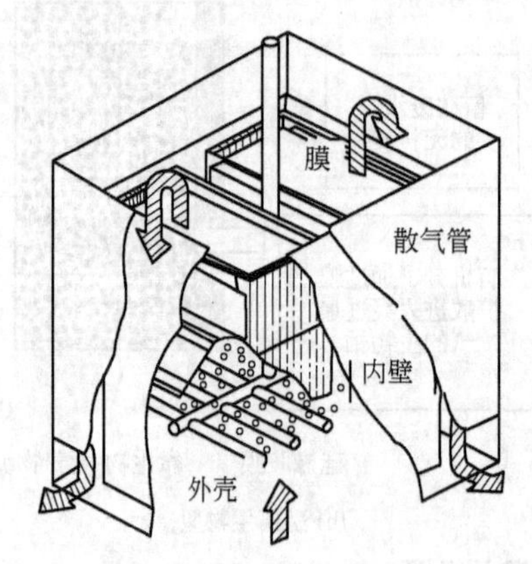


图 9-9 浸没式中空纤维膜生物反应器

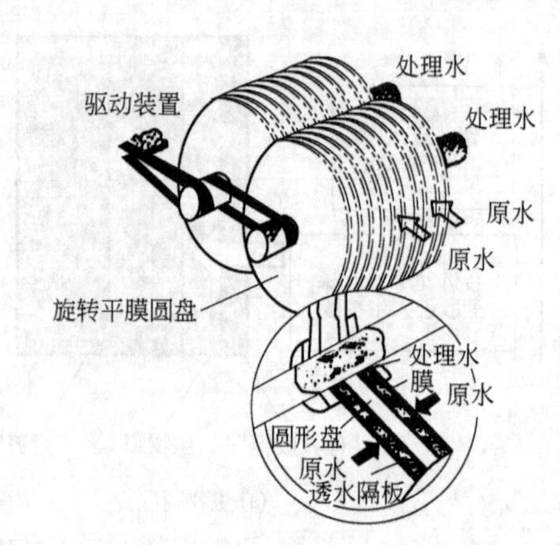


图 9-10 浸没式转盘膜生物反应器

## 9.3 膜生物反应器设计基础与优化条件

### 9.3.1 MBR 中有机物的降解动力学

在膜生物反应器中，有机物的降解主要表现为两个方面：①新细胞物质的合成（合成代谢）；②微生物分解有机物并释放可利用的能量，以维持细胞生命活动（分解代谢）。在 Pirt 的“维持”理论基础上，Wisniewski 等建立了膜生物反应器的有机物降解动力学模型。

以参数 $P$ 表示合成单位质量微生物所需底物的数量，$d^{-1}$；以参数 $E$ 表示分解代谢中维持微生物生活的单位质量微生物所消耗的底物数量，$d^{-1}$。在一定环境中，对于在一定的有机底物条件下培养的微生物而言，$E$ 一般认为是基本不变的，而底物消耗速率 $r_S$、微生物产率 $r_X$ 和实际转化系数 $Y_0$（微生物产量/底物消耗量），可以根据 $X$（污泥浓度）和 $Y$（理论转化系数）由下式计算。

$$r_S = PX + EX \tag{9-2}$$

$$r_X = PX \tag{9-3}$$

$$Y_0 = r_X / r_S \tag{9-4}$$

从整个系统中微生物和底物质量平衡可以发现各种不同功能参数之间的相互关系。图 9-11 为浸没式膜生物反应器物料衡算图，图中 $S_0$、$S$ 分别表示进水底物浓度及稳定状态反应器中剩余底物浓度，g/L；$r_S$、$r_X$ 分别为底物消耗速率和微生物消耗速率，g/(L·d)；

$Q_P$ 为剩余污泥排放流速，L/d。

依据图 9-11 可以建立底物质量平衡：

$$Q_i S_0 = Q_e S + r_S V_r + V_r \frac{dS}{dt} \tag{9-5}$$

已知，$HRT=\frac{V_r}{Q_0}$，因此，可得有机物的降解速率为：

$$r_S = \frac{S_0 - S}{HRT} - \frac{dS}{dt} \tag{9-6}$$

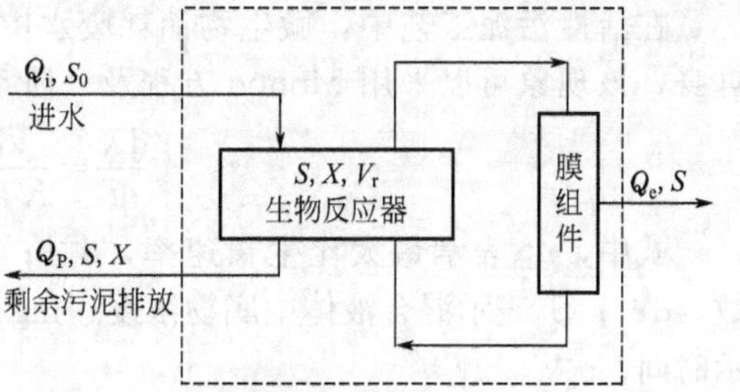

图 9-11　浸没式膜生物反应器物料衡算图

又微生物的质量平衡为：

$$r_X V_r = Q_P X + V_r \frac{dX}{dt} \tag{9-7}$$

式中，已知 $SRT=\frac{V_r}{Q_P}$，所以，微生物产率：

$$r_X = \frac{X}{SRT} + \frac{dX}{dt} \tag{9-8}$$

在稳态条件下，通过简化式(9-2)～式(9-8)，可得 $E$ 和 $P$ 的表达式如下：

$$P = \frac{1}{SRT \times Y} \tag{9-9}$$

$$E = \frac{S_0 - S}{HRT \times X} - \frac{1}{SRT \times Y} \tag{9-10}$$

根据上述两式，确定了运行条件的操作参数 HRT、SRT，以及测得稳态条件下剩余底物浓度 $S$ 和微生物浓度 $X$，就可以通过 $r_S/X$ ［或（$S_0-S$）/HRT］-1/SRT 关系图求得 $E$ 和 $Y$，进而求得 $P$。

膜生物反应器中，有机物的降解和微生物增殖的动力学特征不同于传统的生物处理动力学，这是因为：①由于膜的截流作用，在 MBR 系统中的污泥浓度高、停留时间长、负荷低、容积负荷高，而且 HRT 和 SRT 可分别控制；②高污泥浓度和低污泥负荷率也使 MBR 系统中的微生物除了具有传统废水处理工艺中的微生物动力学特性外，更趋向于“维持”生存状态；③被膜截留的部分难降解的大分子有机物在生物反应器中进一步被微生物分解。为此，进一步开展对 MBR 过程的优化和分析其微生物种群，对于提高难降解有机物的降解效率具有重要意义。

## 9.3.2　MBR 过程的优化模型

图 9-12 给出了外置式膜生物反应器物料衡算图。相对于曝气生物反应器，分离池体积很小，因而分离池中的生物反应忽略不计。假设料液中所有有机物质均可溶解，而 MBR 中采用的微滤和超滤浸没式膜几乎不能分离可溶性物质，混合液体中的溶解 COD（$S$）可视作等于出水 COD（$S_e$），即 $S_e=S$。

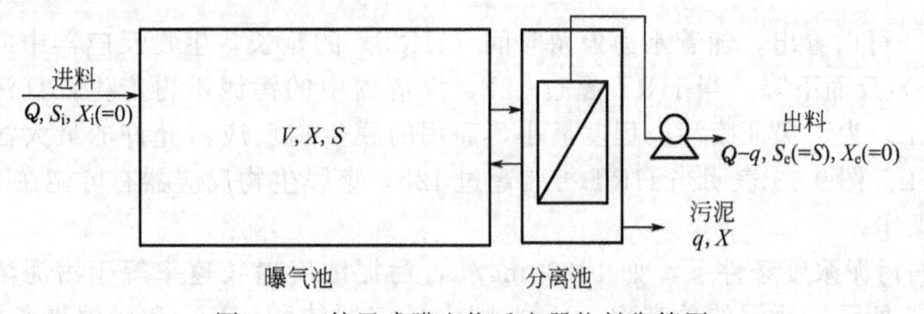


图 9-12　外置式膜生物反应器物料衡算图

在活性污泥工艺中，微生物消耗废水中的有机底物得以增殖，同时也通过内源呼吸消耗自身，该现象可以采用 Monod 方程及一阶动力学方程分别进行描述，如式(9-11) 所示。

$$\frac{dX}{dt}=\frac{\mu_m S_e}{K_s+S_e}X-k_d X \tag{9-11}$$

式中，$\mu_m$表示最大比生长速率，$d^{-1}$；$K_s$表示半饱和常数，mg/L；$k_d$表示内源衰减常数，$d^{-1}$；$S_e$表示混合液体中底物浓度，mg/L；$X$ 表示生物反应器中污泥浓度，mg/L；$t$ 表示时间，$d^{-1}$。

在微生物繁殖过程中，料液中的有机污染物，即大部分底物为微生物所消耗利用，只有少量底物随出水排出。底物消耗衡算，即进料和出料中 COD 平衡，以及被微生物所消耗的底物可由式(9-12) 等号右侧的第一项和第二项表示。

$$\frac{dS_e}{dt}=\frac{Q}{V}(S_i-S_e)-\frac{1}{Y}\times\frac{\mu_m S_e}{K_s+S_e}X \tag{9-12}$$

式中，$Q$ 表示进水体积流量，$m^3/d$；$Y$ 表示产率系数，kg MLSS/kgCOD。

式(9-11) 和式(9-12) 联立求解，结合表 9-2 参数，可得到反应器中污泥累积曲线，如图 9-13 所示。

**表 9-2 计算所采用的参数值**

| 参 数 | 单 位 | 参 数 值 |
|---|---|---|
| $k_d$ | $d^{-1}$ | 0.028 |
| $K_s$ | mg/L | 100 |
| $Y$ | kg MLSS/kg COD | 0.5 |
| $\mu_m$ | $d^{-1}$ | 3 |
| $Q$ | L/d | $1\times10^6$ |

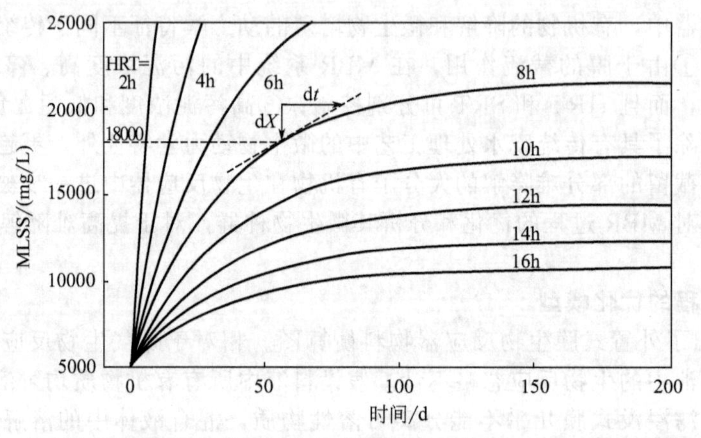


图 9-13 水力停留时间对 MLSS 的影响（设定 COD 为 400mg/L）（S.-H. Yoon 等）

从图 9-13 可以看出，随着水力停留时间（HRT）的延长，生物反应器中的稳定态污泥浓度（MLSS）反而下降。当 HRT 超过 12h，反应器中的污泥不再产生，且污泥浓度都小于 15000mg/L。为了保证膜污染程度最小，商用的膜生物反应器允许的最大污泥浓度一般为 15000mg/L。图 9-13 表明当 HRT 控制超过 12h，该膜生物反应器有可能在不去除污泥的情况下稳定操作。

在一定的污泥浓度条件下，如 18000mg/L，污泥浓度增长速率等于污泥浓度曲线的斜率，如图 9-13 所示。污泥的总产率（$Y_X$）则为反应器体积（$V$）和污泥增长浓度的乘积，如式(9-13) 所示。

$$Y_X=\frac{V}{(1-\varepsilon)\times10^9}\left(\frac{dX}{dt}\right)_{X_t}=\frac{V}{(1-\varepsilon)\times10^9}\left(\frac{\mu_m S_e}{K_s+S_e}-k_d\right)_{X_t} \tag{9-13}$$

式中，ε 表示污泥的水含量。

假定 ε=0.8，日处理量为 1000m³/d，废水工厂的污泥产率如图 9-14 所示。当 HRT 越长，或者生物反应器中目标污泥浓度越高，污泥产率反而下降。因此，可以通过提高 HRT 或者提高污泥浓度，来降低污泥产率。不过膜生物反应器中，随着污泥浓度的提高，污泥的黏度也会有所增大。

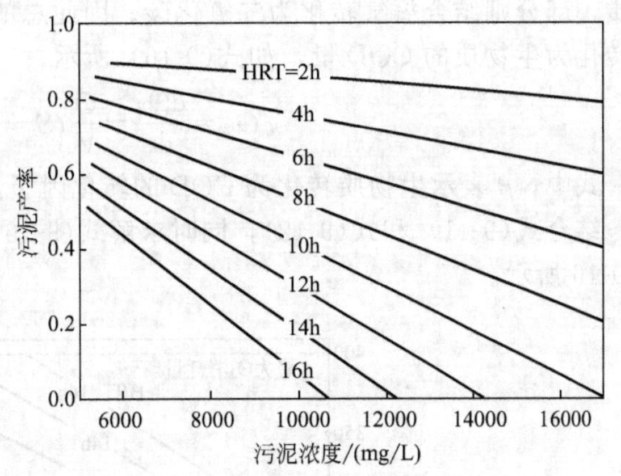


图 9-14 优化条件下 MLSS 与水力停留时间对污泥产率的影响

（设定污泥水含量为 0.8）(S.-H. Yoon 等)

由图 9-14 所示，若反应器中目标污泥浓度上限为 15000mg/L，则当污泥产率为 0 时对应的 HRT 为 11.4h。由此表明，如果希望减少污泥产率甚至不产生污泥，则 HRT 要控制在 11.4h 以上。

提高 HRT 或增加污泥浓度均可使污泥产率下降，这意味反应器中的污泥量增加，也即污泥停留时间（SRT）的增加。SRT 和产率系数（$Y_{obs}$）可分别表示如下。

$$SRT=\frac{X}{\left(\frac{dX}{dt}\right)_{X_t}} \tag{9-14}$$

$$Y_{obs}=\frac{V\left(\frac{dX}{dt}\right)_{X_t}}{QS_i} \tag{9-15}$$

图 9-15 给出了 SRT 和 $Y_{obs}$ 随 HRT 或者目标 MLSS 的变化。当目标 MLSS 为 10000～15000mg/L，且 HRT 为 6h，SRT 为 20～40d，$Y_{obs}$为 0.23～0.32kg MLSS/kg

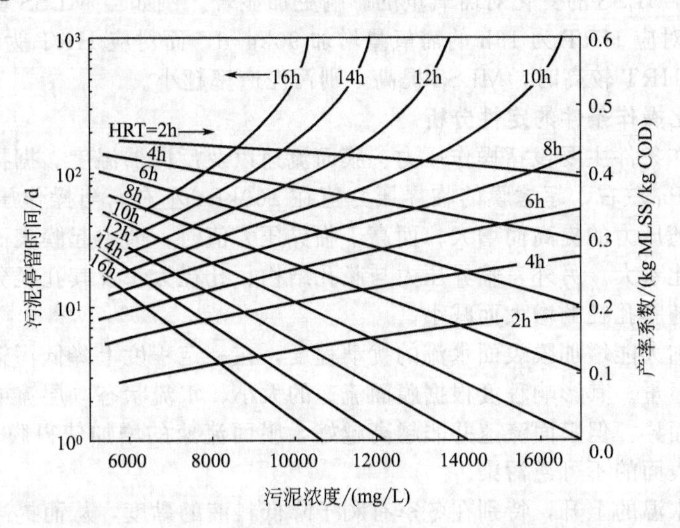


图 9-15 MLSS、水力停留时间与 SRT 和 $Y_{obs}$之间的关系（S.-H. Yoon 等）

COD。而通常报道的 SRT 不超过 6d，$Y_{obs}$ 则高达 0.4～0.5kg MLSS/kg COD。从图 9-15可以看出，当 HRT 大于 12h，且 MLSS 大于 14000mg/L，SRT 将超过 1000d，而 $Y_{obs}$ 趋近为 0。

提高 HRT 或增加污泥浓度，也意味需要更多的氧气用于氧化废水中的有机物质，否则有机物质会转化为污泥。在废水的微生物处理过程中，进料废水中的有机物质部分转化为生物质，部分则结合氧气转化为二氧化碳。因此总的氧气消耗速率（$\dot{O}_2$）为进出水中 COD 减去转化为生物质的 COD 量，如式(9-16) 所示。

$$\dot{O}_2=\frac{dO_2}{dt}=\frac{Q}{V}(S_i-S_e)-\beta\frac{dX}{dt} \tag{9-16}$$

式中，$\beta$ 表示生物质转化为 COD 的转化因子。

结合式(9-11) 和式(9-12)，同时求解式(9-16)，可得废水生物降解过程中的需氧量，如图 9-16 所示。

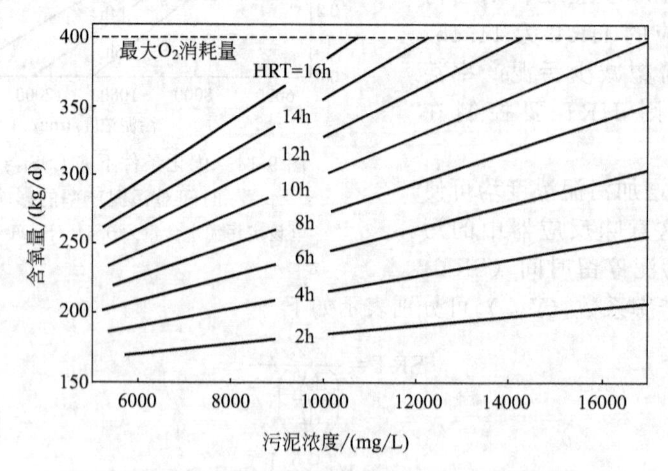


图 9-16　优化条件下的需氧量关系（S.-H. Yoon 等）

（虚线表示当所有的 COD 转化为 $CO_2$ 时的最大氧气消耗量）

从图 9-16 可以看出，需氧量和目标 MLSS 基本成线性关系，与 HRT 也成正比。当 HRT 较高，目标 MLSS 的变化对需氧量的影响更加显著。例如当 MLSS 从 6000mg/L 增加到 10000mg/L，对应 HRT 为 16h 的需氧量增加 90kg/d，而对应 HRT 为 2h 的需氧量增加 13kg/d。表明当 HRT 较高时，MLSS 提高，则污泥产率越小。

### 9.3.3　MBR 优化操作条件的定性分析

膜分离的操作条件主要包括操作压力、膜面流速以及反应器温度。据报道，微滤膜的临界压力值在 120kPa 左右，超滤膜的临界压力值在 160kPa 左右。当操作压力低于临界压力时，膜的水通量随压力的提高而增大；而高于临界压力值时，会引起膜表面污染的加剧，水通量随压力的变化不大。另外，临界压力与膜孔结构、孔径大小及其孔径分布有关，一般状况下，临界压力随膜孔径的增大而减小。

膜面流速的加大能增加膜表面水流的扰动程度，在一定程度上降低污染物在膜表面的累积，提高膜的水通量。其影响程度根据膜面流速的大小、水流状态（层流或紊流）以及水流中的溶质组分等而异。但膜面流速并非越高越好，膜面流速的增加使得膜表面污染层变薄，有可能会造成膜表面的不可逆污染。

膜反应器内水温的上升，特别在冬季有利于降低料液的黏度，从而提高膜过滤通量。相关试验结果发现，温度每升高 1℃可引起膜通量变化 2%。

# 9.4　典型膜生物反应器组合工艺

膜生物反应器能实现进水有机物的降解与泥水分离，可以取代常规的二沉池。此类工艺的膜组件可采用超滤或微滤膜，孔径在 0.02～0.3μm，膜组件大部分采用中空纤维微孔膜。

## 9.4.1　普通膜生物反应器工艺

图 9-17 为外置式膜生物反应器系统工艺流程，图 9-18 为浸没式膜生物反应器系统工艺流程。这是我国目前正在推广的两个工艺路线。用作对来自生物反应器的大分子溶质截留与活性污泥分离，使生物反应器内维持高的生物量浓度，运行过程中，膜通量取决于悬浮物的浓度、错流速度、温度、操作压力、膜污染和浓差极化程度等因素。浸没式膜生物反应器处理污水的设计参数见表 9-3。

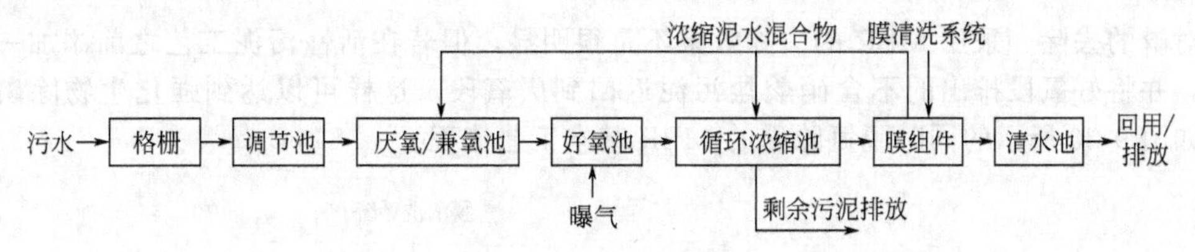


图 9-17　外置式膜生物反应器系统工艺流程

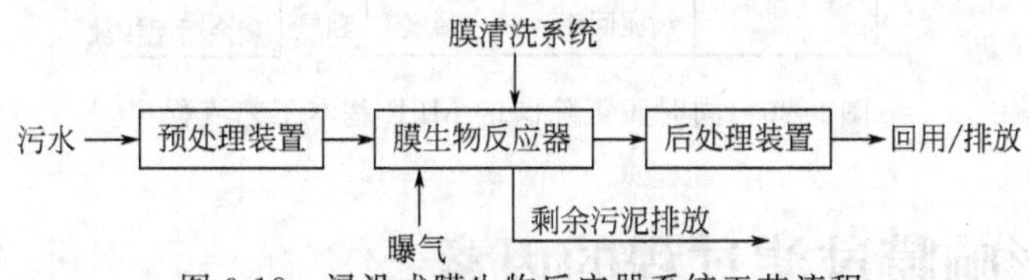


图 9-18　浸没式膜生物反应器系统工艺流程

**表 9-3　浸没式膜生物反应器处理污水的设计参数**

| 污泥负荷 /[kgBOD$_5$/(kgMLSS·d)] | 混合液悬浮固体浓度 (MLSS)/(mg/L) | 水力停留时间 (HRT)/h | 过膜压差(TMP) /kPa |
|---|---|---|---|
| 0.05～0.15 | 6000～12000 | 2～5 | 0～50 |

## 9.4.2　以脱氮除磷为主的 MBR 污水处理工艺

采用生物法脱氮，一般需在好氧条件下才能将氨氮氧化成硝酸盐，如式(9-17) 所示，氨氮被微生物氧化生成硝酸盐的过程可分为两个不同的反应阶段，由于大多数微生物为自养菌，生长非常缓慢，以致第二阶段的反应比第一阶段要快得多，使得大多数好氧反应过程都不会出现亚硝酸盐的积累。因此，对于提供相对较长的 SRT，提高活性污泥的浓度，积累足够的微生物量，实现氨氮的完全硝化（氨去除率超过 90%）具有促进作用的工艺具有重要意义。而膜生物反应器工艺则具有以上优势，可提供较长的 SRT，使微生物在缺氧条件下进行反硝化，将硝酸盐还原为最终产物——分子态的氮。

$$2NH_4^+ + 3O_2 \longrightarrow 2NO_2^- + 4H^+ + 2H_2O(NH_4^+ \longrightarrow NO_2^-) \tag{9-17}$$

$$2NO_2^- + O_2 \longrightarrow 2NO_3^- (NO_2^- \longrightarrow NO_3^-) \tag{9-18}$$

总反应式为

$$NH_4^+ + 2O_2 \longrightarrow NO_3^- + 2H^+ + H_2O \tag{9-19}$$

兼性或异养菌在缺氧条件下会参与反硝化，但需要为其提供足够的碳源，将硝酸盐转化为氮气，因此通常将好氧段排出的富含硝酸盐的污泥回流，与原污水混合。在一般情况下，采用 MBR 可以将城市污水完全硝化，但低于 10℃，则氨的去除率会降低。大部分设计成反硝化的 MBR 工艺。

$$C_{10}H_{19}O_3N+10NO_3^- \longrightarrow 5N_2+10CO_2+3H_2O+NH_3+10OH^- \quad (9\text{-}20)$$

式中，$C_{10}H_{19}O_3N$ 表示生活污水中被还原物质的经验分子式。

如图 9-19 所示为建设部组织有关专家制定的 MBR 脱氮的工艺国家标准（征求意见稿）。

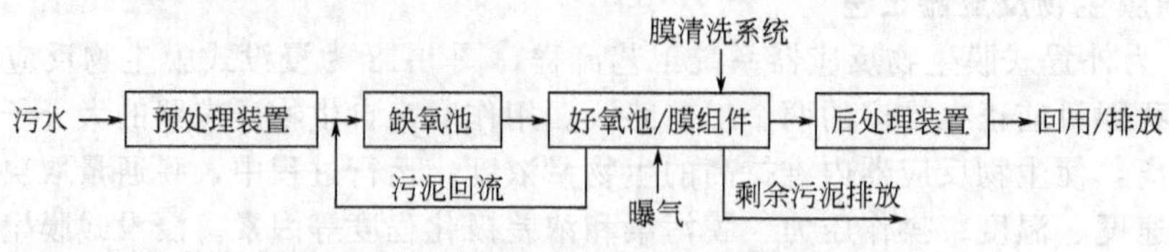


图 9-19 以脱氮为主的 MBR 基本工艺流程

对磷的去除，采用 MBR 的去除效果不是很明显，但若在活性污泥工艺之前添加一个厌氧段，并将好氧段排出的不含硝酸盐污泥返回到厌氧段，这样可以达到强化生物除磷的目的。如图 9-20 所示的同时脱氮除磷的 MBR 基本工艺流程。

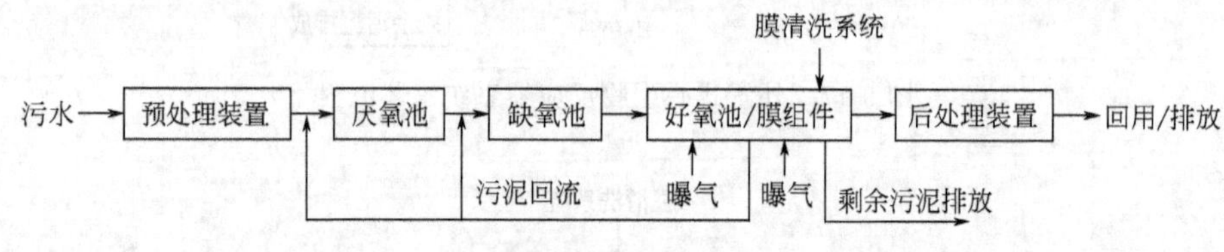


图 9-20 同时脱氮除磷的 MBR 基本工艺流程

## 9.5 其他影响膜过滤过程的因素

影响膜生物反应器性能的主要因素有三个：膜材料与膜孔径、操作条件、被处理的废水性能。

### 9.5.1 膜材料与膜孔结构对通量的影响

膜材料性质，主要是指用于制作 MBR 膜的材料种类、制成膜的亲疏水性能、膜面荷电性能等；膜孔径实际上包含了膜孔的大小、膜孔结构形式、膜的孔径分布、膜孔的曲折因子、膜表面孔隙率等。膜材料和膜孔径对 MBR 膜过程的通量有明显的影响。

对膜材料，目前公认的用于 MBR 的膜材料有聚偏氟乙烯（PVDF）、聚砜、聚醚砜、聚丙烯和聚乙烯等多种材料。这些材料的制膜方法也对 MBR 膜的通量与强度有很大关系，如采用同样的 PVDF 为材料，可用多种方法制备微孔膜，如熔融拉伸法、溶液纺制法、温度诱导相变法（TIPS），以及溶剂诱导相变法（NIPS），但制成的微孔膜，其物理化学性能相差甚大，如采用溶液纺制法制成的膜，虽然可以获得较好的孔径与孔隙率，但膜的拉伸强度远不能满足用作制备浸没式 MBR 膜组件，只能作为外压式过滤用的膜组件。

对于膜的亲、疏水性也是比较重要的因素，如 PVDF 是一种具有较强疏水作用的膜材料，如用作浸没式的膜生物反应器组件，则必须对其进行亲水化处理，这种亲水化处理过程可在成膜前，成膜后，也可在成膜过程中，以增强其透水通量。

对于膜的孔径、孔径分布及孔隙率，当用作 MBR 时，存在一个合适的优化孔径范围。这个合适孔径范围与所处理的废水性质、所采用的废水处理的操作条件（如压力、温度等）密切相关。特别是膜的孔径，不少研究者做了大量试验，如有专家对截留相对分子质量小于 300000 的膜进行试验时发现，随着膜孔径的增加，膜的通量增加；而膜的孔径大于该截留相对分子质量时，通量变化不大；当膜孔径增大到微滤范围时，膜的通量反而下降。其主要原因可能由于微生物在微滤膜孔内造成不可逆的堵塞，降低了膜孔有效面积或减少膜孔数量。

又如有研究者采用截留相对分子质量低于20000的膜时，随着膜的截留相对分子质量增加，出水的COD增加；而当采用截留相对分子质量高于20000的膜时，则出水中的COD浓度变化不大。这种现象有两个原因：膜表面形成了凝胶层或生物膜，成为典型的生物膜式膜生物反应器，这时凝胶层或生物膜起到过滤作用，而微孔膜此时成为载体，只起支撑作用。

### 9.5.2 过程的操作条件的影响

过程操作条件主要包括操作压力、操作温度、反冲与清洗方式等。操作压力的改变对膜通量的影响是较明显的，如对同样性能的膜材料，提高膜面压差、加大膜面流速等均可增大膜的水通量，较大的膜面流速甚至可以冲刷其膜表面的沉积物，对膜过滤过程的稳定化具有明显作用。

也有专家发现，当膜表面被处理废液具有与膜表面相同电荷时，能减少膜表面的污染，提高膜通透量；另外，膜表面的粗糙度增大，使膜表面吸附污染物的可能性增加，同时表面粗糙度也能增加膜表面的扰动程度，但能阻碍污染物在膜表面的积累，因而粗糙度对膜通透量影响是两方面效果的综合表现。

### 9.5.3 物料对通量的影响

物料的性质主要包括废液固形物质及其性质，如固体粒度分布、胞外聚合物浓度等；微生物的浓度；溶解性有机物及其组成成分等。这些因素对膜通量的影响也不能忽视。

采用相同截留分子量的膜对不同废液的处理，影响十分明显。如在活性污泥的条件下，维持膜生物反应器内较高的污泥浓度，有利于增加基质的去除速率；但当污泥浓度过高时，膜透过通量与MLSS的对数呈线性下降关系。这可能是由于膜面有机物的吸着或生物膜形成速度较快，兼顾两者，微生物的适宜浓度为6000mg/L左右。有专家发现，废液中的溶解性有机物的影响要大于MLSS的影响，通常认为MLSS在4000～24000mg/L时，对膜通量无影响。

由于被处理废液性质、试验条件等方面的差异，研究结果存在较大的不同，甚至相反。主要由于对膜生物反应器用于废液处理还在开发阶段，膜组件与污染物、废液之间的相关性还缺乏定量的分析和考察，需要有一个经验的积累与技术的成熟过程。

## 9.6 膜污染的形成机制

膜污染是指污水中的悬浮颗粒、胶体以及生物大分子物质等在膜表面吸附、沉积，造成膜孔变小甚至堵塞的现象。膜一旦与废水接触，污染就开始，由于溶质与膜之间相互作用产生吸附，并影响膜的特性。膜生物反应器处理污水的主要关键因素之一是如何防止膜通量的快速衰减问题，也即膜污染的防治。膜污染造成膜阻力的增大，膜透水通量随时间下降，成为该技术推广应用的主要障碍之一。

膜污染包含两个方面：一是污染物质在膜表面或孔内的吸附或微粒在膜孔内的不可逆堵塞；二是膜的浓差极化，膜表面形成凝胶层是膜污染的直接表现。图9-21表示三种水的通量与污染速率的关系，对于生产水的膜过滤其斜率最陡，合成市政废水其次，而市政污水则污染最为严重。

### 9.6.1 形成膜污染的主要因素

对浸没式膜生物反应器的组件材料，目前主要有聚丙烯（PP）、聚偏氟乙烯（PVDF）、聚砜（PS）及其衍生聚合物三大类。这三类膜材料表面在运行过程中均会积累一种称为细菌胞外

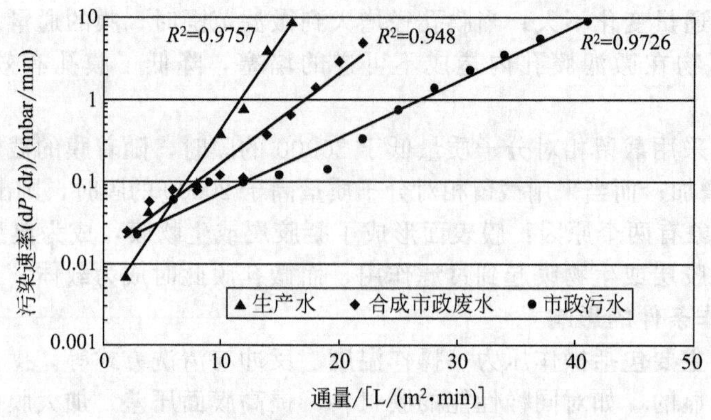


图 9-21 膜污染速率与膜通量的关系（Le-Clech 等，2003）

（1bar=$10^5$Pa）

聚合物（EPS）的物质。随着反应器的运行，EPS在膜表面附近的浓度会逐渐变大，其密度也随之增加，黏滞度不断提高，从而使其积累并黏附在膜表面，并逐渐形成生物膜，导致膜过滤阻力增大、透水通量降低。因此，细菌胞外聚合物是构成膜表面生物膜层的主要物质。

膜表面的凝胶层不同于生物膜。凝胶的形成一般由水溶液中的溶解性有机物质所决定，当溶解性有机物质在膜表面附近不断积累时，其浓度提高到该有机物质的饱和甚至过饱和状态时，溶解性有机物质就会析出并黏附在膜表面上，导致膜通量的下降。需要指出的是：溶解性有机物形成的凝胶常常是可逆的，如果将其浓度控制在饱和浓度以下，则凝胶不会产生；对膜表面形成的凝胶，采用水冲洗，仍然会溶解在水体中。

膜表面及孔的吸附与堵塞，由于膜材料的亲、疏水性不同，其对所处理废液中的有机物作用力也不同。

Choo 等利用厌氧膜生物反应器进行硝化液成分对膜渗透性能的影响测试。厌氧硝化液分离为细胞、溶解性物质（0.45μm 过滤液）及上清液（主要含微细胶体物质，平均尺寸3.28μm）三种成分。分别考察其对聚偏氟乙烯微滤膜（孔径 0.1μm）、超滤膜（截留相对分子质量 20000）通量的影响程度及其形成阻力大小。结果显示，上清液引起的通量下降情形几乎与原硝化液接近，而 0.45μm 过滤液与细胞悬浮液则能保持较高的通量。三种成分的阻力指数（各成分阻力与原始液阻力之比）如表 9-4 所示。

**表 9-4 各组分阻力指数**

| 组　分 | 阻力系数/$MPa^{-1}$ | |
|---|---|---|
| | 微 滤 膜 | 超 滤 膜 |
| 细胞 | 0.173 | 0.169 |
| 溶解物 | 0.303 | 0.298 |
| 微细胶体 | 0.529 | 0.532 |

由表 9-4 可见，微细胶体是形成膜阻力导致通量下降的主要因素。膜生物反应器内膜表面及膜孔内微细胶体的黏附导致孔径的减小甚至堵塞现象是比较明显的，是导致通量下降的主要原因，与活性污泥混合液成分有着密切的联系。

综上所述，膜通量的下降与膜材料性质、膜孔径及其分布、膜组件形式有关；更与被处理废液中的细菌胞外聚合物、溶解性有机物及微细胶体等在膜上的黏附、累积、堵塞而导致膜阻力增加有关。通过适当优化生物反应器工艺参数与操作条件可降低膜污染程度和改善过程的运行状态。

### 9.6.2 膜表面的吸附性能

有关工程应用经验证明，膜与污染物之间的表面性能可以用 Lifshitz-van der Waals 力和 Lewis 酸碱力来表征（van Oss，1993），并认为这两类力对界面自由能的贡献是相互独立的，任何一个表面的张力都是其线性叠加。

$$\gamma=\gamma^{LW}+2\sqrt{\gamma^{+}\gamma^{-}} \tag{9-21}$$

式中，$\gamma^{LW}$为 Lifshitz-van der Waals 力，反映其偶极、诱导和色散力的总和；$\gamma^{+}$和$\gamma^{-}$为 Lewis 酸碱表面张力，与表面功能基团释放电子供体或接受电子受体的能力相关。

对于 A、B 间界面的表面张力，则可将此两类力线性叠加。

$$\gamma_{AB}=\gamma_{A}^{LW}+\gamma_{B}^{LW}+2\sqrt{\gamma_{A}^{LW}\gamma_{B}^{LW}}+2\sqrt{\gamma_{A}^{+}\gamma_{B}^{-}}+2\sqrt{\gamma_{B}^{+}\gamma_{B}^{-}}-2\sqrt{\gamma_{A}^{+}\gamma_{B}^{-}}-2\sqrt{\gamma_{A}^{-}\gamma_{B}^{+}} \tag{9-22}$$

式中，$\gamma_{AB}$为特定污染物与膜材料之间的总表面张力。

通过测定特定液体在膜表面上的接触角，可以估算出膜材料的 Lifshitz-van der Waals 力和 Lewis 酸碱力。如表 9-5 所示为特定液体（水、甘油和 α-溴萘）在相关膜材料表面的接触角大小，以及这些膜材料表面的 Lifshitz-van der Waals 力（$\gamma^{LW}$）、Lewis 酸碱力（$\gamma^{+}$和$\gamma^{-}$），以及表面张力（$\gamma$）。所有这些力的单位为 $mJ/m^2$。

**表 9-5　常用膜材料的特定液体接触角与表面性质**（Cornelissen 等，1998）

| 聚合物 | 代号 | $\theta_{水}$ | $\theta_{甘油}$ | $\theta_{\alpha\text{-溴萘}}$ | $\gamma^{LW}/(mJ/m^2)$ | $\gamma^{+}/(mJ/m^2)$ | $\gamma^{-}/(mJ/m^2)$ | $\gamma/(mJ/m^2)$ |
|---|---|---|---|---|---|---|---|---|
| 聚丙烯腈 | PAN | 57°±3° | 49°±4° | 6°±1° | 44 | 0.6 | 19 | 50.8 |
| 醋酸纤维素 | CA | 59°±3° | 54°±3° | 26°±2° | 40 | 0.5 | 19 | 46.2 |
| 聚碳酸酯 | PC | 78°±1° | 66°±2° | 12°±1° | 44 | 0.1 | 5.8 | 45.5 |
| 聚醚酰亚胺 | PEI | 79°±2° | 63°±2° | 8°±1° | 44 | 0.3 | 3.9 | 46.2 |
| 聚砜 | PSF | 82°±2° | 67°±4° | 14°±7° | 43 | 0.2 | 3.1 | 44.6 |
| 聚醚砜 | PES | 92°±2° | 68°±5° | 13°±2° | 43 | 0.5 | 0.1 | 43.4 |
| 聚偏氟乙烯 | PVDF | 92°±2° | 104°±3° | 29°±2° | 40 | 0 | 0.1 | 40.0 |
| 聚丙烯 | PP | 94°±2° | 83°±3° | 42°±1° | 34 | 0 | 1.7 | 34.0 |
| 聚四氟乙烯 | PTFE | 117°±2° | 112°±2° | 93°±2° | 10 | 0 | 0.9 | 10.0 |

### 9.6.3　膜表面-污染物界面吸附能变化

污染物在浸没式膜表面的吸附平衡过程可以用单位膜面积上吸附自由能变化来表示。其吸附自由能的变化量，在数值上等于产生的-污染物膜表面（F/M）界面的表面张力，减去污染物-水（F/W）界面的表面张力和水-膜表面（W/M）界面的表面张力，可用以下公式计算。

$$\Delta F_{FWM}=\gamma_{FM}-\gamma_{FW}-\gamma_{WM} \tag{9-23}$$

式中，$\Delta F_{FWM}$表示膜表面吸附自由能的变化值；$\gamma_{FM}$表示污染物-膜表面界面的表面张力；$\gamma_{FW}$表示污染物-水界面的表面张力；$\gamma_{WM}$表示水-膜表面界面的表面张力。

目标污染物与膜表面吸附性能大小，可以通过测定相关的表面张力，然后用公式(9-23)计算其膜反应器系统的膜污染程度。如果 $\Delta F_{FWM}$为负值，则目标污染物能在膜表面吸附，负值越大，则表面吸附越强，表明污染越严重；$\Delta F_{FWM}$为正值，则目标污染物不会被吸附在膜表面上。

膜表面吸附自由能变化：

$$\Delta F_{FWM}=2\left[\sqrt{\gamma_{F}^{LW}\gamma_{W}^{LW}}+\sqrt{\gamma_{M}^{LW}\gamma_{W}^{LW}}-\sqrt{\gamma_{F}^{LW}\gamma_{M}^{LW}}-\gamma_{W}^{LW}+\sqrt{\gamma_{W}^{+}}\left(\sqrt{\gamma_{F}^{-}}+\sqrt{\gamma_{M}^{-}}-\sqrt{\gamma_{W}^{-}}\right)+\sqrt{\gamma_{W}^{-}}\left(\sqrt{\gamma_{F}^{+}}+\sqrt{\gamma_{M}^{+}}-\sqrt{\gamma_{W}^{+}}\right)-\sqrt{\gamma_{F}^{+}\gamma_{M}^{-}}-\sqrt{\gamma_{F}^{-}\gamma_{M}^{+}}\right] \tag{9-24}$$

需要指出的是：式(9-24）中，Lifshitz-van der Waals 力具有较为严密的理论基础，Lewis 酸碱力需要通过实验来确定（Sun & Berg，2003）。这是由于 Lewis 酸碱力源于基团间的电子传递，易受表面基团取向、位阻效应等因素影响，也即只能定性地描述基团间电子传递对表面、界面性质的大小。

表 9-6 列出几种常用来表征超滤膜截留分子量的特定液体的表面张力，如人血清白蛋白、聚乙二醇，其对不少蛋白质、多糖等相似类型的污染物具有一定的代表性；如十六烷

烃，其表面张力与大多数具有长链烷烃基团的矿物质油、植物油等体系相近。

表 9-6 特定液体的表面张力（曾一鸣，2007）

| 特定液体 | $\gamma^{LW}$ | $\gamma^{+}$ | $\gamma^{-}$ | $\gamma$ |
|---|---|---|---|---|
| 人血清白蛋白 | 26.8 | 6.3 | 50.6 | 62.5 |
| 聚乙二醇 | 43.0 | 0 | 64.0 | 43.0 |
| 十六烷烃 | 27.6 | 0 | 0 | 27.6 |
| 细菌胞壁(胞外聚合物) | 40.0 | 0.2 | 50 | 43 |

表 9-5 列出的聚合物膜材料，其 $\gamma$ 值大多小于 50mJ/m$^2$，也即大多长链烷烃会强烈地吸附在膜上；但综合考虑其 $\gamma^-$ 值，如醋酸纤维素膜和聚丙烯膜，具有抗有机污染物吸附性能，但这些膜存在被降解与强度不足的问题。因此，对于处理矿物质油含量高于 3mg/L、植物油含量大于 80mg/L 的废水，在满足强度要求的前提下，需要选 $\gamma^-$ 值较大的膜材料或通过亲水化改善的膜材料，如磺化聚醚砜、聚乙烯醇等。

膜表面-污染物界面吸附自由能除了与膜材料表面性质有关外，还密切地依赖于污染物的物化性质，不同污染物在膜表面的吸附自由能差异甚大。通常可以通过测定膜表面与污染物的接触角的大小来表征，虽然能一定程度反映膜表面性质，但膜材料表面与膜孔内的接触角尚有一定的差距。另外，所处理的污染物物性也是十分重要的，如碳水化合物类的胞外聚合物要比蛋白质类更加亲水，采用亲水膜材料则污染可能更为严重（Rosenberger 等，2002）。

## 9.7 膜污染的防治与清洗

膜污染的控制是保持 MBR 长期运行的基本要求，因此需要充分了解污染现象和污染机理，控制污染和清除膜孔堵塞。通常有以下 5 个方面：对进水进行适当的预处理，采用适当的物理化学清洗方法，降低通量，增强过程的曝气，采用化学或生物化学改善被处理的废水。这 5 个方法对 MBR 全程运行是可行的。以下主要对膜的清洗做较为详细介绍。

### 9.7.1 膜污染的物理、化学与生物清洗方法

膜清洗的目的是清除膜表面的污染层，恢复其水通量，也即为膜污染的逆过程。为此需要从污染层的性质及其去除机制入手，来选择清洗方法。清洗方法主要有物理清洗、化学清洗和生物清洗三种。

物理清洗一般指的是通过改变水流速度、压强、超声波等手段将吸着在膜面或堵塞在膜孔中污染物去除，而不影响膜的物化性能的前提下恢复其膜渗透通量的一种方法。物理清洗的优点是不会引入新的污染物，且操作简单，特别适宜于滤饼层污染的常规膜清洗。物理清洗有高速水流冲洗、气水混合流冲洗、高速错流过滤、反压冲洗、负压反清洗、超声波清洗等多种。其适用场合及清洗功能见表 9-7。

表 9-7 膜污染的物理清洗方法

| 序号 | 清洗方式 | 清洗功能与清除物 | 适合工艺 | 特　色 |
|---|---|---|---|---|
| 1 | 高速水流冲洗 | 膜外表面污染 | 浸没式 | 滤饼层污染能较容易脱落 |
| 2 | 气水混合流冲洗 | 膜外表面污染 | 浸没式 | 滤饼层污染能较容易脱落 |
| 3 | 高速错流过滤 | 膜内或外表面污染物 | 外置式 | 膜面污染物随水流带走 |
| 4 | 反压冲洗 | 膜内或外表面的污染物 | 外置式 | 去除滤饼层、胞外聚合物 |
| 5 | 超声波清洗 | 膜表面污染物 | 外置式 | 去除滤饼层、胞外聚合物 |
| 6 | 负压反清洗 | 膜表面污染物 | 外置式 | 去除孔道或膜表面污染物 |

反压冲洗指的是通过在膜的透过液侧施加正压，使透过液逆向流过膜，从而冲掉孔道内

和膜表面的污染物。反压冲洗的跨膜压差通常要比正压高 $5\times10^4$Pa 以上，过高的反向压力有可能损坏膜。而负压反清洗由于其压力低于大气压，不会破坏膜孔结构，比反压冲洗更能有效去除滤饼层，特别对富含胞外聚合物的膜污染，它的清洗效果较为明显。

化学清洗能溶解污染物，使污染物分子结构改变或降低污染物与膜表面分子间的吸附力，最后致使污染物脱落，使膜的透水功能得以恢复。因此，化学清洗特别适用于吸附性的膜污染现象。对处理膜污染的化学清洗剂必须要求化学性质稳定、不损伤膜材料、容易水洗，以及价格低廉等，并具有效溶解、去除沉积在膜表面的绝大多数污染物功能。化学清洗的不足是有可能引入新的污染物，比如浸没式工艺，用含氯清洗溶液能短时间恢复膜的透水率，但由此会使出水中有机氯化物含量升高。

生物清洗方法有两类：其一类似于化学清洗，所不同的只是此类清洗剂具有生物活性；其二则是通过特殊方法将酶固定在膜表面，使膜具有良好的抗污染性。

目前，采用化学清洗时，要考虑膜组件的损害和清洗剂带来的二次污染，不便于工程上的运行，因此，在实际过程中应用较少，并慎用。当前，物理清洗仍然是消除膜污染的主要方法。

### 9.7.2　清洗剂种类及其作用机理

膜清洗要考虑四大要素：清洗剂的种类与浓度、清洗过程的温度、清洗接触时间和膜的机械强度。这四大因素中，清洗剂的选用是十分重要的。常用的清洗剂有稀碱清洗剂、稀酸清洗剂、氧化剂、络合剂、表面活性剂和酶制剂等。

稀碱清洗剂：较适用于清洗被有机物或微生物污染的膜。在碱的作用下，有机物中羧基和羟基等基团发生水解反应而离子化，而离子化可增强有机污染物在水中的溶解性能。因此，在碱性状态，多糖、蛋白质等不少有机污染物都能被稀碱水解，从膜上脱落下来；脂肪和油含有亲水性的羧基和疏水性的烃链，而其中的羧基会与稀碱发生皂化作用而生成水溶性的胶束，从膜上脱落下来；腐殖质含有大量羟基、酚和有机酸官能团，碱能增强腐殖质的负电荷密度，从而使得腐殖质容易从膜表面脱离；木质素等含有疏水性苯酚基团而吸附在膜表面，稀碱能显著地减弱污染物与膜的吸附作用，更容易进入覆盖层的内部，从而增强对膜的清洗效果。

稀酸清洗剂：能清除膜材料表面的污垢沉积物和金属氧化物。如当膜被氧化铁污染时，可用柠檬酸溶液作为清洗剂，柠檬酸会与铁离子形成配合物；蛋白质和多糖等也可用稀酸清洗剂来水解；大部分金属氧化物质在酸性状态下呈水溶性，因此，稀酸和螯合剂混配的清洗剂常用来清除膜表面的二价阳离子物质，但当如钙、镁等二价阳离子在膜上已呈结垢状态时，要清除它是有一定难度的。

表面活性剂：通常通过增溶作用去除膜表面的污染物，如表面活性剂的乳化分散作用、酸和无机污染物的反应、络合剂和金属阳离子的络合反应及提高清洗温度等，碱性物质和污染物的水解反应、氧化剂或酶制剂对污染物的降解反应等也借助于增溶作用。表面活性剂会与脂肪、油、蛋白质等疏水性物质在水中形成胶束，有助于污染物从膜表面脱离而溶解于水，但表面活性剂也会破坏微生物细菌的细胞壁，细菌与膜表面之间的疏水性相互作用，从而影响由生物膜引起的膜污染。

尽管采用稀酸、稀碱清洗剂或表面活性剂水溶液单独用于污染膜的清洗，以恢复膜通量，但有时难以将其明显恢复到膜的初始水通量。为此，可以考虑采用稀碱和表面活性剂混配，实际应用证明，混配的清洗剂对膜污染的清除具有协同作用。因为稀碱能使油脂水解和蛋白质离子化，增加污染物的水溶性，会引起蛋白质链构象由卷曲变为伸展，使污染层变疏松；而表面活性剂则能使脂肪与蛋白质类疏水性物质在水中形成胶束，协同作用明显，既达到显著恢复膜的水通量，又不使膜材料分子和微孔结构受到损伤。为此，混配清洗剂是值得进一步研发和推广的。

含有氯或过氧化氢的清洗剂，能将有机高分子氧化成酮、醛和羧酸等亲水性官能团，从而更容易溶解于水，氧化剂的氧化作用能减弱污染物对膜的吸附。紫外光的照射甚至还加速这些自由基反应，因此，尽量避免使用含氯氧化剂。

膜污染的清洗非常重要，它与清洗剂种类、浓度以及清洗温度与时间等都密切相关，特别依赖于污染物的性质，必须要根据实际污染情况来选择与合理使用清洗剂及其配方，表9-8列出常见的清洗剂配方及其清洗条件，可供膜生物反应器清洗时参考。

**表9-8　用于各类污染物的化学清洗剂及其配方与使用条件**（曾一鸣，2007）

| 污染物 | | 化学清洗剂 | 使用条件 |
|---|---|---|---|
| 无机物污染 | 金属氧化物 | 草酸(0.2%) | 0.1%～0.2%,pH≈4,用氨水调节 |
| | | 柠檬酸(0.5%) | |
| | | 无机酸(盐酸、硝酸) | |
| | | EDTA(0.5%) | 1%～2%,pH≈7,用氨水或碱调节 |
| | 含钙结垢 | EDTA(0.5%) | |
| | | 柠檬酸(0.5%) | 0.1%～2%,pH≈7,用氨水调节 |
| | 无机胶体(二氧化硅) | 碱(NaOH) | pH>11 |
| 有机物污染 | 脂肪酸和油、蛋白质、多糖 | 乙醇(20%～50%) | 30～60min,25～50℃ |
| | | 碱(0.5mol/L NaOH)和氧化剂(如200mg/L $Cl_2$) | |
| | | 表面活性性剂(0.5% SDS)和碱(0.5%～0.8% NaOH) | 浸泡3h或循环冲洗30min |
| | | 阴离子表面活性剂(月桂基磺酸钠,SDS) | 1%～2%,pH≈7,用氨水或碱调节,30min～8h,25～50℃ |
| 生物污染 | 细菌、生物大分子 | 阴离子表面活性剂(月桂基磺酸钠,SDS) | |
| | | 碱(0.1～0.5mol/L NaOH)和氧化剂(200mg/L $Cl_2$,1% $H_2O_2$) | 30～60min,25～50℃ |
| | | 甲醛 | 0.1%～1% |
| | | 酶制剂(0.1%～2%) | 30min～8h,30～50℃ |
| | 细胞碎片或遗传核酸 | 酶制剂(0.1%～2%) | |
| | | 草酸、醋酸或硝酸(0.1～0.5mol/L) | 30～60min,25～35℃ |

### 9.7.3　减缓膜污染的操作方法

目前，除了通过物理、化学和生物清洗法外，还可以通过改变操作条件来降低膜污染的发生频率，可采用错流过滤、降低通量、增强曝气等操作方式。

① 错流过滤，对于膜面污染物沉积和延长通量稳定具有明显作用。依此原理国内外已开发不少错流膜组件，如日本的旋转磁盘式（ratating-disk）膜组件、浸没式膜生物反应器，通过膜组件底部的空气曝气来实现错流效应，以此为例，其能耗为6～8kW·h/m³，远低于死端过滤式所消耗的能量。

② 降低通量。适当降低操作通量，因为在较高的操作通量的情况下，膜清洗的周期就会比较频繁，相对于总通量也不可能有较大幅度的提高。对市政污水处理，将膜通量保持在25L/(m²·h)，并结合每10～12min进行一次物理清洗，可使MBR的净通量保持在一个稳定的水平范围内。

③ 增强曝气。增强曝气速率，可使膜的通量增加到临界值，特别是研究曝气系统和曝气效率，如具有0.5mm距离均一分布的细小空气气泡的曝气，对于延长气泡上升寿命和降低阻力十分明显；同样，在短期试验中，对于采用可变的曝气速率也能增加通量；还有在拟稳态状态下，一旦污染层控制渗透率时，液体错流能保持通量不下降。

### 9.7.4 清洗过程程序设计基础

在膜生物反应器运行过程中，膜污染是不可避免的，主要受膜的性质、料液性质、膜分离操作条件等的影响。由于污染过程的主导因素存在差异，因此，防治不同的膜污染应考虑不同的应对策略。此外，还要再尽量追求操作的方便，尽可能实现更高程度的自动化和就地清洗。

(1) 膜的反冲洗及与有效透水率　在MBR应用过程中，影响膜透水率的阻力主要来自膜层、滤饼层和膜孔堵塞的阻力，滤饼层阻力为膜表面悬浮物沉积层阻力，膜孔堵塞阻力是较小颗粒在膜孔中的积累、搭桥和堵塞造成的阻力。这些阻力都是随膜的使用时间增长而逐渐增大的，是导致膜透水率随时间下降的主要原因。定期反冲洗是恢复膜通量的有效方法，常常频繁使用。

膜的反冲洗是指在膜通过一段时间的运行后，需在膜的水透过侧施加高于膜透过时的一个反冲洗压力$p_b$，在$p_b$驱动下，清洗水反向渗透通过膜，将膜孔中的堵塞物洗脱，并使膜表面的滤饼层悬浮起来，然后被水冲走。反冲洗能防止与疏通中空纤维膜的堵塞，减小膜阻力，提高透水率。

用膜透过水作为反冲洗水进行污染膜的反冲洗，其有效透水率可用下式表示：

$$F(t)=\frac{\int_0^{t_f} f(t)\mathrm{d}t-\int_0^{t_b} q_b(t)\mathrm{d}t}{t_f+t_b}=\frac{Q_f-Q_b}{t_f+t_b} \tag{9-25}$$

式中，$F(t)$，$f(t)$分别为系统的有效透水率、膜的透水率，L/min；$q_b(t)$为反冲洗耗水率，L/min；$t_f$为系统透水时间或反冲洗周期，min；$t_b$为反冲洗持续时间，min；$\int_0^{t_f} f(t)\mathrm{d}t$表示两次反冲洗之间的总透水量，记为$Q_f$，L；$\int_0^{t_b} q_b(t)\mathrm{d}t$表示一次反冲洗的耗水量，由实验确定，一般为常量，记为$Q_b$，L。

理想的反冲洗应该是每次冲洗都可以完全清除膜的污染，使膜总保持在最初较高透水率的状态。但实际上，反冲洗存在着固有的局限性，达不到理想要求。这些问题是：①反冲洗总要消耗一定量的净化水，使总的透水量下降；②反冲洗不能完全清除膜孔中及膜表面的污染；③因以透过水作为反冲洗水，水中存在小分子污染物，反冲洗时会给膜的反面带来污染；④反冲洗不能清除膜的化学污染。因此，过于频繁的反冲洗在实际应用中是不可取的。所以，在MBR系统运行时找到最佳反冲洗周期，使用最少反冲洗水量来控制MBR系统运行十分重要。

(2) 最佳反冲洗周期测定公式的推导　最佳反冲洗周期的定义为：使MBR系统有效透水率最大的反冲洗周期，或一个特定的反冲洗周期，其可以使MBR系统的有效透水率取得最大值。

由于膜的透水率$f(t)$是一个时间的单调递减函数，若反冲洗周期$t_f$过短，将使总透水量减少，相对而言，消耗反冲洗水量增加，使有效透水率下降。若反冲洗周期过长，膜的透水率$f(t)$会逐渐下降，使系统的有效透水率下降，最后使系统的有效透水率也变小。这表明有一个中间值$t_f$，使有效透水率为最大。

为求$F(t)$的最大值，并设$Q_b$与$t_b$为两个常数，以$F(t)$对$t$求导：

$$F'(t)=\left(\frac{Q_f-Q_b}{t+t_b}\right)'=\frac{(Q_f-Q_b)'(t+t_b)-(t+t_b)'(Q_f-Q_b)}{(t+t_b)^2} \tag{9-26}$$

令 $F'(t)=0$ 并整理上式得：

$$t=(Q_f-Q_b)/f(t)-t_b \quad (9\text{-}27)$$

上式中的 $t$ 就是使 $F(t)$ 获得最大值的最佳反冲洗周期。

式(9-27) 中 $f(t)$ 是一个未知的函数，其值随膜阻力而变化，而膜阻力又受温度、工作压力、循环流速、过滤介质性质及浓度等的影响。$Q_f$ 由 $f(t)$ 积分而得，也是未知函数值。虽然 $Q_b$ 与 $t_b$ 为实验确定或人为选定的两个已知常数，但要通过此式求得 $t$ 值还是有困难的。式(9-27) 移项变形可得：

$$f(t)=(Q_f-Q_b)/(t+t_b) \quad (9\text{-}28)$$

这时可看出使 $f(t)$ 取得最大值的条件是 $f(t)$ 与 $Q_f-Q_b$ 和 $t+t_b$ 的比值相等。从膜透水开始至式(9-28) 成立所需的时间 $t$，也就是膜的最佳反冲洗周期。式(9-28) 即是最佳反冲洗周期测定公式。实验中令 $t=t_f$，称 $t_f$ 为最佳反冲洗周期。这时该式可改写为：

$$f(t_f)=(Q_f-Q_b)/(t_f+t_b) \quad (9\text{-}29)$$

除了以上反冲洗进行膜污染的处理外，还可采用周期性的松弛法操作，具体有关的操作时间的设计及确定可参考 Livingston 的论文。

对于市政污水处理，较为优化的渗透与反冲洗的时间为：通量 25L/($m^2$·h)，每 10～12min 采用物理方法清洗一次。如在低压下运行的抽吸式膜生物反应器与传统的好氧加压膜生物反应器相比，其运行费用大幅度下降。

随着膜材料科学与制造技术的进步，膜孔结构的改善和膜制造成本的降低，如聚烯烃中空纤维膜、氧化铝陶瓷膜等的开发成本的大幅度降低；另外，高效膜生物反应器的开发与成功应用，为我国废水、污水处理的提标改造带来转机。因此，从长远效益分析，膜生物反应器技术是今后替代传统的废水处理工艺的有力竞争者，它将成为城市生活污水提标排放、工业废水深度处理的首选技术，在水处理应用领域中获得大规模的推广应用。

## 习 题

1. 微滤和超滤是运用于 MBR 系统的主要膜过程，试比较二者的区别与联系。
2. 请简述膜污染的形成原因，并列举消除膜污染的主要途径。
3. 请说明膜生物反应器的基本原理及其主要特征。
4. 现要求设计一种膜生物反应器，可以选用的膜组件为孔径 0.065μm 的聚丙烯中空纤维膜组件，污泥负荷率为 0.1kg $BOD_5$/(kgMLSS·d)。曝气池的容积为 0.125$m^3$。要求其处理能力达到 0.05$m^3$/$m^2$，在进水 BOD 为 500mg/L 时，试选择合适的膜生物反应器组合工艺并处理确定所需的膜面积。
5. 现有一工业废水，其有机物浓度 $BOD_5$ 为 300mg/L，同时还含有浓度为 1600mg/L 的挥发性有机物二氯乙烷，现要求采用膜生物反应器对其进行处理，请选择适宜的 MBR 系统，并说明理由。

## 参考文献

[1] 朱长乐．膜科学技术．北京：化学工业出版社，2004.
[2] 刘茉娥等．膜分离技术应用手册．北京：化学工业出版社，2001.
[3] 陈欢林．新型分离技术．北京：化学工业出版社，2005.
[4] Simon Judd，Claire Judd. The MBR Book：Principles and Application of Membrane Bioreactors in Water and Wastewater Treatment. Elsevier Ltd.，2006.
[5] 斯蒂芬森著．膜生物反应器污水处理技术．张树国译．北京：化学工业出版社，2003.
[6] 刘茉娥，蔡帮肖，陈益棠．膜技术在污水治理及回用中的应用．北京：化学工业出版社，2005.
[7] 顾国维，何义亮．膜生物反应器——在污水处理中的研究和应用．北京：化学工业出版社，2002.
[8] 张希衡主编．水污染控制工程．北京：冶金工业出版社，1993.
[9] 曾一鸣．膜生物反应器技术．北京：国防工业出版社，2007.
[10] 国家环境保护标准．膜生物反应器法污水处理工程技术规范（征求意见稿）及编制说明．北京：环境保护部，2010.
[11] Richard Baker. Membrane Technology and Applications. Second Ed. John Wiley & Sons Ltd.，2004.

[12] 郑祥，魏源送，樊耀波，刘俊新．膜生物反应器在我国的研究进展．给水排水，2002，28（2）：105-110.

[13] 邢传宏，浅易．无机膜生物反应器处理生物污水试验研究．环境科学，1997，18（3）：1-4.

[14] Gander M，Jefferson B. Judd S. Aerobic MBRs for domestic wastewater treatment：a review with cost considerations. Separation and Purification Technology，2000，18：119-130.

[15] 蔡慧如，陈东升，陈一鸣．国内膜生物反应器的研究进展．化学工程，2002，30：217-222.

[16] 李春杰，顾国维．膜生物反应器的研究进展．污染防治技术，1999，12（1）：51-54.

[17] 颜晓莉，何奕，陈欢林．膜生物反应器及其组合工艺在有机废水处理中的应用．化工环保，2002，22（2）：105-110.

[18] Scholz W，Fuchs W. Treatment of oil contaminated wastewater in a membrane bioreactor. Water Research，2000，34：3621-3629.

[19] 樊耀波，王菊思，江兆春．膜生物反应器净化石油化工污水的研究．环境科学学报，1997，17：68-74.

[20] Sutton P M，Evans R R. Anaerobic system designs for efficient treatment of industrial wastewater, Proc.，3rd Symp. on Anaerobic Digestion，IAWQ，1983.

[21] 马兴茂．一种新型的生物处理技术——膜生物反应器．环境污染与防治，1999，21（3）：31-33.

[22] 岑运华．膜生物反应器在污水处理中的应用．水处理技术，1991，17（5）：318-323.

[23] Livingston A G. Extractive membrane bioreactors：a new process technology for detoxifying chemical industry wastewaters. Journal of Chem Tech and Biotech，1994，60：117-124.

[24] Livingston A G. A novel membrane bioreactor for detoxifying industrial wastewater：Ⅰ. Biodegradation of phenol in a synthetically concerned wastewater. Biotechnology and Bioengineering，1993，41：915-926.

[25] Livingston A G. A novel membrane bioreactor for detoxifying industrial wastewater：Ⅱ. Biodegradation of 3-chloronitrobenzene in an industrially produced wastewater. Biotechnology and Bioengineering，1993，41：927-936.

[26] Strachan L，Freitas dos Santos L M，Leak D J，Livingston A G. Minimisation of biomass minimization in an extractive membrane bioreactor. Water Sci Tech，1996，34：273-280.

[27] Freitas dos Santos L M，Livingston A G. Novel membrane bioreactor for detoxification of VOC wastewaters：biodegradation of 1，2-dichloroethane. Wat Res，1995，29（1）：179-194.

[28] Brookes P R，Livingston A G. Biological detoxification of a 3-chloronitrobenzene manufacture wastewater in an extractive membrane bioreactor. Wat Res，1994，28（6）：1347-1354.

[29] Brookes P R，Livingston A G. Biotreatment of a point-source industrial wastewater arising in 3，4-dichloro- nilline manufacture using an extractive membrane bioreactor. Biotechnol Prog，1994，10（1）：65-75.

[30] Livingston A G，Freitas dos Santos L M，Pavasant P，et al. Detoxification of industrial wastewater in an extractive membrane bioreactor. Wat Sci Tech，1996，33（3）：1-8.

[31] Splendiani A，De Sa Moreira，Joaquim A G C，Jorge R，et al. Development of an extractive membrane bioreactor for degradation of 3-chloro-4-methylaniline：from lab bench to pilot scale. Environmental Progress，2000，19（1）：18-27.

[32] Diels L，Van Roy S，Somers K，Willems I，Doyen W，et al. The use of bacteria immobilized in tubular membrane reactors for heavy recovery and degradation of chlorinated aromatics. Journal of membrane Science，1995，100（3）：249-258.

[33] 陈欢林．超滤膜污染指数模型及其在工程设计中的应用．水处理技术，1999，25（3）：144-147.

[34] Yoon S-H，K H-S，Yeom I-T. The optimum operational condition of membrane bioreactor（MBR）：Cost estimation of aeration and sludge treatment. Water Res，2004，38：37-46.

[35] Cornelissen E R，Th van den Boomgaard. Physicochemical aspect of polymer selection for ultrafiltration and microfiltration membranes. Colloids Surfaces A：Physicochem Eng Aspects，1988，138：283-289.

[36] Lee J M，Ahn W-Y，Lee C-H. Comparison of the filtration characteristics between attached and suspended growth microorganisms in submerged membrane bioreactor. Water Res，2001，35（10）：2435-2445.

[37] Le-clech P，Jefferson B，Judd S J. Critical flux determination by the flux-step method in a submerged membrane bioreactor. J of Membrane Sci，2003b，227：117-129.

[38] Van Oss C J. Acid-base interfacial interactions in aqueous media. Colloids Surfaces A：Physicochem Eng Aspects，1993，78：1-49.

[39] Sun C，Berg J C. A review of different techniques for solid surface acid-base charateriation. Advance in Colloid and Surface Sci，2003，105：151-175.

[40] Rosenberger S，Krüger U，Witzig R，et al. Performance of a bioreactor with submerged membrane for aerbic tretment of municipal waste water. Water Res，2002，36：413-420.

[41] Cornlissen E R，Boomgaard Th Van den，et al. Physicochemical aspect of polymer selection for ultrafiltration and microfiltration membranes. Colloids Surfaces A：Physicochem Eng Aspects，1998，138：283-289.

[42] Liu Y，Fan H H P. Influences of extracellular polymeric substance（EPS）on flocculation，settling，and dewatering of activated sludge. Critical Reviews in Environmental Sci and Technology，2003，33（3）：237-273.

# 第10章 生物脱硫与抑硫减蚀

煤炭和石油中含有无机硫和有机硫两大类含硫化合物，含硫量通常在0.25%～7%，其中可燃硫在燃烧时产生$SO_2$，极易转化成硫酸，是形成酸雨的主要因素。目前石油产品中硫的总脱除率，大都在25%～70%，还不能达到需求的含硫水平；其次，由于硫分的存在，在生产和使用过程中，导致设备在酸性条件下严重腐蚀，我国每年由于腐蚀给油田造成的损失约为2亿元，其中硫酸盐还原菌（sulfate-reducing bacteria，SRB）腐蚀占相当大的部分。为此本章重点就微生物脱硫、SRB的废水处理与SRB的抑制减蚀三个内容展开讨论。

## 10.1 硫的存在形式

化石燃料中的硫常以无机硫和有机硫两种形式存在。无机硫主要为含硫化物和硫酸盐，其中低硫煤中硫含量小于1%，高硫煤中可高达6%，我国西部大多为高硫煤。有机硫成分主要为噻吩类物质，如二苯并噻吩（DBT）是化石燃料中含量最高、难降解有机硫化物的典型代表。在化石燃料加工与燃烧过程中常常生成$H_2S$。因此，国内外学者通常以$FeS_2$、DBT、$H_2S$为代表来表述无机硫、有机硫及其工业脱除方法等。

### 10.1.1 煤中硫的存在形式

含硫煤炭的化学结构模型如图10-1所示，主要以无机硫和有机硫两种形式存在。其中无机硫占60%～70%，主要有硫铁矿硫（$S_{LR}$）和硫酸盐硫（$S_{LY}$），常以$CaSO_4$、$BaSO_4$、

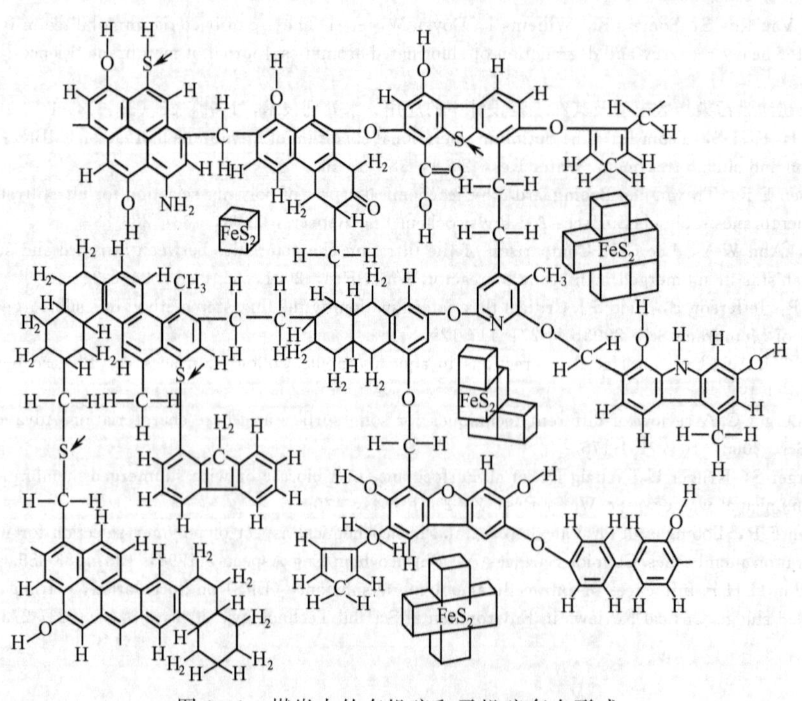

图10-1 煤炭中的有机硫和无机硫存在形式

$FeSO_4$、$Fe_2(SO_4)_3$ 等形式存在，有时还含有微量的元素硫，硫化物绝大部分以黄铁矿硫（$FeS_2$、FeS）的形式存在。有机硫种类多、结构复杂，但含量较低。有机硫常以噻吩基、巯基、单硫链和多硫链等官能团形式存在。有机硫与煤中的有机质结合为一体，分布均匀，用物理方法不易脱除。

### 10.1.2　石油中硫的存在形式

石油中硫的含量及存在形式与其来源和种类有关，据有关分析结果报道，78 种原油的总硫量在 0.03～7.89，其中大部分为有机硫，占总硫的 50%～70%；少量的元素硫、$H_2S$、$FeS_2$ 等溶解或悬浮在油中，硫醇大部分为低分子量。一般情况下，重油和沥青中的含硫量较高，可占总重量的 6%左右。原油中的硫含量虽差异较大，但硫的存在形式大致类似，有硫醇、硫化物和噻吩三大类，其中主要为噻吩类有机硫，其衍生物有苯并噻吩、二苯并噻吩、苯并二氢噻吩等，是高硫原油的重要组分，其结构如图 10-2 所示。煤炭及原油中硫的存在形式比较参见表 10-1。

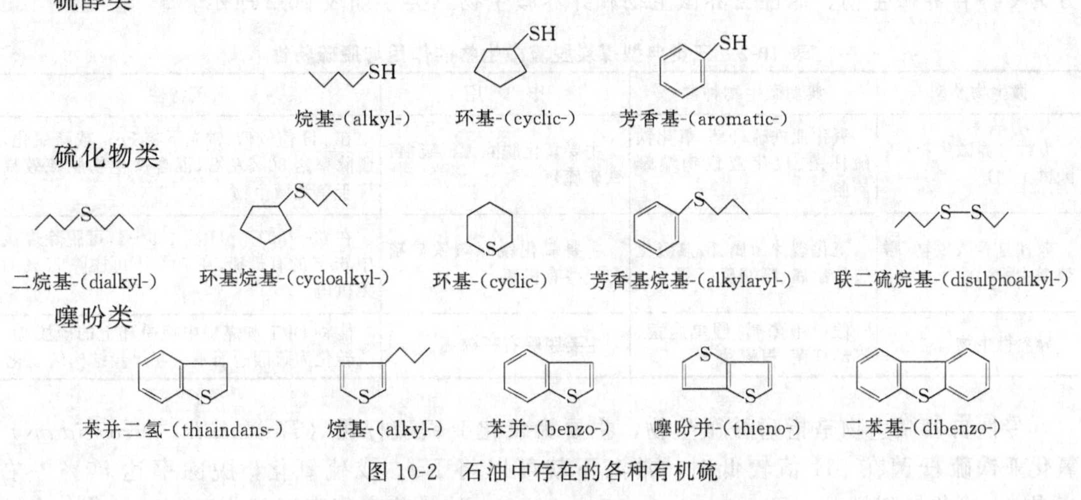


图 10-2　石油中存在的各种有机硫

**表 10-1　煤炭和原油中硫的存在形式比较**

| 存在形式比较 | 煤炭中的硫 | 原油中的硫 |
| --- | --- | --- |
| 无机硫 | 大多为黄铁矿硫化物（$FeS_2$，FeS），$CaSO_4$、$BaSO_4$、$FeSO_4$、$Fe_2(SO_4)_3$ 等硫酸盐硫，微量的元素硫 | 大多为金属硫化物和硫代亚硫酸盐等，$H_2S$、$FeS_2$ 等溶解或悬浮状态的硫化物，少量元素硫 |
| 有机硫 | 以噻吩基、巯基或硫醇、单硫链和多硫链等官能团形式存在 | 主要有硫醇、噻吩和硫化物三大类 |
| 比较 | 无机硫占 60%～70%，有机硫脱除较难 | 有机硫占 50%～70%，硫醇易去除，杂环硫较难去除 |

### 10.1.3　废水中硫的存在形式

硫在水中能以离子或分子形式存在，其构成的方式可达 30 种，但只有少数几种在水溶液中是较为稳定的，如 $HSO_4^-$、$SO_4^{2-}$、$H_2S$ 和 $HS^-$。硫在水溶液中的存在状态与 pH 值和氧化还原电位有关，如 $H_2S$ 在水中存在以下反应步骤离解：

$$H_2S \rightleftharpoons H^+ + HS^- \qquad (K_1 = 1.0 \times 10^{-7})$$

$$HS^- \rightleftharpoons H^+ + S^{2-} \qquad (K_2 = 1.0 \times 10^{-14})$$

当 pH 值小于 7.0 时，$H_2S$ 在水中以分子形式为主；而在 pH 值在 7～14 时，则以 $HS^-$ 形式存在；一般状况下，水中 $S^{2-}$ 的浓度非常低。

在碱性条件下，硫能生成硫化物与连二硫酸盐，尤其在 pH 值很高时会发生以下反应：

$$4S+4OH^- \longrightarrow 2HS^- + S_2O_3^{2-} + H_2O$$

在酸性溶液中单质硫存在并较为稳定，当 pH 值大于 8 时则无单质硫存在，除非有过量的连二硫酸盐或硫化物存在于溶液中。

多硫化物（$S_nS^{2-}$，$n=1\sim5$）一般是溶液中硫和硫化物相互作用而生成的微白色胶体硫悬浮液，其反应为：

$$HS^- + xS \longrightarrow S_xS^{2-} + H^+$$

在近中性的硫化物溶液中，所产生的多硫化物几乎均为等分子的四硫化物和五硫化物。

## 10.2 脱硫与还原微生物

### 10.2.1 煤炭脱硫微生物

煤炭中有机硫和无机硫的脱除方式及其脱硫微生物是不同的，按脱硫微生物的种类，可分为专性自养微生物、兼性自养微生物和异养微生物三类，如表 10-2 所示。

**表 10-2 三类典型煤炭脱硫微生物的作用与脱硫特性**

| 微生物类型 | 典型微生物种群 | 作　用 | 脱硫特性 |
| --- | --- | --- | --- |
| 专性自养微生物（嗜酸微生物） | 氧化亚铁硫杆菌、氧化铁硫杆菌、氧化亚铁钩端螺旋菌 | 主要氧化脱除无机硫（黄铁矿硫） | 在 pH 值较低、常温下将 $Fe^{2+}$ 或硫氧化，脱除率达 80%左右，混合微生物脱硫效果优于单纯微生物 |
| 兼性自养微生物（嗜热微生物） | 硫化裂片菌属、酸热硫化裂片菌属、嗜酸硫杆菌 | 主要氧化脱除黄铁矿硫和一些有机硫 | 在 60～80℃、pH 值 1.5～4，可脱除煤炭中 65%的有机硫，在 70℃下可脱除 75%的无机硫 |
| 异养微生物 | 假单胞菌属、假单胞菌、不动杆菌、根瘤菌 | 主要脱除有机硫 | 能将 DBT 和煤炭中噻吩环上的硫脱除，硫转化为硫酸盐而不引起煤炭结构的变化 |

专性自养微生物是指嗜酸微生物，主要为氧化亚铁硫杆菌（*Thiobacillus ferrooxidans*）。氧化亚铁硫杆菌在 pH 值较低时，常温下就可以将 $Fe^{2+}$ 或硫氧化，脱除率达 80%左右（2 周）；氧化铁硫杆菌（*Thiobacillus thiooxidans*）的脱硫率稍高于氧化亚铁硫杆菌；在适合的 pH 值条件下，氧化亚铁钩端螺旋菌（*Leptospirillum ferrooxidans*）的脱硫效果较好，可达 85%。将氧化铁硫杆菌与氧化亚铁硫杆菌混合脱硫，研究发现混合微生物脱硫效果要好于单纯微生物。将氧化亚铁钩端螺旋菌和氧化亚铁硫杆菌混合脱硫，脱硫率达 90%。可见氧化亚铁硫杆菌在氧化煤炭中不同硫化物时起着至关重要的作用。

兼性自养微生物为嗜热微生物，如硫化裂片菌属（*Sulfolobus*）、酸热硫化裂片菌属（*Sulfolobus acidocaldarius*）、嗜酸硫杆菌（*Thiobacilli terrophilc*）。硫化裂片菌属在 60～80℃、pH 值 1.5-4，可脱除煤炭中 65%的有机硫，在 70℃下可脱除 75%的黄铁矿硫。

异养微生物能将 DBT 和煤中噻吩环上的硫脱除，转化为硫酸盐而不引起煤炭结构的变化。如假单胞菌属（*Pseudomonas*）、不动杆菌（*Pudita*）、根瘤菌（*Aeruginosa*）、假单胞菌 CB1（*Pseudomonas* CB1）等。通过基因工程分离出的假单胞菌 CoalBug-1（CB1），有机硫脱除率达 18%～47%。CB1 的脱除率取决于煤炭的类型、煤炭与微生物量的比率以及煤炭粒的大小。太平洋研究所在 CB1 的基础上研制出 CB2 改良菌种，在 pH7.5 时可将硫化物氧化成元素硫，然后再氧化成硫酸盐硫。

微生物对无机硫化物的还原作用，目前认为有两种方式：一种是同化型硫酸盐还原作用，先由微生物把硫酸盐变成还原态的硫化物，然后再固定到蛋白质等成分中（主要以巯基形式存在）的还原方式；另一种是异化型硫酸盐还原作用，是在厌氧条件下，将硫酸盐还原成硫化氢。其作用过程主要靠脱硫弧菌属（*Desulfaibrio*）、脱硫肠状菌属（*Desulfotomac-*

*ulus*）等一些异养型或混合营养型的硫酸盐还原菌来实现。

**10.2.2 石油脱硫微生物**

美国气体技术研究所（IGT）的Kilbane首次分离得到了能够选择性催化DBT类含硫化合物的C-S键的断裂而不改变分子的碳氢结构的玫瑰色红球菌（*Rhodococcus rhodochrous*）IGTS7和IGTS8，该菌能将DBT中的C-S键打开，有效脱除二苯并噻吩结构中的有机硫，并不影响该有机物的热值；另外红球菌属细菌等，也可将DBT的C-S切断代谢为2-羟基联苯。这种可通过将DBT中的C-S键切断脱除有机硫，而不损失其热值的方法被称为“4S”选择性脱硫途径，即亚砜/砜/硫酸盐/磺酸盐（sulfoxide/sulfone/ sulfonate/ sulfate）途径。这类微生物还包括红球菌属（*Rhodococcus*）UM3和UM9、红色红球菌（*Rhodococcus erythropolis*）DI和NI-36、棒状杆菌（*Corynebacterium* sp.）SYI、嗜热的*Paenibacillus* sp. AII-2、*Gordona*CYKSI和诺卡菌（*Nocardia* sp.）CYKS2等。表10-3列出了用于原油脱硫的部分微生物及其脱硫途径与特色。

**表10-3 部分脱硫微生物对原油脱硫的途径和特色**

| 细菌类群 | 脱硫途径 | 脱硫特色 |
|---|---|---|
| 假单胞菌、拜叶林克菌、不动杆菌和根瘤菌等 | 破坏DBT碳架 | 不能释放出硫原子 |
| 玫瑰色红球菌IGTS7和IGTS8，红平红球菌 | 选择性断裂DBT的C-S键，“4S”途径 | 不影响有机物热值 |
| 棒状杆菌SYI，棒状杆菌P32C1 | 经DBP-HBPS-2-HBP脱硫 | 可脱除碳氢化合物和柴油DBT中的硫。脱硫性能比IGTS8好 |
| 红球菌属UM3和UM9，红色红球菌DI和NI-36，嗜热细菌AII-2，*Gordona* CYKSI和诺卡菌CYKS2 | 切断DBT的C-S键 | 代谢产物为2-羟基联苯 |
| 短杆菌、节杆菌 | 直接氧化DBT的C-S键 | 将DBT-亚砜、DET-砜转化为苯甲酸酯和硫酸盐 |

据报道，伊朗有人从30株能以DBT为唯一硫源的土壤样品菌株中分离出一株新的棒状杆菌（*Corynebacterium* sp.）P32C1。经培养27h后，可将发酵罐里的原始浓度为0.25mmol/L的DBT经过DBP-HBPS-2-HBP途径，可全部转化为2-羟基联苯（2-HBP）。培养过程中HBPS（2′-hydroxybiphenye-2-sulfinate）的浓度变化与一般的反应途径相同。与*Rhodococcus* sp. IGTS8相比，P32C1菌株有更好的脱硫性能。

柴油经过加氢处理后会有DBT的衍生物生成，它们需要脱除，采用以DBT为唯一硫源培养并分离获得的分枝杆菌（*Mycobacteriaum*）WU-F1，在50℃下能继续生长，可在90min内有选择地断开碳硫键，把DBT降解为2HBP；还可在8h内把0.81mmol/L的DBT衍生物2,8-二甲基DBT、4,6-二甲基DBT和3,4-DBT苯降解。由于WU-F1能在20～50℃温度范围内脱除DBT及其衍生物中的硫，且脱除效率较高，具有应用前景。

**10.2.3 其他脱硫微生物**

（1）光合硫细菌　光合硫细菌指的是生长在含有$H_2S$等可作为其营养源的富营养厌氧层水体中的一类细菌。湖内上层为好氧层，下层为厌氧层，一般湖底盐度较高，有密度梯度存在，使上下水层不对流，光合硫细菌就在厌氧层的上半层内，水深大约为10m。

光合硫细菌通常有红色非硫黄菌、红色硫黄菌、绿色硫黄菌以及滑行丝状绿色硫黄菌四个科。红色非硫黄菌能利用各种有机体作为光合反应的氢供体，进行光异养生长，它主要利用硫化物。但也有部分菌能在含氧层中依靠呼吸进行生长，因此可以认为该菌是兼性光养微生物。

红色硫黄菌和绿色硫黄菌通常生长在含有 $CO_2$ 和 $H_2S$ 的厌氧层中，两个都是利用 $CO_2$ 为碳源、$H_2S$ 为光合反应的氢供体。当水体环境适宜，营养丰富时，这两类的少数硫黄细菌会大量繁殖，使水体呈现红色或绿色。特别需要指出的是不少红色硫黄菌还能进行光合异养生长。

滑行丝状绿色硫黄菌通常密集附着在含有 $H_2S$ 的碱性温泉水中，其水温可达 45～60℃，该菌可进行营光能异养和兼性化能异养生长。它也以各种有机物为碳源和光合反应的氢供体，利用 $CO_2$ 和 $H_2S$ 生长。

(2) 无色硫细菌　无色硫细菌包括化能自养菌和化能异养菌两大类。土壤和水体中最重要的化能自养无色硫细菌是多种硫杆菌。常见的化能自养无色硫细菌分两类：一类是硫细菌，有氧化硫硫杆菌、排硫硫杆菌、氧化亚铁硫杆菌，以及脱硫硫杆菌等，它们能够氧化硫化氢、元素硫、硫代硫酸盐和四硫酸盐等生成硫酸，并在过程中获得能量；另一类是丝状硫细菌，主要代表有贝氏硫细菌属（*Beggiatoa*）、辫硫菌属（*Thioploca*）、发硫菌属（*Thiothrix*）。这些化能自养菌从硫元素和硫化氢的氧化过程中获得能量，由硫化氢氧化后生成的硫黄能储存在菌体内，当环境中缺少硫化氢时，可将硫黄进一步氧化成硫酸。

### 10.2.4　硫酸盐还原菌

硫酸盐还原菌（sulfate-reducing bacteria，SRB）是指一类能以硫酸盐为底物，进行还原代谢反应，以及能将元素硫还原成 $H_2S$ 的独特生理特性细菌的统称，可以分为异化硫酸盐还原菌和异化硫还原菌两大类。SRB 是一类形态、营养多样化的微生物，有革兰阴性真核菌、革兰阳性真核菌和古细菌三个基本类群。SRB 通常存在于缺氧的水体环境中，属于无氧淡水或海洋中的土著菌群。一般条件下，SRB 都是专性厌氧的，对它们的培养要严格无氧。如脱硫弧菌属通常生活在富含有机物的高硫酸盐水溶液中或土壤中；若在罐头食品中，则能还原硫酸盐而使食物腐败；还可从哺乳动物的肠道内分离出脱硫单胞菌来。与普通土壤或水体中的假单胞菌等相比，SRB 的生长速率相当缓慢，但有极强生存能力，且分布较广。

目前已知的 SRB 可分为 18 属 40 余种，从生理学上可将其归属于光合营养菌和甲烷营养菌同一类。表 10-4 列出了大部分 SRB 属，可分为两大亚类：不能氧化乙酸盐，但可以乳酸、丙酮酸、乙醇或某些脂肪酸为碳源或能源，将硫酸盐还原为硫化氢的Ⅰ类；能氧化乙酸盐和脂肪酸，并能将硫酸还原为硫的Ⅱ类。

**表 10-4　硫酸盐还原菌功能与类属**

| 类 | 功　能 | 属 |
| --- | --- | --- |
| Ⅰ类 | 不能氧化乙酸盐，但能将硫酸盐还原为硫化氢 | 脱硫弧菌属（*Desulfovibrio*），脱硫微菌属（*Desulfomicrobium*、*Desulfobotulus*），脱硫肠状菌属（*Desulfotomaculum*），脱硫念珠菌属（*Desulfomonile*、*Desulfobacula*），古生球菌属（*Archaeoglobus*），脱硫叶菌属（*Desulfobulbus*），嗜热脱硫杆菌属（*Thermo desulfobacterium*），脱硫单胞菌属（*Desul fomonas*） |
| Ⅱ类 | 能氧化乙酸盐和脂肪酸，并能将硫酸还原为硫 | 脱硫菌属（*Desulfobacter*），脱硫杆菌属（*Desulfobacterium*），脱硫球菌属（*Desulfococcus*），脱硫线菌属（*Desulfonema*），脱硫八叠球菌属（*Desulfosarcina*、*Desulfoarculus*），脱硫状菌属（*Desulfacinum*、*Desulforhabdus*），嗜热脱硫状菌属（*Thermo desulforhabdus*） |

Ⅰ类的如脱硫弧菌属、脱硫单胞菌属、脱硫肠状菌属和脱硫叶菌属，可利用乳酸、丙酮酸、乙醇或某些脂肪酸为碳源或能源，将硫酸盐还原为硫化氢。某些能以 $CO_2$ 为碳源、$H_2$ 为电子供体、硫酸盐为电子受体完全自养生长；与同型产乙酸细菌相关的自养 SRB，可利用乙酰 CoA 途径固定 $CO_2$ 并转化为细胞物质。

Ⅱ类的如脱硫菌属、脱硫球菌属、脱硫八叠球菌属和脱硫线菌属，可用来氧化脂肪酸、乙酸盐，将硫酸还原为硫。另外，大多数Ⅱ类 SRB 能将乙酸盐氧化为 $CO_2$，可通过乙酰 CoA 途径的反向步骤，由乙酸盐产生 $CO_2$ 并不参与柠檬酸循环。

# 10.3 微生物脱硫途径及机理

煤和石油都可作为微生物的基质，但煤是固体，而石油是和水不互溶的，因此必须使微生物能有机会与其紧密接触。

## 10.3.1 无机硫脱除途径

脱除无机硫的微生物主要是化能自养菌属（*Tvhiobacillus* sp.）以及嗜热硫化裂片菌属（*Svulfolobus* sp.）中的一些菌。这些菌氧化无机硫有间接或直接作用两种机理。间接作用是细菌先将溶解的 $Fe^{2+}$ 转变成 $Fe^{3+}$，生成的强氧化剂 $Fe^{3+}$ 再将硫化物氧化成单质硫，经多次氧化直至沉积在煤或石油中的硫转化成水溶性硫酸盐。直接氧化的机理则为，细菌直接与硫化物的含硫部位接触，在细菌生物膜内作用生成还原性谷胱甘肽（GSH）的二硫衍生物（GSSH），继而进一步被氧化酶水解成亚硫酸盐，最终氧化为硫酸盐，生成的还原性辅酶可被细胞色素氧化还原剂中的溶解氧再氧化。这两种途径作用的产物都是水溶性的，因此，在脱硫的同时也能脱除煤中的金属元素。

采用化能自养菌直接脱除煤中无机硫的过程如下：

$$2FeS_2+7O_2+2H_2O \longrightarrow 2FeSO_4+2H_2SO_4$$

然后硫酸亚铁进一步氧化成硫酸铁：

$$4FeSO_4+O_2+2H_2SO_4 \longrightarrow Fe_2(SO_4)_3+2H_2O$$

微生物也可以直接将硫化物转化为硫元素：

$$2S+3O_2+2H_2O \longrightarrow 2H_2SO_4$$

$$FeS_2+Fe_2(SO_4)_3 \longrightarrow 3FeSO_4+2S$$

$$2S+3O_2+2H_2O \longrightarrow 2H_2SO_4$$

间接过程是用硫酸亚铁将二硫化铁氧化成硫酸，该过程是非生物过程，但它具有保持 pH 很低的优点。经过 4～5d 连续反应过程，能够将 90％的无机硫除去。为提高反应的速率，可利用嗜热的硫化裂片菌属，该菌能够在 65～80℃条件下进行培养。

## 10.3.2 有机硫脱除途径

有机硫化合物是煤基质整体的一部分，脱除这种化合物要比除黄铁矿困难得多。大多数微生物对脱除无机硫及非杂环硫较有效，对杂环硫的脱除效果甚微，主要依靠微生物中的酶对 C-S 键的断裂作用，利用这种方法不会使煤降解，热值也不损失。少数可脱杂环中有机硫的途径有 C-C 键和 C-S 键断裂氧化。在 C-C 键断裂途径中，DBT 的一个芳香环被氧化降解，杂环硫不脱下，而是生成水溶性 3-羟基-2-醛基-苯噻吩除去，这种途径会导致烃燃烧值降低；在 C-S 键断裂途径中杂环硫被脱出，但不引起芳香环碳骨架的断裂，是一条较为理想的途径。

DBT 是煤中主要的有机硫化合物，能够降解 DBT 的微生物有红球菌属（*Rhodococcus* sp.）、假单胞菌属（*Pseudomonas* sp.）TG232、短细菌属（*Brevibacterium* sp.）和黑曲霉（*Aspergillus niger*）等。用短细菌属氧化 DBT 过程中，单加氧酶可以将 DBT 转化并最终降解为苯甲酸和亚硫酸盐，然后通过非生物的方法将亚硫酸盐转化成硫酸盐，用清洗将其除去。人们正在研究能分裂苯甲酸的酶，但是会造成有关碳物质的损失。红球菌属（*Rhodococcus*）降解的三个氧化作用中产生了 2-羟二苯基-亚磺酸苯盐（2-hydroxybiphenyl-benzene sulphinate），然后脱硫酶断裂该物质产生硫化物，接着硫化物再转化成硫酸盐。DBT 脱硫的代谢过程如图10-3所示。

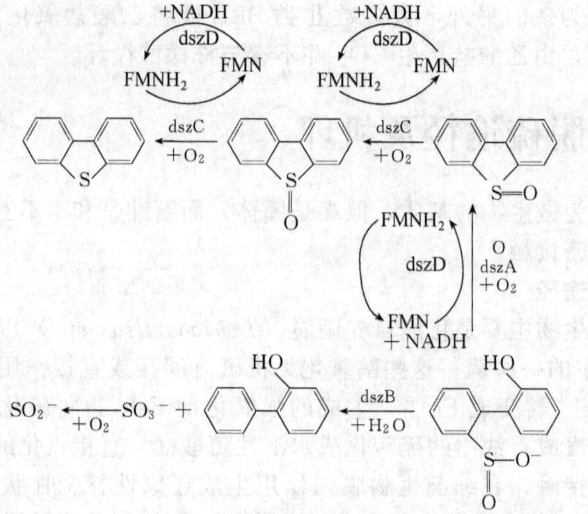

图10-3 以C-S键氧化生成苯甲酸和亚硫酸盐的脱硫途径

以硫代谢为中心的4S途径，对不同菌株，4S途径并不完全相同，但共同点都是对C-S键作用，如图10-4所示。以C-C键断裂的Kodamakht脱硫途径如图10-5所示。

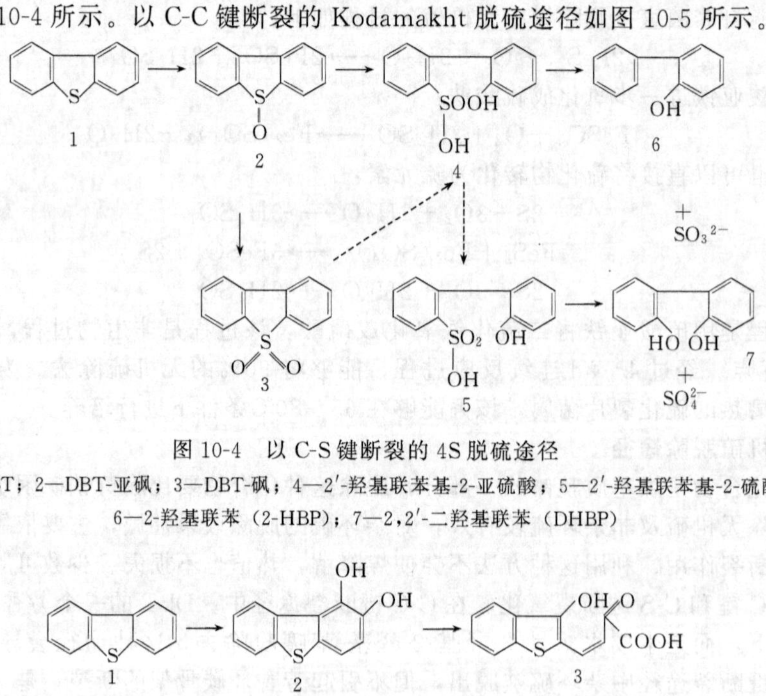

图10-4 以C-S键断裂的4S脱硫途径

1—DBT；2—DBT-亚砜；3—DBT-砜；4—2′-羟基联苯基-2-亚硫酸；5—2′-羟基联苯基-2-硫酸；
6—2-羟基联苯（2-HBP）；7—2,2′-二羟基联苯（DHBP）

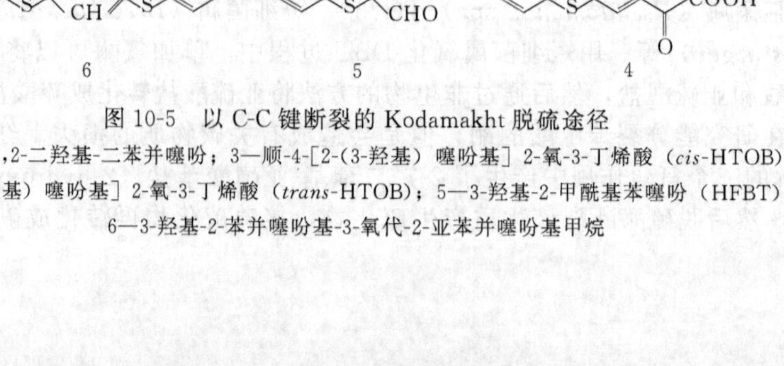

图10-5 以C-C键断裂的Kodamakht脱硫途径

1—DBT；2—顺-1,2-二羟基-二苯并噻吩；3—顺-4-[2-(3-羟基）噻吩基] 2-氧-3-丁烯酸（*cis*-HTOB）；4—反-4-[2-(3-羟基）噻吩基] 2-氧-3-丁烯酸（*trans*-HTOB）；5—3-羟基-2-甲酰基苯噻吩（HFBT）；
6—3-羟基-2-苯并噻吩基-3-氧代-2-亚苯并噻吩基甲烷

### 10.3.3 生物降解有机硫的机理

(1) 有氧脱硫机理 据报道，硫酸盐还原菌可以在无氧操作的条件下脱去矿石燃料中的硫，并可以阻止生成某些碳氢氧化物和酸性化合物，所产生的硫化氢气体也可被综合利用。但是，即使硫酸盐还原菌的生长条件能很好控制，但由于其对 DBT 脱硫产率不高，无氧脱硫的工业应用价值不大。

在有氧操作条件下，有很多种微生物可选择性地脱除 DBT 中的硫并将其转化为亚硫酸盐和硫酸。*Rhodococcus* IGTS8 是典型的有工业应用前景的微生物，能将 DBT 中的硫转化为 2-羟基联苯（2-HBP）、亚硫酸盐和硫酸。稳定生长态细胞条件下，*Rhodococcus* IGTS8 脱硫遵循两条不同的有氧代谢途径：第一个途径是通过氧化将 DBT 转化为 DBT-亚砜和 DBT-砜，而后 DBT-砜进一步被亚硫酸水解酶转化为 2-HBP 和亚硫酸盐；第二个途径是 DBT-砜被磺酸水解酶诱导氧化为 2-羟基联苯（2′-HBP）和亚磺酸苯盐后，进一步转化为硫酸盐。除了 *Rhodococcus* IGTS8 脱硫途径被深入研究与了解外，其他脱硫微生物，如红色红球菌（*R. erythropolis*）D-1、红球菌属（*Rhodococcus* ECRD-1、*Rhodococcus* B1、*Rhodococcus* SY1、*Rhodococcus* UM3 和 UM9）、土壤杆菌（*Agrobacterium*）MC501、分枝杆菌（*Mycobacterium*）G3、诺卡菌（*Nocardia*），以及细胞色素 P450 单加氧酶等也是在有氧途径进行脱硫的。尽管在脱硫微生物筛选方面的研究已相当深入，但目前尚未发现高选择性脱除汽油噻吩硫的微生物，脱硫技术还有待进一步发展。

(2) 酶生物催化剂的脱硫机理 红球菌属 ECRD-1 在将大部分 DBT 中的硫脱除后，会以脱除 DBT 中硫相同的速度进行 4,6-二乙基二苯并噻吩（4,6-diethyldibenzothiophthe，DEDBT）脱硫。红球菌属 DBT 脱硫酶对底物特异性比较宽，可以把烷基或芳香族替代基团的 DBT 衍生物脱硫为相应的单酚，其反应速率与相应的替代基团有关。但原始的红球菌属 IGTS8 脱硫酶对噻吩（thiophenic）和苯并噻吩（benzothiophenes）几乎没有活性。另外，石油中的硫通常以多种不同组分存在。天然的红球菌属生物催化剂速度慢，稳定性不够，对硫的选择性也太窄。因此，研制具有能降解不同硫组分的生物催化剂，提高对噻吩硫的脱除效率其意义非常重要。

1999 年，美国能源生物系统公司的专利报道了他们从红色红球菌属 ATCC53968 整组基因基础上重组微生物，采用直接进化和基因重组，获得了高脱硫速率和硫底物范围较广的新生物催化剂。在这种新生物催化剂中缺少 dszB 或 dszB 和 dszA，在脱硫过程中，可在亚磺酸盐（酯）/磺酸盐（酯）或砜阶段时停止脱硫获得相关产物；并通过启动子的去除或取代减轻硫的抑制作用，使脱硫速率提高。他们在 1990～1998 年间，通过增加 dszA、dszB、dszC 的浓度，完善 dszD 所需的必要条件，除去限制速度的脱硫酶等一系列完善生物催化剂的措施，使重组催化剂的活性提高了 200 倍。

大多数的石油化学过程在高温和高压下进行，在没有找到合适的催化剂而将原料冷却到生物处理的过程是不现实的。某些亲过高热的酶可以在 100℃ 以上工作，有稳定的延长期，增大压力会更稳定，但目前尚不清楚其热稳定性的基础。

假单胞菌属是最能耐受溶剂的细菌，当应用 dsz 基因工程化生产假单胞菌时，DBT 的脱硫速率会增加。近几年来，通过化学修饰等改善酶对溶剂耐受力，提高辅因子的效率，采用在反应混合物中添加乙醇、核黄素蛋白或氧化还原酶来补充辅因子，同时和辅因子再生系统反应，补充生物拟态辅因子，共价连接黄素单核苷酸和单加氧酶或酶支撑基质等开发研究工作。

近十年来，美国拟在阿拉斯加的 Valdez 炼油厂建一套年加工能力为 250 万吨的 BDS 装置，该装置每天可生产清洁柴油 795t，还可副产新型联苯亚磺酸盐 759t。欧洲、德国和意大利等也在致力于此过程的开发。

(3) dsz基因脱硫机理　人们对红色红球菌属 IGTS8 和红球菌属菌株 x309 等已在分子水平上进行了较为详细的研究。在 IGTS 菌株中，存在一个 120 kb 的线状质粒，由一个操纵子和三个基因（dszA、dszB、dszC）构成。在细胞质中，尽管 dszB 表达为启动子，但它的浓度还是低于 dszA 和 dszC。三个基因负责 DBT 的脱硫催化，这些基因已被克隆及测序，相应的表达产物也已被分离纯化出来。目前已证明某些保存的天然 dsz 基因型菌株是 dsz 结构基因和插入片段的混合杂交的结果。

在红球菌属中，存在的 dszA、dszB、dszC、dszD 具有生物催化作用，如在核黄素还原酶（dszD 和 dszB）的支持下，通过细胞质的单加氧酶（dszC 和 dszA）作用，可将 DBT 催化脱硫，最终被氧化成硫酸盐或者亚硫酸盐，实现 DBT→DBT-亚砜→DBT-砜的 dsz 脱硫途径。

在 dsz 脱硫途径中，dszC 被确认为硫化物/亚砜单加氧酶，其质量约为 $7.47\times10^{-17}$ mg，具有独特的催化转化功能，蛋白质序列分析表明其和乙酰辅酶 A 脱氢酶具有同源性。首先，它催化两个连续的黄素单加氧酶反应。其次，以 $FMNH_2$ 为底物，dszC 利用 FAD（被 NADH/NADPH 还原）或结合核黄素还原酶（类似于甲烷加氧酶一样复杂的加氧酶）。第三，dszC 把 DBT 氧化成砜，而核黄素单加氧酶和其他某些相关酶则将 DBT 氧化成砜的氧化物。在此途径中，dszA 也被认为是 DBT-5,5-氧化单加氧酶，也可利用底物 $FMNH_2$ 将砜催化转化为亚磺酸盐，其反应速率比 dszC 快 5～10 倍；而 dszB 被证明是一种芳香族磺化酸水解酶，用于对水分子的亲核攻击，在亚磺酸盐上形成 2-HBP，这是一条非常规的速度限制性反应途径。

dsz 脱硫途径需要通过细胞代谢以产生原子当量，每摩尔 DBT 脱硫约需要 4mol NADH，但 dszC 和 dszA 不能直接利用 NADH，而是用 $FMNH_2$，它由 FMN：NADPH 氧化还原酶（dszD）产生。dszD 被认为与另一种红球菌属蛋白质 ThcE 具有 100％的同源序列。ThcE 属于组Ⅲ乙醇脱氢酶，即 $N,N'$-二甲基-3-nitrosoaniline 氧化还原酶，具有牢固的非共价键 $NAD^+$。dszD 通过 dszA 和 dszC 连接了 NADH 与底物氧化作用。dszC 和 dszA 作用于 dszD 的活性服从饱和动力学；当反应混合物中加入核黄素还原酶、核黄素单核苷酸还原酶或各种氧化还原酶，或各种再合并结构被过表达时，脱硫速率可提高 100 倍。

在 dsz 脱硫过程中，在存在硫酸盐、硫化物、甲硫氨酸、半胱氨酸等物质时，邻苯基苯酚 dsz 脱硫酶的活性会受到很强的抑制；在红球菌属中，硫化物不抑制酶，而会抑制 dsz 基因序列的启动子或翻译水平的硫合成；2-HBP 的积聚也会抑制菌体生长和脱硫。因此，从工业应用的角度，需要寻找某些能耐 2-HBP 的变异株，或者当形成 2-HBP 前可停止生物脱硫，以防止亚硫酸盐的形成。目前 dsz 途径已被建议应用于石油的脱硫及其相关产品生产与精制。

### 10.3.4 生物脱硫的动力学模型

Oabas 等对细菌生长和产物生成的最佳条件的研究，认为底物的消耗、产物的生成和稳定性与碳源的利用率、硫源的积累、微生物的生长阶段等因素有关。所有这些研究成果为微生物脱硫工艺过程的设计与放大应用奠定了良好的基础。

#### 10.3.4.1 生物脱硫的动力学模型

本动力学模型的推导基于生物膜式滤塔，如图 10-6 所示，以陶粒为填料，载气为液化石油气，载气和基质（$H_2S$）的混合气体从滤塔底部送入，塔内混合气体呈推流式流动，经生物膜填料净化后，从顶部排出；喷淋水自上而下均匀地流过生物膜表面，与混合气体充分接触，喷淋水循环使用。

在稳态下运行时，反应器内基质在气相中的传质速率远比液相内快，也即气相内基质浓度相等，气相与生物膜接触界面的阻力也可忽略不计，界面处生物膜内的基质（$H_2S$）浓度与气相主体中的基质（$H_2S$）浓度呈某一平衡关系，如图 10-7 所示。假定：生物膜的厚度 $\delta$ 远小于填料的直径；在生物膜内的传质以扩散方式进行；在基质浓度较低时，膜内基质消耗速率可按零级反应计算。

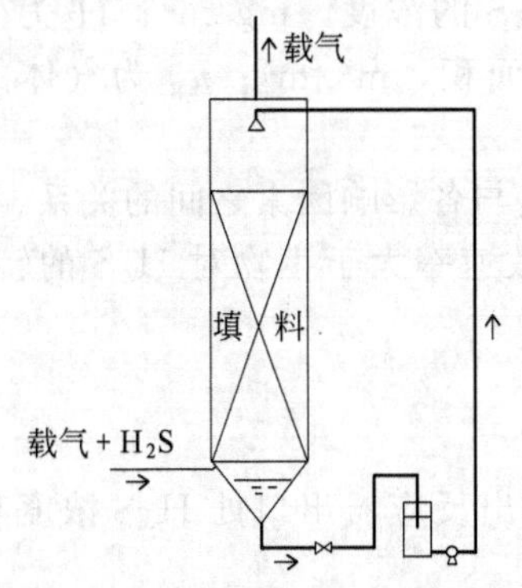


图 10-6　生物滤塔各物流流向示意

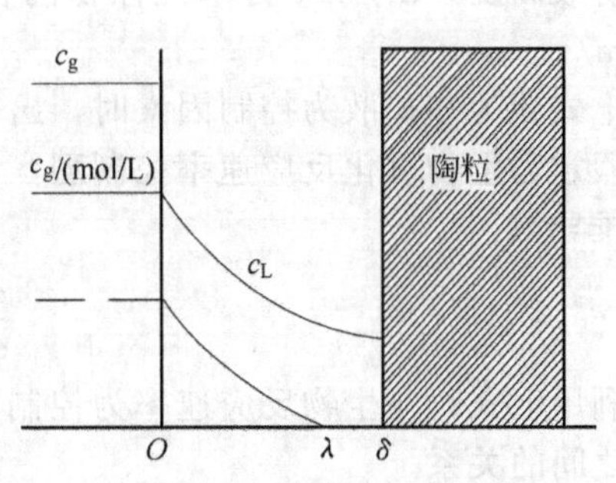


图 10-7　生物膜内浓度分布

基于以上假设条件，生物膜内基质消耗速率方程为：

$$D\frac{d^2c_L}{dx^2}-k=0 \tag{10-1}$$

式中，$c_L$ 为生物膜内 $H_2S$ 的浓度，$mg/m^3$；$k$ 为零级反应速率常数，$mg/(m^3 \cdot s)$；$D$ 为扩散系数。

对上式进行二次积分可得：

$$\frac{dc_L}{dx}=\frac{k}{D}x+c_1 \tag{10-2}$$

$$c_L=\frac{1}{2}\times\frac{k}{D}x^2+c_1x+c_2 \tag{10-3}$$

式中，$c_1$、$c_2$ 为积分常数。

假定生物反应器在稳态运行时，生物膜上基质浓度的边界条件为：

$$x=0\text{ 时，}c_L=\frac{c_g}{m}\text{；}x=\delta\text{ 时，}\frac{dc_L}{dx}=0$$

求得积分常数 $c_1$、$c_2$ 和 $c_L$ 分别为：

$$c_1=-\frac{k}{D}\delta\text{；}c_2=\frac{c_g}{m}\text{；}c_L=\frac{1}{2}\times\frac{k}{D}x^2-\frac{k}{D}x+\frac{c_g}{m} \tag{10-4}$$

式中，$c_g$ 为反应器内气相中 $H_2S$ 的浓度，$mg/m^3$；$m$ 为分配系数。

令 $\sigma=\dfrac{x}{\delta}$，$m=\left(\dfrac{c_g}{c_L}\right)_{平衡}$ 为无量纲量，代入式(10-4)，可得以下生物膜内浓度分布计算方程：

$$\left(\frac{c_L}{c_g}\right)^2=1+\frac{1}{2}\times\frac{\varphi^2}{\dfrac{c_g}{c_{g0}}}(\sigma^2-2\sigma) \tag{10-5}$$

$$\varphi=\sqrt{\frac{km}{Dc_{g0}}}\delta$$

方程(10-5) 为浓度分布的通式，根据生物膜内的反应传质情况，可分为基质扩散控制型和生物氧化反应速率控制型。

对基质扩散控制型，假定 $H_2S$ 在生物膜内的扩散速率小于微生物对 $H_2S$ 的转化速率，则微生物的活性不能得到充分利用。在这种情况下，$H_2S$的转化速率由扩散速率控制，也即$H_2S$在生物膜内的渗透深度小于生物膜的厚度$\delta$。在$H_2S$浓度较低时发生此种情况。

$$\frac{c_{ge}}{c_{g0}}=\left(1-\frac{A_s H}{u_g}\sqrt{\frac{kD}{2mc_{g0}}}\right)^2 \tag{10-6}$$

式中，$c_{g0}$、$c_{ge}$分别为反应器进、出口处气体中$H_2S$的浓度，$mg/m^3$；$H$为生物反应器的有效高度，m；$A_s$为单位体积陶粒上生物膜的表面积，$m^2/m^3$；$u_g$为气体的断面流速，m/s。

上式即为在扩散为控制因素时，出口处$H_2S$的浓度与各影响因素之间的关系。

假定为生物氧化反应速率控制型，也即$H_2S$的扩散速率大于生物对$H_2S$的转化速率。则可推导得：

$$\frac{c_{ge}}{c_{g0}}=1-\frac{kH}{u_g c_{g0}} \tag{10-7}$$

利用上式，在生物反应速率为控制因素时，可计算出反应器出口处$H_2S$浓度与各影响因素之间的关系。

10.3.4.2　影响参数的确定

(1) 生物膜厚度$\delta$的确定　在生物反应器内取$n$个附有生物膜的陶粒于105℃烘至恒重，称得每个附有生物膜陶粒质量为$W_1$；将恒重生物膜陶粒浸入1%的NaOH溶液中并搅拌加热，脱除陶粒上附着的生物膜；用蒸馏水清洗陶粒数次，再将其烘至恒重（105℃），称得每个陶粒的质量为$W_2$。则可算出每个陶粒的平均生物膜厚度。

$$\delta=\sqrt[3]{\frac{3V_m}{4\pi}+r_m^3}-r_m \tag{10-8}$$

$$V_m=\frac{3}{4}\times\frac{\pi r_m^3(W_1-W_2)}{nW_2} \tag{10-9}$$

式中，$r_m$为陶粒的平均粒径；$V_m$为每个陶粒上生物膜的体积；$n$为陶粒的平均数。

(2) 反应速率常数$k$的确定

$$k=k^*\frac{1}{(1-\varepsilon)\left[1-\left(1-\frac{2\delta}{d_p}\right)^3\right]} \tag{10-10}$$

式中，$k^*$为陶粒的脱硫容量，g/(m³ 填料·h)；$\varepsilon$为陶粒的空隙率；$d_p$为陶粒的平均粒径。

陶粒的脱硫容量$k^*$是在生物去除$H_2S$的稳定期求得的。稳定时的去除率为80%，可以求得$k$。在气相生物滤塔中，脱硫动力学符合Monod方程，在基质浓度较低时，生物膜内为基质扩散控制；当基质浓度较高时，生物膜内为生物氧化反应速率控制。利用该动力学模型，可预测出在气相生物滤塔中的脱硫效率。

## 10.4　生物脱硫反应器及其工艺

生物脱硫反应器法是将化石燃料经细磨后与细菌、营养物及反应介质一起置于反应器内，在通气的条件下进行脱硫。可用于脱硫的生物反应器有搅拌釜反应器、气升式反应器、流化床反应器、固定床反应器和膜反应器，但大多处于基础研究与开发阶段。

### 10.4.1　生物脱硫反应器

(1) 连续搅拌式生物脱硫反应器　图10-8为一种连续搅拌式生物脱硫反应器，可以将高含硫油、工艺化学试剂和生物催化剂都投入到反应器中，反应后，脱硫油、含硫水和生物催化剂的混合物连续从反应器中移出。油-生物催化剂-水的混合物进行两步分离操作：第一步，生物催化剂和水从脱硫油中分离出来；第二步，把硫副产品（呈水样）从生物催化剂中分离出来，生物催化剂再返回到反应器中继续使用。图10-8中的搅拌装置也有人建议用汽提装置代替。它的优点是利用空气与液相之间的浮力来对混合物进行搅拌，以提高反应效率。

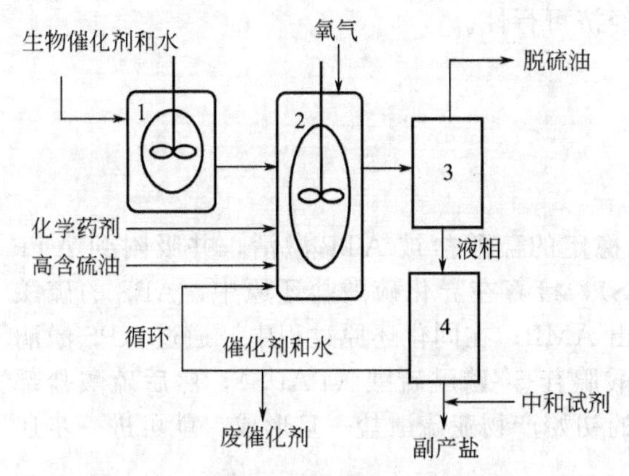


图10-8 连续搅拌式生物脱硫反应器

1—混合器；2—罐式反应器；3—油水分离器；4—固液分离器

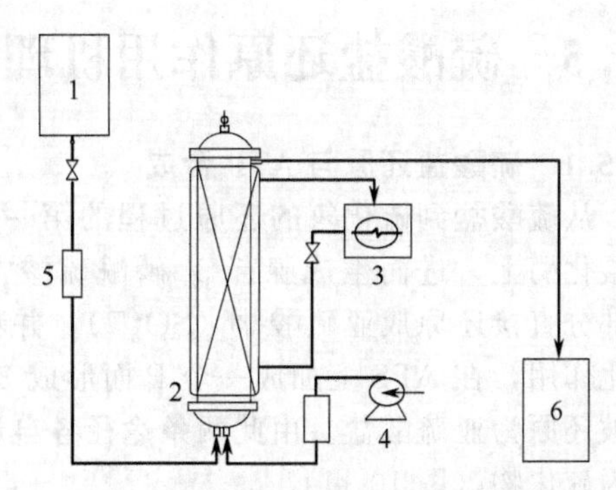


图10-9 固定床生物脱硫反应器示意图

1—高位槽；2—生物反应器；3—恒温水槽；4—气泵；5—流量计；6—低位槽

（2）固定床生物脱硫反应器 图10-9是氧化亚铁硫杆菌的固定床生物脱硫反应器。它采用固定床生化反应器进行固定化细胞培养，高径比为10：1，有效体积为2L，材质为有机玻璃，带有水浴夹套以保持反应器温度恒定。加入固定化载体后，床层空隙率为72%。

### 10.4.2 生物脱硫反应工艺

由动力学研究可知：生物催化脱硫反应受产物和底物抑制，pH值也会影响反应，所以反应器和控制系统的设计必须相适应。美国EBS公司设计了使用搅拌槽的生物脱硫反应工艺流程（如图10-10），过程中生物催化剂、进料油、空气及少量水一起被加入搅拌反应器，在其中高硫油被氧化，硫被沉积在水相，离开反应器时，油、水、生物催化剂及硫副产品被分离，精炼，再利用。这个流程现在仍在不断发展。

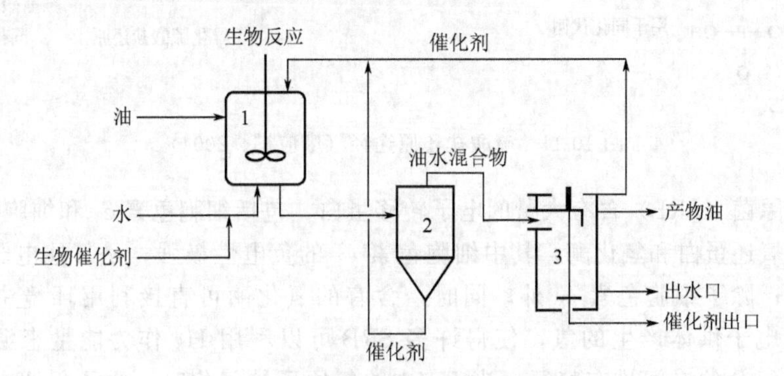


图10-10 生物脱硫反应工艺流程

1—罐式反应器；2—油水力旋流分离器；3—油水滗析器

目前，生物脱硫在工业应用方面的研究，主要集中在筛选或培育出高脱除率的微生物；在高温下生存的嗜热微生物或混合微生物的研究与开发，以提高温度加快反应速率，缩短脱硫反应时间；通过基因工程技术，进一步开发新型的可脱除有机硫的微生物等方面。近 10 年来，从酶学和遗传学角度研究了生物脱硫的分子机理，证明在菌株中存在一定的酶催化基因，对有效脱硫基因进行克隆和测序，对表达产物的纯化等研究。在此基础上利用基因工程技术构建新型的基因工程菌株，以提高生物脱硫的效率。在分子水平上优化菌种或提高酶的活性，设计具有良好混合特性的生物反应器，寻找有效的分离技术，力争与加氢脱硫过程优势互补，达到深度脱硫的目的，实现工业化的经济可行性。

## 10.5　硫酸盐还原作用机理

### 10.5.1　硫酸盐还原与 ATP 合成

从硫酸盐到硫化氢的还原过程的第一步是稳定的硫酸盐被 ATP 激活，并吸附到 ATP 硫酸化酶上，进而生成腺苷-5′-磷酰硫酸（APS），接着在异化硫酸盐还原中，APS 的硫酸根部分直接还原成亚硫酸盐（$SO_3^{2-}$），并释放出 AMP；在同化还原过程中，通过 APS 激酶催化作用，在 APS 上加成一个 P 而形成 3′-磷酸腺苷-5′-磷酰硫酸（PAPS），然后硫酸盐部分被还原为亚硫酸盐。由此两条途径各自还原的初始产物亚硫酸盐一旦形成，就可进一步还原为硫化物（图 10-11）。

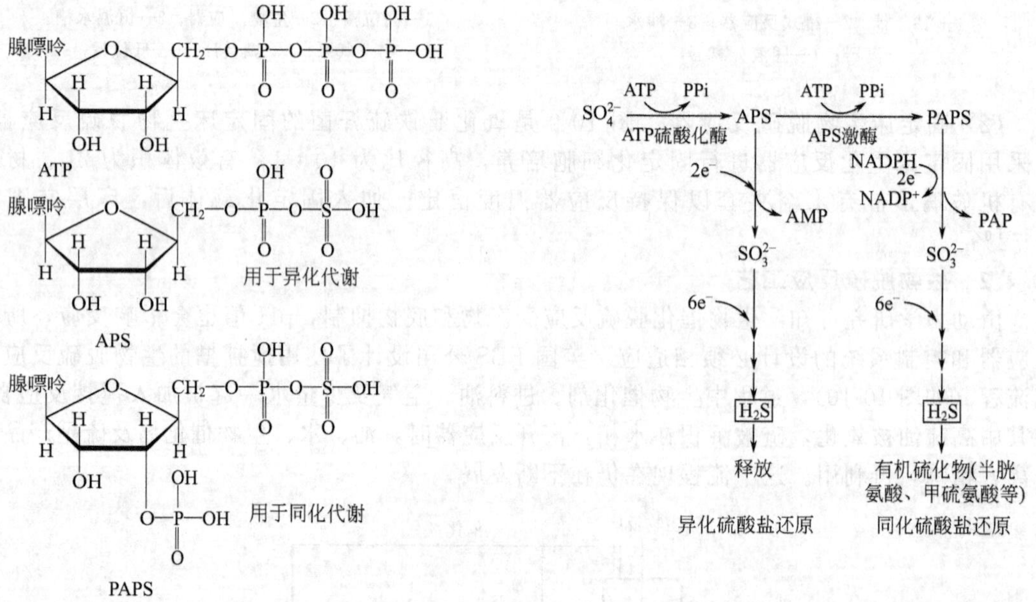

图 10-11　硫酸盐还原途径（廖应祺，2004）

硫酸盐还原菌（SRB）含有大量的电子转移蛋白，包括细胞色素 $c_3$ 和细胞色素 b、铁氧还蛋白、黄素氧还蛋白和氢化酶，其中细胞色素 $c_3$ 的负电性极强，是其他电子受体的生物体中所没有的；除了细胞色素 $c_3$ 外，同时，含有的氢化酶可直接利用环境中的氢或由乙酸等特定有机电子供体产生的氢，使得许多 SRB 可以利用 $H_2$ 作为能量来源。由于细胞膜中电子传递组分的空间排布特征，当 $H_2$ 中的氢原子被氧化时，质子仍留在膜外，而电子则跨入膜内，产生一个膜电势，由此产生的质子动力用于合成 ATP，用于 APS 和亚硫酸盐的还原。

据报道，硫酸盐的还原作用是与电子转移的 ATP 合成和化学渗透作用相连的。通过对脱弧菌的研究发现，每个硫酸盐还原为亚硫酸盐可产生 1 个净 ATP，每个亚硫酸盐还原为硫化物可产生 3 个净 ATP，在这一还原转变与 ATP 合成过程中，两个高能磷酸键被消耗。硫酸盐还原过程的电子转移、合成与渗透作用示意见图 10-12。

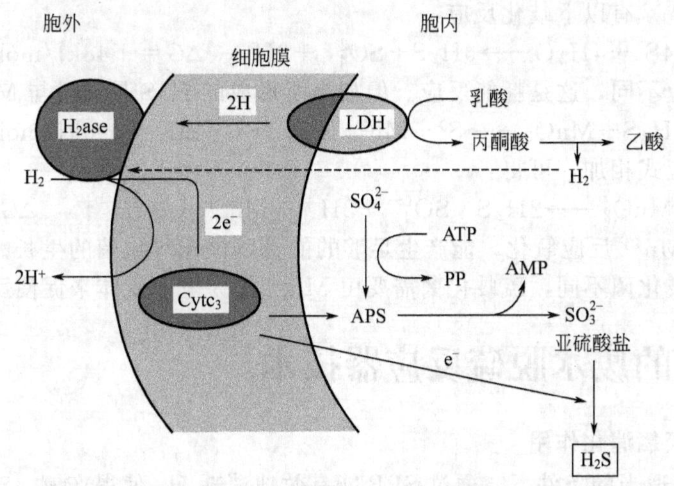


图 10-12 硫酸盐还原过程的电子转移、合成与渗透作用示意（廖应祺，2004）

当硫酸盐还原菌在 $H_2/SO_4^{2-}$ 上生长时，能类似于氢细菌进行化能无机营养，以 $CO_2$ 为唯一碳源，进行自养生长；但是大多数 SRB 是化能有机营养菌，需要某些有机化合物作为电子供体。

### 10.5.2 SRB 的生长机制

在 SRB 中有两种氧化乙酸的生化机制，变形的柠檬酸循环（CAC）和乙酰 CoA 途径。不少 SRB 可以乙酸作为唯一能源进行生长，它们能利用一氧化碳脱氢酶关键酶，用乙酰 CoA 途径，将乙酸完全氧化成 $CO_2$，并将硫酸盐还原成亚硫酸盐。

$$CH_2COOH + SO_4^{2-} + 2H^+ \longrightarrow 2CO_2 + H_2S + 2H_2O \qquad \Delta G = -57kJ/mol$$

但大多数 SRB 是用变形的柠檬酸循环氧化乙酸途径。如通过变形的柠檬酸循环的脱硫菌（*Desulfobacter*），除了柠檬酸循环中的大多数酶外，还有一种能利用乙酸来合成 ATP 进而生长的酶，并催化乙酸和琥珀酰 CoA 反应，产生琥珀酸和乙酰 CoA，接着琥珀酸和乙酰 CoA 进入 CAC 并被氧化成 $CO_2$。

其主要原因，由于 $SO_4^{2-}/SO_3^{2-}$ 的还原电势很低，在硫酸盐还原的第一步中需要能量，而通过 CAC 途径氧化乙酸所产生的 ATP 被用于活化硫酸盐以形成 APS 及其后的亚硫酸盐。脱硫菌可利用这种柠檬酸裂合酶，在合成柠檬酸的时候将乙酰 CoA 转化成乙酸，进而通过底物水平磷酸化偶联形成 ATP，所产生的 ATP 使菌体可以在乙酸上生长。

### 10.5.3 SRB 的歧化功能

歧化反应是指一种化合物分解为两种新的化合物，一种较原底物的氧化态更高，一种较原底物的还原态更高。某些 SRB 能利用中间氧化态的硫化物，进行歧化反应与能量代谢，如硫代硫酸盐（$S_2O_3^{2-}$）、亚硫酸盐（$SO_3^{2-}$）和硫（$S^0$）的歧化反应。

硫歧化脱硫弧菌（*Desulfovibrio sulfodismutans*）的硫化物歧化反应如下：

$$S_2O_3^{2-} + H_2O \longrightarrow SO_4^{2-} + H_2S \qquad \Delta G = -21.9kJ/mol$$

式中，硫代硫酸盐（$S_2O_3^{2-}$）中的一个硫原子形成 $SO_4^{2-}$（更高级的氧化态），而另一个硫原子变成 $H_2S$（更高级的还原态）。

同理，对亚硫酸盐的歧化反应：

$$4SO_3^{2-} + 2H^+ \longrightarrow 3SO_4^{2-} + H_2S \qquad \Delta G = -235.6\ kJ/mol$$

式中，从 $S_2O_3^{2-}$ 或 $SO_3^{2-}$ 中来的电子进入电子传递链，将其他的 $S_2O_3^{2-}$ 或 $SO_3^{2-}$ 分子分别还原成 $H_2S$。

对元素硫（$S^0$）有以下歧化反应：

$$4S^0+4H_2O \longrightarrow 3H_2S+SO_4^{2-}+2H^+ \quad \Delta G=+48kJ/mol$$

与前两个反应不同，这是耗能反应。但如果所形成的 $H_2S$ 是通过与 $Mn^{4+}$ 反应氧化：

$$H_2S+MnO_2 \longrightarrow S^0+Mn^{2+}+2OH^- \quad \Delta G=-90kJ/mol$$

并将两个反应式相加，可得：

$$3S^0+4H_2O+MnO_2 \longrightarrow 2H_2S+SO_4^{2-}+2H^++Mn^{2+}+2OH^- \qquad \Delta G=-42kJ/mol$$

可知通过与 $Mn^{4+}$ 反应氧化，能产生足够的能量以供硫歧化菌的生长。因此，与亚硫酸盐或硫代硫酸盐歧化菌不同，硫歧化菌需要由 $Mn^{4+}$ 作为电子受体来促使反应的进行。

## 10.6 SRB的废水脱硫反应器技术

### 10.6.1 SRB的厌氧消化作用

在 $SO_4^{2-}$ 浓度适当的条件下，通过SRB能有效地消耗 $H_2$ 使得产氢、产乙酸反应继续进行，或通过SRB不完全氧化丙酸、丁酸等短链脂肪酸为乙酸，防止过多的脂肪酸在体系中积累，可减轻产甲烷菌（MPB）的压力，有利于产甲烷反应的顺利进行。此外，硫酸盐还原反应产生的硫化物可为MPB提供硫源，并维持体系在低氧化还原电位状态，还可与过量的重金属离子形成沉淀起到解毒作用。

例如在处理柠檬酸废水过程中，当贫含 $SO_4^{2-}$ 时，发现对丁酸、丙酸的MPB产甲烷活性相当低；而在富含 $SO_4^{2-}$ 时，脂肪酸则被SRB氧化而得到降解，使废水处理效率提高。在对其他含有 $SO_4^{2-}$ 的低浓度废水处理环境中，一般情况下，随着基质中 $SO_4^{2-}$ 含量的提高，产甲烷菌增加。SRB在MPB分解丙酸上起到重要作用，即使在 $SO_4^{2-}$ 含量高的环境下生长，若未向基质中加入SRB或加入量小，则发现会有大量的丙酸积累。另外，在异丙醇转化过程中，当有SRB参与作用时可降低 $H_2$ 浓度，并为丙酮的羧化提供 $CO_2$，促进异丙醇的转化，提高转化率。还有，在苯酚废水的厌氧消化和甲烷转化过程中，低浓度的硫酸盐能促进过程的进行，估计与硫酸盐还原反应的存在并为MPB提供了重要的生长代谢用硫源有关。

### 10.6.2 SRB的竞争性抑制作用

在高浓度 $SO_4^{2-}$ 的环境中，SRB竞争胜过MPB成为优势菌种。表10-5列出了MPB与SRB在相同基质下的生化反应热力学比较，无论以氢气还是乙酸为基质时，硫酸盐还原反应的产能均比产甲烷反应高。

**表10-5　MPB与SRB的生化反应热力学比较**

| 菌种 | 基质 | 反应式 | $\Delta G$/(kJ/mol) |
|---|---|---|---|
| MPB | 乙酸 | $CH_3COO^-+H_2O \longrightarrow CH_4+HCO_3^-$ | −31.0 |
| SRB | | $2CH_3COO^-+2SO_4^{2-}+3H^+ \longrightarrow 2CO_2+H_2S+HS^-+2HCO_3^-+2H_2O$ | −51.5 |
| MPB | $H_2$ | $4H_2+CO_2 \longrightarrow CH_4+2H_2O$ | −130.9 |
| SRB | | $8H_2+2SO_4^{2-}+3H^+ \longrightarrow H_2S+HS^-+8H_2O$ | −153.6 |

从表10-6列出的生化反应动力学数据可以发现SRB对基质具有比MPB更大的亲和力和更高的比增殖速率。因此，在对基质的竞争利用方面，SRB较有利，可形成厌氧消化过程中对MPB的竞争性抑制。在碳源缺乏的淡水、海洋沉积物等厌氧环境中，其对MPB的竞争性抑制作用表现更为明显。

**表 10-6　MPB 和 SRB 的动力学常数比较**

| 菌种 | 基质 | $K_S$ /(mgCOD/L) | $V_{max}$ /[gCOD/(gVSS·d)] | $\mu_{max}$ /$d^{-1}$ | $V_{max}/K_S$ /[L/(gVSS·d)] |
|---|---|---|---|---|---|
| SRB | 乙酸 | 约 12.8 | 0.9～4.5 | 2.4 | 70～352 |
| MPB | | 约 192 | 1.8～12.0 | 3.2 | 9～63 |
| SRB | $H_2$ | 0.016～0.064 | 0.896 | 约 1.2 | 14000～56000 |
| MPB | | 0.096～0.112 | 0.984 | 约 1.2 | 8800～10000 |

SRB 代谢产生的硫化物浓度增高时会毒害菌体，造成 MPB 的活性降低和生长率下降，使厌氧过程进程减缓甚至失败，为此，需要及时移去所产生的硫化物，以降低对 MPB 的非竞争性抑制作用。

**【例 10-1】** McCarty 于 1972 提出的降解乙酸可利用以下总生物化学反应计量方程：

$$R = R_d - f_s R_c - (1 - f_s) R_a$$

假定该方程可用于 SRB 和 MPB 降解乙酸的计算，已知从电子供体获得的可用于合成的能量占总能量分数 $f_s$，SRB 和 MPB 降解途径分别为 0.07849 和 0.04518；若以乙酸为电子供体的半反应 $R_d$ 为：

$$\frac{1}{8}CH_3COO^- + \frac{3}{8}H_2O = \frac{1}{8}CO_2 + HCO_3^- + H^+ + e^-$$

在 pH 值为 7 时的单分子浓度，其自由能 $\Delta G^{\ominus}$ 值为 $-6.609$kcal[1]/当量电子。

以 SRB 作为电子受体的半反应 $R_a$ 为：

$$\frac{1}{6}H_2S + \frac{1}{6}HS^- + \frac{1}{2}H_2O = \frac{1}{8}SO_4^{2-} + \frac{19}{16}H^+ + e^-$$

相应的自由能 $\Delta G^{\ominus}$ 值为 $-5.085$kcal/当量电子。

同理，以 MPB 作为电子受体半反应 $R_a$ 为：

$$\frac{1}{8}CH_4 + \frac{1}{4}H_2O = \frac{1}{8}CO_2 + H^+ + e^-$$

相应的自由能 $\Delta G^{\ominus}$ 值为 $-5.763$kcal/当量电子。

以氮源 $NH_4^+$ 为细胞合成时的半反应 $R_c$ 为：

$$\frac{1}{2}C_5H_7O_2N + \frac{9}{20}H_2O = \frac{1}{5}CO_2 + \frac{1}{20}HCO_3^- + \frac{1}{20}NH_4^+ + H^+ + e^-$$

求解乙酸分别被 SRB 或 MPB 降解利用的总反应方程和相应的自由能 $\Delta G^{\ominus}$ 值，并分析降解过程能顺利进行的条件。

**解：** 已知 $f_s = 0.07849$，则乙酸被 SRB 降解利用的总反应方程为：

$$CH_3COO^- + 0.9216SO_4^{2-} + 1.4008H^+ + 0.0312NH_4^+ =$$
$$0.0312C_5H_2O_2N + 0.9688H_2O + 0.8744CO_2 + 0.9688HCO_3^- + 0.4608H_2S + 0.4608HS^-$$

同理，已知 $f_s = 0.04518$，则乙酸被 MPB 降解利用的总反应方程为：

$$CH_3COO^- + 0.9280H_2O + 0.0272CO_2 + 0.0184NH_4^+ =$$
$$0.0184C_5H_7O_2N + 0.9816HCO_3^- + 0.9552CH_4$$

方程表明，当乙酸作为碳源全部被 SRB 利用时，所需要的乙酸/$SO_4^{2-}$ 的质量比为 0.667（乙酸根分子量/硫酸盐分子量 ×0.9216）。因此，当乙酸供给量超过乙酸/$SO_4^{2-}$ 的质量比 (0.667) 时，反应过程中就会产生缺硫酸盐的现象。

---

[1] 1kcal = 4.1840kJ。

### 10.6.3 反硝化抑制 SRB 的作用

反硝化作用是硝酸盐的生物还原过程，其由多步反应组成，并涉及 NO、$N_2O$、$N_2$ 等气态氮，由于NO为生物毒物，以NO为最终产物的微生物往往难以存活，通常需要还原硝酸盐和亚硝酸盐成 $N_2O$、$N_2$，也即需要利用反硝化细菌（DNB）。

大多数 DNB 是兼性厌氧菌，可在无氧条件下将硝酸盐作为电子受体并将其还原为氮气。也可利用无机物（硫化物）或有机物（乙酸）作为能源，进行自养反硝化，如利用硫化物的反硝化：

$$5HS^- + 8NO_3^- + 3CO_2 \longrightarrow 5SO_4^{2-} + 4N_2 + 3HCO_3^- + H_2O$$

利用乙酸进行异养反硝化：

$$8NO_3^- + 5CH_3COOH \longrightarrow 4N_2^- + 6H_2O + 2CO_2 + 8HCO_3^-$$

类似于 SRB 和 MPB 的抑制作用，在厌氧反硝化过程中，SRB 对基质的能量利用方面竞争不如反硝化细菌（DNB），也就是说，反硝化过程的进行要优于硫酸盐的还原过程，当系统中含有一定量的硝酸盐时，会影响 SRB 还原硫酸盐，从而使 SRB 受到抑制。

采用 DNB 抑制 SRB 的优势明显，不但可抑制 SRB 的数量，还可降低 SRB 的活性，还可防止和去除硫化物。在这方面，国内外有不少油田采用硝酸盐来抑制 SRB 的报道，如向油井内注入硫氧化细菌和反硝化细菌，以使 SRB 保持不变或减少。

### 10.6.4 基质对 SRB 的抑制作用

影响 SRB 抑制作用的因素主要有基质、反应器以及污泥类型三个方面。

基质类型决定微生物优势种群及菌相分布、代谢途径及其控制步骤。特别是在较高 $SO_4^{2-}$ 浓度下的基质类型或碳源构成，对于降解途径更为复杂。不同菌群的活性、生长率、抗受毒物的能力以及菌群间的协同效应，决定了硫酸盐还原对产甲烷过程影响的程度。

**表 10-7 不同基质中不利于 MPB 生长的 $COD/SO_4^{2-}$ 范围完全混合式生物反应器**

| 基质类型 | 丙酸 | 丁酸 | 苯甲酸酯 |
| --- | --- | --- | --- |
| 不利于 MPB 生长的 $COD/SO_4^{2-}$ | <5～10 | <1.5～3 | <1 |

如表 10-7 所示，为完全混合式生物反应器，以 $COD/SO_4^{2-}$ 为指标，不同基质对 MPB 生长的影响，$COD/SO_4^{2-}$ 范围有较大的差异，其中苯甲酸酯为基质时，$COD/SO_4^{2-}$ 小于 1。基质对 SRB 抑制的影响有如下三方面的差异。

① 对耐受硫化物的能力不同。以乙酸、丙酸、乳酸、葡萄糖分别为基质组成的悬浮系统，考察游离态硫化物（$H_2S$）和溶解性硫化物（DS）的影响，当 $H_2S$ 和 DS 分别为 100～150 mg/L 和 200～400mg/L 时，乙酸与丙酸系统不能运行，而乳酸和葡萄糖系统还能保持相当的去除效果；用于处理柠檬酸废水，进水 $SO_4^{2-}$ 浓度达 4.3g/L，$COD/SO_4^{2-}$ 约 5.6，出水总硫化物（TS）约 580mg/L，可溶性 COD 的去除率可达 75%，运行仍然良好。

② 代谢途径的控制步骤不同。以乙酸、乳酸、乙酸-乳酸混合酸分别作为基质，$COD/SO_4^{2-}$ 为 1，测定提高 $H_2S$ 浓度对乙酸利用率的影响，发现随乙酸减少和乳酸增加，丙酸积累，其累积量与乳酸成分的量成正比，受 $H_2S$ 抑制的程度加深，也即乳酸降解中丙酸向乙酸的转化是过程的控制步骤，虽然硫化物对各个步骤都可能产生影响，但控制步骤的严重抑制会导致过程不能进行。

③ SRB 能利用的碳源不同，对其竞争力有决定性的影响。甲醇作基质进行厌氧消化，$COD/SO_4^{2-}=1$，体系中只发生产甲烷反应，SRB 无法与 MPB 竞争。$H_2$ 或 $H_2$ 的前聚体如乙醇是 SRB 优先利用的基质，这与 SRB 在竞争 $H_2$ 时具有更显著的动力学优势有关。当环境中存在这些物质时，硫酸盐还原反应得到促进；以丙酸为基质时，SRB 对硫化物的敏感

程度强于 MPB，体系中丙酸会大量积累而很少或无乙酸检出。在复杂碳源或基质丰富情况下，SRB 在与 MPB 竞争乙酸时其热力学、动力学优势并不显著，相对其他产氢产乙酸菌而言，SRB 不完全氧化丙酸、丁酸等为乙酸，实现从吸热反应到放热反应的飞跃式转变成为其独特的代谢方式特色。

### 10.6.5　反应器类型对 SRB 竞争性影响

厌氧反应器可分悬浮法和生物膜法两大类，如上流式滤床归为生物膜法，而完全混合式属悬浮法。生物膜法有利于克服 SRB 对 MPB 的竞争性抑制，在处理含 $SO_4^{2-}$ 废水时耐受硫化物的能力较强（表 10-8）。

表 10-8　两种类型反应器处理含 $SO_4^{2-}$ 废水时耐受硫化物水平比较

| 基质 | 反应器型式 | 耐受硫化物水平 | | 基质 | 反应器型式 | 耐受硫化物水平 | |
|---|---|---|---|---|---|---|---|
| | | $H_2S$/(mg/L) | DS/(mg/L) | | | $H_2S$/(mg/L) | DS/(mg/L) |
| 丙酸 | 上流式滤床 | 110 | 350 | 乙酸 | 上流式滤床 | >125 | >400 |
| | 完全混合式 | 60 | 150～200 | | 完全混合式 | 60 | 150 |

由于 MPB 对于载体的吸附能力和自凝聚能力强于 SRB，因而膜法系统有利于强化 MPB 的截留与富集而不利于 SRB，从而保证了 MPB（2000 倍）与 SRB（20 倍）相对生物量上的优势。

膜系统中的微生态环境复杂，SRB 和 MPB 将分别寻找适于自己生长的场所进行生化活动，相互影响的可能性减小；受 $SO_4^{2-}$ 传质的限制，SRB 可能位于膜的较外层，而 MPB 则位于膜的较里层，这样硫化物受膜内扩散的限制就不会构成对 MPB 的直接毒害。

生物膜反应过程和环境条件的复杂性（如传质限制）可能使硫酸盐还原反应在热力学、动力学上的优势被其他因素平衡或削弱，从而有利于 MPB 对 SRB 的竞争和避免其产物的影响，相对高的生物量和较低的硫化物，有利于减轻对 MPB 的毒害。

### 10.6.6　污泥类型对 SRB 竞争性影响

污泥的驯化对 MPB 适应硫酸盐还原反应有积极作用，既可提高细菌对毒物的耐受能力，又可使基质的代谢途径及其控制步骤发生改变，影响硫酸盐还原方式。如长期接触高浓度氧化态硫化物的污泥与从未接触过硫酸盐的污泥接种于相同的乙酸-$SO_4^{2-}$ 基质上，前者 MPB 能适应 70%以上的碳源，而后者仅为 10%。

同以乳酸-$SO_4^{2-}$ 为基质培养不同的接种污泥混合菌群的代谢关系，未在高乳酸-$SO_4^{2-}$ 水平下驯化的污泥，乳酸水解为丙酸和乙酸，SRB 氧化丙酸成乙酸为甲烷化的控制步骤；经驯化的污泥，乳酸被 SRB 氧化为乙酸，乙酸转化为甲烷成为过程的控制步骤。

颗粒化污泥内部的微环境复杂，微生物会按照功能不同成层分布，使 pH 值和有机质浓度呈梯度分布，基质达到反应区域及产物在其中的扩散等因素，使得 SRB 在基质竞争的优势受到限制而被平衡或削弱，有利于提高 MPB 的生物量，进而使颗粒化污泥的效率增强。

表 10-9　颗粒化污泥与悬浮态污泥的动力学参数比较

| MPB | $K_s$(乙酸) | $K_s$($SO_4^{2-}$) | SRB | $K_s$(乙酸) | $K_s$($SO_4^{2-}$)/(mg/L) |
|---|---|---|---|---|---|
| 颗粒 | 54±14 | | 颗粒 | 55±11 | 33±7 |
| 悬浮 | 29±5 | | 悬浮 | 10±5 | 18±5 |

从表 10-9 可以看出，SRB 在悬浮污泥中对乙酸的亲和力优于 MPB，而在颗粒污泥中两者基本相同，SRB 无明显优势。

# 10.7 SRB的腐蚀与抑蚀机制

## 10.7.1 SRB的腐蚀机制

虽然SRB是专性厌氧菌，但其具有能与多种好氧和兼氧微生物共存，甚至有与氧共存的特性。在共存混合体中，SRB能利用好氧和兼氧微生物的部分基质代谢产物为自己提供营养和良好生长所必需的条件，并成为多种微生物共存混合体中的一个重要组成部分。共存混合体通常以生物膜或结垢的方式出现在金属表面或其他基质上，当生物膜的厚度超过20μm时，底部表面区域易出现缺氧环境，在有氧条件下所形成的共存混合体微生物膜也会发生金属的腐蚀。金属表面的腐蚀机制见图10-13，废水金属管道截面的微生物腐蚀环境见图10-14。

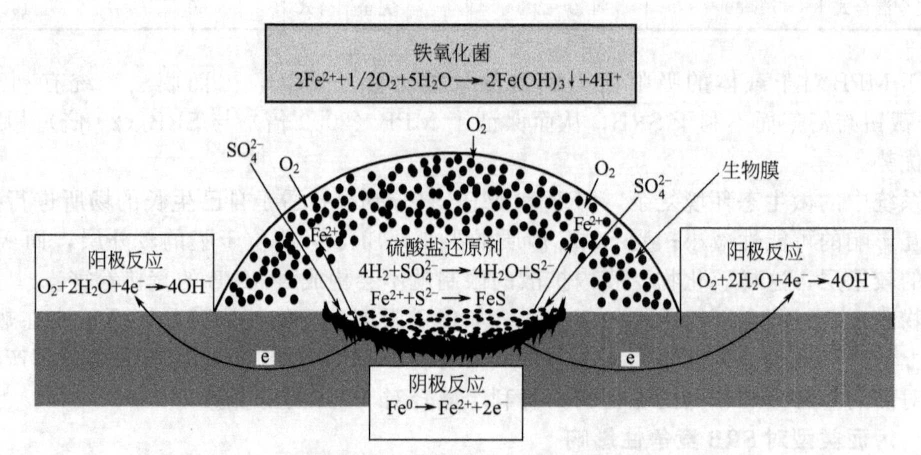


图10-13 金属表面的腐蚀机制（Baina M. Maier，2005）

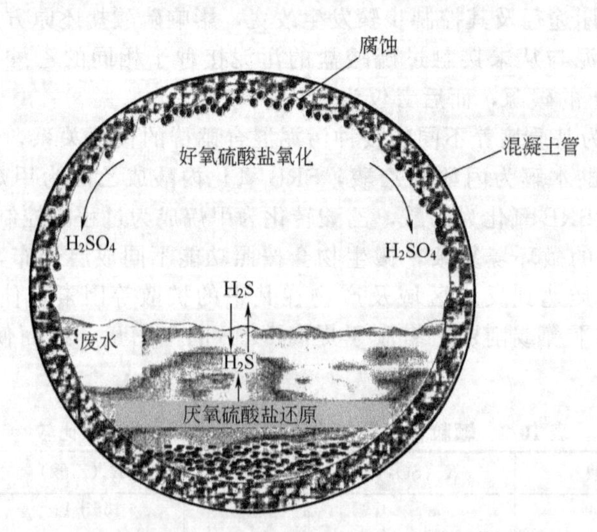


图10-14 废水金属管道截面的微生物腐蚀环境（Baina M. Maier，2005）

大量的研究机理表明，SRB对金属管道的腐蚀最初由两个同时进行的电化学反应开始。第一个反应：

在阳极　　$Fe \longrightarrow Fe^{2+} + 2e^-$

在阴极　　$1/2O_2 + H_2O + 2e^- \longrightarrow 2(OH^-)$

第二个反应：

在阳极　　$Fe \longrightarrow Fe^{2+} + 2e^-$

在阴极　　$2H^+ + 2e^- \longrightarrow 2H \longrightarrow H_2$

因此，由 SRB 引起的金属腐蚀形成金属硫化物的过程机理分以下三步进行。

第一步：$Fe^{2+} + 2H_2O \longrightarrow Fe(OH)_2 + H_2$　　同时进行

第二步：$4H_2 + 2SO_4^{2-} \longrightarrow H_2S + 2OH^- + 2H_2O$　　由 SRB 还原

第三步：$H_2S + Fe^{2+} \longrightarrow FeS \downarrow + H_2$　　同时进行

---

总反应：$Fe^{2+} + SO_4^{2-} + H_2 \longrightarrow Fe(OH)_2 \downarrow + 2OH$

也有人提出，SRB 引起的金属腐蚀的过程首先由阳极的氧化反应，其次为阴极的极化反应和氢化酶的去极化，最后由 SRB 的还原反应等几步组成。

$4Fe \longrightarrow 4Fe^{2+} + 8e^-$　　阳极反应

$8H_2O \longrightarrow 8H^+ + 8OH^-$　　水的解离

$8H^+ + 8e^- \longrightarrow 8H_{ads}$　　阴极极化反应

$8H_{ads}(\rightarrow 4H_2) \longrightarrow 8H^+ + 8e^-$　　氢化酶作用的阴极去极化

$SO_4^{2-} + 8H^+ + 8e^- \longrightarrow S^{2-} + 4H_2O$　　由 SRB 还原硫酸盐

$Fe^{2+} + S^{2-} \longrightarrow FeS \downarrow$　　腐蚀产物形成

$3Fe^{2+} + 6OH^- \longrightarrow 3Fe(OH)_2$　　腐蚀产物形成

---

总反应：$4Fe + SO_4^{2-} + 4H_2O \longrightarrow 3Fe(OH)_2 \downarrow + FeS \downarrow + 2OH^-$

无论是第一种腐蚀过程，还是第二种腐蚀过程，由 SRB 存在而导致的最初腐蚀是在阳极的金属表面溶解开始，最后 SRB 将硫酸盐还原为氢氧化铁和硫化亚铁，生成硫化物。

当然，也有人认为，SRB 影响金属的腐蚀，可能是由于金属表面形成的生物膜俘获了某些腐蚀产物，如有机酸和存在于金属与生物膜之间的金属物质，并逐渐沉积使金属表面形成凹点和裂缝（pits and cracks）。

### 10.7.2　抑蚀微生物特性

目前可用防治 SRB 腐蚀的微生物，主要有脱氮硫杆菌、硫化细菌、短芽孢杆菌和假单胞菌等几种。硫化细菌是好氧自养菌，可以硫化氢、硫代硫酸钠等作为基质，能将 SRB 产生的 $H_2S$ 等还原型硫化物氧化为硫酸盐，从而降低硫化氢的浓度，达到防腐目的。某些短芽孢菌能分泌出短杆菌肽 S 类抗生素代谢物，并具有好氧成膜功能，可抑制 SRB 的生长或将 SRB 从生物膜中驱逐出来，降低不锈钢表面 SRB 的附着概率，达到抑制 SRB 腐蚀的目的。假单胞菌不产生抗生素，但在含有 SRB 的菌落形成前加入假单胞菌，则可抑制软钢的 SRB 腐蚀，但其抑制机理尚不十分清楚。

特别是脱氮硫杆菌，它是严格的自养和兼氧厌氧菌，能利用还原型无机硫作为能源，将它氧化成 $SO_4^{2-}$，在厌氧条件下以 $NO_3^-$ 为电子受体被还原成 $N_2$。

$$5HS^- + 8NO_3^- + 3H^+ \longrightarrow 5SO_4^{2-} + 4N_2 \uparrow + 4H_2O$$

据 Sandbeck 等的报道，脱氮硫杆菌能将 SRB 产生的还原型硫化物氧化成 $SO_4^{2-}$，使硫化物的形成减少或抑制，从而实现抑制 SRB 的竞争生长。

根据以上竞争生长的抑制机理，目前有采用通过控制油中的微生物生态来改变最终电子受体，将含有活性的脱氮硫杆菌加到含有 SRB 的环境中，以硝酸盐还原作用取代硫酸盐还原作用，将 SRB 产生的还原型硫化物氧化成 $SO_4^{2-}$，从而减少和抑制硫化物的形成与积累。

总之，目前对 SRB 腐蚀金属过程的机制尚不十分清楚，如 SRB 及其腐蚀产物是通过刺激阳极反应还是阴极反应来加速的？SRB 腐蚀金属具有种的特异性还是群落的特性？氧在促进 SRB 腐蚀过程中的作用，以及硫化铁与硫的加速腐蚀之间有何联系等尚有待进一步研究。

对于金属腐蚀的有效防治，有两种方法可以考虑采用：首先是在金属表面涂上具有杀菌作用的化合物，如含酚或氨类化合物等；其次是破坏金属表面形成的生物膜，去除支撑 SRB 生存的微环境，如加入消毒剂、阴离子表面活性剂等。

## 习 题

1. 典型的有机硫生物脱除途径有哪几条？请简述其特点。
2. 利用微生物与利用生物催化剂进行生物脱硫，有何不同？
3. 利用基因工程菌脱硫具有哪些优势，简述构建生物脱硫基因工程菌的步骤？
4. 假定反应器内任一高度处对 $H_2S$ 的物料平衡方程为：

$$-u_g = \frac{dc_g}{dh} = k\lambda A_s$$

式中，$u_g$ 为气体的断面流速，m/s；$c_g$ 为反应器内气相中 $H_2S$ 的浓度，$mg/m^3$；$A_s$ 为单位体积陶粒上生物膜的表面积，$m^2/m^3$。

设边界条件为：$h=0$ 时，$c_g=c_{g0}$；$h=H$ 时，$c_g=c_{g0}$

式中，$H$ 为生物反应器的有效高度，m；$c_{g0}$ 为反应器进口处气体中 $H_2S$ 的浓度，$mg/m^3$。可得有关微分方程为：$-u_g\frac{dc_g}{dh}=k\sqrt{\frac{2D}{km}}\sqrt{c_gA_s}$；$\frac{dc_g}{\sqrt{c_g}}=-\frac{A_s}{u_g}\sqrt{\frac{2Dk}{m}}dh$，试求出基质扩散控制的生物膜脱硫动力学方程式(10-6)。

## 参考文献


[1] 伦世仪，陈坚，曲音波．环境生物工程．北京：化学工业出版社，2002.

[2] 缪应祺．废水生物脱硫机理及技术．北京：化学工业出版社，2004.

[3] 斯皮思 R E． 工业废水的厌氧生物技术．北京：中国建筑工业出版社，2001.

[4] 马放，魏利．硫酸盐还原菌分子生态学及其活性生态调控研究．北京：科学出版社，2009.

[5] Baina M Maier，David C Herman，Ian L Pepper，et al. Environmental Microbiology. San Diego：Acdemic press，2005.

[6] 钟慧芳，李雅琴．微生物脱除煤炭中有机硫的研究．工业微生物学报，1995，35 (2)：130-135.

[7] 郑士民，庄国强．酸性工业气体的细菌脱硫．微生物学报，1993，33 (3)：192-198.

[8] 姜成英，王蓉，刘会洲，陈家镛．石油和煤微生物脱硫技术的研究进展．过程工程学报，2001，1 (1)：80-85.

[9] Rossi G. Biohydrometallurgy. New York：McGraw-Hill Pudl. Co，1990：522-528.

[10] Kargi F. Microbial remove of sulfur from coal. Trend in Biotechnology，1986，4 (1)：293-297.

[11] Murrll J C. Molecular genetics of methane oxidation. Biodefradation，1994，5：145-159.

[12] 刘志，张洪林，马延文，蒋林时，董萍．燃料生物脱硫技术的研究进展．抚顺石油学院学报，2001，21 (4)：40-43.

[13] Lzumi Y，Ohshiro T，Ogino H，Hine Y，Shimao M. Appl Environ Microbiol，1994，60：223-226.

[14] Maghsoudi S，Kheirolomoom A，Vossoughi M，Emiko Tanaka，Shigeo K. Biodesulfurization of hydrocarbons and diesel fuels by *Rhodococcus* sp. strain P32C1. Biochemical Engineering Journal，2001，8：151-156.

[15] Toshiki F，Kohtaro K，Kuniki K，Shoji U. Thermophilic biodesulfurization of dibenzothiphene and its derivativws by Mycobacterium phlei WU-F1. FEMS Microbiology Letters，2001，204：129-133.

[16] Kim B H，Kim T S，Park D H. Selectivity of desulfurization activity of desulfovibrio desulfuricans M6 on diffirent petroleum products. Fuel Processing Technol，1995，43：87-94.

[17] Armstrong S M，Sankey B M，Voordouw G. Conversion of dibenzothipphene to biphenyl by sulfate-reducing bacteria isolated from oil field peoduction facilities. Biotechnol Lett，1995，17：1133-1137.

[18] Denis-Larose C，Labbe D，Bergeron H，et al. Conservation of plasmid-encoded dibenzothiphene desulfuri- zation genes in several rhodococci. Appl Enrion Microbiol，1997，63：2915-2919.

[19] Adams M W W，Kelly R M，Finding and using hyperthermophilic enzymes. Trends Biotechnol，1998，16：329 -332.

[20] Gray K A, Pogrebinsky O S, Mrachko G T, et al. Molecular mechanisms of biocatalytic desulfurization of fossil fuels. Nat Biotechnol, 1996 14: 1705-1709.
[21] McFarland B L, Boron D J, Deever W R, Meyer J A, Johnson A R, Atlas R M. Biocatalytic sulfur removal from fuels: applicability for producing low sulfur gasoline. Critical Rev Microbiol, 1998, 24: 99-147.
[22] Ishii Y, Kobayashi J, Onada T, et al. Desulfurization of petroleum by the use of biotechnology. Nippon Kaishi, 1998: 373-381.
[23] Premuzic E T, Lin M S, Bohenek M, et al. Bioconversion reactions in asphaltenes and heavy crude oils. Energy and Fuels, 1999, 13: 297-304.
[24] Lee M K, Senius J D, Grossman M J. Sulfur-specific microbial desulfurization of sterically hindered analogs of dibenzothiphene. Appl Environ Microbiol, 1995, 61: 4362-4366.
[25] 张永奎，王安，钟本和，梁斌．微生物处理含 $SO_2$ 气体的试验研究．环境工程，2001，19 (5)：30-32.
[26] Piddington C S, Kovacevich B R, Rambosek M. Sequence and molecular characterization of a DNA region encoding the dibenzothiophene desulfurization operon of *Rhodococcus* sp. Strain IGTS8. Appl Environ Microbiol, 1998, 64: 4363-4367.
[27] 曹从荣，柯建明，崔高峰等．荷兰的烟气生物脱硫工艺．中国环保产业，2001，5：38-39.
[28] Gray K A, Pogrebinsky O S, Mrachko G T, et al. Molecular mechanisms of biocatalytic desulfurization of fossil fuels. Nat Biotechnol, 1996, 14: 1705-1709.
[29] Lizama H W, Wilkins L A, Scott T C. Dibenzothiophene sulfur can serve as sole electron acceptor during growth by sulfate-reducing bacteria. Biotechnol Lett, 1995, 17: 113-116.
[30] Li M Z, Squires C H, Monticello D J, et al. Genetic analysis of the dsz promoter and associated regulatory regions of Rhodococcus erythropolis IGTS8. J Bacteriol, 1996, 178: 6409-6418.
[31] Nekodzuka S, Toshiaki N, Nakajima-Kambe T, et al. Specific desulfurization of dibenzothiophene by Mycobacterium strain G3. Biocatalysis Biotransformation, 1997, 15: 21-27.
[32] Pacheco M A, Lange E A, Pienkos P T, et al. Recent advances in biodesulfurization of diesel fuel. NPRA AM-99-27, 1999 National Petrochemical and Refiners Association, Annual Meeting, March 21-23, 1999, San Antonio, Texas. 1999: 1-26.
[33] McFarland M, Beverly L. Biodesulfurization. Microbiotech consulting, 1999, 2 (3): 257-264.
[34] Denis-Larose C, Bergeron H, Labbe D, et al. Characterization of the basic replicon of Rhodococcus plasmid pSOX. anddevelopment of a Rhodoccus-Escherichia coli shuttle vector. Appl Environ Microbiol, 1998, 64: 4363-4367.
[35] Margolin A L, Novel crystalline catalysts. Trends Biotechnol, 1996, 14: 219-259.
[36] 许吉现，张胜，李思敏．生物脱硫动力学．河北建筑科技学院学报，2002，19 (1)：5-8.
[37] 邱建辉，邸进申，赵新巧．氧化亚铁硫杆菌固定化技术研究．生物技术，2002，12 (2)：18-20.
[38] 邱建辉，邸进申，李英杰．生物脱硫的研究进展．微生物学报，2001，41 (5)：5-8.
[39] 吴根，陈旭东，夏涛．微生物脱硫技术的现状及发展前景．环境保护，2001，1：21-23.
[40] 张建安，张小勇，韩润林，李佐虎，阎科．煤的微生物脱硫．化工纵横，1999，5：1-4.
[41] 冷远服．微生物煤脱硫研究状况．生物工程进展，1992，12 (6)：42-46.
[42] 缪应祺，倪国．硫酸盐还原菌处理高浓度硫酸盐废水．中国给排水，2003，(7)：66-67.
[43] 王浩源，缪应祺．高浓度硫酸盐废水治理技术研究．环境导报，2000，(1)：22-25.
[44] 刘靖，刘宏芳，许立铭，郑家燊．变异硫酸盐还原菌对碳钢腐蚀行为的影响．腐蚀与防护，2002，23 (2)：246-247.
[45] Dinh H, Kuever J, Mubmann M, et al. Iron corrosion by novel anaerobic microorganisms. Nature, 2004, 427: 829-832.
[46] 李苗，郭平．油田硫酸盐还原菌的危害与防治．石油化工腐蚀与防护，2007，24 (2)：49-51，61.

# 第11章 废气生物脱除与转化

## 11.1 $CO_2$ 的生物脱除固定与转化

自从世界依赖化石燃料为能源以来，二氧化碳排放量逐年增大，目前已高达数十亿吨。近40年来由于 $CO_2$ 的过量排放，致使大气中的 $CO_2$ 浓度由 $315\times10^{-6}$ 升到 $365\times10^{-6}$，年增长约 $1.4\times10^{-6}$。按目前 $CO_2$ 的排放量估算，其对世界温室效应的贡献高达57%。大气中 $CO_2$ 的快速增长导致全球变暖，人类的生存已开始受到全球温室效应的影响，降低大气中的 $CO_2$ 已成为世界刻不容缓的大事，因而受到各国的关注和重视。近三年来北美、西欧等国的有关公司联合开展对 $CO_2$ 捕获与储藏技术（capture and storage technology）的研究与开发，旨在通过燃烧后的气体净化技术、改变燃烧的能源路线等相关技术，以及将新能源路线过程中产生的高浓度 $CO_2$ 压缩并储藏于地下技术的开发研究，以降低 $CO_2$ 向大气层排放。此外，每年由光合作用固定的总碳量约 $4\times10^{17}$ t，其中被陆生植物和浮游生物捕获和转化的 $CO_2$ 分别占60%和40%。充分利用这一自然现象，采用光生物反应器大规模培养藻类和光合细菌，以捕获空气中的 $CO_2$ 并进行生物转化，也成为控制大气中 $CO_2$ 浓度的有效路线之一，深受各国科学家的重视。

具有 $CO_2$ 固定能力的生物有三大类：高等植物、藻类和微生物。按能量作用方式可归纳为两大类：光能自养型（微）生物和化能自养型（微）生物。以光为能源的微生物一般都含有叶绿素，利用碳源合成生物质或代谢产物并放出相应的气体；化能型能源主要有氢气、氨、氮氧化物及其有关营养元素。固定与转化 $CO_2$ 的（微）生物种类见表11-1。

表11-1 固定与转化 $CO_2$ 的（微）生物种类

<table>
<tr><th>碳　源</th><th>能　源</th><th>转化方式</th><th>(微)生物种类</th></tr>
<tr><td rowspan="9">二氧化碳</td><td rowspan="4">光　能</td><td rowspan="3">好氧</td><td>微藻</td></tr>
<tr><td>蓝细菌</td></tr>
<tr><td>$C_3$ 和 $C_4$ 植物</td></tr>
<tr><td>厌氧</td><td>光合细菌</td></tr>
<tr><td rowspan="5">化学能</td><td rowspan="3">好氧</td><td>氢细菌</td></tr>
<tr><td>硝化细菌</td></tr>
<tr><td>硫化细菌</td></tr>
<tr><td rowspan="2">厌氧</td><td>甲烷菌</td></tr>
<tr><td>乙酸菌</td></tr>
</table>

### 11.1.1 高等植物对 $CO_2$ 的生物固定

（1）高等植物固定 $CO_2$ 的生化途径　高等植物固定 $CO_2$ 的生化途径有卡尔文循环（$C_3$ 途径）、还原三羧酸（$C_4$ 途径）和景天科植物酸代谢（CAM途径）等多条途径，其中 $C_3$ 途径是高等植物固定 $CO_2$ 的主要方式。

$C_3$ 植物进行的卡尔文循环，可分为 $CO_2$ 固定、$CO_2$ 还原及 $CO_2$ 受体再生三个阶段。$CO_2$ 同化的最初产物为三碳化合物三磷酸甘油酸（PGA），二氧化碳的接受体是核酮糖-1,5-二磷酸（RuBP），通过羧化、还原、更新三个阶段形成单糖，同时 RuBP 得到再生（图 11-1），以这一途径来固定 $CO_2$ 的植物有水稻、小麦、大豆、棉花等。

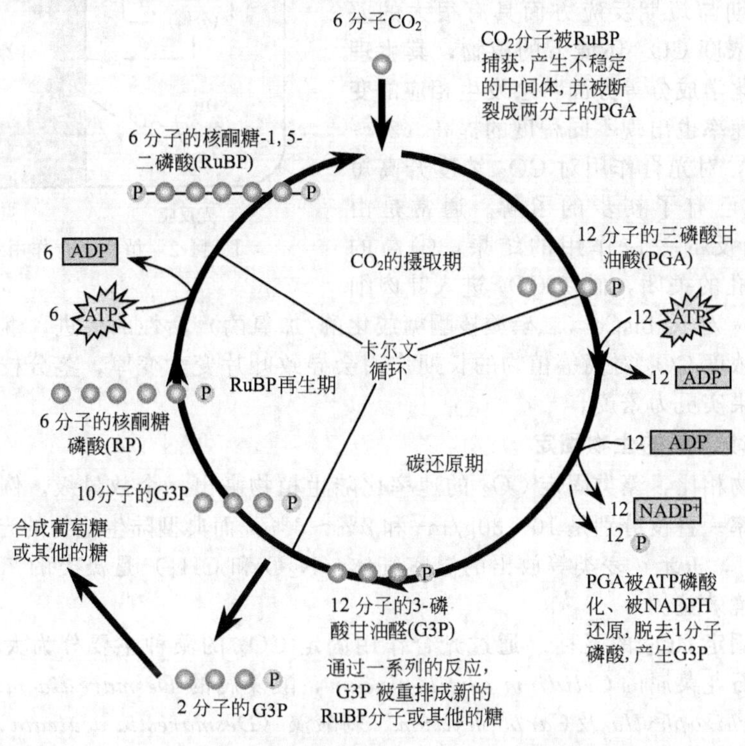


图 11-1　卡尔文循环（$C_3$ 途径）示意图

归纳卡尔文循环的主要反应历程，将 $CO_2$ 固定并转化为糖的总方程式可表示为：

$$6CO_2+12NADPH+12H^+ +18ATP \longrightarrow F\text{-}6\text{-}P+12NADP+18ADP+18Pi+6H_2O$$

也即

$$6CO_2+6H_2O \longrightarrow C_6H_{12}O_6+6H_2O\uparrow$$

从以上反应可知，还原 $1CO_2$ 需要 3ATP 和 2NADPH。

在 $C_4$ 途径中，每循环一次可固定 4 个 $CO_2$ 分子，其光合作用效率较高。光合作用碳素同化最初产物是四碳化合物，它由叶肉细胞质中磷酸烯醇式丙酮酸（PEP）固定二氧化碳形成的 $C_4$ 化合物转移到维管束鞘薄壁细胞中，经脱羧作用释放出二氧化碳，再由卡尔文循环合成碳水化合物，以这一途径固定 $CO_2$ 的植物有玉米、高粱、甘蔗等。

对于 CAM 植物途径，其同化二氧化碳的方式较为特殊，这类植物晚上开放气孔，以减少水分的损失，同时发生羧化反应以固定二氧化碳，与 PEP 结合，形成草酰乙酸（OAA），使细胞内有机酸含量提高，并以苹果酸积于液泡中；白天气孔关闭，液泡中的苹果酸输运到叶绿体内，氧化脱羧放出二氧化碳，参与卡尔文循环，产生碳水化合物。CAM 植物有景天属、落地生根属、仙人掌属等多种肉质植物。

(2) $CO_2$ 浓度对植物光合作用的影响　高等植物固定 $CO_2$ 基于光合作用。光合作用可分为光反应和暗反应两个不同的阶段，最终将水和 $CO_2$ 转变成有机物和 $O_2$（图 11-2）。光反应又称为光合电子转移反应（photosythenic electron-transfer reaction），包括光能吸收、电子传递、光合磷酸化 3 个主要步骤，光反应的场所是类囊体。暗反应在叶绿体基质中进行，叶绿体利用光反应产生的 NADPH 和 ATP，通过卡尔文循环使 $CO_2$ 还原合成糖。

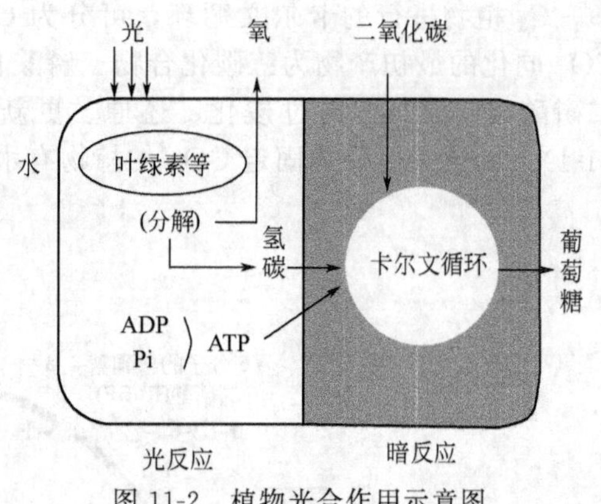

图 11-2 植物光合作用示意图

不同光合途径（$C_3$、$C_4$ 及 CAM）及不同植被类型（自然植被、栽培植被）的植物随 $CO_2$ 浓度变化在长期与短期反应方面具有很大的差异。生长在高浓度 $CO_2$ 环境下的植物，其生理生态、形态及化学成分等方面将会发生相应的变化，光合作用速率也出现不同程度的提高（20～300 倍）。目前，对光合作用对 $CO_2$ 浓度升高短期响应的机制已有了初步的了解。通常是由 $CO_2$ 的两个相反的效应作用的结果：①高的 $CO_2$ 促进了气孔的关闭，而使 $CO_2$ 进入叶肉细胞受阻；②$CO_2$ 对 RubisCo（二磷酸核酮糖羧化酶/加氧酶）活性的促进，继而提高植物的光合速率。高浓度 $CO_2$ 对高等植物的长期作用会导致叶片变大变厚，茎分枝增多，绝大多数植物花朵与果实更为繁茂。

### 11.1.2 藻类对 $CO_2$ 的生物固定

与高等植物相比，藻类固定 $CO_2$ 的速率比陆生植物高出一个数量级。例如，微藻的生产率和光合效率一昼夜分别是 10～30g/$m^2$ 和 2%～6%，而典型陆生植物的光能利用效率只有 0.2%。同时，玉米、麦类等放出的温室气体（$N_2O$ 和 $CH_4$）是藻类的 7 倍，因此藻类具有很大的环境效益。

(1) 生物固定 $CO_2$ 的藻种　通过光合作用固定 $CO_2$ 的藻种主要分为大型藻和微藻两类。大型藻如石花菜属的 *Gelidium cartilagineum*，酸藻属的 *Desmarestia munda*，紫菜属的 *Porphyra schizophylla* 及 *Carpophyllum*，刺酸藻（*Desmarestia aculeata*），酵母状节荚藻（*Lomentaria articullata*）和红叶藻（*Delesseria sanguinea*）等。微藻种类很多，按大类分为红藻、绿藻和褐藻等。目前国内外已实现大规模培养的微藻有：螺旋藻（*Spirulina*）、小球藻（*Chlorella*）、删列藻（*Scenedesmus*）、盐藻（*Dunaliella*）等。通过遗传育种和培养开发出来的有：紫球藻（*Porphyridium*）、聚球藻（*Synechococcus*）、褐指藻（*Phaeodoctyium*）、衣藻（*Chlamyomonas*）和念珠藻（*Nostoc*）等。

(2) 藻类对 $CO_2$ 的吸收与转化　藻类对 $CO_2$ 的吸收主要是通过藻体内碳酸酐酶（CA）活性实现的，CA 具有胞内（质体和叶绿体中）和胞外（与质膜表面相结合）两种存在形式。胞外 CA 有两种功能：①胞外 CA 催化 $HCO_3^-$ 向 $CO_2$ 转化，然后 $CO_2$ 被扩散或被吸收穿过细胞膜；②催化空气中 $CO_2$ 向 $HCO_3^-$ 转化，然后 $HCO_3^-$ 被藻细胞所利用，有时 $HCO_3^-$ 在质膜附近又重新转化为 $CO_2$ 再进入藻体。对于一些缺失胞外 CA 的藻类，$HCO_3^-$ 的利用可能是通过一种对 $HCO_3^-$ 的主动运输的系统（泵），如阴离子变换蛋白。而主动的 $HCO_3^-$ 直接吸收，可以有不同的方式（机制），如通过通透蛋白、共向或反向运输等。另外，在一些潮间带海藻中，尽管存在胞外 CA 活性，但胞外 CA 活性与 $HCO_3^-$ 亲和力之间没有相关性，这是由于它们具有 $HCO_3^-$ 直接吸收的机制。

大型绿藻有一种可诱导的 $HCO_3^-$ 利用机制，即在高 pH 下光合作用逐渐增强的过程。这种可诱导的机制作为在正常 pH 下无机碳利用的一种补充。这种可诱导的 $HCO_3^-$ 直接吸收机制的特性：①这种机制与种类有关，石莼类海藻（*Ulva* spp.）、肠浒苔（*Enteromopha intestinalis*）、*Chaetomorpha* 和礁膜类（*Monostroma* spp.）等在高 pH 海水中，表现出很大的这种可诱导 $HCO_3^-$ 直接吸收的能力，而刺松藻（*Codium fragile*）和线形硬毛藻

(*Chaetomorpha linum*) 则完全没有这种能力；②这种可诱导 $HCO_3^-$ 直接吸收机制与环境条件（如温度、营养）有关；③在这种直接的 $HCO_3^-$ 吸收机制诱导后，胞外 CA 催化 $HCO_3^-$ 利用机制依然存在，并且，这两种 $HCO_3^-$ 利用方式可以互不相关地起作用；④在细胞结构上，对于具有可诱导 $HCO_3^-$ 直接吸收机制的绿藻，在细胞膜与叶绿体之间是紧密相连的；而对于没有可诱导 $HCO_3^-$ 直接吸收机制的刺松藻从（*Codium fragile*），在细胞膜与叶绿体之间仅仅是很松散的连接，并且其间有一液泡分开。这种高 pH 下可诱导的光合作用至今还未在红藻和褐藻中发现。

藻类对于高浓度 $CO_2$ 的利用具有异质性。小球藻培养液中通入高浓度 $CO_2$，其生长明显加快。在条斑紫菜、江篱的培养过程中通入不同浓度的 $CO_2$（350～1600μL/L），高浓度 $CO_2$ 有显著的促生长作用。而高 $CO_2$ 浓度使得齿缘墨角藻（*Fucus serratus*）、石莼类海藻（*Ulva* spp.）、紫菜属中 *Porphya leucosticta*、江蓠属中 *Gracilaria gaditana* 利用 $HCO_3^-$ 的能力受到抑制，可能缘于高浓度 $CO_2$ 使藻体内 CA 活性下降，或抑制 CA 的合成。

(3) 藻类的应用　藻类在环境工程的应用如下。

① 用于去除空气中的 $CO_x$ 和 $SO_x$。研究发现 *Chlorella* sp. 耐 $NO_x$ $120\times10^{-6}$或者 $SO_x$ $20\times10^{-6}$、$NO_x$ $60\times10^{-6}$的模拟烟道气，或者 $SO_x<10\times10^{-6}$、$NO_x$ $150\times10^{-6}$的燃煤烟道气；当 VOC 浓度为 $2330\times10^{-6}$，VOC 去除率为 11%。

② 用于生活污水或工业废水处理。微藻通过光合作用吸收水中的氮和磷，从而可作为三级处理单元对城市生活污水的二级出水进行深度脱氮除磷。微藻深度脱氮除磷的单一系统如图 11-3 所示。在生活污水二级出水后构建微藻培养单元，通过将藻细胞从培养系统中分离，从而获得低氮磷含量的三级出水。

生活污水二级出水 → [微藻培养系统] —藻分离→ 清水

图 11-3　微藻深度脱氮除磷的单一系统示意图

螺旋藻、小球藻、栅藻、颤藻、栅列藻等都可用来处理富氮磷的生活污水。李志勇等利用糖蜜废液进行了螺旋藻的培养，研究发现当废水 COD 在 500～3300mg/L 时，COD、糖、$NH_4^+$-N、$PO_4^{3-}$ 的去除率分别为 75%、80%、70%～85%、60%～75%，最高生物量可达干重 1.85g/L。

③ 用于重金属去除等环境修复。一些藻类对重金属有较高的富集能力，可用于生物修复水体。Homaidan 等考察了某一受 Ni 污染的海域中 12 种海藻对 Ni 的富集情况。海水中 Ni 的浓度为 1.26～6.73ng/L，海藻对 Ni 的富集量最高达 57.4ng/g。绿藻 *Tetraselmis suecica* 处理 0.6mg/L 的含 Cd 溶液，Cd 去除率可达 98.1%。

除了在环境保护方面的重要应用外，微藻还可以用于以下方面（图 11-4）。①食物和饵料。微藻进行光合作用，能将光能、水、$CO_2$ 和无机盐转化为有机化合物。由于微藻富含蛋白质、脂肪、碳水化合物、微量元素和矿物质等，因此可成为人类未来的重要食品资源，如螺旋藻和小球藻等。此外微藻也广泛用作水产育苗中幼苗的开口饵料。②生物能源。有些富含油脂微藻（有的含量甚至高达细胞干重的 40%）可用来生产生物柴油，部分微藻可分解 $H_2O$ 产生氢。而据报道，Jason Dexter 等利用基因工程藻 *Synechocystis* sp. PCC 6803 进行光合作用生产生物乙醇。③药品和精细化学品。许多微藻富含人体所必需的 EPA 和 DHA 等多不饱和脂肪酸、氨基酸、多种维生素、叶绿素、类胡萝卜素及藻胆蛋白等色素；而且由于一些微藻生长环境特殊，其在生长过程中合成一些具有特殊性质的生物活性物质，可以成为人类未来药品、精细化学品的重要来源。例如，Shota Atsumi 等通过基因工程改造聚球藻（*Synechococcus elongatus*）PCC7942 固定 $CO_2$ 产乙二醛。

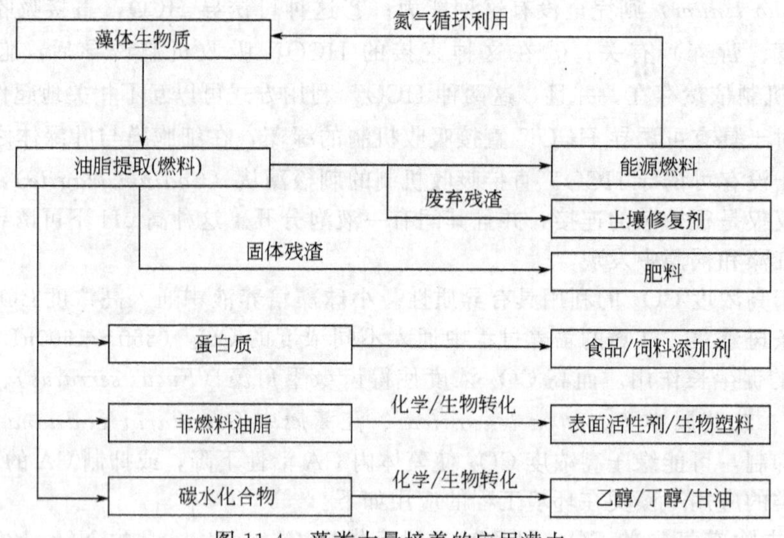


图 11-4　藻类大量培养的应用潜力

可见微藻作为食品、保健品、医药品和精细化工产品，以及可再生能源都具有极大的市场潜力，同时在水产养殖、农业和污水处理方面也有着很好的应用前景。

### 11.1.3　光合细菌对 $CO_2$ 的生物固定

光合细菌是地球上出现最早的具有光能生物合成体系的原核生物，是一类在厌氧条件下进行不放氧光合作用细菌的总称。光合细菌均为革兰阴性细菌，细胞大小一般在 0.5～5μm，有球形、卵圆形、杆状、螺旋状和丝状等。我国对光合细菌的研究始于 20 世纪 70 年代，目前在许多领域达到了实用阶段，并有了光合细菌的商品化生产。光合细菌对环境的适应性很强，加之繁殖速度快，易于人工培养，细胞中含有丰富的各类营养物质，应用潜力很大。目前最常用的光合细菌为红螺菌科中的红假单胞菌属。

光合细菌利用光能同化二氧化碳，与绿色植物不同的是，它们的光合作用不产氧。光合细菌细胞内只有一个光系统，即 PSI，光合作用的原始供氢体不是水，而是 $H_2S$（或一些有机物），光合作用产生 $H_2$，分解有机物，同时还能固定空气的氮。光合细菌在自身的同化代谢过程中，又完成了产氢、固氮、分解有机物三个自然界物质循环中极为重要的化学过程。光合细菌除了在光照条件下通过光合作用获得能量外，在一定培养条件下，还能以化能营养方式进行生长，这是光合细菌的一个显著特征。表 11-2 列出了光合细菌在不同培养条件下的生长情况及产能方式。

表 11-2　在不同培养条件下，光合细菌的生长情况及产能方式

| 培养条件 / 科名 | 无氧光照 | | 无氧黑暗 | 有氧光照或黑暗 | |
|---|---|---|---|---|---|
| | $H_2S+CO_2$ | 有机物 | 有机物 | $H_2S+CO_2$ | 有机物 |
| 红螺菌科 | － | ＋ | (＋) | － | ＋ |
| 着色菌科 | ＋ | － | － | (＋) | － |
| 绿硫菌科 | ＋ | － | － | － | － |
| 绿色丝状菌科 | ＋ | ＋ | － | － | ＋ |
| 产能方式 | 光合作用 | 光合作用 | 发酵或无氧呼吸 | 有氧呼吸 | 有氧呼吸 |
| 光合色素 | 有 | 有 | 有 | 无 | 无 |

注：“＋”表示生长，“－”表示不生长，括号内的情况仅在少数菌种中发现。

光合细菌以太阳光作为能源，通过光子引起一个电荷的分离从而产生多余的能量来降解二氧化碳。光合细菌只有一个光化学反应中心，并且不能进行水的光致氧化作用，但它们却

能氧化很多的无机和有机化合物。

光合细菌进行光合作用的反应式可用下式表示：

$$CO_2 + 2H_2A \longrightarrow (CH_2O) + 2A + H_2O$$

式中，$H_2A$ 为光合作用的供氢体。对植物光合作用，其供氢体为 $H_2O$，光合作用能产生氧气；而对光合细菌，其供氢体为硫化物或有机物，作用过程中不产生氧气。

### 11.1.4 其他自养微生物对 $CO_2$ 的固定

除光合细菌外，部分微生物通过化能自养的方式固定二氧化碳，同时，还在生长过程中不断向周围环境释放多种代谢产物（也称为胞外产物），如碳水化合物、酶、酯类、多糖、甲烷、维生素、氨基酸、有机酸、毒素、挥发性物质以及抑制和促进因子等。

（1）产氢细菌　氢细菌是化能自养菌固定与转化 $CO_2$ 的代表，具有生长速度快、转化效率高的特点，深受人们的重视。具有代表性的氢细菌属有：产碱菌属（*Alacligenes*）、节杆菌属（*Artrobacter*）、氮螺菌属（*Azospirillum*）、黄杆菌属（*Flavobacterium*）、微球菌属（*Microcyclus*）、分枝杆菌属（*Mycobacterium*）、假单胞菌属（*Pseudomonas*）等。

（2）产乙酸菌　利用 $CO_2$ 和 $H_2$ 生产乙酸的微生物菌种目前已发现有18种，如醋杆菌属、羧菌属等，其中产酸能力最强的为醋杆菌（*Acetobacterium*）BR-446。该菌在35℃、厌氧、气相 $CO_2 : H_2 = 1 : 2$ 的条件下摇瓶培养，其最大乙酸浓度可达51g/L；采用中空纤维反应器或海藻酸钙包埋法培养，其乙酸浓度分别为2.9g/L和4.0g/L。

（3）产多糖菌　Nguyen等人在限氮条件下培养革兰阴性细菌（*Pseudomonas hydrogenovora*）至稳定期（30℃、76h），其分泌出的胞外多糖高达12g/L，其单糖组成为半乳糖、葡萄糖、甘露糖和鼠李糖。Nishihara等人在限氧条件下对海洋氢弧菌（*Hydrogenovibrio marinus*）MH-110培养53h，胞内糖原型多糖含量可达0.28g/g干细胞。

（4）产甲烷菌　利用甲烷菌将 $CO_2$ 和 $H_2$ 合成甲烷，既能降低 $CO_2$ 的排放量，又可提供大量的能源，对全球能源供应与环境保护均具有十分重大的战略意义，近几年来，发达国家已开始组织对该技术路线的开发。H. Sung等人利用嗜热自养甲烷杆菌（*Methanobacillus thermoautophicum*），在中空纤维生物反应器中转化 $CO_2$ 和 $H_2$，甲烷产率为33.1L/(L反应器·d)，$CO_2$ 的转化率达90%；Tsao等人利用詹氏甲烷球菌（*Methanococcus jannaschii*），在搅拌式反应器中80℃连续转化 $CO_2$ 和 $H_2$（4：1），甲烷的生产速率达到0.32mol/(g·h)。

（5）产蛋白细菌　氢细菌是将 $CO_2$ 转化生产单细胞蛋白较有潜力的微生物，其特点是氢细菌菌体生产速度快，其氨基酸组成优于大豆，接近动物性蛋白。另外，微型藻体含有丰富的蛋白质、脂肪酸等，利用螺旋藻、小球藻等微藻转化 $CO_2$ 具有重要的意义。Yaguchi等人分离的可在50～60℃能够快速生长的高温蓝藻（*Synechoccus* sp.），蛋白含量60%以上。

### 11.1.5 酶对 $CO_2$ 的固定

部分酶类也具有 $CO_2$ 的转化作用，如碳酸酐酶（carbonic anhydrase，CA，EC 4.2.1.1），是自然界广泛存在的一种金属酶，其活性中心有一个催化所必需的锌原子，催化 $CO_2$ 的可逆水合反应，反应式如下：

$$CO_2 + H_2O \overset{CA}{\Longleftrightarrow} H^+ + HCO_3^-$$

CA催化的反应涉及两个步骤：第一步是 $CO_2$ 与羟基型酶（$EZnOH^-$）反应生成碳酸氢盐骨架及水型酶（$EZnH_2O$）；第二步是一个质子从水型酶上转移使羟基型酶再生。

$$CO_2 + EZnOH^- + H_2O \Longleftrightarrow HCO_3^- + EZnH_2O$$

$$EZnH_2O + B \Longleftrightarrow H^+ + EZnOH^- + B \Longleftrightarrow EZnOH^- + BH^+$$

其中 B 为质子受体，它可能是溶液中的缓冲对或酶分子中的一个氨基酸残基。在催化过程中，质子可能先被酶分子中的某一氨基酸残基接受再传递到缓冲溶液中。碳酸酐酶的催化速率直接受到质子在分子内和分子间穿梭的影响。而质子如何穿梭，与酶分子活性中心氨基酸残基的性质、$Zn^{2+}$ 的空间位置等因素密切相关。

CA 催化 $CO_2$ 可逆水化机制如图 11-5 所示。CA 首先和水结合形成羟基并释放一个质子，然后羟基进攻 $CO_2$ 的羧键产生碳酸氢盐和游离酶。

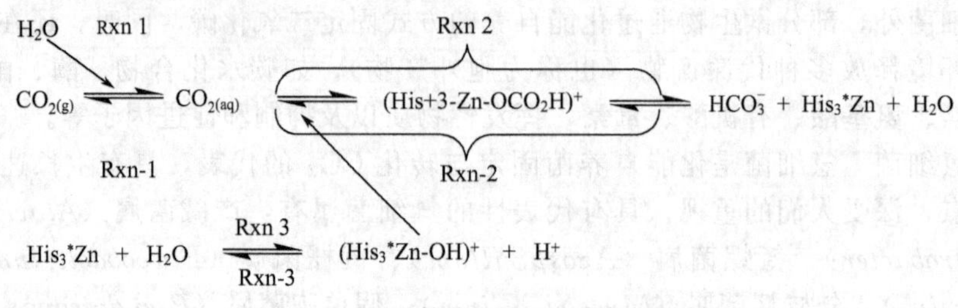


图 11-5 CA 催化 $CO_2$ 可逆水化机制

## 11.1.6 $CO_2$ 光生物反应器

光生物反应器（photobioreactor，PBR）一般指用于培养光合微小生物及具有光能力的植物组织、细胞的设施或装置，通常具有光、温度、pH、营养盐、气体交换等培养条件的调节控制系统，可进行半连续或连续培养，具有较高的光能利用率，能获得较高的生物密度和单位面（体）积产量。

光生物反应器目前已用于藻类的大规模培养，在废水处理、水产养殖、化工产品提取、太阳能的生物转化、为人类和动物提供单细胞蛋白以及作为肥料等方面都有广泛的应用潜力。由于微藻以二氧化碳为碳源，所以光生物反应器也可用来生物脱除二氧化碳。

### 11.1.6.1 光生物反应器的类型

目前光生物反应器主要有开放式和密闭式两种类型。开放式光生物反应器主要是指跑道池培养系统（open pond culture system），其构建简单、成本低廉、操作简便。该反应器有两种基本型式：①水平式光生物反应器，其特点是反应器水平放置，培养液主要靠轮桨（paddle wheel）或者旋转臂（rotating arm）的转动实现循环；②倾斜式光生物反应器，反应器被放置于一个倾斜面上，通过泵的动力使培养液在斜面上形成湍流完成循环过程。

密闭式培养系统（closed culture system），是用透明材料建造的生物反应器。这种生物反应器除了能采集光能外，其他诸多方面与传统的微生物发酵用生物反应器相似。常见的密闭式光生物反应器有平板式、筒式和管式（图 11-6）。平板式光生物反应器具有液层薄、光程短、光合作用效率高的特点；筒式光生物反应器主要分为鼓泡式和气升式两种，具有单位体积气体传递速率高、混合效果好等特点；在微藻工业生产中采用的密闭式光生物反应器多为管式光生物反应器。

跑道池式光生物反应器，适合于可以开放培养的微藻，是目前商业规模大量培养微藻所普遍采用的培养系统。开放式跑道池进行微藻培养有其技术局限性，目前，仅有少数几种微藻能够采用跑道池培养，对于培养条件温和或种群竞争能力较弱的微藻，则只能采用密闭式光生物反应器培养。另外，对于食品/药品级微藻产品生产，以及基因工程微藻都必须采用密闭式光生物反应器培养。与开放式培养系统相比较，密闭式光生物反应器有以下优点：适用藻种范围广；产率较高，全年生产期较长；能够维持较高的藻液浓度，能一定程度地降低采收成本；能够更好地控制培养条件，如温度、pH 等；能有效地降低污染。两类光生物反应器的主要优缺点比较见表 11-3。

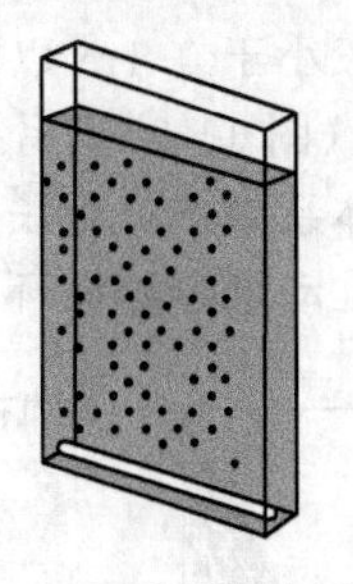
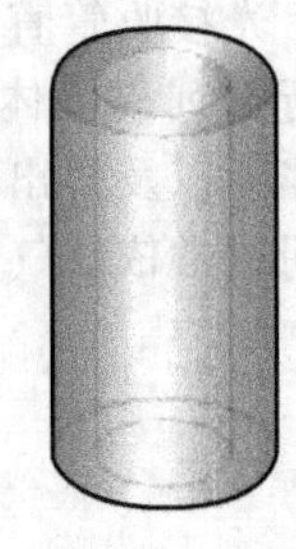
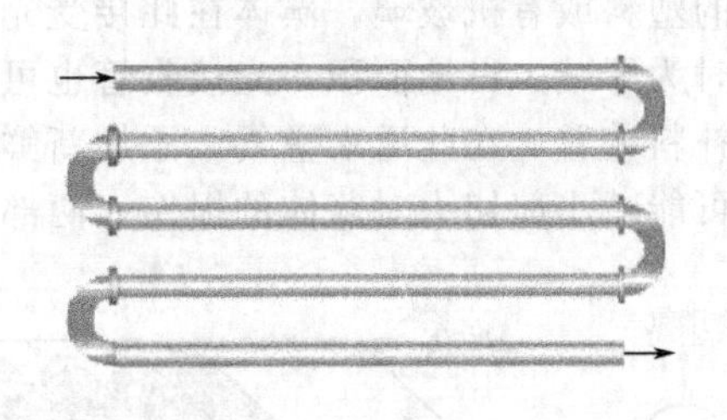

(a) 平板式光生物反应器　(b) 筒式光生物反应器　(c) 管式光生物反应器

图 11-6 常见的密闭式光生物反应器类型（Posten，2009）

**表 11-3 两类光生物反应器的主要优缺点比较**

| 项　　目 | 开发式光生物反应器 | 密闭式光生物反应器 |
|---|---|---|
| 结构 | 结构简单、易放大、面积/体积较小(1～10)，光能利用效率低 | 结构复杂、放大相对较难、面积/体积较大(25～125)，光能利用效率高 |
| 培养特点 | 操作简单，培养条件、生长参数难控制，培养环境很不稳定；容易被污染，很难实现无菌培养；碳利用效率较低；水分蒸发较大；产率较低[10～20g/($m^2$·d)]；已实现规模生产[5～50g/(h·$m^2$)] | 操作简单，培养条件、生长参数容易控制，培养环境非常稳定；不易污染，可实现无菌培养；碳利用效率较高；水分蒸发较少；产率较高[15～30g/($m^2$·d)]；已达到100～1000g/(h·$m^2$)规模 |
| 产品特点 | 成本较低、产品质量也较低 | 成本较高、产品质量也较高 |
| 适用范围 | 仅适用于少数能耐受极端环境的微藻 | 各类微藻的培养 |
| 发展前途 | 已达到最大技术极限 | 发展潜力大、前景好 |

11.1.6.2 典型的光生物反应器

(1) 开放式跑道池培养系统　图 11-7 为开放式跑道池微藻培养系统，该系统为闭合环形，为保证良好的透光性，池体通常较浅，培养液的流动依靠轮桨推进，在弯道处设有挡板进行引流，藻种及营养物在轮桨前方顺液流方向投入，经循环后在轮桨后侧收获藻体。跑道池培养系统为开放式，受环境影响大，为获得较高产量藻体，培养池的设计及选址非常关键。选址一般要求年平均温度高于15℃，最佳温度范围：白天10～22℃，夜间4～10℃，有利于减少杂菌污染。跑道池设计参数：长1～300m，宽1～20m，深约0.5m，最适面积300～4000$m^2$，为保证较小的能耗和较好的混合效果，液流速度最佳为30cm/s。

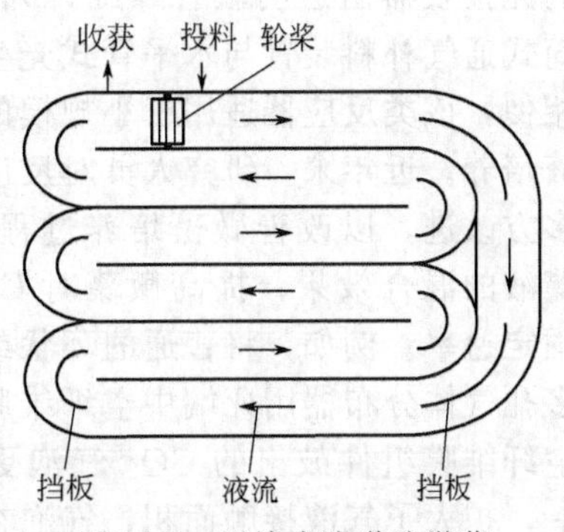


图 11-7 开放式跑道池微藻培养系统（Chisti，2007）

培养池应具有良好的防渗漏、抗紫外线能力，同时易维护和耐用等特点，培养池底部及周边可采用聚氯乙烯（PVC）材料建造。

优点：①前期建设费用低，可利用盐碱地等不良耕地；②操作简单，技术要求低。缺点：①由于系统为开放式培养体系，不可避免受环境中杂菌污染，因此该系统只适于特殊嗜好或生长速率极快的藻类，例如可在高盐浓度下生长的 *Dunalielta salina* 或可快速生长的 *Chlorella* sp.、*Scenedesmus* sp. 和 *Phaeodactylum* sp. 等藻种；②受气候影响大，光照和温度等生长条件难以控制，同时由于自然蒸发，培养体系中的水散失严重；③开放式跑道池培养系统生产力低，藻密度较小，藻体收集成本高。

(2) 密闭式水平管式光生物反应器　图 11-8 为密闭式水平管式光生物反应器，该类反应器由光接收管和通气补料模块两部分构成。主体为彼此相通平行排列的管体，材料多为透光性好的塑料或有机玻璃，藻体在此接受光照，光接收管直径一般小于0.1m以保证光透过性，同时为了减少占地面积，光接收管也可平行排列成墙体形式（图11-9）。另一部分为筒式通气补料装置，在此通入空气，添加新鲜培养液以及排出循环体系中藻类生长产生的$O_2$。为了尽可能减小剪切力对藻体的损伤，两部分间通常依靠气升泵推动培养液循环。

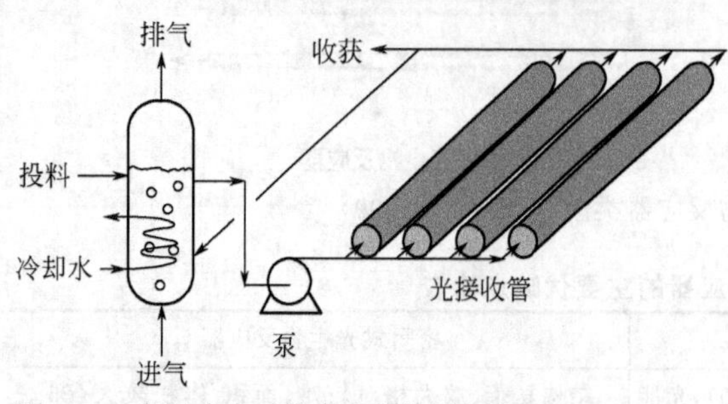


图11-8 密闭式水平管式光生物反应器（Chisti，2007）

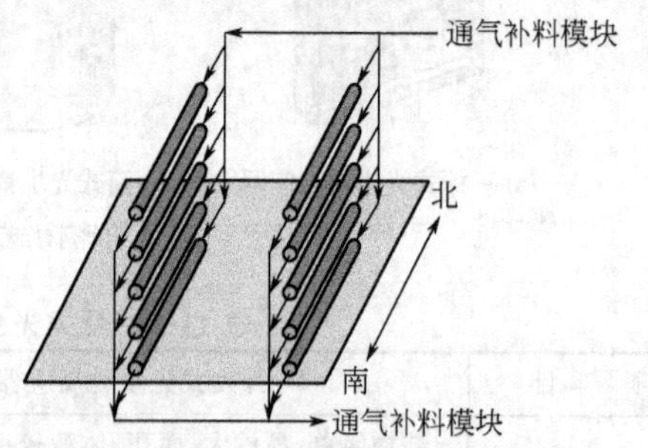


图11-9 Green-wall管式光生物反应器（Chisti，2007）

优点：①密闭培养体系能有效避免环境中灰尘和杂菌污染，防止水分蒸发；②体表面积大，光利用率高，改善了气体的传递控制，藻体产量高。*Spirulina* sp. 在管式光生物反应器中培养，生物质年产量为30～33t/$hm^2$，而同等气候条件下，跑道池培养系统产量约20t/$hm^2$。缺点：①密闭式光生物反应器前期建造成本较高；②随着细胞密度增大，部分藻体黏附于管壁导致反应器光透过性变差，影响藻体生长；③培养液中溶氧水平的升高会抑制藻体生长；④受$CO_2$消耗、$O_2$积累以及pH变化影响，反应管长度有所限制。

（3）密闭式螺旋管式光生物反应器　图11-10为密闭式螺旋管式光生物反应器，反应器的光接收器由透明软管螺旋排列于支架上，筒式通气补料装置与水平管式光生物反应器相似，该类反应器适用于小规模的微藻种子液培养。近年来，研究人员对反应器进行了多方改进，以改善微藻培养过程中$CO_2$与藻液的混合效果，提高微藻对$CO_2$的生物固定速率。例如，将普通的环状或者十字状多孔气体分布器用死端中空纤维膜代替，中空纤维膜组件鼓出的$CO_2$气泡更加细密均一，扩大了气液接触面积，气泡在藻液中的停留时间也由2s增加到20s，从而改善了反应器内部的气液传质效率，有利于低浓度$CO_2$及时供应给藻细胞，并将产生的$O_2$及时去除，避免光呼吸现象产生。

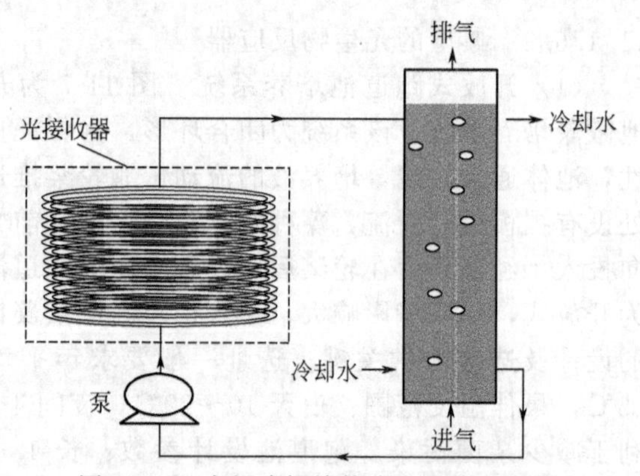


图11-10 密闭式螺旋管式光生物反应器

## 11.2 挥发性有机化合物（VOC）废气的生物净化

### 11.2.1 VOC的生物净化特点

废气的处理方法有很多，如属于物理化学方法的吸附、吸收、氧化和等离子体转化法，也可以采用生物处理法，特别是用在脱除臭味中。有些物理化学方法虽然处理效果较好，但要求高温、高压条件，需要大量的催化剂和其他化学药剂，严重腐蚀设备，产生二次污染等。废气污染的生物处理是将废气中的有机物作为微生物的能源或其他营养源，利用生物的代谢过程，分解有机污染物，使之转化为无害或少害的简单有机物、无机物或细胞组成物质。与常规的废气处理方法相比，一般生物处理法具有处理设备简单、投资及运行费用低、处理效果好、易于管理等优点。表 11-4 列出 VOC 几种常见处理方法对比。

**表 11-4　VOC 几种常见处理方法对比**

| 处理方法 | 特　点 | 不　足 |
| --- | --- | --- |
| 生物滴滤 | 操作简单、投资费中等、操作成本低；去除效率高；可以处理酸性废气；压降小 | 比微生物过滤法操作、设备复杂；微生物生长量要控制 |
| 微生物过滤 | 操作简单、投资费用低、操作成本低；对于低浓度废气去除效率高；不会产生废水；压降小 | 占地面积大、设备更换频繁；废气浓度较高时，稳定性差；湿度、pH 难以控制；废气中有微粒时，易堵塞 |
| 水洗 | 投资费用中等；技术成熟；易于处理负荷量变化明显的废气；可处理含微粒的废气 | 操作费用高；单位体积处理效率低；需要化学助剂；对于少数 VOC 有效 |
| 活性炭吸附 | 处理所需时间短、体积小；稳定、可靠；中等投资 | 操作费用很高；废气中水汽会缩短活性炭寿命，产生二次污染；中等压降 |
| 焚烧 | 不受种类和浓度影响；处理效率高；适用于高负荷；方法简单、可靠 | 操作费用高、投资大；对于浓度高低其效率一样；需要燃料；产生二次污染 |

由于微生物将废气中的有害物质进行转化的过程在气相中难以进行，所以废气生物净化过程与废水生物处理过程的最大区别在于，气态污染物首先要经历由气相转移到液相或固体表面的液膜中的传质过程，然后污染物才在液相或固相表面被微生物吸附降解。实际上，对于生物化学法净化处理工业废气的机理研究虽然已做了许多工作，但至今仍然没有统一的理论指导，目前在世界上公认影响较大的是荷兰学者 Ottengraf 依据传统的气体吸收双膜理论提出的生物膜理论。

按生物膜理论，生物净化处理工业废气一般要经历以下步骤。

① 废气中的有机污染物首先与水接触，并溶解于水中（即由气膜扩散进入液膜）。

② 溶解于液膜中的有机污染物成分在浓度差的推动下进一步扩散到生物膜，进而被微生物捕获并吸收。

③ 在此条件下，微生物对有机物进行氧化分解和同化合成，产生的代谢物一部分重新回到液相中，一部分作为细胞物质或细胞代谢能源，还有一部分气态物质如 $CO_2$ 则析出到空气中。

废气中的有机物通过上述过程不断减少，从而得到净化。

### 11.2.2　生物净化方法

工业上净化 VOC 的实际应用中，常用微生物吸收、微生物洗涤、微生物过滤以及生物滴滤等工艺。与其他方法相比，微生物方法处理 VOC，适合于低浓度（<16mg/L）有机废气，并且不受处理量大小的限制等优点，在食品厂、污水处理厂、制药厂、发电厂等行业应用前景十分看好。图 11-11 显示出各种处理 VOC 方法的最佳适用范围。

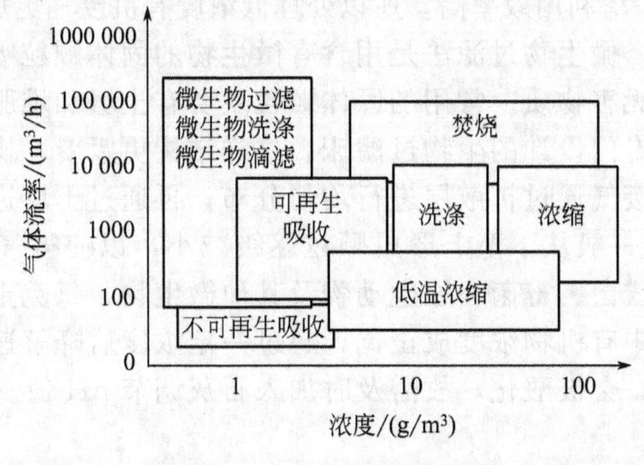


图 11-11　处理 VOC 的各种生物技术适用范围

(1) 微生物吸收法　微生物吸收法是利用由微生物、营养物和水组成的微生物混合液吸收废气中可溶性的气态污染物，吸收了废气的微生物混合液再进行好氧处理，降解污染物，经处理后的微生物吸收液再循环使用。微生物吸收法的装置一般由吸收器和废水反应器两部分组成，如图 11-12 所示。吸收液从吸收室顶部喷淋下来，废气从底部输入，这里的吸收主要是物理溶解过程，可采用各种常用的吸收设备，如喷淋塔、筛板塔、鼓泡塔等。一般吸收过程进行很快，吸收液在吸收设备中的停留时间约几秒钟，而生物反应的净化过程较慢，废水在反应器中一般要停留几分钟至十几个小时，所以吸收器和生物反应器要分开设置。如果生物转化与吸收所需时间相等，可不另设生物反应器。废水在生物反应器中进行好氧处理，既可以采用活性污泥法，也可以采用生物膜法。微生物处理后的吸收液可以直接进入吸收器中重复使用，也可以经过泥水分离后再重复使用。从生物反应器排出的气体仍可能含有少量的污染物，若有必要，再作净化处理，一般是再送入吸收器。

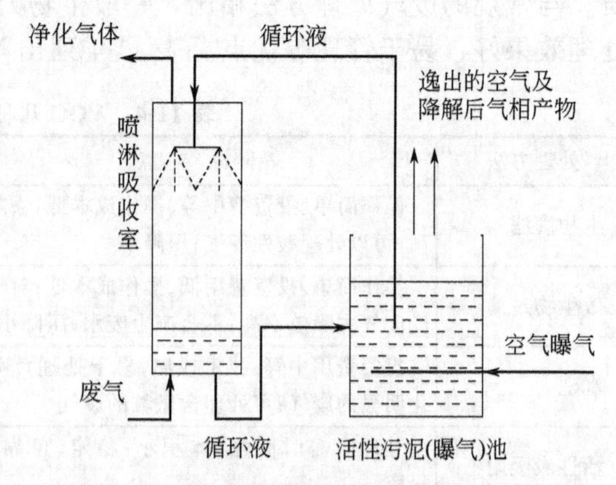

图 11-12　微生物吸收法处理废气工艺流程

微生物吸收法处理有机废气，其去除效率除了与污泥的 MLSS、pH 值、溶解氧等因素有关外，还与污泥的驯化与否、营养盐的投加量及投加时间有关。

(2) 微生物洗涤法　微生物洗涤法是利用污水处理厂剩余的活性污泥配制混合液，作为吸收剂处理废气。该法对脱除复合型臭气效果很好，适用于含量小于 $1000\times10^{-6}$ 的废气处理，一般实际应用在臭气含量 $(5\sim500)\times10^{-6}$，把臭气氧化成二氧化碳和水，脱臭效率可达99%，可以处理含有微粒的废气，甚至能脱除很难治理的焦臭。日本研究者将活性污泥脱水，在 20～60℃的条件下干燥，在水中再膨润后得到固定化污泥。这种固定化污泥可以保持各种微生物的生理活性，利用此固定化污泥去除恶臭可以提高恶臭的去除率，降低成本。日本一铸造厂采用此法处理含胺、酚和乙醛等污染物的气体，设备采用两段洗涤塔，装置运行 10 多年来一直保持较高的去除率（<95%）。德国开发的二级洗涤脱臭装置，臭气从下而上经二级洗涤，浓度从 2100mg/L 降至 50mg/L，且运行费用极低。

ALCOA 公司设计的微生物洗涤塔，如图 11-13 所示[1]，可以有效地去除废气中的苯、甲苯、苯乙烯、醇类、酮等挥发性有机气体，处理量为 1ft/s，当废气中甲苯浓度 $10\times10^{-6}$ 时，脱除率可达 95%，这套装置比一般的过滤设备效率高 40～80 倍。相对于传统方法，由于不需要冷凝、质量传递稳定、塔利用效率高，所以处理低浓度有机废气更加经济有效。

(3) 微生物过滤法　微生物过滤法是用含有微生物的固体颗粒吸收废气中的污染物，然后微生物再将其转化为无害物质。常用的固体颗粒主要有土壤和堆肥。传统的微生物过滤装置是敞开的，现在已有专门设计的生物过滤床，这样结构更紧凑、操作更方便、效率更高。

土壤过滤装置中，废气通过扩散层进行均匀分布，再通过土壤进行降解，一般土壤层厚度大于 500mm。扩散层一般从下至上形成颗粒逐级减小，以使得气体分布更加均匀。土壤中含有大量的细菌、放线菌、霉菌、原生动物及其他微生物，每克土壤中可达数亿个。土壤微生物降解速度和废气中有机物浓度成正比，超过一定浓度后降解速度与浓度无关。土壤过滤装置使用一段时间后，会被酸化，故需及时加入石灰调节 pH 值。土壤过滤装置一般温度

---

[1] 1ft=0.3048m。

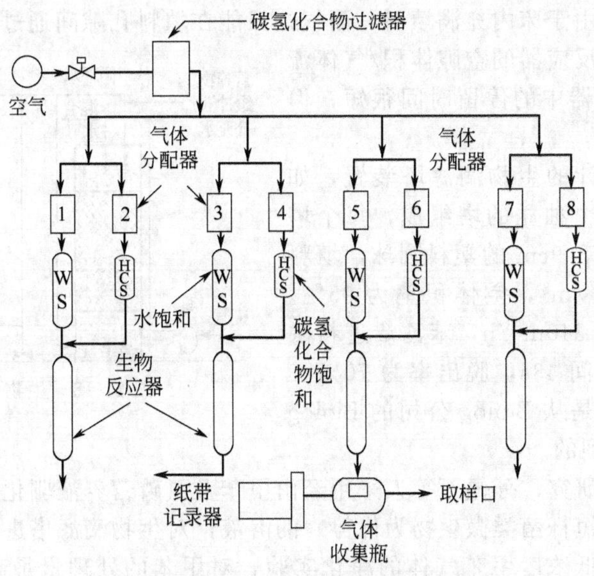

图 11-13　ALCOA 公司的微生物洗涤装置

在 5～35℃，最佳为 25～35℃，湿度 50%～70%，pH 值 7～8，气体流速 0.1～1m/min。

堆肥过滤装置中常用的堆肥为污水处理厂的污泥、动物粪便等。由于其中的微生物密度较高，故处理能力强于土壤，所以其设备紧凑、高效。在使用过程中也需调节 pH 值，并补充微生物所需的碳素原料。由于堆肥会被微生物作为底物消耗掉，所以使用 1～5 年需更换填料。

微生物过滤箱为封闭式装置，如图 11-14 所示，主要由箱体、生物活性床层、喷水器等组成。床层由多种有机物混合制成的颗粒状载体构成，有较强的生物活性和耐用性。微生物一部分附着在载体表面，一部分悬浮于床层水体中。废气通过床层，部分被水吸收，后由微生物进行降解。床层厚度按需要确定。微生物过滤箱已成功地用于化工厂、食品厂、污水处理厂的废气净化和脱臭，可以用来去除废气中的四氢呋喃、环乙酮、甲基乙基酮等有机溶剂蒸气。

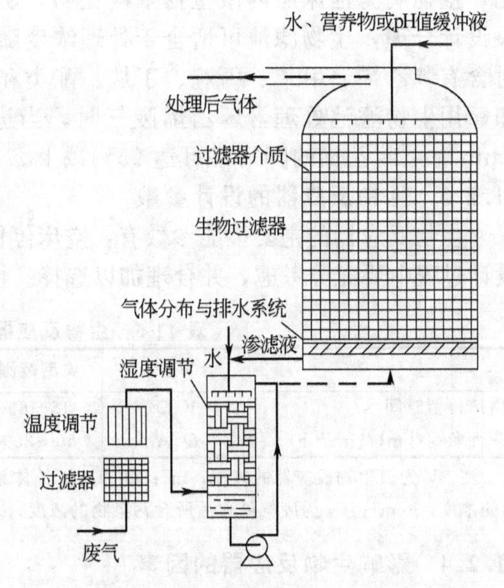

图 11-14　废气生物过滤反应装置及工艺

(4) 生物滴滤法　生物滴滤池（塔）是目前较新的一种处理有机废气工艺。生物滴滤池（塔）在我国虽也称为生物滤池，但两者实际上是有区别的。在处理有机废气上两者主要不同之处如下。

① 使用的填料不同。生物滴滤池使用的填料如塑料球（环）、塑料蜂窝状填料、塑料波纹板填料、粗碎石等，不具吸附性，填料之间的空隙很大。

② 在生物滴滤池（塔）中，回流水由生物滴滤池（塔）上部喷淋到填料床层上，并沿填料上的生物膜滴流而下。通过水回流可以控制生物滴滤池水相的 pH，也可以在回流水中加入 $K_2HPO_4$ 和 $NH_4NO_3$ 等物质，为微生物补加 P、N 等营养元素。

由于生物滴滤池中存在一个连续流动的水相，因此整个传质过程生物滴滤池的性能参数主要有空床停留时间、表面负荷、质量负荷和去除率。其中空床停留时间表示的是废气经过反应器的相对时间，由于床内充满填料，而气体只能在填料孔隙间通过或停留，因此气体的实际停留时间应该是反应器的空隙体积/气体流量。虽然废气在反应器中的停留时间很短，但处理率很高。

Webster 等人设计的生物滴滤塔装置，如图 11-15 所示，由两个独立的塔组成，每个塔体积 $4m^3$，内充直径 8.9cm 的塑料圆球，填料的比表面积为 $125m^2/m^3$，空体积率为 95%。这套装置的处理量为 $340m^3/h$，苯乙烯进料浓度 $0.8g/m^3$，停留时间 43s，脱出率为 70%～85%，固定的微生物是从 Biolog 公司的 Biolog GN 菌落中纯培养得到的。

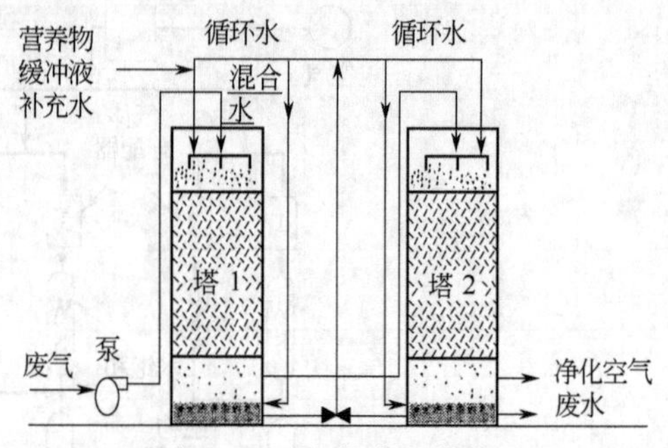


图 11-15　生物滴滤塔装置

国内也有相关的研究，孙佩石等人采用经由甲苯及氮磷营养液驯化后的国内焦化废水处理厂微生物菌种（以短杆菌类微生物为优势）的溶液，对生物滴滤塔进行挂膜操作并保养生物膜 24d 后，即进行低浓度甲苯气体的净化实验，对甲苯的处理量最高可达 157.13mg/(h·L)。结果表明，采用国内的菌种，也可以达到很好的效果。

在生物滴滤池操作中，VOC 的停留时间是一项很重要的参数，它从一方面决定了设备的处理能力、投资成本和运行成本。Paul 等人研究表明，当有机废气停留时间在 1.0～1.5min 时，生物滤池可以处理浓度达 $1500mg/m^3$ 的易生物降解有机污染物。与生物滤池相比，生物滴滤池床层内微生物浓度更高，所以当处理负荷较高时，后者的净化效果较好。如果设计合理，生物滤池可适合于处理浓度随时间变化的有机废气。Hodge 等人的研究表明，对含有苯乙烯、甲苯、丙烷、丁烷、酯类和醇类的有机废气，生物膜法均能有效地处理。例如，用生物滤池处理含苯乙烯废气时，当进气苯乙烯负荷小于 $70g/(m^3 \cdot h)$、停留时间为 1min 时，苯乙烯的降解率可达 95%以上。

### 11.2.3　生物反应器的设计参数

生物反应器的主要性能参数有：空床停留时间、表面负荷、质量负荷与去除率。反应器的设计过程中要充分考虑，并合理加以选择。性能参数的基本含义和典型范围如表 11-5 所示。

表 11-5　生物反应器的性能参数及其典型范围

| 参　数 | 计算公式 | 典型范围 | 参　数 | 计算公式 | 典型范围 |
|---|---|---|---|---|---|
| 空床停留时间/s | $V/Q$ | 15～60 | 质量负荷/[$g/(m^3 \cdot h)$] | $QC_i/V$ | 10～160 |
| 表面负荷/[$m^3/(m^2 \cdot h)$] | $Q/A$ | 50～200 | 去除率/% | $(C_i-C_e)/C_i \times 100\%$ | 90～99 |

注：$V$ 为微生物反应器的体积，$m^3$；$Q$ 为废气的体积流量，$m^3/s$；$A$ 为微生物反应器面积，$m^2$；$C_i$ 为废气中污染物的浓度，$g/m^3$；$C_e$ 为废气处理后所含污染物的浓度，$g/m^3$。

### 11.2.4　影响生物反应器的因素

在微生物处理 VOC 的反应器设计时，还要考虑填料的选择、pH 的调节和控制、温度的调节和控制等方面的影响因素。

（1）填料的选择　填料选择时应考虑以下几个方面：要适合微生物的生长、较大的比表面积、较小的密度（防止填料被压实，导致过大的压力降）、较好的保持水分能力。

（2）pH 值的调节和控制　一般微生物都有各自的最佳 pH 值生长范围，微生物在处理 VOC 时，会产生一些酸或碱性的代谢产物，会影响微生物的生长和活性，需要进行 pH 调节和控制。pH 的调节和控制可以通过补加缓冲液的形式，如微生物滴滤器通过反应器外营养液循环，较好地解决了 pH 值调节和控制的问题。

（3）温度的调节和控制　一般微生物的最佳生长温度在 25～35℃。在处理 VOC 过程中，由于微生物是异养微生物，会产生一定热量，反应器的温度会升高，另外，VOC 在水中的溶解度随着温度的升高而下降，所以微生物处理 VOC 的最佳温度不一定是最佳的生长温度。

# 11.3 氮氧化物的生物净化

## 11.3.1 氮氧化物的来源及其危害

$NO_x$ 是大气环境的主要污染物之一，主要来源于石油燃料燃烧、制硝酸和电镀等工业排放的废气，以及汽车排放的尾气。全球每年排放的 $NO_x$ 总量达 3000 万吨，而且还在持续增长。通常所说的 $NO_x$ 主要包括 $N_2O$、NO、$NO_2$、$N_2O_3$、$N_2O_4$ 和 $N_2O_5$ 等。$NO_2$ 是红褐色气体，有刺激性；NO 是无色气体，其不稳定，遇氧易变成 $NO_2$；$NO_2$ 和 $N_2O_4$ 能与水缓慢作用。在潮湿的空气中除 $NO_x$ 外，尚有硝酸和亚硝酸存在。氮的循环途径如图 11-16 所示。

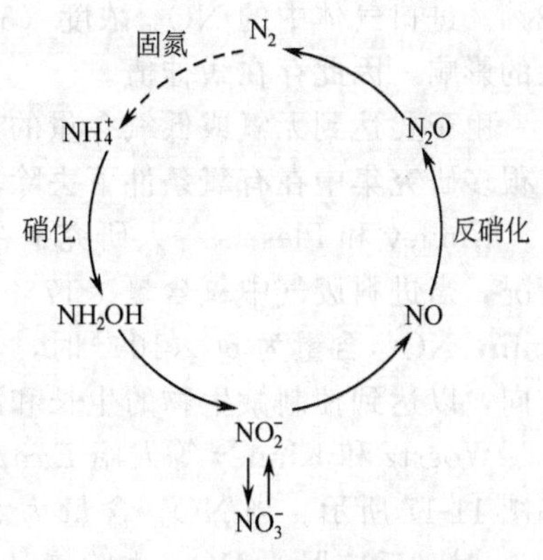

图 11-16 氮循环示意图

$NO_x$ 的排放给自然环境和人类生产生活带来严重的危害。氮氧化物的危害主要包括：①$NO_x$ 对人体的致毒作用；②$NO_x$ 对植物的损害作用；③$NO_x$ 是形成酸雨和酸雾的主要原因之一；④$NO_x$ 与碳氢化合物形成光化学烟雾；⑤$N_2O$ 也参与臭氧层的破坏。

传统的 $NO_x$ 转化方法有：催化转化、燃烧、吸附等物理化学方法。物理化学方法一般费用较高，操作繁琐。生物转化法是一种新型高效的处理 $NO_x$ 的方法，氮氧化物的生物净化是利用微生物的生物化学作用，使污染物分解，转化为无害和少害的形式。生物净化氮氧化物具有设备简单、能耗低、费用低、不消耗有用的原料、安全可靠、无二次污染等优点。

## 11.3.2 处理 $NO_x$ 的微生物和装置

净化 $NO_x$ 的生物处理方法主要可分为：反硝化菌去除、真菌去除和微藻去除。

反硝化菌包括异养菌和自养菌，以异养菌居多。可用于净化废气中的 $NO_x$ 的异养菌有：无色杆菌属、产碱杆菌属、杆菌属、色杆菌属、棒杆菌属、盐杆菌属、生丝杆菌属、微球菌属、莫拉菌属、丙酸杆菌属、假单胞菌属、螺菌属、黄单胞菌属；自养菌有：亚硝化单胞菌、脱氮硫杆菌。

真菌包括：氧化孢子镰刀菌（*Fusarium oxysporum*）、软茄镰刀菌（*Fusarium solani*）、*Cylindrocarpon tonkinese*、毛壳菌（*Chaetomium* sp.）、曲霉（*Aspergillus* sp.）、链格孢属（*Alternaria* sp.）、*Fusarium verticillioides*、*Fusarium dimerum*、爪哇镰菌（*Fusarium javanicum*）、*Exophiala lecaniicorni*。其中氧化孢子镰刀菌（*Fusarium oxysporum*）在去除 NO 时，氧气的存在会抑制其活性，但是其他真菌在有氧条件下，仍然可以有效地去除 NO。

处理 $NO_x$ 的装置可分为两类：一类是固定式反应器，另一类是悬浮式反应器。固定式反应器是把微生物固定在填料上，微生物培养液在外部循环，待处理的废气在填料表面与微生物接触，并被微生物捕获去除。悬浮式反应器是把微生物培养液装填在反应器中，待处理废气以鼓泡等方式通入反应器内，再被微生物捕获并去除。

## 11.3.3 国内外去除 $NO_x$ 的研究进展

氮氧化物的生物去除主要是利用反硝化菌的反硝化作用，要求在无氧条件下进行。Barmes 等人采用固定式生物滴滤器进行 $NO_x$ 的去除，在无氧条件下，总体积为 1.4L 的生物滴滤器中，反硝化微生物固定在小木片（直径 15～20mm）填料上，进料速度为 1L/min，$NO_x$ 含量为 500μL/L，停留时间 1.4min，$NO_x$ 的去除率最高可达 90%，运行过程中，需要补加葡萄糖作为碳源。通过对比研究，发现生物滴滤器在运行一段时间后，其处理能力会有较大下降，原因是微生物在处理 $NO_x$ 时，会积累一些酸性代谢物，导致 pH 值下降，从而使得微生物的反硝化作用能力下降。通过滴加 $K_2HPO_4$ 缓冲溶液（浓度为 1.2mmol/L），调节 pH 值在 6～7，可保持微生物处理 $NO_x$ 的活性。同时还发现当 $NO_x$ 浓度高于 250μL/L 后，加入乳酸盐，可以明显提高微生物去除 $NO_x$ 的能力。

国内蒋文举等人驯化从污水处理厂活性污泥中得到的反硝化菌，并使之挂膜到填料塔的轻质实体陶瓷填料上，在无氧条件下进行去除 $NO_x$ 的研究，填料塔对 $NO_x$ 的去除率达到 93%。进口气体中的 $NO_x$ 浓度（50～500mg/$m^3$）对去除率影响较小，但是进气量却有很大的影响，因此存在最佳值。

由于要达到无氧或低氧含量的条件在实际应用过程中较难实现，操作成本也较高，近期有很多研究集中在有氧条件下去除氮氧化物。

Kinney 和 Plessis 等人研究了在有氧条件下，生物滴滤器去除甲苯的同时去除 $NO_x$ 的情况，当进料废气中氧含量＞17%，甲苯含量为 $300\times10^{-6}$，进料量为 3L/min，停留时间 1min，$NO_x$ 含量为 $60\times10^{-6}$ 时，其去除率可达 97%。在操作过程中，通过控制进气量的方向，以达到控制微生物的生长和浓度，有利于滴滤器运行稳定。

Woertz 和 Kinney 等人用 *Exophiala lecaniicorni*（真菌）进行去除 $NO_x$ 的研究，装置如图 11-17 所示。当 $NO_x$ 含量为 $250\times10^{-6}$，甲苯补加量为 90g/($m^3$·h)，停留时间为 1min 时，反应器的 $NO_x$ 去除率达到 93%；适当提高甲苯的补加速率［270g/($m^3$·h)］，其去除率可达 95%。湿度保持在 30%～40%（湿基）。研究还发现，过高浓度的 $NH_4^+$ 会抑制真菌去除 $NO_x$ 的能力。

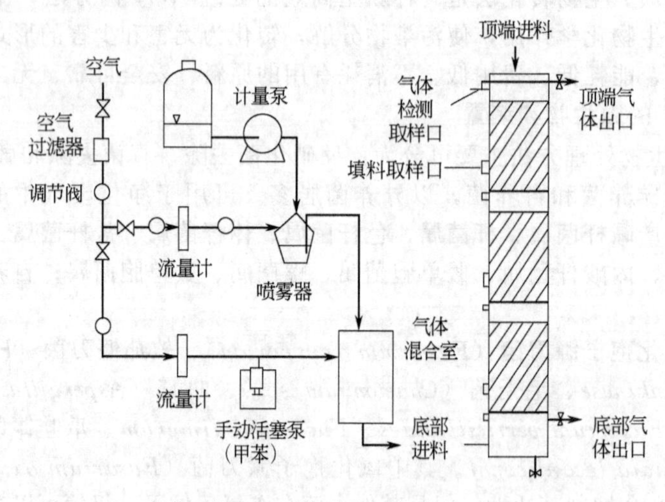


图 11-17 真菌去除 $NO_x$ 装置及工艺流程（Woertz，1999）

Nagase 等人用微藻来去除废气中的 $NO_x$。在光生物反应器中，把 *Dunaliella tertiolecta* 培养在改性的海水中。虽然在悬浮式反应器中，气液接触和 $NO_x$ 溶解扩散的溶液会影响过滤器的去除能力，但是废气的停留时间短。在直径为 50mm、长度为 2.5m、总培养体积为 4L 的长管式反应器中，光照强度 38W/$m^2$，发现 $NO_x$ 既可以被藻类作为氮源加以利用，也可以在有其他氮源（如存在丰富的 $NH_4^+$ 等氮源）而不被作为氮源的条件下被藻类降解。研究表明，当 $NO_x$ 作为氮源时，藻类处理 $NO_x$ 的能力得到显著提高。进气 $NO_x$ 的含量为 $300\times10^{-6}$，去除率为 55%，处理量为 0.7mmol/(L·d)。

Flanagan 和 Ael 等人研究了多种填料对微生物处理 $NO_x$ 的活性的影响。分别选用了珍珠岩、木块、火山岩、多孔陶瓷等材料，按不同比例混合，去除 $NO_x$。发现填料塔中几种填料对 $NO_x$ 的去除率都可以达到 85%，停留时间 70～80s。

对于微生物法处理氮氧化物的研究，美国和欧洲等已经取得了很大成果，有一些已经在工业化应用阶段，其工艺操作和控制技术也较成熟。国内在这方面的研究还处于比较初步的阶段，需要加大资金投入和研究力度。尽管在氮氧化物去除方面已取得了一些成果，但尚有不少问题待解决，如微生物生长的控制、停留时间较长、反应器的单位体积处理能力不高、反应器稳定性不高。因此今后应着重对以下几个方面进行研究：微生物去除氮氧化物机理、菌种的筛选和诱变、工艺操作条件的优化与建模、流程的自动化控制等。

目前，面对日益严峻的环境污染形势，要求人们高度重视，探索出一条合理利用资源和保护环境的道路，这不仅是对人类自己的生存和发展负责，也是为未来创造一个可持续发展的环境。

## 习　题

1. 植物（含藻类）、光合细菌和酶都可以对大气中 $CO_2$ 进行生物固定，试阐述它们固定 $CO_2$ 的生化机理并从节能减排的角度讨论这三种方法的工业应用前景。
2. 列举工业上生物净化 VOC 的常用方法，指出不同方法所应用污染物浓度范围并比较其优缺点。
3. 目前最广泛接受的生物净化工业废气的机理是什么，根据这一理论，生物净化处理工业废气一般要经历哪些步骤？

## 参考文献


[1] 王沙生，高容孚，吴贯明．植物生理学．第 2 版．北京：中国林业出版社，1987.

[2] Corbit R A. Standard handbook of environmental engineering. New York：McGraw-Hill，1990：4. 1-4. 110.

[3] Cooper C D，Alley F C. Air pollution control a design approach. Prospect Height，IL：Waveland Press，1986.

[4] Ottengraf S P P. Exhaust gas purification//Rehm H J，Reed G，Editors. Biotechnology. Weinheim：VCH Verlagsgeselle-schaft，1986：426-452.

[5] 马文漪，杨柳燕．环境微生物工程．南京：南京大学出版社，1998.

[6] 张阿玲，方栋．温室气体 $CO_2$ 的控制和回收利用．北京：中国环境科学出版社，1996.

[7] Xu L，Zhang L，Chen H L. Study on $CO_2$ removal in air by hydrogel membranes. Desalination，2002，148：309-313.

[8] 邹定辉，高坤山．大型海藻类光合无机碳利用研究进展．海洋通报，2001，20 (5)：83-90.

[9] Sirevag R，Ormerod J G. Carbon dioxide fixation in green sulphur bacteria. Biochem J，1970，2：399-408.

[10] 陈福杰．光合细菌的性质和应用．生物学教学，2000，25 (1)：46-47.

[11] Gest H. Photosynthetic and quasi-photosynthetic bacteria. FEMS Microbiol Letts，1993，112：1-5.

[12] 刘学群，王春台．光合细菌光合作用与呼吸作用的相互关系．生命的化学，1989，9 (5)：16-18.

[13] Javanmardian M，Palsson B O. High-desity photoautotrophic algal cultures：design，construction，and operation of a noval photobioreactor system. Biotechnol Bioeng，1991，10：1182-1189.

[14] 夏建荣，高坤山．高浓度 $CO_2$ 对极大螺旋藻生长和光合作用的影响．水生生物学报，2001，25 (5)：474-479.

[15] 许大全．光合作用及有关过程对长期高 $CO_2$ 浓度的响应．植物生理学通讯，1994，30 (2)：81-87.

[16] Mercado J M，Gordillo F J L，et al. External xarbonic anhydrase and affinity for inorganic carbon in intertidal macrolgae. Exp Mar Biol Ecol，1998，221：209-220.

[17] 林伟．微藻与细菌相互关系研究在水产养殖中的重要意义．海洋科学，1998，22 (4)：34-37.

[18] 李定梅．从以色列微藻生物技术论中国微藻产业的发展．海洋与湖藻，1996，27 (2)：224-226.

[19] 刘晶麟，李元广，张嗣良．用管式光生物反应器培养螺旋藻的研究．生物工程学报，1999，15 (4)：524-528.

[20] 马志珍．微藻固定化培养技术及其应用前景．农业科技通讯，1993，3：1-4.

[21] Gao K，Aruga Y，Asada K，et al. Influence of enhanced $CO_2$ on growth and photosynthesis of the red algae *Gracilaria* sp. and *G. chilensis*. Plant Cell Environment，1993，5：563-571.

[22] 李韶山．高等植物固定化二氧化碳的方式．生物学教学，1992，1：33-34.

[23] 张健，王起华，费修．藻类光生物反应器研究进展．生产科学，1999，18 (2)：35-39.

[24] 蒋高明，韩兴国．大气 $CO_2$ 浓度升高对植物的直接影响——国外十余年来模拟实验研究之主要手段及基本结论．植物生态学报，1997，21 (6)：489-502.

[25] 张其德，卢从明，匡廷云．大气 $CO_2$ 浓度升高对光合作用的影响．植物学通报，1992，9 (4)：18-23.

[26] 张其德．大气二氧化碳浓度升高对光合作用的影响（上）．植物杂志，1999，4：32-34.

[27] 高亚辉，荆红梅，黄德强，杨心宁．海洋微藻胞外产物研究进展．海洋科学，2002，26 (3)：35-38.

[28] 王长海，鞠宝，董言梓，郭尽力．光生物反应器及其研究进展．海洋通报，1998，17 (6)：79-86.

[29] 刘晶麟，张嗣良．封闭式光生物反应器研究进展．生物工程学报，2000，16（2）：119-123.
[30] 王长海，钟响，鞠宝等．螺旋藻的光生物反应器高密度培养．食品与发酵工业，1999，25（5）：7-11.
[31] Markov S A，Bazin M J，Hall D O. Hydrogen photoproduction and carbon dioxide uptake by immobilized *Anabaena Variabilis* in a hollow-fiber photobioreactor. Enzyme and Microbial Technology，1995，17（5）：306-310.
[32] 岳振峰，高建华，覃德全等．螺旋藻溢流喷射光生物反应器及其放大设计．食品工业科技，1999，20（4）：71-73.
[33] 徐明芳，郭宝江．高效培养螺旋藻封闭式光生物反应器系统的结构单元分析．食品与发酵工业，1998，24（2）：72-78.
[34] 周集体，王竞，杨凤林．微生物固定 $CO_2$ 的研究进展．环境科学进展，1999，7（1）：1-9.
[35] Philips R J. Odor control of food processing operations by air cleaning technologies（biofiltration）. State-of-the Art Report：Food manufacturing coaition for innovation and technology transfer. 1997，3.
[36] 许景文．日本生活污水处理技术的趋势．上海环境科学，1995，142：38-40.
[37] Liu P，dePercin P. Emergong technology program. SITE Technology Profile，1996：250-251.
[38] 高永明．污水处理厂气态污染物的生物净化技术．市政技术，2001，107：40-44.
[39] 张彭义，余刚，蒋展鹏．挥发性有机气体和臭味的生物过滤处理．环境污染治理技术及设备，2000，1（1）：1-7.
[40] Swanson W J，Loehr R C. Biofiltration：Fundamental，Design and Operations Principles，and Applications of Biological APC Technology. J Environ Eng，1997，123（6）：538-546.
[41] Webster T S，Cox H H J，Deshusses M A. Resolving operational and perfirnance problems encountered in the use of a pilot/full-scale biotrickling filter reactort. Environmental Progress，1999，18（3）：162-172.
[42] 孙佩石，黄若华，杨显万等．有机废气的生化处理试验．云南化工，1995，（4）：7-10.
[43] Paul T A，Manjari S. Biological Vapor-phase treatment using biofilter and biotrickling filter reactors：Practical operating regimes. Environmental Progress，1994，13（2）：94-97.
[44] Hodge D S，Devinny J S. Modeling removal of air contaminants by biofiltration. J Environ Eng，1995，121（1）：21-32.
[45] Colliver B B，Stephenson T. Production of nitrigen oxide and dinitrogen oxide by autotrophic nitifiers. Biotech Advan，2000，18：219-232.
[46] 李晓东，杨卓如．国外氮氧化物气体治理的研究进展．环境工程，1996，14（2）：34-39.
[47] 毕列锋，李旭东．微生物法净化含 $NO_x$ 废气．环境工程，1998，16（3）：37-39.
[48] Woertz J R，Kineey K A，Szaniszlo P J. A fungal vapor-phase bioreactor for the removal of nitric oxide from waste gas streams. J Air & Waste Manage Assoc，2001，51：895-902.
[49] Barnes J M，Apel W A，Barrett K B. Removal of nitrogen oxides from gas streams using biofiltration. J of Hazardous Materials，1995，41：315-326.
[50] 蒋文举，毕列锋等．生物法废气脱硝研究．环境科学，1999，3：34-37.
[51] Plessis C A，Kinney K A，Schroeder E D，et al. Denitrification and nitric oxide reduction in an aerobic toluene-treating biofilter. Biotech and Bioeng，1998，58（4）：408-415.
[52] Nagase H，Yoshihara K-I，Eguchi K，et al. Uptake pathway and continuous removal of nitric oxide from flue gas using microalgae. Biochem Eng J，2001，7：241-246.
[53] Flanagan W P，Apel W A，Barnes J M，et al. Development of gas phase bioreactors for the removal of nitrogen oxides from synthetic flue gas streams. Fuel，2002，81：1953-1961.
[54] Martine W，Reij，Jos T F Keurentjes，Sybe Hartmans. Membrane bioreactors for waste gas treatment. J of Botechnology，1998，59：155-167.
[55] Brown L M. Uptake of carbon dioxide from flue gas by microalgae. Energy Convers Mgmt，1996，37（6～8）：1363-1367.
[56] Keffer J E，Kleinheinz G T. Use of *Chlorella vulgaris* for $CO_2$ mitigation in a photobioreactor. J Ind Microbiol Biotechnol，2002，29：275-280.
[57] 朱笃．转基因聚球藻 7942 光自养培养及人源胸腺素表达的研究．上海：华东理工大学，2003.
[58] Dexter J，Fu P. Metabolic engineering of cyanobacteria for ethanol production. Energy Environ Sci，2009，2：857-864.
[59] Atsumi S，Higashide W，Liao J C. Direct photosynthetic recycling of carbon dioxide to isobutyraldehyde. Nat Biotechnol，2009，12：1177-1180.
[60] Posten C. Design principles of photo-bioreactors for cultivation of microalgae. Eng Life Sci，2009，3：165-177.
[61] Christi Y. Biodiesel from microalgae. Biotech Adv，2007，25：294-306.
[62] Mirón A S，Gómez A C，Camacho F G，et al. Comparative evaluation of compact photobioreactors for large-scale monoculture of microalgae. J Biotechnol，1999，70：249-270.
[63] Carvalho A P，Meireles L A，Malcata F X. Microalgal reactors：a review of enclosed system designs and performances. Biotechnol Prog，2006，22：1490-1506.
[64] Cheng L H，Chen H L，Zhang L，et al. Study on $CO_2$ removal from air by membrane photobioreactor. Doctoral Forum of China in Peking University，2004：224-230.
[65] Fan L H，Zhang Y T，Zhang L，Chen H L，Evaluation of a membrane-sparged helical tubular photobioreactor for carbon dioxide biofixation by *Chlorella vulgaris*. J Membr Sci，2008，325：336-345.

# 第 12 章　毒物的生物富集与吸附

在污染物的环境监测和环境处理过程中，污染物的浓度通常非常低，因而污染物的有效富集是分析和处理的关键之一，尤其是环境监测要求人们对污染物进行现场快速监测和连续在线分析。

生物体与外界有相互特异性作用，对外界环境中物质有高效的选择性。因而人们常研究生物体所具有的特异性作用及其机理，并把它们应用于环境技术中。生物富集（bioenrichment）又称生物浓缩（bioconcentration）或生物积累（bioaccumulation），是指生物体从周围环境中蓄积某种元素或难分解化合物，从而使该元素或难分解化合物在生物体中的浓度远高于其在环境中浓度的现象。生物富集的主要途径见图 12-1。

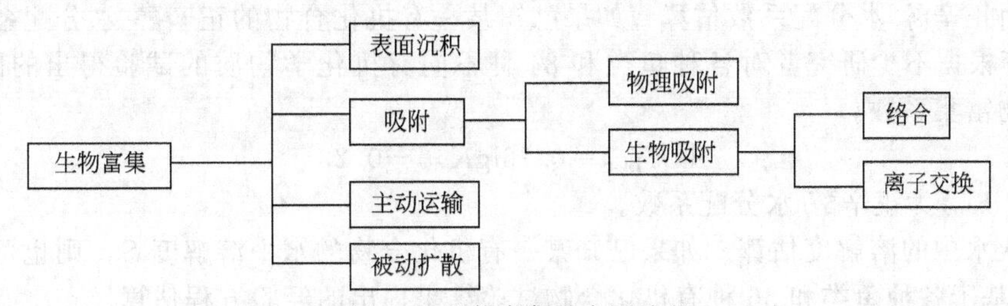


图 12-1　生物富集的主要途径

生物富集污染物具有高效、选择性好、成本低和操作简便等优点。生物富集在环境技术的应用主要体现在对环境中金属离子、微量元素、放射性物质、有机物污染物等有效富集。污染物的生物富集体一般为藻类、细菌、真菌、植物及动物等。在环境技术中，仿生技术越来越为人们所重视，人工肾、人工肺和人工肝等是仿生学在人体环境中的应用。仿生富集（bionic enrichment）是利用仿生技术将环境中的污染物浓缩，使其达到监测需要和处理要求。仿生富集可以克服生物富集中的诸多不利因素。仿生富集体有半透膜装置、特异性聚合物及一些人工器官等。

生物转化（biotransformation）是指物质进入生物机体后在有关系统的催化作用下的代谢变化过程。环境中的污染物通常可先经生物富集，然后经生物转化，降解成为无污染的物质或成为二次资源而为人们利用。

## 12.1　生物富集与积累

### 12.1.1　生物富集系数

生物富集系数（生物浓缩系数）是指生物体中某种富集污染物浓度与环境中该污染物浓度之比值，表示生物体对环境中污染物的富集程度，也表明水生生物体内化学残余物可能积累的程度，以 $K_{BCF}$（BCF 指 bioconcentration factor，生物浓缩因子）表示。

$$K_{BCF}=\frac{c_b}{c_e} \tag{12-1}$$

式中，$K_{BCF}$表示生物富集系数，也称生物浓缩系数，其值范围 1～1000000；$c_b$、$c_e$ 分别表示某种元素或难降解物质在生物体中和在周围环境中的浓度，mg/kg 或 μg/g。

生物从周围环境中富集某些元素或难分解化合物的过程中，元素或难分解化合物不断进入生物体又不断从生物体排出，这种物质交换过程要经历一定时间才能达到动态平衡，此后，富集系数就不再继续增大，而是只在一定幅度范围内波动。这种达到动态平衡时的富集系数又称为平衡富集系数。因此通常所说生物富集系数数值，一般是指平衡时的富集系数，而不是生物富集过程中任何一个特定时刻所测定或计算得到的富集系数。

生物富集系数其数量级与物质性质、生物特征、环境条件等因素有关。①受物质的降解性、脂溶性和水溶性影响，物质的降解性小、脂溶性高、水溶性低的物质，生物富集系数高；反之，则低。如虹鳟鱼对 2,2′，4,4′-四氯联苯的生物富集系数为 12400，而对四氯化碳的生物富集系数是 17.7。②受生物种类、大小、性别、器官及生物发育阶段等的影响。③受温度、盐度、水硬度、pH 值、氧含量和光照状况等环境条件的影响，如水温 5℃时，翻车鱼对多氯联苯的生物富集系数为 $6.0\times10^3$，而水温升高到 15℃时为 $5.0\times10^4$。一般情况下，重金属元素和许多卤代烃类、稠环、杂环等有机化合物的生物富集系数较高。

### 12.1.2 生物富集系数的估算方法

(1) 由正辛醇-水分配系数估算　如果已知某一有机化合物的正辛醇-水分配系数，则可用 Veith 等根据不少研究者对各种鱼类和 84 种不同有机化学物质的试验得出的回归方程，来估算生物富集系数。

$$\lg K_{BCF}=0.76\lg K_{ow}-0.23 \tag{12-2}$$

式中，$K_{ow}$为正辛醇-水分配系数。

(2) 从水中的溶解度估算　如果已知某一有机化合物的水中溶解度 $S$，则也可用 Kenga 和 Goring 基于各种鱼类和 36 种有机化合物试验结果提出的经验方程估算。

$$\lg K_{BCF}=2.791-0.564\lg S \tag{12-3}$$

式中，$S$ 为有机物的水中溶解度，$\times10^{-6}$。

从以上公式可知，水中溶解度与生物富集系数呈倒数关系。

(3) 从土壤吸附系数估算　由于土壤对不少有机化合物具有亲和吸附作用，Kenga 和 Goring 在少量的试验基础上，关联出以下经验方程。

$$\lg K_{BCF}=1.119\lg K_{oc}-1.579 \tag{12-4}$$

式中，$K_{oc}$为土壤对某一有机物的吸附系数，为土壤或沉积物中，单位质量有机碳所吸附的化合物量与该化合物在溶液中的平衡浓度之比，其数值范围在 1～10000000。

用该回归方程估算生物富集系数，其相关性还是比较好的，但由于 Kenga 和 Goring 对土壤试验的数据不多，在没有土壤吸附系数的前提下，采用正辛醇-水分配系数或水中溶解度来进行替代估算，也具有一定的可信度。

**【例 12-1】** 已知正辛醇-水分配系数为 380000，估算 4,4′-二氯联苯在鱼中的生物富集系数。

**解：**

由给定 $K_{ow}$值和式(12-2) 得：

$$\lg K_{BCF}=0.76\lg(380000)-0.23$$

解得：

$$\lg K_{BCF}=4.01$$

则：

$$K_{BCF}=10000$$

**【例 12-2】** 已知二苯醚的水中溶解度为 $21\times10^{-6}$，估算其在鱼中的生物富集系数。

$$\lg K_{BCF}=2.791-0.564\lg(21)$$

$$\lg K_{BCF}=2.04$$
$$K_{BCF}=110$$

与文献测量值（约 196）对比，其数量级一致。

【例 12-3】 已知滴滴涕（DDT）在土壤吸附系数为 238000，估算其在鱼中的生物富集系数。

$$\lg K_{BCF}=1.119\lg(238000)-1.579$$
$$\lg K_{BCF}=4.44$$
$$K_{BCF}=27000$$

对照有关测量值 29400，其误差小于 5%。

### 12.1.3 正辛醇-水分配系数测定

对于有较高脂溶性和较低水溶性的、以被动扩散通过生物膜的难降解有机物质，水生生物富集过程的机理可简示为该类物质在水和生物脂肪组织两相间的分配作用。发现这些有机物质在辛醇-水两相分配系数的对数（$\lg K_{ow}$）与其在水生生物体中生物富集系数的对数（$\lg K_{BCF}$）之间有良好的线性关系。

正辛醇分子结构中有非极性部分，又有一个偶极性醇羟基，具有两亲性，其中的偶极性醇羟基的存在有利于与双极性和单极性溶质的相互作用。因此，正辛醇是一种能与任何溶质相溶的溶剂，大多数结构差异较大的有机化合物在正辛醇中的活度系数 $\gamma_{io}$ 都处于 0.1（极性小分子化合物）与 10（非极性或弱极性中等分子化合物）之间。对于极性基团相同而非极性部分不同的类似化合物，其正辛醇中的活度系数 $\gamma_{io}$ 通常保持不变或与水相中的活度系数 $\gamma_{iw}$ 的变化成比例关系，如图 12-2 所示。

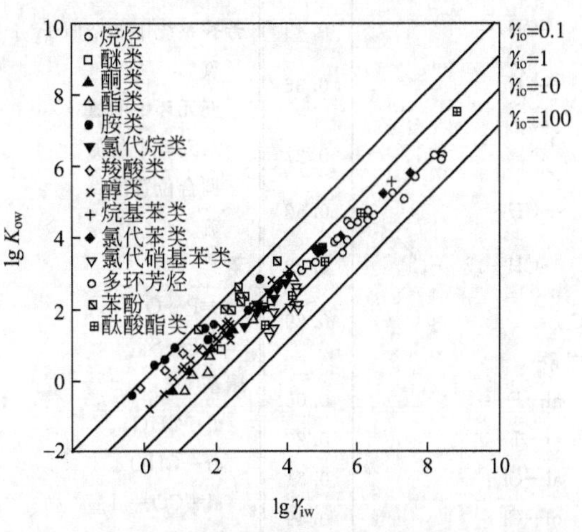


图 12-2 各种非极性、单极性和双极性化合物正辛醇-水分配系数与水相中的活度系数的关系（王连生等，2004）

为此，对于符合以上特性的有机物质，可以用如下单参数线性自由能相关方程估算正辛醇-水分配系数。

$$\lg K_{ow}=a'\lg\gamma_{iw}+b' \tag{12-5}$$

式中，$a'$、$b'$为回归系数，与被估算的有机物质结构和极性，以及相应选用的固定相和参考化合物有关。

对于某些活度系数 $\gamma_{io}$ 超过 10 较大的亲脂性化合物，则其正辛醇-水分配系数值 $K_{ow}$ 主要取决于其在水相中的活度系数 $\gamma_{iw}$，如高氯代联苯、二噁英、某些多环芳烃（PAH）和亲脂性染料等。特别是许多活度系数 $\gamma_{iw}$ 大于 50 的低溶解度化合物，其活度系数 $\gamma_{iw}$ 近似等于饱和溶液浓度［$\gamma_{iw}=1/(\overline{V}_w C_{iw}^{sat})$］，对这类化合物的分配系数估算，需要用其饱和浓度替代活度系数，相应的回归系数也就不同了。

因此，以正辛醇作为水生生物脂肪组织代用品，其通式为：

$$\lg K_{BCF}=a\lg K_{ow}+b \tag{12-6}$$

需要指出的是，式中的回归系数 $a$、$b$ 与被估算有机化合物结构和极性、水生生物的种类及水体条件有关。

### 12.1.4 正辛醇-水分配系数估算

原子碎片或基团贡献法已被广泛用于从给定化合物的分子结构出发估算正辛醇-水分配

系数值，最早是由 Rekker 和他的同事提出的，并由 Chou 和 Jurs 建立这一方法的 CLOGP 程序的计算机版本，并一直被不断改进和扩展。该方法主要采用由不同类型的碳、氢和各种杂原子组成的单原子基本碎片，加上一些多原子基本碎片，如—OH、—COOH、—CN、—$NO_2$ 等，这些基本碎片是由基于有限数量的简单分子导出，并同时对不饱和、共轭、支链、多卤代、极性基团等使用了适当的校正因子。与 CLOGP 程序法相类似，1995 年 Meylan 和 Haward 建立的原子碎片法不需要计算机就能应用，只要利用一个含有大量 $K_{ow}$ 数据库，就可以通过多元线性回归推出碎片常数和校正因子。

$$\lg K_{ow} = \sum_k n_k f_k + \sum_j n_j c_j + 0.23 \tag{12-7}$$

式中，$n_k$、$n_j$ 分别为一种碎片在所计算化合物中出现的次数。

要估算一个化合物在 25℃的 $\lg K_{ow}$ 值，就可以根据以上方程获得有关碎片常数和校正因子。根据单个原子或碎片常数的大小和校正因子，就可以估算该化合物中每一个基团对总分配系数的贡献。部分原子碎片常数见表 12-1。

**表 12-1　部分原子碎片常数①（25℃）**

| 原子/碎片 | $f_k$ | 原子/碎片 | $f_k$ | 原子/碎片 | $f_k$ |
|---|---|---|---|---|---|
| 碳 | | al—O—(P) | −0.02 | al—COOH | −0.69 |
| —$CH_3$ | 0.55 | ar—O—(P) | 0.53 | ar—COOH | −0.12 |
| —$CH_2$— | 0.49 | 芳香系统中的杂原子 | | 含氮基团 | |
| —CH< | 0.36 | 氧 | −0.04 | al—$NH_2$ | −1.41 |
| >C< | 0.27 | 五元环中的氮 | −0.53 | al—NH— | −1.50 |
| ═$CH_2$ | 0.52 | 六元环中的氮 | −0.73 | al—N< | −1.83 |
| ═CH—或 ═C< | 0.38 | 稠合位置的氮 | 0.00 | ar—$NH_2$，ar—NH—，ar—N< | −0.92 |
| $C_{ar}$ | 0.29 | 硫 | 0.41 | al—$NO_2$ | −0.81 |
| 卤素 | | 磷 | | ar—$NO_2$ | −0.18 |
| al—F | 0.00 | ≡P═O | −2.42 | ar—N═N—ar | 0.35 |
| ar—F | 0.20 | ≡P═S | −0.66 | al—C≡N | −0.92 |
| al—Cl | 0.31 | 羰基 | | ar—C≡N | −0.45 |
| ol—Cl | 0.49 | al—CHO | −0.94 | 含硫基团 | |
| ar—Cl | 0.64 | ar—CHO | −0.28 | al—SH | |
| al—Br | 0.40 | al—CO—al | −1.56 | ar—SH | |
| ar—Br | 0.89 | ol—CO—al | −1.27 | al—S—al | −0.40 |
| al—I | 0.81 | ar—CO—al | −0.87 | ar—S—al | 0.05 |
| ar—I | 1.17 | ar—CO—ar | −0.20 | al—SO—al | −2.55 |
| 脂肪氧 | | al—COO—（酯） | −0.95 | ar—SO—al | −2.11 |
| al—O—al | −1.26 | ar—COO—（酯） | −0.71 | al—$SO_2$—al | −2.43 |
| al—O—ar | −0.47 | al—CON<（酰胺） | −0.52 | ar—$SO_2$—al | −1.98 |
| ar—O—ar | 0.29 | ar—CON<（酰胺） | 0.16 | al—$SO_2$N< | −0.44 |
| al—OH | −1.41 | >N—COO—（氨基甲酸酯） | 0.13 | ar—$SO_2$N< | −0.21 |
| ol—OH | −0.89 | >N—CO—N<（脲） | 1.05 | ar—$SO_3$H | −3.16 |
| ar—OH | −0.48 | | | | |

① 数据引自 Meylan 和 Howard（1995）；al 表示与酯基相连；ol 表示与烯碳相连；ar 表示与芳香碳相连。

在大多数情况下，特定亚结构对 $K_{ow}$ 的影响主要由于其对化合物在水溶液中的活度系数的影响，而对 $\gamma_{io}$ 的影响程度较小。

对烷基碳，其碎片常数随分支化程度增加而减小，这可能是直链烃的分子比支链烃小，因而形成空穴所需的能量较低；另外，由于 $\pi$ 电子有较大的可极化性，因而烯烃和芳烃碳原子的碎片常数比相应的烷烃碳小。除了烷基相连的氟以外，所有的卤原子都能显著提高 $K_{ow}$，卤素的这种疏水作用随原子半径的增大而增强，如 I>Br>Cl>F，且对于芳烃碳相连的卤素更加明显，这一特征可能由于卤素中的非成键电子与 $\pi$ 电子相互作用，使得相应的碳卤键的极性降低所致。

对于含有氧、氮、硫、磷等原子的极性基团，在大多数情况下，由于氢键作用使其 $K_{ow}$ 降低。这种亲水作用在与烷基碳相连的基团中更为明显，类似于卤素相连芳烃碳，基团中非键合电子或 $\pi$ 电子与芳环的 $\pi$ 电子系统的共振作用，但对于独立的双键，这种共振作用只有芳烃系统的 1/3～1/2。部分基团的校正因子见表 12-2。

**表 12-2　部分基团的校正因子**[①]（25℃）

| 描　述　符 | $c_j$ | 描　述　符 | $c_j$ |
|---|---|---|---|
| 芳环取代基位置因子[②] | | $o$-N /两个芳环 N | 1.28 |
| $o$-OH/—COOH | 1.19 | $o$-$CH_3$/—CON （酰胺） | −0.74 |
| $o$-OH/—COO—（酯） | 1.26 | 2×$o$-$CH_3$/—CON （酰胺） | −1.13 |
| $o$-N/—CON （酰胺） | 0.62 | $p$-N/—OH | −0.35 |
| $o$-OR/芳环 N | 0.45 | $o,m,p$-$NO_2$/—OH 或—N | 0.58 |
| $o$-OR/两个芳环 N | 0.90 | $p$-OH/COO—（酯） | 0.65 |
| $o$-N /芳环 N | 0.64 | 对称三唑环 | 0.89 |
| 其他因子 | | 稠合脂肪环的连接 | −0.34 |
| 一个以上的酯—COOH | −0.59 | | |
| 脂肪族—OH | 0.41 | | |
| $\alpha$-氨基酸 | −2.02 | | |

① 数据引自 Meylan 和 Howard（1995）。

② $o$ 表示邻位；$m$ 表示间位；$p$ 表示对位。

对于式(12-7) 中的校正因子项，只有当分子中基团之间的相互作用影响化合物的溶剂化时才出现在公式中。如果这种相互作用是降低化合物的总体氢供体或/和氢受体能力，校正因子为正，反之则为负值。对于正值的情况，包括芳香烃的间位取代使分子内氢键作用降低，如—COOH/—OH、—COOR/—OH、—OH/—OH 等；或任何位置的取代使极性基团的电子云密度降低，如—OH 或—$NO_2$ 等。对于负值的情况，包括芳香烃的邻位取代使极性基团与芳香环系统的共振受到干扰，如—$CH_3$/—$CONH_2$，或多个极性基团的存在使整个分子的极性增强。进一步了解其相互作用，可参考 Meylan 和 Howard 发表的论文。

还可以用较为简化的计算，用已知结构相似化合物的 $\lg K_{ow}$ 值，通过加、减碎片方式及适当校正因子来估算另一相似化合物的 $\lg K_{ow}$ 值。

$$\lg K_{ow} = \lg K_{ow}(\text{相似化合物}) - \sum_r n_r f_r + \sum_a n_a f_a - \sum_r n_r c_r + \sum_a n_a f_a \qquad (12\text{-}8)$$

式中，$r$ 表示移去的碎片和校正因子；$a$ 表示增加的碎片和校正因子。

**【例 12-4】**　使用表 12-1 和表 12-2 中给出的碎片常数和校正因子，估算除草剂 2-异丁基-4，6-二硝基苯酚、杀虫剂对硫磷，以及激素睾酮的正辛醇-水分配系数。

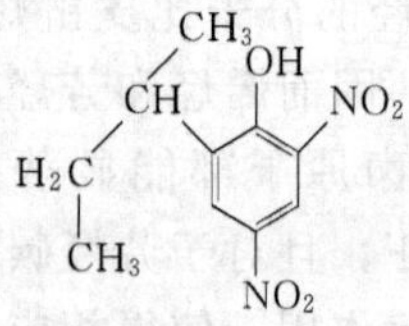

2-异丁基-4,6-二硝基苯酚

| 碎片 | $f_k$ | × | $n_k$ | = | 值 |
|---|---|---|---|---|---|
| —$CH_3$ | 0.55 | | 2 | | 1.10 |
| —$CH_2$— | 0.49 | | 1 | | 0.49 |
| —CH< | 0.36 | | 1 | | 0.36 |
| $C_{ar}$ | 0.29 | | 6 | | 1.65 |
| ar—OH | −0.48 | | 1 | | −0.48 |
| ar—$NO_2$ | −0.18 | | 2 | | −0.36 |
| 校正因子 | $c_j$ | × | $n_j$ | = | 值 |
| $NO_2$（邻位、间位、对位）/OH | 0.58 | | 1 | | 0.58 |
| | | | | + | 0.23 |
| | | | $\lg K_{ow}$ | （估算值） | 3.57 |
| | | | | （试验值） | 3.56 |

注：由于不清楚对两个硝基取代基是使用一次还是两次校正因子，对两种都进行了计算，通过与实验值比较得知只能使用一次校正因子。ar表示与芳香碳相连。

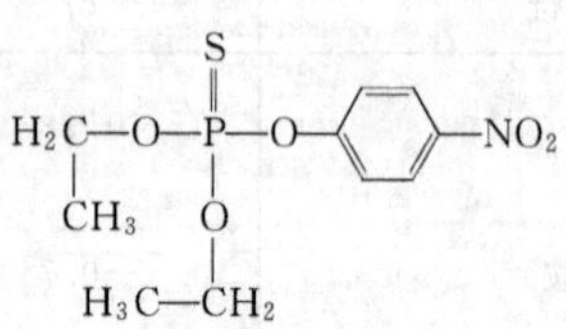

对硫磷

| 碎片 | $f_k$ | × | $n_k$ | = | 值 |
|---|---|---|---|---|---|
| —$CH_3$ | 0.55 | | 2 | | 1.10 |
| —$CH_2$— | 0.49 | | 2 | | 0.98 |
| al—O—P | −0.02 | | 2 | | −0.04 |
| P═S | −0.66 | | 1 | | −0.66 |
| ar—O—P | 0.53 | | 1 | | 0.53 |
| $C_{ar}$ | 0.29 | | 6 | | 1.74 |
| ar—$NO_2$ | −0.18 | | 1 | | −0.18 |
| | | | | + | 0.23 |
| | | | $\lg K_{ow}$ | （估算值） | 3.70 |
| | | | | （试验值） | 3.83 |

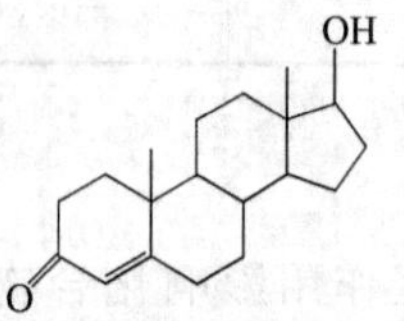

睾酮

| 碎片 | $f_k$ | × | $n_k$ | = | 值 |
|---|---|---|---|---|---|
| —$CH_3$ | 0.55 | | 2 | | 1.10 |
| —$CH_2$— | 0.49 | | 8 | | 3.92 |
| —CH< | 0.36 | | 4 | | 1.44 |
| >C< | 0.27 | | 2 | | 0.54 |
| ═CH—或═C< | 0.38 | | 2 | | 0.76 |
| al—OH | −1.41 | | 1 | | −1.41 |
| ol—CO—al | −1.27 | | 1 | | −1.27 |
| 校正因子 | $c_j$ | × | $n_j$ | = | 值 |
| 稠合脂肪环校正 | −0.34 | | 6 | | −2.04 |
| | | | | + | 0.23 |
| | | | $\lg K_{ow}$ | （估算值） | 3.27 |
| | | | | （试验值） | 3.32 |

**【例 12-5】** 从制定的结构相似化合物的实验 $K_{ow}$ 值估算正辛醇-水分配系数。已知 DDT 的正辛醇-水分配系数 $\lg K_{ow}$ 值为 6.20，估算杀虫剂甲氧氯（methoxychlor）正辛醇-水分配系数 $\lg K_{ow}$ 值。已知激素睾酮的 $\lg K_{ow}$ 值为 3.32（睾酮的分子结构同【例 12-4】），估算雌二醇（estradiol）的正辛醇-水分配系数。

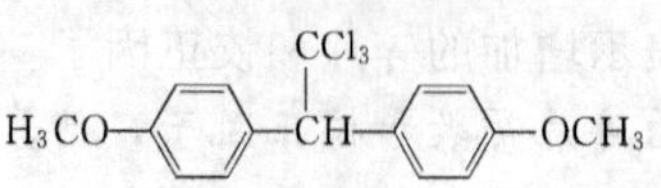

甲氧氯 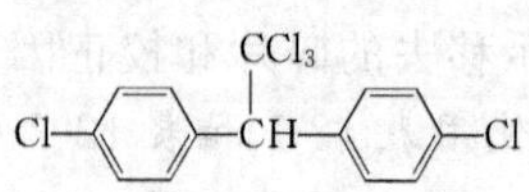　　DDT

| 碎片 | $f_k$ | × | $n_k$ | = | 值 |
|---|---|---|---|---|---|
| 起始 $K_{ow}$ | | | | | 6.20 |
| 除去 ar—Cl | 0.64 | | 2 | | −1.28 |
| 加上—$CH_3$ | 0.55 | | 2 | | 1.10 |
| al—O—ar | −0.47 | | 2 | + | −0.94 |
| | | | $\lg K_{ow}$ | （估算值） | 5.08 |
| | | | | （试验值） | 5.08 |

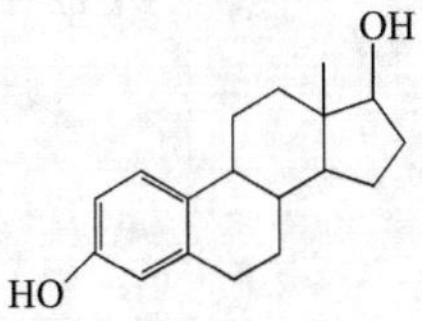

雌二醇

| 碎片/校正因子 | $f_k/c_j$ | × | $n_k/n_j$ | = | 值 |
|---|---|---|---|---|---|
| 起始 $K_{ow}$ | | | | | 3.32 |
| 除去—$CH_3$ | 0.55 | | 1 | | −0.55 |
| —$CH_2$— | 0.49 | | 2 | | −0.98 |
| >C< | 0.27 | | 1 | | −0.27 |
| ═CH—或 ═CH< | 0.38 | | 2 | | −0.76 |
| ol—CO—al | −1.27 | | 1 | | 1.27 |
| 稠合脂肪环校正 | −0.34 | | 2 | | 0.68 |
| 加上 $C_{ar}$ | 0.29 | | 6 | | 1.74 |
| ar—OH | 0.48 | | 1 | + | −0.48 |
| | | | $\lg K_{ow}$ | （估算值） | 3.97 |
| | | | | 或者 | 3.29 |

# 12.2　生物富集机理及模型

有机污染物的生物富集体一般为藻类、细菌、浮游植物等，其富集途径主要通过生物转化、代谢来实现，富集平衡量取决于该有机物在脂类-水体系中的分配关系。不少研究者通过藻体和某些浮游植物对有关有机物的富集研究，如蒽、2-甲基萘等的测定，证明了藻体、浮游植物等对有机污染物的生物富集与浮游植物比表面积之间存在定量关系。

## 12.2.1　水生生物的生物富集模型

水生生物对水中有机污染物的过程及机理模型，如图 12-3 所示。根据热力学原理，假定 $K$ 为污染物在水生生物内和水中的分配系数，则水生生物在水中可摄取污染物的最大浓度为 $Kc_w$，水生生物从水体中摄取污染物的速率就为 $K_1(Kc_w-c_b)$，再考虑污染物从生物体中的释出，则该化合物在生物体内的浓度变化速率为：

$$\frac{dc_b}{dt}=K_1(Kc_w-c_b)-K_{-1}c_b \tag{12-9}$$

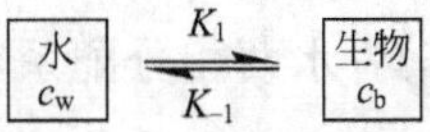

$$\boxed{\begin{matrix}水\\c_w\end{matrix}} \underset{K_{-1}}{\overset{K_1}{\rightleftharpoons}} \boxed{\begin{matrix}生物\\c_b\end{matrix}}$$

图 12-3　有机化合物在水生生物和水中的分配

若污染物在生物中降解，则：

$$\frac{dc_b}{dt}=K_1(Kc_w-c_b)-(K_{-1}+K_2)c_b \tag{12-10}$$

式中，$K_2$ 表示化合物降解速率常数。

当水体足够大时，水体中污染物的浓度 $c_w$ 可视为恒定，将式(12-10) 积分得：

$$c_b=\frac{K_1Kc_w}{(K_1+K_{-1})}(1-e^{-(K_1+K_{-1})t}) \tag{12-11}$$

上式即为水生生物中污染物的浓度随时间变化的关系。

$$\frac{c_b}{c_w}=\frac{K_1K}{(K_1+K_{-1})}\left[1-e^{-(K_1+K_{-1})t}\right] \tag{12-12}$$

当 $t\to\infty$ 时，则：

$$K_{BCF}=\frac{c_b}{c_w}=\frac{K_1K}{K_1+K_{-1}} \tag{12-13}$$

上式即为由分配系数 $K$ 和速率常数组合而成的生物富集系数计算式。可分三种情况讨论。

(1) $K_1\gg K_{-1}$，则 $K_{-1}$ 可被忽略，则式(12-12) 简化为：

$$\frac{c_b}{c_w}=K(1-e^{-K_1t}) \tag{12-14}$$

当 $t\to\infty$ 时，有 $\frac{c_b}{c_w}=K$，此时生物富集系数即为热力学分配系数。

(2) 若 $K_1\approx K_{-1}$，则式(12-12) 变为：

$$\frac{c_b}{c_w}=\frac{K}{2}(1-e^{-2K_1t}) \tag{12-15}$$

当 $t\to\infty$ 时，$\frac{c_b}{c_w}=\frac{K}{2}$，此时生物富集系数是热力学分配系数的一半。

(3) 当 $K_1\ll K_{-1}$，则 $K_1$ 可被忽略，则式(12-12) 变为：

$$\frac{c_b}{c_w}=\frac{K_1K}{K_{-1}}(1-e^{-K_{-1}t}) \tag{12-16}$$

当 $t\to\infty$ 时，

$$\frac{c_b}{c_w}=\frac{K_1K}{K_{-1}}$$

由此可见，生物释放污染物的速度相对增大时，生物富集系数减小。将式(12-11) 变形如下：

$$\lg K_{BCF}=\lg K+c \tag{12-17}$$

式中，$c$ 为常数。

由上式推出的生物富集系数 $K_{BCF}$，与化合物在水生生物和水中的分配系数 $K$ 成线性关系，因此，只要知道分配系数 $K$，就可求出该生物对此有机化合物的生物富集系数 $K_{BCF}$，由于生物体的 $K$ 难于测定，可以用正辛醇-水分配系数来做近似估算。

对于较高等的生物而言，Neely 等研究发现在虹鳟鱼中有机物质的 $\lg K_{ow}$ 和 $\lg K_{BCF}$ 有关，它们之间相关系数为 0.948，回归方程为：

$$\lg K_{BCF}=0.542\lg K_{ow}+0.124 \tag{12-18}$$

对占水体生物量大部分的微生物，与较高等生物一样，其 $K_{BCF}$ 也有与 $K_{ow}$ 的相关方程：

$$\lg K_{BCF}=0.907\lg K_{ow}-0.361 \tag{12-19}$$

此方程的 $r=0.954$，$n=14$。

也可以用溶解度（$S_w$）代替正辛醇-水两相分配系数（$K_{ow}$）进行生物富集系数的测定。对于虹鳟鱼其相关方程为：

$$\lg K_{BCF}=-0.802\lg S_w-0.497 \tag{12-20}$$

此方程的 $r=0.977$，$n=7$。

生物富集系数与正辛醇-水两相分配系数或溶解度的可类比性为上述有机物质生物富集的分配机理提供了验证。有关正辛醇-水分配系数目前已有大量的文献报道，也有实验数据库可查。对 $K_{ow}$ 在 $10^6$ 以下的有机化合物，实验数据通常是比较可信的；而对疏水性更强的化合物，则有待更精确的测量技术。需要指出的是不同的作者推导出的高疏水性物质的 $K_{ow}$ 值，有时差异高达一个数量级以上，因此，在选择与处理这类数据时需要谨慎。

### 12.2.2 浮游植物生物的富集模型

浮游植物对有机污染物的生物富集可简单地看作有机物在水相（海水）和有机相（细

胞）之间的物理化学分配过程，这一过程可用两室模型描述。如果考虑实验过程中浮游植物的生长以及有机物在生物体内的生物代谢作用，则有：

$$\frac{dc_b}{dt}=k_1c_w-c_b(k_2+k_G+k_M) \tag{12-21}$$

式中，$c_b$ 和 $c_w$ 分别表示有机物在浮游植物细胞内和水相中的浓度，mg/kg 或 mg/L；$k_1$、$k_2$ 分别表示生物吸收和释放速率常数；$k_G$、$k_M$ 分别表示生物生长和生物代谢速率常数。

当富集达到平衡时，则有：

$$K_{BCF}=\frac{c_b}{c_w}=\frac{k_1}{k_2+k_G+k_M} \tag{12-22}$$

假定检测体系中生物可获得的有机物总浓度 $c_{BT}$ 与参照系水相中有机物总浓度 $c_{w(c)}$ 相等：

$$c_{BT}=c_{w(c)} \tag{12-23}$$

其中，生物可获得的有机物总浓度 $c_{BT}$ 为：

$$c_{BT}=c_w+c_bB(t) \tag{12-24}$$

式中，$B(t)$表示 $t$ 时刻单位体积藻细胞干重，kg/L。

那么，由方程式(12-23）和式(12-24）求得细胞体中有机污染物的浓度：

$$c_b=\frac{c_{w(c)}-c_w}{B(t)} \tag{12-25}$$

假定检测过程中，$c_{w(c)}$ 由于除生物富集之外的非生物过程（如挥发、化学降解）和生物过程（如生物降解）引起的浓度降低可以用自然衰减方程来描述：

$$c_{w(c)}=A+B\times e^{-at} \tag{12-26}$$

式中，$A$、$B$ 和 $a$ 表示常数。

对浮游植物生长可用 Boltzman 方程来描述：

$$B(t)=B_F-\frac{B_F-B_0}{1+e^{\frac{t-t0}{\delta t}}} \tag{12-27}$$

式中，$B_0$、$B_F$ 分别表示开始和最终单位体积细胞干重，kg/L；$t_0$ 表示细胞干重为（$B_F-B_0$）时对应的时间，h；$\delta$ 为常数。

合并式(12-21)、式(12-25)、式(12-26）和式(12-27）后对时间 $t$ 积分，得到 $c_b$。这样，根据方程式(12-26）对 $c_{w(c)}$ 时间曲线进行非线性拟合，即可求得常数 $A$、$B$ 和 $a$；根据方程式(12-27）对 $B(t)$ 时间曲线进行非线性拟合，即可求得 $B_0$、$B_F$、$t_0$ 和 $\delta$；然后对 $c_b$ 时间曲线进行非线性拟合，可求得生物吸收速率常数 $k_1$ 和生物释放速率常数 $k_2$，并由公式(12-22）求出生物富集系数 $K_{BCF}$。

### 12.2.3　生物体内的富集与积累机制

在生物体内，生物富集的污染物主要存在于生物体的器官和组织中。生物体的器官和组织对某污染物的富集程度，取决于该物质在体液中的浓度、生物组织与体液对该物质亲和性的差异以及生物体组织对该物质的代谢。图 12-4 是生物体某一组织生物富集机理模型。

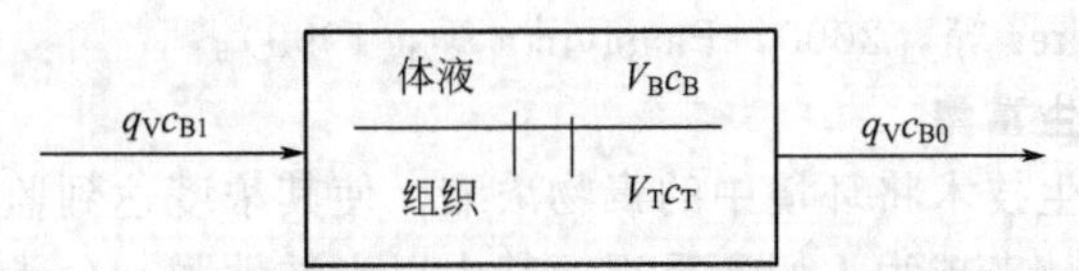


图 12-4　生物体某一组织生物富集机理模型

设 $q_v$ 为体液通过该组织的流量，$c_{B1}$ 和 $c_{B0}$ 为进出该组织的体液中化合物的浓度，$V_B$ 和 $V_T$ 分别为体液和生物体组织的体积，$c_B$ 和 $c_T$ 为化合物在体液和生物体组织中的浓度，$K_2$ 为化合物的代谢速率常数。

当体液流量 $q_v$ 及进出生物体组织的化合物浓度 $c_{B1}$、$c_{B0}$ 恒定，则由物料平衡可得该组织的生物富集速率方程：

$$V_T\frac{dc_T}{dt}=q_v(c_{B1}-c_{B0})-V_TK_2c_T \tag{12-28}$$

$$\frac{dc_T}{dt}=\frac{q_v}{V_T}(c_{B1}-c_{B0})-K_2c_T \tag{12-29}$$

将式(12-29) 积分可得：

$$c_T(t)=\frac{q_v}{V_TK_2}(c_{B1}-c_{B0})(1-e^{K_2t}) \tag{12-30}$$

可见，在 $q_v$、$c_{B1}$、$c_{B0}$ 一定时，$K_2$ 越小，污染物代谢速率越慢，其持续时间越长，在该组织中的富集量越大。当 $t\to\infty$ 时：

$$c_T(\infty)=\frac{q_v}{V_TK_2}(c_{B1}-c_{B0}) \tag{12-31}$$

此时生物体组织中污染物的浓度，除了与代谢速率常数有关外，还与进出组织的体液中污染物浓度差成正比。

## 12.3 有机毒物的生物富集

在《斯德哥尔摩公约》规定的共计 21 种（以前确定的 12 种加后纳入的 9 种）持久性有机物（POP）中，均为难降解的有机污染物，能长期存在于生态环境中。这些 POP 不少影响生殖和免疫功能，不少属于致癌、致畸、致突变的三致毒物，严重危害人类健康。

### 12.3.1 有机毒物的毒性

POP 毒性的作用与其化学结构有关，当进入生物体后，其毒性根据剂量大小，其作用大致有三种：当浓度较低时，毒物在生物体内不显示任何作用，称无作用剂量；当毒物浓度增大，其毒物会被代谢与转化，排出体外，使生物体内毒性降低；当毒物浓度超过生物体的阈值，其生理代谢功能会受到影响，进一步积累或达到致死剂量，正常代谢功能被破坏直至生物体死亡。

另一类是有机毒物会产生一种不稳定的中间体与生物体内的蛋白质、核酸等细胞高分子共价结合，产生不可逆的化学特性，引起组织发生坏死和变态，进一步导致基因突变、细胞死亡或组织出现肿瘤。

还有一部分毒物可能会转变成比原毒性更强的一种物质，从而对生物体产生毒害作用，如七氯在土壤或动、植物组织内可转变为环氧七氯，其毒性比原化合物要强 4 倍。

POP 在环境中的迁移转化规律、行为可用 $t_{1/2}$、$p_s$、$K_H$、$K_{BCF}$、$K_{oc}$ 和 $K_{ow}$ 等参数定量描述，是人们了解、掌握与监测 POP 污染程度的重要依据。表 12-3 列出了 12 种 POP 的一些特征性质参数（Baker 等，2000，Paasivirta 等，1999）。

### 12.3.2 有机毒物的仿生富集

仿生富集是利用仿生技术将环境中的毒物浓缩，使其浓度达到监测需要和处理要求。在环境技术中仿生学技术越来越为人们所重视。其中以半透性膜、分子印迹高分子及亲和膜等的仿生富集最受好评。

表 12-3　12 种 POP 的一些特征性质参数（25℃）

| 名称 | $t_{1/2}$ | $p_s$(液相)/Pa | $K_H$/(Pa·m³/mol) | $\lg K_{BCF}$ | $\lg K_{oc}$ | $\lg K_{ow}$ |
|---|---|---|---|---|---|---|
| 艾氏剂 | 20～100d(土壤)，35min(空气) | $1.87\times10^{-2}$ | 91.23,50.26 | 5.40 | 2.61～4.69 | 5.17～7.40 |
| 狄氏剂 | 5 年(土壤)，4 个月(水) | $0.72\times10^{-3}$ | 5.27 | 3.30～4.50 | 4.08～4.55 | 3.69～6.20 |
| 异狄氏剂 | 14 年(土壤)，4 年(水)，5～9d(大气) | $0.72\times10^{-4}$ | 0.64 | 3.82 | 3.23 | 3.21～5.60 |
| 滴滴涕(DDT) | 100d(从土壤表面挥发)，＞150 年(水)，2d(空气) | $0.21\times10^{-4}$(20℃) | 0.84，1.31(23℃) | 3.70 | 5.15～6.26 | 4.89～6.91 |
| 氯丹 | 约 1 年(土壤) | $1.33\times10^{-3}$ | 4.86 | 5.56 | 4.58～5.57 | 6.00 |
| 七氯 | 2 年(土壤)，1d(水)，36min(空气) | $4.0\times10^{-2}$ | $2.33\times10^{2}$ | 4.59 | 4.38 | 4.40～5.50 |
| 灭蚁灵 | 10.7h(水) | $1.07\times10^{-4}$ | 82.17 | 6.20 | 7.38 | 5.28～6.89 |
| 毒杀芬 | 1～14 年(土壤)，6h(水)，4～5d(大气) | 26.7～53.3 | $6.38\times10^{3}$ | 3.59 | 3.18(计算值) | 3.23～5.50 |
| 六氯苯(HCB) | 约 4 年(土壤)，8h(水)，2 年(大气) | $1.45\times10^{-3}$(20℃) | $7.2\times10^{2}$(20℃) | 6.40 | 2.56～4.54 | 3.03～6.42 |
| 多氯联苯(PCB) | ＞6 年(土壤)，21d～2 年(空气)(一氯和二氯联苯除外) | $(2.1\sim4.0)\times10^{-7}$(20℃) | $1.01\times10^{3}\sim1.01\times10^{4}$ | 4.00～5.00 | 5.49 | 4.30～8.26 |
| 多氯二苯并-*p*-二氯六环(PCDD) | 2 周～6 年(土壤)，8 周～6 年(底泥)，2d～8 周(水)，2～21d(空气) | $1.1\times10^{-10}\sim1.7\times10^{-2}$ | 0.13～3.34 | 4.47 | 4.36～7.81 | 4.30～8.20 |
| 多氯化氧芴(PCDF) | 8 周～6 年(土壤)，2 周～6 年(底泥)，3～8 周(水)，1～3 周(空气) | $5.0\times10^{-10}\sim3.9\times10^{-4}$ | 0.42～1.50 | 3.00～4.00 | 3.92～7.61 | 5.40～8.00 |

（1）半透膜富集　海岸带水域中毒物对海洋生态环境的影响，特别是可被富集有机毒物如多环芳烃（PAH）、多氯联苯（PCB）和有机氯农药引起了海洋环境科学工作者的高度重视。然而海水中毒物的浓度很低，直接测定非常困难。传统的化学测定方法需要花费大量的时间和财力来对大体积的水样进行采集、处理，而分析过程中待分析物质容易丢失。另外，所得结果并不能反映水中污染物的生物有效性部分以及其对生态环境造成的危害和程度，更不能反映多种污染物对海洋生物的综合影响。

半透膜具有选择性透过某些有机毒物，而阻止另一些无害物质的通过。20 世纪 90 年代初，一种新型的采样监测的半透膜装置（sepimermeable membrane device，SPMD）应运而生。半透膜装置可在一定时间范围内连续采集暴露介质中的有机污染物，且只采集对生物有效的部分，并将其浓度富集到一定程度。目前半透膜装置已广泛应用于微量有机毒物的采样与检测过程。

（2）半透膜装置的结构　半透膜装置（SPMD）的结构包括一薄长带状的聚乙烯膜或其他非极性、低密度的聚合物膜，如聚丙烯或离子化硅树脂制成的套筒，其内装有一薄层的大分子质量（＞600Da）的中性脂，如三油酸甘油酯，膜内也可装入生物体中提取的类脂物或一些类脂有机溶剂。

半透膜装置上小孔的孔径与不少环境有机毒物的大小接近，分子量较小的溶解态有机物经扩散透入膜内；那些附着在水中微粒上的或与一些溶解态的有机碳（如腐殖酸）相结合的环境污染物由于空间位阻而无法进入SPMD内。进入SPMD的有机污染物可定量地用有机溶剂从SPMD中萃取出来，这个过程中只有少量的类脂物被带出，因而可以利用SPMD对环境有机毒物进行时间累加性的采集和定量分析。但对于离子态的无机物和有机物，由于荷电离子在通过膜时有高的质量传输阻力以及离子型化合物在类脂物中的低溶解度，因而不能被SPMD富集。虽然SPMD所使用的非极性聚合物的组成与由磷脂双分子和蛋白质构成的生物膜差别很大，但研究表明，一些非极性有机物扩散通过聚合膜与扩散通过生物膜的行为极为相似。

(3) 半透膜装置富集模型　早期的SPMD只用于脂类层（即三油酸甘油酯层）中测定污染物浓度来估计水生环境中污染物浓度。由于整个SPMD的透析技术方便，以及从透析膜上可以回收得到更多的待分析物质。因此，需要有数学模型来描述从整个SPMD中的污染物的浓度来估算得到水环境中污染物的浓度。1993年Huckins提出了用数学模型来模拟SPMD富集有机物的过程，其假设污染物扩散进入聚合膜是富集过程唯一的速率控制步骤，并假设污染物在水中的浓度恒定。基于上述假设，Huckins等得到如下方程：

$$c_s = c_w K'_{ow} \left[1 - e\left(-\frac{k_0 A K_{MS} t}{V_s}\right)\right] \tag{12-32}$$

式中，$c_s$，$c_w$分别表示待分析物在SPMD内与水中的浓度，mg/L；$K'_{ow}$、$K_{MS}$分别表示待分析物的溶剂与水间、溶剂与膜间的分配系数；$k_0$为总的传质系数；$A$为半透膜的表面积，$m^2$；$V_s$为溶剂的体积，$m^3$。

当$k_0 A K_{MS} t/V_s$很小时（≪1）或$c_s/c_w \ll K_{MS}$时，上述方程可写成：

$$c_s = \frac{c_w K_{ow} k_0 A t}{V_s} = \frac{c_w R_s t}{V_s} \tag{12-33}$$

式中，$K_{ow} k_0 A t$为SPMD吸收的水的总体积；$R_s = K_{ow} k_0 A$，为SPMD的吸收速率或采样速率，L/d。

Huckins数学模型近似处理较多，因而不能很好地反映SPMD的吸收动力学方程。Gale于1998年提出一个新的三层模型用于模拟SPMD的吸收，他的三层模型将SPMD富集疏水性有机污染物过程分为湍流混合、扩散以及分配过程。三层模型认为通过分配达到平衡的速度比任一个扩散步骤都要快得多，并可被忽略。这样富集过程简化成以下三个步骤：①溶解性有机物通过湍流从大体积水相进入SPMD周围的水生扩散层中；②扩散通过水生扩散层进入SPMD表面的聚乙烯薄膜层分配达平衡；③扩散通过聚合膜层，并在聚合膜和三油酸甘油酯间也达到分配平衡。相对于Huckins的一层模型只考虑污染物直接扩散进入聚合膜，Gale的三层模型综合考虑了周边海水到水边缘层、水边缘层到膜及膜到三油酸甘油酯层三个过程，因而更为准确。

根据上述数学模型，如果有了SPMD的吸收速率值$R_s$，就可以由SPMD内污染物的浓度计算出水中污染物的浓度。影响SPMD富集污染物的速率因素有污染物的脂-水分配系数、SPMD膜的物化性质、污染物的分子大小以及环境的状况（如采样时的温度、生物污染的程度以及水的湍流速度等）。所以，对于不同的污染物，吸收速率值应当在相对稳定的暴露条件下分别测量。吸收速率值$R_s$常用以下两种方法测得：①保持在实验室内控制污染物的浓度恒定，观察SPMD所富集的污染物的浓度随时间的变化；②将一定浓度的污染物预先加入SPMD中，而后观察SPMD内污染物的溢出速率，而从SPMD的溢出速率可以推算出其吸收速率。目前，有机氯农药、氯酚、PCB及PCDD等污染物已确定$R_s$值；更多的水相和气相的污染物的$R_s$值还有待于进一步的测定。

## 12.4　重金属离子的生物吸附

随着全球对生态环境的日益关注，工业污水中有毒金属、放射性金属的去除及稀有、贵重金属的回收变得十分重要。传统的处理方法，如化学沉降、氧化与还原、离子交换、电化学处理、过滤、溶剂萃取及蒸发回收等存在一些不足之处，如金属去除不彻底、对试剂和能量要求较高、易形成二次污染等。一些微生物如藻类、细菌、真菌能在含有较高浓度有毒金属的溶液中生长，并能进行生物富集，因而被应用于工业污水中重金属的去除与回收，尤其是对于那些含量较低（低于100mg/L）或传统方法不易去除的重金属有着重要的应用价值。

### 12.4.1 重金属离子生物吸附剂

可用于重金属富集的生物吸附剂主要有细菌、真菌、藻类、水生植物等，特别是某些细菌、微藻对重金属离子具有很强的亲和性，当重金属离子在细胞的不同部位或被结合到胞外基质上，并通过代谢作用，使其沉淀或被轻度整合在可溶或不溶性生物多聚物上，进一步结合形成金属结合蛋白、肽及某些特异性金属大分子。这些吸附剂的共同特点是无毒害、无污染、成本低廉。

(1) 细菌吸附剂 细菌的体积小，对环境的适应能力较强，在富含Pd、Pt、Au、Ag等贵重金属离子的区域环境中筛选出来的细菌、蓝细菌等可用于Pd、Pt、Au、Ag等贵重金属离子的富集回收。细菌具有富集金属离子功能可能与其存在重金属结合蛋白和多肽以及特异性大分子有关，也与其质粒含抗有毒重金属的基因有关，如丁香假单胞菌和大肠杆菌含抗铜的基因，芽孢杆菌和葡萄球菌含抗镉和锌的基因，产碱菌含抗锌、镍与钴的基因，革兰阳性和革兰阴性菌中含抗砷和锑的基因。因而利用基因工程改造的基因工程菌富集重金属离子是近来的一个热点。美国Cornell大学的Wilson实验室应用分子生物学技术构建了一种能从很低浓度废水中富集汞离子的基因工程菌；邓旭等人构建大肠杆菌重组菌富集电解废水中的汞离子，汞离子富集量达到了10.2mg/g（细胞干重），比未经重组基因转化大肠杆菌高7倍。

(2) 真菌吸附剂 真菌富集重金属离子主要基于物化和生物学机制，包括代谢物和生物多聚体的胞外结合，专一性蛋白结合等。有人从空气中分离82种耐重金属离子的菌株中，有52种（链孢属、曲霉属、枝孢属、青霉属、红酵母属、葡萄穗霉属等）耐浓度为10mmol/L的金属离子（$As^{2+}$、$Cd^{2+}$、$Co^{2+}$、$Cr^{2+}$、$Hg^{2+}$、$Ni^{2+}$），其中15种霉菌和1种酵母能耐2种以上金属离子。有人专门从80种被重金属污染的天然水源中分离出真菌和异养菌，筛选出金属抗性菌株，包括富集金离子的菌39株（白地霉）、富集镉的菌28株（嗜水气单胞菌）等，所有菌株都能从稀溶液（5mg/L）中富集金属离子，使剩余液中金属离子浓度低于0.5mg/L。也有人将含曲霉、青霉与根霉的丝状真菌菌丝培育物干燥、磨碎并经筛分，用于富集工业废水中的Cd、Pb、Ni和Zn，在pH=7时，可富集98%的铅、97%的锌、92%的镉和74%的镍。

(3) 藻类吸附剂 藻类的个体微小，仅数十微米，但具有较大的比表面，对环境中重金属离子有强的吸附和富集作用，并且可在较短时间内达到吸附平衡，是一种天然高效的生物吸附剂。不同种类的藻的细胞壁结构各异，对铜、铀、铅、镉等都有吸收富集作用。藻类富集金属离子主要基于络合吸附、静电吸附和吸收三者的共同作用。唐莉等进行斜生栅藻（*Scenedesmus obliqnus*）在选矿工艺和工业污水中富集金离子研究，发现斜生栅藻对金离子有特异性吸附，并在富集的同时可还原金离子，在最佳的条件下，富集的金离子量可达到或超过斜生栅藻本身的重量。袁冬梅等利用硅藻对污水中的银离子进行吸附富集，发现该藻对银离子的富集主要是离子交换作用。赵玲等利用海洋赤潮生物甲藻进行废水中的重金属富集研究，发现该藻对$Cu^{2+}$、$Pb^{2+}$、$Ni^{2+}$、$Ag^{+}$、$Cd^{2+}$均有生物吸附作用，对金属离子吸附主要基于藻壁多糖的作用，多糖的—OH、—$CONH_2$是吸附的活性中心，该发现对于进一步研究赤潮的化学治理以及赤潮对重金属离子的迁移转化有重要意义。

（4）植物吸附剂　重金属离子在土壤中向植物根部的迁移途径有以下两种：①质体流作用，在植物吸收水分时，重金属随土壤溶液向根系流动到根部，植物可通过根部直接富集水溶性重金属离子；②扩散作用，由于根表面吸收离子，降低根系周围土壤溶液离子浓度，引起离子向根部扩散。

植物根系表面的重金属离子被植物吸收、富集，其生理过程可能为两种方式：①细胞壁质外空间对重金属的吸收；②重金属透过细胞质膜进入植物细胞。

重金属离子可以在膜内以较高的浓度存在，这与蛋白质和重金属离子的亲和性很强有关，同时也取决于膜内的电负性，通常膜内外的电位差可达 50～100mV，这就可使 Cu、Zn、Mn 等二价离子因离子电位差而被浓缩 100 倍以上。这种机制可以使植物非常有效地吸收、富集重金属离子。

### 12.4.2　重金属离子的生物吸附机理

生物对重金属离子富集不同于一般简单的吸附、沉积或离子交换，是一个复杂的物化与生化过程，不仅与细胞的化学组成及代谢过程有关，还受许多其他因素的影响，如有生命的细胞、无生命的细胞、细胞分泌物或相应衍生物、蛋白质、多糖、色素等均参与溶液中金属离子的去除。生物对重金属离子的富集机理主要有主动结合与被动结合、生物吸附、胞内和胞外金属蛋白的合成与代谢分泌物引起的络合、胞外沉积等，下面主要介绍主动结合与被动结合、生物吸附作用。

#### 12.4.2.1　主动结合与被动结合

生物体对金属离子的被动结合和主动结合是生物体对金属离子主动运输过程中的主要表现。主动运输是一种与代谢有关的胞内主动吸收过程，需要能量及某些特定酶的参与，是有生命生物体特有的生物富集途径。主动运输的影响因素主要有光的强弱、温度的高低及代谢抑制物等。

生物体对金属离子主动结合发生于活体细胞，是由于生物体代谢活动的结果，金属离子主动结合的吸附机理复杂。生物体对金属离子被动结合可发生于死的或活的生物体，包括在细胞表面快速物理吸附或离子交换。生物体对金属离子被动结合也是生物富集中的被动扩散、表面沉积对金属离子富集的主要形式。金属离子被动结合的机理模型可用以下方程简单描述。

Langmuir 式：
$$\frac{1}{q}=\frac{1}{q_{\max}}(1+ec_{\mathrm{f}}) \quad (12\text{-}34)$$

Freundlich 式：
$$\lg q=\lg K_{\mathrm{a}}+\frac{1}{n}\lg c_{\mathrm{f}} \quad (12\text{-}35)$$

式中，$q$ 为吸附量，mg/g；$e$ 为吸附平衡常数，L/mg；$q_{\max}$ 为饱和吸附量，mg/g；$K_{\mathrm{a}}$、$n$ 为经验常数；$c_{\mathrm{f}}$ 为吸附平衡时金属离子的浓度，mg/L。

重金属离子对活体材料有毒副作用，限制了生物体对重金属离子的吸附富集及在离子选择性结合方面的应用；而非活体生物材料不存在离子的毒性作用，常用来吸附水体中的重金属离子。当水体中含有少量易降解的有机物和重金属离子时，常采用活体微生物处理，既可以降解有机物，又可以吸附重金属。但对于金属含量高的体系，由于重金属离子对微生物的活性有抑制而不适用。

#### 12.4.2.2　生物吸附机理

生物吸附主要指生物体在溶液中吸附金属离子、非金属化合物以及固体微粒。生物吸附的机理主要有络合作用、离子交换作用、具有范德华力的细胞表面吸附、胞外聚合物吸附与富集、胞内吸附与转化等。

（1）配位体的解离与络合　络合是由金属离子与生物配位体中带负电的官能团静电引力

结合而形成，结合的方式可以是离子键或共价键。如氨基酸中带负电的残基与一些金属离子便可产生络合；羧基具有较强的络合能力，当把生物细胞中的羧基酯化后，$Cu^{2+}$ 与 $Au^{3+}$ 的吸附能力明显下降；硫酸根、氨基、羧基与金属离子也存在络合现象；Holan 亦证实硫酸盐、氨基以及羧基与金属离子络合的现象。对具有配位作用的生物体（L），通常能解离出 $H^+$ 成为阴离子，或与 $H^+$ 结合而质子化：

$$H_nL + H^+ \longleftrightarrow H_{n+1}L^+$$

对生物体（L）解离出 $H^+$ 成为阴离子，其 $n$ 级的逐级解离过程与相应的解离常数表示如下：

$$H_{n+1}L \longleftrightarrow H_nL + H^+ \qquad K_{a1} = \frac{[H_nL] \times [H^+]_i}{[H_{n+1}L]} \tag{12-36}$$

$$H_nL \longleftrightarrow H_{n-1}L + H^+ \qquad K_{a2} = \frac{[H_{n-1}L^-] \times [H^+]_i}{[H_nL]} \tag{12-37}$$

$$HL \longleftrightarrow L^{n-} + H^+ \qquad K_{an} = \frac{[L^{n-1}] \times [H^+]_i}{[HL]} \tag{12-38}$$

式中，$H_nL$ 为具有 $n$ 价的生物体；$[H_nL]$、$[H^+]$ 分别表示 $H_nL$、$H^+$ 的浓度；$K_{a1}$、$K_{a2}$、$K_{an}$ 分别为生物体逐级解离常数。

生物体（L）与金属离子（M）的络合平衡类似于生物体的解离，也存在逐级络合平衡关系，相应的络合平衡稳定常数如下所示：

$$M^{m+} + L^- \longleftrightarrow ML^{+m-1} \qquad K_1 = \frac{[ML^{+m-1}]}{[M^+] \times [L^-]} \tag{12-39}$$

$$ML^{+m-n-1} + L^- \longleftrightarrow ML^{+m-n} \qquad K_n = \frac{[ML^{+m-n}]}{[M^+] \times [L^-]} \tag{12-40}$$

$$M^{m+} + nL^- \longleftrightarrow ML^{+m-n} \qquad \beta_n = \frac{[ML_n^{+m-n}]}{[M^{n+}] \times [L^-]^n} \tag{12-41}$$

式中，$M^{m+}$、$L^-$、$ML^{+m-1}$ 分别为具有 $m$ 价的金属离子、带负电离子的生物配体、与具有 $m$ 价的金属离子络合的生物体；$K_1$ 和 $K_n$ 分别为第 1 级和第 $n$ 级络合稳定常数；$\beta_n$ 表示 $n$ 级累积稳定常数。

一般来说，逐级稳定常数大小顺序为 $K_1 > K_2 > K_3 \cdots > K_n$；各级稳定常数的乘积为累积稳定常数，也即 $\beta_n = K_1 \times K_2 \times K_3 \times \cdots \times K_n$。逐级稳定常数表明配位与金属离离子形成配合物的稳定性大小。

(2) 离子交换作用机理与模型　在生物吸附过程中，金属离子被吸附的同时经常伴随着其他离子的释放，所以生物吸附常被看作是一个离子交换的过程。R. H. Crist 通过实验发现释放出的钙、镁、氢等离子的总电荷等于被吸附的离子的电荷，吸附的二价离子与被交换的一价离子的量的比例接近 1∶2。对于大多数生物而言，参与离子交换的官能团主要是羧基与硫酸根，特别是多糖中硫酸盐多糖具有显著的离子交换能力。离子交换的机理模型如下：

$$M^{2+} + (NX_2) \underset{K_4}{\overset{K_3}{\rightleftarrows}} N^{2+} + (MX_2) \tag{12-42}$$

$$R_f = K_4[M^{2+}]f_N \tag{12-43}$$

$$R_r = K_4[N^{2+}]f_M \tag{12-44}$$

这里：

$$f_N = \frac{[NX_2]}{[NX_2] + [MX_2] + [HX]} \tag{12-45}$$

$$f_M = \frac{[MX_2]}{[MX_2] + [NX_2] + [HX]} \tag{12-46}$$

$$K_{ex}=\frac{K_3}{K_4}=\frac{[N^{2+}][MX_2]}{[M^{2+}][NX_2]} \tag{12-47}$$

当 pH 值一定时，生物体的离子交换能力：

$$C_p=[MX_2]+[NX_2] \tag{12-48}$$

式中，$[M^{2+}]$、$[N^{2+}]$ 为金属离子 M、N 的浓度；$[MX_2]$、$[NX_2]$、$[HX]$ 为金属离子 M 的吸附量、金属离子 N 的吸附量、阴离子与氢离子的结合量；$f_M$、$f_N$ 为金属离子 M、N 占据结合位的百分数；$R_f$、$R_r$ 为正、逆反应的速率；$K_3$、$K_4$ 为反应常数；$K_{ex}$ 为平衡常数；$C_p$ 为生物体的离子交换能力。

由于络合的同时常伴随着离子的释放，而离子交换也常常发生在配合物的结合键上，因而络合与离子交换这两种机理是密不可分协同作用的。

(3) 胞外吸附与富集　某些微生物在生长过程中会分泌如多糖、糖蛋白、脂多糖、可溶性氨基酸等胞外聚合物（extracellular polymeric substances，EPS），EPS 具有络合金属离子的作用。如蓝细菌能分泌多糖等 EPS；某些白腐真菌能分泌出能与金属离子螯合的柠檬酸，或能形成沉淀的草酸。如茁芽短梗霉（*Aureobasidium pullulans*）能分泌一种称为普鲁兰（pullulan）的胞外多糖，其分泌量随细胞存活时间的延长而增多，且细胞表面的 $Pb^{2+}$ 也会累积得越多，可高达 215.6mg/g 干重；当把细胞分泌的 EPS 取掉，则 $Pb^{2+}$ 便会渗透到细胞内，$Pb^{2+}$ 积累量显著减少到 35.8mg/g 干重。

(4) 细胞表面吸附　某些金属离子能通过与细胞壁上组分（如蛋白质、多糖、脂类等）中的化学官能团（如肽、羧基、羟基、氨基、巯基、磷酰基、酰胺基团等）的相互作用，被吸附到细胞表面。

汤岳琴等用产黄青霉废菌体对 $Pb^{2+}$ 的吸附，发现细胞壁上的几丁质和葡聚糖参与吸附过程，其中羟基与酰胺基团的协同作用结合 $Pb^{2+}$，并认为 $Pb^{2+}$ 优先与酰胺基团发生吸附作用。Crist 研究表明藻类细胞壁上引入氨基能更有效地结合有毒金属离子。

(5) 胞内吸附与转化　活细胞在新陈代谢过程中能将金属离子通过适当的输送机制传递到细胞内部，金属离子进入细胞后会被区域化，沉积于代谢不活跃的液泡包含体区域，或与热稳定蛋白结合，转变成为低毒物质。如酵母细胞吸收 Sr、Co 离子积累于液泡中，而吸收 Cd 和 Cu 离子置于其可溶性部分（solublefraction）；如金属硫蛋白（2000～10000kDa）富含半胱氨酸，可被金属 Cd、Cu、Hg、Co、Zn 等诱导而结合；另外如谷胱甘肽（GSH）富含半胱氨酸残基和组氨酸残基，对金属离子有高度亲和力的肽链，具有储备、调节和解毒胞内金属离子功能。因此，在微生物细胞内表达金属结合蛋白或金属结合肽，并用其富集废水中重金属离子具有重要意义。

以上几种生物吸附与富集作用是显而易见的，其机理与模型也较为成熟，然而影响生物吸附效果还与培养基组成、培养时间、溶液 pH、金属离子种类及其浓度、接触时间、竞争离子等众多因素有关。以下仅对 pH 变化条件下，生物体吸附重金属离子效果、吸附规律作介绍。

在近中性时生物体与金属离子的结合力一般很大，这时可将 $pH<2$ 时不结合或结合的金属离子洗脱出来，因为 $pH<2$ 时细胞壁上的官能团与 $H^+$ 结合后与金属离子的静电结合力减小（$Cu^{2+}$、$Cd^{2+}$、$Cr^{3+}$、$Zn^{2+}$、$Pb^{2+}$、$Ni^{2+}$ 等）。

某些生物体在低 pH 时有强烈的吸附作用，而当 $pH>5$ 时对某些离子结合不紧密（$CrO_4^{2-}$、$SO_4^{2-}$、$PtCl_4^-$）。

某些生物体对一些金属离子具有较大的结合力（$Ag^+$、$Hg^{2+}$、$AuCl_4^-$），且与生物体结合的 pH 无关，因此可通过调节 pH 来实现金属离子的选择性结合与分离。如在 pH 为 5 时选取生物体吸附水体中的 $Au^{3+}$、$Cu^{2+}$，几乎 100% 的离子被吸附，然后调节 $pH<2$，

则 $Cu^{2+}$ 解吸下来，而仍结合的 $Au^{3+}$ 可用硫脲将其洗脱下来，实现重金属离子的选择性分离。

### 12.4.3　重金属离子的生物富集工艺

生物体对金属离子的富集工艺分为如下两种。①将游离的生物材料加入水体中充分接触，吸附达平衡后离心或过滤，用少量稀酸或络合剂与生物体充分接触，离心取上清液测定解吸出来的金属离子，同时可计算出富集倍数。对于贵金属离子，对解吸液作进一步处理，达到回收目的。②从自然状态考虑，由于化学浸蚀和结构老化，生物材料会表现出弱的结合能力，另外生物材料堆集紧密，物理和机械性能欠佳，所以常将生物体固定化后装柱进行固定床或流化床实验，使水体不断流经柱子，达到去除金属离子的目的。吸附完全后用少量稀酸等解吸被吸附的金属离子，起到浓缩富集的作用。

富集工艺常在搅拌式反应器中进行，生物富集体与金属废水在反应器中充分接触，固液两相混合均匀，这样可有效地去除水体中的金属。反应器的几何尺寸、搅拌器的型式对提高固液两相传质有着重要的作用。具体工艺流程见图 12-5，生物富集体与金属废水首先在反应器中混合形成悬浮溶液，当吸附结束后，悬浮液进入过滤器进行固液分离，得到的固体进行再生处理，滤液进一步净化处理。

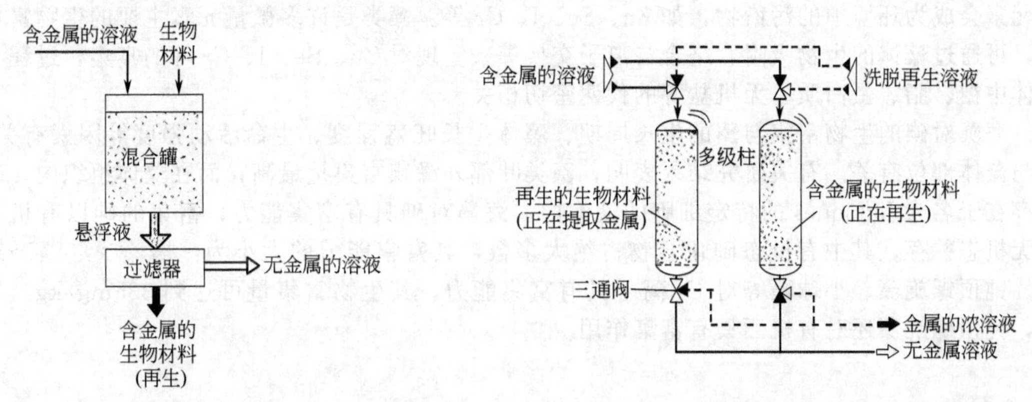


图 12-5　金属富集的搅拌式反应器工艺流程　　　　图 12-6　金属富集的固定床式反应器工艺流程

在固定床或流化床式反应器中固定化生物富集体。在固定床式反应器中，生物体以固定床层方式填充于反应器，含金属的废水自上而下缓慢地通过床层，通常采用两个以上反应器并联运行，交替进行富集和再生。该工艺的缺点是水相中的杂质沉积到富集体表层后会影响反应器的水流状态。其工艺流程见图 12-6。图 12-7 为上流式流化床式反应器工艺流程，水

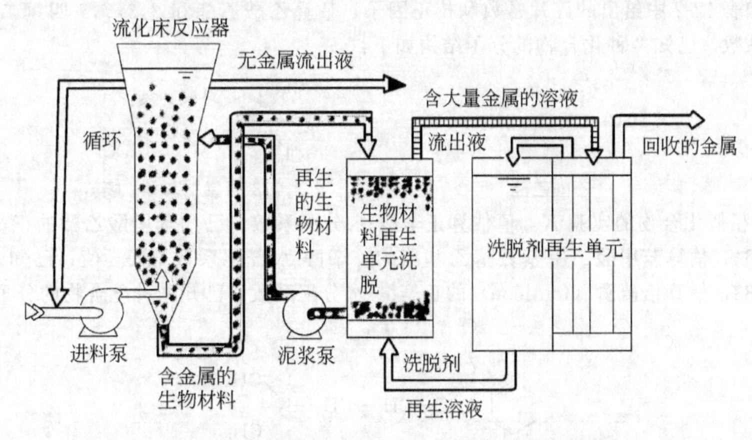


图 12-7　金属富集的流化床式反应器工艺流程

溶液从底部进入反应器与生物体进行混合接触并呈流化状态，通过控制合理的操作参数和步骤，使悬浮态的出水溶液的生物体和水相中的金属离子都达到预定的指标。

## 12.5 其他有害物质的生物富集

### 12.5.1 放射性物质的生物富集

去除或降低放射性污染物对环境的影响具有重要意义，利用微生物进行对放射性物质的生物吸附，具有效率高、成本低、耗能少、无二次污染等优点，已成为世界各国迅速发展起来的重要研究方向之一。

1966 年 Polikar 发现水环境中的放射性核元素，能够直接被海洋微生物从水中富集。1978 年 Shumate 利用一株酵母和一株细菌从溶液中富集铀，到目前为止，发现与富集铀密切相关的微生物已达数十种，包括丝状真菌、细菌、酵母菌等。谭红、李福德等人利用细菌和酵母菌富集铀的研究，铀富集量可达细胞干重的 10%～15%。

### 12.5.2 微量元素的生物富集

微量元素是人和动物必需的，具有非常重要的生理、生化功能，但在某些特定场合下微量元素会成为环境中的污染物，如 Zn、Se、I、Cr 等。藻类是许多微量元素主要的生物富集体，可通过藻体的生物吸附、络合与离子交换等来实现对 Zn、Se、I、Cr 等的富集，过程与藻体中糖、脂、蛋白质、无机盐等的代谢密切相关。

海藻对碘的生物富集与藻的生长周期、藻体生长旺盛程度、生命活动强度等因素有关。也与藻体部位有关。有关研究结果表明，藻类叶部外缘碘富集量最高；而在藻体组织内，碘只存在于名为 Ioduques 的特定细胞的液泡内。海藻对砷具有富集能力，富集的砷以有机态和无机态并存，其中有机态砷化合物占绝大多数，其富集能力的大小为：褐藻＞红藻＞绿藻。钝顶螺旋藻、小球藻等对 Cr 离子具有富集能力，其生物富集量可达到 336mg/kg。另外，钝顶螺旋藻还对有机硒具有富集作用。

## 习 题

1. 为什么生物积累通常被看成一个平衡过程？
2. 易于积累的有机污染物的重要生命介质有哪些？分析其相互作用机制和溶解有机溶质的能力，哪个有机相是重要的？
3. 通过哪种机制能使生物积累导致真正的生物放大？
4. 为什么水生生态系统中持久性有机物的生物放大因子会随着化合物疏水性增强而变大？
5. 使用表 12-1 和表 12-2 中给出的碎片常数和校正因子，估算乙酸乙酯和 2,3,7,8-四氯二苯并二噁英的正辛醇-水分配系数。已知两种化合物的分子结构如下：

$H_3C-C(=O)-O-CH_2-CH_3$

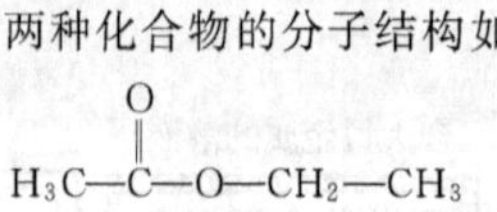

乙酸乙酯

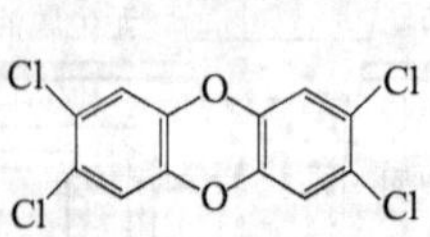

2,3,7,8-四氯二苯并二噁英

6. 从制定的结构相似化合物的实验 $K_{ow}$ 值估算正辛醇-水分配系数。已知苯甲酸乙酯的正辛醇-水分配系数 $\lg K_{ow}$ 值为 2.64，估算苯甲酸二甲基氨基乙基酯的正辛醇-水分配系数 $\lg K_{ow}$ 值；已知杀虫剂对硫磷的 $\lg K_{ow}$ 值为 3.83，估算倍硫磷（fenthion）的正辛醇-水分配系数。已知两种化合物的分子结构如下：

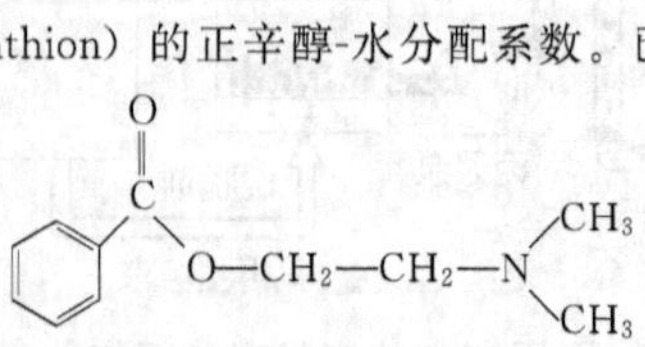

$C_6H_5-C(=O)-O-CH_2-CH_2-N(CH_3)_2$

苯甲酸二甲基氨基乙基酯

苯甲酸乙酯　　　　对硫磷　　　　倍硫磷

## 参考文献


[1] 戴树桂编．环境化学．北京：高等教育出版社，1996.

[2] 李博编．生态学．北京：高等教育出版社，2000.

[3] 孔繁翔编．环境生物学．北京：高等教育出版社，2000.

[4] 莱曼 W J，雷尔 W F，罗森布拉特 D H 著．化学性质估算方法手册．北京：化学工业出版社，1991.

[5] 伦世仪，陈坚，曲音波主编．环境生物工程．北京：化学工业出版社，2002.

[6] 瑞恩 P 施瓦茨巴赫，菲利普 M 施格文，迪特尔 M 英博登著．环境有机化学．王连生等译．北京：化学工业出版社，2004.

[7] 余刚，牛军峰，黄俊等．持久性有机污染物——新的全球性环境问题．北京：科学出版社，2005.

[8] Mackay D，Faster A F. Bioaccumulation of persistent organic chemicals：mechanisms and models. Enviornmental Pollution，2000，1101：375-391.

[9] Murrary A P，Richardson B J，Gibbs C F. Bioconcentration factors for petroleum hydrocarbons PAHs，LABs and biogenic hydrocarbons in the blue mussel. Mar pollution-Bull，1991，22：595-603.

[10] Maria M，Ramous C，et al. Bioaccumulation moltoxicicy of hexachlorobenezene in chlorella vulgaris and daphnia magns. Aqua Toxicol，1996，35：211～220.

[11] Way X L，Harada S，et al. Modelling the bioconcentration of hydrophobic organic chemicals in aquatic organisms. Chemosphere，1996，32：1783-1793.

[12] Gobas F A C. Bioconcentration of chlorinated aromatic hydrocarbons in aquatic macrophytes. Environ Scien Tech，1991，25：924-929.

[13] Southworth G R，Beauchamp J J，Schmieder P K. Bioaccumulation potential of polycyclic aromatic hydrocarbons in daphnia pulex. Wat Res，1978，12：973-977.

[14] Stegeman J M，Teal J M. Accumulation release and retention of petroleum hydrocarbons by oyater Crassostrea Virginica. Marine Biology，1973，22（1）：37-44.

[15] Burns K A，Smith J L. Biological monitoring of ambient water quality. Estuarine Coasted and sbelf Science，1981，13（2）：433-443.

[16] Martln M，Richardson B J. Long term containment biomonitoring：views from north and southern bemisphere peraspectives. Marine Pollution Bulletin，1991，22（11）：533-537.

[17] 李志勇，郭祀远，李琳等．藻类生物富集．广州化工，1999，27（1）：13-16.

[18] Gale R W. Three-compartment model for contaminant accumulation by semipermeable membrane device. Environment Science and Technology，1998，38（25）：2292-2300.

[19] Ockenden W A，Prest H F，Thomas G O，et al. Passive air sampling of PCBs. Environment Science and Technology，1998，32（10）：1538-1543.

[20] Prest H F，Richardson B J，Jacobson L，et al. SPMD and mussels in corio Bay Victoria Austrial. Marine Pollution Bulletin，1995，30（8）：543-554.

[21] Phillips D J H，Richardson B J，Murrary A D. Trace meals organochlorines and hydrocarbons in port phillip Bay Victoris. Marine Pollution，1992，25（58）：200-217.

[22] 王毅，王春霞，王子健．被动式采样及半透膜装置在环境中的应用及展望．环境导报，1997，2：1-5.

[23] 郑金树，欧寿铭，潘荔卿．半透膜渗透吸附装置（SPMD）的海洋有机氨农药监测研究．海洋环境科学，1999，18（1）：19-23.

[24] 王毅，刘季昂，马梅等．半渗透膜采样技术监测城市污水处理流程中的难降解有毒有机污染物．中国环境监测，1999，15（3）：1-4.

[25] 张勇，林汉尘，潘嘉辉等．一种新的有机污染物采样装置．分析化学，2000，11：1434-1438.

[26] 张杰，张勇．SPMD 技术的应用与研究进展．海洋环境科学，2001，20（4）：67-74.

[27] 王子健，王毅．用生物模拟采样技术研究硝基芳烃在鱼体内的富集和降解．水生生物学报，2002，26（3）：209-214.

[28] 王子健，王毅．用生物模拟采样技术模拟研究不同取代氯酚在金鱼体内的富集和降解．湖泊科学，2002，14（3）：72-76.

[29] 刘季昂，王毅，王文华等．利用生物模拟采样技术研究第二松花江中的难降解有机污染物．环境导报，1999，2：15-17.

[30] 赵云英，马永安．天然环境中多环芳烃的迁移转化及其对生态环境的影响．海洋环境科学，1998，17（2）：67-72.
[31] 侯玲，赵元慧，郎佩珍等．有机污染物的迁移转化及模拟研究．东北师范大学学报，1999，2：46-56.
[32] 夏立江，华珞，李向东．重金属污染生物修复机制及研究进展．核农学报，1998，12（1）：59-64.
[33] 严雪，杨永清，李永科等．不同营养条件下原始小球藻对蒽的富集和降解研究．应用生态学报，2002，13（2）：145-150.
[34] 于红霞，王连生，赵元慧．氯代苯在鱼体内富集和释放行为的研究，环境科学，1995，16（1）：8-11.
[35] 陆光华，赵元慧，汤洁．绿藻对硝基苯化合物的富集与释放研究．环境科学研究，2001，14（3）：4-6.
[36] Anspach F B，Petsch D. Membrane adsorbers for selective endotoxin removal from protein solution. Process Biochemistry，2000，35：1005-1012.
[37] 韩润平，石杰，李建军等．生物材料对重金属离子的吸附富集作用．化学通报，2000，7：25-28.
[38] 赵玲，尹平和等．海洋赤潮生物原甲藻对重金属的富集机理．环境科学，2001，22（4）：42-45.
[39] 陈小霞，梁世中，吴振强等．异养小球藻生物富集 $Cr^{3+}$ 的研究．食品与发酵工业，2001，27（11）：33-36.
[40] 傅锦坤，张伟德，刘月英等．细菌吸附还原贵金属离子特性及表征．高等学校化学学报，1999，20（9）：1452-1454.
[41] 何金兰．鱼腥藻对某些金属离子的吸附效应研究（Ⅱ）——鱼腥藻对金（Ⅲ）的吸附．矿岩测试，1995，14（3）：231-233.
[42] 邓旭，李清彪，孙道华等．利用基因工程菌去除电解废水中的汞离子．厦门大学学报，2002，41（3）：330-333.
[43] Sheaher M A，Johanson K J. Influence of zeoline on the availability of radiocaesium in soil to plants，Science of the Total Environment，1992，113：287-295.
[44] 史建君，赵小俊，陈晖等．水生植物对水体中放射性锶的富集动态．上海交通大学学报，2002，20（1）：38-41.
[45] 陈同赋，韦朝阳，黄泽春等．砷超富集植物蜈蚣草及其对砷的富集特征．科学通报，2002，47（3）：207-210.
[46] Meylan W M，Howard P H. Atom/fragment contributionmethod for estimating octanol-water partition coefficients. J Pharm Sci. 1995，84（1）：83-92.
[47] 王建龙，陈灿．生物吸附法去除重金属离子的研究进展．环境科学学报，2010，30（4）：673-701.
[48] 汤岳琴，牛慧，林军等．产黄青霉素废菌体对铅的吸附机理研究——参与铅生物吸附的化学物质及功能团的确定．四川大学学报，2001，33（3）：50-54.
[49] 支田田，程丽华，徐新华，陈欢林．藻类去除水体中重金属的机理及应用研究进展．化学进展，2011，23（8）：216-218.

# 第 13 章 生态塘与人工湿地

全国 660 个城市基本上均建有大型污水厂，城市生活污水基本上纳入污水管网系统，集中处理；南方发达地区，大部分工业废水实行达标处理排放。然而我国广大的中小城镇市政污水处理率仅在 11%左右，特别在辽阔乡村，生活污水的处理率低于 1.0%。要将广大村镇居民的日常生活污水纳入管网，实行集中处理存在困难，而且也不理想。然而村镇生活污水的随意排放，加之农业面源污染所造成我国河道、湖泊水环境的污染已十分严峻，有关报道指出，由生活污水的氨氮污染与农药、杀虫剂残留物引起的污染占总水体负荷的 1/3～1/2，对村镇河流水环境造成的污染已非常严重。虽然这类污染物浓度不是很高，或稀释得当，适量排入江河、湖泊能获得自净，然而超量与无节制的排放造成江河、湖泊的水体自净功能丧失，产生人为的水体富营养化。

尽管利用天然生长的菌、藻类、浮游水生物及水生植物的光合协同作用，可在一定程度上净化水体，特别是利用合成的蓝细菌来净化部分受污染严重的河道取得了一定效果，但对于大规模的推广应用尚有相当难度。基于我国国情，采用生态塘和人工湿地，并结合其他废水、污水处理新技术，系统处理乡村生活污水和某些特定工业废水，能够有效地改善广大农村地区的水体环境。为此，建设生态塘、人工湿地以及生化湖等生态方法来处理与净化广大农村水体，恢复江河水体的自净功能，抑制湖泊、水库的富营养化发生，建设社会主义生态新农村具有十分重要意义，将成为我国在“十二五”期间大力推广的一项新技术之一。

## 13.1 生态塘分类与作用机理

生态塘，通常也称稳定塘，是一种利用天然净化能力的生物处理构筑物的总称。主要利用菌、藻类、浮游水生生物在阳光照射下的协同作用达到净化废水、污水中的有机污染物，如图 13-1 所示。对一定深度的生态塘，依其深度存在好氧区、兼氧区和厌氧区，具有不同的生态功能，能有效降解与转化污水中的有机物，不必进行污泥沉淀、循环和专门处置，具有构造简单、容积率较大、基建投资和运转费用低、维护建修简单等优点，适用于生活污水分散、面广的我国农村。

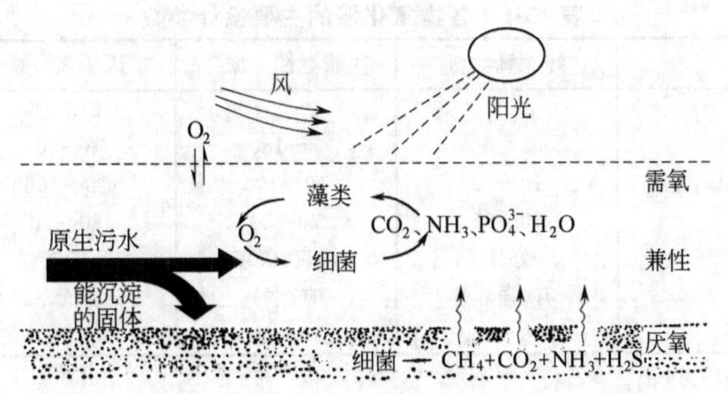


图 13-1 稳定塘光合产氧与异养耗氧作用机理示意图

生态塘按自然处理或人工处理可分为稳定塘和曝气塘两大类；若按微生物反应类型划

分，则有厌氧塘、兼性塘、好氧塘三种。另外，生态塘还可按出水方式分成连续出水塘、控制出水塘和完全储存塘。一般状况下，曝气塘和稳定塘均可以连续出水塘方式设计，但在特殊环境下，厌氧塘、兼性塘或好氧塘也可按完全储存塘或控制出水塘的方式设计。

### 13.1.1 稳定塘的种类

（1）好氧塘　好氧塘是一类在有氧状态下净化污水的稳定塘。主要依靠藻类或蓝细菌为光合自养微生物，通过光合作用和塘表面风力搅动自然供养或复氧，并与异养细菌共存，实现光合自养与异养的协同作用，使污水得以净化。好氧塘的深度一般在0.5m左右，塘内呈好氧状态，自然复氧；好养塘的污水停留时间一般取0.5～3d，有机负荷较低，适用于处理$BOD_5$浓度小于100mg/L的污水，水中藻类物等可通过凝聚、砂滤、上浮等方法将其定期除去；好氧塘的$BOD_5$去除率可达85%～90%，出水水质好，但占地面积很大。

（2）厌氧塘　厌氧塘是一类在无氧状态下净化污水的稳定塘，塘深一般在2～6m，塘内表面水层呈好氧状态，好氧菌在这层内分解有机物，并消耗水中溶解氧；厌氧塘随塘深依次由好氧逐渐转兼性进而为厌氧状态，厌氧微生物以有机污染物为基质，进行厌氧呼吸并发酵，将其转化为沼气和生物物质。厌氧塘进水$BOD_5$负荷高，某些不易好氧分解的基质能被降解或转化，塘内污水呈黑色，具有臭气，厌氧塘通常用于较高COD浓度的废水处理，但降解不彻底，需再经好氧塘处理后，才能达到排放要求。

（3）兼性塘　兼性塘是指在塘上部水层呈好氧状态，微藻或蓝细菌通过光合生长，并将有机污染物在好氧水层中降解；塘下部水层与污泥层中缺氧，处于无氧状态，有机污染物通过厌氧微生物实现降解转化；中间则处于好氧与厌氧之间的兼氧层。兼性塘深度通常在1.0～2.5m，白天有溶解氧存在，夜间则处于厌氧状态，适合兼性微生物的生长。其运行效率主要取决于微藻光合产氧和塘内水体表面复氧效果。尽管$BOD_5$去除率不如好氧塘高，但兼性塘具有承受负荷大、处理浓度高、散发臭味少等特点。

（4）曝气塘　曝气塘也称为人工强化供氧的氧化塘，设有曝气充氧设备，塘内水体混合充分、供氧充足，其有机物和营养物的容积负荷比兼性塘、好氧塘大得多，微生物生长快、繁殖好，能形成活性污泥絮体；曝气塘塘深3～5m，能承受较高的废水负荷，水力停留时间3～8d，$BOD_5$去除率70%左右；曝气塘占地面积小，操作费用较高；通常可达到二级出水标准，与后置的净化塘串联，可获得高的出水水质。

四种塘的设计参数如表13-1所示。稳定塘的设计，可根据进水水质及出水水质要求，将各种塘进行不同的串、并联组合，各塘之间以厌-兼-好（或曝气）先后次序串联为佳。稳定塘处理废水的效率虽较低，占地面积也较大，但具有投资省、操作简单、运转费用低等优点，可作为小城镇、乡村地区优先选择的污水处理工艺。

**表13-1　各类氧化塘的主要设计参数**

| 指　标 | 好　氧　塘 | 兼　性　塘 | 厌　氧　塘 | 曝　气　塘 |
|---|---|---|---|---|
| 水深/m | 0.5 | 1～2.5 | 2.5～6 | 3～5 |
| HRT/d | 2～6 | 7～180 | 5～50 | 2～10 |
| $BOD_5$负荷/[mg/($m^2$·d)] | 10～40 | 10～100 | 100～1000 | 2～200① |
| $BOD_5$去除率/% | 60～95 | 70～90 | 50～70 | 80～95 |
| $BOD_5$降解形式 | 好氧 | 好氧、厌氧 | 厌氧 | 好氧 |
| 光合反应 | 有(强烈) | 有(弱) | 无 | 无 |
| 藻类浓度/(mg/L) | 200～400 | 10～50 | 0 | 0 |

① 负荷单位为kg/($10^3m^3$·d)。

### 13.1.2 稳定塘的特点

与传统污水处理方法相比，稳定塘系统净化污水的特色较为显著，可实现水循环，节约水资源，还能形成生态景观（如表 13-2 所示）。归纳的特点如下：一般可利用旧河道、沼泽地、盐碱地等杂地，兼有美化环境的特色；构造简单、运行简便、维护容易，适合于小城镇和乡村；经处理水体，一般能达到农田灌溉水质标准，提高回用水率。

**表 13-2 稳定塘系统与常规污水处理方法的比较**

| 比较项目 | $A^2/O$法 | 氧化沟法 | 稳定塘 |
|---|---|---|---|
| 工艺路线 | 工艺复杂、构筑物多、运行麻烦 | 工艺简单、构筑物少、运行较简单 | 工艺简单、操作简便、维护方便、无污泥回流 |
| 基建投资 | 高 | 比活性污泥法省 15%～20% | 基建费用低、可充分利用地形，构筑简单、占地面积大 |
| 运行费用 | 高 | 比活性污泥法高 15%～25% | 运行费用低、处理能耗低、出水可作为农灌水 |
| 处理浓度 | 低浓度时难以高效脱氮、除磷 | 低浓度处理效果差，原水 $BOD_5$ 小于 100mg/L 时，难以正常运行 | 适应浓度范围大、抗冲击负荷能力强、弹性大、产泥少 |
| 功能及效果 | 当 C、N、P 比例适宜时能脱氮、除磷 | 能脱氮、除磷 | 能脱氮、除磷 |

但稳定塘也有不足之处，如占地面积大、易产生气味和滋生蚊蝇等。近几年来国内还开展了对综合生物塘的研究。在稳定塘内放养某些水生动物、自游动物、底栖动物，并种植某些水生高等植物，以清除污染物。如水浮莲、凤眼莲、水昆虫、鱼类、螺、贝，以及放养鹅、鸭家禽等。目前我国已有类似的综合生物塘数十座。

### 13.1.3 稳定塘的作用机理

稳定塘利用微藻或蓝细菌光合和异养微生物协同作用净化污水，要考虑有机污染物能否被异养细菌降解、阳光是否充足等实际问题，特别是 $CO_2$ 在自养与异养过程中的平衡作用。否则，稳定塘也不能达到预期的处理效果。

如图 13-1 所示的稳定塘，含有一定 COD 浓度的污水以流量 $Q$ 进入塘内，在阳光的作用下，光能自养菌生长过程中将利用大气中的 $CO_2$，将其转化成细胞物质，并从水中获得电子而产生氧气，所产生氧气则被塘内异养细菌用来氧化污水中的有机物，达到降低 $BOD_5$ 的目的。当塘内藻类生长产氧和有机物降解耗氧达到平衡时，则污水中的 $BOD_5$ 去除效果达到最佳状态。

在充足的阳光照射下，在稳定塘中的光合细菌 $(CH_2O)_p$ 捕获与转化 $CO_2$ 而获得生长的机制可用下式表示：

$$3CO_2 + 3H_2O \xrightarrow{\text{太阳光}} 3(CH_2O)_p + 3O_2$$

若忽略光的利用效率，理论上每产生 3mol 的光合细胞物质，能同时放出 3mol 的氧气。

同时，在稳定塘中存在异养细菌 $(CH_2O)_h$，假定污水中有机物以葡萄糖 $(C_6H_{12}O_6)$ 形式存在，取其转化系数 $f_s$ 为 0.5，则可得其降解葡萄糖、促进生长的耗氧平衡反应如下：

$$C_6H_{12}O_6 + 3O_2 \longrightarrow 3(CH_2O)_h + 3CO_2 + 3H_2O$$

在过程中，异养细菌每氧化 1mol 葡萄糖会消耗 3mol 的氧气，而氧气来自光合细菌固定与转化 $CO_2$ 的过程中。将上两式相加，得到葡萄糖转化为光合细菌与异养细菌的方程式：

$$C_6H_{12}O_6 \longrightarrow 3(CH_2O)_h + 3(CH_2O)_p$$

当污水中的溶解性有机物成分消耗并转化成光合细菌和异养细菌后，也即成为悬浮的固态活性污泥，进一步通过沉降、过滤等手段可将其分离出来，最后使污水水体的 $BOD_5$ 明显降低，达到水体净化的目的。

氮和磷元素在参与微藻类细胞生长过程中的量不大，特别是磷元素，在整个光合反应过程中仅占1%，但其在反应物的生成过程中起到极其重要的作用，是不可缺少的成分。

对氮、磷参与的光合磷酸化与$CO_2$同化反应如下：

$$12H^+ + 6CO_2 + 18ATP + 12NADP + 12H_2O \longrightarrow C_6H_{12}O_6 + 18ADP + 12NADP^+ + 6H^+$$

在稳定塘中，自养细菌产生5.65g的细胞物质需要大约133kJ的能量，产生1mg的光合自养生物细胞物质（或微藻类和陆地植物）需要能量21～24J。则微藻或蓝细菌生成与放氧总反应：

$$106CO_2 + 65H_2O + 16NH_3 + H_3PO_4 = C_{106}H_{181}O_{45}N_{16}P + 118O_2$$

在另一方面，光合自养微生物生长过程也能利用污水中的氮和磷，特别是磷，在合适的情况下，有时会表现出“过度摄磷”的现象，使参与光合反应的磷高达6%左右。

目前光合作用的太阳辐射能利用率仅为3%～5%。因此，在水和营养物质充足的条件下，提高太阳的光合作用有效利用率具有重要意义。

# 13.2 几种典型塘的设计

## 13.2.1 好氧塘的设计

好氧塘适合于处理$BOD_5$浓度小于100mg/L的污水，其设计参数可参考表13-3。

表13-3 污水处理好氧塘设计参数

| 平均气温/℃ | $BOD_5$表面负荷/[kg/(10^4 m^2·d)] | 水力停留时间/d | 塘水深/m | BOD去除率/% | 藻类浓度/(mg/L) | 出水悬浮固体浓度/(mg/L) |
|---|---|---|---|---|---|---|
| >16 | 20～30 | 3～10 | | | | |
| 8～16 | 15～25 | 10～20 | 0.5～1.5 | 60～80 | 100～200 | 80～140 |
| <8 | 10～20 | 20～30 | | | | |

**【例13-1】** 某农村污水流量$Q=1000m^3/d$（污水排放变化系数为1.5），污水$BOD_5$浓度$c_0=70mg/L$，平均气温5℃；要求出水$BOD_5$浓度$c_e \leqslant 30mg/L$。试用面积负荷法设计一座好氧稳定塘。设计参数可取：$BOD_5$表面负荷$N_A=20kg/(10^4m^2 \cdot d)$；好氧塘水面长宽比$L/B=10$，有效水深$H=1.0$，塘超高$\Delta H=1.0m$，塘深为$H_0=H+\Delta H$；塘堤内侧边坡系数$S=2.5$。

**解：**

好氧塘有效面积 $A=\dfrac{Qc_0}{1000N_A}=\dfrac{1000\times70}{1000\times20}=3.5\times10^4$ （$m^2$）

则塘长和塘宽 $L=\sqrt{10A}=\sqrt{10\times3.5\times10^4}=592$ （m）

$B=L/10=592/10=59$ （m）

塘有效容积

$$V=[LB+(L-2SH)(B-2SH)+4(L-SH)(B-SH)]\frac{H}{6}$$

则 $V=[592\times59+(592-2\times2.5\times1.0)(59-2\times2.5\times1.0)+4(592-2.5\times1.0)(59-2.5\times1.0)]\times1.0/6$

$=33309$ （$m^3$）

校核水力停留时间

$$t=\frac{V}{Q}=\frac{33309}{1000}=33.3\ (d)$$

塘长 $L_0=L+2SH_0=592+2\times2.5\times2=602$ （m）

塘宽　　$B_0=B+2SH_0=59+2\times2.5\times2=69$ (m)

塘容积　$V_0=[L_0B_0+(L_0-2SH_0)(B_0-2SH_0)+4(L_0-SH_0)(B_0-SH_0)]\dfrac{H_0}{6}$

$=[602\times69+(602-2\times2.5\times2)(69-2\times2.5\times2)+4(602-2.5\times2)(69-2.5\times2)]\times\dfrac{2}{6}$

$=76433$ ($m^3$)

$BOD_5$ 降解率：

$$\eta=\frac{c_0-c_e}{c_0}\times100\%=\frac{70-30}{70}\times100\%=57\%$$

以上计算，水力停留时间和 $BOD_5$ 的降解速率都在推荐范围值内。

**【例 13-2】** 杭州钱塘江南岸某镇新农村社区，用一个单级好氧稳定塘处理污水，污水进水 $BOD_L=600$mg/L，VSS＝40mg/L，污水水温为 30℃。在冬天运行时，气温为 0℃，拟利用污水的水温来防止塘内结冰。请确定好氧稳定塘的深度、水力停留时间和出水水质。

**解：** 假设水温为 18.75℃、水力停留时间为 3d，则单级进水和出水氧气消耗速率为 80kg $O_2$/(1000m³·d)。假定冬天的平均产氧率为 $2.3\times10^4$ mg $O_2$/(m²·d)，则稳定塘的水深（$h$）为：

$$h=\frac{23000\text{mg } O_2/(\text{m}^2\cdot\text{d})}{80\text{kg } O_2/(1000\text{m}^3\cdot\text{d})}\times\frac{\text{kg}}{10^6\text{mg}}=0.3\text{m}$$

好氧稳定塘的表面积越大，损失的热量就越多，假定的水温 18.75℃太高，通过水深和水力停留时间，计算出更合适的水温如下：

$$T=\frac{\left(\dfrac{0.5\times3}{0.3}\right)0℃+30℃}{\dfrac{0.5\times3}{0.3}+1}=5℃$$

由于温度下降，各个参数需要重新计算，可继续通过迭代计算求得最终结果。该项目合适水深为 0.3m，相应的水力停留时间为 3d。

### 13.2.2　兼性塘设计

按照国外兼性塘设计与运行经验，兼性塘的设计参数可参考表 13-4，其塘的有效容积可利用 Gloyna 建议的经验公式和 Marais 提出的计算公式计算。

**表 13-4　兼性塘设计参数**

| 平均气温/℃ | $BOD_5$ 面积负荷/[kg/(10⁴m²·d)] | 水力停留时间/d | 塘水深/m | BOD 降解率/% | 藻类浓度/(mg/L) | 出水 SS/(mg/L) | 塘数/个 | 单塘面积/×10⁴m² |
|---|---|---|---|---|---|---|---|---|
| >16<br>8～16<br><8 | 70～100<br>50～70<br>30～50 | 5～15<br>15～20<br>20～30 | 1.2～2.5 | 60～80 | 10～100 | 100～350 | 3～4 | 0.8～4.0 |

① 当兼性塘的去除率在 80%～90%，可采用 Gloyna 建议的经验公式计算塘的有效容积。

$$V=3.5\times10^{-5}Qc_0\theta^{(35-T)}ff'$$

式中，$V$ 为塘有效容积，m³；$Q$ 为进水流量，L/d；$c_0$ 为进水 BOD 浓度；$\theta$ 为温度修正系数，取 $\theta=1.085$；$f$ 为微藻毒性系数，生活污水一般不存在毒性化合物，取 $f=1$；$f'$ 为硫化物修正系数，当进水中硫化物浓度＜500mg/L 时，取 $f'=1$；$T$ 为水温，℃。

② 在水温为 35℃，处理污水 $BOD_5$ 为 200mg/L 时，可采用 Marais 提出的兼性塘设计

的公式，其有效容积可按下式计算。

$$V=t_{(35℃)}\theta^{(35-T)}Q\frac{[BOD_5]}{200}$$

式中，$t_{(35℃)}$ 为35℃时的水力停留时间，d；$Q$ 为进水流量，$m^3/d$。

Marais 提出：$t_{(35℃)}=3.5\sim7.5d$。

有关学者推荐：兼性塘面积的有机负荷一般在 22～56kg $BOD_5/(10^4m^2\cdot d)$，水力停留时间为7～50d，$BOD_5$ 降解率为70%～90%。

**【例13-3】** 已知南方某村日污水排放量 $Q=1000m^3/d$（变化系数取1.5），进水 $BOD_5$ 浓度 $c_0=150mg/L$，要求 $BOD_5$ 的降解率 $\eta=90\%$，最低气温 $T=5℃$，取 $VSS/SS=f=1$、$MLVSS/MLSS=f'=1$；$t_{(35℃)}=6d$，分别利用 Gloyna 建议的经验公式、用水力停留时间导出公式来设计一座兼性塘，并对两种设计计算结果进行比较。

**解：** 1. 用 Gloyna 建议的经验公式计算

$BOD_5$ 总负荷量：

$$N=Qc_0=1000\times0.15=150\ (kg/d)$$

塘有效总容积：

$$V=3.5\times10^{-5}Qc_0\theta^{(35-T)}ff'$$

$$V=3.5\times10^{-5}\times1000\times1000\times150\times1.085^{(35-5)}=60681\ (m^3)$$

设定的塘水深 $H=2.0m$，则塘的有效面积：

$$A=\frac{V}{H}=\frac{60681}{2}=30341\ (m^2)$$

校核 $BOD_5$ 面积负荷：

$$N_A=\frac{N}{A}=\frac{150}{30341}=49.4\ [kg/(10^4m^2\cdot d)]$$

校核水力停留时间：

$$t=\frac{V}{Q}=\frac{60681}{1000}=60.7\ (d)$$

2. 用水力停留时间导出公式计算

塘有效容积：

$$V=t_{(35℃)}\theta^{(35-T)}Q$$

$$V=6\times1.085^{(35-5)}\times1000=69350\ (m^3)$$

塘有效面积：

$$A=\frac{V}{H}=\frac{69350}{2}=34675\ (m^2)$$

校核 $BOD_5$ 面积负荷：

$$N_A=\frac{N}{A}=\frac{Qc_0}{A}=\frac{1000\times0.15}{34675}=43\ [kg/(10^4m^2\cdot d)]$$

比较两种方法计算结果，其相差10%左右；其 $BOD_5$ 处理负荷，Gloyna 经验公式法比水力停留时间法大。

### 13.2.3 曝气塘设计

通常把曝气塘看作完全混合的反应器，单级连续流搅拌反应模式，反应速率属一级动力学。

如图13-2所示中，假定反应器有效容积为 $V$，进水流量为 $Q$，进水中可生物降解的有机物 $BOD_5$ 浓度为 $c_0$；反应后出水稳态底物 $BOD_5$ 浓度为 $c_e$，曝气塘微生物浓度为 $X$。则曝气塘的污水水力停留时间可用下列方程式设计：

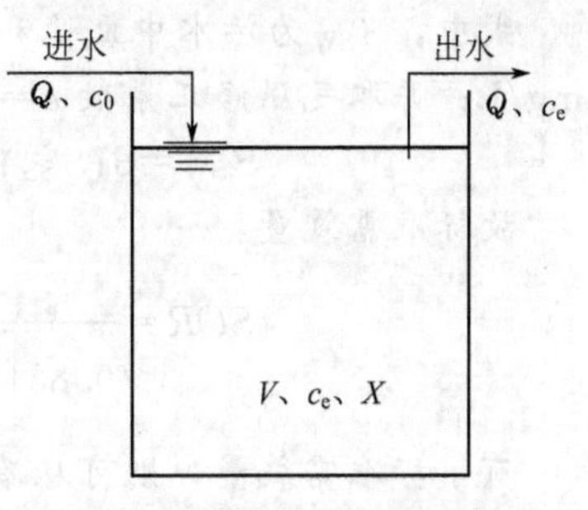

图 13-2　单级连续流反应

$$t=\frac{E}{2.3k(100-E)}$$

式中，$t$ 为曝气塘内污水水力停留时间，d；$E$ 为曝气塘降解 $BOD_5$ 的百分数，%；$k$ 为曝气塘反应速率常数，$d^{-1}$。生活污水的 $k$ 值：当水温为 20℃时，$k=0.12d^{-1}$；1℃时的 $k=0.06d^{-1}$。若将曝气塘串联，则水力停留时间：

$$t=\frac{n}{k_T}\left[\left(\frac{c_0}{c_e}\right)^{1/n}-1\right]$$

式中，$n$ 为串联塘数，个；$c_0$ 为进入塘前原污水 $BOD_5$ 浓度，mg/L；$c_e$ 为串联的第 $n$ 级塘出水 $BOD_5$ 浓度，mg/L；$k_T$ 为水温 $T$℃时，完全混合一级反应速率常数，$d^{-1}$。

$$k_T=k_{(20)}\theta^{(T-20)}=(0.6\sim2.5)\theta^{(T-20)}$$

式中，$\theta$ 为温度常数，$\theta=1.06\sim1.09$。

对曝气塘，不计硝化所需氧量时用下式估算：

$$AOR=aQ\frac{c_0-c_e}{1000}+b\frac{XVf}{1000}\quad(kgO_2/h)$$

式中，$a$、$b$ 值为需氧系数，分别为 0.5kg $O_2$/kg $BOD_5$ 和 0.15kg $O_2$/kg MLVSS。

由于污水中有机污染物氧化最终所需的氧量约为 $BOD_5$ 的 1.47 倍，则也可用下式来大致估算：

$$AOR=1.5Qc_0\quad(kg\ O_2/h)$$

需要指出的是：海拔高度不同，其气压也会有所改变，水温、水质的差异也会使水中溶解氧饱和度有所不同。因此，应换算成标准需氧量，便于选用曝气设备。

**【例 13-4】** 已知某村的日污水排放量 $Q=1000m^3/d$、污水的 $BOD_5$ 浓度为 $c_0=150mg/L$；设冬天塘内运行的最低温度 $T_w=2℃$，并要求出水 $BOD_5$ 浓度≤30mg/L，$BOD_5$ 容积负荷可取 $N_v=0.05kg/(m^3\cdot d)$。查得 20℃、2℃下清水中饱和溶解氧浓度 $S_S$ 和 $S_{SS}$ 分别为 9.17mg/L 和 13.84mg/L。设计一座好氧曝气塘并计算其需氧量，曝气塘大小可采用容积负荷法计算。

**解：**

曝气塘容积：

$$V=\frac{Qc_0}{N_v}=\frac{1000\times0.15}{0.05}=3000\ (m^3)$$

水力停留时间：

$$t=\frac{V}{Q}=\frac{3000}{1000}=3\ (d)$$

验算 $BOD_5$ 容积负荷

$$N_v=\frac{Q(c_0-c_e)}{V}=\frac{1000(0.15-0.030)}{3000}=0.04[kg/(m^3\cdot d)]$$

利用简约方法计算需氧量：

$$AOR=1.5Qc_0=1.5\times1000\times0.15=225(kg\ O_2/d)=9.4\ (kg\ O_2/h)$$

已知 $S_S=9.17mg/L$、$S_{SS}=13.84mg/L$，则标准需氧量可用下式计算：

$$SOR=\frac{AOR}{\alpha\left[\frac{S_{SW}-S_L}{S_S}\right]\times1.025^{(T-20)}}$$

式中，$S_{SW}$为污水中氧饱和浓度，$S_{SW}=\beta(S_{SS})\rho$；$S_L$ 为曝气塘内平均溶解氧浓度，取 2mg/L；并取气压修正系数 $\rho=1$，$\beta=0.95$，$\alpha=0.85$，则求得污水中氧饱和浓度：

$$S_{SW}=\beta(S_{SS})\rho \Rightarrow S_{SW}=0.95\times13.84\times1=13.1\ (\text{mg/L})$$

故标准需氧量：

$$SOR=\frac{9.4}{0.85\left[\frac{13.1-2}{9.17}\right]\times1.025^{(5-20)}}=13.3\ (\text{kg }O_2/\text{h})$$

有了标准需氧量，则可从有关资料查得曝气设备的供氧能力、所需功率，并选定设备型号。

有关稳定塘中的光合自养菌对有机物降解效果，还有几个因素需要考虑：①光合自养菌在生长过程中产生的可溶性物质占形成的总体生物量的 10%～20%；②光合自养菌细胞对某些物质难以生物降解；③光合自养菌在不同水域生长，难降解部分所占的比例不相同，一般在 19%～86%，平均约为 44%。

## 13.3 人工湿地的构型与污水净化机制

天然湿地，如沼泽借助于水体中的微生物-植物组成的复杂生态平衡系统实现自然水体的净化。借助于天然湿地的功能，由人工将砾石、砂、土壤、煤渣等材质按一定比例填入，并选择性种植有关水生植物而组成模拟的生态平衡系统，用于生活污水净化处理的并具有可控性的系统，称为人工湿地。人工湿地充分利用了基质-微生物-植物组成的复杂生态系统的物理、化学和生物的协调作用，通过人工控制的工程化过程来实现对污水的高度净化。

人工湿地被用于净化污水的研究始于 20 世纪 50 年代，到 20 世纪 70 年代末开始由试验进入应用阶段，近 30 年来，欧洲和北美已分别有上千座人工湿地建成，主要用于小城镇、农村的生活污水的处理。我国对人工湿地处理生活污水的研究较晚，基础理论研究不深，应用开发经验不多，直到最近 10 年来才受到政府部门的重视并投入资金立项开发研究，已积累了一些经验，虽然大多尚停留在示范试验阶段，但发展速度较快，近几年内有望得到大规模的推广应用。

### 13.3.1 人工湿地构成与湿地类型

人工湿地由预处理系统、生物净化床、污泥处理床及调控设施组成。其中预处理部分包括格栅、沉砂池、沉淀池、稳定塘等；生物净化床由布水设施、基材、根系净化系统、集水设施和防渗系统组成。人工湿地的核心技术是基材的配置和根系净化系统的设计。基材可由砾石、砂、叶岩、炭、泥板岩、轻质聚合物材料、煤渣等组成，应用最广的为砂及砾石。基材中的黏土、铁、钙、镁、铝、有机物等对污水中的磷、氮等有吸附及去除作用。

相对于 SBR、氧化沟、活性污泥法，人工湿地法处理污水具有单位运行成本低、冬季运行稳定、有效处理 N 和 P 等水体污染物特点，还能美化环境、增强景观效应。人工湿地大致可分为表面流人工湿地和潜流型人工湿地。

人工湿地大致由三个区域串联组成，第一为全植物区域，深度小于 0.75m；第二为表面露天水域，深度大于 1.2m；第三又是全植物区域，深度小于 0.75m。其三个区域对磷、氮、病原菌、TSS、重金属离子等的去除功能有较大差异，如图 13-3 所示。

(1) 表面流人工湿地　表面流人工湿地也称自由水面人工湿地，其水深一般为 0.3～0.5m，水面位于湿地基质层以上。污水从上游进口以一定深度缓慢流过湿地表面，部分污水蒸发或渗入湿地，出水经溢流堰流出。其接近水面部分为好氧层，底部及较深区通常为兼氧层。

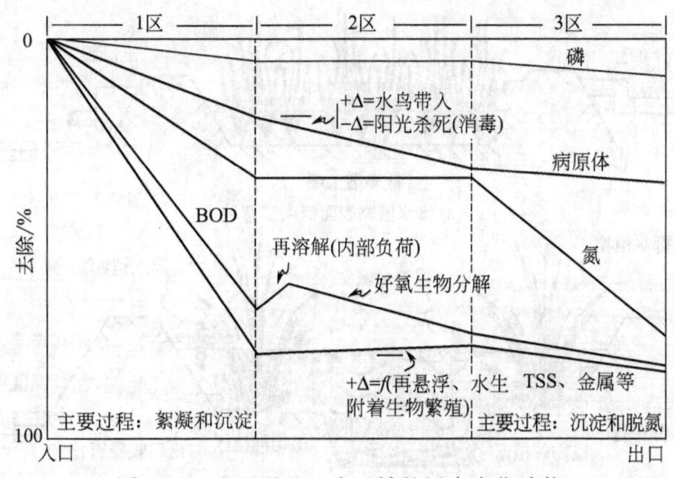


图 13-3　人工湿地三个区域的污水净化功能

表面流人工湿地可分为三种形式：挺水植物、浮水植物和沉水植物系统。其中挺水植物是组成人工湿地的主要植物系统，而浮水植物和沉水植物也可归入水生植物系统的生态塘范畴。

挺水植物指根生底质中、茎直立、枝叶繁茂和发生光合作用的植物，主要为单子叶植物，挺水植物有芦苇、水葱、蒲草、香蒲、灯心草等，已被国内外广泛用作生活污水的二级和三级净化处理系统。

沉水植物是指植株沉水生活、根生底质中的植物，其为寡污性植物，通常生活在污染较轻或很轻的水域中，常见的有伊乐藻、茨藻、金鱼藻、黑藻等。沉水植物主要利用它对营养物质的吸收来实现污水深度净化，在生态塘或人工湿地系统中作为最后的净化单元。

浮水植物可分为茎叶浮水、根生浮水和自由漂浮三大类。茎叶浮水，常有沉水叶柄或根茎相连，沉水部分气道发达；根生浮水，其叶和茎海绵组织发达，起漂浮作用，大多植物花色鲜艳。浮水植物有凤眼莲、浮萍、睡莲和荷花等。主要用于氮、磷去除和提高传统稳定塘的处理效率。

表面流人工湿地的区域及其组成结构见图 13-4。

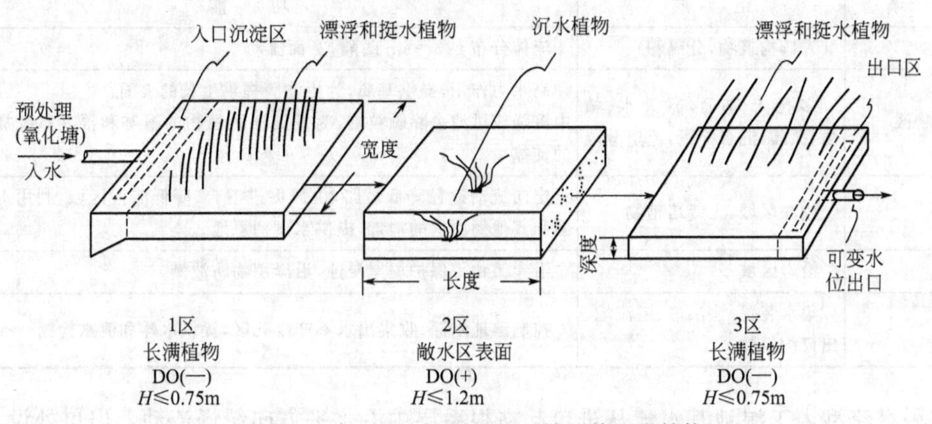


图 13-4　表面流人工湿地的区域及其组成结构

表面流人工湿地的断面结构图见图 13-5。

(2) 潜流型人工湿地　潜流型人工湿地其水面位于基质层以下，主要采用各种填料的芦苇床系统。芦苇床由上下两层组成，上层为土壤，下层是由易于使水流通的介质组成的根系

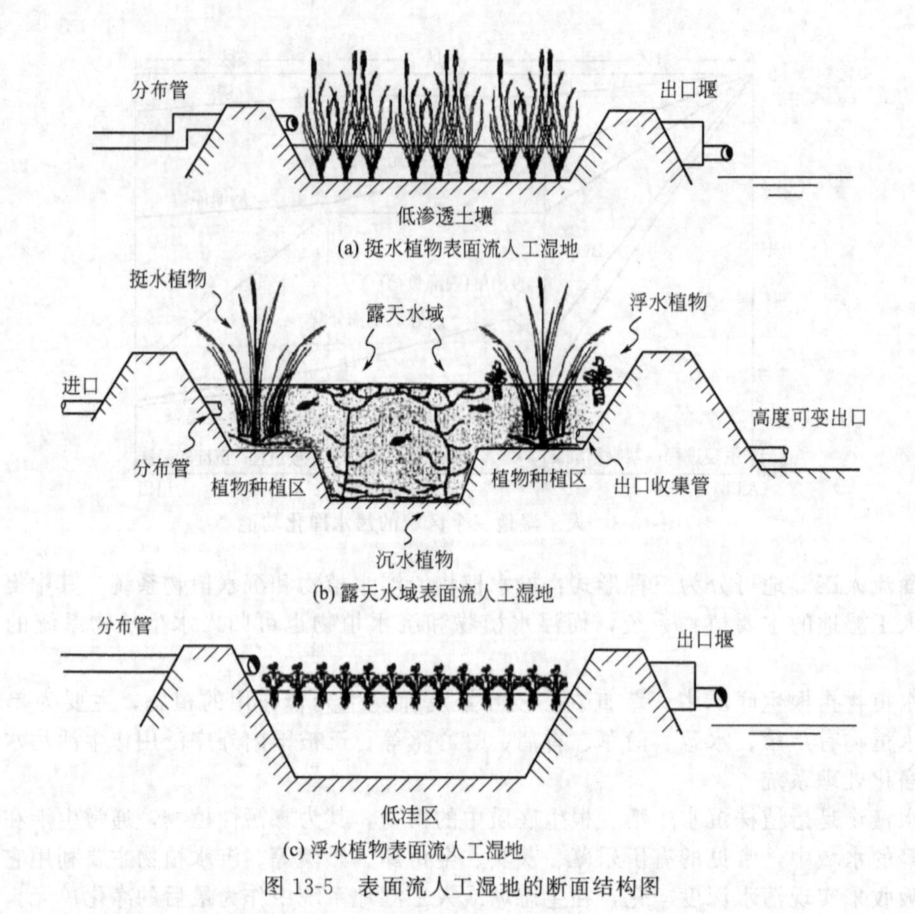


(a) 挺水植物表面流人工湿地

(b) 露天水域表面流人工湿地

(c) 浮水植物表面流人工湿地

图 13-5　表面流人工湿地的断面结构图

层，如粒径较大的砾石、炉渣或砂层等，在上层土壤层中种植芦苇等耐水植物。床底铺设防渗层或防渗膜，以防止废水流出该处理系统，并具有一定的坡度。潜流型人工湿地有两类：水平潜流型与垂直潜流型人工湿地。潜流型人工湿地的区域、组成及其功能见表 13-5。

**表 13-5　潜流型人工湿地的区域、组成及其功能**

| 区　域 | 组　成 | 功　能 |
|---|---|---|
| 入口区 | 入口构筑物，分隔箱 | 流体分布在 3～5m 间隔，宽面流动 |
| 水生植物区 | 多孔床/基质，露天水、植物，孤岛，混合挡板，流道分隔 | 高水力作用，提供基质，为生物膜提供生长的表面；<br>由沉降或过滤去除颗粒物，为发展浮游植物的根基和根茎系统提供适当的支撑 |
| 深水区 | 较深区域，无栽培植物 | 定向流动途径降低短路，由风促进混合、降低滞留区域，利用 UV 对细菌和其他病原菌的消毒，提供水禽栖息地 |
| 沿岸区 | 沿岸区域 | 沿岸植物带保护堤岸浸蚀，沿岸植物防波潮 |
| 出口区 | 集水装置、泄洪道、溢流堰、出口构筑物 | 控制湿地水深，收集出水不产生死区，提供水样和流水检测 |

水平潜流型人工湿地其水流从进口起在根系层中沿水平方向缓慢流动，出口处设水位调节装置和集水装置，以保持污水尽量和根系层接触。填料和植物根系的存在为各种微生物提供了附着的载体，形成可去除有机污染物的“微环境”。

垂直潜流型人工湿地的水流方向和根系层呈垂直状态，表层通常为渗透性能良好的砂层，污水被投配到砂石床上后，淹没整个表面，并逐步垂直渗流到底部，由底部排水管网收集。采取间歇进水，进水间隙，可将空气填充到床体的填料间，使紧接着的进水能够与空气进行良好接触，提高氧转移效率，提高BOD去除和氨氮硝化的效果。其出水装置一般设在湿地底部（图13-6）。

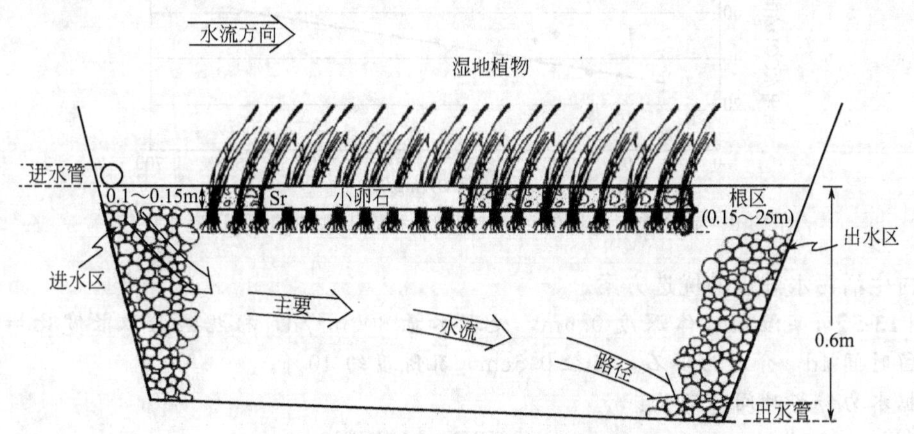


图13-6　垂直潜流型人工湿地纵断面图

潜流型人工湿地的优点在于其充分利用湿地空间，发挥植物、微生物和基质间的协同作用，污水基本上在地面下流动，其保温效果较好。因此，在相同面积情况下处理能力可大幅度提高，其缺点是湿地建造费用高昂。

### 13.3.2　人工湿地的污水净化机制

人工湿地净化污水是通过湿地生态环境中的植物、基质、微生物所发生的物理、化学、生物作用的协同效应来实现，这些效应包括沉淀、吸附、过滤、分解、离子交换、络合、硝化与反硝化、营养元素摄取、生命代谢活动等。人工湿地对碳的物化、生化与光合协同作用去除机制如图13-7所示。流经人工湿地的污水中COD和流出水中的COD变化比较见图13-8。

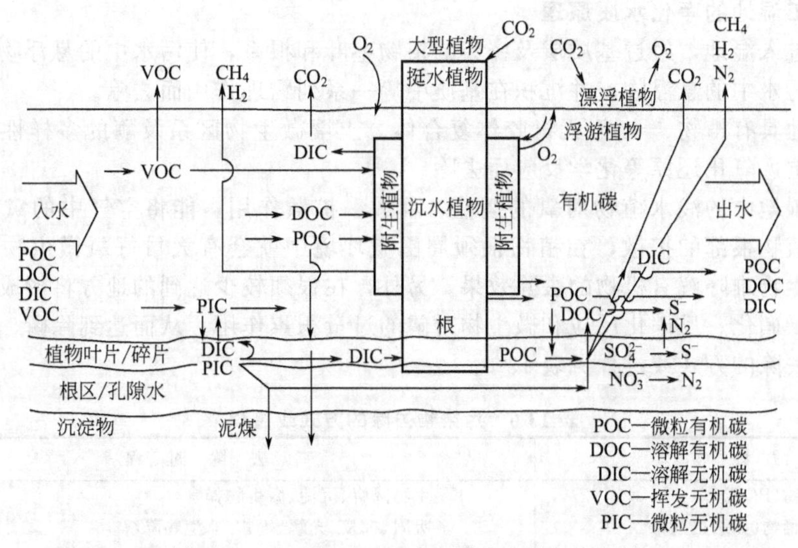


图13-7　人工湿地对污水中碳的协同去除机制

人工湿地利用其构筑的生态系统实现污染水体的自净，具有投资和运行费用低、抗冲击负荷、处理效果稳定、出水水质好等诸多优点。随着河道、湖泊富营养化趋势越来越严重，对污染水体中脱氮、除磷要求越来越高的今天，人工湿地不失为广大中小城镇居民社区、乡

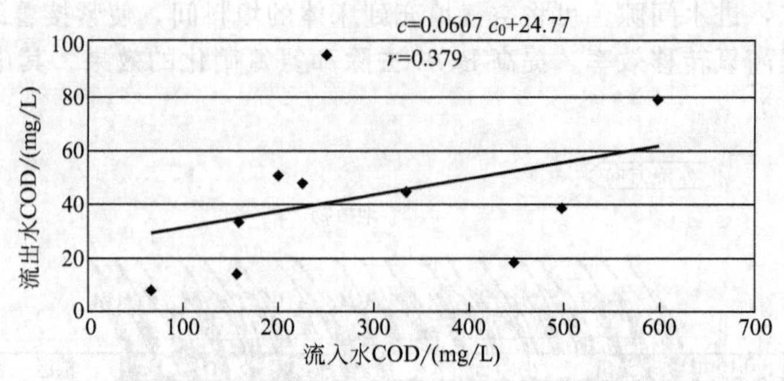


图 13-8 流经人工湿地的污水中 COD 和流出水中的 COD 变化比较

村新农村生活污水处理的优选方案。

【例 13-5】 某湿地床体深度 0.6m，处理水量 $300m^3/d$，根据经验取长宽比＝10：1，水力停留时间 4d，介质为砾石，直径 0.5cm，孔隙度约 40%。

根据水力停留时间的定义：

$$\mathrm{HRT}=\frac{LW\delta\varepsilon}{Q}=\frac{10W^2\delta\varepsilon}{Q}$$

将相关数据代入，得：$W=22.4\mathrm{m}$，$L=224\mathrm{m}$。

通过湿地中水流的表观流速为：

$$u=\frac{L\varepsilon}{\mathrm{HRT}}$$

代入数据，得 $u=22.4\mathrm{m/d}$。

由公式算得水力传导率 $k_e=10.5\mathrm{m/d}$，估算需要的水面坡度为：

$$\frac{\mathrm{d}H}{\mathrm{d}x}=-\frac{u}{k_e}=-\frac{22.4}{10.5}=-0.00213$$

湿地长度 224m，产生的水头损失 $\Delta H=0.00213\times224=47.8$（cm）。

### 13.3.3 人工湿地的净化水质原理

当污水进入湿地，经过基质层及密集的植物茎叶和根系，使污水中的悬浮物固体得到过滤，截留住污水中的悬浮物，并沉积在基质中等一系列物理作用而去除。

由于湿地具有植物、土壤-无机胶体复合体、土壤微生物区系及酶的多样性特征，污染物能通过拮抗、氧化还原等化学反应而去除。

生长在湿地中的浅水植物对氧的运输、释放、扩散作用，能将空气中的氧气转运到根部，再经过植物根部的扩散，在植物根须周围微环境中就会有大量好氧微生物将有机物分解，提高对生物难降解有机物的去除效果。另外，在根须较少达到的地方将形成兼氧区和厌氧区，有利于硝化、反硝化反应和微生物对磷的过量积累作用，从而达到除磷、氮效果。

污染物去除的方式或过程见表 13-6。

表 13-6 污染物去除的方式或过程

| 污 染 物 | 去 除 过 程 |
|---|---|
| 有机物(BOD) | 生物降解、沉淀、微生物择食 |
| 有机毒物(如杀虫剂) | 吸附、挥发、光解、生物/非生物降解 |
| 悬浮物 | 沉淀、过滤 |
| 氮 | 沉淀、硝化和反硝化、微生物择食、挥发 |
| 磷 | 沉淀、过滤、吸附、植物和微生物择食 |
| 病原菌 | 自然死亡、沉淀、过滤、捕食、UV 降解、吸附 |
| 重金属 | 沉淀、吸附、植物富集 |

人工湿地中的植物是污水净化的主体，具有直接吸收、固定、富集污水中营养物及有毒、有害物质，通过光合作用获取能量等作用。还具有改善环境、生产可再生资源等价值。

可用于湿地且净化效果较好的植物有：芦苇、香蒲、凤眼莲、水生花、菖蒲、茭草、灯芯草、池杉、菱、美人蕉等。

人工湿地中的微生物主要有细菌、微藻、原生动物、后生动物。其中，细菌的优势菌属多为快生型菌，含有降解质粒，直接吸收、分解和利用有机污染物；微藻为供氧体，也能直接吸收、利用一些营养物质；原生动物、后生动物则通过摄食维持生态系统的平衡。还可培育并接种有关优良的微生物，如接入诺卡菌属、假单胞菌、芽孢杆菌等可分别加速氰化物、酚、染料等的分解，改善对特殊污染物的净化效果。

人工湿地的功能：有机污染物的净化，氮的转化，磷的吸收，金属离子的吸收与富集，细菌的去除，悬浮物质的去除。

## 13.4　人工湿地的设计与计算

### 13.4.1　湿地负荷与面积确定

(1) 表面有机负荷　指 $1hm^2$ 人工湿地面积单位时间内负担的 5 日生化需氧量（kg），可用下式计算：

$$q_{os}=\frac{Q_{in}\times(c_0-c_1)\times10^{-3}}{A\times10^{-4}}=\frac{10\times Q_{in}\times(c_0-c_1)}{A}$$

式中，$q_{os}$为表面有机负荷，kg $BOD_5/(hm^2\cdot d)$；$A$ 为人工湿地面积，$m^2$；$Q_{in}$为人工湿地污水流入量，$m^3/L$；$c_0$ 为人工湿地进水 $BOD_5$ 浓度，mg/L；$c_1$ 为人工湿地出水 $BOD_5$ 浓度，mg/L。

(2) 表面水力负荷　指 $1hm^2$ 人工湿地表面单位时间内通过的污水体积，可按下式计算：

$$q_{hs}=\frac{Q_{in}}{A\times10^{-4}}$$

式中，$q_{hs}$为表面水力负荷，$m^3/(hm^2\cdot h)$。

(3) 平均流量　平均流量指的是人工湿地污水流入与流出流量的平均值，可按下式计算：

$$Q_{av}=\frac{Q_{in}+Q_{out}}{2}$$

$$Q_{out}=Q_{in}+A(P-I-ET)$$

式中，$Q_{av}$为平均流量，$m^3/d$；$Q_{in}$、$Q_{out}$分别为人工湿地污水流入量与流出量，$m^3/d$；$P$ 为降水量，m/d；$I$ 为湿地内的渗漏水量，m/d；$ET$ 为蒸发蒸腾量，m/d。

对三种不同人工湿地的有机负荷设计参数范围与处理效率关系，可参考表 13-7 设计。

表 13-7　人工湿地有机负荷与水力负荷设计参数

| 湿地类型 | 进水 BOD 浓度 /(mg/L) | $BOD_5$ 负荷 /[$kgBOD_5/(hm^2\cdot d)$] | 处理效率/% | 水力负荷 /[$m^3/(hm^2\cdot d)$] |
|---|---|---|---|---|
| 表面流人工湿地 | <50 | 15～50 | <40 | <1000 |
| 水平潜流型人工湿地 | <100 | 80～120 | 45～85 | 150～5000 |
| 垂直潜流型人工湿地 | <100 | 80～120 | 40～80 | 300～10000 |

(4) 人工湿地面积的确定　人工湿地的面积大小，除了环境条件与地理位置等限制因素

外，主要需根据污染物削减程度来考虑，也就是使进水水质的各项参数都达标时所需要的最大面积。因此，需要结合进水水质参数来考虑。一般可以采用 $k$-$c$ 模型来进行。

$$\ln\left(\frac{c_e-c^*}{c_i-c^*}\right)=-\frac{k}{q}$$

式中，$c_e$，$c_i$ 分别为目标物出水与进水 $BOD_5$ 浓度，mg/L；$c^*$ 为目标物水质指标的环境背景值，mg/L；$q$ 为水力负荷率，$m^3$/年；$k$ 为一级面积速率常数，m/年。

1996 年 Kadlec 和 Knight 以此模型为基础，提出可用以下经验方程估算某一指定污染物所需的最大人工湿地面积：

$$A=\left(\frac{365Q}{k}\right)\times\ln\left(\frac{c_i-c^*}{c_e-c^*}\right)$$

式中，$A$ 为人工湿地面积，$m^2$；$Q$ 为平均流量，$m^3$/d。

用以上方程计算 BOD、TSS 等，可认为其变化不大，计算过程中可假定其为稳定状态；而对于 TP、氨、氮等物质，由于这些污染物浓度随季节变化较大，在计算过程中需要考虑。

湿地处理系统中，进水水质与水量、生态系统本身是两个可变因素。前者与当地的水用量和污染程度，以及气象条件有关；后者则与藻类繁殖、虫害、季节性植物生长速率和一些物种的竞争等随机因素有关。在利用 $k$-$c^*$ 模型时需要考虑，基于周浓度的最大月均浓度和年均浓度的比率，如果进水浓度变化很大，则适当调整模型参数。

**【例 13-6】** 某湿地设计污水处理能力为 $300m^3$/d，但初期处理量为 $150m^3$/d，水力停留时间 4d，填料为砾石，粒径 5mm，孔隙度 40%。选择湿地深度 0.6m，出水口高度 0.55m。计算所需湿地面积

$$A_T=LW=\frac{Q\tau}{h_0\varepsilon}=\frac{300\times4}{0.55\times0.4}=5455\ (m^2)$$

因此水力负荷为

$$q=\frac{Q}{LW}=\frac{300}{5455}=0.055(m/d)=5.5\ (cm/d)$$

湿地的长宽比和水力传导率必须满足水力约束条件。假设由于堵塞水力传导率降低为原来的 $\frac{1}{10}$，$k=10500/10=1050$ (m/d)。

$$G_3=\frac{q/k}{(h_0/L)^2}=\frac{(0.055/k)}{(0.55/L)^2}<0.1$$

$$L^2/k<0.55 \qquad L<24m$$

选择湿地长 24m，宽 227m。

假定水深为 90% 床深，即 55cm，则流速

$$u=\frac{Q}{WH}=\frac{300}{227\times0.55}=2.4\ (m/d)$$

$$Re=\frac{D\rho u}{(1-\varepsilon)\mu}=\frac{0.5\times1.0\times2.4\times100/86400}{(1-0.4)\times0.01}=0.23<10$$

故水流属于层流范围。泄水口设在底部。

$$G_1=\frac{S_b}{h_0/L}<0.1$$

$$S_b<0.1h_0/L=0.1\times0.55/24=0.0023$$

对于长 25m 的湿地，意味着底部高度的降低幅度不超过 5.7cm，选取 5cm。至于宽度 227m 可分解为平行的多个湿地单元，合理的长宽比应大于或等于 1。假设选宽度为 25m，

则整个湿地系统分为 9 个平行的单元。

**【例 13-7】** 某农村拟建表面流湿地污水处理系统，污水处理量为 $3786m^3/d$，年均进水 BOD 浓度 150mg/L，进水 BOD 浓度随季节性变化如表 13-8 所示。要求出水不超过最大月均浓度 40mg/L。试确定所需湿地面积。

**表 13-8　进水 BOD 浓度随季节性变化**　　mg/L

| 月份 | 1月 | 2月 | 3月 | 4月 | 5月 | 6月 | 7月 | 8月 | 9月 | 10月 | 11月 | 12月 |
|---|---|---|---|---|---|---|---|---|---|---|---|---|
| 数值 | 500 | 500 | 250 | 50 | 50 | 50 | 50 | 50 | 50 | 50 | 150 | 150 |

**解**：通过中试试验，确定 $k$-$c^*$ 模型的常数分别为 $c^*=17.5mg/L$，$k=23.6m/年$，则

$$\ln\left(\frac{40-17.5}{150-17.5}\right)=-\frac{23.6}{q}$$

求得：$q=13.3m/年=3.4cm/d$。

则该表面流污水湿地系统的面积

$A=Q/q=3786/0.0364=10.4\ (hm^2)$。

若已知最大月均浓度与周浓度的比率为 1.7，考虑到最大月均值，则出水年均浓度为

$$40/1.7=23.5\ (mg/L)$$

则　$q=7.63m/年=2.09cm/d$。

得该表面流污水湿地系统的面积

$A=Q/q=3786/0.0209=18.1\ (hm^2)$

也即，对于进水水质条件变化不大，但存在最大月均浓度时，所需湿地系统的面积为 $18.1hm^2$。

若进水浓度波动幅度很大，进水水力负荷 1.48cm/d，最大浓度发生在 1 月和 2 月的。为满足处理要求，最大湿地系统面积计算可采用月均值计算，湿地面积应为 $25.6hm^2$。

假设表面流湿地等同于 $N$ 个串联的完全混合单元，则 $k$ 值可用下式估算

$$\frac{c_e-c^*}{c_i-c^*}=\exp\left(-\frac{k_{pf}}{q}\right)=\left(1+\frac{k_N}{Nq}\right)^{-N}$$

式中，$c_e$ 为出水浓度，mg/L；$c_i$ 为进水浓度，mg/L；$c^*$ 为背景浓度，mg/L；$k_{pf}$ 为基于面积的一级反应速率常数（推流），m/年；$k_N$ 为基于面积的一级反应速率常数（$N$ 个 CSTR 串联），m/年；$q$ 为水力负荷率，m/年。

$$k_N=Nq\left[\exp\left(\frac{k_{pf}}{Nq}\right)-1\right]$$

假定湿地处理废水的效果类似于三个 CSTR，设计水力负荷率 1.48cm/d＝5.4m/年，则修正的 $k$ 值

$$k=3\times5.4\times\left[\exp\left(\frac{23.6}{3\times5.4}\right)-1\right]=53.3\ (m/年)$$

则湿地面积可从 $25.6hm^2$ 减小到 $15.8hm^2$。

### 13.4.2　湿地的水力系统计算

（1）表面流人工湿地　表面流人工湿地的污水流量，与出口溢流装置、长宽比、底面坡度和植被阻力等因素有关，可由以下公式计算：

$$Q=Q_i+(P-ET)Wx=uhW$$

式中，$Q$ 为湿地表面污水流量，$m^3/d$；$Q_i$ 为进入湿地的水流量，$m^3/d$；$P$ 为降水量，m/d；$ET$ 为蒸发蒸腾量，m/d；$h$ 为水深，m；$W$ 为湿地表面宽度，m；$x$ 为水流路程中的距离，m；$u$ 为湿地中水流速，m/d。

也可用以下公式计算：

$$Q=aWh^{b}(\mathrm{d}H/\mathrm{d}x)^{c}$$

式中，$a$ 为阻力系数，对密集植被 $a=10^{7}\mathrm{m/d}$，对稀疏植被 $a=5\times10^{7}\mathrm{m/d}$；$b$、$c$ 为常数，$b=3$，$c=1$；$H$ 为以湿地水面为基准的高度，m。

（2）水平潜流型人工湿地　水平潜流型人工湿地可用下式计算：

$$\Delta H=H_{\mathrm{i}}-H_{\mathrm{o}}=\frac{QL}{khW}<0.1\delta$$

式中，$H_{\mathrm{i}}$ 为进水口处水位，m；$H_{\mathrm{o}}$ 为出水口处水位，m；$\Delta H$ 为进水口至出水口处的水头损失，m；$Q$ 为流量，$\mathrm{m^3/d}$；$L$ 为湿地的长度，m；$W$ 为湿地的宽度，m；$\delta$ 为湿地床厚度，m；$h$ 为水深，m；$k$ 为比例系数。

（3）水力坡度　指在人工湿地内沿水流方向单位渗流路程长度上的水位下降值，可按下式计算：

$$i=\frac{\Delta H}{L}\times100\%=\frac{H_1-H_2}{L}\times100\%$$

式中，$i$ 为水力坡度，%；$\Delta H$ 为污水在人工湿地内渗流路程长度上的水位下降值，m；$H_1$、$H_2$ 为污水在人工湿地内渗流路程 1 处和 2 处的水位，m。

（4）渗透系数　指污水在人工湿地基质或防渗层单位时间内流动通过的距离，可按下式计算：

$$k_{\mathrm{y}}=\frac{\Delta S}{t}=\frac{S_1-S_2}{t}$$

式中，$k_{\mathrm{y}}$ 为渗透系数，cm/s；$\Delta S$ 为污水在人工湿地基质或防渗层流动通过的距离，m；$S_1$、$S_2$ 为污水在某一刻 $t_1$、$t_2$ 时的位移，m；$t$ 为污水通过人工湿地基质或防渗层的时间，s。

## 13.5　湿地系统布局、防渗与管理

湿地的布局主要取决于所选湿地的地质、地形和土壤化学条件，并受湿地总面积和系统构造的影响，要考虑防渗以减少与地下水的交换。

### 13.5.1　湿地的分区与布局

湿地的分区主要考虑工艺条件所需要的湿地单元数目和稳定运行以及常规的维护和地形特征，可以采用并联、串联运行方式，能够方便排水和再种植，控制健齿类动物并满足收割、燃烧、修补渗漏等需要。四种典型人工湿地构型见图 13-9。

### 13.5.2　湿地床的防渗

不但要防止湿地污水渗漏到地下水层，也要防止地下水渗入湿地内，特别是对于某些可能会造成浅层地下水污染的工业废水，必须对构建的湿地系统考虑防渗措施。根据经验，采用表面流人工湿地进行污水深度处理的系统，一般不会对地下水水质造成严重的影响；而采用潜流型人工湿地对污水进行二级处理的湿地系统，则需要衬里，一般采用低密度聚乙烯以防止地下水与处理污水的直接接触。

### 13.5.3　湿地的管理

湿地的管理十分重要，如湿地受天气影响，水位多变；湿地水质、动植物生长环境、植物和动物群；构筑和堤坝的检查；湿地的水质等需要监测；湿地构筑物维护和控制杂草；构筑物的定期检查以预防渗漏等。人工湿地运行过程中所需检测的指标见表 13-9。

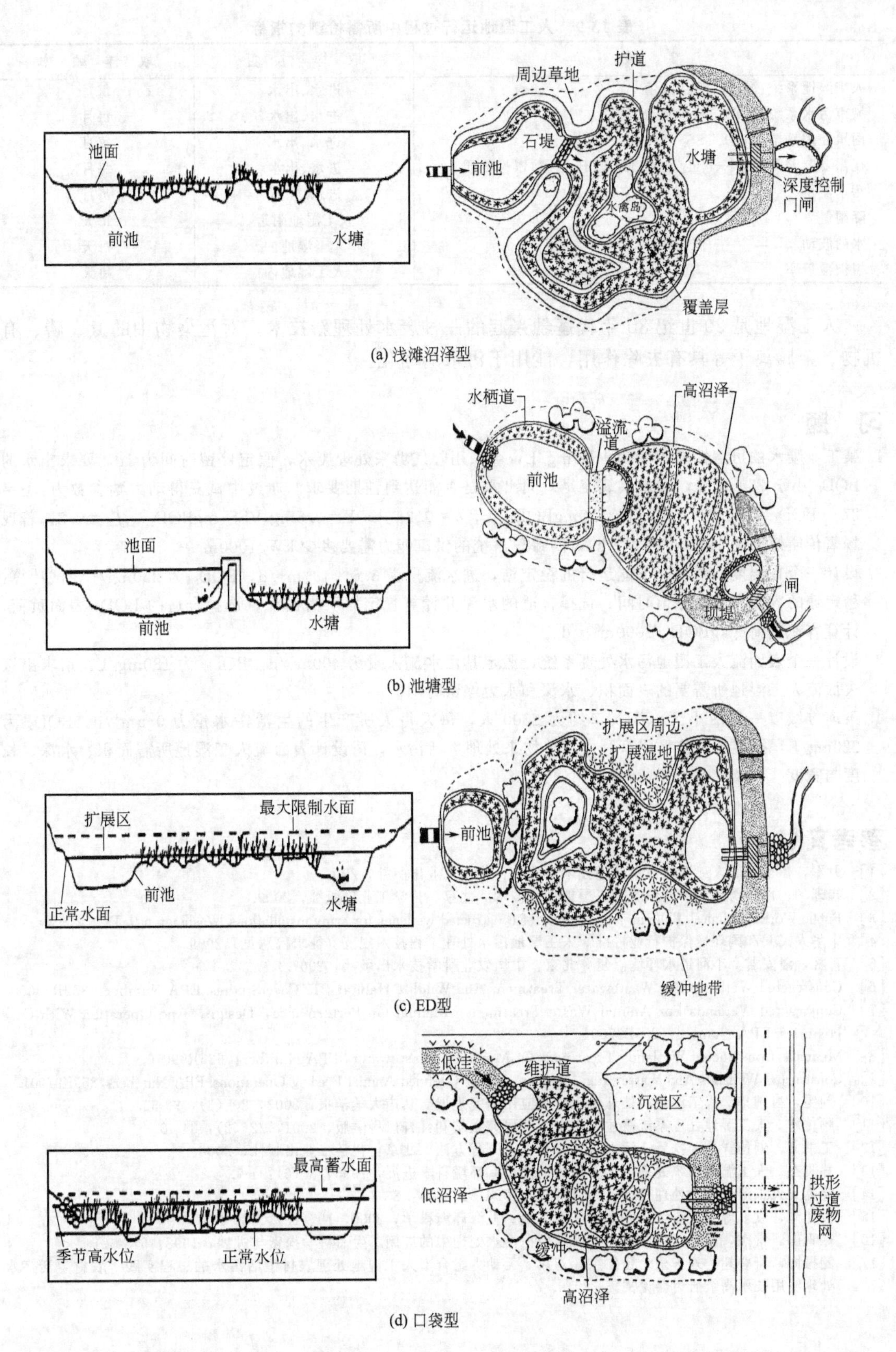


(a) 浅滩沼泽型

(b) 池塘型

(c) ED型

(d) 口袋型

图 13-9 四种典型人工湿地构型

表 13-9 人工湿地运行过程中所需检测的指标

| 参 数 | 取样位置 | 取样频率 |
|---|---|---|
| 人工湿地系统：温度、DO、pH 值 | 进水、出水 | 每月 |
| 城市污水系统：$BOD_5$、TSS、Cl、$SO_4^{2-}$ | 进水、出水 | 每月 |
| 雨水处理系统：COD、TSS | 进水、出水 | 每月 |
| 视需要监测：$NO_x$-N、$NH_4^+$-N、TKN、TP、金属、毒性物质 | 进水、出水 | 每月 |
| 污水流量 | 进水、出水 | 每月 |
| 降雨量 | 人工湿地附近 | 每天 |
| 水的波动 | 人工湿地内 | 每天 |
| 植被覆盖率 | 人工湿地内 | 每天 |

人工湿地是20世纪80年代蓬勃兴起的一种废水处理新技术，对污染物中的氮、磷、有机物、金属离子等具有去除作用，能用于污水的净化。

## 习 题

1. 某工业废水的可溶性 $BOD_5$ 为 1500mg/L，今采用曝气塘来处理废水，假定停留时间为 1d，要求出水的 $BOD_5$ 小于 750mg/L，如果供氧充足，问出水是否能达到预期要求？通过中试获得动力学参数为：$q=27mgBOD_L/(mgVSS \cdot d)$，$K=10mgBOD_L/L$，$b=0.2d^{-1}$，$Y=0.5mg\ VSS/mgBOD_L$，$f_d=0.8$。若现场氧传质效率为 $1kgO_2/(kW \cdot h)$，问曝气系统的供氧能力需要多少 $kW/1000m^3$？
2. 设计一个在温度较低状况下能运行的稳定塘，进水流量为 $3.6 \times 10^3 m^3/d$，$BOD_5$ 为 250mg/L，试计算：稳定塘的容积和水力停留时间；选择合适的水深并计算稳定塘所需面积；选择合适的 $BOD_5$ 表面负荷，计算容积负荷 [$kgBOD_5/1000m^3 \cdot d$]。
3. 设计一个表面流人工湿地污水处理系统，假定其污水流入量为 $400m^3/d$，$BOD_5$ 为 180mg/L。请求出该表面流人工湿地所需要的表面积、水深和水力停留时间。
4. 某南方城市一生活小区，其人口约为 2000 人，每人每天所产生的生活污水量为 $0.5m^3/d$，$BOD_5$ 为 220mg/L，拟准备种植水樱草等大型植物来处理生活污水，请设计表面流人工湿地所需面积、水深、长度与宽度，以及其水力停留时间。

## 参考文献

[1] 尹军，崔玉波．人工湿地污水处理技术．北京：化学工业出版社，2006.
[2] 崔理华，卢少勇．污水处理的人工湿地构建技术．北京：化学工业出版社，2009.
[3] Public Works Technical Bulletin. Applicability of constructed wetlands for army installations. Washingtong，DC，2003.
[4] 中华人民共和国环境保护行业标准．人工湿地污水处理工程技术规范（征求稿意见）. 2009.
[5] 肖林，潘安君．小河道水环境修复．北京：中国农业科学技术出版社，2007.
[6] Constructed Wetlands For Wastewater Treatment And Wildlife Habitat：17 Case Studies. EPA Number：832R93005.
[7] Constructed Wetlands For Animal Waste Treatment：Manual On Performance，Design，And Operation With Case Histories. EPA Number：855B97001.
[8] Manual：Constructed Wetlands Treatment Of Municipal Wastewaters EPA Number：625R99010.
[9] Constructed Wetlands And Wastewater Management For Confined Animal Feeding Operations. EPA Number：855K97001.
[10] 刘雯，崔理华．人工湿地在处理污水中的应用研究进展．嘉应大学学报，2002，20（3）：29-32.
[11] 顾传辉．人工湿地处理系统概述．中山大学研究生学刊：自然科学版，2001，22（2）：34-40.
[12] 王书文，刘德祥，孙铁珩．污水自然净化生态工程方法．北京：化学工业出版社，2006.
[13] 郑雅杰．人工湿地系统处理污水新模式的探讨．环境科学进展，1995，3（6）：1-7.
[14] 晓磊．人工湿地废水处理机理．环境科学，1994，16（3）：83-86.
[15] 徐亚同，袁磊等．上奥塘水体生物修复试验．上海环境科学，2000，19（10）：480-484.
[16] 徐青山，常杰，葛滢，黄承才．人工湿地在污水处理中的应用．生命科学探索与进展，1998：518-521.
[17] 鲍振博，靳登超，刘玉乐，杨仁杰，刘娜．无动力组合型人工湿地处理农村生活污水的工程实践．农村生活污水处理实用技术高级研讨会论文集．2010.

# 第14章 污染环境的生物修复

## 14.1 生物修复的基本概念

生物修复（bioremedation），即利用生物转化或降解的方法来去除或消除有毒有害污染物，是改善环境质量最有效的方法。生物修复技术的出现和发展反映了污染防治工作已从耗氧有机物降解深入到有毒有害污染物的治理，并进一步从地表水扩展到土壤、地下水和海洋。近几年来，生物修复受到环境科学与工程学界的关注。

### 14.1.1 生物修复的对象与生物修复剂

未经处理的工业废水排放污染了江河湖泊，化肥、杀虫剂、排灌水等进入土壤系统侵袭农田和地下水，固体废弃填埋物的毒物渗漏现象，以及海上运输漏油事故造成海洋污染等一系列事件，严重地损害着人们生存的环境，影响着正常食物链循环，直接危及人类健康。自然界中不少微生物对污染物具有生物降解及转化作用，即不进行任何工程辅助或不调控生态系统，完全依靠自然的生物作用能将被污染的环境恢复到原来状态。在一定范围内，进入环境的污染物可以通过以上“自净”方式得以去除，并不对人类产生明显的危害。在各种清除污染物的技术中，通过对污染物的生物降解或转化的生物修复是最有前途的技术之一。

自然界及人、畜产生的污染物都能通过微生物、酶、植物或某些化学物质及大气的联合作用达到自然降解，只是由于环境条件的限制，靠其自然转化与降解来净化污染环境的过程十分缓慢，因此需要采用各种手段来强化并加速此过程的进行。如提供氧气、添加营养盐、接种驯化培养的高效生物等，以便迅速有效去除污染物。

土壤污染的生物修复是指利用微生物及其他生物，将存在于土壤中的污染物降解成二氧化碳和水或转化成为无害物质的过程。主要是处理由于过量使用农药和化肥，各类污水、污泥和固体废弃物的不当处理，有害物质的事故性排放及各类污染物在土壤中的积累等，以及因石油泄漏造成的土壤污染。

水体污染的生物修复主要是处理随着化学污染物多途径进入水体系统，如大量施用化肥、农药，工业废水不断侵袭农田及有毒有害污染物的事故性排放；固体废弃物，特别是有毒、有害固体废物的填埋所引起有毒物质泄漏，造成土壤严重污染，同时对地下水及地表水造成次生污染。

海洋污染的生物修复主要是治理由于油船海难事故造成的原油泄漏，对污染的海面和海滩进行生物修复。

### 14.1.2 典型的生物修复剂及其作用

（1）生物修复微生物　可用于生物修复的微生物有细菌、真菌和藻类三大类。有关微生物的降解和真菌的降解作用已在第4章作了详细的介绍，以下对难降解有机物具有降解与修复作用的木质素降解菌作进一步说明。木质素主要积聚在高等植物体细胞的次生加厚壁中，对植物细胞和组织起增强作用，其占植物体干重的10%～36%。地球上每年由植物合成的木质素多达600亿吨，为自然界中数量第二多的天然有机高分子物质。

木质素结构单元之间主要通过醚键和C-C键的方式连接，其中醚键约占2/3，包括酚醚键、烷醚键和二芳醚键等，木质素中分子中最多的官能团为酚基，是具有三维结构的天然多聚酚类无规聚合物。

可降解木质素的微生物种类很多，大部分为腐烂木材的真菌，多达1600种，分成三大类，即软腐菌、褐腐菌和白腐菌。软腐菌由子囊菌和不知菌起作用，能使木材表面软化，主要代谢木材中的碳水化合物，能对木质素进行不同程度的改变或缓慢地代谢。褐腐菌大部分属于担子菌，主要降解木材中的多糖，不能完全降解木质素，且留下褐色残留物。褐腐菌丝一般聚集在木材细胞腔内，从已有孔口或在细胞壁上钻孔进入邻近细胞。白腐菌也属担子菌，分解木质素能力很强，分解木材后留下的残留物为白色，木材的所有组分都能被同时代谢。白腐菌分泌的胞外酶，紧靠近菌丝的细胞壁层，其依次降解植物细胞壁物质、木质素和多糖，使植物细胞壁逐步变薄，解聚的产物同时被利用掉。

白腐菌分布很广，山林、储木场以及木材存放和使用的地方，几乎都有可使木材腐烂并有效降解木质素的白腐菌，如革盖菌、卧孔菌、多孔菌、红孔菌、黑管菌、拟蜡菌属、钩针孔菌、皱皮菌、胶质射脉菌以及各种原毛平革菌。白腐菌降解木质素的特点如下。

① 在一定底物浓度诱导下合成所需的降解酶，能降解低浓度污染物。

② 对有机物的降解大多属酶促转化，降解遵循米氏动力学方程。

③ 具有竞争优势，能利用质膜上的氧化还原系统，产生自由基，氧化其他微生物的蛋白质，调节所处环境达低pH值，抑制其他微生物的生长。

④ 降解过程在胞外进行，酶系统存在于细胞外，有毒污染物不必先进入细胞再代谢，避免对细胞的毒害。

⑤ 降解底物较广，特别对杂酚油、氯代芳烃化合物等持久性污染物也能完全矿化。

⑥ 能在固体或液体基质中生长，能利用不溶于水的基质。

在黄孢原毛平革菌、黄索原毛平革菌、丝状原毛平革菌、光滑原毛平革菌、血红原毛平革菌、污色原毛平革菌等众多的原毛平革菌中，以黄孢原毛平革菌降解木质素的能力最佳。黄孢原毛平革菌属于担子菌门担子菌纲韧革菌目干朽菌科，菌丝体为多核，细胞内随机分布多达15个核，少有隔膜，无锁状联合，多核的分生孢子常为异核，而孢子体为同核体。该微生物具有培养温度高、无性繁殖迅速、菌丝生长快且分泌木质素降解酶能力强等特点。黄孢原毛平革菌能降解难降解有机污染物，特别是持久性有机污染物，如焦油、重油等多环芳烃，氰化物，TNT炸药，以及DDT等含氯化合物，在这方面国内外已有大量的报道，深受环保部门的关注。

(2) 生物修复酶制剂　在众多的酶制剂中，漆酶处理有毒、有害物已得到广泛认同，具有广阔的应用前景。漆酶是一种多酚氧化酶，其存在于真菌中，属单电子氧化还原酶。由于酶的活性部位含有铜离子，故也称含铜糖蛋白酶。漆酶广泛存在于担子菌（*Baidimycetes*）、多孔菌（*Polyporus*）、子囊菌（*Asomycetes*）、脉孢菌（*Neurospora*）、柄孢壳菌（*Podospora*）和曲酶菌（*Aspergillus*）等菌中。特别是在白腐菌中，几乎所有的菌都能产生漆酶，如云芝、粗糙脉孢菌、构槽曲酶等产生漆酶。近几年来发现细菌中也存在漆酶，如Givaudan等从稻根分离出的生脂固氮螺菌（*Azospirillum lipoferum*）也产生漆酶。

漆酶催化氧化酚类化合物反应只需氧气作为电子受体，氧气在反应中被还原为水。漆酶氧化底物的机理是产生自由基的单电子反应，开始时底物被提取一个电子形成不稳定的自由基，再经历第二次酶催化或氧化或非酶催化反应，如水合反应、歧化反应、聚合反应等，最终得到氧化产物。目前，已发现可用漆酶催化氧化酚、胺、羧酸等类有机物及其衍生物多达250个。

如固定化漆酶处理造纸厂废水，有效地除去甲基酚和芳胺；以硅藻土等为载体固定化漆酶，催化农药2,4-二氯酚氧化分解，生成不溶性的低聚物而被除去；可去除废水中的木质素衍生物、单宁、酚醛化合物等有毒物质；可用于偶氮染料的脱色，脱色能力随 pH 值的增加而增加，16h 内脱色率达 96%。

（3）生物表面活性剂　生物表面活性剂具有良好的抗菌性能，能显著降低表面张力和界面张力，具有良好的耐热性，如果糖脂、蔗糖脂、槐糖脂、酸性槐糖脂、鼠李糖脂等。生物表面活性剂是天然产物，具有良好的生物降解性。与合成表面活性剂比较，具有以下明显优势。

① 采用生物法合成，可引进新化学基团，具有分子结构新型多样、专一性强等特色。

② 化学结构较复杂和庞大，官能团特殊，表面活性高，乳化能力强。

③ 环境友好而无毒，能被生物完全降解，不对环境造成污染和破坏。

④ 生物相容性好，对环境的适应性强，应用面广。

生物表面活性剂的特性与其来源、生产方法、生成的化学结构等有关。按用途可将广义的生物表面活性剂分为生物表面活性剂和生物乳化剂，前者是一些低分子量的小分子，后者是一些生物大分子。按来源可将生物表面活性剂分成整胞生物转化法和酶促反应合成法。按化学结构分，有糖脂、肽、脂肪酸和磷脂等。糖脂是由二糖酯化到脂肪酸上构成的，常见的糖脂有分枝菌酸脂、海藻糖脂、鼠李糖脂、槐糖脂等。表 14-1 列出了一些生物表面活性剂的结构特征。

**表 14-1　几种性能良好的生物表面活性剂**

| 微生物种类 | 生物表面活性剂类型 | 结构特征 |
|---|---|---|
| 分枝杆菌、野兔棒杆菌 | 糖脂和分枝菌酸 | 被酰化的带有 1-酰基-2-羧基酸 |
| 分枝杆菌 | 海藻糖二分枝菌酸脂 | 分支的总链长度为 $C_{60}$～$C_{90}$ 的海藻糖 |
| 诺卡菌、球菌、棒杆菌 | 海藻糖二棒状杆菌分枝菌酸脂 | 分支的总链长度为 $C_{60}$～$C_{90}$ 的海藻糖，但酰基较短 |
| 假单胞菌 | 鼠李糖脂 | 鼠李糖或二鼠李糖带有羟基酸或二聚物的糖苷 |
| 球拟酵母 | 槐二糖脂 | 与 17-羟基 $C_{18}$ 酸相连的槐二糖或乙酰化槐二糖 |
| 乙酸钙不动杆菌 | 肽和聚合物 | 带有蛋白质、多糖和脂肪酸 |
| 枯草芽孢杆菌 | 脂蛋白(Emulsan) | 脂大分子聚合物 |
|  | 脂杂多糖(Surfactin) | 带有亲脂和亲水组分的环脂肽 |

据预测，在世界开采的全部石油中，由海轮的石油泄漏等原因使石油流入海洋的量为 0.08%～0.4%，导致海洋和沿海环境的严重石油污染。用生物表面活性剂修复受烷烃和原油污染的土壤、用于治理海洋石油污染十分有效。几乎所有大石油公司和跨国化学公司都在积极地开展将炼油废弃的油作为烃基来培养微生物的研究，以获得有效的生物表面活性剂，用于炼油污染环境与海上石油污染的修复。

生物表面活性剂是完全可以被生物降解，且基本是无毒的，具有环境残留时间短等特点。表面活性剂可乳化烃-水混合物，能够增强憎水性化合物的亲水性和生物可利用性，提高土壤微生物的数量，继而提高烷烃的降解速度，因而已被认为是现代生物修复技术的一部分。如铜绿假单胞菌 S1330 等所产生的乳剂可将海滩中的石油迅速分散为微滴，大大提高了 Enon Valdez 原油泄漏所造成的阿拉斯加原油污染的降解速度。

1997 年 E. Molenko 等利用转黄分枝杆菌（*Mycobacterium flavescens*）Ex91 生产了一种可消除土壤油污染的制剂，这种制剂可有效地净化核电站排出的污染油的废水；Bai 等利用铜绿假单胞菌产生的阴离子鼠李糖脂生物表面活性剂，消除了沙柱中 84% 或 22% 的残余烃类（十六碳烷）。

只有少数微生物可降解土壤中具有 4 个以上稠合芳香环的多环芳烃，而微生物表面活性剂可通过增溶作用或乳化作用，使吸附于土壤有机物质的烃脱落，可促进土壤中重金属的脱附。1990 年 Berg 等利用铜绿假单胞菌 LG2 产生的乳化剂增加泥浆中六氯联苯的溶解度，使其回收率增至31%；1995年Churchill等用鼠李糖脂增加土壤中十六碳烷、苯、甲苯、甲酚和萘的降解率；1996年Robinson等证实，加入微生物表面活性剂鼠李糖脂后，再加入微生物纯培养，可有效地消除非液相的和结合于土壤的多氯联苯。1993年VanDyke等对13种微生物表面活性剂，进行消除土壤中六氯联苯效果的比较试验，发现以铜绿假单胞菌和乙酸钙不动杆菌（*A. calcoaceticus*）的产物为最好。汪开志也发现枯草芽孢杆菌MTCC423所产生的生物表面活性剂可使有机氯杀虫剂的生物降解率提高30%～40%。

（4）高等植物　不少高等植物具有植物忍耐和超量积累某些化学元素的功能，利用植物及其共存微生物体系清除环境中的污染物具有十分重要意义。

植物修复可以大致分为两个方面：一是耐重金属植物超量积累重金属；二是利用植物进行污染土壤修复的应用研究。超积累植物是指那些能超量地累积某些化学元素的野生植物。将这类植物种植于污染土壤上，吸收移走重金属，从而降低土壤重金属含量。目前发现的超积累植物已达400余种，其中多数为十字花科植物，以镍超积累型最多，约290种；某些超积累植物可同时积累多种重金属元素，如铜和钴的超积累植物约有50种，铜的约24种，钴的约26种，其中有9种对铜和钴都有超积累能力。某些典型植物对重金属的显著超积累能力如表14-2所示。我国报道的超积累植物仅有铜超积累植物——海州香莆（*Elsholtzia splendens* N）和砷超积累植物——蜈蚣草（*Pteris vittata* S）。

**表14-2　某些超积累植物对重金属的积累浓度**

| 重金属 | 超积累植物 | 浓度/(μg/g干物质) |
|---|---|---|
| 铜 | *Ipomoea alpina*(高山甘薯) | 12300(茎) |
| 镉 | *Thlaspi caerulenscens*(天蓝遏蓝菜) | 1800(茎) |
| 铅 | *T. rotundifolium*(圆叶遏蓝菜) | 8200(茎) |
| 锌 | *Thlaspi caerulenscens*(天蓝遏蓝菜) | 51600(茎) |
| 锰 | *Macadamia neurophylla*(粗脉叶澳洲坚果) | 51800(茎) |
| 钴 | *Haumaniastrum robertii* | 10200(茎) |
| 铌 | *Berkheya coddii*(九节属) | 7880(地上部分) |
| 铼 | *Dicranopteris dichodoma* | 3000(地上部分) |

另外，金鱼藻、伊乐藻或浮萍等水生植物及杨树、柳树等还可用于石油污染、炸药废物、染料泄漏、氯代溶剂、填埋淋溶液和农药等污染物的生物修复。如凤眼莲净化印染废水过程中根系微生态系统起着很好的协同作用；眼子菜、金鱼藻等能修复三硝基甲苯（TNT）污染的土壤；杨树、柳树等对污染土壤中的烷烃和苯系物（BTEX）具有修复作用，它们通过根基吸收有机物至根部，并将大部分的有机污染物转化；经过基因改良的紫花苜蓿可耐受高浓度的原油污染而不死亡，随着时间的推移，可以逐渐恢复生长能力；种植黑麦草后的土壤中多酚氧化酶活性提高，使其对菲有降解作用。

### 14.1.3　污染环境与修复剂的相互作用

在杀虫剂行业中，预测土壤中植物的吸收，最常用的参数是正辛醇-水分配系数。一个化合物的正辛醇-水分配系数是该化合物在正辛醇相中的物质的量浓度与其在水相中的物质的量浓度达到平衡时的比值。

$$K_{ow}=c_{oi}/c_{wi} \tag{14-1}$$

式中，$c_{oi}$是该物质在辛醇相中的浓度；$c_{wi}$是其在水相中的浓度。

一般来说，$K_{ow}$是在室温条件下测定，而且总的浓度不超过0.01mol/L。在这种情况下，$K_{ow}$随温度和浓度变化较小。由于系统中水相被正辛醇饱和，而正辛醇相也被水相饱和，因此，$K_{ow}$值并不等于物质在两相中的溶解度的比值。

在实际应用中，为方便起见，通常使用对数形式$\lg K_{ow}$。其数值分布范围从亲水性化合物的－4 到憎水性化合物的＋8.5。$\lg K_{ow}$与分子的结构直接相关，包括分子的大小、分子的柔韧性、分子间氢键等。从另一个角度来说，$\lg K_{ow}$也表征了分子的结构特征，从而可以替代结构参数，预测化合物的环境行为。

通过 $\lg K_{ow}$大小，可粗略预测地下水的污染程度。$\lg K_{ow}<1$ 的化合物是极易溶于水的，这类有机化合物可在植物的木质部和韧皮部流动；具有中等 $\lg K_{ow}$值（1～4）的污染物被根吸收，这些化合物在植物木质部是流动的，但在韧皮部不会流动。在上述范围内的化合物适合于植物修复，但要防止部分化合物在修复过程中对地下水的污染。$\lg K_{ow}>4$ 的化合物大量被根吸收，但多数不能转移到幼芽上。土壤中地下水体的正辛醇-水分配系数可用以下公式计算：

$$k_P=0.63K_{ow}f_{oc}\varepsilon/\rho_b \tag{14-2}$$

式中，$k_P$ 为土壤中地下水体的正辛醇-水分配系数；$K_{ow}$ 为正辛醇-水分配系数；$f_{oc}$为固相中的有机碳分率；$\rho_b$ 为体积密度；$\varepsilon$ 为孔隙度。

McCarty 等提出了阻滞因子 $R$ 的概念，它表示水的平流速度与污染物的流速之比，与正辛醇-水分配系数的关系为：

$$R=1+(\rho_b/\varepsilon)k_P=1+0.63K_{ow}f_{oc} \tag{14-3}$$

$R$ 越大，意味着溶液中的溶质强烈地被吸附。例如，蒽（正辛醇-水分配系数 $K_{ow}=10^{4.45}$）在高有机物的土壤和沉淀物中的阻滞因子为 1100，而 TCE 的阻滞因子为 1.12。正辛醇-水分配系数可用分子碎片常数法等估算。

### 14.1.4　生物修复的方式与特点

（1）生物修复方式　生物修复就是利用生物的吸收、富集、代谢等作用将污染物转化或降解为无害物质甚至有用物质，从而去除或消除环境污染的一种生物技术。其修复过程通常是自发的或受控进行的。也即是人为促进及控制条件下对污染环境的工程化生物恢复或环境污染物的清除工程。因此，生物修复也可称为生物清除、生物恢复。

目前的环境修复技术有物理、化学和生物三类。在各种方法中，对有机污染物的处理只有热解法和生物法是最彻底的处理方法。生物修复的方式有原位修复（in situ）、异位修复（ex situ）以及生物反应器（bioreactor）和原位-异位联合修复三种技术。与物理、化学修复方法相比，生物修复技术具有以下特点：污染物在原地或异地被降解消除；修复时间较短；就地处理操作方便，对周围环境干扰较小；修复成本较低；不产生二次污染，遗留问题少。

生物修复包含微生物修复、植物修复以及水生生物修复等种类。其中以微生物修复最为常用。微生物修复就是通过人为选择、浓缩、驯化的微生物去攻击、降解或转化那些以碳氢化合物为骨架的毒素、污染物，以加快污染环境的净化，并使其恢复到污染前环境状态过程。

生物修复主要用于被有机化合物、重金属与类金属、放射性物质等有毒有害物污染的土壤、水体、海洋以及大气层等污染的治理，固体废弃物的处置与处理等。污染物主要包括石油、洗涤剂、杀虫剂、氯代烃类、多环芳烃类、苯系物（BTEX）、杂酚以及其他溶剂等有毒有害化学物质。

生物修复技术也具有其局限性，如需要对污染环境进行详细和周密的调查研究，时间较长、费用较高；微生物的活性受温度和其他环境条件的影响较大；目前所发现的微生物尚不能转化或降解所有进入环境的污染物，对某些污染环境的修复无效。

生物修复技术虽有上述缺陷，但可以通过与其他物理和化学方法相结合，采用生物修复的集成技术，将能更有效地发挥生物技术的作用，成为消除污染环境的重要手段，可以相信生物修复技术将随着应用面的进一步拓宽而得到更迅速的发展。

（2）生物修复特点　从生态学角度看，生物修复过程是一个广义的演替过程，在其渐变过程中始终遵循着生态学的普遍规律。以遭受有机物污染的水体生物修复为例，系统由最初异养状态逐渐变成呼吸作用和光合作用相等，水体由最初的异养微生物为主要分解者转化成具有相当大比例的自养微生物群落的综合体，生物种群趋于大型化和多样化，营养元素由最初时开放型向闭锁型转化，更多的营养元素固定在生物体内。

生物修复的演替过程受到溶解氧、pH值、温度、光照、营养成分等因素的影响。所以，在生物修复过程中应注意各种外界条件的控制，适当添加外源营养盐、电子受体及其他必需物质，注意通风、温度和光照等，给微生物创造一个适宜生长的环境，充分发挥其降解污染物的作用。

从经济角度分析，生物修复也比其他的处理方法更具有诱惑力。如采用原位修复，处理受污染的土壤时不需要昂贵的拖运费和场地处理费。

### 14.1.5 影响生物修复的因素

在生物修复过程中，微生物的种类是决定生物修复过程的决定因素。除此之外，生物修复工程中主要涉及污染物的种类和浓度、环境条件和微生物，因此在生物修复工程中必须考虑到上述因素对过程的影响。

（1）营养物质　土壤和地下水中，尤其是地下水中，氮、磷是限制微生物活动的重要因素。为了达到完全的降解，适当添加营养物质常常比接种特殊的微生物更为重要。添加酵母菌或酵母废液可以明显地促进石油烃类化合物的降解。为达到良好的效果，必须在添加营养盐之前确定营养盐的形式、合适的浓度以及适当的比例。目前已经使用的营养盐类型很多，如铵盐、磷酸盐或聚磷酸盐等。除了污染物作为碳源外，微生物同时也需要N、P、S及一些金属元素等其他营养物质。N是氨基酸、核苷酸及维生素合成的必需元素，P是核酸、酶的必需元素，S是部分氨基酸及酶的必需元素。

但是，过多地加入营养物质也会造成富营养化而促进藻类繁殖，不利于污染物的降解。如大量引入硝酸盐还可能导致厌氧降解占优势，抑制好氧菌的生长等。

（2）电子受体　土壤中污染物氧化分解的最终电子受体种类和浓度也极大地影响着污染物降解的速度和程度。最终电子受体包括溶解氧、有机物分解的中间产物和无机酸根（如硝酸根、硫酸根和碳酸根等）三大类。为了增加土壤中的溶解氧，将空气压入土壤、添加产氧剂等。厌氧环境中甲烷、硝酸根和铁离子等都为有机物降解的电子受体。以硝酸盐作为电子受体时，应注意地下水对硝酸盐浓度的影响。

（3）共代谢基质　微生物共代谢分解难降解污染物现象已引起各国学者的关注。如以甲醇为基质时，一株洋葱假单胞菌（*P. ccpacia*）能对三氯乙烯共代谢降解；某些分解代谢酚或甲苯的菌也具有共代谢氯代乙烯的能力，特别是某些微生物还能共代谢降解氯代芳香类化合物。

（4）污染物与污染环境的物化性质　污染物与污染环境的物化性质主要指有机污染物的毒性、可反应性、可降解性，以及土壤对此类有机物的吸附能力、在土壤中的挥发性等，如吸附、淋失与挥发、化学反应和生物降解等相互作用，这些性质都将影响生物修复的效果。

（5）环境因素　环境因素指的是土壤（地下水）的酸碱度、温度、湿度、空隙率等。环境因素使生物修复受到限制，而且环境因素不能轻易调节或不易改变。如一般的微生物所处环境的pH值应在6.5～8.5的范围内，而在实际环境中微生物被驯化适应了周围的环境，人工调节pH值可能会破坏微生物生态，反而不利于其生长。温度是决定生物修复过程快慢的重要因素，但在实际现场处理中，温度不可控，应从季节性变化方面去选择适宜的修复时间。生物降解必须在一定的湿度条件下进行，湿度过大或过小都会影响生物降解的进程，相比酸碱度与温度，湿度具有较大的可调性。

# 14.2　原位生物修复技术

## 14.2.1　原位修复的特点

原位修复技术是在不破坏土壤或地下水基本结构的情况下的微生物就地修复技术。原位处理是不需将污染土壤搅动和挖走或将地下水地面上处理，而是在原位和易残留部位进行处理。原位处理是将废物作为一种泥浆用于土壤和经灌溉、施肥及加石灰处理过的场地，以保持营养、水分和最佳 pH 值。用于降解过程的微生物通常是土著微生物体系。有投菌法、生物培养法和生物通气法等，主要用于有机污染物污染的土壤修复。

最早的原位生物修复技术是 1975 年 Raymond 提出的对汽油泄漏的处理，通过注入空气和营养成分使地下水的含油量降低，并由此取得了专利。此后，原位生物修复技术逐渐得到了重视。Sufita 在 1989 年提出了实施原位生物修复技术的现场条件，包括：①蓄水层渗透性好且分布均匀；②污染源单一；③ 地下水水位梯度变化小；④无游离的污染物存在；⑤土壤无污染；⑥污染物易降解提取和固定。

原位生物修复如图 14-1 所示。原位生物修复的原理是通过加入营养盐、氧，以增强土著微生物的代谢活性，它依赖于处理对象的特性、污染物性质、氧的水平、pH 值、营养盐的可利用性、还原条件以及能够降解污染物的微生物的存在。

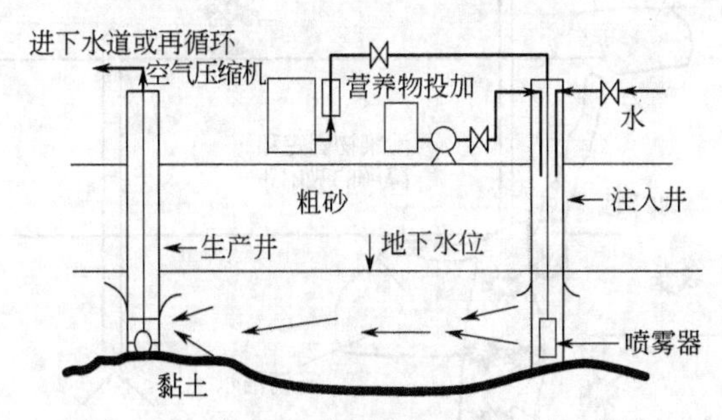


图 14-1　好氧地下水原位生物修复示意图

原位修复的特点是：①成本低廉；②不破坏植物生长需要的土壤环境；③污染物转化后没有二次污染问题；④处理效果好，去除率可达 99%以上：⑤操作简单。

## 14.2.2　原位生物修复的方法

原位生物修复包括以下八种方法。

（1）投菌法（bioangmentation）　直接向遭受污染的土壤接入外源的污染物降解菌，同时提供这些微生物生长所需的营养，包括常量营养元素和微量营养物质。通过微生物对污染物的降解和代谢达到去除污染物的目的。

（2）生物培养法（bioculture）　定期向受污染土壤中加入营养和氧或作为微生物氧化的电子受体，以满足污染环境中已经存在的降解菌的需要，提高土著微生物的代谢活性，将污染物彻底转化为 $CO_2$ 和 $H_2O$。

（3）生物通气法（bioventing）　是一种强迫氧化的生物降解方法。在污染的土壤上打至少两口井，安装鼓风机和抽真空机，将空气强排入土壤中，然后抽出，土壤中挥发性的有毒有机物也随之去除。原位生物通气技术严格限制在不饱和层土壤。

（4）生物注射法（bioseparging）　亦称空气注射法，即将空气加压后注射到污染地下水的下部，气流可加速地下水和土壤中有机物的挥发和降解。这种补给氧气的方法扩大了生物降解的面积，使饱和带和不饱和带的土著菌发挥作用。生物注射法是在已广泛应用的土壤气抽法基础上发展起来的。生物注射法将后者的单纯抽提改为抽提通气并用，通过增加氧及延长停留时间以促进生物降解，提高修复效率。

（5）生物冲淋法（bioflooding） 生物冲淋法亦称液体供给系统（liquid delivery systerm），将含氧和营养物的水补充到亚表层，促进土壤和地下水中的污染物的生物降解。生物冲淋法大多在各种石油烃类污染的治理中使用。改进后也能用于处理氯代脂肪烃溶剂，如加入甲烷和氧促进甲烷营养菌降解三氯乙烯和少量的氯乙烯。

（6）土地耕作法（land farming） 对污染土壤进行耕犁处理，在处理过程中结合施肥、灌溉等农业措施，尽可能地为微生物提供一个良好的生存环境，使其有充分的营养、适宜的水分和 pH 值，从而使微生物的代谢活性增强，保证污染物的降解在土壤的各个层次上都能发生。土地耕作法适于不饱和层土壤的处理，不适用于地下水处理。

（7）有机黏土法 这是近年来发展起来的一种新的原位处理污染地下水的方法，是一种化学和生物相结合的方法。如图 14-2 所示。利用人工合成的有机黏土可有效地去除污染物。带正电的有机修饰物、阳离子表面活性剂通过化学键键合到带负电荷的黏土表面上，合成有机黏土，有机黏土可以扩大土壤和含水层的吸附容量，黏土上的表面活性剂可以将有毒有机物吸附到黏土上富集，有利于微生物对污染物的原位降解。

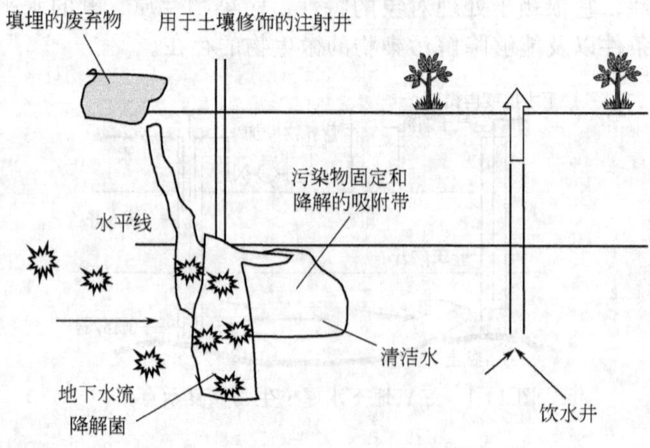


图 14-2 有机黏土法修复系统示意图

（8）原位微生物-植物联合修复 在污染土壤上栽种对污染物吸收力高、耐受性强的植物，利用植物的生长吸收以及根区的微生物特殊修复作用，从土壤中去除污染物。

上述几种不同的原位技术主要表现在供给氧的途径上的差别。一般来说，土地耕作法、生物通气法适于不饱和带的生物修复，生物冲淋法和生物注射法适用于饱和带和不饱和带的生物修复。

**14.2.3 原位生物修复设计的工程问题**

（1）水力控制方式 原位生物修复首先需选择隔离和控制污染带，也即控制地下水流、提高或降低水位以及隔离污染羽流等。其中采用水力控制或隔离污染羽流是最常用的方法。一般的设计采用按地下水流方向，在污染带顶端设置注入井，而在污染带末端设置回收井；也采用中间抽水四周注水技术。含有营养盐、基质和电子受体的水流通过注入井输入，污染水从回收井中提取出来，送入地面装置进一步处理。

由于污染控制往往不可能达到理想效果，在水力控制过程中，应特别注意不要将污染物推向非污染带。另外，水力控制设计前需要对污染带的地下水流、多层含水层的相互作用、异常含水量等进行详细了解。

（2）原位共代谢处理 生物修复大多以污染物为主要基质，也有不少污染物不能作为基质利用或需要另一种基质存在的条件下才能利用，如污染物为氯化烃，则需要注入另一种基质以使氯化烃降解，这种处理被称为原位共代谢。如果污染物是石油烃和氯化有机混合物，则石油烃可作为氯化烃代谢菌的能源和碳源实现共代谢。

生物修复一般采用 $O_2$ 为电子受体，也可用硝酸盐为电子受体。如用硝酸盐作为电子受体，注入乙酸盐可促进氯代烃的共代谢，并促进硫酸还原菌的生长。

(3) 阻塞及其消除方式　原位生物修复系统的运行过程中常会碰到注入井的阻塞(clogging)。通常有悬浮固体堵塞、生物堵塞和化学堵塞三类，其主要原因与注入水的水质、井内微生物的生长、含水层的化学组成等因素有关。

① 悬浮固体阻塞　注入水通常来自回收系统，回收水虽经化学或生物处理，但仍会含有回收井的黏土、不良地表处理的絮凝物或生物生长物等，易造成注入井阻塞，尤其当回收水中的溶解性氢氧化铝或铁等，会在随含水层中的 pH 值和氧化还原电位的改变而产生阻塞。为解决悬浮固体的阻塞，建议采用过滤器处理回收水；在地表水处理系统控制 pH 值使回收水中的氢氧化物沉淀，在注入微生物活体时，要避免微生物絮凝体的产生。

② 生物阻塞　在原位处理过程中，加入氧和营养盐会刺激井滤网上和周围含水层中的微生物生长，由此引起注入井的阻塞。一般可采用脉冲注入法，将电子受体和营养盐分别以一定的间隔交替注入，以破坏注入点的微生物生长条件，防止微生物的过度生长。脉冲注入时可采用 $H_2O_2$（200～500mL/L）对筛网和钻孔处进行杀菌处理。加利福尼亚州 Moffett 海军航空站的氯代烃污染的原位修复中，采用甲烷和 $O_2$ 的脉冲注入支持甲烷营养菌的共代谢脱卤，使甲烷和氧在污染带中混合，促进了甲烷营养细菌在污染带的生长。

生物阻塞的另一原因是铁细菌生长，与水井生物阻塞有关的几种铁细菌为锈色嘉利菌（*Gallionella ferruginea*）和纤发菌属（*Leptothrix*），它们可以从 $CO_2$ 中和有机化合物中获得碳源，广泛分布于环境中。铁细菌的生物阻塞是水井和地表处理系统运行维护的普遍问题。

③ 化学阻塞　指由于营养盐、基质、氧和生物活性在含水层中的相互作用造成的堵塞。其主要为含氧水注入后其氧化还原电位的变化造成的某些化合物的沉淀。如铁、硫化物和氨等的氧化等，特别是地下水含铁的氧化沉淀。另一个是作为营养盐的磷酸盐沉淀，在多数环境下正磷酸盐的浓度只要不超过 10mg/L，其沉淀的可能性较小。磷酸盐不会立即沉淀，而先形成可溶性的八磷石（octacalcium）磷酸盐和透钙磷石（brushite）等前体，并随着老化转化为稳定的沉淀。不少磷酸盐注入到石灰性土壤中，会被吸附沉淀，在此情况下，需采用三聚磷酸钠以及其他缩聚磷酸盐，或焦磷酸盐（$P_2O_7^{4-}$）和三偏磷酸盐（$P_3O_9^{3-}$）进行生物修复。

(4) 原位氧源供给方式　对好氧微生物修复过程，氧气的供给是十分重要的，可以通过化学反应或强制手段将分子氧通入系统。供氧系统有以下几种方式：井孔通气；含氧水的注入；过氧化氢的注入；通气和注气等。在选择氧供应系统时应考虑：污染负荷的需氧量、自然有机沉积的需氧量、设计的降解速率或供氧速率、氧源输送利用的难易程度和费用等因素。

供氧应和需氧平衡，才能使生物修复的清除时间达到最佳。太低的供氧速率会使修复时间延长，太高的供氧速率又会增加修复成本。

根据烃类降解的可处理性研究，降解和需氧速率通常为一级反应。但这很少在现场应用中表现出来，因为氧通常限制了降解速率。如果现场设计要提供最佳生物降解的供氧速率，在几个月处理后这个供给系统可能过大。

需氧速率和污染物的位置决定了选择什么样的供氧系统，井孔通气是结构最简单、价格低廉的系统，可通过多孔气泡装置将空气扩散到井孔中。向井水中注气可使用金刚砂扩散器、多孔石、环带金属、碳化硅扩散器等。

过氧化氢的注入，过氧化氢在水中溶解度很高，过氧化氢系统需要有饱和的亚表层防止过氧化氢显著分解。需要强制注入，使用过氧化氢的主要问题是其分解速率。

土壤催化过氧化氢的分解，故对不饱和带的生物修复不宜用过氧化氢。$H_2O_2$ 的迅速分解可以使地下水氧在达到污染地区之前就处于过饱和状态。选择 $H_2O_2$ 作为氧源时，可考虑通过选择营养盐的种类以阻止 $H_2O_2$ 分解，使用磷酸盐可使 $H_2O_2$ 稳定传输较长距离，为减少磷酸盐在土壤中的吸附，宜使用简单-复杂磷酸盐混合物。磷酸钾可起到稳定 $H_2O_2$ 溶液的作用，而正磷酸盐可以阻断大多数铁诱导的 $H_2O_2$ 分解。

另外，用泵将饱和含氧水压入污染的含水层也是最常见的供氧方法之一。

(5) 生物通气　对某些不饱和带的生物修复，通过对污染土壤的生物通气或强制通气，其效果比注水法提高水位控制好。其原因是通气具有两个作用：对土壤中的汽油、甲苯等污染物以供氧降解去除，挥发性有机物以汽提形式有效地从亚表层去除。生物通气设备投资少，运行费用省，耗能远比注水法低。该法的不足之处是污染物必须为好氧降解，挥发性化合物的修复不如土壤蒸发萃取法。

表 14-3 为过氧化氢、硝酸盐和生物通气三种方法的费用比较，由表 14-3 可知，采用过氧化氢作氧源的总费用最贵，而生物通气的维护简单，能耗最低。

**表 14-3　采用不同电子受体时的原位生物修复费用比较**　　美元/$m^3$

| 费用组成 | 不同电子受体 | | |
|---|---|---|---|
| | $H_2O_2$ | 硝酸盐 | 生物通气 |
| 建设 | 45.8 | 117.7 | 26.2 |
| 劳动力和监测 | 71.9 | 96.8 | 40.5 |
| 化学品 | 503.6 | 31.1 | 0.4 |
| 电力 | 24.8 | 11.8 | 6.5 |
| 总费用 | 646.1 | 256.4 | 73.6 |

### 14.2.4　修复过程的物料平衡计算

生物修复过程设计需要根据污染的类型与状态确定各种物料的数量，如电子受体、电子供体、主要基质、pH 调节剂和营养盐等。这些数据的获得，才能确定处理设备大小和选用化学品的数量，以及其他如泵、管道等的选用。估算生物修复所需要的物料和计算化学反应所需要物料原理相同，可采用化学计量方程，各反应物的比例遵循氧化还原平衡方程。总反应包括有机物氧化、电子受体还原、主要营养物供细胞生长。

整个化学计量方程是有机物氧化半反应、选择的电子受体半反应和生物合成反应的总和。以下为几种电子受体的两个半反应和两个细胞合成方程的通式。

① 对电子供体的半反应 $H_D$。

$$\frac{1}{Z}C_aH_bO_cN_d+\frac{(2a-c)}{Z}H_2O\longrightarrow\frac{a}{Z}CO_2+\frac{d}{Z}NH_3+H^++e$$

其中，$Z=4a+b-2c-3d$；式中 $a$、$b$、$c$、$d$ 分别代表有机污染物中 C、H、O 和 N 的平均原子数。

② 对电子受体半反应 $H_A$，可分好氧和厌氧两种，好氧以氧为受体，厌氧分别以硝酸盐、硫酸盐和 $CO_2$ 为受体。

以氧为电子受体

$$1/4O_2+H^++e\longrightarrow 1/2H_2O$$

以硝酸盐为电子受体

$$1/6NO_3^-+H^++5/6e\longrightarrow 1/12N_2+1/2H_2O$$

以硫酸盐为电子受体

$$1/8SO_4^{2-}+H^++e^-\longrightarrow 1/8S^{2-}+1/2H_2O$$

以二氧化碳为电子受体

$$1/8CO_2+H^++e\longrightarrow 1/8CH_4+1/4H_2O$$

③ 细胞合成方程 $C_S$，一般假定细胞结构的近似组成为 $C_5H_7O_2N$，微生物生长需要的磷大致为氮的 1/6。则以氨为氮源时有

$$1/4CO_2+1/20NH_3+H^++e\longrightarrow 1/20C_5H_7O_2N+2/5H_2O$$

若以硝酸盐为氮源时

$$5/28CO_2+1/28NO_3^-+29/28H^++e\longrightarrow 1/28C_5H_7O_2N+11/28H_2O$$

则总反应为：

$$R=R_D+f_eR_A+f_sR_S$$

式中，$R_D$ 为有机物氧化半反应；$R_A$ 为电子受体半反应；$R_S$ 为生物量合成提供营养要求的反应；$f_e$，$f_s$ 为有机物氧化产能和转化为细胞部分，$f_s+f_e=1$。

在一般情况下，在好氧系统中，$f_s$ 在 0.12～0.60，反应越慢（化合物越难降解），$f_s$ 值越小，厌氧系统有机物转化为细胞量更低。

利用该方法计算需注意以下两点。

① 确定速率级数和速率常数是否符合现场情况，当现场降解以零级方程反应降解时，实验室数据经常是一级反应动力学反应。由于场地中往往为多种有机物的混合物，现场降解速率也会变慢；某些有机物的降解速率常数很低，会导致现场速率常数随时间衰减。

② 微生物通常有一个训化期（停滞期），从几周到几个月不等，应根据现场的实际来确定供给电子受体数量和营养物等。

## 14.3　异位生物修复及其生物反应器

### 14.3.1　异位生物修复方法

污染物的异位生物修复有两种途径：一是先挖出土壤暂时堆埋在某一个地方，待原地工程化准备后再将污染土壤运回处理；其二是从污染地挖出土壤运到一个经过工程化准备（包括底部构筑和设置通气管道）的地方堆埋，经生物处理后的土壤运回原地。

目前异位生物处理主要包括特制床技术、复合堆制、生物反应器技术、厌氧处理和常规的堆肥法。

(1) 特制床法　在无泄漏的平台上，铺上石子和沙子，将受污染的土壤以 15～30cm 的厚度平铺其上，并加入营养物和水，必要时也可加一些表面活性剂，定期翻动土壤补充氧气，以满足土壤中微生物生长的需要。如图 14-3 所示，特制床生物反应器（prepared bed bioreactor）为衬有防渗层和渗滤液收集管的一个平台，配有供排水、曝气、营养物喷淋等系统。该生物反应器具有防止污染物或代谢产物渗入地下、渗滤液可收集、有害气体不扩散等特点。主要用于多环芳烃、BTEX 或它们的混合物处理。

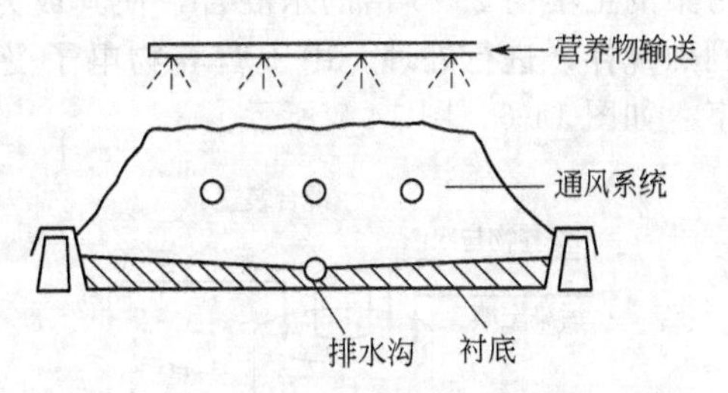

图 14-3　特制床生物反应器截面图

(2) 复合堆制处理法　复合堆置处理法是将污染土壤与一些自身易分解的有机物（土壤改良剂），如秸秆、稻草、木屑、树皮、杂草和粪肥等混合堆放，这些改良材料的混入，可提高土壤的通气保水能力，为微生物生长和石油类污染物降解提供丰富的营养物质和能量。

堆制处理过程自身产热使系统保温，使降解过程在冬季仍能正常进行；必要时，可用机械翻动或压力系统充氧，或加入石灰来调节最适 pH 值，以提高微生物的降解活性。如图 14-4 所示，该法适宜对高挥发、高浓度石油污染土层的处理和修复。

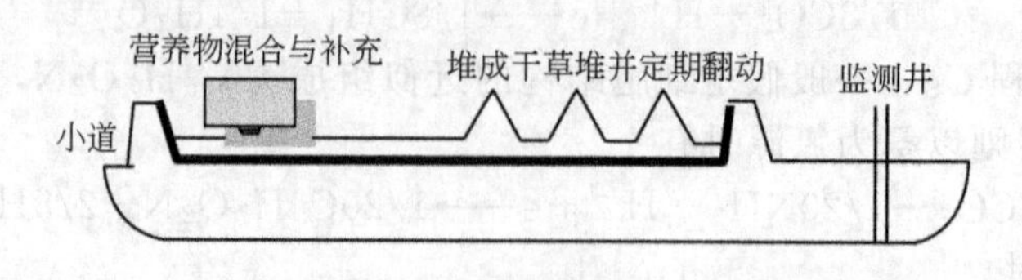


图 14-4 异位生物修复技术——堆制处理

### 14.3.2 异位修复生物反应器及其修复工艺

异位修复通常需要生物反应器，比较常用的有土壤浆化反应器、固定化膜和固定化细胞反应器、好氧-厌氧集成处理工艺等。其修复的主要特征是：①通常以水相为处理介质，污染物内微生物、溶解氧和营养物分布均匀，可最大程度满足微生物对污染物降解所需的条件，传质速度快、处理效果好；②可根据目标污染物处理的需要，设计出不同构型的生物反应器，并实现对其过程有效的控制；③可避免复杂不利的自然环境变化，以及避免有害气体排入环境。异位生物修复的主要缺点是前后处理工序要求严格、工程复杂、处理费用高，同时还要注意防止污染物由土壤转移到地下水体中。异位修复生物反应器处理方式示意如图 14-5 所示。

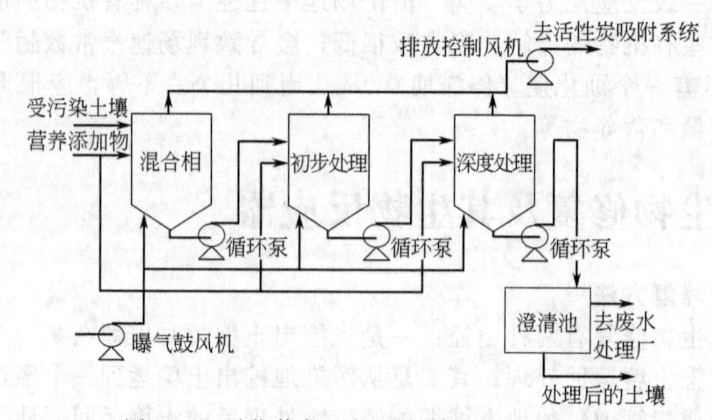


图 14-5 异位修复生物反应器处理方式示意

（1）土壤浆化反应器　土壤浆化反应器结构简单，可以是一个筑有衬底的水塘，也可以是比较精细的反应器。操作过程十分简单，将污染的土壤污泥或沉积物倒入反应器中，将受污染的土壤与 2～5 倍的水混合，使其成为泥浆，同时加入营养物或接种物，在供氧条件下剧烈搅拌，进行处理。由于营养物电子受体和其他添加物等的作用，可获得较高的降解效率。如图 14-6、图 14-7 所示。

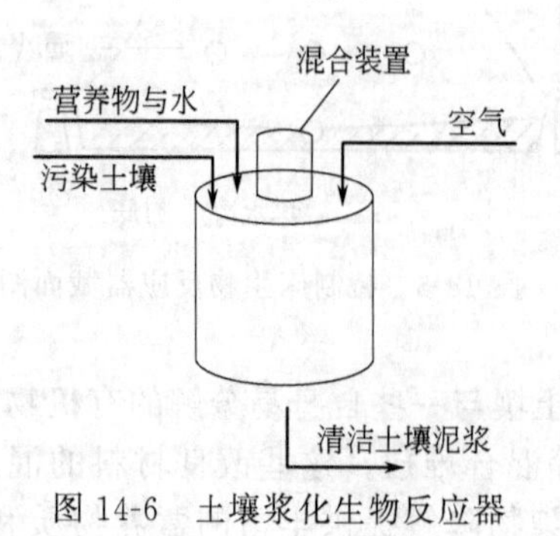


图 14-6 土壤浆化生物反应器

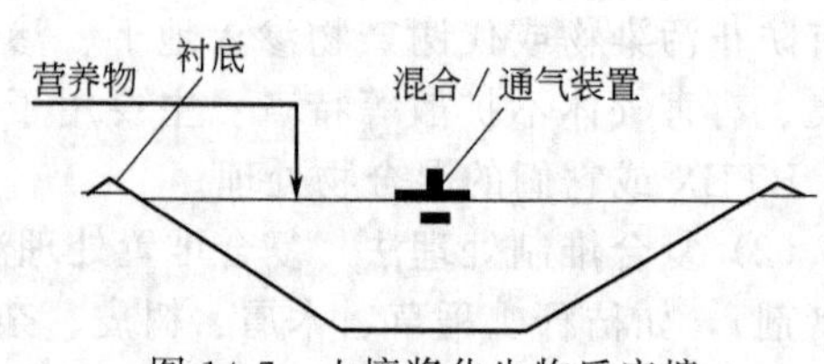


图 14-7 土壤浆化生物反应塘

（2）固定化膜与固定化细胞反应器　如图 14-8 所示，固定化微生物（细胞）膜反应器是将土壤颗粒在水力夹带下进入一种装有纤维丝的填料层，土壤被固定在填料表面形成固定化微生物膜的反应器。土壤微生物从反应器内水中获得足够的营养物质、氧和碳源，将土壤中污染物降解，而微生物在土壤颗粒上生长，含污染物的溶液通过生物膜时，使得土壤泥浆中的五氯酚（pentachloronitrobenzene，PCP）等污染物降解。改进该反应器的方法是采用高密度或高吸附率的细胞，并将其黏附或嵌入到固态载体中制成固定化细胞（膜）反应器。修复受 PCP 污染土壤的泥浆工艺流程如图 14-9 所示。

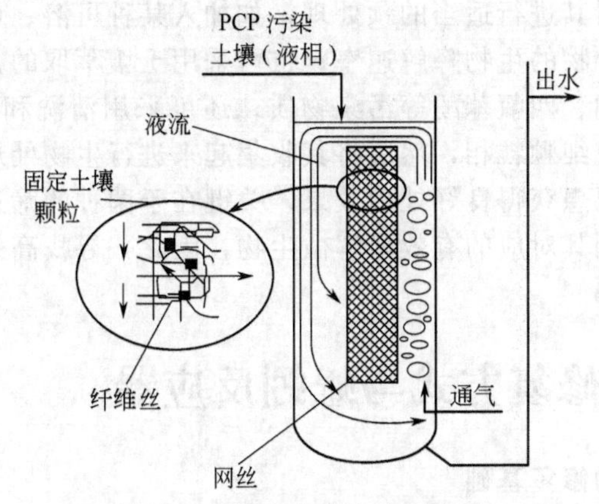

图 14-8　固定化膜生物反应器

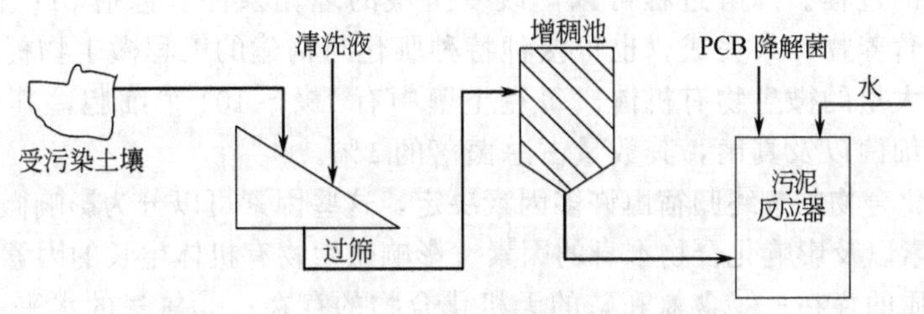

图 14-9　修复受 PCP 污染土壤的泥浆工艺流程

（3）好氧-厌氧集成处理工艺　许多好氧菌不能降解的氯代化合物，但可以被厌氧菌进行脱卤还原。因而可以将厌氧和好氧方法结合起来，用于难降解有机毒物的降解。好氧-厌氧工艺分两步进行，反应器内先实行厌氧处理，把土壤中难降解的复杂有机物还原为简单有机物或减低毒性物质，以利于好氧处理。如图 14-10 为三硝基甲苯（TNT）污染的土壤处理装置——好氧-厌氧生物反应器。

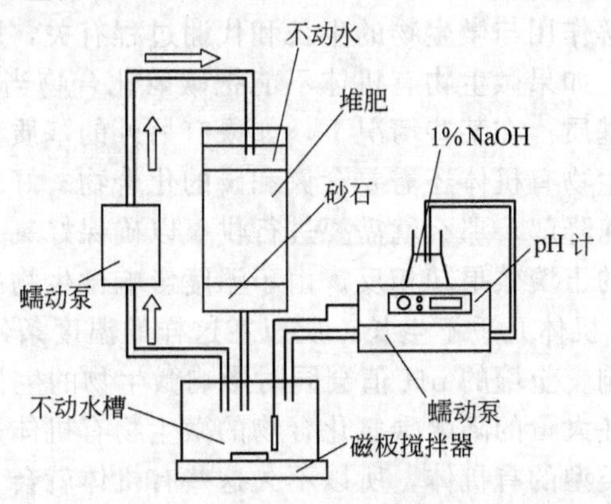

图 14-10　好氧-厌氧生物反应器

### 14.3.3 原位-异位联合修复技术

原位-异位联合修复技术可分为水洗-生物反应器法（washing-bioreactor）和土壤通气-堆肥法（bioventing-composting）。水洗-生物反应器法是用水冲洗污染场地中的污染物，并将含有该污染物的废水经回收系统引入附近的生物反应器中，通过对降解菌的连续供营养、氧气，来转化污染物；土壤通气-堆肥法是先对污染场地进行生物通气，然后进行堆制处理，以去除难挥发的污染物。

并不是所有的污染物质都很容易除去，也不是所有的污染物质都适宜降解，特别是对水不溶性污染物。这时可对其进行适当的预处理，如加入某种可溶、可混、可分散的生物表面活性剂，以提高有机化合物的生物降解速率；也可采用土壤萃取的方法来去除污染物，如利用液态二氧化碳萃取柴油、四氯苯酚等污染物质；还可采用清洗和物理分离相结合的技术，先使污染物质进入液相或细颗粒相，然后将其收集起来进行生物处理。

对上述修复技术，要想获得良好处理效果，关键在于菌种的筛选和驯化。理论上几乎每一种有机污染物都能找到其对应的有效降解微生物，因此，寻找高效污染物降解菌是生物修复技术研究的热点。

## 14.4 污染土壤修复方式与蚯蚓反应器

### 14.4.1 土壤污染的生物修复基础

土壤生物修复就是利用微生物将土壤中有毒有害有机污染物降解为无害的无机物质（$CO_2$ 和 $H_2O$）的过程。降解过程可以由改变土壤的理化条件（包括 pH 值、温度、湿度、通气条件及添加营养物）来完成，也可接种特种驯化与构建的工程微生物提高降解速率。

土壤中含有大量的微生物有机体，每克土壤中有 $10^4$～$10^6$ 个细胞，其中包括大量的利用碳氢化合物的细菌以及真菌，其数量占总菌落的 1%。

环境中有机化合物的最终归宿由许多因素决定，这些因素可以分为影响微生物有机体生长和代谢过程的因素以及影响化合物本身的因素。影响微生物有机体生长的因素有：①其他可生物降解的有机物质的存在；②含氮和磷的无机化合物的存在；③氧气的水平；④温度；⑤pH 值；⑥水和土壤混合湿分的存在；⑦现有微生物有机体的数量和类型；⑧重金属的存在与否。

影响化合物降解的因素如下：①细菌的生长和代谢；②有机化合物的化学结构；③可行性和/或溶解性；④光化学性。

### 14.4.2 土壤污染的生物修复

（1）有机物污染的微生物修复　蓝细菌和藻类能够降解碳氢化合物，被碳氢化合物污染的土壤中所含的微生物有机体量要比没污染的土壤的含量多，但是微生物有机体的种类却减少。

由于碳氢化合物的降解作用与微生物的生长和代谢过程有关，所以任何影响微生物生长的因素都会影响降解作用。如果微生物有机体不能把碳氢化合物当作碳骨架和唯一的碳源，那么就需要有另外的生长基质。在某些情况下，如果有另外的基质存在，那么微生物有机体会优先选择这种基质。微生物有机体还需要含氮和磷的化合物。好氧消耗要比厌氧消耗过程迅速得多，所以如果要快速降解，那么就需要进行供氧以确保好氧条件。疏松结构的土壤有利于氧气的运输，吸饱水的土壤效果却相反。由于温度影响微生物的生长，所以低温下降解速率很低。由于 4～10℃有机体几乎不生长，所以在这样的温度条件下向土壤中加入营养物质对降解速率没有什么影响。土壤的 pH 值会同时影响微生物的生长以及要降解的化合物的溶解性。土壤中一开始存在大量的降解碳氢化合物的微生物有机体是十分有利的，但是由于大多数土壤中都含有这些类型的有机体，所以不久这些有机体就会大量繁殖，因此也许人们并不需要培养降解特定碳氢化合物的有机体。碳氢化合物的污染也许还和能抑制微生物生长的高浓度重金属有关，这种抑制作用取决于重金属的浓度和金属类型。

由于土壤吸饱了水、土壤结构的颗粒很细以及土壤微孔被生物量堵塞，所以即使在好氧条件下有些被碳氢化合物污染的场所也不可能完成生物修复过程。然而，如果可以从甲烷微生物条件下的水中、硝化条件下的硝酸盐和还原单质硫条件下的硫酸盐中得到氧气，那么脂肪烃、单环和多环芳烃就能够被厌氧降解。碳氢化合物可以通过水合作用、脱水作用、还原性脱羟基作用、氮还原作用以及羧酸化作用转化成中央代谢中间体。这种中央代谢中间体是苯甲酰 CoA，有时是间苯二酚，它们经过还原、水解作用，最后都转化成能够进入 Krebs 循环的化合物。厌氧降解的唯一不足是该过程要比好氧途径慢得多。

碳氢化合物和其他有机分子降解的一个特征是一些酶除了能够和通常的基质作用外，还能够和化合物作用。这种条件就是所谓的无偿代谢（gratuitous metabolism），它是酶宽范围特殊性的结果。另外一个特征就是所谓的伴生代谢（co-metabolism），即指有机体生长并没有从基质的代谢中得到明显好处的代谢过程。

对一面积为 200$m^2$、深度为 8m 的受石油烃类化合物污染的地区进行原位生物修复处理，采用的是地下水抽取和过滤系统。具体方法是从一个 8m 深的中心井和 10 个曝气反应器中，反应一段时间后再输进颗粒滤槽中，经过滤后重新渗入地下。在此过程中，采用了注入表面活性剂和营养物，以及曝气和接种优势微生物等强化措施以促进污染物的降解。经过 15 周的处理，土样中石油烃类化合物的浓度从 123～136mg/L 降低到 20～32mg/L。测定注入地下的水和抽出的地下水中溶解氧的浓度，结果表明进水中的溶解氧为 8.4mg/L，而出水中的溶解氧为 2.4mg/L，说明在土壤中也在进行着较强的好氧生物修复过程。

1984 年美国密苏里州西部发生石油运输管道泄漏事件，为此实施土壤生物修复系统，这个系统由抽水井、油水分离器、曝气塔、营养物添加装置、注水井等组成，使受石油烃类化合物污染的地区进行原位生物修复处理。其中曝气塔可借助人工曝气以增加溶氧，添加的 N、P 营养则有助于石油降解微生物的生长繁殖，以提高石油降解菌的浓度，加快石油降解的速度。结果经过 32 个月的运行，获得了良好的处理效果。该地的苯、甲苯和二甲苯浓度从 20～30mg/L 降低到 0.05～0.1mg/L，整个运行期间汽油去除速度为每月 1.2～1.4t，生物技术去除的汽油约占总去除量的 88%。

中国科学院微生物研究所林力、杨蕙芳等对某化工厂受石油污染土壤的生物修复研究中调查了该受污染土层的微生物生态土层的微生物生态分布特性，结果表明，该土层中土著微生物比较活跃。好氧异养菌达 8 亿～12 亿个/g，厌氧异养菌达 2 亿个/g，烃降解菌达 200 万个，从中分离出 159 株烃降解细菌和真菌，其中 17 株可不同程度地分别利用烷烃和芳烃作为唯一碳源生长。在最适氮源和磷源的条件下，假单胞菌 52 菌株可在 7d 内利用石蜡作碳源，微生物量连续增加，3d 内可将初始浓度 500mg/L 的机油降解 99%。在投加经筛选的混合菌株治理土壤油污的模拟试验中，25d 内，可将油污的矿化作用提高 1 倍。在投加降解烃菌株，补加 N、P 营养，处理浓度为 1500mg/kg 的被原油污染的土壤时，8d 内土壤中油污去除 98.8%，$CO_2$ 产生量提高 2.8 倍。实验研究表明，该受污土层适于使用生物整治方法去除油污。

（2）难降解有机毒物的真菌修复　用于污染物降解和生物修复的白腐真菌，具有一般细菌系统所不具备的优点：不需经特定污染物的预处理；对其他微生物的拮抗；具有胞外降解的特征；降解底物的非专一性；适用于固、液两种体系。

造纸工业废水的处理一直是比较头痛的事，近几年来，采用白腐真菌对纸浆漂白废水进行处理，取得了较为理想的效果。如经白腐真菌丝 3～4d 的处理，废水的脱色率可以达到 90%，COD 和 BOD 降低 60%以上，氯代有机物可减少 45%，50%以上的芳香族化合物被降解。原毛平革菌还被用于纺织印染业废水处理，经 30d 处理，低浓度的刚果红、活性翠蓝脱色率达 93%～99%；高浓度的脱色率达 85%，降解率在 70%以上。

DDT、林丹、氯丹等有机氯化物，毒性很大、难降解，即使环境中含量甚微，一般微生物都很难生存，因此被称为持久性有机污染物。白腐真菌具有特异的耐毒性，对这类持久性有机污染物具有广谱降解能力。在合适培养条件下培养出的白腐真菌，可使大多数氯代有机农药彻底矿化，在外加营养物木质素和葡萄糖作用下，在 20d 内，对 DDT 的降解率达 91.7%，对林丹的降解率达 85.8%，对氯丹的最高降解率达 97.3%。

硝化甘油是军工厂和制药厂排放废水中普遍存在的高毒性物质，利用从受 TNT 污染的土壤中分离纯化并经连续培养驯化的白腐真菌，采用序批式固定床生物反应器在好氧、厌氧条件下降解硝化甘油，对实际 TNT 废水的降解率达 99%以上。南京理工大学黄俊等从受 TNT 污染的土壤中分离纯化并经连续培养驯化出白腐真菌，对实际 TNT 制药废水进行了好氧生物降解试验，取得了类似的效果。

染料的品种繁多、结构多样，难于生物降解，在环境中可长期存在。采用厌氧条件对染料进行降解，会生成苯胺等有毒及致癌物质。李向飞等筛选出一株白腐真菌 H，对中性深黄 GRL、酸性媒介漂蓝 B 和刚果红的脱色效率都超过 90%，可在短时间内将有毒染料酸性媒介漂蓝 B 降低到较低浓度，在对染料脱色的同时，自身能够繁殖生长。

利用黄孢原毛平革菌进行污水处理，其装置为生物转盘，已获得专利保护。黄孢原毛平革菌的菌丝体附着在转盘表面，可将 250mg/L 五氯酚在 8h 内降解到 5mg/L；与炸药生产有关的粉红色废水可被充分处理，2,4,6-三硝基甲苯和 2,4-二硝基甲苯在 24h 内降解了 150mg/L，表明基质不仅吸附到菌丝体上而且发生代谢作用。美国已拟计划扩大规模，建立试验厂用于处理其他类型的废水。

(3) 污染物的植物修复　利用植物来有效地消除土壤污染具有其所在区域、污染物种类和时间方面的特异性，其修复方式如表 14-4 所示，有多种形式，化合物被吸收后，会有多种去向。植物根对有机物吸收与其相对亲脂性有关。

**表 14-4　某些植物修复类型及其基本原理**

| 类　型 | 去除污染物的原理 |
| --- | --- |
| 植物提取 | 可积累污染物的植物将土壤中的金属或有机物富集于植物可收获的部分 |
| 植物降解 | 植物或植物与微生物共同作用降解有机污染物 |
| 植物挥发 | 植物挥发污染物 |
| 植物固定 | 植物降低环境中污染物的生物有效性 |
| 根际过滤 | 植物根系吸附和吸收水中或废水中污染物 |
| 植物激活 | 植物分泌物激活微生物的降解行为 |

植物的根和茎都有相当的代谢活性，不少微生物群落分布在根际、根组织、木质部液流、茎叶组织中以及叶的表面，土壤或根际微生物在分解许多有机污染物的过程中起着主要作用。植物可从土壤中吸收污染物并将其代谢为无毒物质，或把这些污染物结合到稳定的细胞组分中去。而把微生物或哺乳动物基因结合到植物基因中，可进一步提高其降解能力。

根部过滤作用指的是通过植物本身或与根际有关的微生物从水流中除去污染物质的过程。一般认为，植物去除环境中有机污染物质的机制有三种：通过植物萃取直接吸收环境中的有机污染物质；通过植物释放的分泌物和酶促进环境中有机物的去除；利用根际有机物的生物降解。

植物根际是一个能发生降解的生物代谢活跃区，包括植物根分泌物的组分，诱导微生物代谢途径的特殊化合物的分泌作用。那些不是微生物底物的污染物，能够通过共代谢作用而被微生物降解。在根际，某些杀虫剂成分，如三氯乙烯和石油醚等已能在根际快速降解。降解外来物质有效的根际微生物接种在根区，约有 25%的作物其生物量是被废弃的，这是理想的合适环境。

植物具有富集土壤中重金属的功能，并能在叶子和茎秆中积累，所积累的金属量是普通植物的 50～100 倍。如天蓝遏蓝菜（*Thaspi caerulescens* ）和介子科植物（*Cardaminopsis halleri*）能够积累锌和镉元素，而香雪球植物（*Alyssum lesbiacum*）能够积累镍元素。

Marcial Pletsch 等人通过对土壤细菌变形的植物根的研究，避免了必须在野外进行大量试验的困难，使得有关实验可以在实验室中的可控条件下进行，从而大大缩减了植物修复的进程。某些植物能将金属离子转化成更加容易挥发的物质，即植物挥发作用。通过该过程可以降低金属的毒性。例如硒转变成二甲硒和甲基汞转变成汞蒸气等。美国已采用种植白杨树来去除树根污染物中的三氯乙烯，还有一些植物可用来除去污染性爆炸物，用植物细胞的培养物来降解硝化甘油和 PCB。

**14.4.3　蚯蚓生物反应器**

（1）蚯蚓生物反应器　蚯蚓生物反应器是 20 世纪 80 年代英国专家爱德华兹设计的一种处理有机废弃物的装置，最初用于处理植物废弃物和动物粪便等。国内主要用于城市生活垃圾和农村有机废弃物处理，产出小而均匀的颗粒状蚯蚓粪便，含有丰富的有益微生物和酶类，可作为生产有机食品的最佳肥料。据有关报道，开发和推广蚯蚓生物反应器，对于改善我国城乡生态与卫生环境，具有重要意义。

（2）蚯蚓反应器主要原理及组成　蚯蚓生物反应器最初用于处理植物生产废弃物和动物粪便。主要利用蚯蚓在自然界的生物学和生态学特点，在不断吞食消化吸收有机废弃物的同时，进一步被消化道内的微生物或接种的工程菌分解，并分泌出多种生物活性成分，实现有机废弃物的减量化、资源化处理。产出的蚯蚓粪肥酸碱度适宜，含 1 亿个/g 左右的微生物，含有至少两种拮抗微生物，具有保水、保肥性能，含有植物所需的微量元素，是绿色环保的生物肥料。

蚯蚓生物反应器主要由反应器主体、加料和出料加工部分组成，如图 14-11 为蚯蚓生物反应器结构示意。由于蚯蚓是一种活的生物，必须维持反应器内的合适温度、湿度条件，使其处于最佳生存环境并保持高效的处理能力。

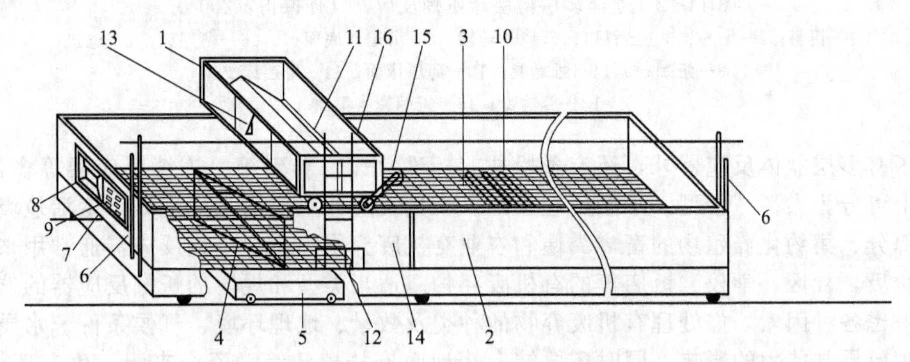


图 14-11　蚯蚓生物反应器结构示意（孙振钧，2004）

1—布料器；2—反应箱；3—筛网；4—刮料器；5—收集器；6—标杆；7—中央调控器；8—参数显示器；9—控制开关；10—电热丝；11—转轴；12—操作平台；13—微喷水器；14—组成单元；15—电机；16—扶手

蚯蚓生物反应器主体分成两个部分：上半部分为处理主体，高 1m；下面为收集装置，高 0.5m。反应器主体两端有两根标杆，标杆上附着电线、微喷水器水管、自动探测器探头电线等。控制面板在前端中央，由调控器、显示屏与控制开关等组成。

用蚯蚓处理的有机废弃物，可使废弃物转变为生产有机食品所必需的蚯蚓粪，蚯蚓粪作为生物肥料具有以下特点。

① 蚯蚓粪的团粒结构孔隙大，酸碱度适宜，水气调和，具有保水保肥功能，可改良土壤，使土地不板结，适合于农作物的生长，增强作物抗旱、抗病能力。

② 与化肥相比，蚯蚓粪含有有益微生物和酶、多种氨基酸、植物所需的常量元素、植物生长素等。

蚯蚓生长所需的温度、湿度等条件可以由电脑自动控制，使之保持在最佳生存环境和高的处理效率。

（3）立体多层薄层床蚯蚓反应器　如图 14-12 所示，为装有传动输送带的立体多层薄层床蚯蚓反应器，有机废弃物（饵料）放置在薄层传动带上，蚯蚓也安置在有机废弃物中生活繁衍，饵料从漏斗到出料口，通到蚯蚓生活繁衍的传动带上，传动带由一个调节器控制以一定速度连续向前移动，通过在出料端加强光照或去除空气，刺激并促使蚯蚓不断向饵料装载端移动而增加产率，当移动到卸载端，厚度为 5～20cm 的蚯蚓粪被卸载下来，作为产品被收集。

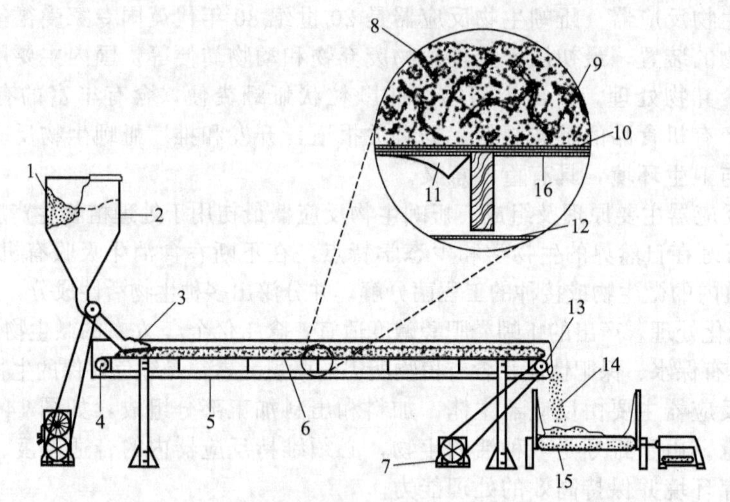


图 14-12　立体多层薄层床蚯蚓反应器（孙振钧，2004）

1—饵料；2—漏斗；3—出料口；4,13—转轴；5—薄层床底面；6,16—薄层床；7—电机；
8—蚯蚓；9,14—蚯蚓粪；10—薄层床面；11—薄层床支架；
12—传输带；15—蚯蚓粪收集面

除了有多层立体反应器外，还有条垛式、标准化床、养殖箱、连续反应器等多种类型。从规模上可分为大型、中型、小型处理系统。大型反应器主要用来处理城市生活垃圾的有机废弃物部分、集约化养殖场的畜禽粪便和农业有机废弃物等；中小型反应器通常用来处理家庭生活垃圾，社区、学校、饭店等的有机废弃物。适当类型和规模的蚯蚓反应器的选择，需要综合考虑各种因素，如处理有机废弃物的种类及数量、地理环境、气候条件、水质状况等直接处理效果与能力的影响，同时还要结合当地政府扶植政策、资金来源、生态环境需求、劳动力等辅助因素。

## 14.5　生物修复存在问题及潜在解决方法

### 14.5.1　微生物修复

生物修复技术虽已取得很大的成功，但仍存在某些问题，主要是处理后的某些污染物含量仍不能达标，主要制约因素如下。

① 微生物不能降解所有的污染物，污染物的难降解性、不溶解性及土壤腐殖质和泥土结合在一起常使生物修复难以进行。共存的有毒物质，如重金属对生物降解作用的抑制。

② 电子受体（营养物）释放的物理性障碍。

③ 微生物的活性易受温度和其他环境条件的影响，如低温引起的低反应速率。

④ 污染物的分布不均一性和生物不可利用性。

⑤ 污染物被转化成有毒的代谢产物。

⑥ 某些情况下，当污染物浓度太低不足以维持一定数量的降解菌时，残余的污染物就会留在土壤中，生物修复不能将污染物全部去除。

### 14.5.2　植物修复存在的问题

植物修复除了受到待治理土壤的气候、温度、海拔条件和土壤类型等的影响外，还受到不同污染类型的影响，通常存在以下几个问题。

① 对不同污染状况的土壤要选用不同的生态型植物。

② 一种植物往往只吸收一种或两种重金属元素，对土壤中其他浓度较高的重金属则表现出某些中毒症状，限制了植物修复技术在多种重金属污染土壤中的治理。

③ 用于清理重金属污染土壤的超积累植物通常矮小、生物量低、生长缓慢、生长周期长。因而修复效率低，不易于机械化作业。

### 14.5.3　生物修复的潜在发展技术

为克服目前生物修复存在的问题，通过基因工程法，获取具有高降解能力的基因工程微生物，是获得环境污染治理新突破的关键。此外，对生物修复的实验室模拟、生物降解潜力的指标和修复水平的评价、实验室研究的接种物以及风险评价等方面的更深入研究，也会进一步促进生物修复技术的发展。

污染土壤的生物修复技术虽然已取得一些成果，但仍很不完善，主要是处理后污染物的残留不能符合环境指标要求，还需要在以下几个方面进行深入的研究。

① 共存物质对微生物降解的抑制效应及外源物质对微生物的促进效应。

② 高分子有机污染物降解过程中的共代谢机理。

③ 通过基因工程法构建高效降解菌。

④ 生物降解潜力的指标与生物修复水平的评价。

⑤ 生物修复技术的环境风险水平及其评价。

⑥ 进一步开发白腐真菌对石油污染土壤的生物修复技术。

⑦ 应用酶降解工业污染物中有毒化合物。

近10余年来，随着我国对石油及其产品的依赖程度越来越大，土壤的石油污染也正在不断扩大，加速高效、低费用的生物吸附剂开发，探索新型的生物降解石油技术，是人们努力的方向。

## 习　题

1. 试述土壤污染与表面径流水污染的差异与联系。
2. 评价生物修复技术对生态环境改善的作用和意义，试举几个典型应用进展例子。
3. 有机物在沙性土壤和泥煤性土壤中的有机碳分率 $f_{oc}$ 分别为 0.001 和 0.1（甲苯 $\lg K_{ow}=2.7$，氯乙烯 $\lg K_{ow}=0.6$，苯乙烯 $\lg K_{ow}=4.6$），试计算它们的阻滞因子。若已知空隙度为 0.3，溶质密度为 2kg/L，分别求有机碳分率。
4. 为什么在环境工程中一般不采用纯种培养，而是采用混合菌种培养？

## 参考文献

[1]　王家玲．环境微生物学．北京：高等教育出版社，1988．
[2]　王宝贞，王琳．水污染治理新技术——新工艺、新概念、新理论．北京：科学出版社，2004．
[3]　高廷耀．水污染控制工程．北京：高等教育出版社，1989．
[4]　马文骑．环境微生物工程．南京：南京大学出版社，1999．
[5]　程树培．环境生物技术．南京：南京大学出版社，1994．
[6]　张景来，王剑波等．环境生物技术及应用．北京：化学工业出版社，2002．

[7] 沈德中．污染环境的生物修复．北京：化学工业出版社，2002.
[8] Alan Scragg. Environment biotechnology. 北京：世界图书出版公司，2000.
[9] Rittmann B E，McCarty P L. 环境生物技术：原理与应用．北京：清华大学出版社，麦格劳-希尔教育出版集团，2002.
[10] 孙振钧，孙永明．蚯蚓反应器与废弃物肥料技术．北京，化学工业出版社，2004.
[11] 张锡辉．高等环境化学微生物学原理及应用．北京：化学工业出版社，2001.
[12] 张锡辉．水环境修复工程学原理及应用．北京：化学工业出版社，2001.
[13] 伦世仪，陈坚等．环境生物工程．北京：化学工业出版社，2002.
[14] Crawford R L，Crawford D L. Bioremediation and principles and applications. Cambridge university process Cambridge，1998.
[15] Martin Alexander. Biodegradation and Bioremediation. New York：Academic press，1999.
[16] 张甲耀，李静等．生物修复技术研究进展．应用与环境生物学报，1992，2（2）：192-199.
[17] Torma A E. The basics of bioremediation pollution. Environment Eng，1994，26（6）：16-17.
[18] Madsen E L. Determining in situ biodegradation：Facts and challenges. Engineering Sci，1991，25（10）：1663-1672.
[19] Fredridcson J K，Brockmon J. In Situ and on situ bioreclamation. Environment Sci Technol，1993，27（9）：1711-1716.
[20] 郭远凯．污染场地的生物修复技术．嘉应大学学报：自然科学版，2001，19（3）：33-35.
[21] 金曹晖，戴树桂．地下水原位生物修复．城市环境与城市生态，2002，15（1）：10-12.
[22] 黄国强，李鑫钢，李凌等．地下水有机污染的原位生物修复进展．化工进展，2001，20（10）：13-16.
[23] 任磊，黄延林．石油污染土壤的生物修复技术．安全与环境学报，2001，1（2）：50-54.
[24] 陶颖，周集体，王竞等．有机污染土壤的生物修复反应器技术研究进展．生态学杂志，2002，21（4）：46-51.
[25] 何良菊．土壤微生物生物处理石油污染的研究．环境科学进展，1999，（3）：110-115.
[26] Dimitre G. High-rate biodegradation of pentachlorphenol by biofilm developed in the immobilized soil bioreactor. Environment Science Technology，1998，32：994-999.
[27] 陈育如，杨启银．污染物的降解和环境的生物修复．环境保护，2001，10：16-18.
[28] 狄春女，李培军．生物修复的新方法——菌根际生物修复．环境污染治理技术和设备，2001，2（5）：20-26.
[29] Reddy C A. The potential for white-rot fungi in the treatment pollutants. Current opinion in biotechnology，1995，6：320-328.
[30] Semprini A. Strategies for the aerobic co-metabolism of chlorinated solvents. Current opinion biotechnology，1997，8（3）：296-308.
[31] Derek R Coattes，John D. Bioremediation of mental contamination. Current opinion in biotechnology，1997，8（3）：285-289.
[32] Kratochvil D，Volesky B. Advances in the biosorption of heavy mentals. Trends in biotechnology，1998，16（7）：291-300.
[33] 张锡辉．土壤结合态稠环芳烃的生物降解．农业环境保护，2001，20（1）：15-18.
[34] Holliger C Z，Alexander J B. Anaerobic biodegradation of hydrocarbons. Current opinion in biotechnology，1996，7（3）：326-330.
[35] 程树培，吴顺年等．新兴边缘学科环境生物技术．环境科学进展，1995，3（5）：1-7.
[36] Thomas J M，Ward C H. In situ biorestoration of organic cintaminants in the subsurface. Environment Science Technology，1989，23（7）：234-241.
[37] 林刚，文湘华等．应用白腐真菌技术处理难降解有机物的研究进展．环境污染治理技术与设备，2001，2（4）：1-7.
[38] Chancy R T，Malik M，Li Y M，et al. Phytoremediation of soil mentals. Current opinions in biotechnology，1997，81：279-284.
[39] 唐世荣，Wilke B M. 植物修复技术与农业生物环境工程．农业工程学报，1999，15（2）：21-26.
[40] 刘秀梅，王庆仁等．植物修复重金属污染土壤的研究进展．土壤通报，2000，31（1）：43-46.
[41] Kumar P B A N，et al. Phytoextration：the use of plants to remove the heave metals from soils. Environment Science and Technology，1995，29：1232-1238.
[42] Alkorta，Itziar，Garbisu Carlos. Phytoremediation of organic contaminants in soils. Bioresource Technology，2001，79（3）：273-276.
[43] Marcial Pletsch. Novel biotechnological approaches in environmental remediation research. Biotechnology Advances，1999，17（8）：678-687.
[44] Erickson Larry E，Davis Lawrence C，Narayanan Muralidharan. Bioenergetics and bioremediation of contaminated soil. Thermochimica Acta，1995，250（2）：353-358.
[45] 赵志强，牛军峰等．环境中有害金属植物修复的生理机制及进展．环境科学研究，2000，13（5）：54-57.
[46] Cunningham S D，Berti W R. Phytoremediation of contaminated soils：progress and promises In：Symposium on bioremediation and bioprocessing. ACS，Washington DC，1993，38（2）：121-128.
[47] Edwards C A，Bater J E. The use of earthworms in environmental management. Soil Biochem，1992，24：1683-1689.

# 附录一　美国 127 种优先污染物中英文对照

## 1. 挥发性有机化合物

丙烯醛（acrolein）
丙烯腈（acrylonitrile）
苯（benzene）
甲苯（toluene）
乙苯（ethylbenzene）
四氯化碳（carbon tetrachloride）
氯苯（chlorobenzene）
1,2-二氯乙烷（1,2-dichloroethane）
1,1,1-三氯乙烷（1,1,1-trichloroethane）
1,1-二氯乙烷（1,1-dichloroehane）
1,1,2-三氯乙烷（1,1,2-trichloroethane）
1,1,2,2-四氯乙烷（1,1,2,2-tetrachloroethane）
氯乙烷（chloroethane）
2-氯乙基乙烯基醚（2-chloroethyl vinyl ether）
1,2-反式二氯乙烯（1,2-trans-dichloroethylene）
1,2-二氯丙烷（1,2-dichloropropane）
1,3-二氯丙烷（1,3-dichloropropane）
二氯甲烷（methylene chloride）
氯代甲烷（methyl chloride）
溴代甲烷（methyl Bromide）
溴仿（bromoform）
二氯一溴甲烷（dichlorobromomethane）
三氯一氟甲烷（trichlorofluoromethane）
一氯二溴甲烷（chlorodibromomethane）
四氯乙烯（tetrachloroethylene）
三氯乙烯（thrichloroethylene）
氯乙烯（vinyl chloride）
氯仿（chloroform）
双氯甲基醚［bis（chloromethyl）ether］

## 2. 在中性或碱性条件下能被溶剂抽提的物质

1,2-二氯苯（1,2-dichlorobenzene）
1,3-二氯苯（1,3-dichlorobenzene）
1,4-二氯苯（1,4-dichlorobenzene）
六氯乙烷（hexachloroethane）
六氯丁烷（hexachlorobutadiene）
六氯苯（hexachlorobenzene）
1,2,4-三氯苯（1,2,4-trichlorobenzene）
苯并［*b*］荧蒽（benzo［*b*］fluoranthene）
萘（naphthalene）
2-氯萘（2-chloronaphthalene）
异佛乐酮（isophorone）
硝基苯（nitrobenzene）
2,4-二硝基甲苯（2,4-dinitrotoluene）
2,6-二硝基甲苯（2,6-dinitrotoluene）
茚并［1,2,3-*c*,*d*］芘（indeno［1,2,3-*c*,*d*］perylene）
4-氯苯基苯基醚（4-chlorophenyl phenyl ether）
4-溴苯基苯基醚（4-bromophenyl phenyl ether）
3,3′-二氯对二氨基联苯（3,3′-diphenylhydrazine）
*N*-亚硝基二甲胺（*N*-nitrosodimethylamine）
邻苯二甲酸二正辛酯（di-*n*-octyl phthalate）
六氯环戊二烯（hexachlorocyclopentadiene）
邻苯二甲酸二正丁酯（di-*n*-butyl phthalate）
芴（fluorene）
荧蒽（fluoranthene）
䓛（chrysene）
芘（pyrene）
菲（phenanthrene）
蒽（anthracene）
苯并［*a*］蒽（benzo［*a*］anthracene）
苯并［*k*］荧蒽（benzo［*k*］fluoranthene）
苯并［*a*］芘（benzo［*a*］pyrene）
二苯并［*a*,*h*］蒽（dibenzo［*a*,*h*］anthracene）
苯并［*g*,*f*,*h*］二萘嵌苯（benzo［*g*,*h*,*f*］perylene）
对二氨基联苯（benzidine）
二（2-氯乙基）醚［bis（2-chloroethyl）ether］
1,2-二苯联肼（1,2-diphenylhydrazine）
二氢苊（acenaphthene）
1,2-亚二氢苊基（acenaphthylene）
邻苯二甲酸二甲酯（dimethyl phthalate）
邻苯二甲酸二乙酯（diethyl phthalate）

*N*-亚硝基二苯胺（*N*-nitrosodiphenylamine）
邻苯二甲酸丁苄酯（butyl benzyl phthalate）
*N*-亚硝基二正乙基胺（*N*-nitrosodi-*n*-propylamine）
二（2-氯异丙基）醚［bis（2-chloroisopropyl）ether］
双（2-氯代乙氧基）甲烷［bis（2-chloroethoxy）methane］
邻苯二甲酸二（2-乙基己基）酯［bis（2-ethylhexyl）phthalate］

**3. 在酸性条件下能被溶剂抽提的物质**

苯酚（phenol）
2-硝基苯酚（2-nitrophenol）
4-硝基苯酚（4-nitrophenol）
2,4-二硝基苯酚（2,4-dinitrophenol）
4,6-二硝基甲酚（4,6-dinitro-cresol）
五氯苯酚（pentachlorophenol）
对氯间甲酚（p-chloro-*m*-cresol）
2-氯苯酚（2-chlorophenol）
2,4-二氯苯酚（2,4-dichlorophenol）
2,4,6-三氯苯酚（2,4,6-trichlorophenol）
2,4-二甲基苯酚（2,4-dimethylphenol）

**4. 杀虫剂、多氯联苯（PCB）以及相关的化合物**

*α*-硫丹（*α*-endosulfan）
硫丹硫酸盐（endosulfan sulfate）
*α*-六六六（*α*-BHC）
*β*-六六六（*β*-BHC）
*γ*-六六六（*γ*-BHC）
艾氏剂（aldrin）
狄氏剂（dieldrin）
4,4′-DDE
4,4′-二氯二苯二氯乙烷（DDD）
4,4′-二氯二苯三氯乙烷（DDT）
异狄氏剂（endrin）
七氯（heptachlor）
环氧七氯（heptachlor epoxide）
氯丹（chlordane）
毒杀芬（toxaphene）
氯化三联苯 1016（aroclor 1016）
氯化三联苯 1221（aroclor 1221）
氯化三联苯 1232（aroclor 1232）
氯化三联苯 1242（aroclor 1242）
氯化三联苯 1248（aroclor 1248）
氯化三联苯 1254（aroclor 1254）
氯化三联苯 1260（aroclor 1260）
乙醛异狄氏剂（endrin aldehyde）
2,3,7,8-四氯二苯-对二氧杂芑（TCDD）（2,3,7,8-tetrachlorodibenzo-*p*-dioxin）

**5. 金属**

锑（antimony）
砷（arsenic）
铍（beryllium）
镉（cadmium）
铬（chromium）
铜（copper）
铅（lead）
汞（mercury）
镍（nickel）
硒（selenium）
银（silver）
铊（thallium）
锌（zinc）

**6. 其他化合物**

氰化物（cyanides）
石棉（asbestos）

# 附录二　67种（类）危及人体和生物的“内分泌干扰物”

（美国USEPA在1998年8月公布）

| 序号 | 干扰物名称(英) | 干扰物名称(中文) | 用　途 |
|---|---|---|---|
| 1 | dioxins and furans | 二噁英及其多氯代苯并呋喃类 | 非产品 |
| 2* | polychlorinated biphenyl(PCB) | 多氯联苯 | 热溶剂、无碳复写纸、电容器变压器绝缘 |
| 3 | polybromobiphenyl(PPB) | 多溴联苯 | 防火材料 |
| 4* | hexachlorobenzene(HCB) | 六氯苯 | 杀菌剂 |
| 5* | pentachlorophenol(PCP) | 五氯苯酚 | 杀菌消毒剂、除草剂、防腐剂 |
| 6* | 2,4,5-trichlorophenoxyacetic acid | 2,4,5-三氯苯氧基乙酸(2,4,5-滴) | 除草剂 |
| 7* | 2,4-dichlorophenoxyacetic acid | 2,4-二氯苯氧基乙酸(2,4-滴) | 除草剂 |
| 8* | amitrole | 杀草强 | 除草剂、树脂硬化剂 |
| 9 | atrazine | 莠去净 | 除草剂 |
| 10 | alachlor | 草不氯 | 除草剂 |
| 11* | simazine(CAT) | 西玛津 | 除草剂 |
| 12 | hexachlorocyclohenane,ethyl parathion | 六氯环已烷,乙基对硫磷 | 杀虫剂 |
| 13* | carbaryl | 西维因 | 杀虫剂 |
| 14 | chlordane | 氯丹 | 杀虫剂 |
| 15 | oxychlordane | 氧化氯丹 | 氯丹的代谢中间产物 |
| 16 | *trans*-nonachlor | 反式九氯 | 杀虫剂 |
| 17 | 1,2-dibromo-3-chloropropane | 1,2-二溴-3-氯丙烷 | 杀虫剂 |
| 18* | DDT | 滴滴涕 | 杀虫剂 |
| 19* | DDE and DDD | 滴滴伊和滴滴滴 | 杀虫剂(DDT的代谢中间产物) |
| 20* | kelthane(Dicofol) | 三氯杀螨醇 | 杀虫剂 |
| 21* | aldrin | 艾氏剂 | 杀虫剂 |
| 22* | endrin | 异狄氏剂 | 杀虫剂 |
| 23* | dieldrin | 狄氏剂 | 杀虫剂 |
| 24* | endosulfan(Benzoepin) | 硫丹 | 杀虫剂 |
| 25* | heptachlor | 七氯 | 杀虫剂 |
| 26* | heptachlor epoxide | 环氧七氯 | 七氯的代谢中间产物 |
| 27* | malathion | 马拉硫磷 | 杀虫剂 |
| 28 | methomyl | 灭索威 | 杀虫剂 |
| 29 | methoxychlor | 甲氧滴滴涕 | 杀虫剂 |

续表

| 序号 | 干扰物名称(英) | 干扰物名称(中文) | 用 途 |
| --- | --- | --- | --- |
| 30 | mirex | 灭蚁灵 | 杀虫剂 |
| 31* | nitrofen | 除草醚 | 除草剂 |
| 32* | toxaphene(Campechlor) | 毒杀芬 | 杀虫剂 |
| 33 | tributyltin | 三丁锡 | 渔网的防腐剂、船上抗腐蚀油漆 |
| 34 | triphenyltin | 三苯锡 | 渔网的防腐剂、船上抗腐蚀油漆 |
| 35* | trifluralin | 氟乐灵 | 除草剂 |
| 36 | alkyl phenol(from $C_5$ to $C_9$) | 烷基酚(从 $C_5$ 至 $C_9$) | 表面活性剂的降解产物 |
| 37 | bisphenol A | 双酚 A | 合成树脂原料 |
| 38 | di-(2-ethlhexyl)phthalate | 二(2-乙基己基)邻苯二甲酸酯(DEHP) | 塑化剂 |
| 39 | butyl benzyl phthalate | 丁基甲苯基邻苯二甲酸酯(BBP) | 塑化剂 |
| 40 | dicyclohexyl phthalate | 邻苯二甲酸二环己酯(DCHP) | 塑化剂 |
| 41 | dicyclohexyl phthalate | 邻苯二甲酸二丁酯(DBP) | 塑化剂 |
| 42 | diethyl phthalate | 邻苯二甲酸二乙酯(DEP) | 塑化剂 |
| 43* | benzo[*a*]pyrene | 苯并芘 | 副产物 |
| 44 | dichlorophenol | 二氯酚 | 染料的中间产品 |
| 45 | diethylhexyl adipate | 己二酸二乙基酯 | 塑化剂 |
| 46 | benzophenone | 二苯酮 | 医疗合成原料,保香剂等 |
| 47 | 4-nitrotoluene | 4-硝基甲苯 | 2,4-二硝基甲苯的中间产物 |
| 48 | octachlorostyrene | 八氯苯乙烯 | 有机氯化物副产物 |
| 49 | aldicarb | 涕灭威 | 杀虫剂 |
| 50 | benomyl | 苯来特 | 杀菌剂 |
| 51 | kepone(Chlordecoae) | 开蓬 | 杀虫剂 |
| 52* | manzeb(Mancozeb) | 代森锌锰 | 杀菌剂 |
| 53* | maneb | 代森锰 | 杀菌剂 |
| 54* | metiram | 代森联 | 杀菌剂 |
| 55* | metribuzin | 赛克津 | 除草剂 |
| 56* | cypermethrin | 氯氰菊酯 | 杀虫剂 |
| 57* | esfenvalerate | 亚尔发菊酯 | 杀虫剂 |
| 58* | fenvalerate | 速灭菊酯 | 杀虫剂 |
| 59* | permethrin | 氯菊酯 | 杀虫剂 |
| 60 | vinclozolin | 烯菌酮 | 杀菌剂 |
| 61* | zineb | 代森锌 | 杀菌剂 |
| 62 | ziram | 福美锌 | 杀菌剂 |
| 63 | dipentyl phthalate | 邻苯二甲酸二戊酯(DPP) | 塑化剂 |
| 64 | dihexyl phthalate | 邻苯二甲酸二已酯(DHP) | 塑化剂 |
| 65 | dipropyl phthalate | 邻苯二甲酸二丙酯(DPRP) | 塑化剂 |
| 66 | styrens | 苯乙烯 | 制造橡胶、塑料的原料 |
| 67 | *n*-butylbenzene | 正丁苯 | 合成中间体、制造液晶用原料 |

注:* 为已有 SN 检测方法。

# 附录三　一些常见组分的 COD 质量当量

| 组　分 | 氧化态变化 | COD 当量① |
| --- | --- | --- |
| 微生物 $C_5H_7O_2N$ | C(0)至 C(＋Ⅳ) | 1.42g COD/g $C_5H_7O_2N$<br>1.42g COD/g VSS；1.20g COD/g TSS |
| 氧(作为电子受体) | O(0)至 O(－Ⅱ) | －1.00g COD/g $O_2$② |
| 硝酸根(作为电子受体) | N(＋Ⅴ)至 N(0) | －0.646g COD/g $NO_3^-$；－2.86g COD/g N |
| 亚硝酸根(作为氮源) | N(＋Ⅴ)至 N(－Ⅲ) | －1.03g COD/g $NO_3^-$；－4.57g COD/g N |
| 硫酸根(作为电子受体) | S(＋Ⅵ)至 S(－Ⅱ) | －0.667g COD/g $SO_4^{2-}$；－2.00g COD/g S |
| 二氧化碳(作为电子受体) | C(＋Ⅳ)至 C(－Ⅳ) | －1.45g COD/g $CO_2$；－5.33g COD/g C |
| $CO_2$，$HCO_3^-$，$H_2CO_3$ | 没变化 | 0.00 |
| 生活污水有机物 $C_{10}H_{19}O_3N$ | C(0)至 C(＋Ⅳ) | 1.99g COD/g 有机物 |
| 蛋白质 $C_{16}H_{24}O_5N_4$ | C(0)至 C(＋Ⅳ) | 1.50g COD/g 蛋白质 |
| 碳水化合物 $CH_2O$ | C(0)至 C(＋Ⅳ) | 1.07g COD/g 碳水化合物 |
| 油脂 $C_8H_{16}O$ | C(0)至 C(＋Ⅳ) | 2.88g COD/g 油脂 |
| 乙酸 $CH_3COO^-$ | C(0)至 C(＋Ⅳ) | 1.08g COD/g 乙酸 |
| 丙酸 $C_2H_5COO^-$ | C(0)至 C(＋Ⅳ) | 1.53g COD/g 丙酸 |
| 苯甲酸 $C_6H_5COO^-$ | C(0)至 C(＋Ⅳ) | 1.98g COD/g 苯甲酸 |
| 乙醇 $C_2H_5OH$ | C(0)至 C(＋Ⅳ) | 2.09g COD/g 乙醇 |
| 乳酸 $C_2H_4OHCOO^-$ | C(0)至 C(＋Ⅳ) | 1.08g COD/g 乳酸 |
| 丙酮酸 $CH_3COCOO^-$ | C(0)至 C(＋Ⅳ) | 0.92g COD/g 丙酮酸 |
| 甲醇 $CH_3OH$ | C(0)至 C(＋Ⅳ) | 1.50g COD/g 甲醇 |
| $NH_4^+ \longrightarrow NO_3^-$ | N(－Ⅲ)至 N(＋Ⅴ) | 3.55g COD/g $NH_4^+$；4.57g COD/g N |
| $NH_4^+ \longrightarrow NO_2^-$ | N(－Ⅲ)至 N(＋Ⅲ) | 2.67g COD/g $NH_4^+$；3.43g COD/g N |
| $NO_2^- \longrightarrow NO_3^-$ | N(＋Ⅲ)至 N(＋Ⅴ) | 0.36g COD/g $NO_2^-$；1.14g COD/g N |
| $S \longrightarrow SO_4^{2-}$ | S(0)至 S(＋Ⅵ) | 1.50g COD/g S |
| $H_2S \longrightarrow SO_4^{2-}$ | S(－Ⅱ)至 S(＋Ⅵ) | 1.88g COD/g $H_2S$；2.00g COD/g S |
| $S_2O_3^{2-} \longrightarrow SO_4^{2-}$ | S(＋Ⅱ)至 S(＋Ⅵ) | 0.57g COD/g $S_2O_3^{2-}$；1.00g COD/g S |
| $SO_3^{2-} \longrightarrow SO_4^{2-}$ | S(＋Ⅳ)至 S(＋Ⅵ) | 0.20g COD/g $SO_3^{2-}$；0.50g COD/g S |
| $H_2$ | H(0)至 H(＋Ⅰ) | 8.00g COD/g H |

① 负号表示组分接受电子。

② 需氧量为负值。

# 附录四　部分有机物和无机物半反应及其吉布斯标准自由能

表1　部分有机物半反应及其吉布斯标准自由能

| 反应编号 | 氧化还原化合物 | 半反应 | | $\Delta G^{\circ}$/(kJ/当量电子) |
|---|---|---|---|---|
| O-1 | 乙酸盐 | $\frac{1}{8}CO_2+\frac{1}{8}HCO_3^-+H^++e^-$ | $=\frac{1}{8}CH_3COO^-+\frac{3}{8}H_2O$ | 27.40 |
| O-2 | 丙氨酸 | $\frac{1}{6}CO_2+\frac{1}{12}HCO_3^-+\frac{1}{12}NH_4^++\frac{11}{12}H^++e^-$ | $=\frac{1}{12}CH_3CHNH_2COO^-+\frac{5}{12}H_2O$ | 31.37 |
| O-3 | 安息香酸盐 | $\frac{1}{5}CO_2+\frac{1}{30}HCO_3^-+H^++e^-$ | $=\frac{1}{30}C_6H_5COO^-+\frac{13}{30}H_2O$ | 27.34 |
| O-4 | 柠檬酸盐 | $\frac{1}{6}CO_2+\frac{1}{6}HCO_3^-+H^++e^-$ | $\frac{1}{18}(COO^-)CH_2COH(COO^-)CH_2COO^-+\frac{4}{9}H_2O$ | 33.08 |
| O-5 | 乙醇 | $\frac{1}{6}CO_2+H^++e^-$ | $=\frac{1}{12}CH_3CH_2OH+\frac{1}{4}H_2O$ | 31.18 |
| O-6 | 甲酸盐 | $\frac{1}{2}HCO_3^-+H^++e^-$ | $=\frac{1}{2}HCOO^-+\frac{1}{2}H_2O$ | 39.19 |
| O-7 | 葡萄糖 | $\frac{1}{4}CO_2+H^++e^-$ | $=\frac{1}{24}C_6H_{12}O_6+\frac{1}{4}H_2O$ | 41.35 |
| O-8 | 谷氨酸盐 | $\frac{1}{6}CO_2+\frac{1}{9}HCO_3^-+\frac{1}{18}NH_4^++H^++e^-$ | $=\frac{1}{18}COOHCH_2CH_2CHNH_2COO^-+\frac{4}{9}H_2O$ | 30.93 |
| O-9 | 甘油 | $\frac{3}{14}CO_2+H^++e^-$ | $=\frac{1}{14}CH_2OHCHOHCH_2OH+\frac{3}{14}H_2O$ | 38.88 |
| O-10 | 甘氨酸 | $\frac{1}{6}CO_2+\frac{1}{6}HCO_3^-+\frac{1}{6}NH_4^++H^++e^-$ | $=\frac{1}{6}CH_2NH_2COOH+\frac{1}{2}H_2O$ | 39.80 |
| O-11 | 乳酸 | $\frac{1}{6}CO_2+\frac{1}{12}HCO_3^-+H^++e^-$ | $=\frac{1}{12}CH_3CHOHCOO^-+\frac{1}{3}H_2O$ | 32.29 |
| O-12 | 甲烷 | $\frac{1}{8}CO_2+H^++e^-$ | $=\frac{1}{8}CH_4+\frac{1}{4}H_2O$ | 23.53 |
| O-13 | 甲醇 | $\frac{1}{6}CO_2+H^++e^-$ | $=\frac{1}{6}CH_3OH+\frac{1}{6}H_2O$ | 36.84 |
| O-14 | 棕榈酸盐 | $\frac{15}{19}CO_2+\frac{1}{92}HCO_3^-+H^++e^-$ | $=\frac{1}{92}CH_3(CH_2)_{14}COO^-+\frac{31}{92}H_2O$ | 27.26 |
| O-15 | 丙酸盐 | $\frac{1}{7}CO_2+\frac{1}{92}HCO_3^-+H^++e^-$ | $=\frac{1}{14}CH_3CH_2COO^-+\frac{5}{14}H_2O$ | 27.63 |
| O-16 | 丙酮酸盐 | $\frac{1}{5}CO_2+\frac{1}{10}HCO_3^-+H^++e^-$ | $=\frac{1}{10}CH_3COCOO^-+\frac{2}{5}H_2O$ | 35.09 |
| O-17 | 琥珀酸盐 | $\frac{1}{7}CO_2+\frac{1}{7}HCO_3^-+H^++e^-$ | $=\frac{1}{14}(CH_2)_2(COO^-)_2+\frac{3}{7}H_2O$ | 29.09 |

续表

| 反应编号 | 氧化还原化合物 | 半反应 | | $\Delta G^{\circ}$/(kJ/当量电子) |
|---|---|---|---|---|
| O-18 | 生活污水 | $\frac{9}{50}CO_2+\frac{1}{50}NH_4^++\frac{1}{50}HCO_3^-+H^++e^-$ | $=\frac{1}{50}C_{10}H_{19}O_3N_1+\frac{9}{25}H_2O$ | * |
| O-19 | 常规的有机化合物半反应 | $\frac{(n-c)}{d}CO_2+\frac{c}{d}NH_4^++\frac{c}{d}HCO_3^-+H^++e^-$ | $=\frac{1}{d}C_nH_aO_bN_c+\frac{2n-b+c}{d}H_2O$ 其中 $d=(4n+a-2b-3c)$ | * |
| O-20 | 细胞合成 | $\frac{9}{5}CO_2+\frac{1}{20}NH_4^++\frac{1}{20}HCO_3^-+H^++e^-$ | $=\frac{1}{20}C_5H_7O_2N+\frac{9}{20}H_2O$ | * |

**表 2　部分无机物半反应及其吉布斯标准自由能（pH=7.0 时）**

| 反应编号 | 氧化还原化合物 | 半反应 | | $\Delta G^{\circ}$/(kJ/当量电子) |
|---|---|---|---|---|
| I-1 | 铵-硝酸盐 | $\frac{1}{8}NO_3^-+\frac{4}{5}H^++e^-$ | $=\frac{1}{8}NH_4^++\frac{3}{8}H_2O$ | −35.11 |
| I-2 | 铵-亚硝酸盐 | $\frac{1}{6}NO_2^-+\frac{4}{3}H^++e^-$ | $=\frac{1}{6}NH_4^++\frac{1}{3}H_2O$ | −32.93 |
| I-3 | 铵-氮 | $\frac{1}{6}N_2+\frac{4}{3}H^++e^-$ | $=\frac{1}{3}NH_4^+$ | 26.70 |
| I-4 | 亚铁-三价铁 | $Fe^{3+}+e^-$ | $=Fe^{2+}$ | −74.27 |
| I-5 | 氢-$H^+$ | $H^++e^-$ | $=\frac{1}{2}H_2$ | 39.87 |
| I-6 | 亚硝酸盐-硝酸盐 | $\frac{1}{2}NO_3^-+H^++e^-$ | $=\frac{1}{2}NO_2^-+\frac{1}{2}H_2O$ | −41.65 |
| I-7 | 氮-硝酸盐氮 | $\frac{1}{5}NO_3^-+\frac{6}{5}H^++e^-$ | $=\frac{1}{10}N_2+\frac{3}{5}H_2O$ | −72.20 |
| I-8 | 氮-亚硝酸盐 | $\frac{1}{3}NO_2^-+\frac{4}{3}H^++e^-$ | $=\frac{1}{6}N_2+\frac{2}{3}H_2O$ | −92.56 |
| I-9 | 硫化物-硫酸盐 | $\frac{1}{8}SO_4^{2-}+\frac{19}{16}H^++e^-$ | $=\frac{1}{16}H_2S+\frac{1}{16}HS^-+\frac{1}{2}H_2O$ | 20.85 |
| I-10 | 硫化物-亚硫酸盐 | $\frac{1}{6}SO_3^{2-}+\frac{5}{4}H^++e^-$ | $=\frac{1}{12}H_2S+\frac{1}{12}HS^-+\frac{1}{2}H_2O$ | 11.03 |
| I-11 | 亚硫酸盐-硫酸盐 | $\frac{1}{6}SO_4^{2-}+H^++e^-$ | $=\frac{1}{2}SO_3^{2-}+\frac{1}{2}H_2O$ | 50.30 |
| I-12 | 硫-硫酸盐 | $\frac{1}{6}SO_4^{2-}+\frac{4}{3}H^++e^-$ | $=\frac{1}{6}S+\frac{2}{3}H_2O$ | 19.15 |
| I-13 | 硫代硫酸盐-硫酸盐 | $\frac{1}{4}SO_4^{2-}+\frac{5}{4}H^++e^-$ | $=\frac{1}{8}S_2O_3^{2-}+\frac{5}{8}H_2O$ | 23.58 |
| I-14 | 水-氧 | $\frac{1}{4}O_2+H^++e^-$ | $=\frac{1}{2}H_2O$ | −78.72 |

# 附录五　有机化合物的环境性质

**表1　碎片常数计算值和观测值（$\lg K_{ow}$）的对比**

| 化合物 | 观测值 $\lg K_{ow}$ | $\Delta\lg K_{ow}$（计算值-观测值） | 化合物 | 观测值 $\lg K_{ow}$ | $\Delta\lg K_{ow}$（计算值-观测值） |
|---|---|---|---|---|---|
| 甲基乙炔 | 0.94 | −0.04 | 六氯苯 | 3.93 | −0.04 |
| 氟仿 | 0.64 | 0.00 | 1,2-亚甲基二氧苯 | 2.08 | 0.02 |
| 异丁烯 | 2.34 | −0.16 | 2-苯基-2,3-二氢-1,3-茚二酮 | 2.90 | −0.08 |
| 乙醇 | −0.31 | 0.10 | 四氯化碳 | 2.83 | 0.13 |
| 二甲醚 | 0.10 | 0.02 | 二氧杂环己烷 | −0.42 | 0.43 |
| 环己烷 | 3.44 | 0.07 | 2-溴乙酸 | 0.41 | 0.07 |
| 丙烷 | 2.36 | −0.04 | 2-氯乙醇 | 0.03 | 0.00 |
| 丙醇-2 | 0.05 | 0.06 | 茚 | 2.92 | 0.07 |
| 叔-丁胺 | 0.40 | 0.13 | 芴 | 4.12 | −0.09 |
| 2-苯基乙胺 | 1.41 | 0.03 | 蒽 | 4.45 | 0.00 |
| *N*-苯基乙酰胺 | 1.16 | 0.01 | 芘 | 4.88 | 0.02 |
| 苯并咪唑 | 1.34 | 0.17 | 喹喔磷 | 1.08 | 0.05 |
| 对硝基苯酚 | 1.91 | 0.06 | 咔唑(carbazole) | 3.51 | 0.01 |
| 环己烯 | 2.96 | 0.10 | 2,2,2-三氟乙醇 | 0.41 | 0.00 |
| 1,2-二氯四氟乙烷 | 2.82 | 0.04 | 2,2,2-三氟乙酰胺 | 0.12 | 0.00 |
| 甲萘醌,维生素 $K_3$ | 2.20 | −0.45 | 2,2,2-三氯乙醇 | 1.35 | 0.04 |
| 氯霉素 | 1.14 | −0.58 | 2,2,2-三氯乙酰胺 | 1.04 | 0.00 |
| 2-羟基-1,4-萘醌 | 1.46 | −0.94 | 嘧啶 | −0.40 | −0.06 |
| 2-甲基-3-羟基-1,4-萘醌 | 1.20 | −0.02 | 右旋葡萄糖 | −3.24 | −0.15 |
| 2-甲氧基-1,4-萘醌 | 1.35 | −0.09 | 环己胺 | 1.49 | 0.03 |
| 苯并噻唑 | 2.01 | 0.00 | 新戊烷 | 3.11 | 0.03 |
| 邻非咯啉 | 1.83 | 0.10 | 2-甲基丙烷 | 2.76 | −0.03 |
| 噻唑 | 0.44 | −0.02 | 巴豆醛 | 0.72 | 0.13 |
| 哌嗪 | −1.17 | −0.08 | 肉桂腈 | 1.96 | −0.04 |
| 吗啉 | −1.08 | 0.09 | 肉桂酸 | 1.41 | −0.41 |
| 水杨酸 | 2.24 | −0.27 | 肉桂酸甲酯 | 2.62 | −0.15 |
| 咪唑 | −0.08 | 0.00 | 苯乙烯基酮 | 1.88 | −0.30 |
| 环己醇 | 1.23 | 0.19 | 苯乙烯 | 2.95 | −0.03 |
| 邻亚苯基脲 | 1.12 | 0.27 | 1-苯基-3-羟基丙烷 | 1.95 | −0.48 |
| 三丙胺 | 2.79 | 0.06 | 甲基-苯乙烯基酮 | 2.07 | −0.09 |
| 二-正-丙胺 | 1.62 | 0.05 | 1,1,2-三氯乙烯 | 2.29 | −0.01 |
| 香豆素 | 1.39 | 0.05 | 2-甲氧基茴香醚 | 2.08 | −0.08 |
| 三氟甲基苯 | 2.90 | −0.70 | 乙基-乙烯基醚 | 1.04 | −0.06 |
| *N*-三氟甲基-磺酰苯胺 | 3.05 | 0.01 | 吡唑 | 0.13 | 0.11 |
| 2,3-二氢-1,8-茚二酮 | 0.61 | 0.66 | 1,1-二氟乙烯 | 1.24 | −0.12 |
| 9-芴酮 | 3.58 | −0.71 | 1,2,3,4-四氢喹啉 | 2.29 | 0.19 |
| 吩嗪 | 2.84 | −0.12 | 平均绝对误差 | | 0.14 |
| 吗啡 | 0.83 | 0.35 | 最大误差 | | −0.94 |

注：摘自莱曼 W J，雷尔 W F，罗森布拉特 D H 著．化学性质估算方法手册（有机化合物的环境性质）．北京：化学工业出版社，1991：18-19.

**表 2　某些化合物 $K_{oc}$ 测量值和估算值的比较**

| 化合物 | $K_{oc}$测量值/(μg 被吸附物/g 有机碳)或(μg/mL 溶液) | 化合物 | $K_{oc}$测量值/(μg 被吸附物/g 有机碳)或(μg/mL 溶液) |
|---|---|---|---|
| 麦草畏(dicamba) | 2.2 | 高丙体六六六 | 1080 |
| 2,4-D | 20 | 乙拌磷(disulfoton) | 1600 |
| 毒莠定(picloram) | 26 | 马拉硫磷 | 1800 |
| 虫螨威(carbofuran) | 29 | 燕麦敌(diallate) | 1900 |
| 苯乙酮 | 43 | 草不隆(neburon) | 3100 |
| 二溴乙烯 | 44 | 六氯苯 | 3900 |
| 苯 | 83 | 对硫磷 | 10600 |
| 草克乐(chlorthiamid) | 98 | 硫劳 | 11200 |
| 西玛津(simazine) | 140 | 氟乐灵(trifuralin) | 13700 |
| 莠去津(atrazine) | 160 | 2,2′,4,5,5′-五氯联苯 | 42500 |
| 伏草隆(fluometron) | 175 | 甲氧氯 | 80000 |
| 胺甲萘 | 230 | 滴滴涕 | 243000 |
| 对甲酚 | <500 | 7,12-二甲基苯并蒽 | 476000 |
| 喹啉 | 570 | 苯并蒽 | 1380000 |
| 利谷隆(linuron) | 860 | 灭蚊子灵 | 24000000 |
| 磺乐灵(nitralin) | 960 | | |

注：1. 给出的值经常是各种土壤和各种沉积物测量的平均值。

2. 摘自莱曼 W J，雷尔 W F，罗森布拉特 D H 著．化学性质估算方法手册（有机化合物的环境性质）．北京：化学工业出版社，1991：161.

**表 3　各种化合物的 $BOD_5$/COD 之比**

| 化合物 | $BOD_5$/COD | 化合物 | $BOD_5$/COD |
|---|---|---|---|
| 丁烷 | 约 0 | 1-辛烯 | >0.003 |
| 丁烯 | 约 0 | 吗啉 | ≤0.004 |
| 四氯化碳 | 约 0 | 乙二胺四乙酸 | 0.005 |
| 氯仿 | 约 0 | 三乙醇胺 | ≤0.006 |
| 1,4-二噁烷 | 约 0 | 邻二甲苯 | <0.008 |
| 乙烷 | 约 0 | 间二甲苯 | <0.008 |
| 庚烷 | 约 0 | 乙苯 | <0.009 |
| 己烷 | 约 0 | 乙醚 | <0.012 |
| 异丁烷 | 约 0 | 乙酸戊酯 | 0.15 |
| 异丁烯 | 约 0 | 氯代苯 | 约 0.15 |
| 液化天然气 | 约 0 | 喷气机染料(各种) | 约 0.15 |
| 液化石油气 | 约 0 | 煤油 | 约 0.15 |
| 甲烷 | 约 0 | 厨房用重煤油 | 约 0.15 |
| 溴代甲烷 | 约 0 | 甘油 | ≤0.16 |
| 氯化甲烷 | 约 0 | 已二腈 | 0.17 |
| 一氯二氟甲烷 | 约 0 | 糠醛 | 0.17～0.46 |
| 硝基苯 | 约 0 | 2-乙基-3-丙基丙烯醛 | <0.19 |
| 丙烷 | 约 0 | 甲基乙基吡啶 | <0.20 |
| 丙烯 | 约 0 | 乙烯基乙酸酯 | <0.20 |
| 氧化丙烯 | 约 0 | 二甘醇单甲醚 | ≤0.20 |
| 四氯乙烯 | 约 0 | 萘(熔化) | ≤0.20 |
| 四氢化萘 | 约 0 | 二丁基邻苯二甲酸酯 | 0.20 |
| 1-戊烯 | <0.002 | 已醇 | 约 0.20 |
| 二氯乙烯 | 0.002 | 豆油 | 约 0.20 |

续表

| 化合物 | $BOD_5/COD$ | 化合物 | $BOD_5/COD$ |
| --- | --- | --- | --- |
| 仲甲醛 | 0.20 | 氰化钠 | ≤0.09 |
| 正丙醇 | 0.20～0.63 | 直链醇(12～15 碳) | >0.09 |
| 甲基丙烯酸甲酯 | <0.24 | 烯丙醇 | 0.091 |
| 丙烯酸 | 0.26 | 十二烷醇 | 0.097 |
| 烷基磺酸钠 | 约 0.80 | 戊醛 | >0.10 |
| 三甘醇 | 0.31 | 正癸醇 | <0.11 |
| 乙酸 | 0.31～0.37 | 对二甲苯 | 0.12 |
| 乙酐 | ≥0.32 | 脲 | <0.12 |
| 1,2-二乙胺 | ≤0.35 | 甲苯 | 0.12 |
| 甲醛溶液 | 0.35 | 氰化钾 | ≤0.13 |
| 乙酸乙酯 | ≤0.36 | 乙酸异丙酯 | 0.13～0.34 |
| 辛醇 | 0.37 | 吖丙啶 | 0.46 |
| 山梨醇 | ≤0.38 | 单乙醇胺 | 0.46 |
| 苯 | <0.39 | 吡啶 | 0.46～0.85 |
| 正丁醇 | 0.42～0.74 | 二甲基甲酰胺 | 0.48 |
| 丙醛 | <0.43 | 葡萄糖溶液 | 0.50 |
| 正丁醛 | ≤0.43 | 玉米糖浆 | 约 0.50 |
| 烷基苯磺酸钠 | 约 0.017 | 马来酐 | ≥0.51 |
| 单异丙醇胺 | ≤0.02 | 丙酸 | 0.52 |
| 瓦斯油(裂解) | 约 0.02 | 丙酮 | 0.55 |
| 汽油(各种) | 约 0.02 | 苯胺 | 0.56 |
| 溶剂油(150～200℃馏分) | 约 0.02 | 异丙醇 | 0.56 |
| 环已醇 | 0.03 | 正戊醇 | 0.57 |
| 丙烯腈 | 0.031 | 异戊醇 | 0.57 |
| 壬醇 | >0.033 | 甲酚 | 0.57～0.68 |
| 十一醇 | ≤0.04 | 巴豆醛 | <0.58 |
| 甲基乙基吡啶 | 0.04～0.75 | 邻苯二甲酸酐 | 0.58 |
| 1-已烯 | <0.044 | 苯甲醛 | 0.62 |
| 甲基异丁酮 | ≤0.044 | 异丁醇 | 0.63 |
| 二乙醇胺 | ≤0.049 | 2,4-二氯苯酚 | 0.78 |
| 甲酸 | 0.05 | 动物脂 | 约 0.80 |
| 苯乙烯 | >0.06 | 酚 | 0.81 |
| 庚醇 | ≤0.07 | 苯甲酸 | 0.84 |
| 乙酸仲丁醇 | 0.07～0.23 | 苯酚 | 0.84 |
| 乙酸仲丁酯 | 0.07～0.24 | 甲基乙基酮 | 0.88 |
| 甲醇 | 0.07～0.73 | 苯甲酰氯 | 0.94 |
| 乙腈 | 0.079 | 肼 | 1.0 |
| 1,2-亚乙基二醇 | 0.081 | 草酸 | 1.1 |
| 乙二醇单乙醇 | <0.09 | | |

注：摘自莱曼 W J，雷尔 W F，罗森布拉特 D H 著．化学性质估算方法手册（有机化合物的环境性质）．北京：化学工业出版社，1991：354～355.

**表 4 各种化合物的 COD 脱除速率**

| 化合物 | 脱除百分数(基于 COD)/% | 平均生物降解速率/[mgCOD/(g·h)] | 化合物 | 脱除百分数(基于 COD)/% | 平均生物降解速率/[mgCOD/(g·h)] |
|---|---|---|---|---|---|
| 草酸胺 | 92.5 | 9.3 | 氨基苯酚磺酸 | 64.6 | 7.1 |
| 正丁醇 | 98.8 | 84.0 | *N*-乙酰苯胺 | 94.5 | 14.7 |
| 仲丁醇 | 98.5 | 55.0 | 对氨基乙酰苯胺 | 93.0 | 11.3 |
| 叔丁醇 | 98.5 | 30.0 | 邻氨基甲苯 | 97.7 | 15.1 |
| 1,4-丁二醇 | 98.7 | 40.0 | 间氨基甲苯 | 97.7 | 30.0 |
| 二甘醇 | 95.0 | 13.7 | 对氨基甲苯 | 97.7 | 20.0 |
| 二乙醇胺 | 97.0 | 19.5 | 邻氨基苯甲酸 | 97.5 | 27.1 |
| 1,2-乙二胺 | 97.5 | 9.8 | 间氨基苯甲酸 | 97.5 | 7.0 |
| 1,2-亚乙基二醇 | 96.8 | 41.7 | 对氨基苯甲酸 | 96.2 | 12.5 |
| 甘油 | 98.7 | 85.5 | 邻氨基苯酚 | 95.0 | 21.1 |
| 葡萄糖 | 98.5 | 180.0 | 间氨基苯酚 | 90.5 | 10.6 |
| 正丙醇 | 98.8 | 71.0 | 对氨基苯酚 | 87.0 | 16.7 |
| 异丙醇 | 99.0 | 52.0 | 苯磺酸 | 98.5 | 10.6 |
| 三甘醇 | 97.7 | 27.5 | 间苯二磺酸 | 63.5 | 3.4 |
| 冰片 | 90.3 | 8.9 | 苯甲醛 | 99.0 | 119.0 |
| 己内酰胺 | 94.3 | 16.0 | 苯甲酸 | 99.0 | 88.5 |
| 环己醇 | 96.0 | 28.0 | 邻甲酚 | 95.0 | 54.0 |
| 环戊醇 | 97.0 | 55.0 | 间甲酚 | 95.5 | 55.0 |
| 环己酮 | 96.0 | 30.0 | 对甲酚 | 96.0 | 55.0 |
| 环戊酮 | 95.4 | 57.0 | 氯霉素 | 86.2 | 3.3 |
| 环己醇酮 | 92.4 | 51.5 | 邻氨酚 | 95.6 | 25.0 |
| 1,2-环己二醇 | 95.0 | 66.0 | 对氯酚 | 96.0 | 11.0 |
| 二甲基环己醇 | 92.3 | 21.6 | 邻氯苯胺 | 98.0 | 16.7 |
| 4-甲基环己醇 | 94.0 | 40.0 | 间氯苯胺 | 97.2 | 6.2 |
| 4-甲基环己酮 | 96.7 | 62.5 | 对氯苯胺 | 96.5 | 5.7 |
| 薄荷醇 | 95.1 | 17.7 | 2-氯-4-硝基苯酚 | 71.5 | 5.8 |
| 四氢糠醇 | 96.1 | 40.0 | 2,4-二氯苯酚 | 98.0 | 10.5 |
| 四氢化邻苯二甲酰亚胺 | 0 | — | 1,3-二硝基苯 | 0 | — |
| | | | 1,4-二硝基苯 | 0 | — |
| 四氢化邻苯二甲酸 | 0 | — | 2,3-二甲基苯酚 | 95.5 | 35.0 |
| | | | 2,4-二甲基苯酚 | 94.5 | 28.2 |
| 3,5-二甲基苯酚 | 89.3 | 11.1 | 3,4-二甲基苯酚 | 97.5 | 13.4 |
| 2,5-二甲基苯酚 | 94.5 | 10.6 | 邻硝基甲苯 | 98.0 | 32.5 |
| 2,6-二甲基苯酚 | 94.3 | 9.0 | 间硝基甲苯 | 98.5 | 21.0 |
| 3,4-二甲苯胺 | 76.0 | 30.0 | 对硝基甲苯 | 98.0 | 32.5 |
| 2,3-二甲苯胺 | 96.6 | 12.7 | 邻硝基苯甲醛 | 97.0 | 13.8 |
| 3,5-二甲苯胺 | 96.5 | 3.6 | 间硝基苯甲醛 | 94.0 | 10.0 |
| 2,4-二氨基苯酚 | 83.0 | 12.0 | 对硝基苯甲醛 | 97.0 | 13.8 |
| 2,4-二硝基本酚 | 85.0 | 6.0 | 邻硝基苯甲酸 | 93.4 | 20.0 |
| 3,5-二硝基苯甲酸 | 50.0 | — | 间硝基苯甲酸 | 93.4 | 7.0 |
| 3,5-二硝基水杨酸 | 0 | — | 对硝基苯甲酸 | 92.0 | 19.7 |
| 糠醇 | 97.3 | 41.0 | 邻硝基苯胺 | 0 | — |
| 糠醛 | 96.3 | 37.0 | 间硝基苯胺 | 0 | — |
| 没食子酸 | 90.5 | 20.0 | 对硝基苯胺 | 0 | — |
| 2,5-二羟基苯甲酸 | 97.6 | 80.0 | 邻苯二甲酰亚胺 | 96.2 | 20.8 |
| 对羟基苯甲酸 | 98.7 | 100.0 | 邻苯二甲酸 | 96.8 | 78.4 |
| 氢醌 | 90.0 | 54.2 | 苯酚 | 98.5 | 80.0 |
| 间苯二甲酸 | 95.0 | 76.0 | 间苯三酚 | 92.5 | 22.1 |
| 米吐尔 | 59.4 | 0.8 | *N*-苯胺茴酸 | 28.0 | — |
| 萘甲酸 | 90.2 | 15.5 | 邻苯二胺 | 33.0 | — |
| 1-萘酚 | 92.1 | 38.4 | 间苯二胺 | 60.0 | — |
| 1-萘胺 | 0 | 0 | 对苯二胺 | 80.0 | — |
| 1-萘磺酸 | 90.5 | 18.0 | 邻苯二酚 | 96.0 | 55.5 |
| 1-萘酚-2-磺酸 | 91.0 | 18.0 | 1,2,3-苯三酚 | 40.0 | — |
| 1-萘胺-6-磺酸 | 0 | 0 | 间苯二酚 | 90.0 | 57.5 |
| 2-萘酚 | 89.0 | 39.2 | 水杨酸 | 98.8 | 95.0 |
| 对硝基苯乙酮 | 98.8 | 5.2 | 磺基水杨酸 | 98.5 | 11.3 |
| 硝基苯 | 98.0 | 14.0 | 磺胺酸 | 95.0 | 4.0 |
| 邻硝基苯酚 | 97.0 | 14.0 | 5-甲基-2-异丙基-1,4-苯二酚 | 94.6 | 15.6 |
| 间硝基苯酚 | 95.0 | 17.5 | 对甲酰磺酸 | 98.7 | 8.4 |
| 对硝基苯酚 | 95.0 | 17.5 | 2,4,6-三硝基苯酚 | 0 | — |
| 苯胺 | 94.5 | 19.0 | | | |

注：摘自莱曼 W J，雷尔 W F，罗森布拉特 D H 著，化学性质估算方法手册（有机化合物的环境性质）. 北京：化学工业出版社，1991：358～359.

**表 5 产甲烷微生物（$IC_{50}$）的有机物浓度**

| 毒物 | 浓度/(mg/L) | 毒物 | 浓度/(mg/L) |
|---|---|---|---|
| 烷烃 | | 氯代烷烃 | 50 |
| 环已烷 | 150 | 氯代甲烷 | 7 |
| 辛烷 | 2 | 二氯甲烷 | 1 |
| 癸烷 | 0.35 | 氯仿 | 6 |
| 十一烷 | 0.61 | 四氯化碳 | 6 |
| 十二烷 | 0.23 | 1,1-二氯乙烷 | 25 |
| 十四烷 | 0.09 | 1,2-二氯乙烷 | 0.5 |
| 十五烷 | 0.03 | 1,1,1-三氯乙烷 | 1 |
| 十九烷 | 0.01 | 1,1,1,2-四氯乙烷 | 2 |
| 芳烃 | | 1,1,2,2-四氯乙烷 | 4 |
| 苯 | 1200 | 五氯乙烷 | 11 |
| 甲苯 | 580 | 六氯乙烷 | 22 |
| 二甲苯 | 250 | 1-氯丙烷 | 60 |
| 乙苯 | 160 | 2-氯丙烷 | 620 |
| 酚 | | 1,2-二氯丙烷 | 180 |
| 苯酚 | 2100 | 1,2,3-三氯丙烷 | 0.6 |
| 邻甲酚 | 890 | 1-氯丁烷 | 110 |
| 对甲酚 | 91 | 1-氯戊烷 | 150 |
| 2,4-二甲基苯酚 | 71 | 溴代甲烷 | 4 |
| 4-乙基苯酚 | 240 | 一溴二氯甲烷 | 2 |
| 醇 | | 1,1,2-三氯四氟乙烷 | 4 |
| 甲醇 | 22000 | 氯代烯烃 | |
| 乙醇 | 43000 | 1,1-二氯乙烯 | 8 |
| 1-丙醇 | 34000 | 1,2-二氯乙烯 | 19 |
| 1-丁醇 | 11000 | *t*-1,2-二氯乙烯 | 48 |
| 1-戊醇 | 4700 | 三氯乙烯 | 13 |
| 1-已醇 | 1500 | 四氯乙烯 | 22 |
| 1-辛醇 | 370 | 1,3-二氯丙烯 | 0.6 |
| 1-癸醇 | 41 | 5-氯-1-戊炔 | 44 |
| 1-十二醇 | 22 | 氯代芳烃 | |
| 酮 | | 氯苯 | 270 |
| 丙酮 | 50000 | 1,2-二氯苯 | 150 |
| 2-丁酮 | 28000 | 1,3-二氯苯 | 260 |
| 2-已酮 | 6100 | 1,4-二氯苯 | 86 |
| 其他各种化合物 | | 1,2,3-三氯苯 | 24 |
| 儿茶酚 | 1400 | 1,2,3,4-四氯苯 | 20 |
| 间苯二酚 | 1600 | 2-氯甲苯 | 53 |
| 对苯二酚 | 2800 | 3-氯-对二甲苯 | 89 |
| 2-氨基苯酚 | 6 | 2-氯苯酚 | 160 |
| 异丙醚 | 4200 | 3-氯苯酚 | 230 |
| 乙酸乙酯 | 130 | 4-氯苯酚 | 270 |
| 丁酸乙酯 | 150 | 2,3-二氯苯酚 | 58 |
| 乙腈 | 28000 | 3,5-二氯苯酚 | 14 |
| 丙烯腈 | 90 | 2,3,4-三氯苯酚 | 8 |
| 二硫化碳 | 340 | 2,3,5,6-四氯苯酚 | 0.1 |
| 4-氨基苯酚 | 25 | 五氯苯酚 | 0.04 |
| 2-硝基苯酚 | 12 | 2,2-二氯乙醇 | 18 |
| 3-硝基苯酚 | 18 | 2,2,2-三氯乙醇 | 0.3 |
| 4-硝基苯酚 | 4 | 3-氯-1,2-丙二醇 | 630 |
| 2,4-二硝基苯酚 | 0.01 | 2-氯丙酸 | 0.01 |
| | | 三氯乙酸 | <0.001 |

注：摘自 Bruce E Rittmann，Perry L McCarty. Environmental biotechnology：Principles and applications. 北京：清华大学出版社，2002：603.

# 附录六 各种有机化合物的生物浓缩因子

表 1 各种有机化合物的生物浓缩因子

| 化合物 | 鱼种 | 暴露天数/d | 生物浓缩因子 | 化合物 | 鱼种 | 暴露天数/d | 生物浓缩因子 |
|---|---|---|---|---|---|---|---|
| 二氢苊 | BS | 28 | 387 | 邻苯二甲酸-2-乙基己酯 | FM | 56 | 850 |
| 丙烯醛 | BS | 28 | 344 | 芴 | FM | 28 | 1300 |
| 丙烯腈 | BS | 28 | 48 | 七氯环氧化物 | FM | 32 | 14400 |
| 氯化三联苯 1016 | FM | 32 | 42500 | 七氯降冰片烯 | FM | 32 | 11100 |
| 氯化三联苯 1248 | FM | 32 | 70500 | 六溴联苯 | FM | 32 | 18100 |
| 氯化三联苯 1254 | FM | 32 | 100000 | 六溴环十二烷 | FM | 32 | 18200 |
| 氯化三联苯 1260 | FM | 32 | 194000 | | RT | 4 | 7760 |
| 莠去津 | FM | 276 | <7.9 | 六氯苯 | FM | 32 | 18500 |
| 联苯 | RT | 4 | 437 | 六氯环戊二烯 | FM | 32 | 29 |
| 对联苯苯基醚 | RT | 4 | 550 | 六氯乙烷 | BS | 32 | 139 |
| 双(2-氯乙基)醚 | BS | 14 | 11 | 六氯降冰片二烯 | FM | 32 | 6400 |
| 5-溴吲哚 | FM | 32 | 14 | 异佛尔酮 | BS | 14 | 7 |
| 邻苯二甲酸丁基苄酯 | BS | 21 | 772 | 甲氧氯 | FM | 32 | 8300 |
| 四氯化碳 | BS | 21 | 30 | 2-甲基菲 | FM | 4 | 3000 |
| | RT | 4 | 17.4 | 灭蚁灵(mirex) | FM | 32 | 18100 |
| 氯丹 | FM | 32 | 37800 | 萘 | FM | 28 | 430 |
| 氯化十烷 | FM | 32 | 49 | 硝基苯 | FM | 28 | 15 |
| 氯苯 | FM | 28 | 450 | 对硝基苯酚 | FM | 28 | 126 |
| 氯仿 | BS | 14 | 6 | *N*-亚硝基二苯胺 | BS | 14 | 217 |
| 2-氯菲 | FM | 28 | 4270 | 八氯苯乙烯 | FM | 32 | 33000 |
| 2-氯酚 | BS | 28 | 214 | 五氯苯 | BS | 28 | 3400 |
| 毒死蜱 | M | 35 | 470 | 五氯苯酚 | BS | 14 | 67 |
| *p*,*p*′-DDT | FM | 32 | 29400 | 菲 | FM | 4 | 2630 |
| *o*,*p*-DDT | FM | 32 | 37000 | *N*-苯基萘胺 | FM | 32 | 147 |
| *p*,*p*-DDE | FM | 32 | 51000 | 1,2,3,5-四氯苯 | BS | 28 | 1800 |
| 1,2-二氯苯 | BS | 14 | 89 | 1,1,2,2-四氯乙烷 | BS | 14 | 8 |
| 1,3-二氯苯 | BS | 14 | 66 | 四氯乙烯 | BS | 21 | 49 |
| 1,4-二氯苯 | BS | 14 | 60 | 甲苯 | | | 15～70 |
| | RT | 4 | 215 | 甲苯二胺 | FM | 32 | 91 |
| 1,2-二氯乙烷 | BS | 14 | 2 | 2,4,6-三溴苯甲醚 | FM | 32 | 865 |
| 邻苯二甲酸二乙酯 | BS | 21 | 117 | 1,2,4-三氯苯 | FM | 32 | 2800 |
| 2,4-二甲基苯酚 | BS | 28 | 150 | 1,1,1-三氯乙烷 | BS | 28 | 9 |
| 邻苯二甲酸二甲酯 | BS | 21 | 57 | 1,1,2-三氯乙烯 | RT | 4 | 39 |
| 二苯胺 | FM | 32 | 30 | 2,4,5-三氯苯酚 | FM | 28 | 19000 |
| 二苯醚 | RT | 4 | 195 | 2,5,6-三氯吡啶酚 | M | 35 | 3.1 |
| 异狄氏剂(endrin) | FM | 300 | 4600 | 磷酸三甲苯酯 | FM | 32 | 165 |
| | M | 35 | 1480 | | | | |

注：BS=大鳍鳞鳃太阳鱼，FM=黑头软口鲦，M=食蚊鱼，RT=红鳟鱼。

**表 2　几种有机化合物的生物浓缩因子**

| 化合物 | 生物浓缩因子(BCF) | 化合物 | 生物浓缩因子(BCF) |
|---|---|---|---|
| DDT | 61600 | 氯化三联苯 1254 | 45600 |
| 异狄氏剂 | 4050 | 2,2′,4,4′,5,5′-六氯联苯 | 46000 |
| 甲氯氧 | 185 | 二苯醚 | 196 |
| 氯苯 | 12 | 4-氯二苯醚 | 736 |
| 对二氯苯 | 215 | *X*-仲丁基-4-氯苯醚 | 298 |
| 六氯苯 | 8600 | *X*-仲丁基-*X*′-氯苯醚 | 18000 |
| 五氯苯 | 5000 | *X*-十二烷基-*X*′-氯苯醚 | 12 |
| 1,2,4,5-四氯苯 | 4500 | 联苯 | 340 |
| 1,2,4-三氯苯 | 491 | 毒死蜱 | 450 |
| 4-氯代联苯 | 490 | 邻苯二甲酸二-2-乙基己酯 | 380 |
| 4,4′-二氯联苯 | 215 | 氟乐灵 | 4570 |
| 氯化三联苯 1016,1242 | 48980 | 西玛三嗪 | 1 |
| 氯化三联苯 1248 | 72950 | 3,5,6-三氯-2-吡啶酚 | 3 |